主编／职晓阳

生物统计学原理

编　者　桑舒平　张旭东　林国亮　杨玲玲

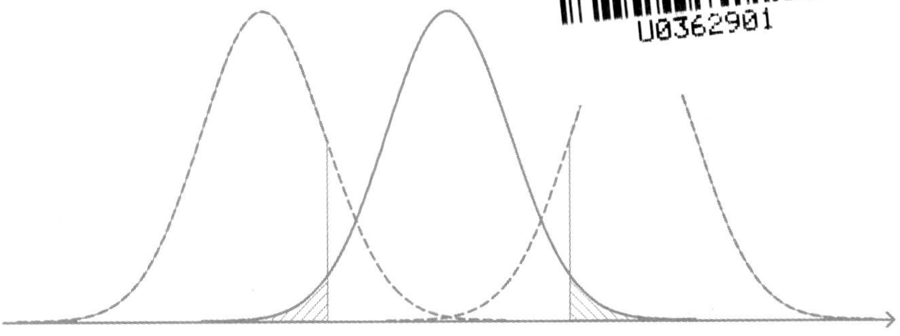

華中科技大學出版社
http://press.hust.edu.cn
中国 · 武汉

图书在版编目(CIP)数据

生物统计学原理 / 职晓阳主编. -- 武汉 ：华中科技大学出版社，2024. 10. -- ISBN 978-7-5772-1146-6

Ⅰ. Q-332

中国国家版本馆 CIP 数据核字第 2024G6H531 号

生物统计学原理 职晓阳 主编

Shengwu Tongjixue Yuanli

策划编辑：张记源

责任编辑：张利艳

封面设计：王二平

责任校对：刘 竣

责任监印：曾 婷

出版发行：华中科技大学出版社(中国·武汉) 电话：(027)81321913

武汉市东湖新技术开发区华工科技园 邮编：430223

录 排：华中科技大学惠友文印中心

印 刷：武汉市洪林印务有限公司

开 本：787mm×1092mm 1/16

印 张：25

字 数：609 千字

版 次：2024 年 10 月第 1 版第 1 次印刷

定 价：78.00 元

前　言

“生物统计学”对于生物学专业的读者来说，常被归为不友好的一类课程。然而，现实是生物统计学在生物、生态、农林、医药、卫生等领域都有广泛的应用，尤其在各领域内的科研工作中有重要的支撑作用。因此，高校生物与医药等相关专业的生物统计学教学与教材建设理应得到重视和加强。

本书写作的动力源自作者近年来在教学和科研工作中对统计学的学习感悟。针对包括生物学在内的非数学专业读者学习统计学的痛点，本书在内容上强调统计分析方法背后的数学原理。作者尽可能地提供了数学公式的完整推导过程，并附上必要的文字解释，填补文字和数学表达上的逻辑缺口，力求降低阅读和理解的难度。同时，结合应用的需要，本书介绍的每一个统计分析方法，都通过例题呈现了 R 软件的操作过程，旨在让读者了解统计分析方法流程的同时掌握方法背后的基本逻辑。

教者把自己治学道路上遇到的困难和感悟，以及逐渐清晰的知识网络传递给后学，调动他们最朴素的好奇心、求知欲，永远比一味地灌输的效果好。对于每一位立志治学终身的学者来说，知识的积累达到一定程度后自然有教的欲望。表达和传递知识的过程是对治学的一次升华与检验，可谓学以致用。所以，本书更像是一部讲授生物统计学的讲义，或是生物统计学的学习笔记，是写给读者，也是写给作者自己的。

本书共分 15 章，概括起来可分为 5 个部分：第 1 章至第 4 章介绍统计与概率论的基础内容，包括生物统计学常用术语、描述性统计的一般方法、随机变量及其概率分布、大数定律与中心极限定理、常见的抽样分布及其意义等；第 5 章至第 8 章介绍推断性统计，包括参数估计，假设检验的理论基础，单样本和双样本的平均数、方差、比率的检验原理与方法等；第 9 章至第 13 章介绍统计分析方法，包括方差分析、线性回归分析、线性相关分析、协方差分析、卡方检验、符号检验、秩和检验等；第 14 章介绍抽样和试验设计方法，包括抽样调查的原理和常用方法、试验设计的基本原理，以及完全随机设计、随机区组设计、拉丁方设计、裂区设计、正交设计等试验设计方法；第 15 章介绍 R 语言的基础用法，包括 R 基本语法、数据类型、数据结构、数据管理、数据运算及基础图形学等。

前三部分涉及的所有统计分析，都由 R 语言实现（版本 4.1.2），文中分析方法所道之处也都配上了完整的 R 代码。例题和习题涉及的 20 个数据集（见附录 A 表 A.2），以及相关 R 函数的程序包 PriBioStatR 已发布于 Gitee（https://gitee.com/mselab/PriBioStatR）。对 R 语言陌生的读者，作者建议先阅读第 15 章的前四节，再转回第 1 章阅读。当然，正常的阅读顺序也不会增加太多学习的困难，读者可根据实际情况自主选择。

纵观整个生物统计学涉及的数理统计理论和分析方法，其核心问题主要体现在应对生命现象的随机性上。因此，作者认为生物统计学的学习目标是用数理统计的思维方式来武装我们的头脑，去观察和理解生命世界，并与之互动。按照 John H. Newman 的大学教育理念，博雅教育（通识教育的早期版本）的根本宗旨是“理智的培育”。理智的训练并不是简单地获取知识和信息，而是将客观的知识对象转变成自己主观的东西，形成理性的观念。所以，作为生物与医药等相关专业的核心课程，生物统计学的教学目标也应是通过具体的统计学原理和数据分析方法，实现理智的训练，由器见道；提升学生的批判性思维能力、分析推理能力和独立思考能力。

五年前，作者为更好地完成教学任务，也为检验自己的学习效果而起念写作。五年来，光标前蹦出的每一个文字，稿纸上画下的每一个符号，都不再是前路漫漫的提示牌，而转身成为终点线上围观的助威者。如今付梓在即，不胜忭舞。在此感谢所有给予我帮助和支持的家人和同事，没有你们的鼓励本书恐难以走到终点。还要感谢李聪健、赵雨、田金玉、卢逸飞、海轩五位研究生同学，你们作为首批读者反馈的阅读感受和修改意见令书稿增色不少。作者在编写本书时参考了许多生物统计学书籍，特别是例题吸收了它们中的不少资料，谨在此致谢。本书的出版得到了华中科技大学出版社张记源和张利艳编辑，以及其他参与审校的编辑的指导和支持，作者一并致以诚挚的谢意。

鉴于作者的写作水平和知识范围的局限性，书中谬误在所难免。敬请读者批评指正，以帮助作者修订完善本书。

职晓阳

2024 年 8 月 12 日于昆明

目　　录

第1章 绪　论

1.1 生物统计学的概念

统计学(statistics)是把数学的语言应用于具体的科学领域,将所研究的问题抽象为数学问题的一门科学。具体来说,统计学涉及数据的收集、整理、分析和解释。

生物统计学(biostatistics)是统计学的原理和方法在生物学研究中的应用,旨在揭示生物现象的数量特征及其变化规律。生物统计学属于应用统计学的一个分支,同时也是数量生物学的分支。对于一般的生物科学试验和调查计划的制订、数据的整理和分析,以及结果的展示,生物统计方法都是必不可少的工具。

生物学的主要研究对象是生物有机体。变异性、随机性和复杂性,是生物有机体区别于非生物无机体的三项基本特征。生物有机体的生长发育、遗传变异、生理活动,以及外界因素的影响等,都可能会使生物学研究的试验结果表现出一定程度的差异。这种差异往往会掩盖研究对象本身的内在规律,又或者误导研究者作出错误的判断。

因此,生物统计学之于生物学研究,犹如罗盘之于远航。

1.2 生物统计学简史

Statistics 一词的语源学释义为:science dealing with data about the condition of a state or community,即一种研究国家或社区状况相关数据的科学。该词源自德文 statistik,由德国学者 Gottfried Achenwall① 在 18 世纪推广使用(也可能是 Achenwall 创造的)。拉丁语中有 statisticum,意为 state affairs,即国家事务。意大利语中有 statista,意为精通国家政务的人。虽然统计学一词在 18 世纪才开始出现,然而其学理研究最早可以追溯到两千三百多年前的古希腊亚里士多德时代("城邦政情"时期的统计学)。

关于国家管理的数据收集和研究,系统性的文字记载初现于 17 世纪的英国,代表人物有 John Graunt② 和 William Petty③,他们开创了政治算术学派。前者著有 1662 年出版的《关于死亡表的自然和政治观察》。该书以伦敦每年、每周举行葬礼的次数,以及伦敦的教堂所收集的各类数据为基础,对大量的原始数据进行整理、分类、对比和分析,并通过适当的形

---

① 戈特弗里德·阿亨瓦尔(1719—1772),德国哲学家、法学家、历史学家、经济学家和统计学家。

② 约翰·格朗特(1620—1674),英国统计学家。一般认为他是人口统计学的创始人。

③ 威廉·配第(1623—1687),英国政治经济学家和统计学家,英国古典政治经济学之父,统计学创始人,最早的宏观经济学者。

式表示出来,从中得出了惊人的结论和规律。Petty 的代表作有 1690 年出版的《政治算术》。全书引用数字资料,用计量和对比的方法,力图证明英国可以超过荷兰、法国两国,充分反映了英国资产阶级称霸海上的强烈意图。

“政治算术”时期的统计学与“城邦政情”时期的统计学本质差别不大,都服务于国家政治。然而,自这一阶段开始,统计学因为与数学的结合越来越紧密,逐渐成为更具现代科学意义的学科。

此后,统计学又经历了古典记录统计学、近代描述统计学和现代推断统计学三个发展阶段。

古典记录统计学形成于 17 世纪中叶,至 19 世纪中叶。概率论在这一时期被引入,逐渐使统计学有了强大的理论支撑。瑞士数学家 Jakob Bernoulli 第一次证明了大数定律。法国天文学家、数学家、统计学家 Pierre-Simon Laplace 发展了概率论,建立了严密的概率数学理论,并在天文学、物理学的研究中进行应用和推广。Laplace 还提出了拉普拉斯定理(中心极限定理的一部分),初步建立了大样本推断的理论基础。法国数学家 Abraham de Moivre 于 1733 年推导出正态分布的概率密度函数,完成了中心极限定理核心部分的证明。德国天文学家和数学家 Carolus F. Gauss 在研究误差理论时再次得到了正态分布,提出了误差分布曲线。

近代描述统计学形成于 19 世纪中叶,至 20 世纪上半叶。这个时期也是统计学与生物学相结合并共同发展的阶段。英国遗传学家 Francis Galton 于 1884 年开设“人体测量实验室”,分析父母与子女的生物学特征的变异,探寻遗传规律,应用统计学方法研究人种特征和遗传。在对大量数据的描述分析中,他引入了中位数、百分位数、四分位数,以及相关、回归等重要统计学概念与方法。尽管他的研究并不成功,但他开创性地将统计方法应用于生物学,因而被推崇为生物统计学的创始人。1901 年 Galton、Karl Pearson① 和进化生物学家 Walter F. R. Weldon 创办了期刊 *Biometrika*,在创刊词中第一次明确提出了“生物统计(biometry)②”一词。Galton 引出的相关与回归概念,被 Pearson 完善和发展,他给出了相关系数和复相关系数的计算公式。1900 年 Pearson 在研究样本误差效应时,提出了拟合优度 χ^2 检验,这也是历史上第一个正式的假设检验方法。

现代推断统计学形成于 20 世纪初,至 20 世纪中叶。随着自然科学和社会科学领域研究的不断深入,仅仅依靠描述数据特征已不能满足需要,人们开始要求对事物和现象之间的关系进行预测和推断,这促成了统计学的一次巨大飞跃。Pearson 的学生 William S. Gosset 在 *Biometrika* 杂志发表论文 *The Probable Error of a Mean*,创立了小样本检验的理论和方法。英国统计学家 Ronald A. Fisher 发展了显著性检验及参数估计理论,提出了 F 分布和 F 检验,创立了方差分析。在洛桑农业试验站工作时,他提出了试验设计的随机区组法、拉丁方法和正交法。1925 年,Fisher 发表著作 *Statistical Methods for Research Workers*,推动了农业科学、生物学及遗传学的发展。美国统计学家 Jerzy Neyman 和英国统计学家 Egon Pearson③ 共同完成了假设检验和区间估计的理论工作。

---

① 原名 Carl Pearson。他在德国海德堡大学上学时,名字被别人拼错。Pearson 决定将错就错,可能是因为热爱德国,或是向他崇拜的 Karl Heinrich Marx 致敬。

② 寿命测定;生物测量学;生物统计学。

③ Karl Pearson 的儿子。

在诸多统计学先驱中也有我们中国学者的身影。他就是我国著名生物统计学家、人类学家、中央研究院院士吴定良先生(1894—1969)。1924 年吴定良毕业于南京高等师范学校(后为国立东南大学),随后赴美国哥伦比亚大学攻读统计学硕士学位,1926 年转到英国伦敦大学应用统计系,师从 Karl Pearson,1928 年获得统计学博士学位。1929 年,北京周口店发现了第一个北京猿人头盖骨化石,使当时在 Pearson 的生物测量与优生学实验室工作的吴定良十分兴奋与自豪,同时也为自己国家的宝藏却要由外国人来主持研究而深感遗憾,由此下定了钻研人类学的决心。1931 年,在荷兰由全体会员大会投票通过,吴定良成为国际统计学会历史上第一位中国会员,和他同年入选的还有 Fisher。1929 年吴定良在 *Biometrika* 杂志发表"相关率显著性查阅表"①。该表的问世对当时统计学相关分析的研究和广泛应用起到了重要推动作用。在 Pearson 的代表作 *Tables for Statisticians and Biometricians* 第二卷中,该表约占据 21%的篇幅。在骨骼测量学方面,吴定良与 Perason 及人类学家 Geoffrey M. Morant② 合作进行大量研究,发表了一系列论文。在这些论文中,吴定良对头骨的形态学特点、人种学特征、测量方法等作了详尽的阐述,特别是在面骨扁平度的测量方法上有新的创造,被各国人类学家所采用,一直沿用至今。

回望 300 多年的统计学史,特别是从近代开始,我们常常从中看到生物学的影子。像 Galton、Pearson、Fisher,还有 Sewall Wright③ 等,他们既是统计学家又是生物学家。他们有的借助数学上的天赋通过生物学数据完善了统计学理论,有的则利用统计学的方法推动了生物学的学科发展。两个学科的紧密结合、相辅相成必然有其内在的原因。

1.3 学习生物统计学的重要性

作为生物学研究对象的生物有机体,具有复杂性、变异性和随机性三大特征。生物有机体的复杂性是指生物体内的结构、功能和调节机制的高度复杂性。复杂性主要表现在细胞的结构多样、基因组的基因功能多样、组织器官的分工合作及调节和适应能力上。这些特征使得生物体能够适应各种或复杂或极端的生存环境。生物体自身的复杂性和环境的多变,又使得生物学现象表现出高度的变异性。最终,在我们研究这些现象时,必然产生具有随机性的数据。

统计学为我们提供了用于描述和量化这种变异性的方法,如概率分布和方差等。通过统计学的工具,生物学家可以有效地对抗数据的随机性,更好地理解和解释生物体的变异性。这就是生物学与统计学互相成就的主要原因。鉴于此,生物统计学理应成为每一位生物科学从业者必须掌握的基本工具。

---

① Woo T L. 1929. Tables for ascertaining the significance or non-significance of association measured by the correlation ratio. Biometrika,21(1-4):1-66.

② 杰弗里·迈尔斯·莫兰特(1899—1964),古人类学家、统计学家。他在 1939 年出版的《中欧的种族:历史的脚注》和 1952 年出版的《种族差异的意义》中向公众揭露纳粹主义的谬误。然而,莫兰特在反对纳粹种族主义的斗争中并没有否定种族的生物学基础。

③ 休厄尔·赖特(1889—1988),美国遗传学家和统计学家,对进化生物学和遗传学作出了重要贡献。首次提出了遗传漂变的概念。

生物学是实验科学，相关研究离不开调查和试验。生物统计学为我们提供了试验设计的原则和方法，提供了整理、分析数据的方法，提供了评价试验结果可靠性与有效性的方法，提供了基于数据的统计推断方法。随着生物统计学的发展，特别是统计分析软件的不断革新，越来越多的从业者能够应用统计的方法，逐渐建立数理统计的思想，使研究取得了显著成效。从简单的试验组与对照组分组比较分析，到深奥且神秘的人工智能，都离不开统计学的理论和方法。

Fisher 的学生，印度裔美国统计学家 Calyampudi R. Rao① 曾写下名言：

在最终的分析中，所有知识皆为历史；

在抽象的意义下，所有科学皆为数学；

在理性的世界里，所有判断皆为统计。

可见，掌握统计学基本原理并能熟练使用软件进行统计分析，是每一位生物科学研究者的必修课。

1.4 生物统计学常用术语

在开始正式进入生物统计学的领地之前，让我们先熟悉几对关键词。它们在后文中常常出现，是整个生物统计学概念框架的支点。

1.4.1 总体与样本

定义 1.1 具有相同性质的研究对象/个体所组成的集合，称为总体(population)。

总体按照所包含个体数量的不同，可分为有限总体(finite population)和无限总体(infinite population)。总体是主体对研究对象(客体)进行理性抽象的产物，是科学研究的最终目标。然而，由于总体的无限性，或者虽有限但研究成本过高，抑或是研究具有破坏性，我们通常无法对总体进行全面的研究。多数情况下，只能采取抽样的方法，通过样本来研究总体。

定义 1.2 从总体抽出的部分研究对象/个体构成的集合，称为样本(sample)。

用来构成样本的个体，称为样本单位(sample unit)。样本中样本单位的数量，称为样本容量(sample size)，记作 n 。在生物学中，$n < 30$ 的样本称为小样本，$n \geqslant 30$ 的样本称为大样本②。

由于大样本与小样本在概率规律上的明显差异，相应的统计分析方法也不同。通过样本来研究总体，体现了科学研究从特殊到一般、从个性到共性的归纳法思想。生物统计学正是生物科学实践归纳推理方法的主要途径。

总体与样本是生物统计学概念框架中最重要的一对概念(没有之一)，是对生物学研究

① 卡利安普迪·拉达克里希纳·拉奥(1920—2023)，美国科学院院士，英国皇家统计学会会员，当代国际最著名的统计学家之一。Rao 的主要成就包括 Cramér-Rao 不等式、Rao-Blackwell 定理、Fisher-Rao 信息、Rao 距离、Kagan-Linnik-Rao 定理等；他将微分几何引入统计推断，开创了信息几何领域。

② 大小样本的界限为什么是具体的 30，而不是其他数值？其中有约定俗成的因素，更主要的是与来自样本的一类概率分布(抽样分布)有关，在第 4 章我们将作详细讨论。

对象进行数学抽象的产物。有了总体和样本之分，须意识到“样本不等于总体”，样本只能反映总体的一部分信息（见图1.1）。所以，以样本代总体，必伴随信息的损失。

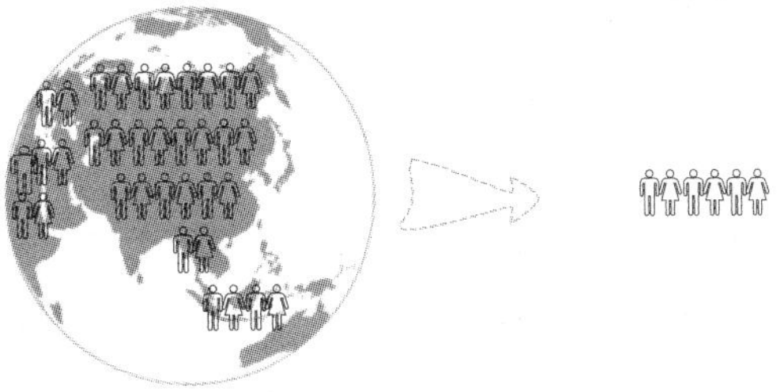

图1.1 总体与样本、参数与统计量

然而，符合统计学原理的抽样方法，可以保障用样本描绘的总体轮廓不会走样太多。此外，重复抽样得到的不同样本之间很可能存在变化，也就是说样本具有随机性。我们需要用统计学的方法来应对，或者说控制这种随机性，以期对总体作出更准确的判断。

1.4.2 参数与统计量

定义1.3 用来描述总体特征的概括性数字度量，称为参数(parameter)，通常用希腊字母表示。

总体参数是总体某一项特征的数字度量，如总体平均数 μ、总体标准差 σ、总体方差 σ^2 等。总体的这些数字特征通常是未知但固定的值，并不会因抽样而发生变化。

定义1.4 用来描述样本特征的概括性数字度量，称为统计量(statistic)，通常用英文字母表示。

相同的特征，来自样本的就是统计量，如样本平均数 $\bar{x}$、样本标准差 s、样本方差 s^2 等。虽然对应的特征具有相同的属性和计算方法，比如总体平均数 μ 和样本平均数 $\bar{x}$ 都是平均数，但它们的性质不同。样本统计量因为抽样而具有随机性，具备变量的性质，而总体参数没有随机性。

统计学中还有一些为了特定分析而构造的统计量，它们一般表现为上述统计量的函数，比如第3章出现的 t 统计量等。

参数与统计量，是在总体与样本的基础上进一步量化、抽象的结果（见图1.1）。用数学的方法研究生物学问题，必须将相关研究对象或现象转换成数学符号或者数值。数学符号可以用于构建数学模型，以表达研究对象或现象之间的关系。转换为数值可以直接实现对象或现象之间的比较。它们除了名称不同、表示的符号不同之外，在频率学派[①]的统计学里最重要的区别是：参数是未知的、固定的常量，统计量是随机的变量。这样的性质差异源自

① 频率学派（传统学派）认为样本信息来自总体，通过对样本信息的研究可以合理地推断和估计总体信息，并且随着样本的增加，推断结果会更加准确。与频率学派相对的贝叶斯学派认为任何一个未知量都可以看作是随机的，应该用一个概率分布去描述未知参数，而不是频率派认为的固定值。

总体和样本的相应差异。在条件一致的前提下，总体是确定的、不会发生变化的；而样本是随机的，进而基于样本的统计量也是随机的。

1.4.3 变量与观测值

定义 1.5 相同性质的研究对象间可呈现差异的一些特征或属性，称为变量(variable)。

变量按照性质可分为定性变量(qualitative variable)与定量变量(quantitative variable)。定性变量，又称为分类变量，用于性状的分门别类，如人的血型和豌豆的花色等。通过测量获得的、用具体数值和特定计量单位组成的数据，称为定量变量。

定量变量根据取值的类型不同，又分为连续型变量(continuous variable)与离散型变量(discrete variable)。连续型变量在它的取值范围内可取到无限多个观测值，如人的身高、体重、血压等。而离散型变量在取值范围内只能取有限个数值，且通常是整数，如种群的个体数和细胞计数结果等。

与变量相对的是常量(constant)，即取值不会发生变化的量。总体参数就是常量，至少在开展研究的那一刻，总体参数不会变化。而样本统计量，由于每次抽样得到的样本不同，会表现出变量的特征。

定义 1.6 变量的取值，称为观测值(observed value)。

观测值是观测的结果，观测须借助科学的测量或调查方法。观测可重复、可验证，然而观测过程不可避免地受随机因素的影响，从而使观测值产生变化。因此，观测值是变量之变的具体体现。

1.4.4 因素与水平

定义 1.7 试验中影响试验指标的原因或原因的组合，称为试验因素(experimental factor)，或处理因素(treatment factor)，简称因素，通常用大写英文字母表示。

按照性质不同，因素可分为可控因素(controllable factor)和不可控因素(uncontrollable factor)。在试验中可以人为控制的因素为可控因素，又称固定因素(fixed factor)。可控因素的不同水平可准确控制，在重复试验中可以观察到研究对象相对固定的变化和反应。相反地，试验中不能人为控制的因素称为不可控因素或随机因素(random factor)。不可控因素要么水平难以控制，要么水平控制后所得的反应指标表现为随机变量。因此，在重复试验中不能保证得到相对稳定的结果。

在具体的统计分析中，因素“factor”还常译作因子。

定义 1.8 每个试验因素的不同状态(处理的某种特定状态或数量上的差别)，称为因素的水平(factor level)，简称水平，通常用相应因素的英文字母加下标来表示，如 A_1 和 B_2 。

研究实践中，因素必然伴随某种水平。不选定水平的因素只是一个概念，没有可操作性；抛开因素谈水平也必是一句空话，没有意义。

1.4.5 处理与重复

定义 1.9 对受试对象(tested subject，又称试验单位/单元)施加的某种外部干预或措施，称为处理(treatment)。

根据所涉及的因素数量，处理可分为单因素处理(single factor treatment)和多因素处理(multiple factor treatment)。同一因素的不同水平会带来受试对象不同的反应，因此在单因素试验中一个处理对应一个水平。

多因素处理试验必然涉及两个或两个以上的因素，不同因素之间还可以进行组合。例如，用 3 个不同的蛋白酶在 5 种不同的温度下进行蛋白水解试验，将有 $3\times5=15$ 种水平组合，每一种水平组合即是一个处理。

定义 1.10　在试验中，将同一个处理实施在两个或多个试验单位上，称为重复(replication)。

为处理设置重复是试验设计的重要原则之一(详细讨论见第 14 章)。重复越多，对误差的估计越准确，但同时也会增加试验成本。因此，试验重复的设置需要根据研究项目的具体情况，以及相关科学问题对误差估计准确性的要求来综合判断。

如图 1.2 所示，光照是影响小麦生长的因素之一。不同的光照强度，是光照试验因素的不同水平。每一个水平施加到小麦上，即对小麦的一种处理。而每种处理作用在不同的小麦个体上则形成处理的多个重复。

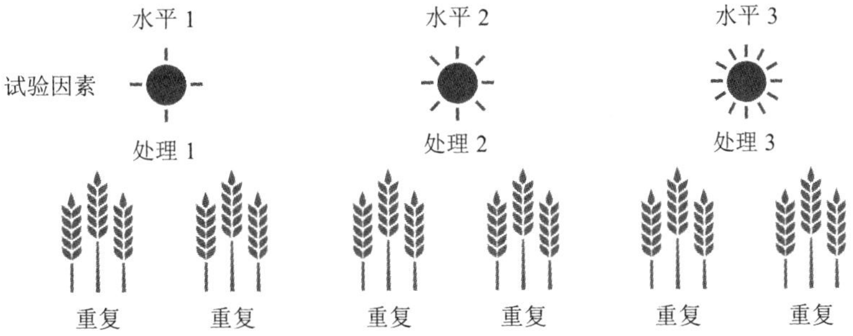

图 1.2　因素与水平、处理与重复

1.4.6　效应与互作

定义 1.11　试验因素对试验对象产生的相对独立的作用，称为该因素的主效应(main effect)，简称主效或效应。

当试验因素施加到生物对象或有关的生物分子上时，会在某些可测量的性状上产生变化，这种变化即效应，以变量的形式表现。主效与试验因素直接且唯一相关。例如，不同饲料使动物的体重增加表现出差异，不同品种的农作物产量不同。

定义 1.12　两个或多个处理因素间相互作用产生的效应，称为互作效应(interaction effect)，简称互作或连应。

生物性状通常会受多个因素的综合作用，而且有些因素的叠加会带来更好的效应。例如，氮肥、磷肥共施会对作物产量产生互作效应。而有些因素的叠加则会使效应减弱。例如，温度增加会减弱降水对小麦产量提升的效果。因此，互作有正效应(positive effect)，也有负效应(negative effect)。互作效应有时甚至比主效应都要高。因素间存在互作会在效应值上有所反映，用相关的统计分析方法可以检出。

1.4.7 准确性与精确性

定义 1.13 在调查或试验中某一试验指标或性状的观测值与真实值接近的程度，称为准确性(accuracy)。

对于一次测量得到的观测值，它们与真实值越接近，就越准确。但当我们有多个观测值时，也就是样本由多个观测值构成，那么准确性反映的是样本的统计量(如平均数)与真实值的接近程度。所以，准确性高并不要求每一个观测值的准确性高。换句话说，通过样本来研究总体，即通过样本统计量来推断总体参数，我们希望的是样本从整体上与总体接近。如图1.3所示，假设射击靶心是真实值，图(c)的准确性低于图(b)。

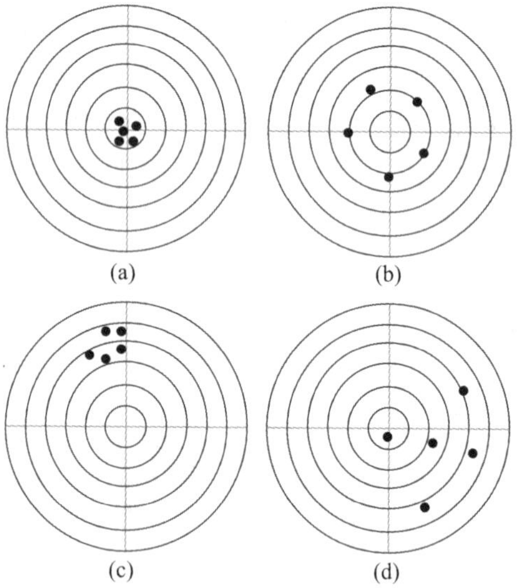

图 1.3 准确性与精确性

定义 1.14 调查或试验中同一试验指标或性状的重复观测值彼此接近的程度，称为精确性(precision)。

统计量越接近总体参数，统计量的准确性越高。而样本中各观测值之间的变异程度则反映了统计量精确性的高低。图1.3中，图(c)的精确性就高于图(b)。因此，准确性和精确性反映了统计量完全不同的两个性质。准确性高并不意味着精确性高，反之亦然。在实际测量和试验中，我们通常希望同时追求准确性和精确性，既要求测量结果接近真实值，也希望各次测量结果之间具有较小的变异(见图1.3(a))。这一目标可以通过不断改进测量方法、消除系统误差和增加重复来实现。至于准确性和精确性都不尽如人意的(见图1.3(d))，我们可能需要重新思考试验设计甚至整个研究方案了。

1.4.8 误差与错误

定义 1.15 观测值偏离真实值的差异，称为误差(error)。

试验误差根据来源可分为随机误差(random error)和系统误差(systematic error)。随机误差又称为抽样误差(sampling error)，是由试验中无法控制的偶然因素造成的，是不可避免的，但可通过数据来估计，通过改进、优化试验来控制。系统误差则是由处理以外的其他试验条件不一致导致的，通常带有定向性，如不同批次药品带来的差异和不同试验者的操作差异等。高要求、精控制的试验，可以控制系统误差。

联系准确性和精确性的概念，随机误差的大小将影响精确性的高低，而系统误差的大小则关系准确性的高低。如图 1.3(c)所示的射击系统偏差，通过枪械校准就可以加以控制。

定义 1.16　由于测量方法不正确或违反了操作规则等人为因素引起的差错，称为错误(mistake)。

操作方法不当、数据抄录不准确、计算出现谬误等错误，在科学研究工作中，特别是高精度研究中都是不允许发生的。试验人员应当严格遵循试验流程的规范，认真实施操作，慎之又慎。

1.5　生物统计学的主要任务与作用

生物统计学的基本任务，概括来说主要包括试验设计(experimental design)和统计分析(statistical analysis)两部分。

试验设计是指应用统计学的基本原理和方法制订试验方案、选择试验材料并进行合理分组，使研究者用较少的人力、物资和时间成本获得较多可靠的数据资料。统计分析是指应用数理统计的原理与方法对数据资料进行分析与推断，主要包括统计描述(statistical description)和统计推断(statistical inference)。技术上，统计分析涉及数据资料的收集和整理、特征数的计算、假设检验、方差分析、回归和相关分析等。

试验设计和统计分析，二者并非独立、无关联。试验设计为统计分析提供符合理论要求的数据，统计分析是试验设计的延续。合理地进行调查或试验设计，科学地整理、分析数据资料是生物科学研究的基本要求。

明确了生物统计学的主要内容和任务之后，其具体的作用就容易理解了。

首先，生物统计学提供了试验设计的重要原则。试验设计的目标是在成本可控的前提下，让试验产生符合统计原理基本假设前提的数据资料。其次，为生物学研究提供整理和描述数据资料的科学方法，规定了化繁为简的科学程序。再次，统计方法可用于判断试验结果的可靠性。试验结果往往受到非可控因素的影响，要判断试验结果是源于试验因素还是源于误差，只能借助于统计方法。最后，生物统计学解决了由样本推断总体的方法问题。一切调查和试验的目的是认识总体的规律，而统计学支撑了由样本推断总体的合理性。

习题 1

(1)什么是生物统计学？为什么生物学与统计学结合得如此紧密？

(2)如何理解生物有机体和生物学现象的随机性？

(3)总体和样本的关系是什么？生物学研究为什么需要样本？

(4)为什么说样本具有随机性？样本统计量为什么具有变量的性质？

(5)如何理解变量？生物学研究中有哪些不同性质的变量？

(6)连续型变量与离散型变量在数学上的本质区别是什么？

(7)样本是总体的一部分，作为总体的代表，大样本与小样本有何不同？

(8)生物学试验为什么要为处理设置重复？

(9)随机误差和系统误差有何差别？

(10)生物统计学的基本任务是什么？它们有何内在联系？

第 2 章　描述性统计

生物科学对特定现象的研究，通常采用调查或试验的方式（这两种获取数据的方法将在第 14 章详细讨论）。调查或试验完成后将产生大量*数据*（data），或称资料。这些数据在未被整理之前是一堆杂乱无章的数字。1919 年，Ronald A. Fisher 接受洛桑农业试验站的邀请，带领全家来到伦敦北郊。当面对试验站积累了 90 年的农业试验数据时，Fisher 诙谐地称之为“粪堆”。紧接着，Fisher 便义无反顾地投入到“耙粪堆”的工作之中。

对调查或试验产生的*原始数据*（raw data）进行整理归类，制作统计表、绘制统计图，计算平均数、标准差等特征数来反映数据的概况，揭示数据的内在规律，这一系列操作过程称为*描述性统计*（descriptive statistics）。

2.1　数据的类型

生物学调查或试验，瞄准的对象通常是生物体的某些生物学性状。生物学性状大致可分为数量性状和质量性状两大类。性状的类型不同，相应数据的采集方式及所产生的数据的性质也不同。数量性状产生定量的数据，质量性状产生定性的数据。在进行描述性统计之前，首先需要了解数据的分类。这也是后续进行深入统计分析的基础。

2.1.1　数量性状数据

数量性状数据（data of quantitative character）是指通过测量、度量或计数取得的数据。根据数值的数学性质不同，数量性状数据可分为连续型数据和离散型数据两类。

1. 连续型数据

连续型数据（continuous data），是指通过仪器或工具进行测量或度量而得到的数量性状数据，因此又称*计量数据*（measurement data），如人的身高、农作物的产量、有机物的浓度等。连续型数据可以是整数，但更常见的是带小数点的实数。其小数的位数由测量工具的精度及数据统计分析的要求而定。用变量的形式理解，连续型数据又可称为*连续变量*（continuous variable）。

2. 离散型数据

离散型数据（discrete data），是指用计数的方式得到的数量性状数据，因此又称*计数数据*（enumeration data），如培养皿上的细菌菌落数、单位体积血液中的白细胞数等。这类数据的观测值只会以整数的形式出现。除非试验设置了重复，以重复的平均数形式表达，否则离散型数据中不应出现小数。类似地，离散型数据还可称为*离散变量*（discrete variable）。

2.1.2 质量性状数据

质量性状数据(data of qualitative character),又称属性数据(attribute data),是指只能观察而不能测量的性状数据。质量性状数据在记录时通常采用文字描述的形式,如植物叶片的形状、抑菌的效果、生化反应的有无等。文字描述形式的数据在统计分析之前需要进行数值化。数值转换的方法常见的有以下两种。

1. 统计次数法

在一个总体内,通过具有某质量性状个体的频率来反映该性状的程度或广度,称为统计次数法(frequency counting)。例如,在豌豆杂交试验中,红花豌豆与白花豌豆杂交,子代可能的质量性状有三种:红花、紫花和白花。对三种质量性状的量化描述可通过统计各性状在试验中出现的频率来体现,如红花 25.5%、紫花 50.1%和白花 24.4%。

2. 等级评分法

等级评分法(grading method)是用数字级别的形式来表现某性状程度差别的方法。例如,植物抗病的能力可分为免疫、高度抵抗、中度抵抗和易感四个等级,等级评分法分别将它们编码为 3、2、1、0。此外,实践中常将性状的阴性和阳性结果分别记为 0 和 1 的方法(也称为二值化),可视为等级评分法的特例。经过数值化的质量性状,可以利用离散型数据的处理方法进一步作统计分析。

2.2 数据的频数分布描述

2.2.1 频数分布表

对于一般的小样本数据,经过仔细检查核对后,即可进行后续的统计分析。因为容量小,总体的分布特征很难通过小样本来反映。对于容量较大的大样本数据,我们可以获得更多关于总体的信息。除了下文将要提到的特征数计算,大样本还可以反映总体分布的整体情况。

为了实现这一点,我们需要先将数据进行分组;然后计算数据在各组内出现的频数(frequency);再将频数转换为频率(frequency ratio),即频数除以数据总个数;最后将相关数据汇总制成频数分布表(frequency distribution table)。频数分布表可以准确地描述数据的整体分布情况。对于不同类型的数据,制作频数分布表的方法也不同。

1. 离散型数据的频数分布表

离散型计数数据的特征决定了对其分组可采用单项式分组法,即采用样本中单个不重复的观测值进行分组。不过,单项式分组仅适用于不重复观测值不多的数据。对于不重复观测值较多的情况,用该方法所得的频数分布表则过于分散,难以反映数据的分布情况。此时,可换作组距式分组法。

`wheatGrains` 数据集(见本书配套程序包 `PriBioStatR`)记录了 300 株小麦穗粒数的数据,其中最小值为 19,最大值为 62。如果按照单项式分组法需要分 44 组;如果让每组包含 5 个观测值，则分 9 组即可。将 300 个观测值依次归于各组，统计各组的频数，计算频率(频数比)和累积频率，结果见表 2.1。

表 2.1　300 株小麦穗粒数频数分布表

穗粒数分组	频数	频率	累积频率
[19,24)	11	0.037	0.037
[24,29)	25	0.083	0.120
[29,34)	43	0.143	0.263
[34,39)	42	0.140	0.403
[39,44)	79	0.263	0.667
[44,49)	49	0.163	0.830
[49,54)	25	0.083	0.913
[54,59)	20	0.067	0.980
[59,64)	6	0.020	1.000

2. 连续型数据的频数分布表

制作连续型计量数据频数分布表，只能采用组距式分组法。分组时需要先确定样本数据的全距，组数，组距，各组上、下限；然后将观测值依次归入各组，统计频数，计算频率和累积频率。

studentHeight 数据集记录了 2000 名男生的身高数据。该数据的频数分布表制作流程如下。

(1)计算全距(又称极差)，即数据的最大值与最小值的差。studentHeight 数据集的极差为 45.2。

(2)确定组数和组距。组数与组距关系密切，组数越多，组距越小。组数多则频数分布表的行数多，不便于计算；组数过少，则数据的概括性高、精确性低。因此，需要根据数据的实际情况与分析的精确度要求来确定组数。本例我们选定组数为 10，那么根据全距算得组距为 4.52。为了方便分组，以 5 为组距。

(3)确定组限和组中值。组限指每个组的起止边界，而且通常采用左闭右开的形式，即随机变量在 1～2 组内的取值方式为 $1 \leqslant x < 2$。此外，最小一组的下限必须在数据最小值的左侧，最大一组的上限必须在数据最大值的右侧。由于本例的最小值和最大值分别为 152.1 和 197.3，频数分布表的数据跨度可扩展到 150～200，这样就有 10 个组。组中值，即每组上限和下限的平均数。

(4)数据归组，统计各组的频数，计算频率和累积频率，编制频数分布表(见表 2.2)。

表 2.2　2000 名男生身高数据频数分布表

身高	频数	频率	累积频率
[150,155)	7	0.004	0.004
[155,160)	50	0.025	0.029
[160,165)	193	0.096	0.125

续表

身高	频数	频率	累积频率
[165,170)	426	0.213	0.338
[170,175)	538	0.269	0.607
[175,180)	472	0.236	0.843
[180,185)	231	0.116	0.959
[185,190)	66	0.033	0.992
[190,195)	16	0.008	1.000
[195,200)	1	0.000	1.000

R 语言的 fdth 包①提供了生成频数分布表的 fdt()函数，免去了分步式的烦琐计算。代码如下：

```
> fdt_height <- fdt(x = studentHeight, start = 150, end = 200, h = 5)
```

参数 x 接收传给 fdt()函数的 studentHeight 数据，参数 start 定义整个数据下限，参数 end 定义数据上限，而参数 h 控制了分组的组距。计算结果 fdt_height（限于篇幅此处不再展示）中的 f 为频数，rf 为频率，cf 为累积频数。

2.2.2 频数分布图

为了更加直观、形象地描述样本数据的变化规律，频数分布表可以转化为频数分布图（frequency distribution graph）的形式加以展示。

1. 频数分布表的可视化

首先，表 2.2 中的频数可以转化为柱形的高度。在图 2.1(a)所示的柱形图（bar chart）中，柱形直观地展示出样本数据两边少、中间多的状态。柱形图适合于表现数据的频数分布。作图时，x 轴对应连续型数据频数分布表中的分组情况或组中值，也可以对应离散型数

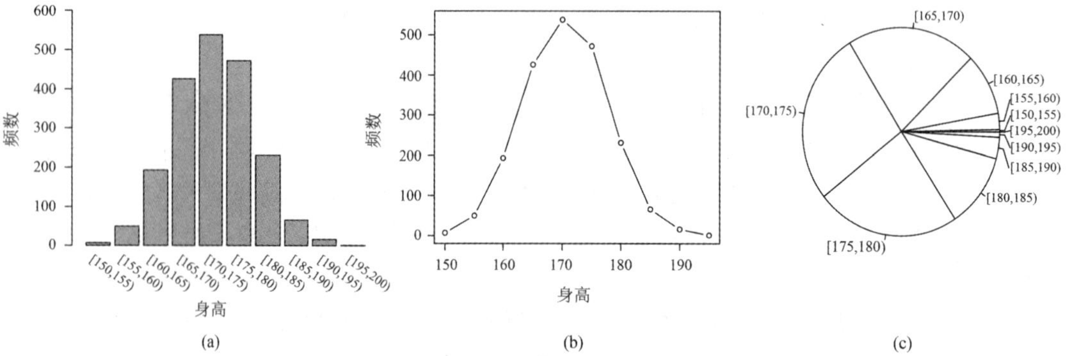

图 2.1 频数分布表的可视化

(a)柱形图；(b)折线图；(c)饼图

① Faria J C, et al. 2023. fdth: Frequency Distribution Tables, Histograms and Polygons. R package version 1.3-0, 〈https://CRAN.R-project.org/package=fdth〉.

据频数分布表中不重复的观测值或观测值组。

其次，频数还可以通过二维坐标系中点的位置来展示，该图形称为折线图（broken-line chart），如图 2.1(b)所示。引入折线的目的是在展示多组样本数据时区分不同的样本，这也是折线图比柱形图在展示数据的维度上有优势的地方。

最后，我们还可以通过圆形中扇形的面积来反映频率，该类型的图称为饼图（pie chart）。在饼图中，扇形面积反映每组数据的频率，而非频数，所以可以把饼图的全面积视为 1（见图 2.1(c)）。

2. 直方图

以上三种可视化的方法，需要先得到频数分布表。通过柱形图展示频数分布的方式，在统计报告图中有一个专有的名称，即*直方图*（histogram），又称质量分布图，最早由 Karl Pearson 提出。然而仔细比较图 2.2(a)与柱形图（见图 2.1(a)），可以看出二者还是有区别的。直方图的柱形之间无间隔，以示数据的连续性。直方图的 x 轴是数轴，表示数值，而柱形图的 x 轴表示数据的分组。直方图是了解数据频数分布的重要形式，R 语言有专门的 `hist()`函数（详见 15.5.1 小节）可以完成直方图的绘制，无须进行频数分布表的计算。

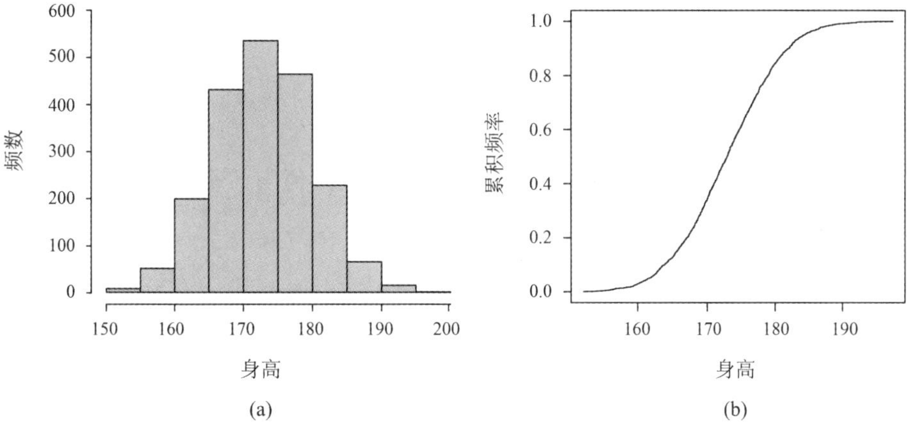

图 2.2　数据频数分布的直方图与经验累积频率图

3. 累积频率图

常用的第三种描述数据分布的统计图形，称为*累积频率图*（cumulative frequency graph），也就是将累积频率（作 y 轴）和观测值（作 x 轴）的取值范围合并作图（见图 2.2(b)）。直方图实际上是将频数和观测值的取值范围合并作图。累积频率图与直方图描述数据的方式不同。累积频率图不能表达组中值的频数，但可以表达某一组中值以下包含多少比例的数据。

通过上述频数分布表和图，可以获得数据的以下重要特征：数据的集中情况、变异情况和数据分布的大体形状。这是掌握数据整体情况的重要方式，是对数据轮廓的*扼要概述*（profiling）。

2.3　数据的特征数描述

从反映数据频数分布特征的直方图中，可以看出数据分布的两个主要特征：集中性和离散性。集中性(centrality)是指数据或变量有向某一中心聚集的趋势;离散性(discreteness)是指数据或变量有远离中心而分散的性质。通过频数分布表或图的形式描述数据虽然直观,但无法对数据执行进一步的统计分析。因此,数据整理之后,还需要通过计算特征数来表征数据。

2.3.1 数据中心位置的特征数

反映数据集中性的特征数有算术平均数、以中位数为代表的分位数、众数、几何平均数和调和平均数等。其中,算术平均数是最常用的表征数据观测值的中心位置的特征数,可作为代表与其他数据的平均数进行比较。

1. 算术平均数

算术平均数(arithmetic mean)是指数据中各观测值之和除以观测值的个数(样本容量 n)所得的商,简称平均数、均值,记为 $\bar{x}$ 。计算公式为

$$\bar{x}=\frac{x_1+x_2+\cdots+x_n}{n}=\frac{\sum_{i=1}^{n}x_i}{n} \tag{2.1}$$

算术平均数是最重要的描述数据的特征数。对于频数分布呈现对称性的数据,算术平均数可以指出数据的中心位置,是数据数量和质量的代表。

算术平均数具有以下两条性质。

1)离均差之和为零

所谓离均差(deviation from the mean),也就是各观测值与其平均数之差。这条性质用公式表达,即 $\sum_{i=1}^{n}(x_i-\bar{x})=0$ 。证明非常简单,过程如下:

$$\begin{aligned}\sum_{i=1}^{n}(x_i-\bar{x})&=(x_1-\bar{x})+(x_2-\bar{x})+\cdots+(x_n-\bar{x})\\&=\sum_{i=1}^{n}x_i-n\bar{x}\\&=\sum_{i=1}^{n}x_i-\sum_{i=1}^{n}x_i\\&=0\end{aligned} \tag{2.2}$$

2)离均差平方和最小

观测值与平均数之差的平方和,称为离均差平方和(sum of squared deviations from the mean,SS)。这条性质用数学符号表达,即对于任意的 a ,有 $\sum_{i=1}^{n}(x_i-\bar{x})^2\leqslant\sum_{i=1}^{n}(x_i-a)^2$ 。证明过程如下:

$$\begin{aligned}\sum_{i=1}^{n}(x_i-a)^2&=\sum_{i=1}^{n}[(x_i-\bar{x})+(\bar{x}-a)]^2\\&=\sum_{i=1}^{n}[(x_i-\bar{x})^2+2(x_i-\bar{x})(\bar{x}-a)+(\bar{x}-a)^2]\\&=\sum_{i=1}^{n}(x_i-\bar{x})^2+2\sum_{i=1}^{n}(x_i-\bar{x})(\bar{x}-a)+\sum_{i=1}^{n}(\bar{x}-a)^2\end{aligned} \tag{2.3}$$

第二项和式中 $(\bar{x}-a)$ 与下标 i 无关，所以可以作为公因式提取到求和符号之外，即

$$\sum_{i=1}^{n}(x_i-a)^2=\sum_{i=1}^{n}(x_i-\bar{x})^2+2(\bar{x}-a)\sum_{i=1}^{n}(x_i-\bar{x})+n(\bar{x}-a)^2 \tag{2.4}$$

现在第二项中出现了离均差之和 $\sum_{i=1}^{n}(x_i-\bar{x})$，根据第一条性质，有

$$\sum_{i=1}^{n}(x_i-a)^2=\sum_{i=1}^{n}(x_i-\bar{x})^2+n(\bar{x}-a)^2 \tag{2.5}$$

因为 $n(\bar{x}-a)^2 \geqslant 0$，所以 $\sum_{i=1}^{n}(x_i-a)^2 \geqslant \sum_{i=1}^{n}(x_i-\bar{x})^2$。性质二得证。

对于数据中有重复观测值的情况，通过统计不重复观测值的出现频数，计算它们的频率，可实现加权平均数的计算。

设数据 $x_1,x_2,\cdots,x_n$ 中不重复的观测值有 $a_1,a_2,\cdots,a_k$，分别出现 $m_1,m_2,\cdots,m_k$ 次，所以 $\sum_{i=1}^{k}m_i=n$，记 a_i 的频率为 $f_i=\dfrac{m_i}{n}$，则数据的加权平均数(weighted mean)计算公式为

$$\bar{x}=a_1\frac{m_1}{n}+a_2\frac{m_2}{n}+\cdots+a_k\frac{m_k}{n}=\sum_{i=1}^{k}a_k f_k \tag{2.6}$$

其中，频率 f_i 为 a_i 的权重(weight)。

如果每一个观测值的权重相同，加权平均数就等于算术平均数。或者说，算术平均数就是观测值权重都为 $\dfrac{1}{n}$ 的加权平均数。

下面看一个用 R 语言计算平均数的例子。

首先我们将 10 个观测值通过 c()函数存入名为 data 的变量(第 15 章会介绍该变量是一个向量)中，然后将数据传给 mean()函数计算平均数。

```
> data <- c(6, 9, 12, 15, 7, 7, 9, 13, 10, 14)
> mean(x = data)
[1] 10.2
```

参数 x 接收 10 个观测值数据 data，该参数是 mean()函数必需的，如不设定，R 会报错误信息。此外，mean()函数还有参数 na.rm，当取 FALSE(默认值)时，如果 data 中存在 NA 缺失值①，函数将输出 NA；取 TRUE 时，则命令函数在计算平均数之前去除 data 中可能存在的 NA 值。再看下面的例子。

```
> mean(x = c(1.2, 1.1, 1.3, 2.1, 1.4, 4.5, NA))
[1] NA
> mean(x = c(1.2, 1.1, 1.3, 2.1, 1.4, 4.5, NA), na.rm = TRUE)
[1] 1.933333
```

mean()函数还有一个不常用的参数 trim，可以去除数据排序后排在首尾的部分数据。trim 参数接收一个小于 1 的数，如 0.2，那么如果观测值个数为 10，则会在去除观测值的最大值和最小值后再计算平均数(最大值和最小值占整个数据的 20%)。

① R 在导入外部数据时，数据中的缺失值会被转换成 NA，一种特殊值。详见 15.2.4 小节。

weighted.mean()函数可用于加权平均数的计算。例如,我们为 data 中的各观测值赋以不同权重再求平均数,R 指令如下:

```
> weights <- c(2, 2, 2, 2, 2, 1, 1, 1, 1, 1)
> weighted.mean(x = data, w = weights)
[1] 10.06667
```

参数 w 接收权重值,前 5 个观测值的权重是后 5 个观测值的两倍。权重向量不需要各元素的和等于 1。后文中,加权平均将在总体方差相等的两个样本方差合并中有应用。

2. 中位数

按照观测值的大小将数据排序,处于中间位置的观测值称为*中位数*(median),记作 M_d。当观测值数量为奇数时,第 $\frac{n+1}{2}$ 位的观测值即是中位数;当观测值数量为偶数时,第 $\frac{n}{2}$ 位和第 $\frac{n}{2}+1$ 位观测值的平均数为中位数。R 语言计算中位数使用 median()函数(用法与 mean()函数类似)。

当数据的频数分布特征呈现偏态时,中位数对数据的代表性要优于算术平均数。或者当数据存在偏大或偏小的异常值,且没有进行针对性的处理时,中位数的表现也会优于算术平均数。比如下例中,明显离群的 100 造成平均数对整体的代表性逊于中位数①。

```
> mean(c(1, 2, 3, 4, 5, 100))
[1] 19.16667
> median(c(1, 2, 3, 4, 5, 100))
[1] 3.5
```

扩展中位数的概念可以得到分位数。将观测值从小到大排序,能够将数据等分的观测值称为*分位数*(quantile)。中位数就是能够将数据二等分的分位数。能够将数据四等分的观测值称为*四分位数*(quartile)。四分位数有三个,较小的四分位数称为第一四分位数,或*下四分位数*(lower quartile),记作 Q_1;较大的四分位数称为第三四分位数,或*上四分位数*(upper quartile),记作 Q_3;中位数则是第二四分位数,记作 Q_2。

如果将数据作一百等分,则得到*百分位数*(percentile),它是中位数的进一步扩展。将观测值从小到大排序后得 $x_1, x_2, \cdots, x_n$,对 $0 \leqslant p < 1$,第 $100p$ 百分位数,记作 m_p,定义为

$$m_p = \begin{cases} x_{[np]+1}, & \text{当 } np \text{ 不是整数时} \\ \frac{1}{2}(x_{np} + x_{np+1}), & \text{当 } np \text{ 是整数时} \end{cases} \tag{2.7}$$

其中 $[np]$ 表示取 np 的整数部分(也就是向下取整)。第 $100p$ 百分位数($0 \leqslant p < 1$),也就是说整个数据的 $100p\%$ 的观测值不会超过它。例如,10%($p = 0.1$)的观测值小于或等于第 10 百分位数。因此,第 50 百分位数 $m_{0.5}$ 就是中位数,第 25 百分位数 $m_{0.25}$ 就是下四分位数 Q_1,第 75 百分位数 $m_{0.75}$ 就是上四分位数 Q_3。图 2.3 显示了各种分位数的关系。

① 这里我们用隐式的传参方式,即参数名被省去。R 将按函数设定的参数顺序把数据传给相应的参数,如果传入数据不符合要求,R 会抛出错误信息。建议初识 R 的读者使用显式传参,以避免复杂函数参数过多时的混乱。

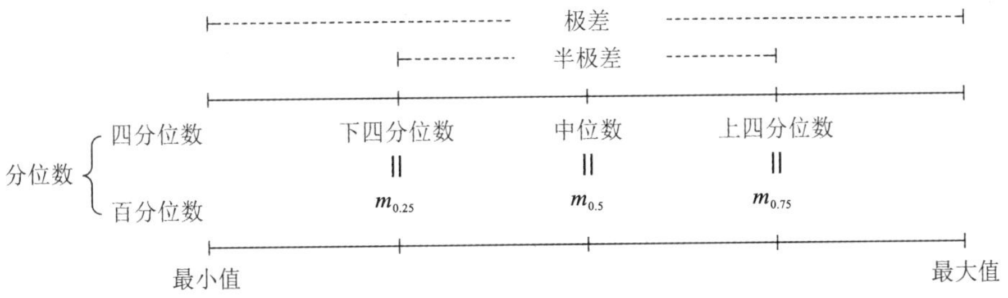

图 2.3　中位数、四分位数、百分位数示意图

R 计算分位数用 quantile()函数。代码如下：

```
> quantile(x = data, names = TRUE)
  0%    25%    50%     75%    100%
6.00  7.50  9.50  12.75  15.00
```

函数给出了三个四分位数，以及第 0 百分位数和第 100 百分位数(分别是 data 中的最小值和最大值)。若要获取其他百分位数，向 probs 参数传入相应的 p 值即可。例如，quantile(x = data,probs = 0.3,names = TRUE)将返回第 30 百分位数。probs 参数的默认值是由 seq()函数生成的一个数值序列，即

```
> seq(from = 0, to = 1, by = 0.25)
[1] 0.00 0.25 0.50 0.75 1.00
```

表示从 0 到 1 每隔 0.25 生成一个数。这些数值将指示 quantile()函数计算第 0 百分位数、第 25 百分位数、第 50 百分位数、第 75 百分位数和第 100 百分位数。

中位数虽然在数据的统计分析中没有算术平均数表现得那么突出，但是在表征数据中心位置上有重要的辅助作用，甚至在非参数检验(第 13 章)中还成为主角。

3. 众数

数据中出现次数最多的观测值或组中值，称为众数(mode)，记作 M_O 。一组样本数据中众数可以有多个，也可能没有众数。用众数代表一组数据可靠性较差，但众数不受极端数据的影响，并且算法简便。特别是当离散型数据没有大小关系，或者研究对象无法准确定义算术平均数和中位数时，众数较为有用。

例如，100 位被调查者的血型数据 A，A，B，AB，…，O，这样的数据即使转换成数值，也无法进行平均数计算。能够很好地代表血型数据整体情况的就是众数，也就是出现频数最多的血型。当然，频数最多的血型可能有两个，甚至可能有四个。

在离散型数据的频数分布表中，频数最多的那一组的组中值可以作为众数的近似值。表 2.1 中频数最高的组为[39,44)，频数为 79，那么 41 即可作为该组数据的众数近似值。实际上 300 株小麦穗粒数的数据中出现频数最高的是 42。R 语言中没有专门计算众数的函数，需要自定义，或间接使用 table()函数统计每个元素出现的频数，再找到频数最大的元素。PriBioStatR 包中的 find.mode()函数可以实现简单的众数查找，读者可试着用它来计算 wheatGrains 的众数。

当处理连续型数据时，使用众数可能会导致信息损失较大。所以对于未分组的连续型数据，一般不采用众数。

4. 几何平均数

数据中 n 个观测值作连乘积后开 n 次方，所得结果称为几何平均数(geometric mean)，记作 G 。计算公式为

$$G = \sqrt[n]{x_1 x_2 \cdots x_n} = \sqrt[n]{\prod_{i=1}^{n} x_i} \tag{2.8}$$

对于连乘积的形式，我们常作对数处理。因此，有

$$\lg G = \frac{\lg x_1 + \lg x_2 + \cdots + \lg x_n}{n} = \frac{\sum_{i=1}^{n} \lg x_i}{n} \tag{2.9}$$

所以几何平均数取对数可以得到对数的算术平均数。

几何平均数适用于具有等比或近似等比关系的数据。例如，数据呈现比率或指数的形式。这类数据的原始形式，其频数分布通常是非对称的，对数化处理后可转换成近似对称的形式。

R 语言的 psych 包①提供了计算几何平均数的函数 `geometric.mean()`。在调用非核心 R 包(详见 15.1.3 小节)的函数时，需要先通过 `library()`函数将目标函数所在的程序包加载到 R 的当前运行环境。

```
> library(psych)
> geometric.mean(x = data)
[1] 9.754783
```

注意，参数 `na.rm` 的默认值为 `TRUE`，即函数会默认删除数据中的 `NA` 值。这一点与在 `mean()`和 `median()`函数中的用法相反。

5. 调和平均数

对数据中各观测值取倒数，计算算术平均数后再取倒数，即得调和平均数(harmonic mean)，又称倒数平均数，记作 H 。计算公式为

$$H = \frac{1}{\dfrac{\left(\dfrac{1}{x_1} + \dfrac{1}{x_2} + \cdots + \dfrac{1}{x_n}\right)}{n}} = \frac{n}{\sum_{i=1}^{n} \dfrac{1}{x_i}} \tag{2.10}$$

调和平均数可用于计算生物不同阶段的平均增长率。不论是个体生长还是群体的增殖，生物通常表现出不同阶段的增长率不同的现象。例如，微生物的发酵培养，生物量的积累在开始阶段会相对缓慢，然后进入快速增殖期，最后又会进入缓慢期。如果要计算微生物的增长率的平均数，即可采用调和平均数。

R 计算调和平均数的函数 `harmonic.mean()`也属于 psych 包，用法与几何平均数的 `geometric.mean()`函数类似。区别在于，前者有 `zero` 参数(默认值为 `TRUE`)，用于处理传入数据中含有 0(分母为 0 没有意义)的情况(直接返回 0)。

```
> data <- c(2, 3, 4, 2, 5, 1, 0)
```

① Revelle W. 2024. psych: Procedures for Psychological, Psychometric, and Personality Research. R package version 2.4.3, 〈https://CRAN.R-project.org/package=psych〉.

```
> harmonic.mean(x = data, zero = FALSE)
[1] 2.155689
> harmonic.mean(x = data, zero = TRUE)
[1] 0
```

通过描述数据中心位置的特征数来代表数据的整体，实际上是一种古老且激进的思想。在 19 世纪，它被称为“观测的组合”。对数据集中的个体观测值进行统计汇总，概括出的信息可以超越个体。统计的整体概括大于各部分的加和。样本平均数就是这样一个例子，它很早就被人们所重视。在分析中，对数据通过任何形式的取均值都是一个相当激进的操作，因为取均值必然会丢失数据中的信息，让观测值失去个性。

如何概括一组相似但不完全相同的观测值，在不同的年代都是一道智力难题。在更早的时期，人们会选择观测值中一些特别的例子，比如“最流行”的那个观测值——众数，又比如“最突出”的那个观测值——最大值。16 世纪早期，德国估算大师 Jacob Köbel 图文并茂地描述了当时土地测量的基本单位——16 英尺的木棒是如何确定的。那时至少在德国，1 英尺就是一只脚(foot)的长度。但选哪只脚作为标准呢？Köbel 描绘的方案简单而优雅：在教堂礼拜结束之后留下 16 位男性市民，让他们前后排列成一条线，后面一个人的脚紧跟前面一个人的脚。这条线的长度就是那根 16 英尺木棒的长度。16 个人共同决定了木棒的长度，也同时决定了 1 英尺的长度，即一只“平均脚”的长度。从 16 英尺到 1 英尺的汇总、聚合，每一只参与观测的脚都作出了应有的贡献，它们共同构成了测量木棒长度的合法性。

2.3.2 数据离散程度的特征数

反映数据离散性的特征数包括：极差、方差、标准差和变异系数等。它们又统称为变异数，其中方差和标准差是使用最广的变异数。

1. 极差

数据中最大的观测值与最小的观测值之间的差值，称为*极差*(range)，记为 R 。计算公式为

$$R = \max\{x_1, x_2, \cdots, x_n\} - \min\{x_1, x_2, \cdots, x_n\} \tag{2.11}$$

按照百分位数的定义，最小值就是第 0 百分位数，最大值就是第 100 百分位数。所以极差也是第 0 百分位数与第 100 百分位数的差。按此方法，第 25 百分位数与第 75 百分位数的差就是*半极差*，记作 R_1 。半极差又称为*四分位距*(interquartile range，IQR)，因为它也是第三四分位数 Q_3 与第一四分位数 Q_1 的差(见图 2.3)。虽然称为半极差，但半极差并不一定等于极差的一半，具体取决于数据的分布情况。

半极差也可以用来度量数据的离散程度。相比于极差，半极差对数据中的异常值(过小或过大的值)不敏感。因此，半极差作为离散程度的数字表征具有稳健性。

R 语言求极差需要借助两个函数 `max()`和 `min()`分别计算数据中的最大值与最小值，然后求差值即可。

```
> sample <- c(3, 5, 2, 14, 8, 9, 7)
> R <- max(sample) - min(sample); R
[1] 12
```

这里的分号“;”分开了两条 R 指令，前一条计算 sample 的极差并赋值给了变量 R。后一条指令在交互式[①]运行 R 时才起作用，即查看变量 R 的具体取值信息。

或者，通过 range()函数求得值域（也就是最小值和最大值），然后传入 diff()函数也可求出极差。

```
> diff(range(sample))
[1] 12
```

2. 方差

表征观测值偏离中心的程度，使用离均差是最直接的方式。不过，由于离均差之和等于 0 的问题，离均差不能表征所有观测值的总变异情况。为了消除离均差正负抵消的问题，可将离均差取平方，然后再除以样本容量，以取离均差平方的平均数。当然取绝对值的方式也可以消除离均差正负抵消的问题，但绝对值的数学处理要比平方麻烦得多。因此，最终统计学家们采用了方差的形式来表征数据的离散程度。

方差（variance），记作 s^2 ，即离均差平方的平均数，计算公式为

$$s^2 = \frac{\sum_{i=1}^{n} (x_i - \overline{x})^2}{n-1} \tag{2.12}$$

注意：样本的离均差平方并非用观测值的个数 n（样本容量）作平均，而是用 $n-1$ 。这里的 $n-1$ 称为自由度（degree of freedom，df），这个概念的应用与普及归功于 Fisher。关于自由度的问题将在第 5 章参数估计的矩法估计部分详细讨论。

对于一个有限总体的方差，每一个个体都参与了离均差平方的计算，总体方差记作 σ^2 ，计算公式为

$$\sigma^2 = \frac{\sum_{i=1}^{N} (x_i - \mu)^2}{N} \tag{2.13}$$

式中，μ 表示总体平均数。

样本方差公式和总体方差公式除了形式上相近外，样本中的观测值和总体中的个体都用符号 x_i 表示。然而，它们的统计学意义是不同的。对于有限总体而言，所有个体都是确定的，不存在随机性。对于样本中的观测值，它们虽然来自总体，但由于样本是随机抽取的，所以样本观测值具有随机性。

此外，由于样本只是总体的一部分，样本所有观测值的离均差平方和必定小于总体的离均差平方和，即式(2.12)和式(2.13)中的分子部分，前者必定小于后者。既然式(2.12)中的分子必定偏小，那么要让样本方差 s^2 对于总体方差 σ^2 的估计更加准确，只有将式(2.12)中的分母部分调小。此处我们先这样简单地推理，待到第 5 章再给出更准确的解释。

R 语言计算方差的函数为 var()。与平均数的计算类似，该函数也有 na.rm 参数。

```
> var(x = sample)
[1] 16.47619
```

① R 运行的方式之一，详见 15.1.1 小节。

3. 标准差

方差在反映数据变异程度上的作用毋庸置疑，然而由于方差中离均差取了平方，使得方差的数值和单位与观测值（主要是平均数）不能配合使用。解决这一问题的办法就是对方差开平方，得到标准差（standard deviation），记作 s 。计算公式为

$$s = \sqrt{\frac{\sum_{i=1}^{n}(x_i - \bar{x})^2}{n-1}} \tag{2.14}$$

相应的总体标准差记作 σ，计算公式为

$$\sigma = \sqrt{\frac{\sum_{i=1}^{N}(x_i - \mu)^2}{N}} \tag{2.15}$$

计算标准差或方差，需要先计算平均数。然而，离均差平方和的以下关系有助于简化计算。

$$\begin{aligned} \sum_{i=1}^{n}(x_i - \bar{x})^2 &= \sum_{i=1}^{n}(x^2 - 2x_i\bar{x} + \bar{x}^2) \\ &= \sum_{i=1}^{n}x^2 - \sum_{i=1}^{n}2x_i\bar{x} + \sum_{i=1}^{n}\bar{x}^2 \end{aligned} \tag{2.16}$$

后两项和式中 $\bar{x}$ 和 $\bar{x}^2$ 与下标 i 无关，所以可像证明算术平均数的第二条性质那样，将 $\bar{x}$ 和 $\bar{x}^2$ 提取到求和符号之外。

$$\begin{aligned} \sum_{i=1}^{n}(x_i - \bar{x})^2 &= \sum_{i=1}^{n}x^2 - 2\bar{x}\sum_{i=1}^{n}x_i + n\bar{x}^2 \\ &= \sum_{i=1}^{n}x^2 - 2\,\frac{\sum_{i=1}^{n}x_i}{n}\sum_{i=1}^{n}x_i + n\left(\frac{\sum_{i=1}^{n}x_i}{n}\right)^2 \\ &= \sum_{i=1}^{n}x^2 - 2\,\frac{\left(\sum_{i=1}^{n}x_i\right)^2}{n} + \frac{\left(\sum_{i=1}^{n}x_i\right)^2}{n} \\ &= \sum_{i=1}^{n}x^2 - \frac{\left(\sum_{i=1}^{n}x_i\right)^2}{n} \end{aligned} \tag{2.17}$$

代入式(2.14)，有

$$s = \sqrt{\frac{\sum_{i=1}^{n}x^2 - \frac{\left(\sum_{i=1}^{n}x_i\right)^2}{n}}{n-1}} \tag{2.18}$$

这样可以绕过平均数的计算。虽然在普遍使用计算机的当下，这样的简化计算已没有实际意义，但是推导过程所呈现的各种量之间的关系对于理解方差仍然有一定的理论价值。

标准差表征数据变异程度的大小。标准差越小，变量越集中于平均数附近；反之，变量越远离平均数。所以，标准差的大小可以判断平均数对数据的代表性，也就是标准差越小，

平均数对数据的代表性越强。

R 语言计算标准差用 sd()函数。该函数在内部调用了 var()函数,并将结果传递给了 sqrt()函数作开平方处理。

```
> sd(x = sample)
[1] 4.059087
```

4. 变异系数

标准差是衡量一个样本数据分布变异程度的重要特征数。标准差的大小与数据测量的精度、样本所代表的性状本身都有关。

为了在不同样本之间实现变异程度的比较,将样本标准差除以样本平均数所得的百分比称为变异系数(coefficient of variability,CV),计算公式为

$$CV = \frac{s}{\bar{x}} \tag{2.19}$$

变异系数衡量的是数据的相对变异程度,是不带单位的纯数。

```
> cv <- sd(sample) / mean(sample); cv
[1] 0.5919502
```

2.3.3 数据偏度和峰度

除了用平均数和变异数描述数据的特征外,还可以通过偏度和峰度了解数据分布更深层的性质,它们分别表示分布的偏倚情况和陡缓情况。

偏度(skewness),用来表现数据分布的对称性,记作 S_k ,计算公式为

$$S_k = \frac{\sum_{i=1}^{n}(x_i - \bar{x})^3}{s^3(n-1)} \tag{2.20}$$

式中,$\bar{x}$ 为平均数,s 为标准差。

当 $S_k = 0$ 时,数据呈现左右对称分布;当 $S_k < 0$ 时,分布向左偏离,左侧拖尾;当 $S_k > 0$ 时,分布向右偏离,右侧拖尾。右偏时,一般算术平均数>中位数>众数;左偏时相反,即算术平均值<中位数<众数。左右对称时三者相等。

峰度(kurtosis),用来描述数据分布形态的陡缓程度,记作 K_u ,计算公式为

$$K_u = \frac{\sum_{i=1}^{n}(x_i - \bar{x})^4}{s^4(n-1)} - 3 \tag{2.21}$$

式中的符号表示意义同上。

当 $K_u = 0$ 时,数据呈现正态分布(见第 3 章图 3.12(a));当 $K_u < 0$ 时,比正态分布平缓,表示分布较分散,呈低峰态;当 $K_u > 0$ 时,比正态分布陡峭,表示分布更集中于平均数周围,呈尖峰态。

R 语言 moments 包[①]提供的 skewness()函数和 kurtosis()函数可分别计算数据的偏

① Komsta L, Novomestky F. 2022. moments: Moments, Cumulants, Skewness, Kurtosis and Related Tests. R package version 0.14.1,〈https://CRAN.R-project.org/package=moments〉.

度和峰度。

```
> library(moments)
> skewness(x = sample)
[1] 0.5313212
> kurtosis(x = sample)
[1] 2.446582
```

2.4 异常数据的处理

在统计分析之前,原始数据需要从数据点是否有错误、取样是否合理和不合理数据点的修正三个方面进行全面核对,检查数据的测量记录是否有误、有无缺失数据、是否有较大或较小的异常值等。对于个别缺失值,可以进行基于最小二乘法的理论估计①,删除错误和异常值,或进行重复试验补充新数据。只有保证数据的完整、真实和可靠,才能通过后续的统计分析真实地反映总体的客观情况。

在补足数据中的缺失值之后,对统计分析影响较大的当属那些较大或较小的异常值。这里的异常值又称为*离群值*(outlier),即数据中一个或几个观测值与其他数值相比差异较大。产生离群值的主要原因如下。

(1)观测值变异的极端表现,这类离群值实际上是正常数据,只是在这次试验中表现极端。这类离群值与其他观测值都属于被研究的总体。

(2)由于试验条件和试验方法的偶然性,或观测、记录、计算时的失误所产生的结果,这类离群值是一种非正常的、错误的数据。

对于第一种情况,需要从专业的角度出发作出合理的解释。如果数据存在逻辑错误,而原始记录又确实如此,且无法再找到该观察对象进行核实,则只能将这些离群值删除。此外,如果数据是合理的,后续的分析就需要采用合适的统计方法,如非参数检验(见第 13 章)。

识别离群值的方法主要有四分位数法、拉依达法、绝对中位差法和 Grubbs 检验法。Grubbs 检验法需要首先建立假设检验的知识体系,所以此处我们只介绍前三种方法。

2.4.1 四分位数法

表达数据分布范围的可视化方式,除了前文介绍过的直方图和折线图,还有一种可表示多组数据分布的统计图形——箱线图(boxplot,R 中用 `boxpolot()`函数实现,详见 15.5.1 小节)。箱线图(见图 2.4(a))的制作需要利用三个四分位数来反映数据的分布范围,从箱体延伸出去的线最长(以极值为限)为 1.5 倍的四分位距(interquartile range,IQR)。在集中显示多组数据的分布情况时,每组数据可以制作一个箱线盒子,或水平或垂直放置,简单而直

① 简言之,最小二乘法首先将缺失值用符号表示,构建离均差平方和的表达式;通过函数求极值的方法,即令导数或偏导数为零,得一元一次方程(一个缺失值)或二元一次方程组(两个缺失值);解方程或方程组即得缺失值的理论估计值。

观，而且可以实现数据组间在视觉上的比较(见图 2.4(b))。

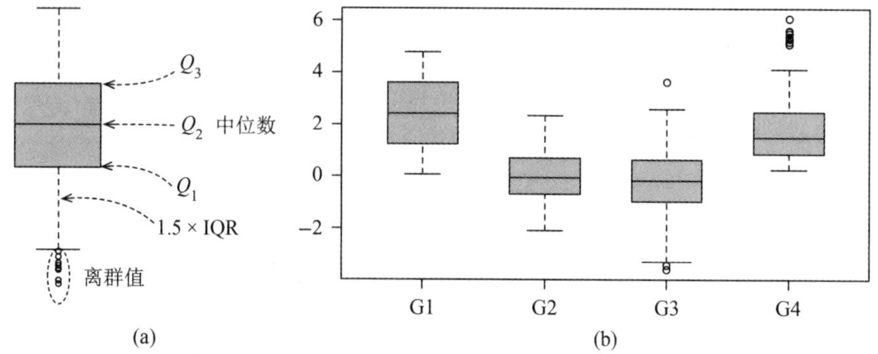

图 2.4　箱线图示意图

如图 2.4 所示，数据中大于$Q_3+1.5\times IQR$ 和小于$Q_1-1.5\times IQR$ 的数据点都是离群值。这就是四分位数法。

2.4.2　拉依达法

拉依达法基于拉依达准则(Pauta criterion)，认为如果数据中只存在随机误差，而误差又服从正态分布，那么在 $\mu\pm3\sigma$ 范围内将包含数据的 99.73%，在 $\mu\pm2\sigma$ 范围内将包含数据的 95.45%(这一点在 3.3.7 小节中还会详细介绍)。所以超出该范围的数据可被视为离群值。基于样本数据的检验范围应为 $\bar{x}\pm2s$ 或 $\bar{x}\pm3s$，这里 s 为样本标准差。

需要注意的是，计算平均数和标准差时应包括所有数据；可疑的数据应逐一排查，每剔除一个离群值应重新计算平均数和标准差。拉依达法对数据的个数，即样本容量也有一定的要求。当以 $3s$ 为界时，要求 $n>10$；当以 $2s$ 为界时，要求 $n>5$。

2.4.3　绝对中位差法

绝对中位差(median absolute deviation，MAD①)，是指每个观测值与中位数的差值取绝对值后，所有差值绝对值的中位数。绝对中位差法将超出 $M_d\pm3$MAD(注意 M_d 是所有观测值的中位数)的观测值判定为离群值。MAD 法对异常值的存在非常不敏感。在许多情况下，MAD 提供了比标准差(拉依达法)更强大的离群值检测能力。因为标准差会受到极端值的影响，而 MAD 不受这种影响。

R 语言的 mad()函数可完成绝对中位差的计算。

```
> mad(x = c(12, 12, 11, 14, 16))
[1] 1.4826
```

在识别出离群值后，处理的方法有：找到离群值产生的原因，并修正离群值；在数据足够的前提下，剔除离群值，不追加观测值；数据不够时，需要追加新的观测值或用适宜的插补值(比如上述最小二乘估计值)代替；又或者在无法追加新数据时，保留离群值并选用合适的后

① Hampel F R. 1974. The influence curve and its role in robust estimation. J. Am. Stat. Assoc.，69：383-393.

续数据统计分析方法。用 R 语言去除数据中离群值的操作方法可以参考 15.4.4 小节。

关于异常值的判断和处理，必须结合专业知识慎重处理。特别是在重复试验得到相似结果的时候，应当考虑所谓的异常值是否是正常的，否则可能会错失深入研究问题的机会。

本章我们了解了统计学较为贴近实践的一面——描述性统计。无论采用何种方法挖掘隐藏在数据中的信息，数据质量都是统计分析的生命。保证数据质量依赖于收集数据的务实态度、处理数据的工匠精神、分析数据的科学思维、解释数据的谨慎探索。用四个字概括，就是“实事求是”，这不仅是统计职业道德的核心内容，也是科学研究的基本精神。

习题 2

(1)连续型数据和离散型数据有何区别？

(2)质量性状为什么需要数值化？其方法有哪些？

(3)数据的频数分布直方图的制作思路是什么？

(4)描述数据分布集中性的特征数有哪些？描述数据分布离散性的特征数又有哪些？

(5)几何平均数与算术平均数有何关系？

(6)什么是变异系数？为什么变异系数要将平均数与标准差配合使用？

(7)什么是分位数？四分位数和中位数的关系是什么？

(8)数据分布左偏时，算术平均数、中位数和众数有何关系？

(9)什么是异常数据？该如何处理？

(10)结合数据的频数分布表/图，以及数据的特征数，简述描述性统计的目的和意义。

第 3 章　概率与概率分布

纵览上一章，描述性统计实际上就是用来描绘或总结观测数据的，也就是说它针对的只是样本，而非总体。绪论一章提到的总体才是科学研究的最终目标。通过样本来研究总体，依赖的则是推断性统计的方法。实现从描述性统计向推断性统计的跨越，离不开概率论这座桥。

概率论是一门研究随机事件发生可能性的数学分支学科，研究的对象是随机试验。随机试验的结果具有不确定性，但是我们可以通过概率论的方法来描述和分析这些结果的可能性。概率论的主要内容涉及概率的基本概念，包括样本空间、事件、概率等概念，随机变量及其概率分布，大数定律及中心极限定理等。

可以说，统计建立在概率论之上，概率论为统计插上了理性的翅膀。

3.1　概 率 基 础

3.1.1　随机事件

事件在日常生活的语言里指的是一种已经发生的情况。比如，2001 年 9 月 11 日发生的"9・11"事件，又如 2014 年 3 月 8 日发生的马航 MH370 失踪事件。然而，概率论所谈的事件是对某种或某些现象的"陈述"。陈述的现象可能发生，也可能不发生；或客观上已发生，但相关信息尚未可知。信息有消除不确定性(uncertainty)的作用。因此，在信息不明时，已发生事件仍是概率论研究的对象。

根据发生可能性的不同，概率论中的事件可分为三类：必然事件、不可能事件和随机事件。

在一定条件下必然出现的现象，称为必然事件(certain event)，常用 Ω 表示。例如，水在标准大气压下温度达到 100 ℃时沸腾。在一定条件下必不出现的现象，称为不可能事件(impossible event)，常用 $\varnothing$ 表示。例如，种子的发育率超过 100%。在一定条件下可能出现，也可能不出现的现象，称为随机事件(random event)，常用大写英文字母 $A,B,C,\cdots$ 表示。例如，质地均匀的硬币投掷后正面朝上。

显然，必然事件和不可能事件并不是概率论关注的主要对象，自然科学的各领域更不会对它们展开研究。不过它们仍然是事件发生可能性定量描述中不可或缺的部分。就像微积分中将常数视为变量的特例一样，必然事件和不可能事件也可视为随机事件的特例。这样处理便于忽略三类事件在概念上的区别。

日常生活中，有时候"不确定"也会被用来描述可能发生也可能不发生的情况。但是不确定性(uncertainty)和随机性(randomness)有着本质区别。以一次试验为例,随机性要求试验的所有可能结果是可知的,可以定量每种结果的可能性。然而,具有不确定性的试验无法预知所有可能发生的结果,更不可能对每种结果的可能性进行精确的计算。比如,我们生活的城市明天会发生什么是不确定的,而不是随机的。事件是随机的,还是不确定的,需要研究者拥有对相关事件的经验知识。在缺乏相关事件的足够信息或分析不够充分时,要么随机性会变成不确定性导致无法研究,要么随机性的定量将出现偏差导致错误的结论。

随机事件与不确定事件的核心区别在于随机事件的试验或观察的结果具有可知性。此间还有一层隐藏的含义,即试验中每种可能的结果,或所有可能结果的某一部分,都有一个明确的陈述。换句话说,随机事件的结果具有明确的边界,不存在既如此又似彼的情况。概率论中,通常把单一的试验结果称为一个基本事件(elementary event),这样就可以把一些基本事件组合起来构成一个新的复合事件(compound event)。例如,掷骰子游戏中 6 种点数对应 6 种基本事件,而 4、5、6 点又可构成"点数大于 3"的复合事件。这种对结果的要求,实际上是对试验或观察方法的要求。使随机现象得以实现和观察的全过程称为随机试验(random experiment)。随机试验具有以下三个特征:

(1)可重复性,试验在相同条件下可以重复进行;

(2)可知性,每次试验的可能结果不止一个,但事先能明确所有可能的结果;

(3)随机性,在完成试验之前不能确定哪一个结果会出现,但必然出现结果中的一个。

随机试验的结果必定涉及必然事件、不可能事件和随机事件。仍然以掷 6 面骰子试验为例,"点数在 1 到 6 之间"为必然事件;"点数大于 6"为不可能事件;而"点数大于 3"则为随机事件。"点数为 1""点数为 2"……直到"点数为 6",都是随机试验的基本事件,又称为试验的样本点,记作 $\omega_i\,(i=1,2,\cdots,6)$ 。全部样本点组成的集合称为该随机试验的样本空间,记作 Ω,即 $\Omega=\{\omega_1,\omega_2,\cdots,\omega_6\}$ 。"点数大于 3"的复合事件实际上是样本空间的一个子集 $\{\omega_4,\omega_5,\omega_6\}$ 。

用样本空间的方式来定义随机事件,则有如下定义。

定义 3.1　随机试验的基本事件,也称样本点 ω_i ,构成样本空间 Ω。样本空间中的任一子集 A ,称为随机事件,有 $A\subseteq\Omega$ 。

因为空集 $\varnothing$ 和样本空间 Ω 本身都是样本空间的子集,或用集合论的语言来讲,不可能事件 $\varnothing$ 和必然事件 Ω(符号与样本空间一样)属于两类特殊的随机事件,所以后文除非必要,我们不再区分三类事件,而统称它们为事件。

3.1.2　频率

研究随机事件需要用定量的方式描述其发生的可能性。了解事件是否发生,以及有多大的可能性发生,自然通过随机试验来观察。例如,要了解手上的硬币正面朝上的可能性有多大,可以投掷这枚硬币试一试。可是在投出硬币之后,我们就会意识到仅仅投掷一次是无法回答"可能性有多大"这一问题的。试验需要继续下去,直到我们觉得数据已经足够回答该问题。接下来,汇总正面朝上的次数,然后除以投掷总次数。究竟是什么驱使我们的先辈们如此操作无从得知,或许只是理性的直觉。总之,描述随机事件发生的可能性最朴素的方法就是通过随机试验计算频率。

定义 3.2 设事件 A 在 n 次重复试验中发生了 m 次，有比值

$$W(A)=\frac{m}{n},\quad 0\leqslant W(A)\leqslant 1 \tag{3.1}$$

该比值称为事件 A 发生的频率(frequency)。

用频率的方式来定量描述随机事件发生的可能性，新的问题会在辛苦的投硬币过程中自然地显现出来。首先，我们会意识到只要试验不停，虽然变化幅度在变小，但频率始终不能稳定。其次，随着试验的持续，会发现试验似乎是没有尽头的，因此试验也无法给出准确结论。再次，虽然随机试验提供了描述可能性的可操作方法，将可能性与科学试验相联系，秉持了客观世界存在统计规律的思想，但是这种方法始终是经验性的，无法上升到理论层面。最后，简单的投硬币试验业已如此，那么对那些无法进行试验的，或至少无法进行多次重复试验的随机现象又该如何评价其可能性呢？

3.1.3 概率

随机事件 A 发生的频率，为评价事件发生的可能性提供了可操作的方法。有了上述思考之后，在没有更严谨的解决方案前，我们至少可以弥补频率概念潜在的缺陷，产生以频率为基础的概率定义。

定义 3.3 事件 A 在 n 次重复试验中发生了 m 次，当试验次数 n 不断增大时，事件 A 发生的频率 $W(A)$ 趋近某一确定值 p，则 p 为事件 A 发生的概率(probability)，即

$$P(A)=p=\lim_{n\to\infty}\frac{m}{n} \tag{3.2}$$

用频率的极限形式来定义概率，称为统计概率。它理论上解决了频率定义中结果不稳定和只提供经验性结果的缺陷。不过，随之而来的是可操作性的降低，因为实践中我们无法让 n 取到无穷大，甚至因成本难以承受，仅让 n 很大都很难做到。

重新思考硬币投掷试验，或许又会有这样的想法：对于有两个面的硬币，其正面朝上的可能性应该是 1/2。也就是说，当我们用 1 来描述投掷硬币后"一面"朝上的事件的可能性，只有正面和反面两种可能的结果应该平分"一面"朝上的可能性。当然，这需要硬币质地均匀。如果铸造该硬币所用的铝镍合金有瑕疵，造成质地不均匀，此时断然取 1/2 就不合适了。所以，如果不用随机试验的方式通过频率来评价事件发生的可能性，而采用理性思考的方式，就必须要求试验的所有结果具有等可能性。统计概率延续了随机试验的思想，而如果采用类似硬币正面朝上的可能性为 1/2 的推理方式，那么概率的频率定义还可以描述如下。

定义 3.4 在一个有 n 个等可能结果的随机试验中，事件 A 包含其中 m 个结果，则事件 A 的发生概率可定义为

$$P(A)=\frac{m}{n} \tag{3.3}$$

这就是概率的古典定义，或称古典概率。它摆脱了极限的麻烦，但明确要求结果发生的等可能性。不论是概率的统计定义，还是古典定义，都不难看出概率的以下两个性质。

(1)非负性：样本空间 Ω 任意子集 A 的概率在 0 到 1 之间，即 $\forall A\subseteq\Omega, 0\leqslant P(A)\leqslant 1$。

(2)归一性：样本空间 Ω 的概率为 1，即 $P(\Omega)=1$。

用频率的极限定义随机事件的概率，产生了概率定义的频率学派，至今仍有广泛和深远

的影响。在某些情况下，古典的频率定义还可以延伸到试验结果有无限多个的情况，得到所谓概率的几何定义，即几何概率。与之相关的有著名的 Buffon 投针问题和 Bertrand 问题。

然而无论是频率定义还是几何定义，都是方法论层面的定义，即提出定义的同时也确定了实操方法。但是，这在数学家眼里还远远不够，就像俄国数学家 Andrey Kolmogorov① 所说的：概率论作为数学学科，可以而且应该从公理开始建设，和几何、代数的路一样。最终，Kolmogorov 于 1933 年完成了概率的公理化定义，在几条简单公理的基础上建立起概率论的宏伟大厦。

Kolmogorov 公理体系只是界定了概率这个概念所必须满足的一般性质，它没有也不可能解决在特定场合下如何确定概率的问题，其意义在于为一种普遍而严格的数学化概率理论奠定了基础。例如，掷骰子问题可抽象转化为一个只有 6 个基本结果的试验，而不需考虑试验是掷骰子或其他。我们之所以可以像上述频率定义的第二种方式（定义 3.4）那样思考，也是由 Kolmogorov 公理体系支撑的。

3.1.4　事件的相互关系

事件作为某些现象的陈述，在表达上可以非常简单，如明天某地下雨；也可能非常复杂，如已连续三天下雨的某地明天继续下雨。文字描述上的复杂度提升，增加了理解上的困难，同时也让事件的概率考察变得麻烦。因为后一种复杂陈述涉及的并不是一个单纯的事件，而是有条件的复合事件。解决相关问题首先需要准确区分和定义事件之间的相互关系。描述事件的相互关系，最方便的方式还是借助集合论的语言。

1. 事件的包含与相等

如图 3.1(a)所示，若事件 A 发生必然导致事件 B 发生，则称事件 B 包含事件 A（或事件 A 包含于事件 B），记为 $A \subset B$。

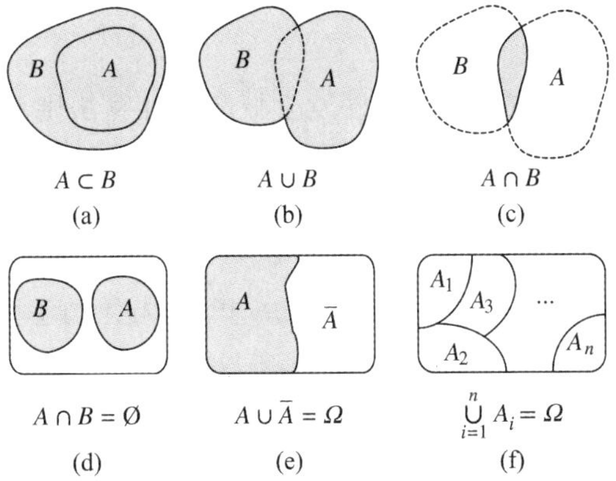

图 3.1　事件的相互关系

如果 $A \subset B$ 且 $B \subset A$，则称事件 A 与事件 B 相等，记为 $A = B$。

① 安德雷·柯尔莫哥洛夫(1903—1987)，俄国数学家，主要在概率论、算法信息论和拓扑学方面作出了重大贡献。1933 年，柯尔莫哥洛夫的专著《概率论的基础》出版，书中第一次在测度论基础上建立了概率论的严密公理体系，这一光辉成就使他名垂史册。

2. 事件的并(和)

如图 3.1(b)所示，事件 A 和事件 B 中至少有一件发生，称为事件 A 和事件 B 的和事件(sum event)，或事件 A 和事件 B 的并，以 $A \cup B$ 或 $A+B$ 表示；可推广到多个事件的和，如 $A_1 \cup A_2 \cup \cdots \cup A_n$ 。

3. 事件的交(积)

如图 3.1(c)所示，事件 A 和事件 B 同时发生，称为事件 A 和事件 B 的积事件(product event)，或事件 A 和事件 B 的交，以 $A \cap B$ 或 $A \times B$ 表示；可推广到多个事件的积，如 $A_1 \cap A_2 \cap \cdots \cap A_n$ 。

4. 事件的互斥与对立

如图 3.1(d)所示，事件 A 和事件 B 不能同时发生，即 $A \cap B = \emptyset$，则称事件 A 和事件 B 互斥(mutually exclusive)；两事件的互斥关系可推广至 $A_1, A_2, \cdots, A_n$ 多个事件的互斥。

如图 3.1(e)所示，事件 A 和事件 B 必有其一发生，而不能同时发生，即 $A \cup B = \Omega$，$A \cap B = \emptyset$，则称事件 A 和事件 B 互为对立事件(complementary events)；事件 B 可表示为 $\overline{A}$，事件 A 可表示为 $\overline{B}$ 。

5. 事件的相互独立

事件 A 的发生与事件 B 的发生无关，反过来事件 B 的发生与事件 A 的发生也无关，则称 A 和 B 两事件独立(independent)。若多个事件 $A_1, A_2, \cdots, A_n$ 彼此独立，则称之为独立事件群(independent events group)。

6. 完全事件组

如图 3.1(f)所示，若多个事件 $A_1, A_2, \cdots, A_n$ 两两互斥，即 $A_i \cap A_j = \emptyset \ (i \neq j)$，且必有其一发生，即 $A_1 \cup A_2 \cup \cdots \cup A_n = \Omega$，则称事件 $A_1, A_2, \cdots, A_n$ 为完全事件组(collectively exhaustive events)。

3.1.5 概率的计算法则

有了事件的相互关系，相应地就有事件发生概率的计算法则。就像数学中定义了数之后，紧接着就有关于数的四则运算法则。

1. 加法法则

设有事件 A 和事件 B，它们的和事件概率为

$$P(A \cup B) = P(A) + P(B) - P(A \cap B) \tag{3.4}$$

若事件 A 和 B 互斥，则有 $P(A \cap B) = 0$，所以 $P(A \cup B) = P(A) + P(B)$ 。由此可得概率的加法定理(addition law of probability)。

定理 3.1 互斥事件 A 和 B 的和事件的概率，等于事件 A 和事件 B 的概率之和，即

$$P(A + B) = P(A) + P(B) \tag{3.5}$$

正如互斥关系可推广至多个互斥事件，加法定理也可推广至多个互斥事件的和事件的概率，即

$$P(A_1 \cup A_2 \cup \cdots \cup A_n) = P(\bigcup_{i=1}^{n} A_i) = \sum_{i=1}^{n} P(A_i) \tag{3.6}$$

这也就是概率的第三条性质：可列可加性。

因为对立事件也是互斥的，所以将加法定理应用到一对对立事件上，就有

$$P(\overline{A})=1-P(A) \tag{3.7}$$

即事件 A 与其逆事件的概率之和为 1。而完全事件组中两两事件都是互斥的，所以各事件的概率之和也等于 1。

2. 乘法法则

若事件 A 的发生与事件 B 有关，则事件 A 在事件 B 发生的前提下发生的概率，被称为事件 A 发生的条件概率(conditional probability)，记作 $P(A \mid B)$ 。

根据概率的古典定义(定义 3.4)，可知条件概率的计算方法为

$$P(A \mid B)=\frac{P(A \cap B)}{P(B)} \tag{3.8}$$

所以两事件交的概率可以表示为 $P(A \cap B)=P(A \mid B)P(B)$ 。而当事件 A 和 B 相互独立时，有 $P(A \mid B)=P(A)$ ，可据此推出概率的乘法定理(multiplication law of probability)。

定理 3.2 如果事件 A 和事件 B 相互独立，则事件 A 与事件 B 同时发生的概率等于事件 A 和事件 B 各自概率的乘积，即

$$P(A \cap B)=P(A)\times P(B) \tag{3.9}$$

其中，$P(A \mid B)=P(A)$ 或 $P(B \mid A)=P(B)$ 是事件独立关系的概率表达形式，可用于证明事件的独立关系。

3. 全概率公式

假设有一个完全事件组 $B_1, B_2, \cdots, B_n$ ，有 $B_1 \cup B_2 \cup \cdots \cup B_n=\Omega$ 。对于任一事件 A ，因 Ω 为必然事件，所以 $A=A \cap \Omega$ 。因完全事件组中的事件两两互斥，进而有

$$A=(A \cap B_1) \cup (A \cap B_2) \cup \cdots \cup (A \cap B_n) \tag{3.10}$$

对应的事件概率则有如下关系：

$$P(A)=P(AB_1)+P(AB_2)+\cdots+P(AB_n) \tag{3.11}$$

根据条件概率的计算公式，有 $P(AB)=P(A \mid B)P(B)$ ，代入上式得全概率公式：

$$P(A)=P(A \mid B_1)P(B_1)+P(A \mid B_2)P(B_2)+\cdots+P(A \mid B_n)P(B_n) \tag{3.12}$$

完整的概率 $P(A)$ 被分解成了多个部分之和。

它的意义在于：在较复杂的情况下，直接计算 $P(A)$ 不易，但 A 总伴随某个 B_i ，适当构造一组 B_i ，可简化对 $P(A)$ 的计算。从另外一个角度，可以把 B_i 看作导致 A “结果”发生一种可能的“原因”，不同原因导致 A 发生的条件概率各不相同，而究竟何种原因是随机的，由原因的概率 $P(B_i)$ 决定。所以 $P(A)$ 可看作 $P(A \mid B_i)$ 以 $P(B_i)$ 为权重的加权平均。

将全概率公式与条件概率公式结合起来，就能得到著名的贝叶斯公式，它是贝叶斯统计学派的根基所在。贝叶斯学派与频率学派是当今数理统计学的两大学派，基于各自的理论，两大学派在诸多领域中都发挥着重要作用。

3.2 随机变量及其概率分布

3.2.1 随机变量及其类型

事件发生的可能性用概率来定量描述，而计算概率需要了解与事件对应的结果在试验

所有可能结果中所占的比例。处理此类问题往往需要借助组合数学的方法。随机试验的结果，常表示为某种测量或观测值，而观测值之间又表现出差异。所以，随机试验的结果在形式上可用随机变量(random variable)表示。

所谓随机变量就是随机试验中被测定的量。例如，观察 10 个新生儿的性别是一个随机试验，其中女孩的人数就是该随机试验被测定量的随机变量，可以在 0，1，2，…，10 之间取值。如果随机变量 X 的全部可能取值为有限个或可数无穷个，且取相应值的概率是确定的，则称 X 为离散型随机变量(discrete random variable)。反之，如果随机变量 X 的全部可能取值为某范围内的任何值(无穷且不可数)，且其中任一区间取值的概率是确定的，则称 X 为连续型随机变量(continuous random variable)。

随机变量的取值范围只是其一，研究随机变量更重要的目的是了解随机变量的概率分布。概率分布是描述随机变量取值概率的函数，主要涉及三种函数。

- 概率质量函数(probability mass function，PMF)，用于描述离散型随机变量取值及其概率的关系。
- 概率密度函数(probability density function，PDF)，用于描述连续型随机变量在特定值上的概率密度。
- 累积分布函数(cumulative distribution function，CDF)，有时简称为分布函数，用于描述随机变量取值小于或等于特定值的概率。

概率分布通过函数的形式，准确且全面地描述了随机变量的统计规律。然而，在实际问题中，要确定一个随机变量的概率分布，也就是得到准确的函数表达式并非易事。而且，多数情况下我们也不需要观察随机变量的全貌，只需要了解它的某些特征即可。这些特征称为随机变量的数字特征。在第 2 章关于数据的特征数描述部分已经介绍过，平均数可以描述数据的中心位置，而方差之类的变异数可以描述数据的离散程度。数据本质上是随机变量的一组可能的观测值。因此，描述数据的特征数也可以作为随机变量的数字特征。

3.2.2 离散型随机变量的概率分布

1. 概率质量函数

设 X 是一个离散型随机变量，其概率质量函数可表示为

$$f(x) = P(X = x_i) = p_i, \quad i = 1,2,\cdots \tag{3.13}$$

其中，x 是 X 的某个可能的观测值，p_i 表示 X 取到 x_i 的概率。

像式(3.13)这种将随机变量的取值与其概率对应起来的方式，称为分布律。

因为概率质量函数的计算结果是概率，所以概率质量函数满足概率的三个性质：非负性、归一性和可列可加性。

离散型随机变量的概率分布也可用表格(称为分布列，见表 3.1)的形式表示。

表 3.1 离散型随机变量的概率分布表

变量 x	x_1	x_2	x_3	…	x_i	…	x_n
概率 p	p_1	p_2	p_3	…	p_i	…	p_n

例题 3.1 投掷 1 次 6 个面的质地均匀的骰子，所得点数为一随机变量，求该随机变量

的概率质量函数。

分析　骰子有 6 个面，所以点数只有 6 种可能，即 1～6。且由于骰子是质地均匀的，每种点数出现的概率相等，显然符合概率的古典定义，所以各种点数出现的概率都为 1/6。

解答　该离散型随机变量的概率质量函数为

$$f(x)=\frac{1}{6}\quad (x\in\{1,2,\cdots,6\})$$

例题 3.2　连续投掷 2 次 6 个面的均质骰子，所得点数之和也为一个随机变量，求该随机变量的概率质量函数，并用概率分布表表示。

分析　投掷 1 次有 6 种可能的结果，连续投掷 2 次，而且前后 2 次投掷相互独立，所以就有 6×6=36 种可能的结果，那么每种结果的概率就是 1/36。这里我们关注的是点数之和，而不是点数的组合。换言之，点数组合 1,2 与组合 2,1 在组合顺序上是不同的，但点数之和却相同，所以出现点数 3 的概率应为 1/36+1/36=2/36。点数之和的可能取值应该是 2～12，将出现相同点数和的点数组合列举出来，不难发现其中的规律：点数和为 2～7 的组合数等于点数和减 1，而点数和为 8～12 的组合与点数和为 2～6 的组合在组合数上是对称的。所以目标概率质量函数可用分段函数的形式表示。

解答　该离散型随机变量的概率质量函数为

$$f(x)=P(X_1+X_2=x)=\begin{cases}\dfrac{1}{36}\times(x-1), & x\in\{2,3,4,5,6,7\}\\[2mm] \dfrac{1}{36}\times(13-x), & x\in\{8,9,10,11,12\}\end{cases}$$

其中 X_1 和 X_2 分别表示前后 2 次投掷所得点数，x 为点数之和。

随机变量 x 与取值概率的对应关系用概率分布表表示，见表 3.2。

表 3.2　2 次掷骰子点数之和的概率分布表

变量 x	2	3	4	5	6	7	8	9	10	11	12
概率 p	$\frac{1}{36}$	$\frac{2}{36}$	$\frac{3}{36}$	$\frac{4}{36}$	$\frac{5}{36}$	$\frac{6}{36}$	$\frac{5}{36}$	$\frac{4}{36}$	$\frac{3}{36}$	$\frac{2}{36}$	$\frac{1}{36}$

2. 累积分布函数

离散型随机变量 X 的累积分布函数为

$$F(x)=P(X\leqslant x)=\sum_{x_i\leqslant x}f(x_i)=\sum_{x_i\leqslant x}P(X=x_i)=\sum_{x_i\leqslant x}p_i \tag{3.14}$$

该函数本质上描述的是一个和事件的概率。随机变量每次只能取一个值，所以在 $X\leqslant x$ 的范围内，X 取不同的值应为互斥事件。根据概率加法定理可知，互斥事件的和事件概率等于事件概率之和，所以式(3.14)中出现了求和符号。

例题 3.3　结合例题 3.2，试求点数之和小于或等于 8 的概率。

分析　观察概率分布表可见点数之和小于或等于 8 的情况共有 7 种。而且各种情况又互斥，根据概率的加法定理有 $P(X\leqslant 8)=\sum\limits_{x=2}^{8}f(x)$，也就是离散型随机变量的概率分布函数公式所表达的。

解答　根据离散型随机变量的累积分布函数公式，以及 2 次掷骰子点数之和的概率质

量函数，有

$$P(X \leqslant 8) = \sum_{x=2}^{8} f(x)$$
$$= f(2)+f(3)+f(4)+f(5)+f(6)+f(7)+f(8)$$
$$= \frac{26}{36}$$

3.2.3 连续型随机变量的概率分布

1. 概率密度函数

由于连续型随机变量的取值不可数，或者说，连续型随机变量不能取到特定的值，故连续型随机变量的概率分布，就不能像离散型随机变量那样用概率质量函数来表示。我们只能考察随机变量在某区间内取值的概率。

例如，任意区间 $[x, x+\Delta x]$ 内的取值概率可以表示为 $P(x \leqslant X \leqslant x+\Delta x)$。$\Delta x$ 越小，区间的范围就越小。$P(x \leqslant X \leqslant x+\Delta x)/\Delta x$ 存在一个极限值，称为随机变量 X 在点 x 处的概率密度(probability density)，用 $f(x)$ 表示，即

$$f(x) = \lim_{\Delta x \to 0} \frac{P(x \leqslant X \leqslant x+\Delta x)}{\Delta x} \tag{3.15}$$

在随机变量 X 的取值域内，所有概率密度构成一条平滑的函数曲线，称为概率密度曲线，相应的函数即概率密度函数。

回想一下微积分中关于定积分的内容，可知

$$P(x \leqslant X \leqslant x+\Delta x) = \int_{x}^{x+\Delta x} f(x)\mathrm{d}x \tag{3.16}$$

定积分表示的是在区间 $[x, x+\Delta x]$ 内概率密度曲线与 x 轴所围的面积(图 3.2 中的斜纹区域面积)。当 $\Delta x \to 0$ 时，面积为 0，所以就有连续型随机变量 X 取特定值 x 的概率为 0 的结果。既然如此，则有

$$P(x \leqslant X \leqslant x+\Delta x) = P(x < X < x+\Delta x) \tag{3.17}$$

也就是说在讨论连续型随机变量时，取值区间的开与闭无关紧要。

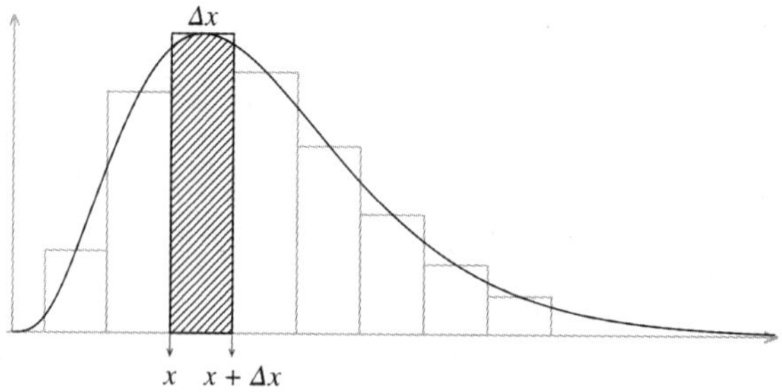

图 3.2 连续型随机变量概率密度示意图

2. 累积分布函数

与离散型随机变量的累积分布函数一样，连续型随机变量的累积分布函数同样表示随机变量 X 取小于或等于某值 x 的概率，即

$$F(x)=P(X\leqslant x)=\int_{-\infty}^{x}f(x)\mathrm{d}x \tag{3.18}$$

连续型随机变量的累积分布函数是对其概率密度函数求积分得到的。反过来，对累积分布函数求导即得概率密度函数。相较于离散型随机变量的累积分布函数，这里用到了积分计算，而前者用到了求和计算。实际上，求和与求积分代表着相同的运算逻辑，都是将互斥事件的概率相加。

累积分布函数 $F(x)$ 有如下性质。

(1)取值于 $[0,1]$，即 $0\leqslant F(x)\leqslant 1$。

(2)单调不减函数，即当 $x_1<x_2$ 时，$F(x_1)\leqslant F(x_2)$。

(3)右连续函数，即 $\lim\limits_{n\to x_0^+}F(x)=F(x_0)$，$\forall x_0\in\mathbf{R}$。

累积分布函数对于离散型和连续型随机变量，在计算上都比较复杂。所以在讨论它们的概率问题时，我们更愿意使用概率质量函数或概率密度函数，只在需要时才对概率质量函数求和，或对概率密度函数求积分。

3.2.4 随机变量的数字特征

描述数据的特征数有两类：中心位置和离散程度。随机变量的数字特征也类似，不过我们用数学期望来描述随机变量的中心位置，用方差来描述随机变量的离散程度。

1. 数学期望

数学期望的概念源于著名的“分赌本问题”。

1654 年，一位赌徒向法国数学家 Blaise Pascal[①] 提出了一个问题：A、B 两赌徒赌技水平相同，各出赌注 50 法郎，游戏无平局，他们约定谁先赢三局则得到全部 100 法郎的赌本；当 A 赢了两局，B 赢了一局时，因突发情况要终止游戏，问：这 100 法郎如何分才算公平？Pascal 与另一位法国数学家 Pierre de Fermat[②] 在一系列通信[③]中就这一问题展开了讨论，并最终建立了概率论中第一个基本概念——数学期望。

解决分赌本问题的直观方案有两种：A 得 $100\times\frac{1}{2}$ 法郎，B 得 $100\times\frac{1}{2}$ 法郎；或者 A 得 $100\times\frac{2}{3}$ 法郎，B 得 $100\times\frac{1}{3}$ 法郎。第一种分法考虑到 A、B 两人水平相同，就平均分配，没有体现 A 已经比 B 多赢一局这一现实，对 A 显然不公平。第二种分法不但考虑了“赌技水平相同”这一前提，还考虑到了已经完成的三局比赛的结果，当然更公平一些。但是，第二种分法并没有考虑到如果继续比下去的话会出现什么情形，即没有体现两人在现有结果的基础

---

① 布莱士·帕斯卡(1623—1662)，法国数学家、物理学家、哲学家、散文家。1653 年提出流体能传递压强的定律，即所谓帕斯卡定律。发表多篇关于算术级数及二项式系数的论文，发现了二项式展开式的系数规律，即著名的“帕斯卡三角形”。

② 皮埃尔·德·费马(1601—1665)，法国律师和业余数学家。他在数学上的成就不比职业数学家差，被誉为“业余数学家之王”。他独立于勒奈·笛卡儿发现了解析几何的基本原理；建立了求切线、求极大值和极小值及定积分方法，对微积分作出了重大贡献。

③ Pascal 给 Fermat 发出的他们之间第三封信的日期是 1654 年 7 月 29 日。在这第三封信中，Pascal 肯定了 Fermat 在第二封信中给出的解答，并圆满解决了分赌本问题。因此，有种说法认为这一天是概率论的诞生日。

上对比赛结果的一种期待。

假设A、B两人赌技相同,即每局中A、B获胜的概率同为$\frac{1}{2}$。根据已有的结果A两胜、B一胜(见图3.3(a)),可知如果继续比下去的话,最多再有两局即可分出胜负。这两局会有4种可能的结果:A两胜、A先胜后负、B两胜、B先胜后负(见图3.3(b))。4种结果有3种结果可以让A最终获胜,只有1种结果让B最终赢取所有赌金。所以,最合理的分法为:A得$100\times\frac{3}{4}$法郎,B得$100\times\frac{1}{4}$法郎。

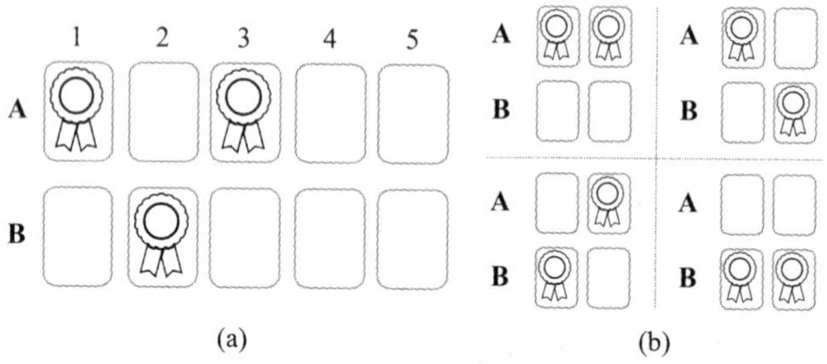

图3.3　分赌本问题

这里我们引入一个随机变量X,表示在当前的局面下(A两胜一负)继续赌下去A的最终所得,X有两个可能的取值(100,0),取值概率分别为$\left(\frac{3}{4},\frac{1}{4}\right)$。A的期望所得等于$X$的可能值与其概率之积的累加(加权平均),即

$$100\times\frac{3}{4}+0\times\frac{1}{4}=75$$

将A的期望所得推广到更一般的形式,就有了数学期望(mathematical expectation)的定义。

定义3.5　设离散型随机变量X可取有限个值$(x_1,x_2,\cdots,x_n)$,取值概率分别为$P(X=x_i)=p_i,i\in\{1,\cdots,n\}$,若级数$\sum_{i=1}^{n}x_ip_i=x_1p_1+x_2p_2+\cdots+x_np_n$收敛,则称其为随机变量$X$的数学期望,记作$E(X)$,即

$$E(X)=\sum_{i=1}^{n}x_ip_i \tag{3.19}$$

对于连续型随机变量,由于只能讨论在某个区间取值的概率,与离散型和连续型随机变量在累积分布函数上的差别一样,连续型随机变量的数学期望只能采用积分的形式。

定义3.6　设连续型随机变量X的概率密度函数为$f(x)$,若积分$\int_{-\infty}^{+\infty}xf(x)\mathrm{d}x$收敛,则称其为随机变量$X$的数学期望,记作$E(X)$,即

$$E(X)=\int_{-\infty}^{+\infty}xf(x)\mathrm{d}x \tag{3.20}$$

数学期望是描述随机变量平均取值状况特征的指标,刻画了随机变量所有可能取值的集中位置。这和用平均数描述数据的中心位置是一致的,而且数学期望就是概率形式的加权平均,所以数学期望很多时候也被直接称为平均数。这里需要指出的是,数学期望的定义

要求级数或积分绝对收敛，否则数学期望不存在。也就是说，数据不会没有平均数，而随机变量可能没有数学期望。如果我们分别强调平均数的实操意义与数学期望的理论意义，那么它们有微妙的差异。在应用场景上，针对数据，用平均数描述中心位置；针对随机变量，则用数学期望描述中心位置。

数学期望具有以下性质。

(1)常数 c 的期望等于常数本身，即 $E(c)=c$ 。

(2)随机变量数乘的期望等于随机变量期望的数乘，即 $E(aX)=aE(X)$ 。

(3)若干随机变量之和的期望等于各变量的期望之和，即

$$E(X_1+X_2+\cdots+X_n)=E(X_1)+E(X_2)+\cdots+E(X_n)$$

(4)若干独立随机变量之积的期望等于各变量的期望之积，即

$$E(X_1X_2\cdots X_n)=E(X_1)E(X_2)\cdots E(X_n)$$

2. 方差

数学期望刻画了随机变量概率分布的中心位置，自然应该有一类数字特征用来刻画随机变量围绕其中心位置的离散程度。与数据的处理方式完全一样，我们也用方差表征随机变量的离散程度，而且这里还没有名称变化的问题。

定义 3.7　设随机变量 X ，若

$$\operatorname{Var}(X)=E\{[X-E(X)]^2\} \tag{3.21}$$

存在，则称其为随机变量 X 的方差，记作 $\operatorname{Var}(X)$ 。

与第 2 章样本方差(见式(2.12))和总体方差(见式(2.13))进行比较，虽然随机变量的方差公式和它们的形式不同，但是考虑到式(3.21)中的 $E()$ 就是对变量求平均，所以计算数据的方差和计算随机变量的方差是一致的。如果非要强调区别的话，它们的区别和平均数与数学期望间的区别一样。

由方差的定义，以及数学期望的性质，可推得

$$\begin{aligned}E\{[X-E(X)]^2\}&=E\{X^2+[E(X)]^2-2\cdot X\cdot E(X)\}\\&=E(X^2)+E\{[E(X)]^2\}-E[2\cdot X\cdot E(X)]\\&=E(X^2)+[E(X)]^2-2\cdot E(X)\cdot E(X)\\&=E(X^2)-[E(X)]^2\end{aligned} \tag{3.22}$$

以上推导的关键在于 $E(X)$ 实际上是一个常数。因为常数的期望等于常数(期望的第一条性质)，所以 $E\{[E(X)]^2\}=[E(X)]^2$ 。再由期望的第二条性质，可得 $E[2\cdot X\cdot E(X)]=2\cdot E(X)\cdot E(X)$ 。现在将等号左侧的期望表达式换回方差的记号，则有

$$\operatorname{Var}(X)=E(X^2)-[E(X)]^2 \tag{3.23}$$

该公式对于方差的计算具有重要意义。在第 5 章我们将用该公式证明样本方差公式中的分母应为自由度 $n-1$ 。

方差具有以下性质。

(1)常数 c 的方差为 0，即 $\operatorname{Var}(c)=0$ 。

(2)随机变量乘常数 c 的方差等于随机变量的方差乘以 c^2 ，即 $\operatorname{Var}(cX)=c^2\operatorname{Var}(X)$ 。

(3)独立随机变量之和的方差等于各变量的方差之和，即

$$\operatorname{Var}(X_1+\cdots+X_n)=\operatorname{Var}(X_1)+\cdots+\operatorname{Var}(X_n)$$

(4)结合性质 2 和 3，有 $\operatorname{Var}(aX+bY)=a^2\operatorname{Var}(X)+b^2\operatorname{Var}(Y)$ 。

3.3 常见的概率分布

在了解随机变量及其概率分布的基础概念之后，让我们认识几个具体的概率分布，它们才是解决具体统计学问题的主力。

3.3.1 两点分布

客观世界中最简单的随机事件，可用伯努利试验（Bernoulli trial）来刻画。伯努利试验指的是在同样条件下可重复且相互独立的一种随机试验，其特点是试验只有两种可能的结果：发生或者不发生。掷硬币是伯努利试验的一个典型的例子，一次掷硬币事件的结果要么是正面向上，要么是反面向上。用数学公式表达，即

$$f(x)=P(X=x)=p^{x}(1-p)^{1-x},\quad x=0,1 \tag{3.24}$$

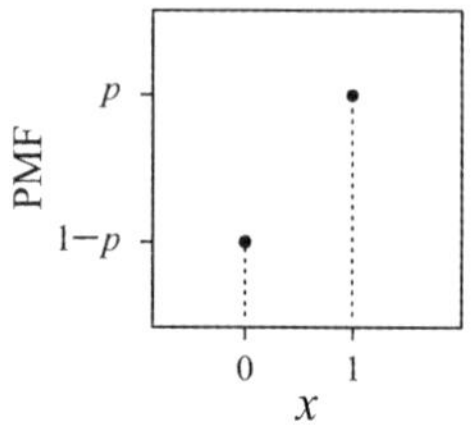

图 3.4　两点分布

这里，我们约定 $X=1$ 表示正面向上的结果，发生的概率为 p。因为结果只有对立的两种，所以这种随机变量的概率分布称为两点分布，又称伯努利分布，或零一分布，记作 $B(1,p)$。服从两点分布的随机变量有数学期望 p、方差 $p(1-p)$。两点分布的几何表示见图 3.4。

从发光二极管的一闪一灭，到手性分子的一左一右，再到昼夜交替，自然界中可以用 0 或 1 抽象表达的事物无处不在。在生物学领域里，可用两点分布描述的现象也是举不胜举。例如，酶学检测的阴性与阳性、生化反应的有无等。

因此，理解随机变量的概率分布应当从理解伯努利试验、两点分布开始。

3.3.2 二项分布

伯努利试验的核心是可重复，且重复试验之间相互独立。假如伯努利试验中事件发生的概率 $p=\frac{1}{2}$，将该试验进行 2 次，这里我们关心的是事件发生的次数，结果仍用变量 X 表示，则有 $X\in\{0,1,2\}$，分别表示事件发生 0 次、1 次和 2 次。而且，不难算出 X 取这 3 个值的概率分别为 $\frac{1}{4}$，$\frac{2}{4}$ 和 $\frac{1}{4}$。也就是说，2 次伯努利试验共有 4 种不同的结果，其中 2 种不同结果（“发生、不发生”和“不发生、发生”）出现的次数均为 1，另外 2 种结果分别对应正面向上次数为 0 和 2 的情况。

假如再多重复 1 次试验，事件发生次数 $X\in\{0,1,2,3\}$，取值的概率为 $\frac{1}{8}$，$\frac{3}{8}$，$\frac{3}{8}$ 和 $\frac{1}{8}$。进行 3 次伯努利试验，其中的规律已经初步显现，相应概率中的分子部分就是二项式展开后的系数，而分母则为 3 次试验所有可能出现的结果数。所以推广至 n 重伯努利试验的情形，事件发生的次数为 x 的概率可表示为

$$f(x;n,p)=P(X=x)=C_n^x p^x (1-p)^{n-x}, \quad x\in\{0,1,2,\cdots,n\} \tag{3.25}$$

由于 n 次试验中，发生 x 次的情况数由二项式系数 C_n^x 决定，n 重伯努利试验中事件发生的概率分布，就称为**二项分布**(binomial distribution)，记作 $B(n,p)$ 。二项分布中有两个参数，分别是试验次数 n 和事件发生的概率 p ，决定了分布的形状(见图 3.5)。服从二项分布的随机变量 X 有数学期望 np 、方差 $np(1-p)$ 。

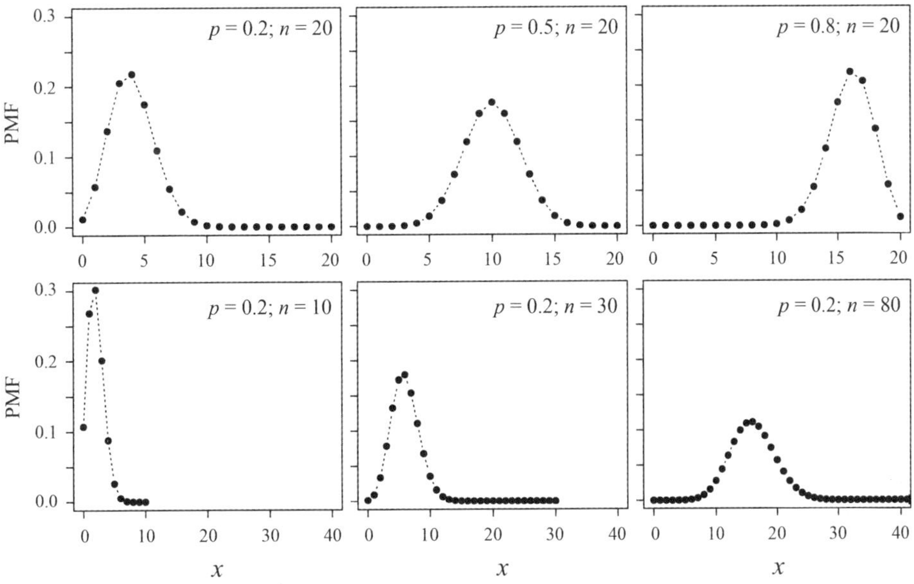

图 3.5　不同 n 值和 p 值的二项分布

图 3.5 显示了不同参数下二项分布的形状，概率最大的取值也就是二项分布的数学期望值 np 。当参数 $p=0.5$ 时，二项分布围绕期望值 10 左右对称。当 p 偏离 0.5 时，分布左移或右移。当 p 不变时，取到期望值的概率会随着 n 的变大而变小。

二项分布相应的累积分布函数为

$$F(x;n,p)=P(X\leqslant x)=\sum_{i=0}^{\lfloor x\rfloor} C_n^i p^i (1-p)^{n-i} \tag{3.26}$$

其中，$\lfloor x\rfloor$表示下取整，即不超过 x 的最大整数。

通过 n 重伯努利试验解释二项分布公式的由来，似乎仍有些抽象。下面我们尝试从一个生物学试验的角度再次解释二项分布。

假设现有某品种小麦的种子 12 粒，对其进行发芽试验以了解该品种小麦种子的发芽率。现在为每粒种子准备一样的营养土和独立的小花盆，种子种下一段时间后，假设我们得到如图 3.6 所示的试验结果。

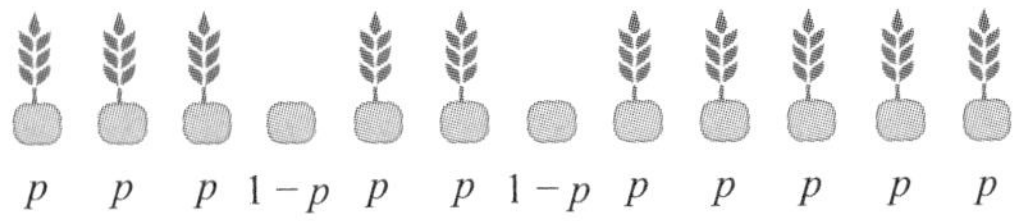

图 3.6　某品种小麦发芽试验

设该品种小麦发芽率为 p ，那么在第 1 至第 3 盆中发芽的概率则分别为 p ，第 4 盆不发

芽的概率为 $1-p$ 。依此类推，每一盆小麦发芽或不发芽的概率如图 3.6 所示。那么，得到当前试验结果，即 12 盆中第 4 和第 7 盆不发芽，其他都发芽的概率为 $p^{10}(1-p)^2$ 。这里我们应用了概率的乘法定理：独立事件积事件的概率等于事件概率之积。

注意，这个积事件的概率特指第 4 和第 7 盆不发芽，其他都发芽的观测结果。这只是“12 盆中只有 10 盆发芽”事件的一个子事件，前者还包括：第 1 和第 2 盆不发芽，其他都发芽；第 2 和第 5 盆不发芽，其他都发芽；等等。所以“12 盆中只有 10 盆发芽”事件的概率就等于所有这些子事件的概率之和(因为这些子事件是互斥的)。而且所有子事件的概率都是 $p^{10}(1-p)^2$ ，所以只要知道类似子事件的数量，即可算出“12 盆中只有 10 盆发芽”事件的概率。

子事件的数量相当于从 12 个位置中任选 10 个安排发芽的小麦共有的组合数。因此，“12 盆中只有 10 盆发芽”事件的概率为 $C_{12}^{10}p^{10}(1-p)^2$ 。这也就是二项分布公式 $n=12$ ，$x=10$ 时的情形。

服从二项分布的随机变量 X 的数学期望等于 np ，并不意味着 n 重伯努利试验的结果，即事件发生的次数一定等于 np 。比如，当伯努利试验次数 $n=100$ ，事件发生的概率 $p=0.5$ 时，随机变量 X 的数学期望为 $np=50$ ，即随机事件平均发生 50 次，但对于一组 100 重伯努利试验，事件发生的次数是会发生变化的，可能是 49 次(概率等于 0.078)，也可能是 55 次(概率等于 0.048)，甚至可能是 0 次。虽然概率极低，但要知道即使是最有可能的 50 次，其概率也只有 0.08。所以事件平均发生 50 次的意义在于，将 100 重伯努利试验重复执行多次，事件发生次数的平均数为 50，方差为 25。

根据数学期望的定义：对于一个随机变量 X ，它的数学期望 $E(X)=\sum_{i=1}^{n}x_ip_i$ ，即每个可能的取值 x_i 乘以取该值的概率 p_i 后求和。数学期望是在更长远的时间尺度上或更广泛的空间范围内随机变量最可能取的值，而不是一次 n 重伯努利试验必然出现的结果。

此外，最有可能的结果并不意味着大概率的结果。比如，$n=1000$、$p=0.5$ 二项分布可以用来描述投掷硬币 1000 次正面朝上次数的概率情况，正面朝上 500 次的概率是最大的，但也仅仅有 $C_{1000}^{500}\left(\frac{1}{2}\right)^{1000}=0.02522502$ 。因此，在一次试验中追求得到平均结果是不现实的。这一点也就是图 3.5 中下层三个子图想要表达的。

例题 3.4　某水稻品种的田间自然变异概率为 0.0056，试计算：(1)调查 100 株，获得 2 株或 2 株以上变异植株的概率是多少？(2)期望有 0.95 的概率获得 1 株或 1 株以上的变异植株，至少应调查多少株？

分析　问题 1 中 100 株水稻有 2 株或 2 株以上发生变异，共包含 98 个互斥的子事件。对所有子事件的概率求和显然比较麻烦，我们可以利用对立事件的概率来简化计算。“2 株或 2 株以上发生变异”事件的对立事件是“2 株以下发生变异”，包括“无变异”和“1 株变异”。所以问题 1 要计算的概率就等于 1 减去“无变异”和“1 株变异”的概率之和。问题 2 和问题 1 的解题思路刚好相反，问题 1 是已知 n 计算概率 p ，问题 2 则是已知概率 p 计算 n 。

解答　问题 1 用数学符号表示，即 $P(x\geqslant 2)=1-P(x=0)-P(x=1)$ 。代入二项分布的概率质量公式，得

$$P(x \geqslant 2)=1-C_{100}^{0} \times 0.0056^{0}(1-0.0056)^{100}-C_{100}^{1} \times 0.0056^{1}(1-0.0056)^{99}$$
$$=1-0.5703108-0.3211726$$
$$\approx 0.109$$

所以,调查 100 株,获得 2 株或 2 株以上变异植株的概率约为 0.109。

问题 2 的题干可用符号表示为 $P(x \geqslant 1)=0.95$ 。类似地,有 $1-P(0)=0.95$ 。利用二项分布的概率质量函数,得 $P(0)=C_{n}^{0} \times 0.0056^{0}(1-0.0056)^{n}$ 。代入上式有

$$C_{n}^{0} \times 0.0056^{0}(1-0.0056)^{n}=0.05$$
$$0.9944^{n}=0.05$$

取对数后得

$$n \lg 0.9944=\lg 0.05$$
$$n=\frac{\lg 0.05}{\lg 0.9944}=533.4529$$

所以,期望有 0.95 的概率获得 1 株或 1 株以上的变异植株,至少应调查 534 株。

R 语言提供的二项分布概率质量函数为 dbinom(),有 3 个主要参数。参数 x 接收随机变量的取值,dbinom()将返回取该值的概率;参数 size 定义了伯努利试验的次数 n ;参数 prob 定义了事件发生的概率 p 。

所以本题中的问题 1 可以用以下指令完成。

```
> 1 - dbinom(x = 0, size = 100, prob = 0.0056) - dbinom(x = 1, size = 100, prob
= 0.0056)
[1] 0.1085167
```

之所以如此计算是因为通过对立事件的概率可以简化计算。不过用计算机来完成计算就没有简化的必要了,我们可以用二项分布的累积分布函数 pbinom()直接计算。

pbinom()函数有 4 个主要参数。除了参数 size 和 prob 外,还有参数 q 接收分位数;参数 lower.tail 规定了函数是计算 $P(X \leqslant q)$(lower.tail = TRUE),还是计算 $P(X>q)$(lower.tail = FALSE)。问题 1 用累积分布函数计算的指令如下。注意 q = 1,函数计算并返回 $P(X>1)$,即 $P(X \geqslant 2)$ 。

```
> pbinom(q = 1, size = 100, prob = 0.0056, lower.tail = FALSE)
[1] 0.1085167
```

累积分布函数 pbinom()用来计算二项分布随机变量取小于或等于特定值(即参数 q 设定的值)的概率。如果给定了概率值,反过来求特定值,则需要使用 R 提供的二项分布分位数函数 qbinom()。该函数的主要参数有 4 个。参数 p 规定分位数的计算范围,与第 $100p$ 百分位数中的 p 概念相同。当 p = 0.5 时,则计算第 50 百分位数,也就是中位数。参数 size 和 prob 的功能同上。当参数 lower.tail 取默认值 TRUE 时,计算下侧分位数①,也就是找到让 $P(X \leqslant x_0)=p$ 成立的 x_0 ;取 FALSE 时,计算上侧分位数。

从函数的功能可以看出,累积分布函数与分位数函数实际上互为反函数。所以当我们用上述指令计算的概率值作为输入值 p = 0.1085167 传给分位数函数时,会得到累积分布

① 上侧和下侧分位数在介绍正态分布的小节有更详细的解释(见图 3.15)。

函数的输入值 q = 1。

```
> qbinom(p = 0.1085167, size = 100, prob = 0.0056, lower.tail = FALSE)
[1] 1
```

3.3.3 泊松分布

实践中，随机事件是否发生通常需要在一定的时间或空间范围内考虑。比如，某个十字路口发生交通事故的次数。经过该路口的每一辆汽车是否发生事故可用两点分布来描述概率，那么，n 辆车就可用二项分布来描述它们发生事故的概率（n 辆经过该路口的汽车相当于 n 重伯努利试验）。

假设去年经过该路口的汽车数量为 n。通常我们无法获知一辆汽车在该路口发生事故的概率 p，不过根据交通管理部门的历史数据可了解到该路口发生事故的年平均次数 λ，那么单辆汽车发生事故的概率可表示为 $p=\frac{\lambda}{n}$。代入二项分布的概率公式(3.25)可得

$$P(X=x)=C_n^x\left(\frac{\lambda}{n}\right)^x\left(1-\frac{\lambda}{n}\right)^{n-x},\quad x=0,1,2,\cdots,n \tag{3.27}$$

在此审视一下 $p=\frac{\lambda}{n}$，这种关于概率的定义显然是频率主义的。因此，上式的成立需要以 $n\to\infty$ 为条件，所以[①]

$$\begin{aligned}P(X=x)&=\lim_{n\to\infty}C_n^x\left(\frac{\lambda}{n}\right)^x\left(1-\frac{\lambda}{n}\right)^{n-x}\\&=\lim_{n\to\infty}\frac{n!}{x!(n-x)!}\cdot\frac{\lambda^x}{n^x}\cdot\left(1-\frac{\lambda}{n}\right)^{n-x},\quad x=0,1,2,\cdots,n\end{aligned} \tag{3.28}$$

现在我们来看看这个极限等于什么。先把上式变换为

$$\begin{aligned}P(X=x)&=\lim_{n\to\infty}\frac{\lambda^x}{x!n^x}\cdot\frac{n!}{(n-x)!}\cdot\left(1-\frac{\lambda}{n}\right)^{n-x}\\&=\lim_{n\to\infty}\frac{\lambda^x}{x!n^x}\cdot\frac{n(n-1)\cdots(n-x+1)(n-x)(n-x-1)\cdots2\cdot1}{(n-x)!}\cdot\left(1-\frac{\lambda}{n}\right)^{n-x}\end{aligned} \tag{3.29}$$

分母上的 $(n-x)!$ 可以消去，然后我们把 n^x 移到 $(n-x)!$ 空出的位置上，有

$$P(X=x)=\lim_{n\to\infty}\frac{\lambda^x}{x!}\cdot\frac{n(n-1)(n-2)\cdots(n-x+1)}{n^x}\cdot\left(1-\frac{\lambda}{n}\right)^{n-x} \tag{3.30}$$

中间的分数项，分子中有 x 个数连乘，分母也有 x 个 n 连乘。所以有

$$P(X=x)=\lim_{n\to\infty}\frac{\lambda^x}{x!}\cdot\left[1\cdot\left(1-\frac{1}{n}\right)\cdot\left(1-\frac{2}{n}\right)\cdots\left(1-\frac{x-1}{n}\right)\right]\cdot\left(1-\frac{\lambda}{n}\right)^{n-x} \tag{3.31}$$

然后把最后一项拆成 $\left(1-\frac{\lambda}{n}\right)^n$ 和 $\left(1-\frac{\lambda}{n}\right)^{-x}$ 两部分，并将它们分作两处安置。另外

① 这里用到了组合数计算公式 $C_n^x=\frac{n!}{x!(n-x)!}$。

$\frac{\lambda^x}{x!}$ 与求极限无关。所以有

$$P(X=x)=\frac{\lambda^x}{x!}\cdot\lim_{n\to\infty}\left(1-\frac{\lambda}{n}\right)^n\cdot\left[1\cdot\left(1-\frac{1}{n}\right)\cdot\left(1-\frac{2}{n}\right)\cdots\left(1-\frac{x-1}{n}\right)\cdot\left(1-\frac{\lambda}{n}\right)^{-x}\right]$$
$$=\frac{\lambda^x}{x!}\cdot\lim_{n\to\infty}\left(1-\frac{\lambda}{n}\right)^n\cdot\lim_{n\to\infty}\left[1\cdot\left(1-\frac{1}{n}\right)\cdot\left(1-\frac{2}{n}\right)\cdots\left(1-\frac{x-1}{n}\right)\cdot\left(1-\frac{\lambda}{n}\right)^{-x}\right] \tag{3.32}$$

当 $n\to\infty$ 时，中括号内的每一项的极限都为 1。所以

$$P(X=x)=\frac{\lambda^x}{x!}\cdot\lim_{n\to\infty}\left(1-\frac{\lambda}{n}\right)^n \tag{3.33}$$

下面该处理最后一个极限问题了。

高等数学极限部分中有一个重要的极限公式：$\lim_{x\to\infty}\left(1+\frac{1}{x}\right)^x=\mathrm{e}$。现在我们要将上式留下来的极限在形式上向这个公式靠拢。

令 $k=\frac{1}{n}$，则

$$\begin{aligned}P(X=x)&=\frac{\lambda^x}{x!}\cdot\lim_{k\to0}(1-\lambda k)^{\frac{1}{k}}\\&=\frac{\lambda^x}{x!}\cdot\lim_{k\to0}\left[(1-\lambda k)^{\frac{1}{-\lambda k}}\right]^{-\lambda}\\&=\frac{\lambda^x}{x!}\cdot\left[\lim_{k\to0}(1-\lambda k)^{\frac{1}{-\lambda k}}\right]^{-\lambda}\end{aligned} \tag{3.34}$$

令中括号中 $\frac{1}{-\lambda k}=h$，则

$$P(X=x)=\frac{\lambda^x}{x!}\cdot\left[\lim_{h\to\infty}\left(1+\frac{1}{h}\right)^h\right]^{-\lambda} \tag{3.35}$$

现在可以运用重要极限公式，并最终得公式如下：

$$f(x;\lambda)=P(X=x)=\mathrm{e}^{-\lambda}\frac{\lambda^x}{x!},\quad x=0,1,2,\cdots,n \tag{3.36}$$

这就是泊松分布的概率质量函数公式，其中随机变量 X 指的是该路口一年中发生交通事故的次数。

泊松分布（Poisson distribution），记作 $P(\lambda)$，仅有一个参数 λ，它决定了分布的形状（见图 3.7）。服从泊松分布的随机变量 X 的数学期望和方差同为 λ。

泊松分布由二项分布而来，所以形态上与二项分布非常相似。当参数 λ 的值越大时，分布的形状越接近于对称，对称点同样也是泊松分布的数学期望值 λ。

泊松分布的累积分布函数为

$$F(x;\lambda)=P(X\leqslant x)=\sum_{i=0}^{\lfloor x\rfloor}\mathrm{e}^{-\lambda}\frac{\lambda^i}{i!} \tag{3.37}$$

下面我们再看生物学中可以用泊松分布来描述的一个例子。

假设有一段长度为 1000 bp 的 DNA 序列（见图 3.8），其核苷酸位点发生突变的概率为 p。虽然不了解 p 的具体大小，但可以确定的是突变的概率必定非常小，而且可以假定各位

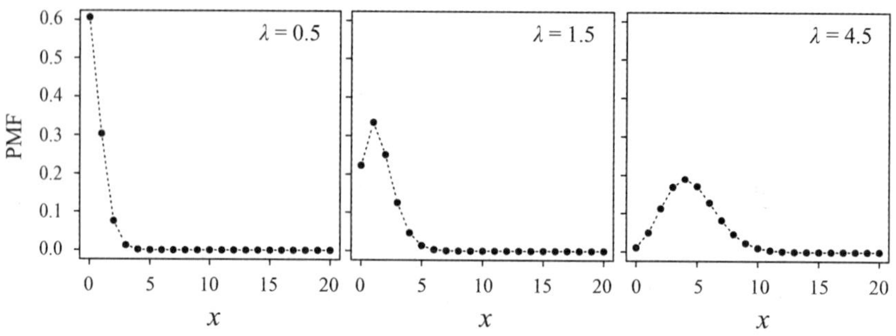

图 3.7　不同 λ 值的泊松分布

点发生突变是相互独立的(虽然这不符合实际情况)。通过收集一大批该段 DNA 的同源序列,并比对分析(对齐同源位点),即可计算出该段 DNA 在每条同源序列中发生突变的平均次数,记作 λ 。同样的有 $p=\lambda/n$ 。那么,在该段 1000 bp 长的 DNA 中发生突变的次数 X ,就服从泊松分布。如果实际计算得 $\lambda=5$,那么单位长度内突变次数 X 的概率分布见图 3.9。

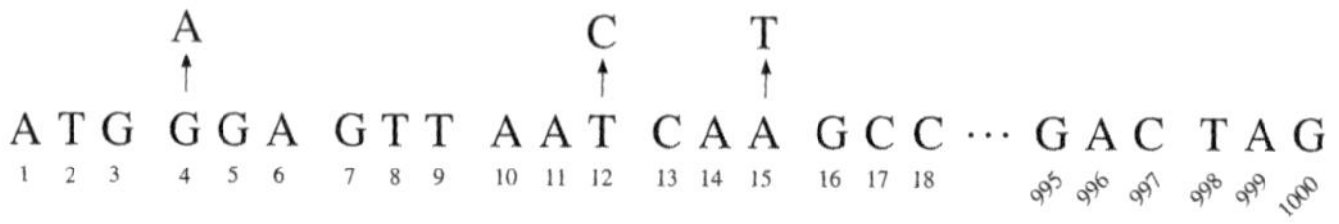

图 3.8　长度为 1000 bp 的 DNA 序列(箭头表示突变)

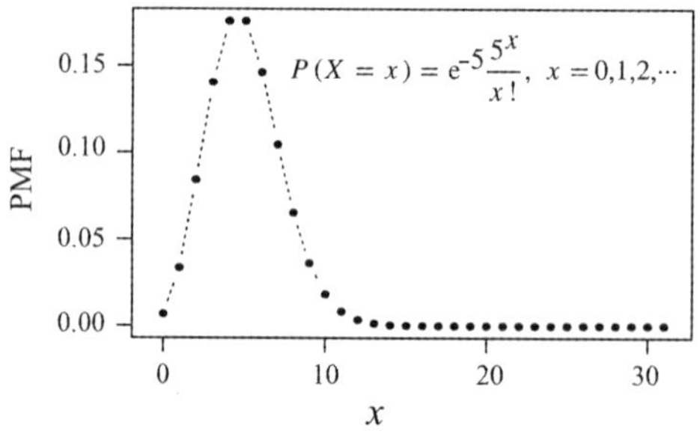

图 3.9　长度为 1000 bp 的 DNA 突变次数的概率质量函数

从泊松分布概率质量函数的推导过程可以看出,泊松分布和二项分布有着内在的联系。泊松分布实际上描述的是限制在一个空间或时间内进行的 n 重伯努利试验事件发生的概率情况。如何理解这种限制呢?

从数学关系上,二项分布到泊松分布,仅要求 $n\to\infty$,但这一条件并不是使二项分布变成泊松分布的唯一原因,下文我们还会讲到 $n\to\infty$ 也是二项分布趋于正态分布的条件。这里的重点是存在 $\lambda=np$ 这条限制,所以当 n 非常大时, p 就会很小。比如 DNA 突变的例子中, $n=1000$, $p=\frac{5}{1000}=0.005$ (实际上 DNA 单个位点的突变概率要远小于 0.005)。这种 n 很大 p 很小的情况,对应到现实世界里有很多种适合的场景。比如,某个十字路口发生交通事故的次数,或者一个细菌培养皿上某种细菌菌落数等。

二项分布有两个参数 n 和 p 。当两个参数未知,特别是事件在一次伯努利试验中发生

的概率 p 未知时，二项分布就无法发挥作用。而实际情况中，p 未知又是常见的。不过，虽然 p 未知，且不容易作出合适的估计，但 n 次伯努利试验事件发生的平均次数 λ 却往往容易估计。这就是泊松分布在实践中作用巨大的现实基础。

例题 3.5　试用泊松分布重新计算例题 3.4 中的问题。

分析　用泊松分布来解决问题，需要确定泊松分布的参数 λ。例题 3.4 提供了事件发生的概率 $p = 0.0056$，在给定 n 后，可得 $\lambda = np$。对于问题 1，有 $\lambda = 0.56$。对于问题 2，有 $\lambda = 0.0056n$。解题思路与例题 3.4 并无区别。

解答　问题 1 用数学符号表示，即 $P(x \geqslant 2) = 1 - P(x = 0) - P(x = 1)$。代入泊松分布的概率质量函数公式，得

$$
\begin{aligned}
P(x \geqslant 2) &= 1 - e^{-0.56}\frac{0.56^0}{0!} - e^{-0.56}\frac{0.56^1}{1!} \\
&= 1 - 0.5712091 - 0.3198771 \\
&\approx 0.109
\end{aligned}
$$

所以，调查 100 株，获得 2 株或 2 株以上变异植株的概率约为 0.109。

问题 2 的题干可用符号表示为 $P(x \geqslant 1) = 0.95$。类似地，有 $1 - P(0) = 0.95$。利用泊松分布的概率质量函数，得 $P(0) = e^{-(0.056n)}\frac{(0.056n)^0}{0!}$。代入上式有

$$
e^{-(0.056n)}\frac{(0.056n)^0}{0!} = 0.05
$$

$$
e^{-(0.056n)} = 0.05
$$

以自然数 e 为底，取对数后得

$$
-0.0056n = \ln 0.05
$$

$$
n = \frac{\ln 0.05}{-0.0056} = 534.9522
$$

所以，期望有 0.95 的概率获得 1 株或 1 株以上的变异植株，至少应调查 535 株。

同样的问题分别用二项分布和泊松分布来解决，答案非常接近。也就是说，当 n 很大而 p 很小时，二项分布和泊松分布是近似的。这种现象有专门的泊松定理支撑。

定理 3.3　在伯努利试验中，如事件 A 的概率 p 与试验总次数 n 有关，且当 $n \to \infty$ 时有 $np \to \lambda$，也就是 n 很大而 p 很小时，泊松分布可近似代替二项分布，即

$$
C_n^k p^k (1-p)^{n-k} \approx e^{-\lambda}\frac{\lambda^k}{k!} \tag{3.38}
$$

该定理由法国数学家 Simeon-Denis Poisson[①] 于 1837 年提出。相对于二项分布，泊松分布的公式更便于计算。泊松分布也就是 Poisson 在提出泊松定理时确定的，为纪念 Poisson 的贡献而给该离散型随机变量的概率分布冠以泊松分布的名称。

R 语言提供的泊松分布的概率质量函数为 `dpois()`，有两个主要参数。参数 `x` 接收随机变量的取值（函数返回取该值的概率）；参数 `lambda` 设定泊松分布的数学期望。用泊松分布计算例题 3.5 问题 1 的 R 指令如下。

① 西莫恩-德尼·泊松（1781—1840），法国数学家、几何学家和物理学家。他对积分理论、行星运动理论、热物理、弹性理论、电磁理论、位势理论和概率论都有重要贡献，是 19 世纪概率统计领域里的卓越人物。

```
> 1 - dpois(x = 0, lambda = 100 * 0.0056) - dpois(x = 1, lambda = 100 * 0.0056)
[1] 0.1089139
```

同样地，用泊松分布的累积分布函数 ppois()也可完成计算。ppois()函数的主要参数有三个：参数 lambda 接收泊松分布的参数值 λ；参数 q 和 lower.tail 的作用与pbinom()函数的同名参数相同。

```
> ppois(q = 1, lambda = 100 * 0.0056, lower.tail = FALSE)
[1] 0.1089139
```

泊松分布的分位数函数为 qpois()，其参数 p 接收概率值，函数计算并返回分位数。

```
> qpois(p = 0.1089139, lambda = 100 * 0.0056, lower.tail = FALSE)
[1] 1
```

3.3.4 超几何分布

在用小麦发芽试验解释二项分布时，我们假定小麦发芽率为 p。这也就是说当参数 p 已知，且伯努利试验之间是相互独立的（意思是参数 p 不会变化），二项分布可以帮助我们解决概率问题。但是，实际的某些场景不允许我们这么做。比如，一个为数不多的动物群体中出现了某种疾病。假设该群体的动物数量为 N，而发病的动物数量为 M。当我们从其中抽取一个动物时，该个体发病的概率可用 $\frac{M}{N}$ 来估算。但是当我们再从中抽取第二个动物时，该个体发病的概率就不能再用 $\frac{M}{N}$ 来估算了。因为群体的动物数量现在已经变为 $N-1$，而其中生病的个体数可能是 $M-1$，也可能是 M（第一个被抽中的动物为健康个体）。

概括来说，两次伯努利试验的结果并不独立，前一次试验的结果会影响下一次试验结果的时候，二项分布就失去了应用的前提。

一个个体数量为 N 的总体，假如其中的个体可以根据某种性状分为两类（比如发病动物和不发病动物），其中一类性状（如发病动物）的个体数量为 M。现在从该总体中随机抽取 n 个作为样本，试问：抽中某类性状个体（如发病动物）的数量为 x 的概率是多少？

注意，x 最小等于 0（如果 $M+n<N$），或 $M+n-N$（如果 $M+n\geqslant N$）。最大等于 n（如果 $n<M$），或等于 M（如果 $n\geqslant M$）。我们可以从概率的古典定义（见定义 3.4）出发来回答这个问题。

首先，需要考虑的是从该总体中抽出 n 个个体共有多少种可能。这是一个组合问题，答案很简单，即 C_N^n。然后，需要考虑 n 个个体的样本中有 x 个发病，$n-x$ 个不发病的情况共有多少种。这 x 个发病的应当抽自 M 个发病动物，所以共有 C_M^x 种情况。剩下的 $n-x$ 个不发病的应当抽自 $N-M$ 个不发病动物，所以共有 C_{N-M}^{n-x} 种情况。发病的每一种组合都对应所有不发病的组合，反过来也成立。所以，n 个个体的样本中有 x 个发病、$n-x$ 个不发病的情况共有 $C_M^x C_{N-M}^{n-x}$ 种。最后，根据概率的古典定义，抽中发病动物个数为 x 的概率为

$$f(x;n,M,N)=P(X=x)=\frac{C_M^x C_{N-M}^{n-x}}{C_N^n},\quad \max\{0,M+n-N\}<x<\min\{M,n\} \tag{3.39}$$

其中，max 和 min 分别表示求最大值和最小值。这就是超几何分布的概率质量函数公式。

超几何分布(hypergeometric distribution)，记作 $H(M,N,n)$，有三个参数 M,N,n，它们共同决定分布的形状(见图 3.10)。服从超几何分布的随机变量 X 的数学期望为 $E(X)=\frac{nM}{N}$，方差 $\mathrm{Var}(X)=\frac{nM}{N}\left(1-\frac{M}{N}\right)\frac{N-n}{N-1}$。

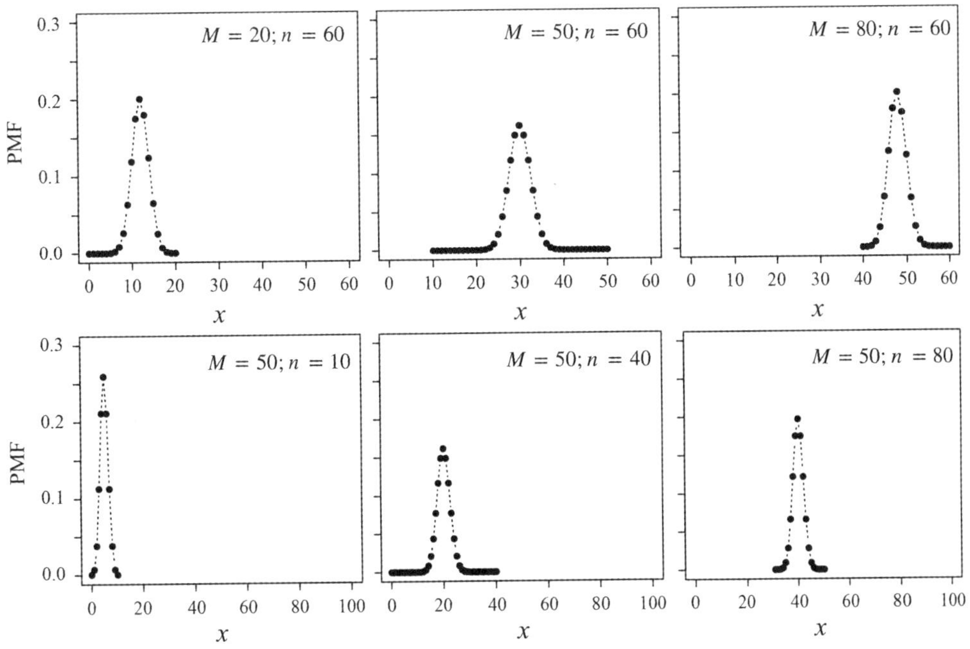

图 3.10　不同参数的超几何分布(N=100)

从形态上看，超几何分布与二项分布也是类似的。不过超几何分布的形态由参数 M、N 和 n 共同决定，其中 n 决定了分布的右边界，$\frac{M}{N}$ 决定了分布的中心位置(相当于二项分布的参数 p)。

超几何分布的累积分布函数为

$$F(x;n,M,N)=P(X\leqslant x)=\sum_{i=\max\{0,M+n-N\}}^{\lfloor x\rfloor}\frac{C_M^i\,C_{N-M}^{n-i}}{C_N^n}\tag{3.40}$$

之所以称为超几何分布，是因为其形式与超几何函数的级数展开式系数有关。总结来说，超几何分布描述了从有限的 N 个物件(其中包含 M 个指定种类的物件)中不放回地抽出 n 个物件，成功抽出该指定种类物件次数的概率。

这里的关键点是抽样的方式——不放回(without replacement)。假如抽样是有放回的，每次抽中发病动物的概率就都是 $\frac{M}{N}$，伯努利试验又是独立的，那么二项分布的应用条件又成立了。如果抽样是不放回的，但 N 非常大，使得 $\frac{M}{N}$ 不会因为没有放回的个体而发生变化，那么超几何分布也可以用二项分布来近似表示。

例题 3.6　豌豆中高茎是显性性状，矮茎是隐性性状。一组杂交试验以杂合的高茎作母本进行自交试验，产生了 100 株 F2 代豌豆。现在从中随机选择 20 株，试问：其中纯合高茎小于 2 株的概率有多大？

分析 如果纯合的高茎豌豆和纯合的矮茎豌豆杂交，F1 代将全为杂合的基因型。F1 代自交（也就是本例题所描述的自交试验）产生的 F2 代，按照孟德尔自由分配定律，高茎和矮茎的比例应为 3∶1，杂合高茎和纯合高茎的比例应为 2∶1。或者说，纯合高茎、杂合高茎和纯合矮茎的比例应为 1∶2∶1。试验产生的 100 株 F2 代豌豆实际上有多少株纯合高茎并未告知。不过理论上的 $100\times\frac{1}{4}=25$ 株是纯合高茎，可作为目标性状的数量，即 $M=25$。所以随机抽取 20 株，纯合高茎的株数可能的取值范围为[0,20]。题干中的问题等于分别计算高茎 0 株和 1 株的概率，然后求和，也就是累积分布函数所描述的情况。

解答 利用超几何分布计算该概率，相关参数分别为 $N=100$，$M=25$，$n=20$。代入式(3.40)，有

$$\begin{aligned}P(X<2)&=P(0)+P(1)\\&=\frac{C_{25}^{0}C_{100-25}^{20-0}}{C_{100}^{20}}+\frac{C_{25}^{1}C_{100-25}^{20-1}}{C_{100}^{20}}\\&=0.001498494+0.01337941\\&\approx0.015\end{aligned}$$

所以，随机选择 20 株，其中纯合高茎小于 2 株的概率约为 0.015。

R 为超几何分布提供了概率质量函数 dhyper()、累积分布函数 phyper() 和分位数函数 qhyper()。

```
> dhyper(x = 0, m = 25, n = 75, k = 20)
[1] 0.001498494
> phyper(q = 1, m = 25, n = 75, k = 20)
[1] 0.01487791
> qhyper(p = 0.01487791, m = 25, n = 75, k = 20)
[1] 2
```

它们共有的参数有三个：参数 m 定义了符合某种特征的个体数量，即前文讨论的 M；参数 n 定义了不符合某种特征的个体数量，等于 $N-M$；参数 k 定义了抽样的数量，即前文中的 n。x、q 与二项分布相关函数中的同名参数一致。而且 phyper() 也有参数 lower.tail，功能与 pbinom()、ppois() 中的同名参数一致。

代码示例中的分位数函数 qhyper() 的结果似乎出现了问题，并不等于累积分布函数的输入值 q = 1。这是因为 phyper() 返回的概率值 0.01487791 是四舍五入的结果，比真实值大。如果要得出反函数应有的结果，可以将 phyper() 的返回值存入变量，然后再传给 qhyper()。

```
> prob <- phyper(q = 1, m = 25, n = 75, k = 20)
> qhyper(p = prob, m = 25, n = 75, k = 20)
[1] 1
```

在使用 R 语言进行数据分析运算时要注意这一细节问题，建议将中间计算结果存入变

量,并在后续计算中使用变量名代替具体的数值。

3.3.5 均匀分布

均匀分布,又称规则分布,是一种简单的概率分布,分为离散型均匀分布(discrete uniform distribution)和连续型均匀分布(continuous uniform distribution)两种形式。

假设离散型随机变量 X 在整数区间 $[a,b]$ 内取值,且取每个值的概率相等,则 X 服从离散型均匀分布,记作 $X \sim U(a,b)$,概率质量函数公式为

$$P(X=x)=\frac{1}{b-a+1},\quad a \leqslant x \leqslant b \tag{3.41}$$

服从离散型均匀分布的随机变量 X 有数学期望$\frac{a+b}{2}$,方差 $\frac{(b-a+1)^2-1}{12}$ 。

假设连续型随机变量 X 在实数区间 $[a,b]$ 内取值,且对长度相等的所有子区间取值概率相同,则 X 服从连续型均匀分布,概率密度函数为

$$f(x)=\frac{1}{b-a},\quad a \leqslant x \leqslant b \tag{3.42}$$

服从连续型均匀分布的随机变量 X 有数学期望 $\frac{a+b}{2}$,方差 $\frac{(b-a)^2}{12}$ 。

$[c,d]$ 为取值区间 $[a,b]$ 内的某一个区间,随机变量落在 $[c,d]$ 里的概率为

$$P(c \leqslant X \leqslant d)=F(d)-F(c)=\int_c^d \frac{1}{b-a}\mathrm{d}x=\frac{d-c}{b-a} \tag{3.43}$$

显然,连续型均匀分布取值等可能性体现在:取值某一子区间的概率仅与区间的长度有关,而与区间的位置无关。

在生物学中,均匀分布的例子非常罕见。因为在真实的生物或生态系统中,存在各种环境因素、竞争、交互作用等,它们都会对生物学现象产生非均匀的影响。但是,我们可以在某些特殊情况下近似地将有关分布视为均匀分布,用它来进行模型的构建和研究。

R 语言 `purrr` 包中的 `rdunif()`函数可生成服从离散型均匀分布的随机数,可用于模拟抛硬币和掷骰子之类的试验。服从连续型均匀分布的随机数的生成则用 `runif()`函数。

3.3.6 指数分布

在介绍泊松分布时,已经了解到泊松分布描述的是二项分布限定在一定空间或时间内的情形。现在我们用公交车进站的例子重新思考一下泊松分布。

一段时间内某路公交车进站的次数,作为随机变量服从泊松分布,进站的平均次数为 λ (泊松分布的数学期望)。在真实的生活场景中,当我们乘坐公交车时,往往关心的是等待某路公交车的时间,也就是公交车进站的时间间隔。为解决这一问题,必然要引入时间 t 。

假设公交车进站事件的发生速率是恒定的(用 λ' 表示),那么一段时间内公交车进站的平均次数 λ 就可以用速率 λ' 乘以时间 t 来替换,即 $\lambda=\lambda' t$ 。代入泊松分布的概率质量公式(3.36),有

$$P(X=x)=\mathrm{e}^{-(\lambda' t)}\frac{(\lambda' t)^x}{x!},\quad x=0,1,2,\cdots \tag{3.44}$$

现在令 $X=0$，也就是从0时刻开始的 t 时间之内没有公交车进站的概率，即

$$P(X=0)=e^{-(\lambda' t)}\frac{(\lambda' t)^0}{0!}=e^{-\lambda' t} \tag{3.45}$$

那么，相应的对立事件，即从0时刻开始的 t 时间之内没有，而 t 时刻恰有公交车进站的概率为

$$P(X\neq 0)=1-P(x=0)=1-e^{-\lambda' t} \tag{3.46}$$

式(3.46)也就是指数分布累积分布函数，对累积分布函数求导后得指数分布的概率密度函数(按照惯例用 λ 代替 λ')如下：

$$f(t,\lambda)=\lambda e^{-\lambda t},\quad t\geqslant 0 \tag{3.47}$$

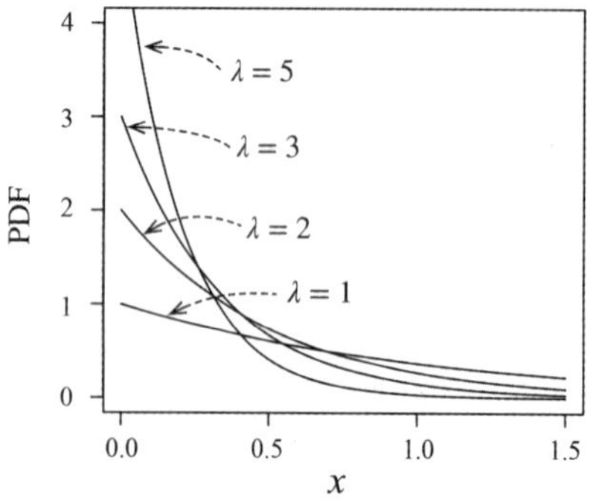

图3.11　不同 λ 值的指数分布

指数分布(exponential distribution)，记作 $\text{Exp}(\lambda)$，有数学期望 $\frac{1}{\lambda}$ 和方差 $\frac{1}{\lambda^2}$。不同 λ 值的指数分布形态见图3.11。

和泊松分布一样，指数分布也只有一个参数，而且同名。不过，泊松分布中 λ 代表的是 n 重伯努利试验中事件发生的平均次数，而指数分布的 λ 指的是 n 重伯努利试验中事件的平均发生速率。

指数分布有一个重要的性质——无记忆性。所谓无记忆性，也就是说我们从0时刻开始等待 t 时间事件发生的概率，等于从 s 时刻开始等待 t 时间后事件发生的概率。用数学公式表示为

$$P(X>s+t\mid X>s)=P(X>t) \tag{3.48}$$

等号左边的概率，也就是在等待 s 段时间后还需要等待 t 段时间的概率。根据条件概率公式，可得

$$P(X>s+t\mid X>s)=\frac{P(X>s+t)\cap P(X>s)}{P(X>s)} \tag{3.49}$$

由于事件“等待 $s+t$”包含事件“等待 s”，所以

$$\begin{aligned}P(X>s+t\mid X>s)&=\frac{P(X>s+t)}{P(X>s)}\\&=\frac{1-P(X\leqslant s+t)}{1-P(X\leqslant s)}\end{aligned} \tag{3.50}$$

代入指数分布的累积分布函数，有

$$\begin{aligned}P(X>s+t\mid X>s)&=\frac{1-[1-e^{-\lambda(s+t)}]}{1-(1-e^{-\lambda s})}\\&=\frac{e^{-\lambda(s+t)}}{e^{-\lambda s}}\\&=e^{-\lambda t}\end{aligned} \tag{3.51}$$

而 $P(X>t)=1-P(X\leqslant t)=1-(1-e^{-\lambda t})=e^{-\lambda t}$，式(3.48)得证。

指数分布可以用来描述生物学中的一些随机事件，如DNA序列的突变时间间隔。通过对这些随机事件的建模，我们可以更好地理解生物大分子序列的进化过程。

3.3.7　正态分布

正态分布(normal distribution)在概率统计和自然科学研究中的作用，各类连续型随机变量的概率分布无出其右。

其重要性一方面表现在它是自然界最常见的一种分布，包括生物学中的很多现象产生的数据都服从或近似服从正态分布，如小麦的株高、畜禽的体重、血氧含量等。它们的频数分布图通常呈现中间高、两边低的对称形态，即大多数数据出现在平均数附近，而较高或较低值的极端情况则较少。实际上，如果一个随机变量的取值受到复杂随机因素的影响，往往就会表现出正态分布的特征。

另一方面，正态分布具有许多良好的性质，很多分布可以用正态分布来近似描述或导出。此外，有些随机变量的概率分布在特定条件下以正态分布为极限。因此，正态分布无论是在理论研究还是实际应用中都有极其重要的地位。

设随机变量 X 服从数学期望为 μ 、方差为 σ^2 的正态分布，记作 $N(\mu,\sigma^2)$，有概率密度函数

$$f(x)=\frac{1}{\sigma\sqrt{2\pi}}\mathrm{e}^{-\frac{(x-\mu)^2}{2\sigma^2}} \tag{3.52}$$

有累积分布函数

$$F(x)=\frac{1}{\sigma\sqrt{2\pi}}\int_{-\infty}^{x}\mathrm{e}^{-\frac{(x-\mu)^2}{2\sigma^2}}\mathrm{d}x \tag{3.53}$$

其中，e 为自然常数，π 为圆周率。正态分布概率密度函数是为数不多的同时包含两个超越数①的数学公式。

正态分布的概率密度函数与累积分布函数的形状如图 3.12 所示。$F(x)$ 表示服从正态分布的随机变量 X 在 $(-\infty,x)$ 范围内取值的概率，也就是概率密度函数 $f(x)$ 在 $(-\infty,x)$ 范围内与 x 轴所夹的面积(灰色区域的面积)。所以，当 x 变大时，密度曲线与 x 轴所夹的灰色区域面积会随着变大。表现在累积分布函数上，即 $F(x)$ 随着 x 增大而增大，且 $F(x)$ 增大的速度会在 x 越过平均数时逐渐放缓。

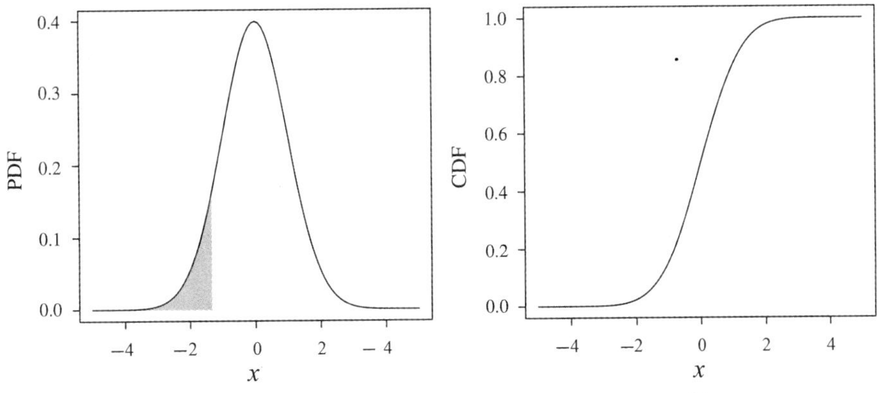

(a)　　(b)

图 3.12　正态分布的概率密度函数和累积分布函数

① 超越数是指不能作为有理系数多项式方程的根的数，即不是代数数的数。它们的存在给了实数系统完整性的保证，弥补了有理数的不足。

正态分布的概率密度函数的形状由两个参数决定：平均数 μ 控制密度曲线的位置，方差 σ^2 控制密度曲线向中心靠拢的程度。如图 3.13(a)所示，平均数变大，密度曲线将沿 x 轴右移，反之左移。当方差 σ^2 变小时，钟形曲线会变得陡峭高耸；而方差变大时，钟形曲线会变得平缓低矮(见图 3.13(b))。

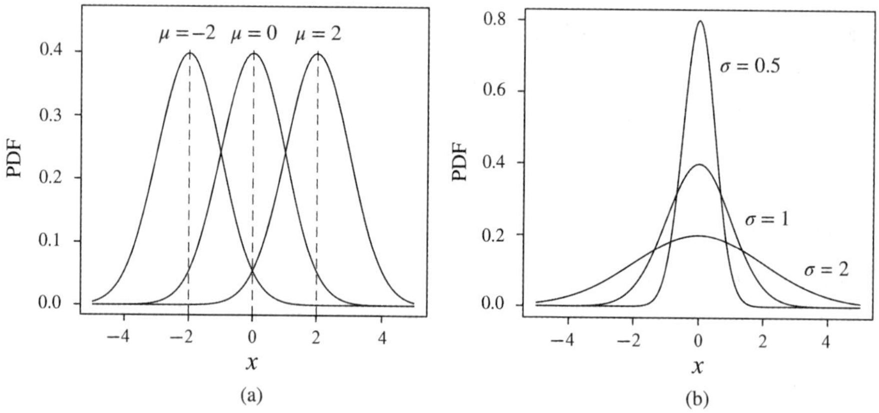

图 3.13　不同数学期望和方差的正态分布

正态分布具有以下几个重要性质。

(1)密度函数 $f(x)$ 为非负函数，以 x 轴为渐近线，分布从 $-\infty$ 至 $+\infty$。

(2)密度曲线是关于平均数 μ 对称的钟形曲线。

(3)密度函数在 $x=\mu$ 处达到极大值 $f(\mu)=\dfrac{1}{\sigma\sqrt{2\pi}}$。

(4)密度曲线在 $x=\mu\pm\sigma$ 处各有一个拐点(knee point)，通过拐点时曲线改变方向[①]。

(5)概率的归一性决定了密度曲线与 x 轴所夹的面积为 1。

(6)密度曲线的位置由平均数 μ 决定，峰度由 σ^2 决定。

历史上最早(1733 年)发现正态分布的功劳应该归于英国数学家 Abraham de Moivre[②]，后来 de Moivre 的法国老乡 Pierre-Simon Laplace[③] 又对 de Moivre 的结果进行了完善。

与 Laplace 同时期的德国大数学家 Johann C. F. Gauss[④] 在研究测量误差时(1809 年)，从不同角度同样推导出了正态分布，并率先将其应用于天文学研究。因为 Gauss 的工作对后世的影响极大，正态分布同时冠以 Gauss distribution 之名。

---

①　拐点在数学上指曲线凹凸性改变的点。直观地说，拐点是使切线穿越曲线的点。若该曲线图形的函数在拐点有二阶导数，则二阶导数在拐点处左右改变正负性。

②　亚伯拉罕·棣·莫弗(1667—1754)，法裔英国籍数学家，分析几何和概率论的先驱。著有《机遇论》一书，该书被称为早期概率史三部里程碑性质的著作之一。另外两部分别是雅各布·伯努利的《猜度术》和拉普拉斯的《概率的分析理论》。

③　皮埃尔-西蒙·拉普拉斯(1749—1827)，法国天文学家和数学家。他是天体力学的主要奠基人、天体演化学的创立者之一，还是分析概率论的创始人。拉普拉斯曾是拿破仑的老师，在拿破仑政府中担任过六个星期的内政部长。

④　约翰·卡尔·弗里德里希·高斯(1777—1855)，德国著名数学家、物理学家、天文学家。高斯被认为是世界上最重要的数学家之一，享有“数学王子”的美誉。

关于 Gauss 如何通过最大似然思想和数学上的直觉"猜测"误差的分布是正态分布，以及如何借此拓展最小二乘法，这里不再赘述。然而，促使 de Moivre 推出正态分布的问题，对我们理解正态分布在统计学中的重要性则有特别的意义。

1721 年一名赌徒向 de Moivre 提出了这样一个问题：A 和 B 二人在 C 家玩赌博游戏，A 赢得赌局的概率为 p，B 赢的概率为 $1-p$，赌 n 局，如果 A 赢的局数 x 大于 np，则 A 付 $x-np$ 元给 C 作酬金，反之，则由 B 付 $np-x$ 元给 C，问 C 所得酬金平均是多少。很快 de Moivre 利用二项分布给出了答案：$2np(1-p)B(N,p)$，其中 $B(n,p)$ 是二项分布的概率质量函数。因为二项分布概率质量函数中有阶乘的计算，所以对于具体的 n 要把这个平均结果计算出来还是比较困难的。这驱动着 de Moivre 寻找近似的方法。de Moivre 首先假定总局数为偶数 $2n$，A 赢的概率为 $\frac{1}{2}$，并得出了一个复杂的初步结果。此后，又在数学家 James Stirling① 的帮助下于 1733 年给出了正态分布的雏形。后来 Laplace 对 $p \neq \frac{1}{2}$ 的情形作了更深入的分析，并推广到任意 p 的情况。

虽然我们忽略了很多细节，但有一点可以确认，即正态分布是在二项分布的基础上推导出来的。

1. 标准正态分布

平均数 μ 和方差 σ^2 分别取值 0 和 1 时，该特定的正态分布称为标准正态分布(standard normal distribution)，有概率密度函数

$$\phi(x) = \frac{1}{\sqrt{2\pi}} e^{-\frac{x^2}{2}} \tag{3.54}$$

其形状如图 3.14(a)所示。

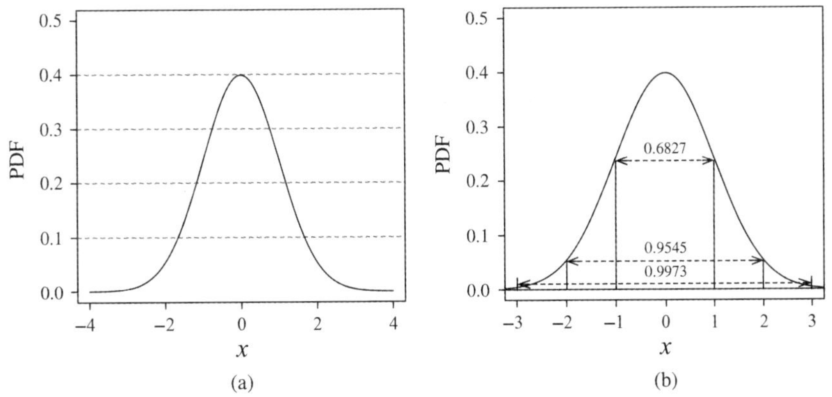

图 3.14　标准正态分布及数据分布范围

① 詹姆斯·斯特林(1692—1770)，苏格兰数学家。研究工作主要集中在概率论和解析数论领域。de Moivre 正是用了他的 Stirling 近似公式，即当 $n \to \infty$ 时，有 $n! \approx n^n e^{-n} \sqrt{2\pi n}$，才得到了正态分布的密度函数公式。

根据正态分布的特征，任意一个正态分布的密度曲线都可以通过位置平移和横向缩放转换成标准正态分布。几何意义上的转换对应到代数上可表示为

$$z=\frac{x-\mu}{\sigma} \tag{3.55}$$

这种变换称为正态分布的标准化(standardization)。换句话说，任意一个服从正态分布 $N(\mu,\sigma^2)$ 的随机变量 x，进行标准化处理后所得的随机变量 z 服从标准正态分布。随机变量 z 称为标准正态离差(standard normal deviate)，表示变量取值离开平均数 μ 有几个标准差 σ。

标准正态分布的累积分布函数通常记作 $\Phi(x)$，因此标准正态变量 x 在区间 $[a,b]$ 取值的概率计算有如下形式：

$$P(a\leqslant x\leqslant b)=\Phi(b)-\Phi(a)=\int_a^b \frac{1}{\sqrt{2\pi}}\mathrm{e}^{-\frac{x^2}{2}}\mathrm{d}x \tag{3.56}$$

如果取 $a=-1$，$b=1$，则 $P(-1\leqslant x\leqslant 1)\approx 0.6827$；如果取 $a=-2$，$b=2$，则 $P(-2\leqslant x\leqslant 2)\approx 0.9545$；如果取 $a=-3$，$b=3$，则 $P(-3\leqslant x\leqslant 3)\approx 0.9973$。因为标准正态分布的平均数和方差分别为 0 和 1，则随机变量取值于平均数两侧 1 个 σ 范围内的概率为 0.6827，2 个 σ 范围内的概率为 0.9545，3 个 σ 范围内的概率为 0.9973(见图 3.14(b))。

由此可见，虽然服从 $N(\mu,\sigma^2)$ 的随机变量可在 $-\infty\sim+\infty$ 取值，但绝大多数取值在 $\mu\pm 3\sigma$ 范围内。

为方便计算，统计上把后两个取值区间的相应概率 0.9545 和 0.9973 分别取为 0.95 和 0.99，则取值范围变为 $\mu\pm 1.960\sigma$ 和 $\mu\pm 2.576\sigma$，对于标准正态变量 z 则有

$$\begin{aligned}P(-1.960\leqslant z\leqslant 1.960)&=0.95\\P(-2.576\leqslant z\leqslant 2.576)&=0.99\end{aligned} \tag{3.57}$$

该性质在第 2.4 节离群值的识别问题中已有应用，并且还将在后续的统计推断中发挥重要作用。其中 1.960 和 2.576 两个值可通过 R 函数 qnorm()(正态分布的分位数函数)获得。代码如下。

```
> qnorm(p = 0.025, mean = 0, sd = 1, lower.tail = FALSE)
[1] 1.959964
> qnorm(p = 0.005, mean = 0, sd = 1, lower.tail = FALSE)
[1] 2.575829
```

这里随机变量 z 落在 $(-z_{\frac{\alpha}{2}},+z_{\frac{\alpha}{2}})$ 区间之外的概率称为双侧概率。以上式为例，z 落在 $(-1.960,1.960)$ 之外的概率为 $1-0.95=0.05$。因为标准正态分布是左右对称的，z 落在两侧(见图 3.15(a))，即 $(-\infty,-1.960)$ 和 $(1.960,+\infty)$ 的概率各有 0.025，所以 $\alpha=0.05$，$z_{\frac{\alpha}{2}}\approx 1.960$。

只考察随机变量 z 落在 $(-z_{\alpha},+\infty)$ 或 $(-\infty,+z_{\alpha})$ 区间之外的概率称为单侧概率。例如 z 落在 $(-1.960,+\infty)$ 区间之外，也就是在 $(-\infty,-1.960)$ 区间之内的单侧概率为 0.025，所以此时的 $\alpha=0.025$。如果设定单侧概率 $\alpha=0.05$，R 指令 `qnorm(p = 0.05, lower.tail = TRUE)`得区间的左侧边界约为−1.645(见图 3.15(b))。与 $(-\infty,-1.645)$ 区间对称的右侧区间 $(1.645,+\infty)$ 的单侧概率同样也为 0.05(见图 3.15(c))。

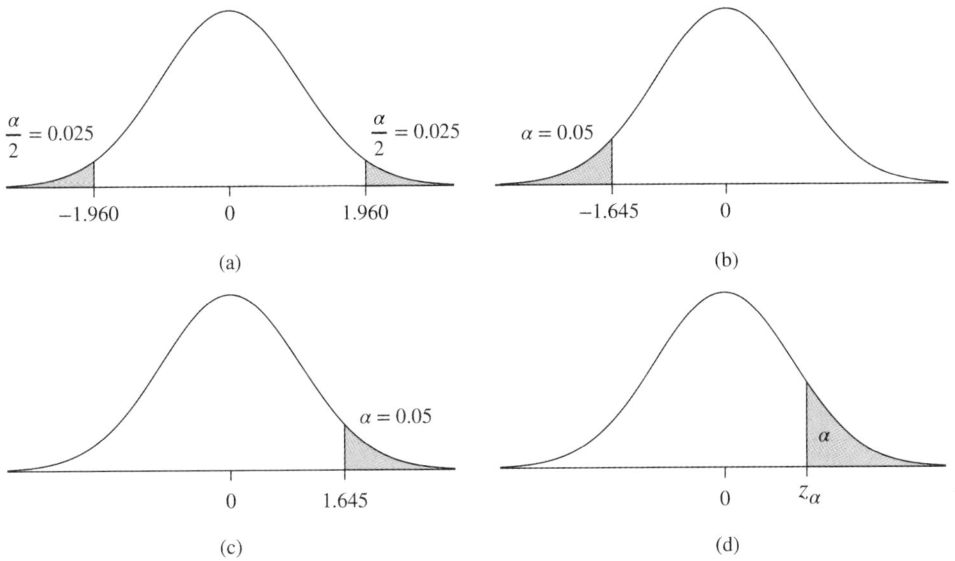

图 3.15　标准正态分布的上侧与下侧分位数

z_α 称为上侧 α 分位数(upper fractile),有 $P(x \geqslant z_\alpha)=\alpha$,如图 3.15(d)所示。与上侧分位数对应的是下侧分位数(lower fractile),上侧分位数 $z_{0.05}$ 用下侧分位数表示,即 $z_{0.95}$。换句话说,上侧分位数 $z_{0.05}$ 等于下侧分位数 $z_{0.95}$。

为不引起记号上的混乱,本书中的 z_α 专指上侧分位数,而下侧分位数用上侧分位数的负数形式表示。例如,下侧 0.05 分位数可表示为 $-z_{0.05} \approx -1.645$(见图 3.15(b))。

正态分布的概率密度函数在 R 语言中即 `dnorm()`,累积分布函数即 `pnorm()`。包括分位数函数 `qnorm()`在内,它们都有两个关键参数:参数 `mean` 接收正态分布的平均数;参数 `sd` 接收正态分布的标准差。`pnorm()`和 `qnorm()`共有参数 `lower.tail`,实际上 `lower.tail` 也是所有累积分布函数和分位数函数共有的,在概率计算和统计分析中至关重要。结合图 3.15,我们需要重点理解分位数的方向,还应特别注意分位数的符号 z_α 专指的是上侧分位数(`lower.tail = FALSE`),以免记号混乱带来理解上的困难。

2. 二项分布、泊松分布和正态分布的关系

泊松分布是由二项分布推导出来的。在伯努利试验次数 n 很大、事件发生概率 p 较小时,泊松分布是二项分布的极限。如图 3.16 第 1 排的 4 个子图所示,对于 30 次的伯努利试验而言,事件发生的概率 $p=0.01$ 时二项分布和 $\lambda=np=0.3$ 的泊松分布有较好的近似效果。而当 p 增大时,泊松分布和二项分布间的近似效果则越来越差。

正态分布也是二项分布推导得来的,也是二项分布的极限。因此,二项分布也可用正态分布来近似,条件是伯努利试验次数 n 很大,事件发生概率 p 不偏向 0 或 1。对于二项分布的正态分布近似条件,一个常用的规则是 np 和 $n(1-p)$ 都必须大于 5。如图 3.16 第 2 排的 4 个子图所示,4 种情况只有 $p=0.5$ 时,二项分布与平均数 $\mu=15$ 的正态分布有较好的近似效果。p 越偏向 0 或 1,近似效果都比较差。

既然泊松分布和正态分布都可以用来近似二项分布,那么可以自然地联想到正态分布也应该可以用于泊松分布的近似。如图 3.16 第 3 排的 4 个子图所示,随着单位时间内随机

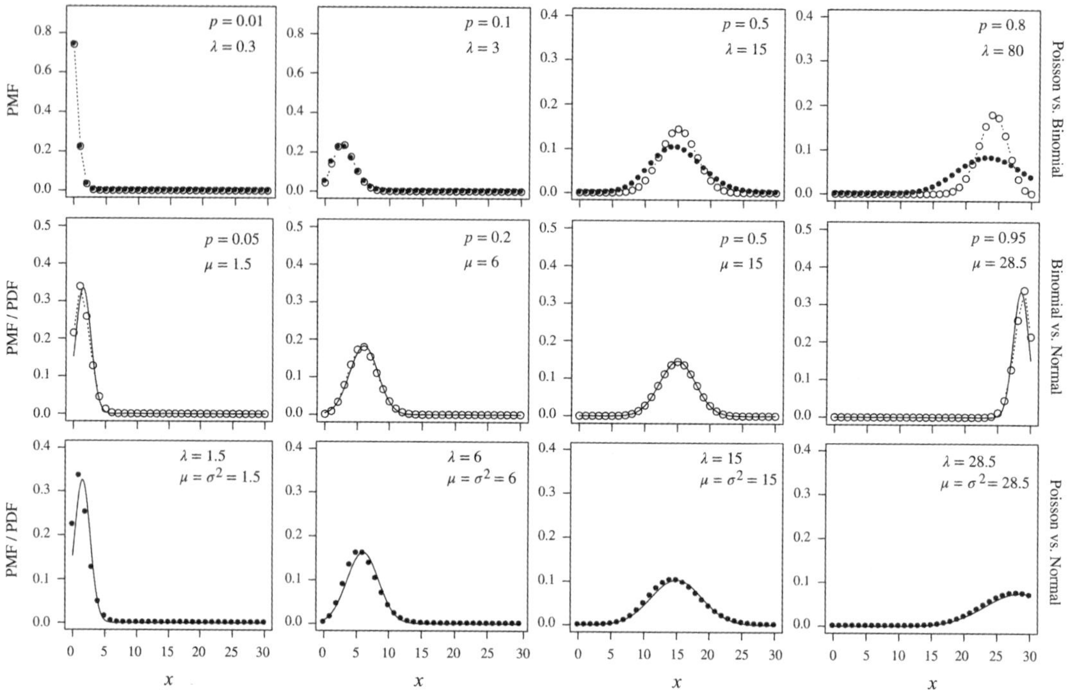

图 3.16　泊松分布(实心圆)、二项分布(空心圆)与正态分布(实线)的关系

事件发生次数的增加,泊松分布会逐渐近似于数学期望和方差都等于 λ 的正态分布。沿用二项分布的正态分布近似条件,泊松分布的正态近似常用规则是 λ 必须大于 5。

厘清二项分布、泊松分布和正态分布的关系,对于我们理解概率分布大有裨益。同时我们不应忘记,二项分布和泊松分布是离散型随机变量的概率分布,而正态分布是连续型随机变量的概率分布。前两者与正态分布的联系,不仅从技术上打通了离散变量与连续变量的鸿沟,更重要的是一个统计学理论问题开始呼之欲出。

3.4　大数定律与中心极限定理

3.4.1　大数定律

大数定律(law of large numbers)是一种描述当试验次数 n 很大时,随机事件呈现的概率性质的定律。大数定律是一种自然规律,也是被数学家严格证明的定理。大数定律有若干个表现形式,所以提及被某位数学家证明了的某种大数定律的表现形式时则称定理,如伯努利大数定理和辛钦大数定理。

在讨论事件发生的频率和概率的关系时,我们不假证明地给出了概率 $p=\lim\limits_{n\to\infty}\dfrac{m}{n}$ 的结论。该结论的成立可以说是不言而喻的。然而,数学的严谨性只有顺理成章是不够的,数学家们要求证明。

瑞士数学家 Jakob Bernoulli① 在 1713 年出版的《猜度术》第四卷，给出了被 Poisson 称为伯努利大数定理的历史上第一个大数定理。该书对后世影响极大，主要原因就是证明定理的这 30 页内容。

定理 3.4　设 m 是 n 次独立试验中事件 A 出现的次数，而 p 是事件 A 在每次试验中出现的概率，则对于任意小的正数 ϵ，有如下关系：

$$\lim_{n\to\infty} P\left(\left|\frac{m}{n}-p\right|<\epsilon\right)=1 \tag{3.58}$$

其含义是：当 n 足够大时，事件 A 发生的频率无限接近于概率 p 的概率趋近于 1。通俗而言就是，频率趋于概率。

伯努利大数定理的证明过程，从应用的角度我们可以忽略它。然而，作为最早被证明的大数定理，其在理论上开天辟地的意义不容忽视。

下面我们通过一个简单的计算机模拟试验，来体验一下伯努利大数定理。

rbinom()函数可以生成服从二项分布的随机数，有参数 n 控制随机数生成个数，参数 size 和 prob 分别定义了二项分布的两参数 n 和 p 。所以，要模拟一次 n 重伯努利试验，比如一组投掷 10 次硬币的试验，可执行一下 R 指令②

```
> rbinom(n = 1, size = 10, prob = 0.5)
[1] 4
```

此次模拟试验硬币正面朝上发生了 4 次(重复执行指令其结果会发生变化)，那么正面朝上的频率则等于 0.4，与二项分布的实际参数 p 有一定的差异。按照伯努利大数定理的说法，如果试验次数提升，我们将得到与实际参数 p 更接近的频率值。现在我们将 size 设为 10000，有

```
> rbinom(n = 1, size = 10000, prob = 0.5)
[1] 5071
```

除以试验次数，得硬币正面朝上的频率为 0.5071。

两次模拟投硬币试验，投 10 次的试验有 0.246 的概率算出的频率等于 0.5，而投 10000 次的试验算出频率刚好等于 0.5 的概率仅有 0.008。看起来后者更难得到等于概率 p 的频率，但后者每次试验结果会有更高的概率接近 0.5，前者每次都会有较高的概率远离 0.5。

在伯努利大数定理的基础上，稍作形式上的变动，我们就会有新的发现。如果 n 重伯努利试验中事件 A 发生的结果记为 $x_i(i\in(1,\cdots,n))$，那么

$$\frac{m}{n}=\frac{x_1+x_2+\cdots+x_n}{n}=\frac{\sum_{i=1}^{n}x_i}{n}=\bar{x} \tag{3.59}$$

也就是说频率可以表示为平均数(实为样本平均数)的形式。只是 x_i 中有一部分为 1，表示

① 雅各布·伯努利(1654—1705)，瑞士数学家。伯努利家族代表人物，被公认的概率论的先驱之一。他是最早使用“积分”这个术语的人，也是较早使用极坐标系的数学家。伯努利试验中的伯努利指的就是他。

② 注意，如果不通过 set.seed()函数设定随机数种子，执行该指令会得到不同的随机结果。

事件 A 发生 1 次；一部分为 0，表示事件 A 不发生。

伯努利大数定理表明“频率趋于概率”，而频率又是平均数的特殊形式，那么样本平均数又趋于什么呢？1929 年，苏联数学家 Aleksandr Y. Khinchin① 给出了答案。

定理 3.5 设 $x_1, x_2, \cdots, x_n$ 是来自同一个平均数为 μ 的总体，且相互独立的随机变量，对于任意小的正数 ϵ，有如下关系：

$$\lim_{n\to\infty} P\left(\left|\frac{\sum_{i=1}^{n} x_i}{n} - \mu\right| < \epsilon\right) = 1 \tag{3.60}$$

其含义是：当 n 足够大时，随机变量的算术平均数无限接近于总体平均数的概率趋近于 1，即样本平均数趋于总体平均数。

辛钦大数定理摆脱了对方差的限制：对于独立同分布的随机变量，可不必对方差提出假设。“样本平均数趋于总体平均数”，该结论将成为第 5 章参数估计的理论基础。

二项分布的随机数生成函数让我们体验了伯努利大数定理，下面换正态分布的随机数生成函数来模拟辛钦大数定理的表现。`rnorm()`函数由参数 `n` 控制随机数生成个数，参数 `mean` 和 `sd` 分别定义了正态分布平均数和标准差的大小。首先，模拟从正态分布中生成 10 个随机数作为一组样本，然后计算样本平均数。R 操作如下：

```
> sample <- rnorm(n = 10, mean = 0, sd = 1)
> mean(sample)
[1] -0.01645363
```

然后，将样本的观测值数增加到 10000，代码如下：

```
> sample <- rnorm(n = 10000, mean = 0, sd = 1)
> mean(sample)
[1] 0.003749129
```

类似地，样本平均数在当样本容量增大时会更加接近于总体平均数。

概率论中，所有关于大量随机现象平均结果稳定性的定理，统称为*大数定律*。根据概率收敛的强度，还分为*弱大数定理*（如伯努利大数定理和辛钦大数定理）和*强大数定理*（如 Borel 大数定理和 Kolmogorov 大数定理）。辛钦大数定理是所有大数定理中最为常见的形式。

大数定律除了支撑样本平均数的合理性，在实践中还有一个非常有用且有趣的应用——*蒙特卡罗方法*（又称统计模拟方法）。该方法于 20 世纪 40 年代，由参与美国“曼哈顿计划”的 Stanisław M. Ulam② 和 John von Neumann③ 首先提出。von Neumann 用摩纳哥的赌城 Monte Carlo 来命名这种方法，为它蒙上了一层神秘色彩。但事实上，蒙特卡罗方法的

---

① 亚历山大·雅科夫列维奇·辛钦（1894—1959），苏联数学家和数学教育家，现代概率论的奠基者之一。

② 斯塔尼斯拉夫·乌拉姆（1909—1984），美国数学家。提出了泰勒-乌拉姆构型、幸运数、博苏克-乌拉姆定理的猜想，发现了乌拉姆现象。

③ 约翰·冯·诺依曼（1903—1957），匈牙利裔美籍数学家、计算机科学家、物理学家和化学家，电子计算机之父、博弈论之父，是继爱因斯坦之后最伟大的科学家之一。

思想早在 1777 年，法国博物学家 Georges L. L. de Buffon① 在求圆周率 π 的投针试验(前文讨论概率的定义时曾提到过)中已经有所体现。

借助计算机实施蒙特卡罗方法来计算 π，思想简单而朴实。首先，让计算机模拟一个正方形，并内嵌一个圆形。随后让计算机在正方形区域内不断地产生大量随机点。最后统计落在圆内的点的数量和正方形中点的数量，并计算比值。我们知道圆面积和正方形面积之比 $\frac{\pi r^2}{2r \times 2r} = \frac{\pi}{4}$，当模拟的随机点足够多时，就能近似计算出 π。蒙特卡罗方法充分利用了计算机的不辞辛苦(投针的 Buffon 必然羡慕)，将 π 的计算问题转换为随机点落在圆内的概率问题。模拟试验所得的频率(点的数量比)，在试验次数足够多时将会越来越接近落于圆内的概率，这正是大数定律发挥作用之处。

3.4.2　中心极限定理

大数定律不论形式如何，描述的都是在大样本或大规模试验的情况下，随机变量数字特征表现出来的统计规律。然而，仅仅掌握数字特征的规律是不够的，我们还需要对随机变量的概率分布的极限情况有清晰的认识。

在上一节介绍正态分布时，已知正态分布最早是 de Moivre 在研究二项分布的极限时推导出来的(Laplace 进行了完善)。当 $n \to \infty$ 时，二项分布以正态分布为极限，这也是二项分布正态近似的理论基础。所以正态分布的推导过程也是以下 De Moivre-Laplace 中心极限定理(central limit theorem)的证明过程。

定理 3.6　在 n 重伯努利试验中，设事件 A 在每次试验中发生的概率为 p，X 为 n 次试验中事件 A 出现的次数，则 $\forall x \in \mathbf{R}$，有

$$\lim_{n\to\infty} P\left[\frac{X - np}{\sqrt{np(1-p)}} \leqslant x\right] = \Phi(x) = \frac{1}{\sqrt{2\pi}}\int_{-\infty}^{x} e^{-\frac{t^2}{2}}\,dt \tag{3.61}$$

其含义是：当 n 足够大时，服从二项分布 $B(n,p)$ 的随机变量 X 经标准化后近似服从标准正态分布 $N(0,1)$，即 $X \sim N(np, np(1-p))$。所谓标准化，即随机变量 X 减去(二项分布的)平均数 np 后除以(二项分布的)标准差 $\sqrt{np(1-p)}$。

在 n 重伯努利试验中，如果记事件 A 发生的次数为 $X_i(i \in (1,2,\cdots,n))$，则 $X = \sum_{i=1}^{n} X_i$。其中 X_i 的取值要么为 1，要么为 0。所以 X 本质上是 n 个服从两点分布的随机变量之和。概率论中，我们把随机变量之和的分布收敛于正态分布的一类定理都称为中心极限定理。

既然对两点分布的随机变量求和可以得到 De Moivre-Laplace 中心极限定理，那么对于独立同分布的随机变量求和又可以得到什么极限分布呢?

定理 3.7　设 $\{X_i, i = 1,\cdots,n\}$ 是独立同分布随机变量序列，存在 $E(X_i) = \mu$，$\text{Var}(X_i) = \sigma^2$，且 $0 < \sigma^2 < \infty$，则有

$$\lim_{n\to\infty} P\left(\frac{\sum_{i=1}^{n} X_i - n\mu}{\sigma\sqrt{n}} \leqslant x\right) = \Phi(x) = \frac{1}{\sqrt{2\pi}}\int_{-\infty}^{x} e^{-\frac{t^2}{2}}\,dt \tag{3.62}$$

① 乔治·路易斯·勒克莱尔·德·布丰(1707—1788)，法国自然学家、博物学家、作家。

其含义是：当 n 足够大时，独立同分布随机变量之和经标准化后近似服从标准正态分布 $N(0,1)$，即 $\sum X_i \sim N(n\mu, \sigma^2 n)$。该定理称为 Lindeberg-Lévy 中心极限定理。由芬兰数学家 Jarl W. Lindeberg[①] 和法国数学家 Paul P. Lévy[②] 于 20 世纪 20 年代证明。

该定理更常见的形式是：将式中的 $\dfrac{\sum\limits_{i=1}^{n} X_i - n\mu}{\sigma\sqrt{n}}$ 变换为 $\dfrac{\dfrac{\sum\limits_{i=1}^{n} X_i}{n} - \mu}{\sigma/\sqrt{n}}$。其含义相应地变为：当 n 足够大时，独立同分布随机变量的样本平均数，经标准化后近似服从标准正态分布 $N(0,1)$，即 $\overline{X} \sim N\left(\mu, \dfrac{\sigma^2}{n}\right)$。

前面我们通过计算机模拟体验了大数定律的内涵，对中心极限定理的模拟在第 4 章就会出现。此处我们有必要着重讨论一下中心极限定理的现实意义。

大量两点分布随机变量之和近似服从正态分布。反过来说，如果一个随机变量可以表示很多个两点分布随机变量之和的形式，那么这个随机变量就应该近似正态分布。

当观察一个遗传特征时，比如某种细胞中的基因突变频率，我们可以将每个细胞的突变状态视为一个独立的随机事件。每个细胞要么具有该突变，要么不具有该突变，显然是典型的两点分布。现在我们考虑观察一个组织或群体中的此种细胞，并记录其中突变细胞的数量。假设我们取了 n 个细胞，每个细胞的突变状态（突变和无突变）用随机变量 $X_1, X_2, \cdots, X_n$ 表示，每个随机变量 X_i 服从两点分布。我们可以将这些随机变量相加，得到和 $Y = \sum\limits_{i=1}^{n} X_i$。当 n 变大时，Y 的分布将趋近于正态分布。

这种将随机变量拆分为多个服从两点分布的随机变量之和的概念，可以用于解释为什么我们实际观察到的细胞群体中的突变频率，往往呈现出近似于正态分布的现象。群体中每个细胞的突变状态是独立的，通过将许多细胞的突变状态叠加，整体的突变细胞数量分布趋近于正态分布。

对于 Lindeberg-Lévy 中心极限定理，简单的解释就是，大量独立同分布的随机变量之和近似服从正态分布，或者大量独立同分布的随机变量的平均数近似服从正态分布。作为生物学研究者，对于感兴趣的生物学性状（连续型的数量性状），我们通常用随机变量来描述。目标性状又与其他很多生物学性状有关，这些作为影响因素的性状可以用一系列独立同分布[③]的随机变量来描述。如果相关影响因素性状和目标性状的关系，可以通过随机变量的加和来表示，那么目标性状的随机变量就会呈现正态分布的形态。

在客观世界中有很多随机变量，它们由大量的相互独立的随机因素综合作用而成，其中

---

① 贾尔·瓦尔德马·林德伯格（1876—1932），芬兰数学家。1920 年，他发表了关于中心极限定理的第一篇论文，两年后 Lindeberg 用自己的方法又获得了更稳定的结果，即所谓的 Lindeberg 条件（中心极限定理的核心）。

② 保罗·皮埃尔·莱维（1886—1971），法国采矿工程师和数学家。他对概率论、函数分析和其他分析问题（主要是偏微分方程和数列）有杰出贡献。

③ 第三个中心极限定理，Lindeberg-Feller 中心极限定理表明这些随机变量可以不同分布，但需要满足 Lindeberg 条件。William Feller（威廉·费勒，1907—1970），克罗地亚裔美籍数学家。Feller 在生灭过程、随机泛函、可列马尔可夫过程积分型泛函的分布、布朗运动与位势、超过程等方向均成就斐然，对近代概率论的发展作出了卓越的贡献。

每个因素在总的影响中所起的作用都是微小的，这种随机变量往往近似地服从正态分布。此现象就是中心极限定理的客观背景，也是正态分布的随机现象在自然界广泛存在，又被称为“正常的(normal)”分布的原因。

最后，我们再将大数定律和中心极限定理放在一起，思考一下它们之间的关系。由大数定律，当 n 趋于无穷大时，样本平均数 $\bar{x}$ 收敛于总体平均数 μ；由中心极限定理，当 n 趋于无穷大时，样本平均数 $\bar{x}$ 的概率分布收敛于平均数为 μ、方差为 $\frac{\sigma^2}{n}$ 的正态分布。虽然两个极限定理分别针对随机变量的数字特征和概率分布，但是中心极限定理似乎在逻辑上是包含大数定律的。有何依据？因为在中心极限定理的语境中，随机变量 $\bar{x}$ 同样收敛于总体平均数 μ。当 n 趋于无穷大时，方差 $\frac{\sigma^2}{n}$ 趋于无穷小。方差表征随机变量的离散程度，方差无穷小即随机变量 $\bar{x}$ 无变异，将趋于其期望值 μ。反过来，我们是否可以认为大数定律包含中心极限定理呢？留给读者您来思考吧。

大数定律和中心极限定理，是数理统计学的两大理论支柱。它们共同支撑起了以统计推断为主的现代统计分析框架。

习题 3

(1)什么是随机事件？如何理解随机性和不确定性之间的差异？

(2)什么是随机试验？有何特征？

(3)什么是频率？什么是概率？频率和概率有什么关系？

(4)什么是正态分布？正态分布有何特征？

(5)二项分布、泊松分布和正态分布之间有何关系？

(6)何为标准化？如何用正态分布与标准正态分布的关系解释标准化？

(7)大数定律的意义何在？

(8)中心极限定理的意义何在？

(9)连续型随机变量的概率密度函数与其累积分布函数之间有何关系？

(10)什么是数学期望？与常说的平均数是什么关系？

第 4 章　抽样试验与抽样分布

假设从正态总体 $N(\mu,\sigma^2)$ 中随机抽取一组容量为 n 的样本，我们可以计算样本平均数 $\overline{x}$ 和样本方差 s^2 等统计量。随机抽样是可以重复进行的，每次抽取一组样本，可得一组统计量。每组样本的观测值之间或多或少都有差异，这使得基于这些观测值的统计量也会有差异，表现出随机变量的特征。既然统计量也是随机变量，就应有概率分布。

统计学上，统计量的概率分布称为**抽样分布**(sampling distribution)，包括样本平均数的分布、样本方差的分布等。此外，抽样分布也可以是由统计量构成的函数的概率分布，提供了样本统计量与总体参数的某种关系，是统计推断的重要理论基础。

统计学的主要问题基本上都是围绕总体与样本的关系展开的。二者的关系可从图 4.1 所示的两个方向来研究。第一个方向是从总体到样本，研究如何进行抽样和相应统计量抽样分布的问题；第二个方向是由样本到总体，研究统计推断的问题。统计推断，即通过一组样本或一系列样本的统计量来推断总体，从第 5 章开始将有详细讨论。统计推断以总体分布、样本分布和抽样分布的理论关系为基础。因此，掌握抽样分布是理解和进行统计推断分析的前提。

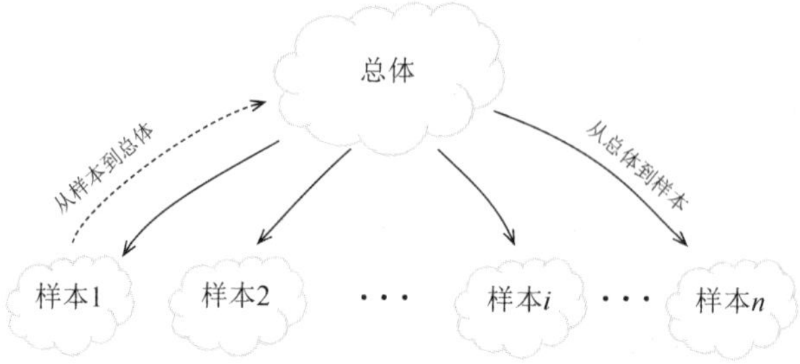

图 4.1　统计学的研究方向

4.1　抽 样 试 验

数据收集可以抽象地理解为从总体中抽取样本的过程。为了保障样本能够体现总体的情况，抽样必须符合随机原则，即保证总体中的每一个个体在一次抽样中都有相同的概率被选为样本。对于无限总体和个体数量极大的有限总体，**抽样试验**(sampling experiment)只能抽取有限的少数样本，所以抽取部分个体后不会影响后续抽出样本被抽中的概率，可以保障抽样的随机性。对于个体数量较少的有限总体，已被抽出的样本会明显减少当前总体中的个体数量，进而影响后续样本被抽中的概率。因此，我们需要进行放回式的**重置抽样**(sampling with replacement)，才能保障个体被抽中的概率尽可能相等。

假设现在需要对服从标准正态分布的总体进行抽样试验，图 4.2 显示了 6 次模拟抽样试验的结果。试验选出的每一组样本都有其自身的分布，即样本分布。在保证抽样随机性的前提下，样本分布也应该是正态分布。而且随着样本容量的增大，样本分布将越来越接近总体分布（标准正态分布）。考虑最极端的情况，样本容量等于总体的个体数量，此时样本就是总体，所以样本分布也就等同于总体分布。当然这种极端情况通常不会发生，但可以帮助我们理解总体分布与样本分布的关系。

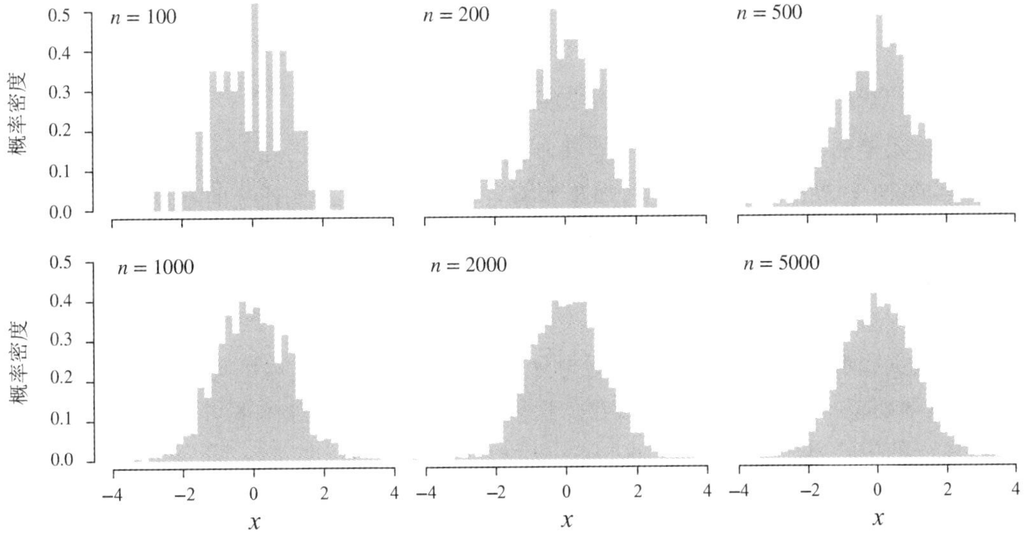

图 4.2　抽样自标准正态分布的样本分布（*n* 为样本容量）

一般情况下由于样本容量有限，样本分布可能与总体分布有形态或特征上的不同。比如，样本平均数偏离总体平均数（6 次模拟抽样试验所得样本的平均数均不为 0）。然而，这并不影响理论上正态总体必定抽出正态样本的事实。同时，图 4.2 还告诉我们，样本分布在容量较小时很难呈现总体分布的标准形态，即使在抽样容量达到 5000 时，也不是完美的标准正态分布。自然科学尤其是生物科学的研究中通常都难以达到如此之大的样本容量。所以，虽然借样本之便来研究总体是实验科学的必由之路，但是仅仅通过某一组样本来了解总体是不够的。样本分布很可能表现出与总体分布不一致的情形，甚至两者有明显的偏差。

和第 3 章大数定律的模拟试验一样，这里的模拟抽样试验也由 `rnorm()` 函数执行。样本分布的直方图则用 `hist()` 函数来生成。

```
> sample_norm <- rnorm(n = 5000, mean = 0, sd = 1)
> hist(sample_norm)
```

现在再看另一个模拟抽样试验的结果，该试验可以帮助我们理解样本统计量和总体参数之间的关系。

假设对一个由 10 个数字（0,1,2,…,9）构成的总体（$\mu = 4.5, \sigma^2 = 8.25, \sigma \approx 2.872$）进行重置抽样，每次抽取 5 个数字。所有可能的样本共有 10^5 组，每组样本分别计算样本平均数、样本方差和样本标准差。三个样本统计量的频率直方图见图 4.3。基于 10^5 组样本的样本统计量的平均数（因为基于所有可能的样本，所以该平均数也是样本统计量的数学期望）分别为：$\mu_{\bar{x}} = 4.5$、$\mu_{s^2} = 8.25$、$\mu_s \approx 2.767$。

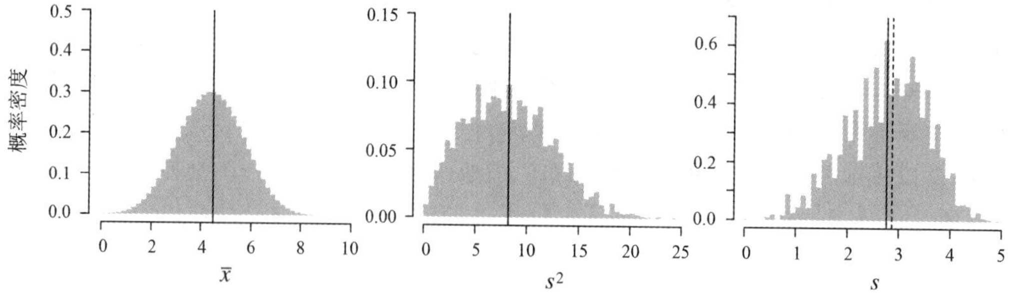

(a) (b) (c)

图 4.3 统计量的样本分布

所以样本平均数的数学期望等于总体平均数(见图 4.3(a)),样本方差的数学期望等于总体方差(见图 4.3(b))。在统计上,如果所有可能样本的某一统计量的平均数等于总体的相应参数,则称该统计量为总体相应参数的无偏估计量(详见第 5 章)。然而,样本标准差的数学期望并不等于总体标准差(见图 4.3(c)),可见样本标准差不能作为总体标准差的估计量。

该模拟试验本质上是从一个服从均匀分布的总体中抽样,样本平均数和方差从长远的角度看(数学期望)等于总体的相应参数。这里样本平均数趋于总体平均数的事实也就是辛钦大数定理的中心思想。

这里我们借用 gtools 包[①]中的 permutations()函数(枚举一个向量的元素组合或排列),来完成多组样本的模拟抽样。

```
> library(gtools)
> pop <- seq(from = 0, to = 9, by = 1)
> all_samples <- permutations(n = 10, r = 5, v = pop, repeats.allowed = TRUE)
```

permutations()函数的参数 n 须等于 pop 的元素个数;参数 r 规定了重排向量的长度,这里等于我们抽样的容量;参数 v 接收了被抽样的向量;参数 repeats.allowed = TRUE 允许重排向量中出现相同的元素。

接下来需要对每个重排向量(样本)进行平均数、方差和标准差的计算。对多个数据执行相同的操作,R 提供了一种简便的方法,即

```
> avgs <- apply(X = all_samples, MARGIN = 1, FUN = mean)
> vars <- apply(X = all_samples, MARGIN = 1, FUN = var)
> stds <- apply(X = all_samples, MARGIN = 1, FUN = sd)
```

函数 apply()对 all_samples 中的每一行(由参数 MARGIN = 1 控制,当 MARGIN = 2 则对每一列)执行了参数 FUN 所指向的函数。图 4.3 中的直方图仍由 hist()函数来完成。

有趣的是,这里从均匀总体(10 个数字被抽中的概率均等)中抽取的样本,其样本平均数的抽样分布却是正态分布。回想一下第 3 章的中心极限定理,或许就不会太意外了。De Moivre-Laplace 中心极限定理表明:服从二项分布 $B(n,p)$ 的随机变量 X 经标准化后近似

① Warnes G R, et al. 2023. gtools: Various R Programming Tools. R package version 3.9.5, 〈https://CRAN.R-project.org/package=gtools〉.

服从标准正态分布。那么未标准化的 X 就应当服从正态分布 $N(np, np(1-p))$。Lindeberg-Lévy 中心极限定理在此基础上又前进了一步：独立同分布（总体平均数和方差分别为 μ 和 σ^2）随机变量的平均数都服从正态分布 $N\left(\mu, \frac{\sigma^2}{n}\right)$。

模拟抽样试验中，每一个单独的观测值都是来自同一个总体的随机变量。那么，一组样本的 5 个观测值的平均数就是独立同分布的随机变量，相应的抽样分布就是正态分布。图 4.3 中 $\bar{x}$ 的分布形态说明了这一点。前面已经验证了 $\mu_{\bar{x}}=4.5$ 等于总体平均数，计算样本平均数的方差 $\sigma_{\bar{x}}^2=1.65$，恰好等于 $\frac{\sigma^2}{n}=\frac{8.25}{5}$，这又和 Lindeberg-Lévy 中心极限定理相一致（下一节会给出样本平均数的总体方差等于 $\frac{\sigma^2}{n}$ 的证明）。

模拟抽样试验，可以帮助我们建立如图 4.4 所示的概念框架：从总体中抽出的每个随机样本，与总体具有相同的理论分布。中心极限定理表明：样本平均数作为独立同分布随机变量的平均数服从正态分布。所以抽样分布能让我们进一步了解样本统计量在概率意义下的行为规律。换句话说，当我们用样本统计量来反映抽样试验的具体特征时，比如用样本平均数反映抽样所得观测值的中心位置，借之反映总体的中心位置，抽样分布将告诉我们长远来看样本统计量会稳定在什么范围，统计量的可能取值之间又会有何种程度的变异等信息。更重要的是，中心极限定理让我们可以绕过未知的总体分布去研究抽样分布，去理解样本统计量的行为规律。

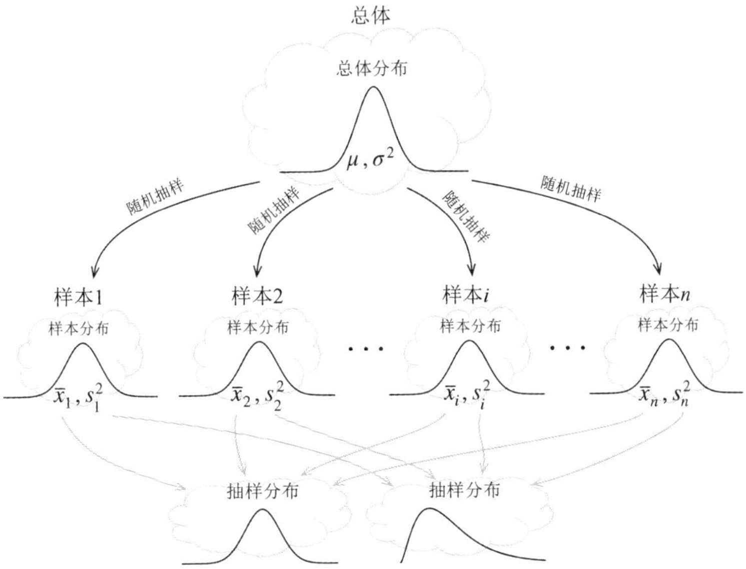

图 4.4　总体分布、样本分布和抽样分布的关系

对于模拟试验的结果，我们重点讨论了样本平均数的抽样分布。同为无偏估计量的样本方差，它的抽样分布又如何呢？从图 4.3(b)所示的形态来看，样本方差的抽样分布与正态分布有明显的差异，差异表现为左右不对称。究竟该如何认识样本方差的抽样分布，下一节将有定论。本节还有一个问题需要解决：虽然样本平均数服从正态分布 $N\left(\mu, \frac{\sigma^2}{n}\right)$，但是如果想要回答样本平均数小于某一特定值的概率之类的问题，至少在计算上仍然是较为麻烦的。解决这个问题需要将抽样分布转换为某一个已知所有信息的特定分布，比如标准正态分布。任一服从正态分布的随机变量标准化后都服从标准正态分布，对于标准正态分布我们可以进行任何形式的概率计算。

至此，抽样试验获得样本后通过样本统计量来研究总体，这一科学研究方法论中所涉及的统计学理论基础已经完全呈现。如图 4.5 所示，对未知分布的总体进行研究，需要借助抽样试验获得样本。然而，样本并不是研究总体的最终对象。除非样本容量极大，样本才会显现总体的特征。抽样试验的目的实际上是在获得样本后计算样本统计量，进一步通过统计量的函数将样本统计量与总体参数联系起来，例如 $z=\dfrac{\overline{x}-\mu}{\sigma/\sqrt{n}}$。更重要的是，该函数具有已知的概率分布—— z 服从标准正态分布。

图 4.5　数据统计分析的基本逻辑

确定统计量函数的抽样分布之后，可以解决两个问题：

(1)总体参数未知时，通过样本统计量对总体参数作出具有概率意义的估计；

(2)总体参数已知(或假设已知)时，对样本统计量的概率行为作出判断。

这两个问题分别对应统计推断的两个任务：参数估计和统计推断。我们将分别在第 5 章和第 6 章展开详细讨论。

4.2　单一总体样本统计量的分布

上一节已阐明抽样试验和抽样分布的作用和意义。本节开始我们将了解几个重要的抽样分布。

4.2.1　样本平均数的分布

1. 总体方差已知

假设从某一已知平均数为 μ 、方差为 σ^2 的总体(不限于正态总体)中随机抽取样本，根据中心极限定理，样本平均数服从 $N\left(\mu,\dfrac{\sigma^2}{n}\right)$ ，标准化后得统计量

$$z=\frac{\overline{x}-\mu}{\sigma_{\overline{x}}}=\frac{\overline{x}-\mu}{\sigma/\sqrt{n}} \tag{4.1}$$

该标准化统计量 z 服从标准正态分布，即 $z\sim N(0,1)$ 。

样本平均数的标准差 $\sigma_{\overline{x}}$ ，表示平均数抽样误差的大小。因此，$\sigma_{\overline{x}}$ 又称为平均数的标准误(standard error of the mean)，或总体标准误。

$\sigma_{\bar{x}}$ 越大，说明各样本平均数 $\bar{x}$ 之间的变异程度越大（重复进行随机抽样，将产生多组样本，进而有多个样本平均数），样本平均数的精确性也就越低；反之，$\sigma_{\bar{x}}$ 越小，说明各样本平均数 $\bar{x}$ 之间的差异程度越小，样本平均数的精确性也就越高。

由式(4.1)可知，标准误 $\sigma_{\bar{x}}$ 与总体标准差 σ 成正比，与样本容量 n 的平方根成反比。而总体标准差 σ 是个常量，所以增大样本容量可有效降低样本平均数 $\bar{x}$ 的抽样误差，减小总体标准误 $\sigma_{\bar{x}}$。

样本平均数的总体方差为什么是 $\frac{\sigma^2}{n}$？前一节模拟抽样试验给了一个经验性的结果。现在我们来看它的证明过程。

样本平均数的方差，即

$$\begin{aligned}\mathrm{Var}(\bar{x}) &= \mathrm{Var}\left(\frac{x_1+x_2+\cdots+x_n}{n}\right)\\ &= \mathrm{Var}\left(\frac{1}{n}x_1+\frac{1}{n}x_2+\cdots+\frac{1}{n}x_n\right)\end{aligned} \tag{4.2}$$

根据方差的第二条性质：随机变量乘以常数 c 的方差等于随机变量的方差乘以 c^2。所以

$$\mathrm{Var}(\bar{x}) = \frac{1}{n^2}\mathrm{Var}(x_1+x_2+\cdots+x_n) \tag{4.3}$$

再由方差的第三条性质：独立随机变量之和的方差等于各变量的方差之和。所以

$$\mathrm{Var}(\bar{x}) = \frac{1}{n^2}[\mathrm{Var}(x_1)+\mathrm{Var}(x_2)+\cdots+\mathrm{Var}(x_n)] \tag{4.4}$$

由于 $x_1,x_2,\cdots,x_n$ 来自同一总体 $N(\mu,\sigma^2)$，且它们都是相互独立的随机变量。所以它们的方差同为 σ^2，进而有

$$\mathrm{Var}(\bar{x}) = \frac{1}{n^2}(\sigma^2+\sigma^2+\cdots+\sigma^2) = \frac{1}{n^2}n\sigma^2 = \frac{\sigma^2}{n} \tag{4.5}$$

问题得证。

2. 总体方差未知

当总体方差未知时，我们只好用样本标准差 s 来代替总体标准差 σ，替换后得到的标准误称为样本标准误，记作 $s_{\bar{x}}$，即

$$s_{\bar{x}} = \frac{s}{\sqrt{n}} \tag{4.6}$$

这里有两点需要注意。首先，$\sigma_{\bar{x}}$ 是来自总体的一项参数，在确定样本容量时既已确定，与具体的样本观测值无关。因此，我们沿用希腊字母的表示方式。而 $s_{\bar{x}}$ 是来自样本的一种统计量，所以用英文字母表示。其次，样本标准误与样本标准差是两个不同且容易混淆的概念。

样本标准差 s 反映的是一组样本中各个观测值 $x_1,x_2,\cdots,x_n$ 之间的变异程度，其大小可以反映 $\bar{x}$ 对样本的代表性。而样本标准误是样本平均数 $\bar{x}^1,\bar{x}^2,\cdots,\bar{x}^n$（我们用数字上标表示它们是第 1,2,…,$n$ 组样本的平均数）的标准差，表示样本平均数的抽样误差，其大小关系到各组样本之间变异程度的大小，以及 $\bar{x}$ 精确性的高低。

从标准误的公式我们还可以解读出一个很有现实意义的道理。如果用 $s_{\bar{x}}$ 来描述一项研

究的精度，同时还想让精度翻倍，也就是让 $s_{\bar{x}}$ 变为原来的 $\frac{1}{2}$ 。那么，我们就需要将研究所需的样本容量提升到原来的 4 倍。也就是说，双倍的努力远远不够，至少要付出 4 倍的艰辛。换句话说，想要学到更多，或考出更高分数，需要的代价比我们一般认为的更多，更费力。这种客观规律被称为根号 n 规则。

实践中遇到大样本时，平均数 $\bar{x}$ 与标准差 s 配合使用，记为 $\bar{x} \pm s$ ，用来说明数据的稳定性，称为描述性误差；遇到小样本时，平均数 $\bar{x}$ 与标准误 $s_{\bar{x}}$ 配合使用，记为 $\bar{x} \pm s_{\bar{x}}$ ，用来表示抽样误差的大小，称为推断性误差。

假设从某一已知平均数为 μ 、方差未知的总体（仍然不限于正态总体）中随机抽取样本，样本平均数标准化后，得标准化统计量

$$t = \frac{\bar{x} - \mu}{s_{\bar{x}}} = \frac{\bar{x} - \mu}{s/\sqrt{n}} \tag{4.7}$$

该统计量 t 服从自由度 df$=n-1$ 的 t 分布，即 $t \sim t(n-1)$ 。自由度为 $n-1$ 的 t 分布的概率密度函数为

$$f(x) = \frac{\Gamma\left(\frac{n}{2}\right)}{\sqrt{\pi(n-1)}\Gamma\left(\frac{n-1}{2}\right)}\left(1 + \frac{x^2}{n-1}\right)^{-\frac{n}{2}} \tag{4.8}$$

其中 $\Gamma(x) = \int_0^{+\infty} t^{x-1}\mathrm{e}^{-t}\mathrm{d}t\,(x > 0)$ 称为 Gamma 函数[①]，是阶乘函数在实数域（也包括复数域）上的扩展，有 $\Gamma(x) = (x-1)!$ ，$\Gamma(x+1) = x\Gamma(x)$ 。t 分布在自由度 $n-1 > 1$ 时有数学期望 0，在自由度 $n-1 > 2$ 时有方差 $\frac{n}{n-2}$ 。

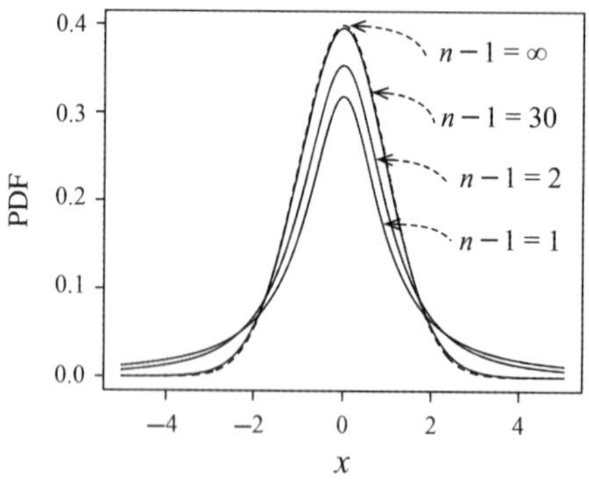

图 4.6　不同自由度的 t 分布

t 分布在形态上与标准正态分布类似，也是一种围绕数学期望对称的分布。不同的是 t 分布是一簇曲线，其形态变化与样本容量 n（确切地说与自由度）大小有关。自由度越小，t 分布曲线越低平；自由度越大，t 分布曲线越接近标准正态分布的密度曲线（见图 4.6）。当自由度等于 30，也就是面对大样本时，t 分布已经非常接近标准正态分布。所以，当总体方差未知时，只要样本容量 $n \geq 30$ ，仍可用标准正态分布来作为样本平均数的抽样分布[②]。

概括来讲，t 分布有以下性质。

（1）密度曲线关于平均数 $\mu_t = 0$ 的峰值点左右对称，两侧递降。

（2）密度曲线的形态受自由度 df$=n-1$ 的制约，每个自由度对应一条密度曲线。

① Gamma 函数是一种特殊函数，在现代数学分析中被深入研究，在概率论中也是无处不在，很多统计分布都和该函数相关。

② 实际上是样本平均数的函数（标准化）的概率分布。

(3)与标准正态分布密度曲线相比，t 分布密度曲线峰值点低于标准正态分布，而双侧尾部高于标准正态分布。当自由度 df≥30 时，t 分布曲线接近标准正态分布曲线，当 df→∞ 时，两种密度曲线完全重合。

(4)概率的归一性决定了 t 分布密度曲线之下的(与 x 轴所夹的)面积为 1。

t 分布的上侧分位数与标准正态分布的上侧分位数定义一致，只是记作 $t_{\alpha,\mathrm{df}}$，其中自由度 df＝$n-1$。通过 R 函数 `qt()` 可得 t 分布的上侧 α 分位数，如 $t_{0.05,5}\approx 2.015$。这里的 0.05 为单侧概率，如要获得双侧概率 0.05 的上侧分位数，需将 `qt()` 函数的 `p` 参数输入值减半，计算得 $t_{0.025,5}\approx 2.571$。

```
> qt(p = 0.05, df = 5, lower.tail = FALSE)
[1] 2.015048
> qt(p = 0.025, df = 5, lower.tail = FALSE)
[1] 2.570582
```

`lower.tail` 设为 `FALSE` 得到上侧分位数，如果要计算下侧分位数则设为 `TRUE`(也是该参数的默认值)。

比较 $z_{0.05}\approx 1.645$ 与 $t_{0.05,5}\approx 2.015$ 的大小(见图 4.7)，不难发现当自由度等于 5 时，在右侧尾区，同一标准化统计量取值用标准正态分布得到的单侧概率，要小于用 t 分布得到的单侧概率。换句话说，t 分布双侧尾部高于标准正态分布。

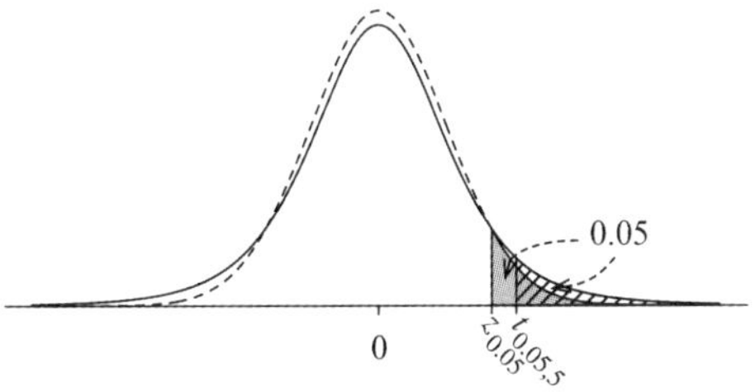

图 4.7　t 分布与标准正态分布上侧分位数的比较

t 分布和标准正态分布密度曲线的关系大致可以这样理解：当样本容量较大时，样本平均数 $\bar{x}$ 更加容易取值于总体平均数 μ 的附近(总体标准误 $\sigma_{\bar{x}}$ 和样本标准误 $s_{\bar{x}}$ 都跟样本容量成反比)。相反，当样本容量较小时，样本平均数 $\bar{x}$ 偏离总体平均数 μ 的机会将增大。所以，反映在原点 0 附近的标准化统计量在标准正态分布上高耸($\dfrac{\bar{x}-\mu}{\sigma_{\bar{x}}}$ 分子部分相对靠近 0)，在 t 分布上低缓($\dfrac{\bar{x}-\mu}{s_{\bar{x}}}$ 分子部分相对不容易靠近 0)；反映在远离原点的两处尾区，在标准正态分布上较低，在 t 分布上则较高。

这样的解释实际上并不严谨。因为 t 统计量表达式中除了随机变量 $\bar{x}$，s 也是一个随机变量。当样本容量较小时，$\bar{x}$ 易远离 μ，而 s 易远离 σ。所以，t 分布是小样本时两个随机变量的函数的概率分布，而标准正态分布是一个随机变量的函数的概率分布。

除了分位数函数 `qt()`，t 分布在 R 语言中还有概率密度函数 `dt()`、累积分布函数 `pt()`。它们都有共同的参数 `df`，决定 t 分布的形状。

t 分布是英国统计学家 William S. Gosset① 以 Student 为笔名于 1908 年发表的，所以又称为学生氏 t 分布(Student's t distribution)。Gosset 早年就读于牛津大学，获化学和数学

① 威廉・希利・戈塞特(1876—1937)，英国化学家、数学家与统计学家。他创立的小样本理论，为研究样本分布奠定了重要基础，被统计学家誉为统计推断理论发展史上的里程碑。

双学位,毕业后受聘于爱尔兰都柏林市吉尼斯酿酒公司,担任化学技师。

1904 年,Gosset 的第一篇以 Student① 为笔名发表的论文,解决了发酵时酵母使用量的计算问题,介绍了细胞数量可以用泊松分布来描述。此后,Gosset 在对小样本问题的研究中发现了与 Pearson 通过大样本得到的分布特征明显不同的情况。Gosset 通过不断地寻找小样本数据,计算平均数和标准差的估计值,发现我们并不需要知道总体分布的各项参数,使用样本的平均数及其标准差的比值也可制成概率分布表。数据的来源和估计值的绝对值大小并不重要,因为这个比值拥有一个确定的分布(见图 4.8)。最终,Gosset 于 1908 年再次以 Student 的身份在 *Biometrika* 杂志发表论文②,首次阐述了小样本的概率统计规律—— t 分布③,以及以 t 分布为基础的 t 检验方法的雏形。

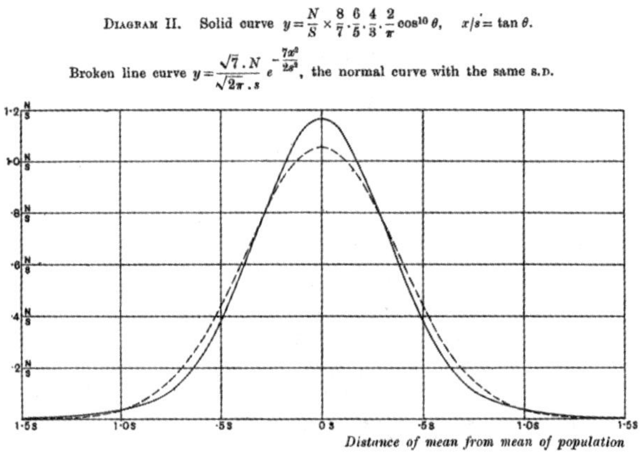

图 4.8　1908 年文章中 Gosset 绘制的正态分布(实线)和 t 分布(虚线,自由度为 9)的密度曲线

4.2.2　样本比率的分布

服从两点分布 $B(1,p)$ 的随机变量用来描述一次试验中事件 A 发生的情况,其中事件发生的概率 p,也就是总体比率(population proportion)④。伯努利试验重复 n 次(相当于对服从两点分布的总体进行 n 次重复抽样),记录事件 A 发生的次数 m,$\frac{m}{n}$ 就是样本比率(sample proportion),记作 $\hat{p}$。

对服从两点分布的总体执行 n 次抽样,也就是 n 重伯努利试验,所以 m 服从二项分布 $B(n,p)$。那么样本比率 $\hat{p}=\frac{m}{n}$ 的分布,相当于二项分布除以常数 n。严格来说,虽然样本比率 $\hat{p}$ 的抽样分布并不等于二项分布(因为二项分布是离散型随机变量的分布,取值为整

① Gosset 使用笔名有两种说法:一种是吉尼斯公司曾因员工发表技术工艺有关成果而蒙受损失,因此要求员工不得发表文章;另一种不太常见的解释是 Karl Pearson 建议 Gosset 使用化名,因为他不希望人们知道 *Biometrika* 杂志上发表的一篇论文是一位酿酒师撰写的。

② Student. 1908. The probable error of a mean. Biometrika, 6(1): 1-25.

③ Gosset 在文章中用的是字母 z,后被 Fisher 改为现在广泛应用的 t。

④ 不少资料中把 proportion 称为比例,这源自该英文单词的中文翻译。不过作者认为此处的 proportion 同前文的 ratio of frequency,即频率。因此,本书全用比率一词表示 proportion。

数),但其分布的形态与二项分布 $B(n,p)$ 一致。换句话说,$\hat{p}$ 的抽样分布是对 $B(n,p)$ 的缩放。

以服从二项分布 $B(30,0.3)$ 的随机变量 X 为例,图 4.9(a)显示了二项分布的形态。X 的取值范围为 $0 \sim 30$,$\frac{X}{n}$ 即样本比率 $\hat{p}$。因为 X 的平均数为 $np=9$,所以 $\hat{p}$ 的平均数为 $np/n=0.3$,如图 4.9(b)所示。由图 4.9(a)到图 4.9(b),只是 x 轴从 $0 \sim 30$ 缩小到了 $0 \sim 1$,分布的形态并未发生变化。所以,样本比率 $\hat{p}$ 的抽样分布可以用二项分布来研究。

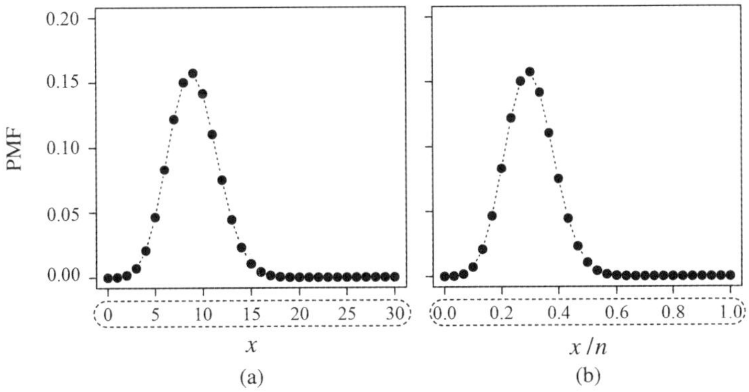

图 4.9　二项分布与样本比率的分布

此外,依据 De Moivre-Laplace 中心极限定理,n 重伯努利试验中服从二项分布的事件发生 m 次,当 n 很大时,有 $\frac{m-np}{\sqrt{np(1-p)}}$ 以标准正态分布为极限。因 $\hat{p}=\frac{m}{n}$,所以

$$\frac{n\hat{p}-np}{\sqrt{np(1-p)}}=\frac{\hat{p}-p}{\sqrt{p(1-p)/n}} \tag{4.9}$$

同样近似服从标准正态分布。

换句话说,当 n 很大时,$\hat{p}$ 的抽样分布近似为正态分布 $N\left(p,\frac{p(1-p)}{n}\right)$。总体来说,样本比率可用二项分布来精确描述,也可在一定条件下(np 和 $n(1-p)$ 都大于 5)用正态分布来近似。

4.2.3　样本方差的分布

在 4.1 节的模拟抽样试验中,我们可以观察到样本方差抽样分布的形态具有不对称性(见图 4.3(b)),而且由于方差的非负性,其抽样分布只能对应正实数。样本方差抽样分布的概率密度函数较为复杂,这里我们仍然采用标准化的思路,得到样本方差的函数的概率分布。

从标准正态分布 $N(0,1)$ 中抽取 n 个独立的样本 $z_1,z_2,\cdots,z_n$,取平方后求和得统计量

$$\chi^2=\sum_{i=1}^{n} z_i^2 \tag{4.10}$$

服从自由度为 df$=n$ 的 χ^2 分布,即 $\chi^2 \sim \chi^2(n)$。自由度为 n 的 χ^2 分布有概率密度函数如下:

$$f(x)=\frac{1}{2^{\frac{n}{2}}\Gamma\left(\frac{n}{2}\right)}x^{\frac{n}{2}-1}\mathrm{e}^{-\frac{x}{2}},\quad x\geqslant 0 \tag{4.11}$$

其中 Γ 仍是 Gamma 函数。服从自由度为 n 的 χ^2 分布的随机变量 X 有数学期望 n 和方差 $2n$。

因为标准正态离差 $z=\frac{x-\mu}{\sigma}$ 服从标准正态分布，所以 χ^2 的表达式可改写为

$$\chi^2=\sum_{i=1}^{n}z_i^2=\sum_{i=1}^{n}\left(\frac{x_i-\mu}{\sigma}\right)^2=\frac{1}{\sigma^2}\sum_{i=1}^{n}(x_i-\mu)^2 \tag{4.12}$$

当总体平均数 μ 未知时，可用样本平均数代替，进而有

$$\chi^2=\frac{1}{\sigma^2}\sum_{i=1}^{n}(x_i-\bar{x})^2 \tag{4.13}$$

需要注意的是，此时 χ^2 的自由度，因样本平均数的出现而变为 $n-1$。又据样本方差 $s^2=\frac{\sum_{i=1}^{n}(x_i-\bar{x})^2}{n-1}$（见式(2.12)），则式(4.13)可变换为

$$\chi^2=\frac{(n-1)s^2}{\sigma^2} \tag{4.14}$$

可见 χ^2 是关于样本方差 s^2 的函数，是样本方差偏离特定总体方差的衡量指标，而且具有已知的概率分布。所以 χ^2 分布正是我们要寻找的目标。

在对样本平均数进行标准化时，所得的标准正态离差 $z=\frac{\bar{x}-\mu}{\sigma_{\bar{x}}}$ 表示的是：随机变量取值离开平均数 μ 的距离有几个标准差（标准差是衡量标准）。对比起来，样本方差的标准化所得的 χ^2 表示的是：样本方差偏离总体方差的程度有几倍的自由度（自由度是衡量样本方差大小的标准）。当样本方差 s^2 接近总体方差 σ^2 时，χ^2 将接近自由度 $n-1$；当样本方差 s^2 大于总体方差 σ^2 时，χ^2 将大于自由度 $n-1$；当样本方差 s^2 小于总体方差 σ^2 时，χ^2 将小于自由度 $n-1$。简言之，样本方差 s^2 越偏离总体方差 σ^2，χ^2 将越偏离自由度。

χ^2 分布有以下性质。

(1) χ^2 分布在区间 $(0,+\infty)$ 内其密度曲线呈右偏斜的形态（见图 4.10）。

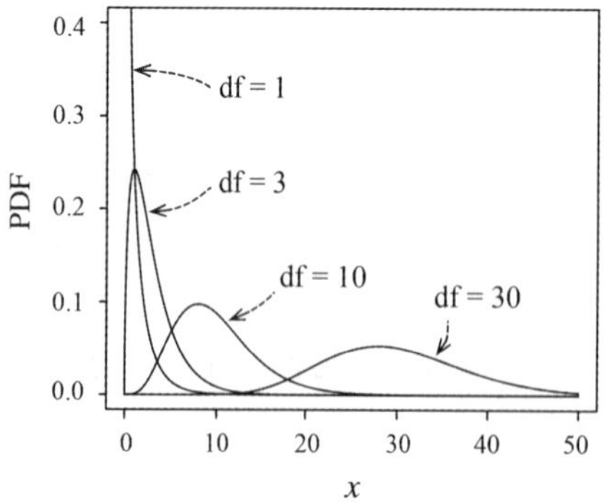

图 4.10　不同自由度的 χ^2 分布

(2) χ^2 分布偏斜度随自由度的降低而增大，当自由度增大时会趋于左右对称。

(3) χ^2 分布无论自由度有多大，密度曲线下的面积为 1（概率的归一性）。

(4) χ^2 分布具有可加性，如 $X\sim\chi^2(n_1)$，$Y\sim\chi^2(n_2)$，且 X 和 Y 两随机变量相互独立，那么 $X+Y\sim\chi^2(n_1+n_2)$。

χ^2 的可加性不难证明。假设从 $N(0,1)$ 中抽取 n 个独立的样本，得 $\chi^2(n)=\sum_{i=1}^{n}z_i^2$，而

$$\sum_{i=1}^{n} z_i^2 = \sum_{i=1}^{k} z_i^2 + \sum_{i=k+1}^{n} z_i^2 \tag{4.15}$$

设 $k = n_1$ ，$n - k = n_2$ ，即 $n = n_1 + n_2$ ，那么 $\sum_{i=1}^{n} z_i^2 = \sum_{i=1}^{n_1} z_i^2 + \sum_{i=1}^{n_2} z_i^2$ 。所以

$$\chi^2(n_1 + n_2) = \chi^2(n_1) + \chi^2(n_2) \tag{4.16}$$

χ^2 分布的可加性可以扩展到多个服从 χ^2 分布的随机变量之和。概率论中具有可加性的分布除了 χ^2 分布，本书所涉及的还有二项分布、泊松分布和正态分布。分布的可加性是概率论和数理统计中十分重要的内容。分布的可加性表明同一类分布的独立随机变量之和的分布仍属同类分布。

自由度为 n 的 χ^2 分布的上侧 α 分位数，记作 $\chi^2_{\alpha,n}$ 。查询 $\chi^2_{\alpha,n}$ 的值，比如自由度 df=10，α=0.05 的上侧分位数，可通过 R 函数 qchisq()获得。

```
> qchisq(p = 0.05, df = 10, lower.tail = FALSE)
[1] 18.30704
> qchisq(p = 0.05, df = 10, lower.tail = TRUE)
[1] 3.940299
```

上侧分位数 $\chi^2_{0.05,10} \approx 18.307$ ，上侧分位数 $\chi^2_{0.95,10} \approx 3.940$ 。如图 4.11 所示，当自由度 df=10 时，χ^2 分布右偏斜的程度仍然较高，虽然上侧 0.05 分位数和下侧 0.05 分位数（对应上侧 0.95 分位数）分别与密度曲线、x 轴所夹的面积（图 4.11 中灰色区域）相等，但形状有明显区别。

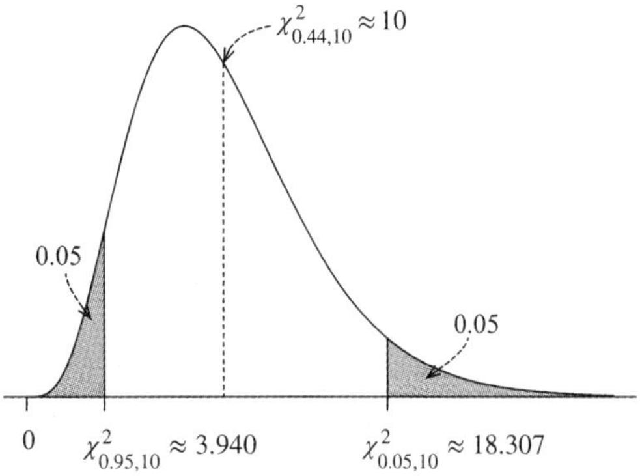

图 4.11　χ^2 分布（df=10）的上侧与下侧分位数

上文中，我们说 χ^2 值是用自由度的倍数方式来衡量样本方差与总体方差之间的偏差的。在自由度为 10，也就是从方差为 σ^2 的总体分布中抽取 11 个随机变量构成的一组样本中，样本方差 s^2 作为随机变量，其取值与总体方差 σ^2 相比：当 $s^2 = \sigma^2$ 时，$\chi^2 = 10$ ；当 $s^2 < \sigma^2$ 时，$\chi^2 < 10$；当 $s^2 > \sigma^2$ 时，$\chi^2 > 10$ 。χ^2 分布为右偏斜的分布，即取值于平均数 10 右侧的概率小于取值于平均数左侧的概率。通过 R 函数 pchisq()可计算 $P(\chi^2 > 10) \approx 0.44$（图 4.11 中密度曲线之下、虚线右侧的面积），进而有 $P(\chi^2 < 10) = 1 - 0.44 = 0.56$ 。也就是说，当样本容量较小时，样本方差有相对高的概率比总体方差小。而当样本容量较大时，χ^2 分布趋于围绕平均数（也就是自由度）对称，那么此时样本方差小于和大于总体方差的两种情况各占一半。

在 R 中，χ^2 分布的概率密度函数为 dchisq()，累积分布函数为 pchisq()。与 t 分布的相关函数一样，χ^2 分布的这些函数的关键参数也是 df，即自由度。

4.3 两个总体样本统计量的分布

4.3.1 平均数之差的分布

1. 总体方差已知

从平均数分别为 μ_1 和 μ_2 、方差分别为 σ_1^2 和 σ_2^2 的两个总体中，独立抽取容量为 n_1 和 n_2 的两组样本，则两组样本的平均数之差服从正态分布，标准化后得统计量

$$z=\frac{(\bar{x}_1-\bar{x}_2)-(\mu_1-\mu_2)}{\sigma_{\bar{x}_1-\bar{x}_2}} \tag{4.17}$$

服从标准正态分布，即 $z\sim N(0,1)$ 。也就是说，随机变量 $\bar{x}_1-\bar{x}_2$ 的样本分布在 $n_1,n_2\to\infty$ 时，逼近正态分布 $N(\mu_{\bar{x}_1-\bar{x}_2},\sigma^2_{\bar{x}_1-\bar{x}_2})$ ，其中 $\mu_{\bar{x}_1-\bar{x}_2}=\mu_1-\mu_2,\sigma^2_{\bar{x}_1-\bar{x}_2}=\frac{\sigma_1^2}{n_1}+\frac{\sigma_2^2}{n_2}$ 。

随机变量 $\bar{x}_1-\bar{x}_2$ 的总体平均数等于两个总体平均数之差。证明如下：

$$\mu_{\bar{x}_1-\bar{x}_2}=E(\bar{x}_1-\bar{x}_2)=E(\bar{x}_1)-E(\bar{x}_2)=\mu_1-\mu_2 \tag{4.18}$$

随机变量 $\bar{x}_1-\bar{x}_2$ 的总体方差等于两个样本平均数方差之和。利用方差的第二条和第三条性质，可证明

$$\begin{aligned}\mathrm{Var}(\bar{x}_1-\bar{x}_2)&=\mathrm{Var}(\bar{x}_1)+\mathrm{Var}(-\bar{x}_2)=\mathrm{Var}(\bar{x}_1)+(-1)^2\mathrm{Var}(\bar{x}_2)\\&=\mathrm{Var}(\bar{x}_1)+\mathrm{Var}(\bar{x}_2)\\&=\frac{\sigma_1^2}{n_1}+\frac{\sigma_2^2}{n_2}\end{aligned} \tag{4.19}$$

当单独从某一个总体中抽样时，只要 $n_1,n_2\to\infty$ ，有 $\bar{x}_1\sim N\left(\mu_1,\frac{\sigma_1^2}{n_1}\right)$ 和 $\bar{x}_2\sim N\left(\mu_2,\frac{\sigma_2^2}{n_2}\right)$。所以

$$N\left(\mu_1-\mu_2,\frac{\sigma_1^2}{n_1}+\frac{\sigma_2^2}{n_2}\right)=N\left(\mu_1,\frac{\sigma_1^2}{n_1}\right)-N\left(\mu_2,\frac{\sigma_2^2}{n_2}\right) \tag{4.20}$$

4.2 节介绍 χ^2 的可加性时提到正态分布也具有可加性，即两个服从正态分布的随机变量之和也服从正态分布。所以平均数之差的抽样分布也是正态分布，正是正态分布可加性的体现。

2. 总体方差未知

与单一总体抽样类似，在总体方差未知时，我们仍然只能用样本方差代替。不过与单一总体抽样相比，来自两个总体的两组样本，其总体方差的情况让问题变得稍显复杂一些。

首先，两个总体方差虽然未知，但可通过统计方法(方差同质性检验，详见第 8 章双样本的假设检验 8.1 小节)确定两个方差是否相等，即同质(homogeneity)。如果总体方差同质，则两组样本的样本方差可进行加权平均，得样本合并方差(pooled variance)，即

$$s_{\mathrm{p}}^2=\frac{n_1-1}{n_1+n_2-2}s_1^2+\frac{n_2-1}{n_1+n_2-2}s_2^2 \tag{4.21}$$

样本合并方差可作为未知总体方差的估计，计算样本标准误

$$s_{\bar{x}_1-\bar{x}_2}=\sqrt{\frac{s_p^2}{n_1}+\frac{s_p^2}{n_2}} \tag{4.22}$$

所以有标准化统计量

$$t=\frac{(\bar{x}_1-\bar{x}_2)-(\mu_1-\mu_2)}{s_{\bar{x}_1-\bar{x}_2}}=\frac{(\bar{x}_1-\bar{x}_2)-(\mu_1-\mu_2)}{\sqrt{\frac{s_p^2}{n_1}+\frac{s_p^2}{n_2}}} \tag{4.23}$$

服从自由度为 $df=(n_1-1)+(n_2-1)=n_1+n_2-2$ 的 t 分布，即 $t\sim t(n_1+n_2-2)$。

其次，如果总体方差不同质，有标准化统计量

$$t'=\frac{(\bar{x}_1-\bar{x}_2)-(\mu_1-\mu_2)}{s_{\bar{x}_1-\bar{x}_2}}=\frac{(\bar{x}_1-\bar{x}_2)-(\mu_1-\mu_2)}{\sqrt{\frac{s_1^2}{n_1}+\frac{s_2^2}{n_2}}} \tag{4.24}$$

近似服从自由度为 df' 的 t 分布。这里的自由度 df' 不再是两个样本自由度之和，而需要通过以下公式计算

$$df'=\frac{1}{\frac{R^2}{n_1-1}+\frac{(1-R)^2}{n_2-1}}\quad\left(R=\frac{\frac{s_1^2}{n_1}}{\frac{s_1^2}{n_1}+\frac{s_2^2}{n_2}}\right) \tag{4.25}$$

总之，两个样本平均数之差会因为总体方差的情况不同而有不同的标准化统计量的计算方式，也就有了不同的抽样分布（表现为 t 分布的自由度参数不同）。在分析实践中需要特别注意。

4.3.2　样本比率之差的分布

伯努利试验分别进行 n_1 和 n_2 次，其中事件 A 发生次数分别为 m_1 和 m_2，样本比率 $\hat{p}_1=\frac{m_1}{n_1}$，$\hat{p}_2=\frac{m_2}{n_2}$。在 n_1 和 n_2 很大时，分别近似服从正态分布 $N\left(p_1,\frac{p_1(1-p_1)}{n_1}\right)$ 和 $N\left(p_2,\frac{p_2(1-p_2)}{n_2}\right)$（详见 4.2.2 小节）。

样本比率近似服从正态分布，样本比率之差同样近似服从正态分布（这一点与样本平均数之差类似）。当 n_1 和 n_2 都大于 30（大样本）时，有标准化统计量

$$z=\frac{(\hat{p}_1-\hat{p}_2)-(p_1-p_2)}{\sigma_{p_1-p_2}} \tag{4.26}$$

近似服从标准正态分布，即 $z\sim N(0,1)$。其中，两个总体比率之差的标准差

$$\sigma_{p_1-p_2}=\sqrt{\frac{p_1(1-p_1)}{n_1}+\frac{p_2(1-p_2)}{n_2}} \tag{4.27}$$

样本比率 $\hat{p}$ 有总体方差 $\frac{p(1-p)}{n}$（见式(4.9)），再由式(4.19)证明上式。

当总体比率未知，可用样本比率来估计，则两个样本比率之差的标准误为

$$s_{\hat{p}_1-\hat{p}_2}=\sqrt{\frac{\hat{p}_1(1-\hat{p}_1)}{n_1}+\frac{\hat{p}_2(1-\hat{p}_2)}{n_2}} \tag{4.28}$$

当 n_1 或 n_2 小于 30（小样本）时，有标准化统计量

$$t = \frac{(\hat{p}_1 - \hat{p}_2) - (p_1 - p_2)}{s_{\hat{p}_1 - \hat{p}_2}} \tag{4.29}$$

服从自由度为 $df = (n_1 - 1) + (n_2 - 1) = n_1 + n_2 - 2$ 的 t 分布，即 $t \sim t(n_1 + n_2 - 2)$。

当总体比率同质，也就是 $p_1 = p_2$ 时，两个样本比率也可进行加权平均，得到样本合并比率

$$\bar{p} = \frac{n_1 \hat{p}_1}{n_1 + n_2} + \frac{n_2 \hat{p}_2}{n_1 + n_2} = \frac{m_1 + m_2}{n_1 + n_2} \tag{4.30}$$

替换式(4.28)中的 $\hat{p}_1$ 和 $\hat{p}_2$，得

$$s_{\hat{p}_1 - \hat{p}_2} = \sqrt{\frac{\bar{p}(1-\bar{p})}{n_1} + \frac{\bar{p}(1-\bar{p})}{n_2}} = \sqrt{\bar{p}(1-\bar{p})\left(\frac{1}{n_1} + \frac{1}{n_2}\right)} \tag{4.31}$$

4.3.3 样本方差之比的分布

两个样本平均数作比较，取两者之差。如果要比较两个样本方差，我们取两者之比。其实，在单一样本平均数和样本方差的标准化公式中已能看出两种处理方式的差异，一种是 $\bar{x} - \mu$，而另一种是 $\frac{s^2}{\sigma^2}$。

设两个随机变量分别服从自由度为 $n_1 - 1$ 的 $\chi^2(n_1 - 1)$ 分布和 $n_2 - 1$ 的 $\chi^2(n_2 - 1)$ 分布，有统计量

$$F = \frac{\dfrac{\chi^2(n_1 - 1)}{n_1 - 1}}{\dfrac{\chi^2(n_2 - 1)}{n_2 - 1}} \tag{4.32}$$

服从双自由度 $n_1 - 1$ 和 $n_2 - 1$ 的 F 分布。两个自由度分别来自 F 统计量的分子和分母，为避免混淆我们称 $n_1 - 1$ 为第一自由度，$n_2 - 1$ 为第二自由度。

因为 $\chi^2(n_1 - 1) = \frac{(n_1 - 1)s_1^2}{\sigma_1^2}$，$\chi^2(n_2 - 1) = \frac{(n_2 - 1)s_2^2}{\sigma_2^2}$，所以

$$F = \frac{\dfrac{(n_1 - 1)s_1^2}{\sigma_1^2} \times \dfrac{1}{n_1 - 1}}{\dfrac{(n_2 - 1)s_2^2}{\sigma_2^2} \times \dfrac{1}{n_2 - 1}} = \frac{\dfrac{s_1^2}{\sigma_1^2}}{\dfrac{s_2^2}{\sigma_2^2}} = \frac{s_1^2}{s_2^2} \times \frac{\sigma_2^2}{\sigma_1^2} \tag{4.33}$$

F 分布也就是两个服从 χ^2 分布的随机变量除以各自自由度后，再相除所得随机变量的概率分布。同时，又因两个总体方差之比是固定值，所以 F 分布又可视为两个样本方差之比的函数的概率分布。

自由度 n_1 和 n_2 的 F 分布的概率密度函数为

$$f(x) = n_1^{\frac{n_1}{2}} n_2^{\frac{n_2}{2}} x^{\frac{n_1}{2} - 1} \frac{\Gamma\left(\dfrac{n_2 + n_1}{2}\right)}{\Gamma\left(\dfrac{n_1}{2}\right)\Gamma\left(\dfrac{n_2}{2}\right)} (n_1 x + n_2)^{-\frac{n_2 + n_1}{2}}, \quad x > 0 \tag{4.34}$$

在 $n_2 > 2$ 时有数学期望 $\frac{n_2}{n_2 - 2}$，在 $n_2 > 4$ 时有方差 $\frac{2n_2^2(n_1 + n_2 - 2)}{n_1 (n_2 - 2)^2 (n_2 - 4)}$。

F 分布具有以下性质。

(1) F 分布在区间 $(0,+\infty)$ 内其密度曲线呈右偏斜的形态(见图 4.12)。

(2)设 $X \sim F(n_1,n_2)$,则 $\frac{1}{X} \sim F(n_2,n_1)$ 。

(3)设 $X \sim t(n)$,则 $X^2 \sim F(1,n)$。

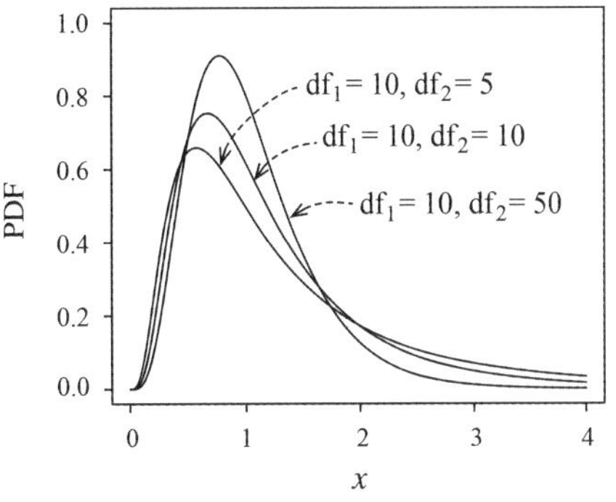

图 4.12　不同自由度的 F 分布

R 为 F 分布提供了概率密度函数 `df()`、累积分布函数 `pf()`和分位数函数 `qf()`。它们都有两个关键参数 `df1` 和 `df2`,分别指定了构造 F 统计量中作为分子的 χ^2 分布的自由度,以及作为分母的 χ^2 分布的自由度。这一细节是使用 F 分布相关函数完成计算时要小心处理的,因为分子分母的互换对应 F 分布两个自由度的互换(性质 2)。

对于 F 分布的性质 3,换句话说就是服从 t 分布的随机变量取平方后的新随机变量,服从 $F(1,n)$。这一点在第 9 章方差分析 9.2.3 小节有更详细的讨论。这里需要强调的是:t 分布、χ^2 分布和 F 分布,三大抽样分布之间存在内在联系。简言之,标准正态分布导出了 χ^2 分布,标准正态分布和 χ^2 分布一起导出了 t 分布,两个 χ^2 分布又导出了 F 分布。

F 分布是 Fisher 在 1924 年提出的。不过 Fisher 在他的书中用的是统计量 $z=\frac{1}{2}\ln\left(\frac{s_1^2}{s_2^2}\right)$,而现在使用的 F 统计量是美国统计学家 George W. Snedecor① 为向 Fisher 表示敬意在其 1934 年的专著中正式提出来的。F 分布有着广泛的应用,如在方差分析、回归方程的显著性检验中都发挥着重要作用。

4.4　抽样分布的分类

统计量作为样本的函数,其抽样分布也就是样本的函数的概率分布。抽样分布在数理统计中发挥着至关重要的作用,比如构造置信区间(第 5 章参数估计),寻求检验问题的拒绝域或计算 P 值(第 6 章假设检验的理论基础)等,都离不开各种抽样分布。目前已知的抽样分布可分为以下三类。

4.4.1　精确抽样分布

当总体分布已知时,如果对任意样本容量的样本 $x_1,x_2,x_3,\cdots,x_n$,都能推导出统计量 $T(x_1,x_2,x_3,\cdots,x_n)$ 的抽样分布的数学表达式,这样的抽样分布就称为精确抽样分布。目前精确抽样分布大多是在正态总体下得到的,本章主要介绍的 t 分布、χ^2 分布和 F 分布都归为此类。它们是小样本统计推断问题的主角。

① 乔治・沃德尔・斯内德克(1881—1974),美国统计学家,在方差分析与协方差分析、试验统计等方面都卓有贡献。

4.4.2 渐进抽样分布

在很多场合下，抽样分布的数学表达式不易导出，或者过于复杂而难以应用。此时，我们可以通过寻求当样本容量 n 无限大时，统计量 $T(x_1, x_2, \cdots, x_n)$ 的极限分布。如果极限分布存在，那么当样本容量较大时，就可以用极限分布作为抽样分布的近似，因此称为渐进抽样分布。实践中，渐进分布常用正态分布和 χ^2 分布表示。渐进分布在大样本的统计推断问题中有重要应用。独立同分布随机变量的平均数服从正态分布，就是渐进抽样分布的典型例子，其背后的理论支撑是中心极限定理。

4.4.3 近似抽样分布

当精确分布和渐进分布都难以得到，或它们难以应用时，我们还可以设法获得统计量 $T(x_1, x_2, \cdots, x_n)$ 的近似分布，如用样本的平均数和方差来分别近似正态分布的数学期望和方差，以获得正态的近似分布(需要注意获得近似分布的条件)。此外，还可以通过随机模拟的方法获得统计量的近似分布。在本章出现的模拟抽样试验中，从均匀分布总体抽取的样本，其标准差的分布(见图 4.3(c))，就可用作样本标准差的近似抽样分布。

随机模拟法的基本思想如下：从总体中随机抽取一组样本并计算相关统计量，抽样过程重复 n 次，得到统计量的 n 个观测值。只要 n 充分大，样本分位数的观测值即可作为抽样分布相应分位数的一个近似值。

抽样分布的三种分类对应三种确定抽样分布的方法。本章围绕抽样试验与抽样分布，详细讨论了相关概念，以及概念之间的关系。抽样分布是几乎所有生物统计方法的理论基石。Fisher 在 1922 年发表的著名论文 *On the Mathematical Foundations of Theoretical Statistics* 中，把数理统计学的任务概括为：

(1) specification，为总体确定分布模型；

(2) estimation，用样本估计模型中的未知参数；

(3) sampling distribution，确定抽样分布。

在接下来几章中，抽样分布会多次出现，其重要性可见一斑。

习题 4

(1)总体分布和样本分布有何关系？

(2)何为重置抽样？它适用于何种场景？为什么？

(3)什么是抽样分布？研究抽样分布的意义是什么？

(4)中心极限定理在抽样分布的应用中有何种作用？

(5)什么是标准化统计量？它有何作用？

(6)样本标准差与样本标准误有何差异？

(7) t 分布有何特征？它与标准正态分布有何关系？

(8) χ^2 分布有何特征？它与标准正态分布有何关系？

(9)大样本与小样本对抽样分布有何影响？

(10)确定抽样分布的方法有哪些？

第 5 章 参数估计

总体与样本的关系是统计学的核心问题，第 4 章讨论了从总体到样本的方向，即抽样分布的问题。本章将讨论从样本到总体的方向，也就是通过抽样分布，由一个样本或一系列样本来推断总体的特征，我们称之为统计推断(statistical inference)。统计推断是统计学的核心任务，包括参数估计和假设检验两方面的内容。本章主要介绍参数估计的相关原理和方法。

参数估计(parameter estimation)，是指由样本结果对总体参数在一定概率水平上作出的估计，包括点估计(point estimation)和区间估计(interval estimation)。

5.1 点 估 计

点估计是依据样本估计总体分布中未知参数或未知参数的函数的统计推断方法。通常它们是总体的某个特征数值，如数学期望、方差和相关系数等。点估计的方法思路就是构造一个只依赖于样本的量，作为未知参数或未知参数函数的估计值。

假设从某总体中抽取独立随机样本 $x_1, x_2, \cdots, x_n$，要依据这些样本观测值对总体参数 $\theta_1, \theta_2, \cdots, \theta_k$ 中的未知项作出估计。我们可以估计 $\theta_1, \theta_2, \cdots, \theta_k$ 中的一部分，或估计它们的某个函数 $g(\theta_1, \theta_2, \cdots, \theta_k)$。比如，为了估计 θ_1，我们需要构造一个统计量

$$\hat{\theta}_1 = f(x_1, x_2, \cdots, x_n) \tag{5.1}$$

每当获得了样本 $x_1, x_2, \cdots, x_n$，就代入函数 $f()$ 算出一个值，作为 θ_1 的一个估计值。这里我们构造的统计量 $\hat{\theta}_1$ 就称为 θ_1 的估计量。

未知参数 θ_1 及其估计量 $\hat{\theta}_1$ 都是数轴上的点，所以称为点估计。然而，点估计问题的关键并不在于估计方法本身，而在于为估计方法确定一个原理，依据该原理构造出来的点估计方法，要比其他方法具有统计性质上的优越性。

下面我们来看两种常用的、统计性质优良的点估计方法[①]：矩法和最大似然法。

5.1.1 矩法

矩(moment)是对随机变量的概率分布和形态特征的一组度量。

定义 5.1 假设 $x_1, x_2, \cdots, x_n$ 是从个体数为 N 的总体中抽出的一组随机样本，总体的概率密度函数可表示为 $f(x \mid \theta_1, \cdots, \theta_k)$，其中 $\theta_1, \cdots, \theta_k$ 是待估计的总体参数。则 k 阶总体原点矩为

① 常用的点估计方法还有贝叶斯估计法，它是贝叶斯统计思想的核心内容。

$$A_k = \frac{\sum_{i=1}^{N} x_i^k}{N}, \quad k = 1,2,\cdots \tag{5.2}$$

相应地，k 阶样本原点矩为

$$a_k = \frac{\sum_{i=1}^{n} x_i^k}{n}, \quad k = 1,2,\cdots \tag{5.3}$$

显然，总体 1 阶原点矩就是总体平均数，即 $A_1 = \mu$；样本 1 阶原点矩就是样本平均数，即 $a_1 = \overline{x}$。

定义 5.2 结合总体 1 阶原点矩，有 k 阶总体中心矩：

$$M_k = \frac{\sum_{i=1}^{N} (x_i - A_1)^k}{N}, \quad k = 1,2,\cdots \tag{5.4}$$

相应地，结合样本 1 阶原点矩，有 k 阶样本中心矩：

$$m_k = \frac{\sum_{i=1}^{n} (x_i - a_1)^k}{n}, \quad k = 1,2,\cdots \tag{5.5}$$

总体 2 阶中心矩就是总体方差，即 $M_2 = \sigma^2$；然而，样本 2 阶中心矩和第 2 章定义的样本方差就不同了，区别在于式(2.12)中分母是自由度 $n-1$，而不是样本 2 阶中心矩中的 n。

前文说要为点估计方法找到一个原理，让估计方法具有统计优势。这里矩法估计依靠的原理就是第 3 章中的大数定律，严格来说是辛钦大数定理(定理 3.5)。当 n 足够大时，随机变量的算术平均数将接近于总体平均数，即样本平均数稳定于总体平均数。也就是说，a_1 可以作为 A_1 的点估计。第 4 章还提到了无偏估计的概念：样本统计量的数学期望等于总体参数，则称该样本统计量为总体参数的无偏估计。那么，a_1 也是 A_1 的无偏估计。因为

$$E(a_k) = E\left(\frac{\sum_{i=1}^{n} x_i^k}{n}\right) = \frac{E\left(\sum_{i=1}^{n} x_i^k\right)}{n} = \frac{\sum_{i=1}^{n} E(x_i^k)}{n} \tag{5.6}$$

又因 $E(x_i) = A_1$ (单个随机变量取值的数学期望就是总体平均数)，所以 $E(x_i^k) = A_k$，进而上式可继续推出

$$E(a_k) = \frac{n \times A_k}{n} = A_k \tag{5.7}$$

即所有样本原点矩都是总体原点矩的无偏估计。

大数定律为总体平均数的点估计提供了理论支撑。假如采用同样的思路，即用样本 2 阶中心矩估计总体方差，那么就需要考察估计的偏倚性了。

样本 2 阶中心距 $m_2 = \frac{\sum_{i=1}^{n} (x_i - \overline{x})^2}{n}$，按照方差的期望形式定义(式(3.21))，有

$$m_2 = E\{[x - E(x)]^2\} \tag{5.8}$$

将其中的平方项展开，得

$$\begin{aligned} m_2 &= E\{x^2 - 2 \cdot x \cdot E(x) + [E(x)]^2\} \\ &= E(x^2) - E[2 \cdot x \cdot E(x)] + E\{[E(x)]^2\} \end{aligned} \tag{5.9}$$

注意，这里的 $E(x)$ 是随机变量 x 的期望，是一个固定的常数，由数学期望第一条性质得 $E[2 \cdot x \cdot E(x)] = 2 \cdot E(x) \cdot E(x)$。另外 $E\{[E(x)]^2\} = [E(x)]^2$。所以

$$\begin{aligned} m_2 &= E(x^2) - 2E(x) \cdot E(x) + [E(x)]^2 \\ &= E(x^2) - [E(x)]^2 \end{aligned} \tag{5.10}$$

现在再对等号两边分别求期望，有

$$\begin{aligned} E(m_2) &= E\{E(x^2) - [E(x)]^2\} \\ &= E[E(x^2) - (\bar{x})^2] \\ &= E[E(x^2)] - E(\bar{x}^2) \end{aligned} \tag{5.11}$$

为了尽可能地简化符号，我们用 $\bar{x}$ 替换了 $E(x)$。根据式(3.23)，有 $\mathrm{Var}(\bar{x}) = E(\bar{x}^2) - [E(\bar{x})]^2$。所以

$$E(m_2) = E[E(x^2)] - \{\mathrm{Var}(\bar{x}) + [E(\bar{x})]^2\} \tag{5.12}$$

为了再次利用式(3.23)，也就是利用 $\mathrm{Var}(x) = E(x^2) - [E(x)]^2$。我们进行如下操作：

$$\begin{aligned} E(m_2) &= E\{E(x^2) - [E(x)]^2 + [E(x)]^2\} - \{\mathrm{Var}(\bar{x}) + [E(\bar{x})]^2\} \\ &= E\{\mathrm{Var}(x) + [E(x)]^2\} - \{\mathrm{Var}(\bar{x}) + [E(x)]^2\} \\ &= E[\mathrm{Var}(x) + (\bar{x})^2] - [\mathrm{Var}(\bar{x}) + (\bar{x})^2] \end{aligned} \tag{5.13}$$

现在求期望的项又都是常数了，所以

$$\begin{aligned} E(m_2) &= \mathrm{Var}(x) + (\bar{x})^2 - \mathrm{Var}(\bar{x}) - (\bar{x})^2 \\ &= \mathrm{Var}(x) - \mathrm{Var}(\bar{x}) \end{aligned} \tag{5.14}$$

在第 4 章介绍样本平均数的分布时，我们知道样本平均数的方差等于总体方差除以样本容量，即 $\mathrm{Var}(\bar{x}) = \dfrac{\mathrm{Var}(x)}{n}$。所以

$$E(m_2) = \mathrm{Var}(x) - \frac{\mathrm{Var}(x)}{n} = \frac{n-1}{n}\mathrm{Var}(x) \tag{5.15}$$

总体方差 $\mathrm{Var}(x)$ 就是总体 2 阶中心距 M_2。所以，如果用样本 2 阶中心矩 m_2 作为总体 2 阶中心矩 M_2，也就是总体方差的点估计，会出现系统性的偏低情况。因此

$$\begin{aligned} M_2 &= E(m_2) \times \frac{n}{n-1} \\ &= E\left[\frac{n}{n-1} \times \frac{\sum_{i=1}^{n}(x_i - \bar{x})^2}{n}\right] \\ &= E\left[\frac{\sum_{i=1}^{n}(x_i - \bar{x})^2}{n-1}\right] \\ &= E(s^2) \end{aligned} \tag{5.16}$$

这就是样本方差的定义(见式(2.12))中分母即自由度是 $n-1$ 的原因。

第 2 章在介绍数据离散程度的特征数时，特别强调了样本方差公式(2.12)中的分母 $n-1$ 称为自由度。自由度通常被定义为："当用样本统计量来估计总体参数时，样本中独立的或能够自由变化的观测值个数。"关于其意义的解释至少有三种，这让本就晦涩的概念更加不容易理解。下面我们来看一种相对容易理解的解释。

假设一个试验产生了 3 个观测值：x_1, x_2, x_3。计算样本平均数和样本方差如下：

$$\bar{x} = \frac{x_1 + x_2 + x_3}{3}$$
$$s^2 = \frac{(x_1 - \bar{x})^2 + (x_2 - \bar{x})^2 + (x_3 - \bar{x})^2}{3-1} \tag{5.17}$$

3 个观测值是 3 次随机试验的结果，因此都具有随机性。但是，在样本方差的计算中，三者随机变化的性质不同。当 x_1 或大或小地变化时，由于 x_2 和 x_3 的存在，$\bar{x}$ 也可能或大或小地变化，也可能不发生变化。这一点同样适用于 x_2。但是对于 x_3 情况就不同了，当 x_1 和 x_2 固定时，$\bar{x}$ 会伴随 x_3 有相同趋势的变化，即同时变大或变小。之所以会这样是因为 $x_3 = 3\bar{x} - x_1 - x_2$，即固定 x_1 和 x_2 时，x_3 和 $\bar{x}$ 线性相关。我们可以说 x_3 限制了 $\bar{x}$ 的变化，反过来讲当然也成立。所以，3 个观测值中必有其一受到样本平均数的限制，而不能自由变化。那么能够自由变化的观测值就有 $3-1=2$ 个，此即自由度的含义。

矩法估计是 Karl Pearson 在 19 世纪末至 20 世纪初的一系列文章中确立的。Pearson 关于矩估计的工作与他提出的，也是后人以他之名命名的 Pearson 分布族有关。数理统计发展的早期，学者普遍认为实际问题中数据基本上都可以用正态分布来描述。然而，Pearson 在考察了一些生物学数据后发现其中不乏明显偏倚的情况，不应该用对称的正态分布来描述。Pearson 提出了一个包含 4 个参数的微分方程来概括 Pearson 分布族中所有概率密度函数。不过在应用时，需要为特定的生物学数据选择适当的 4 个参数值。为解决这些参数的计算问题，Pearson 发现这些参数可表示概率密度函数前 4 阶矩 a_i 的函数，因此他提出了用样本的矩来估计总体矩，代入相应函数后可得微分方程 4 个参数值的估计。然而，矩估计并不是 Pearson 作为参数估计的方法提出来的，而是他在解决曲线拟合问题时得出的结论。

5.1.2 最大似然法

从 1912 年起，Fisher 建立了以最大似然估计为中心的点估计理论。在 1922 年的那篇著名论文①中再次提出了这个思想，并且首先探讨了这种方法的一些性质。最大似然估计这一名称也是由 Fisher 命名的②。要了解最大似然估计的思想，先看以下两个问题。

---

① Fisher R A. 1922. On the mathematical foundations of theoretical statistics. Phil. Trans. R. Soc. London A.，222：309-368.

② 事实上，英国统计学家、数理统计学的先驱 Francis Y. Edgeworth（弗朗西斯·伊西德罗·埃奇沃思，1845—1926），早在 1909 年就基本推导出了最大似然估计的方差的大样本公式。后来 Fisher 在 1935 年再次提出这个公式时，被英国经济学家、统计学家 Arthur L. Bowley（亚瑟·莱昂·鲍利，1869—1957）批评没有承认 Edgeworth 对该公式的优先权。不过，公平地讲，Edgeworth 关于数理统计学的著作常常艰深晦涩，并且很可能 Fisher 并未看到过 Edgeworth 的推导。

(1)猎人师傅和徒弟一同去打猎,遇到一只兔子,师傅和徒弟同时放枪,兔子被一枪击中,那么是谁打中的?

(2)一个袋子中有黑白两种颜色的球总共 100 个,其中一种颜色的球有 90 个。随机取出 1 个球,发现是黑球。那么是黑色球有 90 个,还是白色球有 90 个?

答案往往不假思索,脱口而出。这两个问题共同反映了一个逻辑事实——概率最大的事件最可能发生。放在数理统计的语境中,基于这种思想的参数估计方法就是最大似然估计(maximum likelihood estimate)。虽然其逻辑并不比矩法估计复杂很多,但数据上的处理难度却高了不少。

假设样本 x 有概率函数 $f(x,\theta)$,其中 θ 为参数,在参数空间 Θ 内取值。当固定 x ,视 $f(x,\theta)$ 为 θ 的函数时,称之为似然函数。概率函数和似然函数"同体",只是着眼点不同。概率函数固定 θ , $f(x,\theta)$ 被视为 x 在样本空间上的函数;似然函数固定 x , $f(x,\theta)$ 被视为 θ 在参数空间上的函数。

如果我们把 θ 解释为"原因",把 x 解释为"结果",当 θ 确定时,由该"原因"所引出的种种"结果"的可能性大小也就确定了;当 x 确定时,造成该"结果"的可能"原因",以及这些原因导致该结果的可能性大小也能确定。"最可能的原因"指出了最大似然估计的字面意义。

定义 5.3　若 $\hat{\theta}(X)$ 是一个统计量,满足条件

$$f[x,\hat{\theta}(X)]=\sup_{\theta\in\Theta}[f(x,\theta)],x\in\mathcal{X} \tag{5.18}$$

其中 $\mathcal{X}$ 为样本空间,则称 $\hat{\theta}(X)$ 为 θ 的最大似然估计。

$\sup\limits_{\theta\in\Theta}[f(x,\theta)]$ 表示在参数空间 Θ 内寻找能让似然函数 $f(x,\theta)$ 取到最大值的参数 θ。所以确定 $\hat{\theta}$ 需要解一个极值问题。当样本为简单随机样本而总体分布有概率函数 $f_\theta(x)$ 时,似然函数为

$$f(x,\theta)=\prod_{i=1}^{n}f_\theta(x_i) \tag{5.19}$$

常记作 L ,取对数后得

$$\ln L=\sum_{i=1}^{n}\ln f_\theta(x_i) \tag{5.20}$$

由连乘积变为求和,数学上处理较为方便。其中 $\ln L$ 称为对数似然函数。现在我们假定随机变量服从正态分布 $N(\mu,\sigma^2)$,那么 $f_\theta(x_i)$ 就可以用正态分布的概率密度函数(见式(3.52))替代。进而有

$$\begin{aligned}\ln L&=\sum_{i=1}^{n}\ln\frac{1}{\sqrt{2\pi}\sigma}\mathrm{e}^{-\frac{(x_i-\mu)^2}{2\sigma^2}}\\&=\sum_{i=1}^{n}\left[\ln\frac{1}{\sqrt{2\pi}\sigma}-\frac{(x_i-\mu)^2}{2\sigma^2}\right]\\&=\sum_{i=1}^{n}\left[\ln\frac{1}{\sqrt{2\pi}}-\ln\sigma-\frac{(x_i-\mu)^2}{2\sigma^2}\right]\\&=n\ln\frac{1}{\sqrt{2\pi}}-n\ln\sigma-\frac{1}{2\sigma^2}\sum_{i=1}^{n}(x_i-\mu)^2\end{aligned} \tag{5.21}$$

用对数似然函数对 μ,σ^2 分别求偏导数并使之等于0，得方程组

$$\begin{cases}\dfrac{\partial \ln L}{\partial \mu}=\dfrac{1}{\sigma^2}\sum_{i=1}^{n}(x_i-\mu)=0\\[2ex]\dfrac{\partial \ln L}{\partial (\sigma^2)}=-\dfrac{n}{2\sigma^2}+\dfrac{1}{2\sigma^4}\sum_{i=1}^{n}(x_i-\mu)^2=0\end{cases}\tag{5.22}$$

解得 μ,σ^2 的最大似然估计：

$$\begin{cases}\hat{\mu}=\dfrac{1}{n}\sum_{i=1}^{n}x_i\\[2ex]\hat{\sigma}^2=\dfrac{1}{n}\sum_{i=1}^{n}(x_i-\mu)^2\end{cases}\tag{5.23}$$

最大似然估计最后推出的计算公式与矩法估计完全一致，但这并不意味着两种方法等价。事实上，它们的出发点完全不同。受到具体数据及数据背后模型(总体分布)的影响，两种方法很可能得出不一致的计算结果。

需要说明的是，在各种估计方法中，最大似然估计相对来说较为优良。但在个别情况下也会给出不理想的结果。与矩法估计不同，最大似然估计要求分布有参数的形式，因此对总体分布毫无所知的情形，最大似然估计就无能为力了。

Maximum likelihood 一词最早出现于 Fisher 1922 年发表的文章。在 Fisher 之前，还有几位数学家以某种方式接触到了似然的概念。其中包括德国数学家 Johann H. Lambert (1728—1777)，法国数学家、物理学家 Joseph-Louis Lagrange(1736—1813)，瑞士物理学家、数学家 Daniel Bernoulli(1700—1782)，爱尔兰数学家 Robert Adrain(1775—1843)，当然还有英国统计学家 Francis Y. Edgeworth①。

这些数学家关于最大似然思想的具体工作无须深究，让我们回到 Fisher 这里。他在最初提出最大似然法的工作中批评了矩估计和最小二乘法。Fisher 和 Pearson 对问题的理解和解决的思路是不同的。Fisher 认为，统计问题背后的模型确定不是一个数学问题，而是根据具体数据的情况，在假定模型已确定的条件下的参数估计问题。虽然最大似然估计有时候并不是最好的估计方法，甚至存在无力发挥作用的情况，但是它在实际应用中的重要性，以及在理论上对现代数理统计的促进作用无可替代。

5.2 估计量的优良性

对于同一个未知的总体参数，不同的估计方法所得的估计量可能不同。这无疑带来了一个问题：如何评价不同估计量的优劣？常用的评价标准有无偏性、相合性和有效性。

5.2.1 无偏性

无偏性前文已经有所涉及，这里我们给出准确的定义。

定义 5.4 若 $E(\hat{\theta})=\theta$，即估计量的数学期望等于被估计的参数，则称 $\hat{\theta}$ 是 θ 的无偏估

① 详见第84页的脚注②。

计量(unbiased estimator)。

估计量的无偏性,实际上是一个整体性、长期性的要求,这由数学期望的定义决定。换句话说,我们不要求无偏估计量在单独一次测量中就与真实值相等。

5.2.2　相合性

定义 5.5　若 $\hat{\theta}$ 是总体参数 θ 的估计量,当 $n \to \infty$ 时,对于任意 $\epsilon > 0$,有

$$\lim_{n \to \infty} P(|\hat{\theta} - \theta| \leqslant \epsilon) = 1$$

即 $\hat{\theta}$ 依概率收敛于 θ,则称 $\hat{\theta}$ 是总体参数 θ 的相合(或一致)估计量(consistent estimator)。

大数定律已充分说明,样本平均数是总体平均数的相合估计量。相合性是对估计量最基本的要求。相合估计量只有在样本容量 n 足够大时才能发挥作用。

5.2.3　有效性

定义 5.6　若 $\hat{\theta}_1$ 和 $\hat{\theta}_2$ 都是总体参数 θ 的无偏估计量,如果 $\mathrm{Var}(\hat{\theta}_1) < \mathrm{Var}(\hat{\theta}_2)$,即 $\hat{\theta}_1$ 的方差小于 $\hat{\theta}_2$ 的方差,则称 $\hat{\theta}_1$ 比 $\hat{\theta}_2$ 有效,$\hat{\theta}_1$ 是有效统计量(efficient estimator)。

方差度量了估计量估计真实值的精确性,方差越小,估计的精确性当然越高。比如,样本平均数的方差 $\sigma_{\bar{x}}^2 = \dfrac{\sigma^2}{n}$,而中位数的方差在 n 很大时 $\sigma_{\mathrm{median}}^2 = \dfrac{\pi}{2} \times \dfrac{\sigma^2}{n}$。中位数的方差是平均数方差的 $\dfrac{\pi}{2}$ 倍,所以作为总体平均数 μ 的估计量,样本平均数更加有效。另一方面,估计量的方差越小,对真实值估计的效率越高。这种所谓的高效率表现在,比如用样本平均数估计总体平均数,我们只需要比其他估计方法更少的样本,就能将估计值精确到小数点后两位。

在生物数据的统计分析中,样本平均数和方差是最常用的统计量。它们都符合无偏性和相合性的要求,且都有最小的方差。因此,样本平均数 $\bar{x}$ 和样本方差 s^2 分别为总体平均数 μ 和总体方差 σ^2 的最优估计量(optimum estimator)。

5.3　区间估计

点估计为总体参数的估计提供了最直接的方法,同时大数定律又为其提供了理论支撑。然而,大数定律只告诉我们,在 n 很大时,样本平均数与总体平均数的差距很小的概率很高,并没有告诉我们在具体的高概率(比如 0.95)之下,样本平均数与总体平均数的差距会小到何种程度。所以,除了给出总体参数 θ 的点估计外,我们还希望根据样本数据确定一个随机区间,使其包含参数真实值的概率达到指定的要求。

在第 3 章概率与概率分布中我们了解到,计算随机变量的概率需要明确它的概率分布函数。所谓明确,指的是分布函数中的参数已知。所以要解决上述问题,首先需要一个已知概率分布的随机变量。其次,这个随机变量必须与样本有关系。因为所有可用于估计的信息只能源于样本。最后,这个随机变量还必须与未知的、需要被估计的总体参数有关。

到目前为止，前文谈及的随机变量可以满足以上三点要求的只有标准化统计量。本节将分别通过总体平均数、总体方差和两个总体方差比的区间估计，来介绍标准化统计量在区间估计中的作用。

5.3.1 单总体的区间估计

1. 总体平均数的区间估计(总体方差已知)

假设从某一个已知参数平均数为 μ 、方差为 σ^2 的总体中随机抽取一组样本，样本平均数服从正态分布 $N\left(\mu,\frac{\sigma^2}{n}\right)$，标准化后得标准化统计量

$$z=\frac{\overline{x}-\mu}{\sigma_{\overline{x}}}=\frac{\overline{x}-\mu}{\sigma/\sqrt{n}} \tag{5.24}$$

服从标准正态分布。将标准正态分布的累积分布函数结合上侧分位数，我们可以建立以下关系：

$$P(z\leqslant z_{0.025})-P(z\leqslant -z_{0.025})=0.95$$

$$P(-z_{0.025}\leqslant z\leqslant z_{0.025})=0.95 \tag{5.25}$$

其中 $z_{0.025}$ 即标准正态分布的上侧 0.025 分位数，$-z_{0.025}$ 即上侧 0.975 分位数。选择 0.95 作为指定的概率要求，所以上式所表达的也就是图 3.15(a)中间白色区域的面积。

然后，将标准化统计量的表达式引入上式替换 z，有

$$P\left(-z_{0.025}\leqslant\frac{\overline{x}-\mu}{\sigma/\sqrt{n}}\leqslant z_{0.025}\right)=0.95$$

$$P\left(-z_{0.025}\frac{\sigma}{\sqrt{n}}\leqslant\overline{x}-\mu\leqslant z_{0.025}\frac{\sigma}{\sqrt{n}}\right)=0.95$$

$$P\left(\overline{x}-z_{0.025}\frac{\sigma}{\sqrt{n}}\leqslant\mu\leqslant\overline{x}+z_{0.025}\frac{\sigma}{\sqrt{n}}\right)=0.95 \tag{5.26}$$

最后，连续不等式的左右两侧，分别定义了 μ 的两个边界，而且告诉我们两边界所代表的区间包含总体平均数 μ 的概率为 0.95。所以，该区间就是区间估计要寻找的目标。

定义 5.7 当从平均数为 μ 、方差为 σ^2 的总体中抽取容量为 n 的样本时，由样本平均数构成的区间

$$\left[\overline{x}-z_{\frac{\alpha}{2}}\frac{\sigma}{\sqrt{n}},\overline{x}+z_{\frac{\alpha}{2}}\frac{\sigma}{\sqrt{n}}\right] \tag{5.27}$$

称为总体平均数 μ 的 $1-\alpha$ 置信区间(confidence interval)，$1-\alpha$ 称为置信度。

对于总体平均数 μ 的 $1-\alpha$ 置信区间，除了定义中的区间形式，还可以表示为 $\overline{x}\pm z_{\frac{\alpha}{2}}\frac{\sigma}{\sqrt{n}}$。需要注意的是，$z_{\frac{\alpha}{2}}$ 表示的是上侧 $\frac{\alpha}{2}$ 分位数，等于双侧 α 分位数。

以上定义为总体平均数确定的置信区间有两个边界，因此称为双侧置信区间。对式(5.25)稍作调整，可得 $P(-z_{0.05}\leqslant z)=0.95$（注意其中上侧分位数的变化）。重演以上推理过程，可得总体平均数的一个单侧置信区间

$$\left[\bar{x} - z_{\alpha}\frac{\sigma}{\sqrt{n}}, +\infty\right] \tag{5.28}$$

该区间只确定了总体平均数的下限。同理我们还可以找到另一个确定上限的单侧置信区间。单侧置信区间通常用于评估某项指标的测量值是否高于或低于标准值。

这里我们简单介绍了单侧置信区间的概念，下文仍以双侧置信区间为主继续讨论区间估计。

例题 5.1　测得某批小麦 25 个随机样本的平均蛋白质含量 $\bar{x} = 14.5\%$，已知总体标准差 $\sigma = 2.5\%$。试对该批小麦蛋白质含量进行置信度为 0.95 的区间估计。

分析　本题所涉及的总体方差已知。置信度为 0.95，所以 $\alpha = 1 - 0.95 = 0.05$。双侧 0.05 分位数等于上侧 0.025 分位数，通过正态分布的分位数函数 qnorm()可计算得 $z_{0.025}$。然后代入式(5.27)即得置信区间。

解答　计算标准正态分布的上侧 0.025 分位数，即 $z_{0.025}$。

```
> z.0.025 <- qnorm(p = 0.025, lower.tail = FALSE); z.0.025
[1] 1.959964
```

将相关值代入置信区间公式，得

$$\left[14.5 - 1.959964 \times \frac{2.5}{\sqrt{25}}, 14.5 + 1.959964 \times \frac{2.5}{\sqrt{25}}\right]$$

用 R 辅助计算，

```
> 14.5 - z.0.025 * (2.5 / sqrt(25))
[1] 13.52002
> 14.5 + z.0.025 * (2.5 / sqrt(25))
[1] 15.47998
```

得本批小麦蛋白质含量的 95%置信区间为 [13.520,15.480]。

2. 总体平均数的区间估计(总体方差未知)

在第 4 章讨论样本平均数的抽样分布时，已了解在总体方差未知时，因为需要用样本标准差代替总体标准差，标准化统计量由 z 变为

$$t = \frac{\bar{x} - \mu}{s/\sqrt{n}} \tag{5.29}$$

有了总体方差未知时的标准化统计量，剩下的就是重演上述推理过程，最终可得在总体方差未知时总体平均数的置信区间。为方便比较，我们仍以定义的形式给出。

定义 5.8　当从平均数为 μ、方差未知的总体中抽取容量为 n 的样本时，由样本平均数构成的区间

$$\left[\bar{x} - t_{\frac{\alpha}{2},\mathrm{df}}\frac{s}{\sqrt{n}}, \bar{x} + t_{\frac{\alpha}{2},\mathrm{df}}\frac{s}{\sqrt{n}}\right] \tag{5.30}$$

称为总体平均数 μ 的 $1-\alpha$ 置信区间。其中 s 为样本标准差，t 分布的自由度 df 为 $n-1$。

与式(5.27)相比，$t_{\frac{\alpha}{2},\mathrm{df}}$ 要大于 $z_{\frac{\alpha}{2}}$（见图 4.7）。当 df 越来越大，也就是样本容量 n 越大时，$t_{\frac{\alpha}{2},\mathrm{df}}$ 才会越接近 $z_{\frac{\alpha}{2}}$，同时 s 也会越接近 σ，就置信区间的范围大小而言，才会越来越小。置信度 $1-\alpha$ 不变，置信区间越小意味着区间估计的精确性越高。精确性的提升完全来自更

多样本为我们带来的关于总体参数的更多信息。

例题 5.2 随机抽测 5 年生杂交杨树 16 株，算得平均树高 9.27 米，样本标准差 1.4 米。试对树高进行置信度为 0.95 的区间估计。

分析 由于总体标准差未知，用样本标准差代替，需用 t 分布的分位数 $t_{\alpha,\mathrm{df}}$。通过 t 分布的分位数函数 qt()可计算得 $t_{0.025,\mathrm{df}}$。然后代入式(5.30)即得置信区间。

解答 样本容量 $n=16$，所以 t 分布的自由度等于 15。计算自由度 df=15 的 t 分布上侧 0.025 分位数，即 $t_{0.025,15}$。

```
> t.0.025 <- qt(p = 0.025, df = 15, lower.tail = FALSE); t.0.025
[1] 2.13145
```

将相关值代入置信区间公式，得

$$\left[9.27-2.13145\times\frac{1.4}{\sqrt{16}},9.27+2.13145\times\frac{1.4}{\sqrt{16}}\right]$$

用 R 辅助计算，

```
> 9.27 - t.0.025 * (1.4 / sqrt(16))
[1] 8.523993
> 9.27 + t.0.025 * (1.4 / sqrt(16))
[1] 10.01601
```

得杂交杨树树高的 95%置信区间为［8.524,10.016］。

3. 总体比率的区间估计

对总体比率作点估计，我们可以进行 n 次试验并记录事件发生的次数 m，当 n 很大时，事件发生的样本比率 $\hat{p}=\frac{m}{n}$ 就可作为总体比率 p 的点估计。在点估计的基础上得到总体比率 p 的区间估计，仍然需要一个能够将样本比率 $\hat{p}$ 与总体比率 p 联系在一起的函数，且该函数对应一个已知的概率分布。

第 4 章在讨论样本比率的分布时已知，样本比率可用缩放的二项分布来描述。不过，中心极限定理又带来标准化统计量

$$z=\frac{\hat{p}-p}{\sqrt{p(1-p)/n}} \tag{5.31}$$

当 n 很大时近似服从标准正态分布。所以有

$$P\left[-z_{\frac{\alpha}{2}}\leqslant\frac{\hat{p}-p}{\sqrt{p(1-p)/n}}\leqslant z_{\frac{\alpha}{2}}\right]\approx 1-\alpha \tag{5.32}$$

由于分子分母都有总体比率，且分母有根号，所以想要沿用前面的操作，将被估计值总体比率 p 留在连续不等式的中间，涉及的计算比较复杂。为简化问题，通常将分母中出现的 p 直接替换为 $\hat{p}$，只保留分子上的一个总体比率 p。上式可转换为

$$P\left[\hat{p}-z_{\frac{\alpha}{2}}\sqrt{\frac{\hat{p}(1-\hat{p})}{n}}\leqslant p\leqslant\hat{p}+z_{\frac{\alpha}{2}}\sqrt{\frac{\hat{p}(1-\hat{p})}{n}}\right]\approx 1-\alpha \tag{5.33}$$

所以，对于总体比率我们可以作如下区间估计。

定义 5.9 n 次试验中事件发生 m 次，当 n 很大时，由样本比率 $\hat{p}=\frac{m}{n}$ 构成的区间

$$\left[\hat{p}-z_{\frac{\alpha}{2}}\sqrt{\frac{\hat{p}(1-\hat{p})}{n}},\hat{p}+z_{\frac{\alpha}{2}}\sqrt{\frac{\hat{p}(1-\hat{p})}{n}}\right] \tag{5.34}$$

称为总体比率 p 的 $1-\alpha$ 置信区间。其中 $\sqrt{\frac{\hat{p}(1-\hat{p})}{n}}$ 为样本比率的标准误 $s_{\hat{p}}$。

这里对样本容量 n 的要求是对二项分布进行正态近似的关键条件。如果 np 或 $n(1-p)$ 小于5，则不能使用正态近似。

对于二项分布的正态近似，如 np 和 $n(1-p)$ 均大于30，近似效果最佳，上述置信区间的可靠度将会较高。而当 np 或 $n(1-p)$ 小于30时，近似效果需要连续性矫正因子矫正，同时抽样分布也需要根据样本量 n 的情况，选择标准正态分布（$n\geqslant 30$）或 t 分布（$n<30$）。连续性矫正的原因，详见第7章中关于单样本比率的检验部分。这里我们直接给出带有矫正因子 $\frac{0.5}{n}$ 的置信区间：

$$\left[\hat{p}-z_{\frac{\alpha}{2}}s_{\hat{p}}-\frac{0.5}{n},\hat{p}+z_{\frac{\alpha}{2}}s_{\hat{p}}+\frac{0.5}{n}\right] \tag{5.35}$$

当 np 和 $n(1-p)$ 均大于5但 $n<30$ 时，需要将标准正态分布的上侧分位数 $z_{\frac{\alpha}{2}}$ 换为 t 分布的上侧分位数 $t_{\frac{\alpha}{2},n-1}$，则总体比率 p 的 $1-\alpha$ 置信区间为

$$\left[\hat{p}-t_{\frac{\alpha}{2},n-1}s_{\hat{p}}-\frac{0.5}{n},\hat{p}+t_{\frac{\alpha}{2},n-1}s_{\hat{p}}+\frac{0.5}{n}\right] \tag{5.36}$$

例题5.3　假设从母亲患有乳腺癌的50～54岁妇女群体中随机选择10000人，筛查发现有400人患有乳腺癌。试对该妇女群体患乳腺癌的患病率进行置信度为0.95的区间估计。

分析　本题 $n=10000$，总体患病率的点估计 $\hat{p}=400/10000=0.04$。二项分布的正态近似条件是 np 和 $n(1-p)$ 均大于30，然而这里我们并不知道总体比率，只有一个估计值 $\hat{p}$。所以只能用 $n\hat{p}$ 和 $n(1-\hat{p})$ 的大小来判断，它们都远大于30，可直接使用正态近似。计算置信区间可用式(5.34)。

解答　计算标准正态分布的上侧0.025分位数，即 $z_{0.025}$。

```
> z.0.025 <- qnorm(p = 0.025, lower.tail = FALSE); z.0.025
[1] 1.959964
```

将相关值代入置信区间公式，得

$$\left[0.04-1.96\times\sqrt{\frac{0.04\times(1-0.04)}{10000}},0.04+1.96\times\sqrt{\frac{0.04\times(1-0.04)}{10000}}\right]$$

用R辅助计算，

```
> 0.04 - z.0.025 * sqrt(0.04 * (1 - 0.04) / 10000)
[1] 0.03615927
> 0.04 + z.0.025 * sqrt(0.04 * (1 - 0.04) / 10000)
[1] 0.04384073
```

得相关群体乳腺癌患病率的95%置信区间为[0.036,0.044]。

假设知道某国家50～54岁妇女群体的乳腺癌患病率为2%，低于上述置信区间的下限3.6%。我们就有理由相信乳腺癌患病有一定的遗传倾向，母亲患过乳腺癌的妇女患乳腺癌

的风险高于全国的平均水平。

例题 5.4 针对一块玉米田随机调查 100 株玉米，发现受玉米螟虫害的植株共 21 株。试对发病率进行置信度为 0.95 的区间估计。

分析 本题 $n=100$，总体发病率的点估计 $\hat{p}=21/100=0.21$。与例题 5.3 一样，因为 $n\hat{p}=21$，$n(1-\hat{p})=79$，都大于 5，所以可以使用正态近似。但因 $n\hat{p}<30$，需进行连续性矫正，应该用式(5.35)计算置信区间。

解答 计算标准正态分布的上侧 0.025 分位数，即 $z_{0.025}$。

```
> z.0.025 <- qnorm(p = 0.025, lower.tail = FALSE); z.0.025
[1] 1.959964
```

将相关值代入置信区间公式，得

$$\left[0.21-1.959964\times\sqrt{\frac{0.21\times(1-0.21)}{100}}-\frac{0.5}{100}, 0.21+1.959964\times\sqrt{\frac{0.21\times(1-0.21)}{100}}+\frac{0.5}{100}\right]$$

用 R 辅助计算，

```
> 0.21 - z.0.025 * sqrt(0.21 * (1 - 0.21)/100) - 0.5/100
[1] 0.1251691
> 0.21 + z.0.025 * sqrt(0.21 * (1 - 0.21)/100) + 0.5/100
[1] 0.2948309
```

得该种植区域玉米螟发病率的 95% 置信区间为 [0.125, 0.295]。

4. 总体方差的区间估计

对于总体方差的区间估计，我们同样需要寻找既包含总体方差又包含样本信息，同时又已知其概率分布的随机变量。满足条件的当然只有标准化统计量

$$\chi^2=\frac{(n-1)s^2}{\sigma^2} \tag{5.37}$$

服从 $\mathrm{df}=n-1$ 的 χ^2 分布。类似地，有

$$P\left[\chi^2_{1-\frac{\alpha}{2},\mathrm{df}}\leqslant\frac{(n-1)s^2}{\sigma^2}\leqslant\chi^2_{\frac{\alpha}{2},\mathrm{df}}\right]=1-\alpha \tag{5.38}$$

其中 $\chi^2_{\frac{\alpha}{2},\mathrm{df}}$ 和 $\chi^2_{1-\frac{\alpha}{2},\mathrm{df}}$ 分别是自由度为 $n-1$ 的 χ^2 分布的上侧 $\frac{\alpha}{2}$ 分位数和上侧 $1-\frac{\alpha}{2}$ 分位数。由于 χ^2 分布的非对称性，我们不能对上侧分位数取负，来得到对称的下侧分位数。将上式整理后可得

$$P\left[\frac{(n-1)s^2}{\chi^2_{\frac{\alpha}{2},\mathrm{df}}}\leqslant\sigma^2\leqslant\frac{(n-1)s^2}{\chi^2_{1-\frac{\alpha}{2},\mathrm{df}}}\right]=1-\alpha \tag{5.39}$$

所以，对总体方差我们可作如下区间估计。

定义 5.10 当从方差为 σ^2 的总体中抽取容量为 n 的样本时，由样本方差构成的区间

$$\left[\frac{(n-1)s^2}{\chi^2_{\frac{\alpha}{2},\mathrm{df}}},\frac{(n-1)s^2}{\chi^2_{1-\frac{\alpha}{2},\mathrm{df}}}\right] \tag{5.40}$$

称为总体方差 σ^2 的 $1-\alpha$ 置信区间。其中 χ^2 分布的自由度 df 为 $n-1$。

例题 5.5 已知某水稻田受到重金属污染，抽样测定其镉含量(单位：μg/g)分别为 3.6、4.2、4.7、4.5、4.2、4.0、3.8 和 3.7。试对该农田水稻镉含量的总体方差作置信度

为0.95 的区间估计。

分析　样本容量为 8，题目要求置信度为 0.95，我们需要通过 R 函数 qchisq()计算的应是 $\chi^2_{0.025,7}$ 和 $\chi^2_{0.975,7}$，代入式(5.40)即得到置信区间。

解答　计算样本方差，

```
> cadmium <- c(3.6, 4.2, 4.7, 4.5, 4.2, 4.0, 3.8, 3.7)
> cadmium.var <- var(cadmium); cadmium.var
[1] 0.1498214
```

计算 χ^2 分布的上侧 0.025 分位数和上侧 0.975 分位数，

```
> chisq.0.025 <- qchisq(p = 0.025, df = 7, lower.tail = FALSE); chisq.0.025
[1] 16.01276
> chisq.0.975 <- qchisq(p = 0.975, df = 7, lower.tail = FALSE); chisq.0.975
[1] 1.689869
```

将相关值代入置信区间公式，得

$$\left[\frac{(8-1)\times 0.1498214}{16.01276},\frac{(8-1)\times 0.1498214}{1.689869}\right]$$

用 R 辅助计算，

```
> (8 - 1) * cadmium.var / chisq.0.025
[1] 0.06549463
> (8 - 1) * cadmium.var / chisq.0.975
[1] 0.6206102
```

得该农田水稻镉含量的 95% 置信区间为 [0.065,0.621]。

5.3.2　双总体的区间估计

1. 总体平均数之差的区间估计

设有两个容量分别为 n_1 和 n_2 的样本，分别抽自方差为 σ_1^2 和 σ_2^2 的两个总体。根据样本平均数之差 $\bar{x}_1-\bar{x}_2$ 的抽样分布，有

$$z=\frac{(\bar{x}_1-\bar{x}_2)-(\mu_1-\mu_2)}{\sigma_{\bar{x}_1-\bar{x}_2}} \tag{5.41}$$

服从标准正态分布。同单一总体平均数的区间估计，可得两个总体平均数之差 $\mu_1-\mu_2$ 的 $1-\alpha$ 置信区间为

$$\left[(\bar{x}_1-\bar{x}_2)-z_{\frac{\alpha}{2}}\sqrt{\frac{\sigma_1^2}{n_1}+\frac{\sigma_2^2}{n_2}},(\bar{x}_1-\bar{x}_2)+z_{\frac{\alpha}{2}}\sqrt{\frac{\sigma_1^2}{n_1}+\frac{\sigma_2^2}{n_2}}\right] \tag{5.42}$$

在两个总体方差未知时，与单一总体的区间估计一样我们换用 t 分布。不过需要区分两个总体方差是否同质。

当两个总体方差同质时，样本平均数之差 $\bar{x}_1-\bar{x}_2$ 的抽样分布，有

$$t=\frac{(\bar{x}_1-\bar{x}_2)-(\mu_1-\mu_2)}{s_{\bar{x}_1-\bar{x}_2}} \tag{5.43}$$

服从自由度为 n_1+n_2-2 的 t 分布。因此，总体平均数之差 $\mu_1-\mu_2$ 的 $1-\alpha$ 置信区间为

$$\left[(\bar{x}_1-\bar{x}_2)-t_{\frac{\alpha}{2},n_1+n_2-2}\sqrt{\frac{s_p^2}{n_1}+\frac{s_p^2}{n_2}},(\bar{x}_1-\bar{x}_2)+t_{\frac{\alpha}{2},n_1+n_2-2}\sqrt{\frac{s_p^2}{n_1}+\frac{s_p^2}{n_2}}\right] \quad (5.44)$$

其中 $s_p^2=\frac{n_1-1}{n_1+n_2-2}s_1^2+\frac{n_2-1}{n_1+n_2-2}s_2^2$，即两个样本方差的加权平均。

当两个总体方差不同质时，样本平均数之差 $\bar{x}_1-\bar{x}_2$ 的抽样分布近似为 t 分布。因此，总体平均数之差 $\mu_1-\mu_2$ 的 $1-\alpha$ 置信区间为

$$\left[(\bar{x}_1-\bar{x}_2)-t_{\frac{\alpha}{2},df'}\sqrt{\frac{s_1^2}{n_1}+\frac{s_2^2}{n_2}},(\bar{x}_1-\bar{x}_2)+t_{\frac{\alpha}{2},df'}\sqrt{\frac{s_1^2}{n_1}+\frac{s_2^2}{n_2}}\right] \quad (5.45)$$

其中 $df'=\left[\frac{R^2}{n_1-1}+\frac{(1-R)^2}{n_2-1}\right]^{-1}$，$R=\frac{s_1^2/n_1}{s_1^2/n_1+s_2^2/n_2}$。

例题 5.6 为研究维生素 C 的剂量（0.5毫克/天，1毫克/天，2毫克/天）和摄入方式（橙汁，记为 OJ；抗坏血酸，维生素 C 的一种形式，记为 VC）对豚鼠牙齿生长的影响，将 60 只豚鼠分为 6 组进行试验（每个处理组 10 个重复，使用 R 自带数据包 `datasets` 中的 `ToothGrowth` 数据集）。已知不同摄入方式的总体方差同质。试对两种不同的摄入方式下豚鼠牙齿长度之差作置信度为 0.95 的区间估计。

分析 不同摄入方式对应两个总体，虽然两个总体方差未知，但给出了总体方差具有同质性的信息。所以应该采用 t 分布进行区间估计。`ToothGrowth` 数据集共有 `len`、`supp` 和 `dose` 3 列，分别记录了牙齿长度、摄入方式（R 数据类型为因子[①]，有两个水平 `OJ` 和 `VC`）和剂量数据。

解答 从 `ToothGrowth` 数据集中提取 `supp` 列分别等于 `OJ` 和 `VC` 的行，获取牙齿长度数据（`len` 列）并存入向量 `oj` 和 `vc`。R 代码如下：

```
> oj <- ToothGrowth[ToothGrowth$supp == 'OJ', ]$len
> vc <- ToothGrowth[ToothGrowth$supp == 'VC', ]$len
```

首先计算样本平均数，

```
> oj.mean <- mean(oj); oj.mean
[1] 20.66333
> vc.mean <- mean(vc); vc.mean
[1] 16.96333
```

计算样本方差以及样本合并方差，

```
> oj.var <- var(oj)
> vc.var <- var(vc)
> var.pooled <- weighted.mean(x = c(oj.var, vc.var), w = c(29, 29))
```

`weighted.mean()` 函数可以通过 `w` 参数传入的权重值，计算加权平均数。计算样本平均数之差的标准误，

```
> diff.se <- sqrt(var.pooled / 30 + var.pooled / 30); diff.se
[1] 1.931844
```

① 详见 15.3.4 小节。

通过 qt()函数计算自由度为 $30+30-2=58$ 的 t 分布上侧 0.025 分位数 $t_{0.025,58}$，

```
> t.0.025 <- qt(p = 0.025, df = 30 + 30 - 2, lower.tail = FALSE); t.0.025
[1] 2.001717
```

将相关值代入置信区间的公式，得

$[(20.66333-16.96333)-2.001717\times 1.931844,(20.66333-16.96333)+2.001717\times 1.931844]$

用 R 语言辅助计算，

```
> (oj.mean - vc.mean) - t.0.025 * diff.se
[1] -0.1670064
> (oj.mean - vc.mean) + t.0.025 * diff.se
[1] 7.567006
```

得不同摄入方式的总体平均数之差的 95%置信区间为 $[-0.167,7.567]$。

2. 总体比率之差的区间估计

从总体比率分别为 p_1 和 p_2 的两个二项总体中随机抽取两组样本，样本比率分别为 $\hat{p_1}$ 和 $\hat{p_2}$。样本比率之差 $\hat{p_1}-\hat{p_2}$ 近似服从正态分布，即 $\hat{p_1}-\hat{p_2}\sim N(p_1-p_2,\sigma^2_{\hat{p_1}-\hat{p_2}})$。

与单总体比率的区间估计一样，这里正态近似的条件有：如果 n_ip_i 和 $n_i(1-p_i)$ 均大于 30(其中 $i=1,2$)，可直接使用正态近似；而如果 n_ip_i 或 $n_i(1-p_i)$ 小于 30，近似效果需要连续性矫正因子矫正，同时抽样分布也需要根据样本量 n_i 的情况，选择标准正态分布($n_i\geqslant 30$)或 t 分布($n_i<30$)；如果 n_ip_i 和 $n_i(1-p_i)$ 小于 5，则不能使用正态近似。

当 n_ip_i 和 $n_i(1-p_i)$ 均大于 30 时，基于正态近似的总体比率之差区间估计的公式为

$$[(\hat{p_1}-\hat{p_2})-z_{\frac{\alpha}{2}}s_{\hat{p_1}-\hat{p_2}},(\hat{p_1}-\hat{p_2})+z_{\frac{\alpha}{2}}s_{\hat{p_1}-\hat{p_2}}] \tag{5.46}$$

其中 $s_{\hat{p_1}-\hat{p_2}}$ 为 $\hat{p_1}-\hat{p_2}$ 的样本标准误。

对于两组样本，$\hat{p_1}$ 和 $\hat{p_2}$ 的样本方差分别为 $s^2_{\hat{p_1}}=\dfrac{\hat{p_1}(1-\hat{p_1})}{n_1}$，$s^2_{\hat{p_2}}=\dfrac{\hat{p_2}(1-\hat{p_2})}{n_2}$。根据方差的性质 2 和 3，可得

$$s^2_{\hat{p_1}-\hat{p_2}}=s^2_{\hat{p_1}}+s^2_{\hat{p_2}}=\frac{\hat{p_1}(1-\hat{p_1})}{n_1}+\frac{\hat{p_2}(1-\hat{p_2})}{n_2} \tag{5.47}$$

所以两组样本比率之差的标准误为

$$s_{\hat{p_1}-\hat{p_2}}=\sqrt{\frac{\hat{p_1}(1-\hat{p_1})}{n_1}+\frac{\hat{p_2}(1-\hat{p_2})}{n_2}} \tag{5.48}$$

当样本容量 n_1 或 n_2 小于 30(小样本)时，式(5.46)中 $z_{\frac{\alpha}{2}}$ 应替换为 $t_{\frac{\alpha}{2}}$，相应的 t 分布有自由度 n_1+n_2-2。

当 n_ip_i 或者 $n_i(1-p_i)$ 小于 30 时需要连续性矫正因子矫正，有如下公式：

$$\left[(\hat{p_1}-\hat{p_2})-z_{\frac{\alpha}{2}}s_{\hat{p_1}-\hat{p_2}}-\left(\frac{0.5}{n_1}+\frac{0.5}{n_2}\right),(\hat{p_1}-\hat{p_2})+z_{\frac{\alpha}{2}}s_{\hat{p_1}-\hat{p_2}}+\left(\frac{0.5}{n_1}+\frac{0.5}{n_2}\right)\right] \tag{5.49}$$

当总体比率同质，即 $p_1=p_2$ 时，样本比率也可以像样本方差那样进行加权平均，得合并比率

$$\bar{p}=\frac{n_1}{n_1+n_2}\hat{p_1}+\frac{n_2}{n_1+n_2}\hat{p_2}=\frac{n_1\hat{p_1}+n_2\hat{p_2}}{n_1+n_2} \tag{5.50}$$

进而有

$$s_{\hat{p_1}-\hat{p_2}}=\sqrt{\bar{p}(1-\bar{p})\left(\frac{1}{n_1}+\frac{1}{n_2}\right)} \tag{5.51}$$

例题 5.7 采用 RNA 干扰技术破坏棉铃虫的细胞色素氧化酶基因 CYP6B6 之后，检测三龄幼虫对 2,13-烷酮的抗性。干扰组共 250 只幼虫，死亡 210 只；对照组为 240 只，死亡 168 只。试对死亡率的差值进行置信度为 0.99 的区间估计。

分析 两个总体的比率未知，所以我们用样本比率进行估计。干扰组 $\hat{p_1}=\frac{210}{250}=0.84$，对照组 $\hat{p_2}=\frac{168}{240}=0.7$。所以，$n_1\hat{p_1}=210$，$n_1(1-\hat{p_1})=40$，$n_2\hat{p_2}=168$，$n_2(1-\hat{p_2})=72$，都大于 30，因此不需要连续性矫正因子矫正。$n_1$ 和 n_2 也都大于 30，可用式(5.46)作区间估计。

解答 根据式(5.48)计算样本比率之差的标准误，

```
> diff.se <- sqrt(0.84 * (1 - 0.84) / 250 + 0.7 * (1 - 0.7) / 240); diff.se
[1] 0.03758457
```

即 $s_{\hat{p_1}-\hat{p_2}}=\sqrt{\frac{0.84\times(1-0.84)}{250}+\frac{0.7\times(1-0.7)}{240}}\approx 0.038$。计算标准正态分布上侧0.005 分位数$z_{0.005}$，

```
> z.0.005 <- qnorm(p = 0.005, lower.tail = FALSE); z.0.005
[1] 2.575829
```

代入置信区间公式(5.46)，得

$$[(0.84-0.7)-2.575829\times 0.03758457, (0.84-0.7)+2.575829\times 0.03758457]$$

用 R 辅助计算，

```
> (0.84 - 0.7) - z.0.005 * diff.se
[1] 0.04318856
> (0.84 - 0.7) + z.0.005 * diff.se
[1] 0.2368114
```

得干扰组与对照组死亡率差值的 99%置信区间为 [0.043,0.237]。

3. 总体方差之比的区间估计

设有两组样本容量分别为 n_1 和 n_2 的样本，分别抽样自方差为 σ_1^2 和 σ_2^2 的两个总体。根据方差之比的抽样分布，有

$$F=\frac{s_1^2}{s_2^2}\times\frac{\sigma_2^2}{\sigma_1^2} \tag{5.52}$$

服从双自由度 n_1-1 和 n_2-1 的 F 分布。

根据 F 统计量取值于 F 分布上侧 $\frac{\alpha}{2}$ 分位数和上侧 $1-\frac{\alpha}{2}$ 分位数之间的概率，可得

$$P\left(F_{1-\frac{\alpha}{2},n_1-1,n_2-1}\leqslant\frac{s_1^2}{s_2^2}\times\frac{\sigma_2^2}{\sigma_1^2}\leqslant F_{\frac{\alpha}{2},n_1-1,n_2-1}\right)=1-\alpha \tag{5.53}$$

将总体方差之比留在不等式中间，得

$$P\left(\frac{s_2^2}{s_1^2}F_{1-\frac{\alpha}{2},n_1-1,n_2-1}\leqslant\frac{\sigma_2^2}{\sigma_1^2}\leqslant\frac{s_2^2}{s_1^2}F_{\frac{\alpha}{2},n_1-1,n_2-1}\right)=1-\alpha \tag{5.54}$$

根据一般的表达习惯，如将 σ_1^2 作分子，则

$$P\left(\frac{s_1^2}{s_2^2}\frac{1}{F_{1-\frac{\alpha}{2},n_1-1,n_2-1}}\geqslant\frac{\sigma_1^2}{\sigma_2^2}\geqslant\frac{s_1^2}{s_2^2}\frac{1}{F_{\frac{\alpha}{2},n_1-1,n_2-1}}\right)=1-\alpha \tag{5.55}$$

再将连续不等式转向，得

$$P\left(\frac{s_1^2}{s_2^2}\frac{1}{F_{\frac{\alpha}{2},n_1-1,n_2-1}}\leqslant\frac{\sigma_1^2}{\sigma_2^2}\leqslant\frac{s_1^2}{s_2^2}\frac{1}{F_{1-\frac{\alpha}{2},n_1-1,n_2-1}}\right)=1-\alpha \tag{5.56}$$

可见两个总体方差之比 $\dfrac{\sigma_1^2}{\sigma_2^2}$ 的 $1-\alpha$ 置信区间为

$$\left[\frac{\frac{s_1^2}{s_2^2}}{F_{\frac{\alpha}{2},n_1-1,n_2-1}},\frac{\frac{s_1^2}{s_2^2}}{F_{1-\frac{\alpha}{2},n_1-1,n_2-1}}\right] \tag{5.57}$$

例题 5.8　利用例题 5.6 中的数据，试对不同摄入方式的总体方差之比进行置信度为 0.95 的区间估计。

分析　例题 5.6 已算出 $s_1^2\approx43.633$，$s_2^2\approx68.327$，通过 R 函数 qf()计算得 $F_{0.025,29,29}$ 和 $F_{0.975,29,29}$ 后代入式(5.57)，即得置信区间。

解答　计算两自由度同为 29 的 F 分布的上侧 0.025 分位数和上侧 0.975 分位数，

```
> f.0.025 <- qf(p = 0.025, df1 = 29, df2 = 29, lower.tail = FALSE); f.0.025
[1] 2.100996
> f.0.975 <- qf(p = 0.975, df1 = 29, df2 = 29, lower.tail = FALSE); f.0.975
[1] 0.4759648
```

将相关值代入置信区间的公式，得

$$\left[\frac{43.633}{68.327}\times\frac{1}{2.101},\frac{43.633}{68.327}\times\frac{1}{0.476}\right]$$

用 R 辅助计算，

```
> 43.633 / (68.327 * f.0.025)
[1] 0.3039468
> 43.633 / (68.327 * f.0.975)
[1] 1.341677
```

得不同摄入方式的总体方差之比的 95%置信区间为 [0.304,1.342]。

讨论到此，我们实际上将第 4 章的关键内容——抽样分布又重复了一遍。或者说，参数估计(区间估计)是抽样分布的一次应用。接下来的第 6、第 7 和第 8 章还会再重复一遍，敬请期待。

5.3.3　关于置信区间的理解

解决区间估计问题，需要标准化统计量(standardized statistic, s. s.)，一些数理统计的资料还称其为枢轴量(pivotal quantity, pivot①)。那么，pivotal 的标准化统计量为何如此重要呢？在统计学中，枢轴量是一个关于可观测的样本信息和不可观测的总体参数的函数，且

① Pivotal: important because other things depend on it.

该函数具有不依赖任何未知参数的概率分布。如果用数学符号的形式表达，即

$$\text{s. s.} = f(x,\theta) \sim N(0,1) \vee t(n-1) \vee \chi^2(n-1) \vee F(n_1-1, n_2-1) \vee \cdots$$

其中 x 表示可观测的样本信息，θ 表示不可观测的未知总体参数，$\vee$ 表示逻辑或。

对于区间估计问题，本质上是将上式变为关于 θ 的函数 $\theta = f'(x, \text{s. s.})$ 来应用。所以，未知总体参数的置信区间依赖两个缺一不可的信息：样本和抽样分布。而样本又决定了抽样分布。这种总体与样本的关系就是通过标准化统计量联系起来的，而且是从样本到总体的方向。

生物统计学的多数资料贯彻的都是概率论频率学派的思想。频率思想下的置信区间本身是一个随机区间。置信区间的随机性体现在区间的中心点，也就是点估计值是一个随机变量。

以总体平均数的置信区间为例，$\left[\bar{x} - z_{\frac{\alpha}{2}}\dfrac{\sigma}{\sqrt{n}}, \bar{x} + z_{\frac{\alpha}{2}}\dfrac{\sigma}{\sqrt{n}}\right]$ 所涉及的值除了样本平均数 $\bar{x}$ 外，其他三项都是固定值，也就是说样本容量一旦被确定它们就不会再变化。而被估计的总体参数，在频率思想下是一个虽然未知但固定的值，并无随机性。既然置信区间是一个随机区间，被估计的总体参数是固定值，那么置信区间与总体参数之间的关系该如何表述就需要注意了。

本章所有例题的结果陈述都应采用如下方式："置信区间有 95%的可能性包含总体参数。"与之对立的另一种陈述是："总体参数有 95%的可能性落在置信区间内。"前一种陈述体现了置信区间的随机性，而后一种则相反。不过，这个问题在概率论贝叶斯学派那里恰恰相反。贝叶斯语境里总体参数是一个随机变量，存在参数的概率分布。贝叶斯区间估计得到的可信区间（credible interval）被理解为一个固定的范围，表述上会采用第二种方式："总体参数有 95%的可能性落在可信区间内。"

第 4 章抽样试验与抽样分布，从总体到样本的方向，讨论了抽样分布的产生和意义。本章从样本到总体的方向，实践了抽样分布在第一种统计推断方式——参数估计中的价值。第 6 章仍然是从样本到总体的方向，我们将再次体会枢轴量、抽样分布在统计推断中的重要作用，只是应用枢轴量的方式不同。

习题 5

（1）什么是参数估计？参数估计的方法分为哪些种类？

（2）样本方差与 2 阶样本中心矩有何差异？

（3）样本方差公式中的分母，作为自由度该如何理解？

（4）最大似然估计的思想是什么？用到了哪种数学方法？

（5）如何评价估计量的优劣？作为估计量的基本条件是什么？

（6）什么是区间估计？与点估计有何区别？

（7）区间估计中涉及哪些抽样分布？

（8）置信区间的置信度从概率角度该如何理解？

（9）如何理解区间估计的准确性与精确性？

（10）如何解释置信区间作为总体参数的估计具有随机性？

第6章 假设检验的理论基础

假设检验是统计推断两大任务中出镜率较高的一个，几乎在所有统计分析方法中都有所涉及。同时，假设检验也是生物统计学相关的数理统计原理中理解起来最不轻松的一个。因此，假设检验是当之无愧的重点和难点，本章将不惜重墨对这一问题展开讨论。

6.1 假设检验的基本原理

6.1.1 女士品茶

统计学家 David Salsburg[①] 所著的《女士品茶：统计学如何变革了科学和生活》一书，开篇讲述了这么一个故事。

20 世纪 20 年代末一个夏日的午后，在英国剑桥，一群大学教员、他们的妻子及一些客人围坐在一起喝下午茶。一位女士坚持认为，将茶倒进牛奶里和将牛奶倒进茶里的味道是不同的。在座的科学家都觉得这种观点很可笑，没有任何意义。这能有什么区别呢？他们觉得两种液体的混合物在化学成分上不可能有任何区别。此时，一个又瘦又矮、戴着厚厚的眼镜、留着尖髯的男子表情变得严肃起来，这个问题让他陷入了沉思。“让我们检验这个命题吧。”他激动地说。

这个故事据说是作者在 20 世纪 60 年代末，从当时在场的一位统计学教授 Hugh Smith 那里听到的。那个留着尖髯的男子就是 Ronald A. Fisher。

1935 年，Fisher 写了一本名为《试验设计》的书，在第 2 章中描述了女士品茶的试验。为了确定这位女士是否能够判断两种制茶方式的区别，Fisher 设计了一种试验方案，并讨论了试验的各种可能结果，详细分析了应该测试多少杯茶、测试的顺序，以及应该透露多少制茶顺序信息给品茶的女士。Fisher 最终计算出了假如女士没有分辨能力，出现不同结果的概率。

《试验设计》一书带来的影响绝不限于对女士品茶问题的试验和分析。这本著作在 20 世纪上半叶的所有科学领域掀起了一场统计革命。在 Fisher 之前，科学的发展虽然依赖于科学家的思考、观察和试验，但从来没有人能说清楚应当如何设计试验。

回到品茶问题，解决它所需的试验面临两个方面的困难。其一，如果女士没有分辨能力，仅仅靠猜测，对于一杯茶而言有 50% 的机会猜对。其二，如果女士有分辨能力，她也可能在品鉴判断时受到一些客观因素干扰而出错。在一百余年前，推断统计学发展的初期，解决

---

① 戴维·萨尔斯伯格，康涅狄格大学统计学博士，原辉瑞公司资深统计研究员，美国国家统计学会会员。先后任教于哈佛大学公共卫生学院、康涅狄格大学、宾州大学、罗德岛学院及三一学院，著有多部统计学专著。

这个问题的难度可想而知。

如图 6.1 所示，Fisher 的试验是这样设计的：

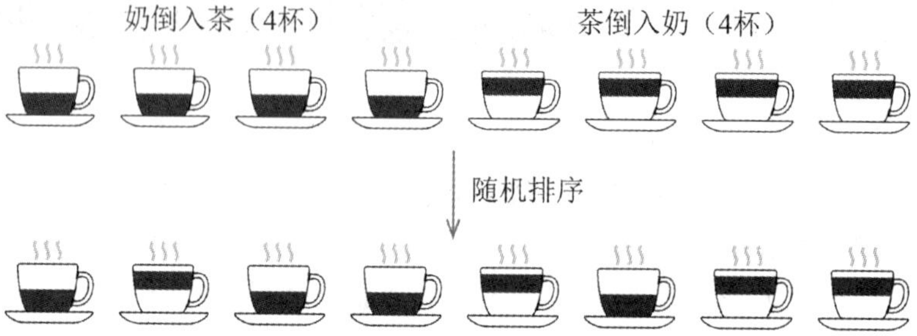

图 6.1　品茶试验

“Our experiment consists in mixing eight cups of tea, four in one way and four in the other, and presenting them to the subject for judgement in a random order. The subject has been told in advance of what the test will consist, namely that she will be asked to taste eight cups, that these shall be four of each kind, and that they shall be presented to her in a random order, that is in an order not determined arbitrarily by human choice, but by the actual manipulation of the physical apparatus used in games of chance, cards, dice, roulettes, etc. , or, more expeditiously, from a published collection of random sampling numbers purporting to give the actual results of such manipulation. Her task is to divide the 8 cups into two sets of 4, agreeing, if possible, with the treatments received.”——引自 Fisher《试验设计》第九版(1971)。

试验包括 8 杯混合的茶，4 杯以一种方式混合(茶倒进牛奶里)，4 杯以另一种方式混合(将牛奶倒进茶里)，并以随机顺序呈现给女士进行判断。女士被告知以上测试方案。茶的提供顺序不是由人任意选择的，而是通过纸牌、骰子之类机会游戏中使用的工具产生的，或者直接从一个已发表的随机抽样数字集中产生。女士的任务是将 8 杯茶按照混合方式分成两组。

Fisher 在书中并未描述试验的真实结果，甚至没有明确表明那个午后是否真的进行了品茶的试验。然而，据 Smith 教授说：“当时那位女士判断对了所有 8 杯茶。”

有趣的是，女士品茶的故事，还有另一个版本。

20 世纪 20 年代初，Fisher 在伦敦北部的洛桑农业试验站(Rothamsted Experimental Station，现称 Rothamsted Research)工作。一天下午的茶歇中，Fisher 热情地为同事 Muriel Bristol 博士做了一杯茶。可 Bristol 却说她不喝。Fisher 大为不解，问她为什么。

“因为你先把牛奶倒进杯子里了。”她还解释说，除非后加牛奶，否则她不喝。

自从茶在 17 世纪中叶进入英国以来，牛奶优先/茶优先的话题一直在英国民众间争论不休。作为一个科学家，Fisher 认为这样的争论纯属无稽之谈。为验证 Bristol 所坚称的她能分辨出茶的制作工序，Fisher 设计了他的试验。

6.1.2　Fisher 的显著性检验思想

对女士品茶问题的分析形成了 Fisher 的显著性检验思想，也为此后的假设检验理论打下了坚实的基础。下面让我们看看 Fisher 对该问题都思考了些什么。

1. Fisher 的想法

Fisher 设计的试验要求 8 杯茶的测试顺序完全随机。这相当于从 8 个位置上任意选择 4 个位置放置一种混合方式的茶(剩下 4 个位置放另外一种茶)。利用组合数公式 $C_n^m = \frac{n!}{m!(n-m)!}$，容易得到测试茶一共有 70 种可能的顺序。

换一种思路，我们可以在 8 个位置上逐一安排 4 个同一混合方式的茶，第 1 杯可任选 8 个位置，第 2 杯可任选剩下的 7 个位置，依次类推。位置选择的方式有 $8\times7\times6\times5=1680$ 种。考虑到同一方式混合的茶之间没有区别，所以顺序也无区别，因此 1680 种方式中有很多种的顺序是相同的。4 个位置如考虑顺序的话，排列方式有 $4\times3\times2\times1=24$ 种。所以不考虑顺序，8 杯茶的安排顺序就有 $1680/24=70$ 种。

这 70 种可能的顺序，对 Fisher 的试验及其结果的解释至关重要！

假如女士有分辨能力，在最理想的情况下，女士能够也应该能够正确地判断所有 8 杯茶。然而，如果女士没有分辨能力判断对所有 8 杯茶，就相当于从 70 种可能的顺序中恰好选中唯一正确的那一个。这就是说，仅仅靠猜测有 $\frac{1}{70}$ 的机会将 8 杯茶正确区分。

显然，这种蒙对的概率跟试验的规模，即茶的测试杯数有关。因为测试杯数决定了茶安排顺序的组合数，可能的顺序越多蒙对的概率越小。反过来说，如果试验的规模较小，成功判断的结果可能就会以相当大的概率归因于猜测。

2. 统计显著结果的标准

试验设计者可以对这种靠猜测成功的概率有一定的要求。达到要求后设计者才会愿意承认试验得到了一个显著的结果，即认为女士有分辨能力。假如试验的规模根本无法达到一个显著结果，那么这样的试验本身也是无用的。比如，对这种靠猜测成功的概率要求低于 $\frac{1}{20}$。这样的话，如果试验测试 6 杯茶，两种混合方式各有 3 杯，靠猜能全部正确区分的概率则刚好等于 $\frac{1}{C_6^3}=\frac{1}{20}$。这种试验规模，无论如何也不会得到一个可以推翻假设的、所谓显著的结果。

概率论中的小概率原理，认为一个事件发生的概率如果很小，那么它在一次试验中几乎不可能发生(但在多次重复试验中又几乎必然发生)。习惯上，我们认为概率小于 0.05 或 0.01 的事件为小概率事件。这种惯例或许就来自 Fisher 用 5%的标准来要求显著性。

采用这样的标准，也就同意了概率为 $\frac{1}{70}$ 的事件在统计学意义上是绝对显著的，因为 $\frac{1}{70}<0.05$。任何孤立的、统计上具有显著性的试验都足以作为自然现象的一种“证明”。就像品茶试验中，显著的结果“证明”了女士有分辨能力。

当然，概率小到 $\frac{1}{1000000}$ 的事件也并不是绝对不会发生。可是日常生活中人们碰到这种情况时，只要稍微有些逻辑能力，第一反应都会是——“那不可能”。显著性检验从本质上来说，就是这种生活常识的科学表达。如果我们纠结于试验中一个小概率结果到底会不会发生，把票投给小概率事件，长此以往我们的判断在绝大多数时候都是错误的。

3. 随机顺序的好处

在算出制茶顺序的种类一共有 70 种后，我们很自然地认为唯一正确顺序的出现概率是 $\frac{1}{70}$。概率的古典定义(定义 3.4)已经明确了如此计算概率要求所有制茶顺序等概率。何以保证等概率呢？或者说是什么保证了试验的有效性呢？答案当然是随机！

事实上，这是试验过程中唯一明确引入机会法则(the laws of chance)的地方，而机会法则将完全控制测试结果的概率分布。“随机顺序”可以保证显著性检验的有效性，即使某些干扰因素未被完全消除。让我们设想一下，假如牛奶的量、品尝时的温度等干扰因素，对于每一杯茶来说都是预先确定的。干扰因素被固定之后，就像 8 个茶杯分别被编了号码，只要完全随机地安排制茶，最终正确的顺序出现的概率都恰好是 $\frac{1}{70}$。因为只要女士没有分辨能力，干扰因素就无处发挥作用。改变全部猜对概率的只会是未完全随机排序。

4. 可能的结果与概率

到这里 Fisher 的分析还没有结束。他继续追问：如果每一杯茶都被正确分辨，我们可以认为女士兑现了她的说法，心悦诚服。可是，如果两种混合方式中各有一个分辨错误，该作何结论？

因为女士知道每种方式各有 4 杯茶，所以一旦一种方式中有一杯判断错误，则另一种方式也会有一杯判断错误。从 4 杯茶中选 3 杯出来作为正确判断，和从 4 杯茶中选 1 杯出来作为错误判断，它们的方式各有 4 种。所以，8 杯茶 6 杯判断正确、2 杯判断错误的方式一共 16 种。同样的道理，8 杯茶 4 杯判断正确、4 杯判断错误的方式一共 36 种；8 杯茶 2 杯判断正确、6 杯判断错误的方式一共 16 种。再加上全错的 1 种方式和全对的 1 种方式，所有 5 种可能的结果所涉及茶的测试顺序一共有 70 种。为方便理解，我们将这些数据组织成表 6.1。

表 6.1　女士品茶试验的概率计算

试验可能的结果	排序方式的数量	概率	累积概率
8 杯全对	1	$\frac{1}{70}$ (0.014)	0.014
6 杯对、2 杯错	16	$\frac{16}{70}$ (0.229)	0.243
4 杯对、4 杯错	36	$\frac{36}{70}$ (0.514)	0.757
2 杯对、6 杯错	16	$\frac{16}{70}$ (0.229)	0.986
8 杯全错	1	$\frac{1}{70}$ (0.014)	1.000

可能的试验结果可分两类，分别对应两种互相对立的解释。一类是那些显示出与某一假设（“女士没有分辨能力”）有显著差异的结果。比如，8 杯全对。另一类是那些显示出与该假设没有显著差异的结果。比如，8 杯全错。就任何试验而言，我们可以把这种假设称为零假设（null hypothesis）。试验的结果可以质疑也可以不质疑零假设。

应该注意的是，零假设在试验过程中并未从逻辑上被证明，而只是可能被现有的线索否定或推翻。也可以说，每个试验结果只是给了我们一个推翻零假设的机会。而且，如果一个试验能够推翻女士没有辨别能力的假设，那么它就一定能够接受相反的假设，即女士有辨别能力。这一点在 Fisher 看来不言而喻，所以在他的书中并没有明确提出（为后来的假设检验留下了发展空间）。

5. 试验的敏感性

现在女士对上述试验方案也提出了反对意见。因为只要一个失误就会把她的表现提升到显著水平以上（$\frac{16}{70}=0.229>0.05$）。女士可能会说：“虽然我有这个能力，但也难免偶尔出错呀。”因此，她可能会要求扩大试验规模，或重复试验，以便能够证明，尽管她偶尔会出错，但正确的判断仍占优势。

当试验扩大到 12 杯茶时，不同混合方式各 6 杯，完全正确判断出现的概率为 $\frac{1}{924}$，10 杯正确、2 杯错误的概率是 $\frac{36}{924}$。一次试验中，女士可能会出错也可能不出错。“10 杯正确、2 杯错误”和“完全正确”是互斥事件，它们的和事件“错判少于 2 杯”的概率为 $\frac{37}{924}$。“错判少于 2 杯”的说法也是对女士辨别能力的表达，因此该和事件可用来推翻零假设。由于 $\frac{37}{924}<0.05$，这样的结果可以认为是显著的。

如果采用更大规模的试验，得到显著结果允许出错的比例将更高。这让检验方法更加敏感，能够检测到较低程度的感官分辨力。对于任意的试验，零假设虽不能被逻辑证明，但都有可能被推翻。所以可以说，只要试验能更容易地推翻零假设，那么该试验的价值也就越高。

此外，我们还可以按照最初的设计进行重复试验，把所有能正确分类 8 杯茶的重复试验算作成功。每次成功的概率是 $\frac{1}{70}$，简单地应用概率理论可以得出：在 10 次重复试验中有 2 次或更多的成功，概率为 $1-C_{10}^{0}\left(\frac{1}{70}\right)^{0}\left(\frac{69}{70}\right)^{10}-C_{10}^{1}\left(\frac{1}{70}\right)^{1}\left(\frac{69}{70}\right)^{9}=0.019$，低于显著性标准。因此，尽管在 10 次重复试验中有 8 次，女士会犯一个或多个错误，但辨别力也会得到“证明”。这是扩大试验规模、增加其敏感性的第二种方式。

试验设计者还可以尝试通过定性地改进试验来提高其敏感性，而不是定量地扩大试验规模。一般来说，改进有两种方式：重构试验和完善技术。与其事先确定每种混合方式有 4 杯，然后按照随机的顺序进行测试，不如让每杯茶的处理方式独立地、随机地决定。就像抛硬币一样，这样每种混合方式被选中的机会是相等的。如果没有辨别力，以这种方式随机分类的 8 杯茶，被正确分辨的机会只有 $\frac{1}{256}$，而 7 杯正确、1 杯错误的机会有 $\frac{8}{256}$。因此，在仍然只用 8 杯茶的情况下，试验的敏感度也会提高，即使有一杯茶被分辨错误，女士也有可能获得有分辨能力的判定。

在许多类型的试验中，重构试验显然是有利的。然而，对于品茶这种心理物理试验，我们也许应该放弃这一优势，因为偶尔会出现每杯茶的处理方式都一样的情况。这除了会使女士因这种意外情况而感到困惑外，还会使她无法通过比较来进行判断。

重构试验的另一种方式是：为两种混合方式设定确定的、但不相等的测试杯数。因此，我们可以安排 5 杯是一种混合方式，3 杯是另一种，同样要求它们的顺序是随机的，并告知受试者每种茶的数量。由于 8 选 3 的方式只有 56 种，在零假设下，现在就有 $\frac{1}{56}$ 的概率出现正确的分类结果。事实上，通过这些手段，我们不可能做得比提供相等数量的处理更好。因为在同等试验规模下，相同配置能使试验具有最大的敏感性。

关于排除干扰因素之类的技术完善，虽然对试验有效性没有任何贡献，但是它们仍然不能被忽视。否则，即使女士有明确的感官分辨力也没有什么机会获得显著的成功。比如，有些杯子用的是中国茶，有些用印度茶，即使处理顺序是随机的，受试者也可能无法从不同产地茶叶之间的较大差异中，区分制茶顺序带来的微小风味差异。同样地，如果在一些杯子中使用生牛奶，而在另一些杯子中使用煮沸的牛奶，甚至是炼乳，或者以不等量的方式添加糖，也会带来类似的辨别困难。为了试验的敏感性，受试者有权要求排除这些干扰因素。在条件允许的情况下，每杯茶应该在所有其他方面都是一样的，除了被测试的因素——制茶顺序。

6. 显著性检验的一般流程

总结起来，Fisher 的显著性检验思想可归纳成以下几点：

(1)有一个明确的零假设；

(2)设计一组试验，观察随机变量 x，且当零假设成立时，x 有已知的概率分布；

(3)将 x 的取值根据对零假设的不利程度排序；

(4)根据试验的当前观测值 x_c，计算 x_c 和比 x_c 更不利于零假设 H_0 的可能取值的概率，并得到和事件概率 $P(x \geqslant x_c \mid H_0)$($x > x_c$ 表示比 x_c 更不利于零假设 H_0 的值)；

(5)选择一个显著性水平 α，当 $P(x \geqslant x_c \mid H_0) < \alpha$ 时拒绝零假设，反之，接受零假设。

虽然 Fisher 的显著性检验并不是最早的、正式的假设检验方法，但是在假设检验的统计思想发展史中扮演了重要的角色。Fisher 首先建立了显著性水平的概念，为假设检验建立了数学框架，强调了 P 值①的作用，并推动了假设检验的广泛应用。

6.1.3 Neyman-Pearson 假设检验理论

Fisher 的显著性检验思想，在 Jerzy Neyman② 和 Egon S. Pearson③ 的共同努力下发展

① P 值首先由 Karl Pearson 在他的 χ^2 检验中正式引入，详见第 13 章非参数检验。

② 耶日·内曼(1894—1981)，美国统计学家。提出了置信区间的概念，建立了置信区间估计理论。在统计理论中有以他的姓氏命名的内曼置信区间法、内曼-皮尔逊引理、内曼结构等。

③ 埃贡·皮尔逊(1895—1980)，英国统计学家。现代统计学奠基人 Karl Pearson 的儿子。Egon 继承和发展了他的父亲在伦敦大学学院统计学教学和研究方面的工作。

出了假设检验的重要理论基础——Neyman-Pearson 引理。

他们的杰出工作始于 E. S. Pearson 对 Fisher 显著性检验方法提出的一个问题：试验如果没有显著性结果，该如何处理？Fisher 认为这种情况应该再设计一个“更好”的试验，确保得到显著性的结果。显然，E. S. Pearson 对这个问题有更深入的思考：那些没有得出显著性结果的试验，在其他设计思路下会不会也不能得出显著性结果？如果不能，那么有没有“较好”的试验设计方法呢？还有，如何评估判断结果错误的问题，如何评价检验的效力的问题等。

这些问题给 E. S. Pearson 带来了不小的困扰，通过 1926 年至 1938 年与 Neyman 的亲密合作，他们完整地解决了上述问题，为假设检验建立了一套形式比较完美的数学理论。其中所涉及的严格、系统的数学工作，主要由 Neyman 完成。E. S. Pearson 作为研究的发起人提供了很多原创性的想法。因此，如今大家把他们的成果称为 Neyman-Pearson 理论（简称 NP 理论）。这是假设检验乃至整个数理统计学的一个重大成果。

1. 零假设与备择假设

Fisher 在女士品茶试验中引入了假设——“女士无品鉴能力”，在该假设成立的前提下，我们就可以根据机会原则（判断正确与否是一种完全随机的结果），得到可能结果的一种确定的理论分布（如果“女士无品鉴能力”，品茶的结果服从*超几何分布*）。和 Fisher 所提出的假设在含义上相同，该假设在 NP 理论中也称为零假设。不过，NP 理论还明确提出了与零假设对立的假设。

定义 6.1　样本所来自的总体与已知总体之间，或两个样本所来自的总体之间，存在零差异的假设，称为零假设（null hypothesis），又称无效假设，记作 H_0。

零假设认为：比较的两个（或多个）总体之间不存在差异（一般通过某个总体参数来表现），而实际通过试验观察到的具体差异，比如样本平均数比已知的总体平均数大，是由随机的试验误差造成的。试验的目的是研究某种处理是否能够带来效应，效应的有无反映在观测值的差异上。然而，零假设认为观测值所代表的总体与比较对象无差异，也就是处理无效应。因此，零假设也称作*无效假设*。

定义 6.2　与零假设对立的假设，称为备择假设（alternative hypothesis），记作 H_1。

*备择假设*具有与零假设对立的含义，体现在当零假设被接受时，也就拒绝了备择假设；反过来，拒绝零假设时，备择假设也就会被接受。这是 NP 理论与 Fisher 显著性检验的主要区别之一。

例题 6.1　新生儿出生体重可能与地区经济状况有关，为检验这一假说，在经济欠发达地区某医院产科搜集足期分娩的 100 例健康婴儿的出生体重，平均值为 3.37 kg。假设基于普查的结果显示全国新生儿出生体重平均为 3.4 kg，标准差为 0.68 kg。进行假设检验该如何设定零假设和备择假设？

分析　100 例欠发达地区新生儿出生体重的数据，可能来自全国新生儿出生体重的同一个总体，表示经济状况不会影响新生儿出生体重；这些数据也可能来自一个体重平均数较低的总体，表示经济状况会影响新生儿出生体重，且这种影响理应是负面的，也就是说经济欠发达可能带来新生儿体重的降低。

解答　根据经济状况与新生儿出生体重可能存在的逻辑关系，经济欠发达对新生儿出

生体重的影响更大可能是负面的。因此，作假设如下

零假设 $H_0:\mu=3.4$；备择假设 $H_1:\mu<3.4$。

2. 检验统计量与检验临界值

检验统计量由样本构造，可视其为样本的一个函数。同时，检验统计量是为检验零假设而构造的，所以检验统计量还必须与零假设产生联系，反映零假设的信息。正如标准化统计量

$$z=\frac{\bar{x}-\mu}{\sigma/\sqrt{n}} \tag{6.1}$$

所反映的那样。样本平均数作为一个随机变量，如果它的抽样分布有平均数 μ、方差 $\frac{\sigma^2}{n}$，则统计量 z 在中心极限定理的支撑下服从标准正态分布。

这里的 μ 如果为已知总体的平均数，统计量 z 实际上就认定了样本来自该已知总体，也就是假定零假设成立。统计量 z 是通过样本构造的，假定了零假设的成立，同时又具有已知的概率分布。因此，统计量 z 就是一个符合要求的检验统计量。

定义 6.3 利用样本构造的用于检验零假设是否成立，且具有已知概率分布的统计量，称为检验统计量(test statistic)。

在例题 6.1 中，样本的平均数经过标准化得 $z_c=\frac{3.37-3.4}{0.68/\sqrt{100}}$，即样本观测值所对应的检验统计量①。这里我们首先假定平均数 3.37 kg 的样本来自平均数为 3.4 kg 的总体，也就相当于假定了零假设成立。对于零假设而言，样本平均数越小对它越不利；而对于备择假设，样本平均数越小越符合备择假设。检验统计量是样本平均数的增函数，样本平均数越小检验统计量也就越小。因此，检验统计量越小越不利于零假设。换句话说，如果零假设成立，得到如此之小的检验统计量(包括其背后的样本平均数)的可能性就非常小。

定义 6.4 检验统计量的一个阈值，沿着不利于零假设的方向检验统计量超过该阈值时拒绝零假设，则该阈值称为检验临界值(critical value)。

如果存在一个检验统计量的阈值，让 z_c 比该阈值小的概率非常低。假如这种情况真的发生了，我们就可以不再对零假设成立抱以信心，进而拒绝零假设。这个阈值就是检验临界值，z_c 小于检验临界值的概率可以通过检验统计量的抽样分布来计算。

3.3.7 小节介绍正态分布时，我们已了解到标准正态分布的上侧 α 分位数 z_α，有 $P(z\geqslant z_\alpha)=\alpha$(图 6.2 中右侧斜纹面积)。由于标准正态分布的对称性，与上侧 α 分位数 z_α 对称的下侧 α 分位数为 $-z_\alpha$，有 $P(z\leqslant -z_\alpha)=\alpha$。用上侧 α 分位数的表示方式，下侧 α 分位数 $z_{1-\alpha}=-z_\alpha$。

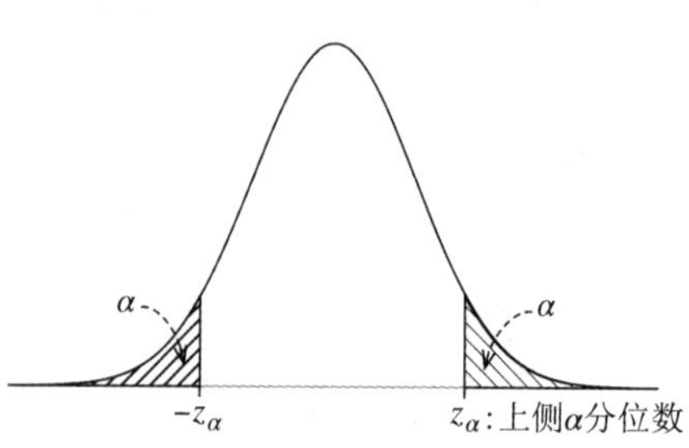

图 6.2　正态分布上侧与下侧分位数

例题 6.2 对例题 6.1 中的数据，如何通过检验临界值来作出统计推断？

① z_c，即 $z_{current}$，表示当前样本所对应的检验统计量。

分析　基于例题 6.1 中所设定的零假设和备择假设，对零假设不利的检验统计量应集中于其抽样分布（标准正态分布）的左侧。因此，检验临界值也应在左侧确定，也就是图 6.2 中的 $-z_{\alpha}$，即上侧 $1-\alpha$ 分位数 $z_{1-\alpha}$。检验统计量 z_c 小于临界值 $z_{1-\alpha}$ 的概率等于 α，且 α 应当比较小。如令 $\alpha = 0.05$，则 $P(z \leqslant z_{1-\alpha}) = P(z \leqslant z_{0.95}) = 0.05$。标准正态分布的上侧 1－0.05 分位数 $z_{0.95}$ 可用 R 函数 qnorm()计算。

解答　计算检验统计量得 $z_c = \dfrac{3.37-3.4}{0.68/\sqrt{100}} \approx -0.441$。

```
> (3.37 - 3.4) / (0.68 / sqrt(100))
[1] -0.4411765
```

计算标准正态分布的上侧 1－0.05 分位数的 $z_{0.95} = -1.644854$。

```
> qnorm(0.95, mean = 0, sd = 1, lower.tail = FALSE)
[1] -1.644854
```

因为 z_c 大于 $z_{0.95} \approx -1.645$，处于检验临界值 $z_{0.95}$ 的右侧，而不利于零假设的方向在检验统计量取值域的左侧，所以检验结论为接受零假设。

3. 相伴概率与显著性水平

定义 6.5　当零假设成立时，得到样本观测值及比样本观测值更不利于零假设的值的概率，称为相伴概率(companion probability)，记作 P，通常直接称为 P 值。

相伴概率 P 值，反映的是样本观测值不利于零假设的、极端的程度。最早出现于 Pearson 的拟合优度检验（适合性检验，详见第 13 章）。在女士品茶试验中，如果试验的结果是 8 杯全对，则 $P = \dfrac{1}{70} \approx 0.014$；如果是 6 杯对、2 杯错，则 $P = \dfrac{1}{70} + \dfrac{16}{70} \approx 0.243$。可见，相伴概率 P 值本质上是一个和事件的概率，该和事件为：在检验统计量的取值域内，包含当前样本观测值所对应检验统计量 z_c，以及比 z_c 更不利于零假设的检验统计量。当女士品茶的结果为 6 杯对、2 杯错时，该结果也就是 z_c 的发生概率为 $\dfrac{16}{70}$。比 z_c 更极端的、更不利于零假设的结果还有 8 杯全对，发生概率为 $\dfrac{1}{70}$。

定义 6.6　假设检验中事先确定的一个作为判断界限的小概率标准，称为显著性水平，记作 α。

显著性水平通常取 $\alpha = 0.05$，或 $\alpha = 0.01$，它决定了拒绝零假设的边界。当通过检验统计量的抽样分布计算得到相伴概率 P 值后，与选定的显著性进行比较，当 $P < \alpha$ 时拒绝零假设，当 $P \geqslant \alpha$ 时接受零假设。

例题 6.3　对例题 6.1 中的数据，选择显著性水平 $\alpha = 0.05$，该如何通过相伴概率来作出统计推断？

分析　正如例题 6.2 的分析，不利于零假设的检验统计量，集中于抽样分布（标准正态分布）的左侧。本例题中相伴概率 P 值表示的应该是检验统计量 z 小于或等于样本观测值所对应的检验统计量 z_c 的概率，即 $P(z \leqslant z_c \mid H_0)$。$P$ 值的计算需用标准正态分布的累积分布函数 pnorm()。

解答　沿用上题中的检验统计量 $z_c \approx -0.441$。计算 P 值：$P(z \leqslant z_c \mid H_0) =$

$P(z \leqslant -0.441 \mid H_0) \approx 0.330$。

```
> pnorm(q = -0.441, lower.tail = TRUE)
[1] 0.3296065
```

因为相伴概率大于显著性水平，所以检验结论为接受零假设。

检验临界值比较法和相伴概率 P 值法是完全等效的，实际分析工作中多采用后者。

4. 拒绝域、单尾检验与双尾检验

定义 6.7 检验统计量的取值范围中，对应拒绝零假设结论的区域，称为拒绝域(rejection region)。

定义 6.8 检验统计量的取值范围中，对应接受零假设结论的区域，称为接受域(acceptance region)。

显然，接受域和拒绝域之和是检验统计量的值域。拒绝域的范围或边界，由显著性水平 α 决定，α 越小拒绝域越小，反之拒绝域越大。又因显著性水平 α 与检验临界值 z_α 的对应关系，检验临界值越偏向不利于零假设的方向，拒绝域越小，反之拒绝域越大。

依据零假设和备择假设的设定，拒绝域可以出现在检验统计量抽样分布的两侧，也可只出现在抽样分布的左侧或右侧。例题 6.1 中的情形，拒绝域就在抽样分布的左侧。如图 6.3(a)所示，拒绝域(斜纹区域)出现在抽样分布中最不利于零假设的左侧。当 $z_c < -z_\alpha$ 即进入拒绝域，P 值：$P(z \leqslant z_c \mid H_0)$ 相应地也将开始小于 α。也就是说，拒绝域出现在与备择假设 H_1 相合的方向上。如果根据问题的实际情况，零假设和备择假设的设定如图 6.3(b)所示，那么拒绝域则出现在抽样分布的右侧。拒绝域只出现在单侧的检验方法称为单尾检验。

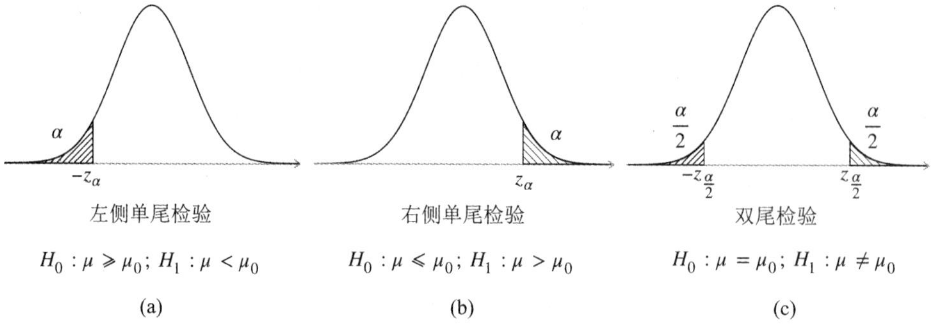

图 6.3 单尾检验与双尾检验

定义 6.9 拒绝域出现在检验统计量抽样分布单侧尾部的检验方法，称为单尾检验(one-tailed test)，或单侧检验(one-sided test)。

一些情况下，我们无法预先判断所要研究的处理会带来正面效应还是负面效应，反映在样本平均数上，它可能来自比已知总体平均数大的总体，也可能相反。此时，可以采取如图 6.3(c)所示的假设方法。拒绝域出现在检验统计量抽样分布的两侧，这种方法称为双尾检验。

定义 6.10 拒绝域出现在检验统计量抽样分布两侧尾部的检验方法，称为双尾检验(two-tailed test)，或双侧检验(two-sided test)。

双尾检验与单尾检验相比，由于在同侧的拒绝域，双尾检验的拒绝域是单尾检验拒绝域

的 $\frac{1}{2}$。因此，对于同一个问题的检验，显著性水平一样时，单尾检验更容易得到拒绝零假设的结论。也就是说，单尾检验要比双尾检验灵敏度更高。在实际工作中，应当根据问题的具体情况，依据专业知识判断 μ 和 μ_0 的关系，在可能的情况下尽量作单尾检验。

综上所述，结合女士品茶试验所反映出的显著性检验思想，以及 Neyman 和 Pearson 在理论层面的推进，目前我们使用的假设检验方法，其基本原理可总结如下。

利用样本统计量的抽样分布，计算在零假设成立时，得到样本观测值及比样本观测值更不利于零假设的值的概率——相伴概率，即 P 值（可理解为样本观测值的极端程度）。然后，根据小概率原理作出对零假设接受或拒绝的判断。

本质上，假设检验是带有概率性质的一种反证法，通过样本数据来表明零假设成立时得到样本数据有多么不可思议，反推零假设有多么不可靠。Neyman-Pearson 理论的闪光之处不限于对上述问题的讨论和对概念的阐述，还有两个相关的问题也在假设检验中起到至关重要的作用，一是两类错误问题，二是检验的功效问题。

基于以上理论阐述，假设检验的一般操作流程可归纳如下：

（1）根据数据的具体情况，设定零假设和备择假设；

（2）选择显著性水平；

（3）计算检验统计量和相伴概率；

（4）根据检验统计量（与检验临界值比较）或相伴概率（与显著性水平比较）的情况，作出推断，得出检验结论。

6.2　假设检验的两类错误

假设检验实际上是分析者根据样本的实际情况（以样本特征数为代表）作出的决策或判断。决策既出，就有可能出现错误。Fisher 的显著性检验也隐含了关于错误的想法，但是由于 Fisher 未明确提出备择假设这个概念，也就不能对统计推断发生错误有更全面的认识。Neyman-Pearson 理论补足了这一点，不但明确提出了备择假设、两类错误的概念，还确定了控制两类错误的基本原则。

6.2.1　两类错误的定义

定义 6.11　当零假设成立时，检验方法拒绝零假设，此类判断错误称为第一类错误（type Ⅰ error），又称Ⅰ型错误、α 错误、“弃真”错误。

因为第一类错误只会发生在被检验认定零假设成立的情况下，检验拒绝零假设的时候（见图 6.4），所以第一类错误发生的概率等于假设检验所选定的显著性水平 α。因此，第一类错误发生的概率通常较低，也就实现了对弃真错误的控制。

	H_0成立	H_0不成立
拒绝H_0	第一类错误	正确判断
接受H_0	正确判断	第二类错误

图 6.4　两类错误

定义 6.12　当零假设不成立时，检验方法接受零假设，此类判断错误称为第二类错误（type Ⅱ error），又称Ⅱ型错误、β错误、“纳伪”错误。

发生第二类错误时，首先样本应该是来自如图 6.5 中的右侧总体（对应备择假设 H_1 的总体），但样本平均数标准化后所得的检验统计量 z_c，却处于检验临界值 z_α 左侧的接受域中。最终检验方法得出接受零假设 H_0 的错误结论。z_c 来自右侧总体 H_1、又落在接受域内的概率，即图 6.5 中 β 对应的斜纹区域面积。

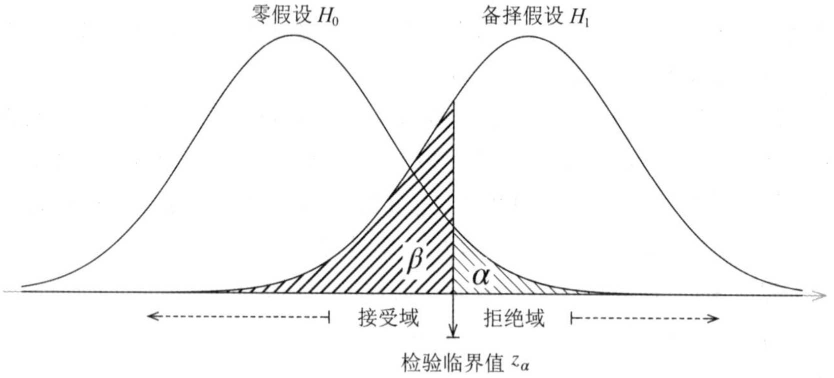

图 6.5　接受域与拒绝域

显然，第二类错误发生的概率β并不像第一类错误的概率α那样低了。而且从图 6.5 中还可看出α与β之间存在“此消彼长”的关系。当保持 H_0 与 H_1 两个总体的平均数之差不变，检验临界值 z_α 向右移动时，α的面积变小（第一类错误的概率变低），β的面积随之变大（第二类错误的概率变高）；检验临界值 z_α 向左移动时，α 的面积变大（第一类错误的概率变高），β的面积跟着变小（第二类错误的概率变低）。

6.2.2　两类错误的控制

作为决策者，我们当然希望在作出判断时，发生错误的概率越小越好。但是α与β之间的关系决定了在很多时候难以让它们同时保持较低水平。Neyman-Pearson 理论是这样解决这一两难问题的：首先让第一类错误的发生保持在一个较低的概率水平，例如限定显著性水平 $\alpha = 0.05$；然后让第二类错误的概率尽可能低。第一类错误的发生概率与显著性水平的选择有关，因此实践中两类错误的控制问题，主要体现在对第二类错误的控制上。

将假设检验视为根据样本信息作出的决策，那么结果应包含四种可能性（见图 6.4）：

- 零假设成立时，接受零假设；
- 零假设成立时，拒绝零假设（第一类错误，弃真概率 α）；
- 零假设不成立时，接受零假设（第二类错误，纳伪概率 β）；
- 零假设不成立时，拒绝零假设。

因为第四种情况与第二类错误互为对立事件，所以对第二类错误的控制，等价于对“零假设不成立时，拒绝零假设”事件概率的控制。此类事件的概率在数理统计学中有专门的定义——假设检验的功效。

6.3　假设检验的功效

6.3.1　检验的功效

定义 6.13　当零假设不成立时，检验方法拒绝零假设的概率，称为检验的功效(power)。

结合第二类错误的定义，功效所描述的事件(零假设不成立时检验拒绝之)与第二类错误对应的事件(零假设不成立时检验接受之)实际上是相互对立的。对立事件的概率之和为1，所以功效等于 $1-\beta$。对第二类错误的概率进行控制等价于要求检验有较高的功效。换句话说，一个假设检验的功效就是在零假设不成立时，该检验得到统计上显著差异结论的概率。

1. 总体方差已知

为检验一组样本是否来自平均数为 μ_0 的总体(方差 σ^2 已知)，设定零假设 $H_0:\mu=\mu_0$，备择假设 $H_1:\mu\neq\mu_0$。根据第二类错误的定义，有

$$\beta=P\left(-z_{\frac{\alpha}{2}}\leqslant\frac{\bar{x}-\mu_0}{\sigma/\sqrt{n}}\leqslant z_{\frac{\alpha}{2}}\mid H_1\right)\tag{6.2}$$

即在 H_1 成立(H_0 不成立)的条件下检验统计量 $\dfrac{\bar{x}-\mu_0}{\sigma/\sqrt{n}}$ 落在双侧临界值 $-z_{\frac{\alpha}{2}}$ 和 $z_{\frac{\alpha}{2}}$ 之间(接受域)的概率(见图 6.3(c))。注意，β 是一个条件概率。所以检验的功效为

$$\begin{aligned}1-\beta&=1-P\left(-z_{\frac{\alpha}{2}}\leqslant\frac{\bar{x}-\mu_0}{\sigma/\sqrt{n}}\leqslant z_{\frac{\alpha}{2}}\mid H_1\right)\\&=1-P\left(\mu_0-\frac{\sigma}{\sqrt{n}}z_{\frac{\alpha}{2}}\leqslant\bar{x}\leqslant\mu_0+\frac{\sigma}{\sqrt{n}}z_{\frac{\alpha}{2}}\mid H_1\right)\\&=P\left(\bar{x}<\mu_0-\frac{\sigma}{\sqrt{n}}z_{\frac{\alpha}{2}}\mid H_1\right)+P\left(\bar{x}>\mu_0+\frac{\sigma}{\sqrt{n}}z_{\frac{\alpha}{2}}\mid H_1\right)\end{aligned}\tag{6.3}$$

因为是双尾检验，所以备择假设对应的总体 H_1 要么在 H_0 的左侧，要么在 H_0 的右侧。换句话说，拒绝域要么在 H_0 的左侧，要么在 H_0 的右侧。进而功效也如图 6.6 所示的灰色面积可以出现在两侧，分别对应 $P\left(\bar{x}<\mu_0-\frac{\sigma}{\sqrt{n}}z_{\frac{\alpha}{2}}\mid H_1\right)$(左侧)和 $P\left(\bar{x}>\mu_0+\frac{\sigma}{\sqrt{n}}z_{\frac{\alpha}{2}}\mid H_1\right)$(右侧)。再次强调，两种情况不可能同时发生。

首先，观察检验统计量出现在右侧拒绝域时的功效。将“H_1 成立”这一条件，通过构建新统计量的方法加以体现，有

$$P\left(\bar{x}>\mu_0+\frac{\sigma}{\sqrt{n}}z_{\frac{\alpha}{2}}\mid H_1\right)=P\left(\frac{\bar{x}-\mu_1}{\sigma/\sqrt{n}}>\frac{\mu_0-\mu_1}{\sigma/\sqrt{n}}+z_{\frac{\alpha}{2}}\right)\tag{6.4}$$

假如 H_1 成立，即样本来自平均数为 μ_1 的总体(图 6.6 右侧的 H_1)，标准化后统计量 $\dfrac{\bar{x}-\mu_1}{\sigma/\sqrt{n}}$ 将服从标准正态分布①。所以，上式可以用标准正态分布的累积分布函数 $\Phi()$ 表达，有

① 这一点对于标准正态分布是成立的，但是对于 t 分布并不成立。

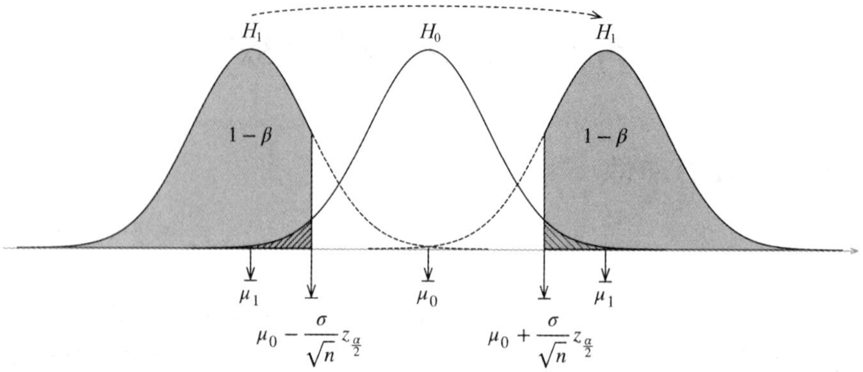

图 6.6　检验的功效与拒绝域

$$P\left(\bar{x}>\mu_0+\frac{\sigma}{\sqrt{n}}z_{\frac{\alpha}{2}}\mid H_1\right)=1-P\left(\frac{\bar{x}-\mu_1}{\sigma/\sqrt{n}}\leqslant\frac{\mu_0-\mu_1}{\sigma/\sqrt{n}}+z_{\frac{\alpha}{2}}\right)$$
$$=1-\Phi\left(\frac{\mu_0-\mu_1}{\sigma/\sqrt{n}}+z_{\frac{\alpha}{2}}\right)\tag{6.5}$$

由于标准正态分布的对称性，即 $1-\Phi(q)=\Phi(-q)$。所以，

$$P\left(\bar{x}>\mu_0+\frac{\sigma}{\sqrt{n}}z_{\frac{\alpha}{2}}\mid H_1\right)=\Phi\left(-\frac{\mu_0-\mu_1}{\sigma/\sqrt{n}}-z_{\frac{\alpha}{2}}\right)=\Phi\left(\frac{\mu_1-\mu_0}{\sigma/\sqrt{n}}-z_{\frac{\alpha}{2}}\right)\tag{6.6}$$

这里有一个变化需要注意：在出现标准正态分布累积分布函数 $\Phi()$ 之前，式子中是有随机变量的，$\bar{x}$ 和 $\frac{\bar{x}-\mu_1}{\sigma/\sqrt{n}}$ 都是随机变量。然而，在最后的表达式中已不存在随机变量，$z_{\frac{\alpha}{2}}$ 是已知的常量，当样本确定时 n 也就确定了，σ 和 μ_0 也是已知的。只有 μ_1 似乎与其他量不同，虽然我们不知道与备择假设 H_1 对应的总体平均数，但是当 H_1 成立时至少可以用样本平均数 $\bar{x}$ 来估计。

接下来，对检验统计量出现在左侧拒绝域时的功效，经过同样的分析可得

$$P\left(\bar{x}<\mu_0-\frac{\sigma}{\sqrt{n}}z_{\frac{\alpha}{2}}\mid H_1\right)=P\left(\frac{\bar{x}-\mu_1}{\sigma/\sqrt{n}}<\frac{\mu_0-\mu_1}{\sigma/\sqrt{n}}-z_{\frac{\alpha}{2}}\right)=\Phi\left(\frac{\mu_0-\mu_1}{\sigma/\sqrt{n}}-z_{\frac{\alpha}{2}}\right)\tag{6.7}$$

因此，总体方差已知时双尾检验的功效为

$$1-\beta=\Phi\left(\frac{\mu_1-\mu_0}{\sigma/\sqrt{n}}-z_{\frac{\alpha}{2}}\right)+\Phi\left(\frac{\mu_0-\mu_1}{\sigma/\sqrt{n}}-z_{\frac{\alpha}{2}}\right)\tag{6.8}$$

现在令 $\delta=\frac{\mu_1-\mu_0}{\sigma/\sqrt{n}}$，则上式可改写为

$$1-\beta=\Phi(\delta-z_{\frac{\alpha}{2}})+\Phi(-\delta-z_{\frac{\alpha}{2}})\tag{6.9}$$

由于标准正态分布的累积分布函数为单调增函数，沿着数轴自左向右 $\Phi(\delta-z_{\frac{\alpha}{2}})$ 是递增的，而 $\Phi(-\delta-z_{\frac{\alpha}{2}})$ 是递减的。综合的效果就是，功效 $1-\beta$ 会取到一个最小值，也就是当 $\delta=0$ 时，

$$1-\beta=2\times\Phi(-z_{\frac{\alpha}{2}})=2\times[1-\Phi(z_{\frac{\alpha}{2}})]=2\times\frac{\alpha}{2}=\alpha\tag{6.10}$$

再用图 6.6 来解释，H_1 对应的总体沿着箭头所指自左向右移动时，功效（灰色面积）会

逐渐变小。当 H_1 和 H_0 重合时，功效达到最小值 α（斜纹面积，两侧各占 $\frac{\alpha}{2}$）。而当 $\delta=\pm\infty$ 时，功效函数取最大值 1。图 6.7(a)展示了当 $\alpha=0.05$ 时双尾检验的功效函数曲线。事实上，δ 的绝对值不需要很大，功效就已经能够达到可观的水平。

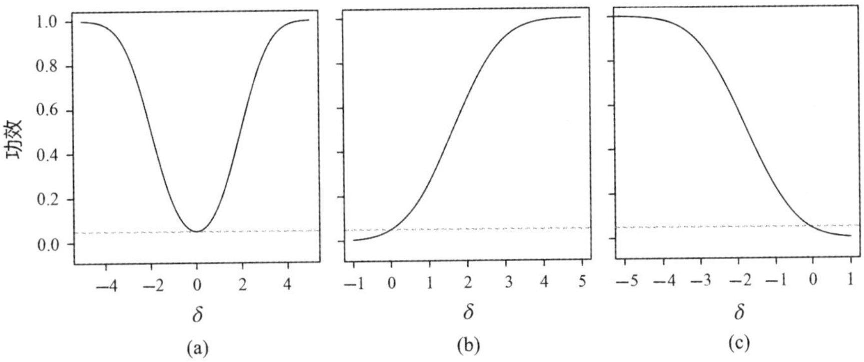

图 6.7　z 检验功效函数曲线

(a)双侧备择；(b)右侧备择；(c)左侧备择

双尾检验的功效问题既已解决，单尾检验当然不在话下。最后，我们将 z 检验的功效计算公式总结如下。

· 双尾 z 检验功效：

$$1-\beta=\Phi(\delta-z_{\frac{\alpha}{2}})+\Phi(-\delta-z_{\frac{\alpha}{2}})=\Phi\left(\frac{\mu_1-\mu_0}{\sigma/\sqrt{n}}-z_{\frac{\alpha}{2}}\right)+\Phi\left(-\frac{\mu_1-\mu_0}{\sigma/\sqrt{n}}-z_{\frac{\alpha}{2}}\right) \tag{6.11}$$

· 右侧备择的单尾 z 检验功效：

$$1-\beta=\Phi(\delta-z_\alpha)=\Phi\left(\frac{\mu_1-\mu_0}{\sigma/\sqrt{n}}-z_\alpha\right) \tag{6.12}$$

· 左侧备择的单尾 z 检验功效：

$$1-\beta=\Phi(-\delta-z_\alpha)=\Phi\left(-\frac{\mu_1-\mu_0}{\sigma/\sqrt{n}}-z_\alpha\right) \tag{6.13}$$

若视 μ_0 不变，右侧备择时 μ_1 越向右远离 μ_0，δ 越大，功效越大(见图 6.7(b))；左侧备择时 μ_1 越向左远离 μ_0，δ 越小，功效越大(见图 6.7(c))。

2. 总体方差未知

当总体方差未知时，总体标准差 σ 用样本标准差 s 来估计。标准化统计量 $\frac{\bar{x}-\mu_0}{s/\sqrt{n}}$ 服从 t 分布。基于 t 分布的假设检验的功效又该如何计算？我们可能会闪现这样的直觉：将总体方差已知时的功效计算公式中相关值直接替换，比如用 $t_{\alpha,\mathrm{df}}$ 替换 z_α，用 t 分布的累积分布函数替换 $\Phi()$，是否可行？很遗憾，这样行不通。

对于 t 分布来说，式(6.2)和式(6.3)也是成立的(相关符号要进行替换)。问题就出在式(6.4)上。重新对 $\bar{x}$ 进行标准化时，新的统计量 $\frac{\bar{x}-\mu_1}{s/\sqrt{n}}$ 并不服从 t 分布，而是服从所谓非

中心 t 分布。也就是说，

$$P\left(\bar{x} > \mu_0 + \frac{s}{\sqrt{n}} t_{\frac{\alpha}{2},\mathrm{df}} \mid H_1\right) = P\left(\frac{\bar{x}-\mu_1}{s/\sqrt{n}} > \frac{\mu_0-\mu_1}{s/\sqrt{n}} + t_{\frac{\alpha}{2},\mathrm{df}}\right)$$
$$= 1 - P\left(\frac{\bar{x}-\mu_1}{s/\sqrt{n}} < \frac{\mu_0-\mu_1}{s/\sqrt{n}} + t_{\frac{\alpha}{2},\mathrm{df}}\right) \tag{6.14}$$

到这里，我们不能用 t 分布的累积分布函数来替换 $P()$。

为什么？因为 $\frac{\mu_0-\mu_1}{s/\sqrt{n}}$ 这一项出现了一个随机变量，即样本标准差 s。前面我们处理标准正态分布时与之对应的是 $\frac{\mu_0-\mu_1}{\sigma/\sqrt{n}}$，这个表达式中的各项都是确定的量，不存在随机变量。换句话说，我们可以容易地讨论随机变量小于某个常量的概率，讨论随机变量小于另一个随机变量的概率却并不容易。

所以，还得把 $\frac{\mu_0-\mu_1}{s/\sqrt{n}}$ 移到小于号左边去。

$$P\left(\bar{x} > \mu_0 + \frac{s}{\sqrt{n}} t_{\frac{\alpha}{2},\mathrm{df}} \mid H_1\right) = 1 - P\left(\frac{\bar{x}-\mu_1}{s/\sqrt{n}} - \frac{\mu_0-\mu_1}{s/\sqrt{n}} < t_{\frac{\alpha}{2},\mathrm{df}}\right)$$
$$= 1 - P\left(\frac{\bar{x}-\mu_1}{s/\sqrt{n}} + \frac{\mu_1-\mu_0}{s/\sqrt{n}} < t_{\frac{\alpha}{2},\mathrm{df}}\right) \tag{6.15}$$

接下来的操作，需要费点力气。

$$P\left(\bar{x} > \mu_0 + \frac{s}{\sqrt{n}} t_{\frac{\alpha}{2},\mathrm{df}} \mid H_1\right) = 1 - P\left[\frac{\frac{\bar{x}-\mu_1}{\sqrt{n}} + \frac{\mu_1-\mu_0}{\sqrt{n}}}{s} < t_{\frac{\alpha}{2},\mathrm{df}}\right]$$
$$= 1 - P\left[\frac{\frac{\bar{x}-\mu_1}{\sigma/\sqrt{n}} + \frac{\mu_1-\mu_0}{\sigma/\sqrt{n}}}{s/\sigma} < t_{\frac{\alpha}{2},\mathrm{df}}\right] \tag{6.16}$$

观察上式，有 $\frac{\bar{x}-\mu_1}{\sigma/\sqrt{n}} \sim N(0,1)$。依据式(4.14)有 $\frac{s}{\sigma} = \sqrt{\frac{\chi^2}{(n-1)}}$，再令 $\delta = \frac{\mu_1-\mu_0}{\sigma/\sqrt{n}}$，$z = \frac{\bar{x}-\mu_1}{\sigma/\sqrt{n}}$，上式可改写为

$$P\left(\bar{x} > \mu_0 + \frac{s}{\sqrt{n}} t_{\frac{\alpha}{2},\mathrm{df}} \mid H_1\right) = 1 - P\left[\frac{z+\delta}{\sqrt{\frac{\chi^2}{(n-1)}}} < t_{\frac{\alpha}{2},\mathrm{df}}\right] \tag{6.17}$$

在继续讨论该表达式之前，让我们先回到 t 统计量的表达式（见式(4.7)），进行如下变换。

$$t = \frac{\bar{x}-\mu}{s/\sqrt{n}} = \frac{(\bar{x}-\mu)\sqrt{n}}{s} = \frac{\frac{\bar{x}-\mu}{\sigma/\sqrt{n}}}{\frac{s}{\sigma}} = \frac{z}{\sqrt{\frac{\chi^2}{(n-1)}}} \tag{6.18}$$

看！t 统计量实际上是两个统计量的比值，分子是一个服从标准正态分布的随机变量 z，

而分母则是一个服从卡方分布的随机变量 χ^2 除以其自由度后的平方根。那么，对于 $\dfrac{z+\delta}{\sqrt{\dfrac{\chi^2}{(n-1)}}}$ 就相当于在 t 统计量的分子上加了一个常数 δ。反过来说，t 统计量就等于令该式中的 $\delta=0$。

t 统计量的中心是 0（沿 y 轴对称），加上一个常数 δ 后中心位置将根据 δ 的大小发生偏移。注意！不是平移，是偏移，移动加偏倚。图 6.8(a)所示的灰色实线表示的是 t 分布向右平移 1 个单位的状态（黑色实线是正常的中心在 0 点的 t 分布），黑色点折线表示的即按照偏移量 $\delta=1$ 的、非中心的 t 分布。

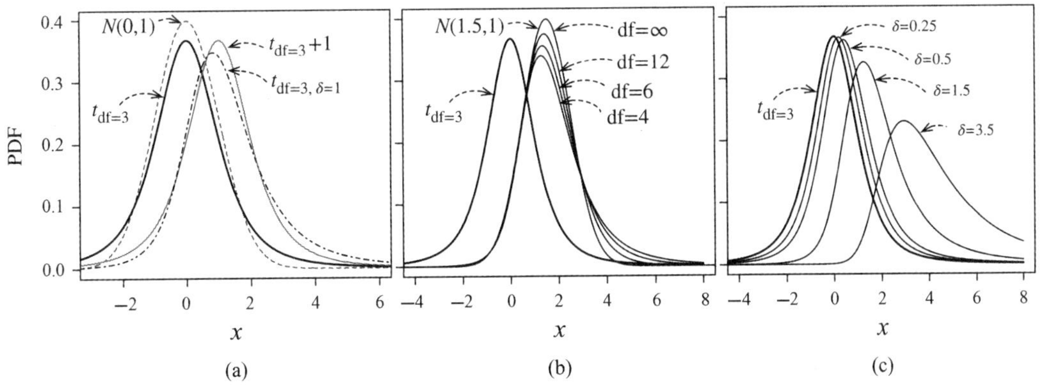

图 6.8　非中心 t 分布

非中心 t 分布(non-central t distribution)，记作 $t(n-1,\delta)$，有自由度 $n-1$ 和非中心参数 δ(noncentrality parameter)两个参数。自由度越大偏倚程度越低，当自由度等于无穷大时，非中心 t 分布就等于平移的标准正态分布(见图 6.8(b))。非中心参数 δ 越小偏倚程度越低，当 $\delta=0$ 时非中心 t 分布就退化为 t 分布(见图 6.8(c))。

让我们回到式(6.17)，现在有了新的认识，即 $\dfrac{z+\delta}{\sqrt{\chi^2/(n-1)}}\sim t(n-1,\delta)$。将非中心 t 分布的累积分布函数记作 $T()$，那么式(6.17)可变为

$$P\left(\bar{x}>\mu_0+\frac{s}{\sqrt{n}}t_{\frac{\alpha}{2},\mathrm{df}} \mid H_1\right)=1-T_{\mathrm{df},\delta}(t_{\frac{\alpha}{2},\mathrm{df}}) \tag{6.19}$$

对检验统计量出现在左侧拒绝域时的功效，进行同样的分析可得

$$\begin{aligned} P\left(\bar{x}<\mu_0-\frac{s}{\sqrt{n}}t_{\frac{\alpha}{2},\mathrm{df}} \mid H_1\right) &= P\left(\frac{\bar{x}-\mu_1}{s/\sqrt{n}}<\frac{\mu_0-\mu_1}{s/\sqrt{n}}-t_{\frac{\alpha}{2},\mathrm{df}}\right) \\ &= P\left(\frac{\bar{x}-\mu_1}{s/\sqrt{n}}-\frac{\mu_0-\mu_1}{s/\sqrt{n}}<-t_{\frac{\alpha}{2},\mathrm{df}}\right) \\ &= P\left(\frac{\bar{x}-\mu_1}{s/\sqrt{n}}+\frac{\mu_1-\mu_0}{s/\sqrt{n}}<-t_{\frac{\alpha}{2},\mathrm{df}}\right) \\ &= T_{\mathrm{df},\delta}(-t_{\frac{\alpha}{2},\mathrm{df}}) \end{aligned} \tag{6.20}$$

由 t 分布的对称性知 $-t_{\frac{\alpha}{2},\mathrm{df}}=t_{1-\frac{\alpha}{2},\mathrm{df}}$，上式可继续改写为

$$P\left(\bar{x} < \mu_0 - \frac{s}{\sqrt{n}} t_{\frac{\alpha}{2},\mathrm{df}} \mid H_1\right) = T_{\mathrm{df},\delta}(t_{1-\frac{\alpha}{2},\mathrm{df}}) \tag{6.21}$$

所以，双侧备择 t 检验的功效等于式(6.19)和式(6.21)相加。

单尾检验的功效公式推导可略过。需要提醒一点：非中心 t 分布不是对称的，所以 $1-T_{\mathrm{df},\delta}(t_{\alpha,\mathrm{df}}) \neq T_{\mathrm{df},\delta}(-t_{\alpha,\mathrm{df}})$。现在我们将 t 检验的功效计算公式总结如下。

· 双尾 t 检验功效：

$$1-\beta = 1 - T_{\mathrm{df},\delta}(t_{\frac{\alpha}{2},\mathrm{df}}) + T_{\mathrm{df},\delta}(t_{1-\frac{\alpha}{2},\mathrm{df}}) \tag{6.22}$$

· 右侧备择的单尾 t 检验功效：

$$1-\beta = 1 - T_{\mathrm{df},\delta}(t_{\alpha,\mathrm{df}}) \tag{6.23}$$

· 左侧备择的单尾 t 检验功效：

$$1-\beta = T_{\mathrm{df},\delta}(t_{1-\alpha,\mathrm{df}}) \tag{6.24}$$

t 检验的功效在计算公式上的不同，带来了功效变化的不同(见图 6.9)。与 z 检验的功效函数相比，在相同的 δ 值上 t 检验的功效较低。当样本容量 n 增大时，t 检验的功效曲线会逼近 z 检验的功效曲线。

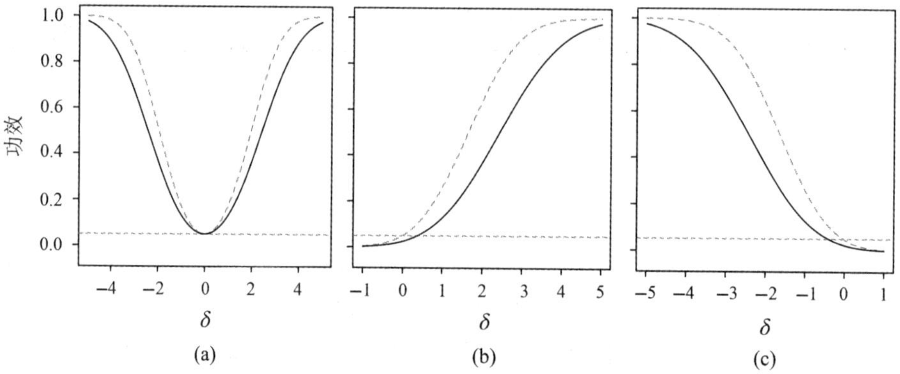

图 6.9　t 检验功效函数曲线(见黑实线。灰色折线为 z 检验的功效函数曲线)

(a)双侧备择；(b)右侧备择；(c)左侧备择

6.3.2　影响检验功效的因素

以上关于功效的讨论，最终得到了精确的计算公式。复杂的公式固然重要，但是更重要的是从这些公式中我们能提炼出哪些规律性的结论。这对于实践统计分析有重要的指导意义。

以双尾 z 检验的功效为例，为方便讨论我们将式(6.11)复制到此处，并用 $\bar{x}$ 替换 μ_1：

$$\begin{aligned} 1-\beta &= \Phi\left(\frac{\bar{x}-\mu_0}{\sigma/\sqrt{n}} - z_{\frac{\alpha}{2}}\right) + \Phi\left(\frac{\mu_0-\bar{x}}{\sigma/\sqrt{n}} - z_{\frac{\alpha}{2}}\right) \\ &= \Phi\left(\sqrt{n}\frac{\bar{x}-\mu_0}{\sigma} - z_{\frac{\alpha}{2}}\right) + \Phi\left(\sqrt{n}\frac{\mu_0-\bar{x}}{\sigma} - z_{\frac{\alpha}{2}}\right) \end{aligned} \tag{6.25}$$

因为累积分布函数 $\Phi()$ 为增函数，所以上式中两个函数自变量变大时，功效 $1-\beta$ 会相应地变大。根据影响函数自变量大小的因素，可知提升检验功效的方法有以下四种。

(1)显著性水平。显著性水平 α 越大,上侧分位数 $z_{\frac{\alpha}{2}}$ 越小,函数的自变量越大,功效则增大。

(2)平均数差值 $|\bar{x}-\mu_0|$ 的大小①。样本平均数 $\bar{x}$ 与相比较总体的特定平均数 μ_0 之间的偏差越大,也就是处理的效应越大,函数自变量越大,功效则增大。

(3)样本容量。样本容量 n 越大,功效函数自变量越大,功效则增大。

(4)数据变异程度。总体标准差 σ 越小,即数据变异程度越小,功效函数自变量越大,功效则增大。

显著性水平 α 通常是固定的。平均数偏差的大小由处理的实际效应决定。数据的变异程度也是相对固定的。即使用样本标准差作估计,只要试验方法和数据测量保持较高的精度,也是相对稳定的。所以,在上述四种与检验功效有关的因素中,样本容量是反映在试验设计环节的、应重点考量的对象。换句话说,保障检验的功效也就是保证样本有足够的样本容量。

假设我们要求功效必须达到 $1-\beta$,那么至少需要多少样本呢?

回答这个问题只需根据功效计算公式将样本容量反解出来即可。不过对于双尾检验的功效计算公式,反解 n 是不容易的,因为式(6.25)中有两个累积分布函数。按照之前的分析,两个累积分布函数是此消彼长的关系,检验统计量只能在一侧拒绝域内。所以,我们可单独讨论其中一种情况,比如右侧拒绝域(图 6.6 右侧的 H_1)。此时

$$1-\beta=\Phi\left(\frac{\bar{x}-\mu_0}{\sigma/\sqrt{n}}-z_{\frac{\alpha}{2}}\right) \tag{6.26}$$

根据上侧 α 分位数 z_α 的定义(见图 3.15),可知

$$\frac{\bar{x}-\mu_0}{\sigma/\sqrt{n}}-z_{\frac{\alpha}{2}}=z_\beta \tag{6.27}$$

所以有

$$n=\frac{(z_\beta+z_{\frac{\alpha}{2}})^2\sigma^2}{(\bar{x}-\mu_0)^2} \tag{6.28}$$

对于左侧拒绝域,有

$$1-\beta=\Phi\left(\frac{\mu_0-\bar{x}}{\sigma/\sqrt{n}}-z_{\frac{\alpha}{2}}\right)$$

$$z_\beta=\frac{\mu_0-\bar{x}}{\sigma/\sqrt{n}}-z_{\frac{\alpha}{2}} \tag{6.29}$$

$$n=\frac{(z_\beta+z_{\frac{\alpha}{2}})^2\sigma^2}{(\mu_0-\bar{x})^2}$$

两种情况下对样本容量的估算是一致的。所以如果要显著性水平 $\alpha=0.05$ 的双侧 z 检验的功效达到 $1-\beta=0.8$,样本容量至少要达到 $n=\frac{(z_{0.2}+z_{0.025})^2\sigma^2}{(\bar{x}-\mu_0)^2}$。

① 通常将 $\frac{\bar{x}-\mu_0}{\sigma}$ 或 $\frac{\bar{x}-\mu_0}{s}$ 定义为效应量(effect size),以反映平均数的偏差程度。

单尾检验时将 $z_{\frac{\alpha}{2}}$ 替换为 z_{α} 即可。

对于 t 检验的样本容量估算，我们虽然可以将上式中的相关量进行替换，得

$$n=\frac{(t_{\beta,n-1}+t_{\frac{\alpha}{2},n-1})^2s^2}{(\mu_0-\overline{x})^2} \tag{6.30}$$

但是因为等式右侧 t 分布的两个上侧分位数也与 n 有关，精确地解出 n 值比较困难。t 分布的上侧分位数随着 n 的变大会逐渐趋于稳定（就像 t 分布趋于标准正态分布），那么就可以将任意一个初始的 n 代入上式，计算出新的 n 后再次迭代，直到 n 稳定为止。

最后，让我们再审视一下检验功效、处理效应值与样本容量三者之间的关系。

处理效应本是研究的重点，处理效应越明显检验功效越高，得到有显著差异结论的可能性越大。这样的局面当然是我们期待的。但是，仅就有较高的可能性得到显著差异结论来说，通过增大样本容量也可以实现。所以，我们在研究工作中一定要慎重对待统计上的显著差异性问题，严防误入歧途。

检验的功效分析应该在试验设计阶段用于指导样本容量的设定。一旦完成样本数据的采集，功效分析将不会改变试验结果，包括后续的统计分析。通常对于无显著差异的结论，功效分析可以帮助我们评估研究的敏感性，即样本大小和效应大小对于检测到实际差异的能力有多大影响。所谓高敏感的试验应该不需要较高的样本量就能检验出显著差异。而对于已经得出显著差异结论的检验，功效分析也能提供关于结论可靠性的信息。因为即使真实发生的试验数据得到了显著差异结论，功效仍然可能很低。这表明重复进行试验，很有可能就不会再得到显著差异的结论了。

总之，假设检验的 NP 理论要求我们对两类错误的控制不能“顾此失彼”。有时候无法两者兼顾，不得不优先控制第一类错误，再控制第二类错误。但是，实践中第二类错误的控制，也就是功效分析往往被无视。这很可能造成无法挽回的损失，带来各种成本的增加。

6.4 假设检验和区间估计的对偶关系

假设检验通过检验统计量的抽样分布计算相伴概率，在本质上与区间估计方法中置信区间的计算是一致的，二者存在一种数学上的对偶关系。

假定对某总体平均数 μ_0 进行区间估计，置信区间可表示为

$$P(\overline{x}-z_{\frac{\alpha}{2}}\sigma_{\overline{x}}\leqslant\mu_0\leqslant\overline{x}+z_{\frac{\alpha}{2}}\sigma_{\overline{x}})=1-\alpha \tag{6.31}$$

将连续不等式重新整理成包含检验统计量的形式，有

$$P\left(-z_{\frac{\alpha}{2}}\leqslant\frac{\overline{x}-\mu_0}{\sigma_{\overline{x}}}\leqslant z_{\frac{\alpha}{2}}\right)=1-\alpha \tag{6.32}$$

该式形式上表达的是，检验统计量处于接受域的概率等于 $1-\alpha$。因此，当置信区间 $[\overline{x}-z_{\frac{\alpha}{2}}\sigma_{\overline{x}},\overline{x}+z_{\frac{\alpha}{2}}\sigma_{\overline{x}}]$ 包含总体平均数 μ_0 时，相当于假设检验的检验统计量 $z_c=\frac{\overline{x}-\mu_0}{\sigma_{\overline{x}}}$ 处于接受域内。反过来，当置信区间 $[\overline{x}-z_{\frac{\alpha}{2}}\sigma_{\overline{x}},\overline{x}+z_{\frac{\alpha}{2}}\sigma_{\overline{x}}]$ 不包含总体平均数 μ_0 时，相当于假设检验的检验统计量 $z_c=\frac{\overline{x}-\mu_0}{\sigma_{\overline{x}}}$ 处于拒绝域内。置信区间不包含总体平均数 μ_0 有两种

可能：置信区间分别在 μ_0 的左侧和右侧，对应双尾检验的左侧拒绝域和右侧拒绝域。

双尾检验如此，单尾检验同样成立。将置信区间表达式中的连续不等式简化，可得

$$P(\overline{x} - z_\alpha \sigma_{\overline{x}} \leqslant \mu_0) = 1 - \alpha \tag{6.33}$$

证明简化形式成立，可通过图 6.10 所示的方法：对应置信区间的空白区域(面积为 $1-\alpha$)向左移动直至左侧灰色区域(面积为 $\frac{\alpha}{2}$)被完全挤占；相应的由于总面积为 1，在左移过程中右侧灰色区域的面积将扩大一倍，左侧边界将从 $z_{\frac{\alpha}{2}}$ 移动至 z_α。

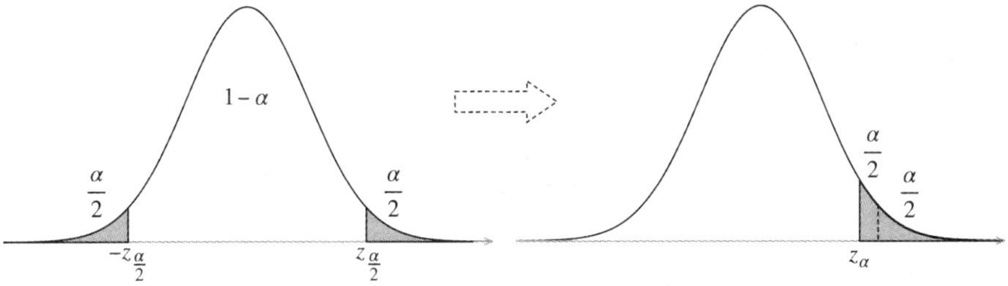

图 6.10　拒绝域的转移

继续变换上式，有

$$\begin{gathered} P(\mu_0 \leqslant \overline{x} - z_\alpha \sigma_{\overline{x}}) = \alpha \\ P(z_\alpha \sigma_{\overline{x}} \leqslant \overline{x} - \mu_0) = \alpha \\ P\left(z_\alpha \leqslant \frac{\overline{x} - \mu_0}{\sigma_{\overline{x}}}\right) = \alpha \end{gathered} \tag{6.34}$$

在单尾检验问题中，当检验统计量 $z_c = \dfrac{\overline{x} - \mu_0}{\sigma_{\overline{x}}}$ 大于检验临界值 z_α 时，拒绝零假设。而 $z_c \geqslant z_\alpha$ 的概率等于 α，也就是发生第一类错误的概率。可见，“单尾检验(右侧备择)问题中拒绝零假设”，等价于“单侧置信区间(左闭右开)不包含总体平均数 μ_0，且在 μ_0 的右侧”。

对于单尾检验左侧备择情况的证明，可将图 6.10 的空白区域右移，得

$$P\left(\frac{\overline{x} - \mu_0}{\sigma_{\overline{x}}} \leqslant -z_\alpha\right) = \alpha \tag{6.35}$$

可见，“单尾检验(左侧备择)问题中拒绝零假设”，等价于“单侧置信区间(左开右闭)不包含总体平均数 μ_0，且在 μ_0 的左侧”。

假设检验与区间估计是统计推断的两种方式，形式上二者可以相互转换。置信区间对应接受域，置信度 $1-\alpha$ 对应显著性水平 α。

第 5 章参数估计已经讨论过置信区间具有随机性。不同的样本观测值对应不同的置信区间。而假设检验的接受域是样本空间的子集，没有随机性，可以随机变化的同样只是样本观测值。此外，假设检验是判断有关总体未知参数的命题是否成立的问题，只能证伪，不能证明。区间估计则是构造关于未知参数的合理取值范围的问题，方法直接导向问题本身。

综合来讲，区间估计能够提供的信息比假设检验更为丰富。

第 5 章的结尾处，我们将标准化统计量 s. s. 的重要性用符号表示为

$$\text{s. s.} = f(x, \theta) \sim N(0,1) \vee t(n-1) \vee \chi^2(n-1) \vee F(n_1-1, n_2-1) \vee \cdots$$

其中 x 表示可观察的样本信息，θ 表示不可观察的未知总体参数，$\vee$ 表示逻辑或。

在假设检验问题中，标准化统计量又被冠以检验统计量之名。虽然参数估计和假设检验都是从样本到总体的方向的统计推断方法，但在对枢轴量的利用上有差异。

· 对于区间估计问题，利用 $\theta = f'(x, \text{s. s.})$。

· 对于假设检验问题，利用 $x = f''(\theta, \text{s. s.})$。

以平均数的单尾(右侧备择)检验为例，当 $z_c = \dfrac{\overline{x} - \mu}{\sigma_{\overline{x}}} > z_\alpha$ 时拒绝零假设，等价于在 $\overline{x} > \mu + z_\alpha \sigma_{\overline{x}}$ 时拒绝零假设。所以，假设检验问题利用的是 $f''(\mu, z_\alpha) = \mu + z_\alpha \sigma_{\overline{x}}$。同理，区间估计利用的是 $f'(\overline{x}, z_\alpha) = \overline{x} + z_\alpha \sigma_{\overline{x}}$。一个是利用样本信息去推断总体参数，一个是假定总体参数去计算样本信息的相伴概率。

6.5 关于假设检验的几点说明

1. 零假设的选择体现了机会原则

与“无分辨能力”“猜测问卷答案”之类的假设相对立的假设，无论它多么合理或真实，都不能作为零假设被试验所检验。

首先，因为零假设必须是确切的，即没有模糊性。“受试者有判断能力且永远不会出错”这样的假设当然也是确切的，但这个假设很容易被一次失误所推翻，而且不能被有限的试验“证明”。因为即使试验全部成功，也不意味着永远不犯错。

其次，在“无分辨能力”“猜测问卷答案”之类的假设下，因为受试者作出正确判断的概率，可以先验地认定为 0.5，所以试验结果的概率是可计算的。而在“有分辨能力”的假设下，由于受试者作出正确判断的概率不可知，所以无法计算取得试验结果的概率。进而无法在“有分辨能力”的假设下作出判断。

2. 相伴概率衡量的是检验统计量的极端程度

假设现在有一份包含 12 道判断题的调查问卷，受试者答对了其中 9 道题。如果要检验“受试者随机猜测答案”这一假设，我们可以通过二项分布来计算猜对 9 道题的概率为 $P(x = 9) = C_{12}^{9} \left(\dfrac{1}{2}\right)^{12} \approx 0.054$。虽然没有低于 0.05，但零假设成立的情况下发生的可能性也不大。如果将问卷调查的题目扩充到 1000 道题目，受试者通过随机猜测答对了其中 500 道题，其概率等于 $P(x = 500) = C_{1000}^{500} \left(\dfrac{1}{2}\right)^{1000} \approx 0.025$。这时，假如仅用当前值的取值概率来和显著性水平 $\alpha = 0.05$ 比较，将否定“受试者随机猜测答案”，得到完全错误的结论。

事实上，在二项分布中，当试验的次数 n 较大时(假设事件发生概率 $p = 0.5$)，即使是取值概率最大的平均数 $np = 500$，其概率也仅有 0.025。事实上当 $n = 260$ 时，平均数的取值概率就已经低于 0.05 了。因此，只要试验次数达到 260 次及以上，任何试验结果在零假设下的概率都小于显著水平。

解决这个问题的办法就是除观测值(实际上是标准化后的检验统计量)的概率之外，在观测值的概率分布中，考虑当前值及比当前值更极端取值的概率之和(相伴概率)。12 道题目的试验中 $P(x \geqslant 9) \approx 0.073$；1000 道题目的试验中 $P(x \geqslant 500) \approx 0.513$。此时，这两种题量的试验及其结果都不能得到与零假设有显著差异的结论了。

如果要在 1000 道题目的试验中得到真正有显著差异的结论，只要答对的题目达到 527 即可，因为 $P(x \geqslant 527) \approx 0.047$；在 12 道题目的试验中，只需再多答对 1 道题即可，因为 $P(x \geqslant 10) \approx 0.019$。注意，12 道题目得到显著差异的结果，需要答对率达到 83.3%；1000 道题目得到显著差异的结果，仅需答对率达到 52.7%。假如让大题量的试验达到与小题量相同的答对率，则有 $P(x \geqslant 833) \approx 0.0$。正如上文提到的，增加试验规模，是提升检验灵敏度、提高检验容错率的有效方法。

基于上述大规模试验的实例，我们知道仅看当前值在零假设下的概率没有意义。与显著性水平 α 比较的应该是，在零假设成立的前提下，当前值及与当前值相比更不利于零假设的取值概率之和 $P(x \geqslant x_c \mid H_0)$。当 $P(x \geqslant x_c \mid H_0) < \alpha$ 时，我们可以说当前值已经足够极端，因为取到比当前值更不利于零假设的值的可能性已经很小；当 $P(x \geqslant x_c \mid H_0) > \alpha$ 时，则认为当前值还不够极端，因为取到比它还极端的值的可能性还不够小。所以，$P(x \geqslant x_c \mid H_0)$ 描述的是当前值的极端程度，用 Fisher 的话说就是"the strength of the evidence against the hypothesis"，即试验证据否定零假设的强度。

3. 显著性检验并不是对零假设真假的直接逻辑证明

就某一特定的零假设而言，基于概率理论的任何检验本身都不能为该假设的真假提供任何有价值的证据。所以，我们不应期望去证明每一个单独的假设的真假，或者将拒绝零假设解释为"零假设是假的"。我们能做的是寻找某种规则，来约束对特定假设的行为和态度。在遵循这些规则时，我们可以确保在长期的经验中不会经常犯错。

品茶试验中，为了容错，我们的规则是：用 12 杯茶来测试，两种混合方式各 6 杯；当受试者辨别错误的杯数 $\leqslant 2$ 时，否定零假设(即受试者无分辨能力)，否则接受零假设。这样的规则对"受试者是否具有分辨能力"的问题本身不会提供直接证据。但是概率理论可以证明，如果我们按照这样的规则行事，那么从长远来看，当零假设是真的时候，924 次检验中我们拒绝它的次数不会超过 37 次。

当试验数据取得的 P 值较大时，并不能推定零假设一定为真，只是我们没有足够的"信心"推翻它而已。仅仅因为一个假设与现有事实不矛盾就相信它得到了证明的做法存在逻辑错误。这种做法在其他科学研究中不成立，在统计学中也不成立。而 P 值越小，"试验证据否定零假设的强度"越强，让我们有足够的"信心"作出"零假设为假"的判断。所以，显著性检验的结果并不是经过逻辑证明的客观结论，而是依赖于实践的主观判断。

逻辑证明和实践检验是判明思想真实性的两种不同方法和途径。在以试验为主的自然科学范畴，将显著性检验的结果视为一种逻辑证明，是对结果的"过度解释"。因此，如果我们能够理解虽然显著性检验能够利用数据与假设之间的矛盾来推翻假设，但是检验永远无法证明假设一定是正确的，那么我们对显著性检验的理解就会更加清晰和深刻。

4. 为 *P* 值赋予实际意义

P 值的大小与样本平均数和总体平均数之差的实际意义无关。统计意义上的显著性，并不代表实际意义上处理效应的差异显著性。当我们对一个确实有很大影响的处理因素(可以得到与总体平均数偏离很大的样本平均数)进行考察时，也就是实际意义上有显著差异时，我们会得到较小的 P 值。但是，当对一个影响很小的处理因素搜集足够多的数据时，

也可以得到较小的 P 值。此时，虽然实际差异较小，但这种小差异的确定性可以被大量样本数据固定下来，就得到统计意义上显著的结论。然而，这并不意味着我们真正关心的处理因素有实际价值。

错误地为 P 值赋予实际意义，可能导致处理效应被夸大。前文关于功效的讨论告诉我们，当样本平均数与总体平均数偏差较大时，也就是处理效应较大时，偏差更容易被检验检出，即更容易得到小于显著性水平的 P 值。假设某种药物对症状的减轻程度平均为 30%，对于同样的样本量，患者可能运气不好，他们对药物不敏感；也可能这组受试对象恰好达到平均水平 30%，但样本量不足以证明统计上的显著性，因此该药物就被束之高阁了；也有可能这组受试对象运气非常好，他们用药后症状的减轻程度远超过 30%，比如达到了 50%，这样即使低样本量也能得到统计上显著的结论。糟糕的是，如果仅仅基于 P 值小于显著性水平的试验，我们就会夸大药物的效果。这种现象被称为真理膨胀或赢者灾难。

5. 非此即彼的二分法

"统计意义上的显著"与"统计意义上的不显著"被我们自然地分为截然不同的两类，这是人性和认知的习惯。

当计算得到 P 值大于显著性水平时，很多研究者会声称：试验组与对照组不存在差异(no difference between two groups)。这种仅仅因为统计上不显著(statistically non-significant)的差异而得出不存在差异的结论，是错误的。

此外，一个统计上具有显著性的结果与另一个统计上不显著的结果之间，很可能并不矛盾。假设检验中的任何判断都有犯错误的可能。即使研究者可以重复一项完美的试验，$P<0.05$ 的检验有 0.8 的功效，某一次试验获得 $P<0.01$，而又有一次 $P>0.3$，也并不奇怪。所以无论 P 值是小是大，都值得谨慎对待。

6. 混淆相伴概率与基础概率

当一项研究得到较低的 P 值时，如 0.001，往往会错误地理解为：这个接受备择假设即处理因素有效的结果是错误的概率只有 0.001。而实际上，在 P 值小于显著性水平的情况下，发生假阳性判断的可能性也是不能被忽视的。

P 值是在无效假设的前提下计算得到的，它表示当前数据及更极端数据出现的可能性，而不是处理因素有效的可能性。处理因素有效(即样本平均数与总体平均数有实质差异)的概率，称为*基础概率*。在应对基础概率很低的处理因素时，发生假阳性判断的可能性更高。

例如，在对 100 种癌症药物进行是否有效的检验中，基础概率即药物有效的概率只有 10%，检验功效为 0.8 时，10 种真正有效的药物被检出的只有约 8 种，显著性水平设为 0.05 时，有 5%的可能将无效判定为有效($90\times0.05\approx5$)，所以真正有效的 8 种和假有效的 5 种，其中假阳性的概率高达 0.38。

7. P 值不能作为统计证据的衡量指标

当两组统计分析得到两个不同的 P 值时，我们或许会想比较两个 P 值的大小，以期从中解读更多的信息。这其实是徒劳的，因为 P 值不能作为衡量统计证据强弱的指标。

能够作为一种衡量指标，首先需要满足一个基本条件，即相同的 P 值能够表达相同的证据强度。这一点 P 值并不满足。比如，有两组试验分别得到相同的 $P=0.03$，但两组试验的样本容量不同，一个为 11，另一个为 98。虽然在 0.05 的显著性水平下，零假设都被否定了，但两组试验所获得的现有证据对零假设的否定程度是不同的。样本容量小的试验，功效往往低于样本容量大的试验，小样本试验组得到较小的 P 值，很可能是因为处理效应偏差较大造成的。对于大样本试验组，在大样本的优势下，并不能得到更低的 P 值，表明大样本试验组面对的处理效应偏差较小。对于零假设的否定，显然处理效应偏差越大，否定的程度越大；处理效应偏差越小，否定的程度越小。因此，P 值仅对一次试验设计下的一组观察数据有意义。

2019 年 3 月 20 日，以 Valentin Amrhein 为代表的 800 多名科学家联名在 *Nature* 杂志发表评论[①]，倡议"retire statistical significance"，废除 P 值！文中作者引用了一项调查结果：发表在 5 个杂志的 791 篇文章中，有 51%的文章错误地认为无显著性(non-significance)即无效应(no effect)。同年 11 月，Jason Izard 等又为这个问题加了一把火[②]。在美国临床肿瘤学会 2019 年泌尿生殖系统癌症研讨会上也发生了有关数据解释的争议。会议期间 Steven Goodman 博士深入探讨了 P 值争论，并现场进行了一项非正式调查。结果在场的临床医生和科学家中，只有一人能够准确定义 P 值。

情况为何会如此糟糕？假设检验的理论本身深奥复杂是其一。作者认为我们对 P 值的误解，与多数学习资料对相关原理知识讳莫如深不无关系。越是复杂的问题越需要有强逻辑主线贯穿，否则仅靠记忆而不能理解，必然误解误用。

正确理解假设检验的原理及 P 值的意义，关键在于正确理解随机性。假设检验其实就是一种应对随机性的数学方法。以大数定律和中心极限定理为基础的概率论，从不确定的随机性中发现确定性。比如，服从正态分布的随机变量，每一个具体的取值是随机的，但整体上随机变量会表现出向平均数集中的规律。所以在整体层面的规律是确定的，但个体层面就不确定了，一切皆有可能。勇于拥抱随机性、具体问题具体分析、综合全面地看待检验结果，应该是实践假设检验的指导方针。

习题 6

(1)什么是零假设？什么是备择假设？

(2)构造检验统计量的要求有哪些？

(3)检验临界值与显著性水平的关系是什么？

(4) P 值反映的是什么概率？

(5)单尾检验与双尾检验的区别在哪里？如何在两种方法间作出选择？

(6)为什么发生第一类错误的概率等于显著性水平？

(7)第一类错误和第二类错误之间存在怎样的关系？

(8)假设检验功效的本质是什么？检验为什么要对功效有要求？

(9)检验临界值比较法与 P 值法为什么是等效的？

(10)对样本平均值的假设检验和区间估计有怎样的内在关系？

---

① Amrhein V，et al. 2019. Scientists rise up against statistical significance. Nature，567(7748)：305-307.

② Izard J，et al. 2019. Re：Scientists rise up against statistical significance. Eur. Urol.，76(5)：703.

第7章 单样本的假设检验

问题的发展通常由简入繁。本章从单个样本的假设检验问题开始展开，至下一章的双样本假设检验，其间我们会第三次邂逅各种抽样分布。抽样分布本是推断性统计的主角，出镜率高不足为奇。这也提醒我们，要让学习化繁为简需抓住问题的关键，提纲挈领。

单样本的假设检验主要涉及单个样本平均数与某总体平均数的比较，单个样本比率与某总体比率的比较，以及单个样本方差与某总体方差的比较三个问题。下面我们来看抽样分布又是如何在假设检验中发挥作用的。

7.1 单样本平均数的检验

一个样本平均数的检验，通常用于判断一组由多个观测值构成的样本，是否来自某个已知平均数 μ 的总体（相关总体服从正态分布）。例如，某个测试群体的生理指标在用药后是否已达到正常水平？某种作物的新培育方法是否能超过常规方法的产量水平？诸如此类的问题都可以应用单样本平均数的检验方法。比较的对象是相关总体的总体平均数 μ。而且根据相关总体方差 σ^2 的情况，检验方法可分为以下两种情形。

7.1.1 总体方差已知

来自正态总体 $N(\mu,\sigma^2)$ 的样本，其样本平均数作为随机变量服从正态分布 $N\left(\mu,\frac{\sigma^2}{n}\right)$。当总体为非正态总体时，只要方差已知且样本容量 $n > 30$，样本平均数也近似服从正态分布。

样本平均数的平均数等于来源总体的平均数 μ，样本平均数的方差等于来源总体的方差 σ^2 的 $\frac{1}{n}$（标准差 $\sigma_{\bar{x}} = \frac{\sigma}{\sqrt{n}}$）。因此，将样本平均数标准化后得统计量

$$z = \frac{\bar{x} - \mu}{\sigma_{\bar{x}}} \tag{7.1}$$

根据中心极限定理，统计量 z 必服从标准正态分布 $N(0,1)$，即 $z \sim N(0,1)$。基于标准正态分布的检验方法称为 z 检验（有些资料将 z 表示为 u，因此又称为 u 检验）。

进行双尾检验时，设定零假设 $H_0: \mu = \mu_0$，备择假设 $H_1: \mu \neq \mu_0$。将 μ_0 代入上式计算检验统计量

$$z_c = \frac{\bar{x} - \mu_0}{\sigma_{\bar{x}}} \tag{7.2}$$

然后，通过标准正态分布的累积分布函数（R 函数 `pnorm()`）计算相伴概率，即 P 值，或

通过分位数函数(R 函数 qnorm())计算显著性水平 α 下的检验临界值。比较 P 值与显著性水平，或比较检验统计量 z_c 与检验临界值，即可完成 z 检验。

单样本平均数 z 检验的功效在 6.3 小节有详细的讨论，这里不再赘述。按照式(6.11)、式(6.12)和式(6.13)，其中 $\delta = \frac{\mu_1 - \mu_0}{\sigma / \sqrt{n}}$，用 $\bar{x}$ 估计 μ_1，则 δ 就是检验统计量 z_c。下面我们来看几个应用的实例。

例题 7.1　2021 年某市卫生健康委完成了一项关于 40 岁以上居民胆固醇指标的统计：平均数 190 mg/dL，标准差 25 mg/dL。两年后，卫生健康委又随机抽选了 100 名 40 岁以上的居民，发现胆固醇指标的平均数 $\bar{x} = 193$ mg/dL。试问：新的抽样调查结果是否能够表明 40 岁以上居民的胆固醇指标有变化？

分析　2021 年的胆固醇指标数据，可视为一个正态总体。平均数和方差两个参数已知。2023 年的随机抽样结果构成一个新的样本。该样本可能来自与 2021 年一样的总体；也可能由于居民对健康问题的重视，两年来身体素质有所提高，该样本来自比 2021 年的平均数更低的总体；还可能由于对健康问题重视不够，该样本来自比 2021 年的平均数还高的总体。因此，我们可以通过双尾的 z 检验来解决该问题。

解答　根据假设检验的一般操作流程，作 z 检验如下。

(1)按照双尾检验问题的提法，设定零假设 $H_0: \mu = 190$，备择假设 $H_1: \mu \neq 190$。

(2)选取显著性水平 $\alpha = 0.05$。

(3)计算检验统计量和 P 值。

· 检验统计量 $z_c = \frac{\bar{x} - \mu}{\sigma / \sqrt{n}} = \frac{193 - 190}{25 / \sqrt{100}} = 1.2$。

```
> z.c <- (193 - 190) / (25 / sqrt(100)); z.c
[1] 1.2
```

根据假设检验的基本原理，P 值在假定零假设 H_0 成立的前提下计算而得。这里计算检验统计量 z_c 时，令 $\mu = 190$，也就假定了零假设 H_0 成立。

· 双尾检验的 P 值①：$P(z \geqslant z_c \mid H_0) + P(z \leqslant -z_c \mid H_0) \approx 0.230$，等于图 7.1 灰色区域的面积。因为两侧的灰色区域关于 y 轴对称，所以 P 值也等于 $2 \times P(z \geqslant z_c \mid H_0)$。

```
> pnorm(q = z.c, lower.tail = FALSE) * 2
[1] 0.2301393
```

令 lower.tail= FALSE，pnorm()函数将计算 $P(z \geqslant z_c \mid H_0)$，也就是图 7.1 右侧灰色区域的面积。

(4)作出统计推断。

P 值大于显著性水平 α。假如零假设 H_0 成立，得到比样本平均数 193 mg/dL 更极端的(更不利于零假设的)样本，并不是一个小概率事件。因此，我们应当接受零假设 H_0，拒绝备择假设 H_1。检验结论：随机抽样数据表明该市 2023 年 40 岁以上居民胆固醇指标与 2021 年的数据没有统计学意义上的显著差异。

① $P(z \geqslant z_c \mid H_0)$ 表示以零假设 H_0 成立为前提时，$z \geqslant z_c$ 的条件概率。

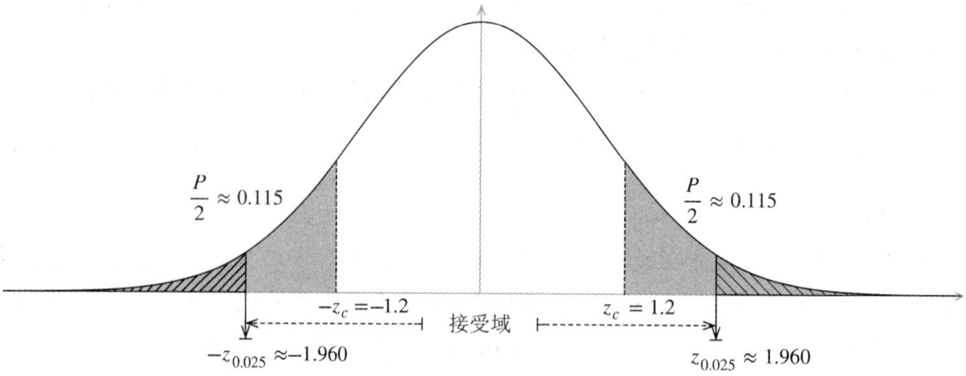

图 7.1　例题 7.1 的检验统计量与 P 值

以上检验过程我们采用了相伴概率与显著性水平比较的方法。如果采用临界值比较的推断方法，需通过标准正态分布的分位数函数 qnorm()，计算显著性水平 $\alpha = 0.05$ 下双尾检验的右侧检验临界值，得 $z_{\frac{\alpha}{2}} = z_{0.025} \approx 1.960$。

```
> qnorm(p = 0.025, lower.tail = FALSE)
[1] 1.959964
```

注意，这里计算双尾检验的检验临界值，应取上侧 0.025 分位数，所以指令中 p = 0.025。此外，之所以计算右侧检验临界值是因为样本标准化所得 z_c 值大于 0，处于标准正态分布的右侧。$z_c = 1.2$ 比右侧检验临界 $z_{0.025}$ 值小，落在接受域内（见图 7.1）。因此，应当接受零假设，结论同上。

以上分步检验的过程既烦琐又容易出错。R 为我们提供了一步完成单样本 z 检验的方法，例如 BSDA 包[①]中的 zsum.test() 函数[②]。使用该函数前，需要通过 library() 函数将 BSDA 包加载到当前 R 的运行环境中。

```
> library(BSDA)
> zsum.test(mean.x = 193, n.x = 100, sigma.x = 25, mu = 190, alternative =
"two.sided")
```

参数 mean.x 接收样本平均数。参数 n.x 设定样本容量。参数 sigma.x 设定总体标准差。参数 mu 设定总体平均数。alternative 参数有可选项："two.sided"，双侧备择，也就是双尾检验（默认值，可省略）；"greater"，右侧备择的单尾检验，即备择假设所对应的总体平均数大于比较的标准 190 mg/dL；"less"，左侧备择的单尾检验，即备择假设所对应的总体平均数小于比较的标准 190 mg/dL。运行结果如下：

```
  One-sample z-Test


data:  Summarized x
```

① Arnholt A, Evans B. 2023. BSDA: Basic Statistics and Data Analysis. R package version 1.2.2, 〈https://CRAN.R-project.org/package=BSDA〉.

② zsum.test()函数并不接收具体的样本观测值数据，而是接收样本平均数、样本容量、总体标准差和总体平均数，所以函数运行结果中显示数据是 Summarized x，即摘要的 x。

```
z = 1.2, p-value = 0.2301
alternative hypothesis: true mean is not equal to 190
95 percent confidence interval:
 188.1001 197.8999
sample estimates:
mean of x
      193
```

zsum.test()函数计算的结果中,包含分量 statistic(z 统计量)、p.value(P 值)、conf.int(总体平均数的置信区间)、estimate(总体平均数的点估计值)、null.value(零假设)、alternative(备择假设)等。若要单独获取这些分量结果,可将检验结果赋值给某个变量,并通过$符号提取。比如要获取 0.95 置信度的置信区间,可执行以下操作:

```
> zst <- zsum.test(mean.x = 193, n.x = 100, sigma.x = 25, mu = 190)
> zst$conf.int
[1] 188.1001 197.8999
attr(,"conf.level")
[1] 0.95
```

第 6 章在讨论假设检验与区间估计的对偶关系时已知,"置信区间包含所比较的总体参数"等价于"假设检验接受零假设"。本例题便是两者对偶关系的一个实例。0.95 置信度的置信区间包含总体平均数 190 mg/dL,等价于 0.05 显著性水平下检验接受零假设。

调查资料的假设检验结果没有显著差异。接着我们来计算一下检验的*功效*。功效分析可通过 pwr 包[①]中的 pwr.norm.test()函数实现。代码如下:

```
> library(pwr)
> pwr.norm.test(d = z.c / sqrt(100), n = 100, sig.level = 0.05, alternative
= "two.sided")
```

参数 d 接收平均数之差除以样本标准差,称为*效应量*(effect size),即 $\frac{193-190}{25}$,也就等于检验统计量 z_c 除以 $\sqrt{n}$;参数 n 设定样本容量;参数 sig.level 设定显著性水平(默认值为 0.05);参数 alternative 用法同上。运行结果如下:

```
     Mean power calculation for normal distribution with known variance

              d = 0.12
              n = 100
      sig.level = 0.05
          power = 0.224427
    alternative = two.sided
```

① Champely S, et al. 2020. pwr: Basic Functions for Power Analysis. R package version 1.3-0, 〈https://CRAN.R-project.org/package=pwr〉.

为了加深对第6章 z 检验功效公式推导的理解，让我们试着进行分步计算。对于式(6.11)，其中 $\frac{\mu_1-\mu_0}{\sigma/\sqrt{n}}$ 也就是以上检验计算的 z.c，而 $z_{\frac{\alpha}{2}}$ 可用分位数 qnorm()函数计算。将它们代入累积分布函数 pnorm()①，即可按式(6.11)计算功效。

```
> z.crit <- qnorm(p = 0.025, lower.tail = FALSE)
> pnorm(q = z.c - z.crit) + pnorm(q = - z.c - z.crit)
[1] 0.224427
```

分步计算的结果与 pwr.norm.test()函数的结果完全一致。

检验的功效确实不高。如果我们想要功效达到0.8，样本容量至少要多大呢？样本容量的估算方法与功效的计算一样，只需对 pwr.norm.test()函数设定 power= 0.8，并解除n= 100 的设定即可。

```
> pwr.norm.test(d = 0.12, power = 0.8, sig.level = 0.05, alternative = "two.
sided")
     Mean power calculation for normal distribution with known variance


                  d = 0.12
                  n = 545.0598
          sig.level = 0.05
              power = 0.8
        alternative = two.sided
```

样本容量至少要达到546，功效才能提升至0.8。可见目前调查100个样本，对于反映胆固醇指标两年后的变化远远不够。

例题7.2 假设一般儿童的胆固醇水平是175 mg/dL，标准差为18 mg/dL，现有父亲患有心脏病的10名儿童，他们的平均胆固醇水平是186 mg/dL，试问：这组儿童的胆固醇水平是否高于一般儿童的胆固醇水平？

分析 假如原发性的高胆固醇水平与遗传和/或家庭饮食习惯有关，也就是说高胆固醇表现出家族聚集性。那么我们就有理由认为，父亲患有心脏病(可能就与胆固醇水平有关)的儿童很可能比一般儿童的胆固醇水平高。因此，可采用单尾检验来解决该问题。

此外，我们还应思考如何选择显著性水平。显著性水平的选择关系到两类错误的控制。本例中，一类弃真错误意味着：本来原发性高胆固醇没有家族聚集性，而研究结论认为有。这样的结论会引导我们关注相关家庭儿童的胆固醇水平。二类纳伪错误意味着：本来原发性高胆固醇有家族聚集性，而研究结论认为没有。这将导致我们降低对相关家庭儿童胆固醇水平的关注。可见，二类错误的社会代价更大，所以应该更好地控制二类错误。鉴于显著性水平 α 和二类错误的概率 β 间此消彼长的关系，本题应选择相对大的显著性水平值。

解答 根据假设检验的一般操作流程，作 z 检验如下。

(1)按照单尾检验的思路，设定零假设 $H_0:\mu=175$，备择假设 $H_1:\mu>175$。

① 累积分布函数即 $P(X\leqslant x)$，所以 pnorm()函数的 lower.tail 参数等于 TRUE，也就是该参数的默认值。

(2)选取显著性水平 $\alpha = 0.05$。

(3)计算检验统计量和 P 值。

• 检验统计量 $z_c = \dfrac{\bar{x} - \mu}{\sigma / \sqrt{n}} = \dfrac{186 - 175}{18 / \sqrt{10}} \approx 1.933$。

```
> z.c = (186 - 175) / (18 / sqrt(10)); z.c
[1] 1.932503
```

• 单尾检验的 P 值：$P(z \geqslant z_c \mid H_0) \approx 0.027$，等于图 7.2 灰色区域面积。

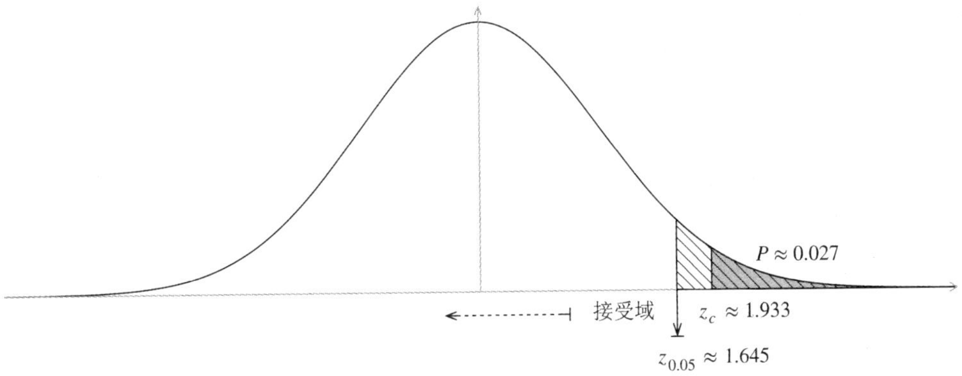

图 7.2　例题 7.2 的检验统计量与 P 值

```
> pnorm(q = z.c, lower.tail = FALSE)
[1] 0.02664873
```

(4)作出统计推断。

P 值小于显著性水平 α，假如零假设 H_0 成立，那么小概率事件就发生了。根据小概率原理，应当拒绝零假设，接受备择假设 H_1。检验结论：父亲患有心脏病的儿童的胆固醇水平与一般儿童的胆固醇水平有统计学意义上的显著差异。

以上分步计算的检验结果与 zsum.test()函数一步完成 z 检验的结果一致。

```
> zsum.test(mean.x = 186, n.x = 10, sigma.x = 18, mu = 175, alternative =
"greater")
  One-sample z-Test


data:  Summarized x
z = 1.9325, p-value = 0.02665
alternative hypothesis: true mean is greater than 175
95 percent confidence interval:
  176.6373        NA
sample estimates:
mean of x
      186
```

检验的结论是样本平均数与总体平均数之间有统计上的显著差异。保险起见，我们还是计算一下检验功效，以了解检验结果的可重复性。

```
> pnt <- pwr.norm.test(d = z.c / sqrt(10), n = 10, alternative = "greater");
pnt$power
[1] 0.6131924
```

如要分步计算功效，因本题为右侧备择的单尾检验，所以应用式(6.12)计算。其中 $\mu_1 = 186$，$\mu_0 = 175$，$\sigma = 18$，$n = 10$，代入公式即得检验统计量 z.c。z_α 同样用标准正态分布的分位数函数 qnorm()计算。将各项值代入标准正态分布的累积分布函数 pnorm()，即可按式(6.12)计算功效。

```
> z.crit <- qnorm(0.05, lower.tail = FALSE)
> pnorm(q = z.c - z.crit)
[1] 0.6131924
```

检验的功效还是不够高。这意味着如果进行多次重复抽样，对每次新搜集的样本数据都进行一次 z 检验的话，只有 61.3%的机会得到拒绝零假设的检验结论。所以，一次低功效的检验，虽然可能得出有显著差异的结论，但也不一定可靠。当然，我们并不否认当前这次试验结果的统计显著性。

假如要使功效 $1-\beta = 0.8$，样本容量至少要达到 17。

```
> pnt <- pwr.norm.test(d = z.c / sqrt(10), power = 0.8, alternative =
"greater"); pnt$n
[1] 16.55495
```

本题如果选择显著性水平 $\alpha = 0.01$，那么 z 检验的右侧单尾检验临界值 $z_{0.01} \approx 2.326$，结论将接受零假设，即父亲患有心脏病的儿童的胆固醇水平与一般儿童的数据没有统计学意义上的显著差异。我们很可能会错过对高胆固醇儿童早期干预的时机。

显著性水平 α 取值越小，数据达到拒绝零假设的要求就越高。这里也就相当于要求目标儿童与一般儿童的数据有更明显的差异。反过来说，只有两者的差异绝对值足够大时，我们才相信指标差异有统计显著性。

例题 7.3 据报道小麦品种郑麦 139 的穗粒数平均为 37 粒，标准差为 1.2 粒。从一块种植该品种的试验田中随机取小麦 12 株，计穗粒数如下：37、37、36、38、36、38、36、35、37、36、38、35。试问：该试验田的郑麦 139 的穗粒数与标准是否有显著差异？

分析 本例题给出了 12 个样本观测值，所以需要计算样本平均数。除此之外，与前两题并无二致。

解答 根据假设检验的一般操作流程，作 z 检验如下。

(1)按照双尾检验的思路，设定零假设 $H_0: \mu = 37$，备择假设 $H_1: \mu \neq 37$。

(2)选取显著性水平 $\alpha = 0.05$。

(3)计算检验统计量和 P 值。

·计算样本平均数 $\bar{x} \approx 36.583$。

```
> ears <- c(37, 37, 36, 38, 36, 38, 36, 35, 37, 36, 38, 35)
> ears.mean <- mean(ears); ears.mean
[1] 36.58333
```

· 检验统计量 $z_c = \dfrac{\overline{x}-\mu}{\sigma/\sqrt{n}} = \dfrac{36.58333-37}{1.2/\sqrt{12}} \approx -1.203$。

```
> z.c = (ears.mean - 37) / (1.2 / sqrt(12)); z.c
[1] -1.202813
```

· 双尾检验的 P 值：$P(z \leqslant z_c \mid H_0) \times 2 \approx 0.229$，等于图 7.3 灰色区域面积。

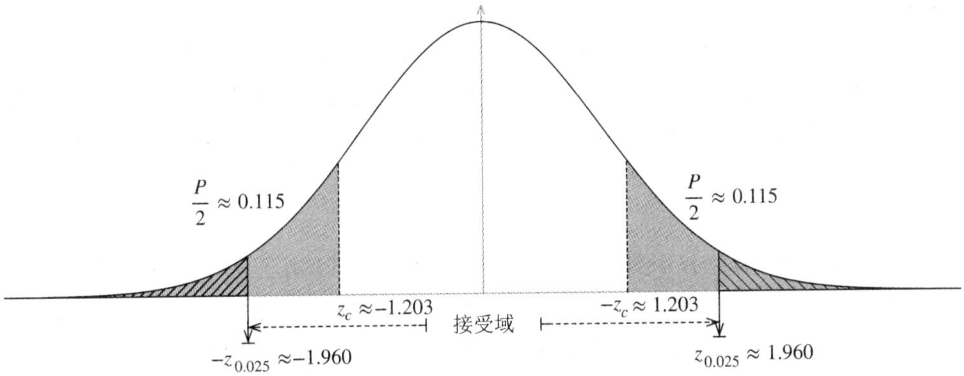

图 7.3　例题 7.3 的检验统计量与 P 值

```
> pnorm(q = z.c, lower.tail = TRUE) * 2
[1] 0.2290487
```

此处由于检验统计量 z.c 小于 0，更不利于零假设的统计量出现在标准正态分布的左侧，所以 lower.tail= TRUE。

(4)作出统计推断。

P 值大于显著性水平 α，样本数据不足以拒绝零假设 H_0。检验结论：该试验田的郑麦 139 的穗粒数与标准的 37 粒没有统计学意义上的显著差异。

因为题目给出了 12 个样本观测值，我们改用 z.test()函数一步完成 z 检验，该函数也属于 BSDA 包。代码如下：

```
> z.test(x = ears, mu = 37, sigma.x = 1.2)
  One-sample z-Test


data:  ears
z = -1.2028, p-value = 0.229
alternative hypothesis: true mean is not equal to 37
95 percent confidence interval:
  35.90438 37.26228
sample estimates:
mean of x
36.58333
```

计算检验的功效，得

```
> pnt <- pwr.norm.test(n = 12, d = z.c / sqrt(12), alternative = "two.
```

```
sided"); pnt$power
[1] 0.2252611
```

如要检验的功效达到 0.8，样本容量至少要达到 66。

```
> pnt <- pwr.norm.test(power = 0.8, d = z.c / sqrt(12), alternative = "two.
sided"); pnt$n
[1] 65.10159
```

也就是说，假如我们的质检员愿意投入更高的成本来扩大调查的样本数（超过 66 株），那么得到有显著差异结论的概率将会提升，假设检验将有能力分辨样本与标准值之间微小的差异。质检员的调查方案通常是统一的，相对来说差异较大的（效应量较大的）样本会被假设检验分辨出来，差异不明显的（例如本题中样本平均数与标准值之差仅为 -0.417）将不会被检出。

在结束本小节之前，让我们再对比观察图 7.1 和图 7.3。由于两个问题中得到的检验统计量非常接近，导致计算的 P 值也非常接近。但是，两个问题在平均数的大小、样本容量、总体方差方面都有明显的差异。标准化将两个完全不同的总体分布转变成了标准正态分布。这里我们将 40 岁居民的胆固醇水平和小麦穗粒数视作服从正态分布。事实上，并不限于正态分布，只要是独立同分布的随机变量，当样本容量 n 足够大时，样本平均数经过标准化后都近似服从标准正态分布。这一点正是中心极限定理所表明的。

7.1.2 总体方差未知

样本来自正态总体，即使总体方差 σ^2 未知，样本平均数仍服从正态分布。然而，对样本平均数进行标准化时，公式中总体标准差 σ 只能用样本标准差 s 估计。虽然样本方差 s^2 是总体方差 σ^2 的无偏估计，但是用样本标准差 s 估计总体标准差 σ 却有偏。因此，将标准化统计量换作

$$t = \frac{\bar{x} - \mu}{s_{\bar{x}}} = \frac{\bar{x} - \mu}{s / \sqrt{n}} \tag{7.3}$$

其中 t 统计量服从 t 分布。基于 t 分布的检验方法称为 t 检验。注意，这里的 $s_{\bar{x}}$ 是样本标准误，而非样本标准差。

t 分布与标准正态分布的关系在第 3 章有详细讨论。理解这两种样本统计量的分布（抽样分布）的关键在于 t 分布的自由度。当自由度变大时，t 分布逐渐逼近于标准正态分布，而自由度 $n-1$ 与样本容量 n 有直接关系。也就是说，样本容量越大，样本标准差 s 越接近总体标准差 σ，检验统计量 t 也就越接近 z 检验的检验统计量 z，它们的概率分布也会越来越相近。

对于大样本（$n > 30$），t 分布和标准正态分布的密度曲线近乎重合，这也就是当总体方差未知而 $n > 30$ 时，样本平均数的检验仍可采用 z 检验的原因。然而，在具体的操作中，不论样本的大小情况如何，t 检验都是适用的。因为 t 检验会根据样本的实际大小决定 t 分布的形状，进而控制相伴概率 P 值的计算。

进行双尾检验时，设定零假设 $H_0: \mu = \mu_0$，备择假设 $H_1: \mu \neq \mu_0$。将 μ_0 代入上式计算检验统计量

$$t_c = \frac{\overline{x} - \mu_0}{s_{\overline{x}}} \tag{7.4}$$

然后，通过 t 分布的累积分布函数(R 函数 pt())计算相伴概率，或通过分位数函数(R 函数 qt())计算显著性水平 α 下的检验临界值。比较 P 值与显著性水平，或比较检验统计量 t_c 与检验临界值，即可完成 t 检验。在操作流程上 t 检验与 z 检验完全一致，只是检验统计量及其抽样分布不同罢了。

t 检验的功效在第 6 章有详细讨论，这里也不再赘述。根据式(6.22)、式(6.23)和式(6.24)，其中 $\delta = \frac{\mu_1 - \mu_0}{s/\sqrt{n}}$，用 $\overline{x}$ 估计 μ_1，则 δ 就是检验统计量 t_c。

例题 7.4　某观赏植物的苗高标准为 1.60 m，苗高达到或超过标准即可上市售卖。现在从一个苗圃中随机抽取 10 株，苗高分别为 1.69、1.77、1.64、1.59、1.63、1.59、1.58、1.68、1.69、1.69。试问：该苗圃的观赏植物是否已经达到售卖标准？

分析　植物幼苗皆从矮处长起，在未达标准时苗圃中所有幼苗株高的总体平均数应小于 1.6 m；而当幼苗经过一段时间的精心培育后，苗高理应达到甚至超过 1.6 m 的标准。从达到售卖标准而言，小于 1.6 m 都是不达标的，所以本题应该采用单尾检验。

结合此例，再思考一下显著性水平的问题。假如该苗圃的苗高还未达标，但检验拒绝了零假设而贸然上市售卖，不论对生产方还是对将来的采购方来说都将蒙受损失。双方都期望检验方法有较低的一类弃真错误概率，所以我们选择较低的显著性水平。

解答　根据假设检验的一般操作流程，作 t 检验如下。

(1)按照单尾检验的思路，设定零假设 $H_0:\mu < 1.6$，备择假设 $H_1:\mu \geqslant 1.6$。

(2)选取显著性水平 $\alpha = 0.01$。

(3)计算检验统计量和 P 值。

· 计算样本平均数和样本方差得 $\overline{x} = 1.665$，$s \approx 0.060$。

```
> height <- c(1.69, 1.77, 1.64, 1.59, 1.63, 1.59, 1.58, 1.68, 1.69, 1.69)
> h.mean <- mean(height); h.mean
[1] 1.655
> h.sd <- sd(height); h.sd
[1] 0.06004628
```

· 检验统计量 $t_c = \frac{\overline{x} - \mu}{s/\sqrt{n}} = \frac{1.655 - 1.6}{0.06004628/\sqrt{10}} \approx 2.897$。

```
> t.c <- (h.mean - 1.6) / (h.sd / sqrt(length(height))); t.c
[1] 2.89652
```

length()函数用于计算 height 数据中的元素个数，即样本容量。

· 计算单尾检验的 P 值：$P(t \geqslant t_c \mid H_0) \approx 0.009$，等于图 7.4 灰色区域面积。

```
> pt(q = t.c, df = length(height) - 1, lower.tail = FALSE)
[1] 0.008847676
```

(4)作出统计推断。

P 值小于显著性水平 α，因此应当拒绝零假设，接受备择假设。检验结论：该苗圃的观

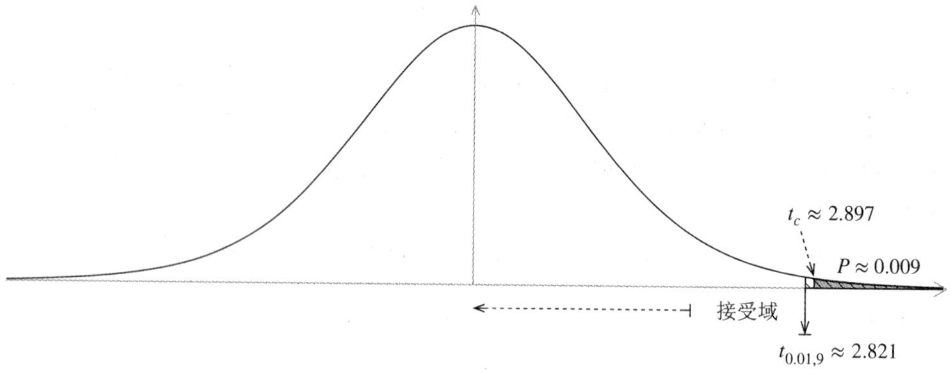

图 7.4　例题 7.4 的检验统计量与 *P* 值(单尾检验)

赏植物苗高与售卖标准之间有统计学意义上的显著差异,已经达到售卖标准。

通过 R 一步完成 t 检验可用 `t.test()`函数(属于 R 统计分析包 `stats`,运行 R 时会自动加载)。以上分步计算的检验结果与 `t.test()`函数的计算结果一致。

```
> t.test(x = height, mu = 1.6, alternative = "greater", conf.level = 0.99)
```

参数 `x` 接收样本数据;参数 `mu` 设定总体平均数;参数 `alternative` 用法同上。运行结果如下:

```
  One Sample t-test


data:  height
t = 2.8965, df = 9, p-value = 0.008848
alternative hypothesis: true mean is greater than 1.6
99 percent confidence interval:
  1.601426      Inf
sample estimates:
mean of x
    1.655
```

`pwr` 包为 t 检验提供的功效计算函数是 `pwr.t.test()`①。计算得功效 $1-\beta \approx 0.553$。如果要功效 $1-\beta = 0.8$,样本容量至少要达到 15。代码如下:

```
> pwr.t.test(d = t.c / sqrt(length(height)), sig.level = 0.01, alternative
= "greater", n = length(height), type = "one.sample")$power
[1] 0.5533569
> pwr.t.test(d = t.c / sqrt(length(height)), sig.level = 0.01, alternative
= "greater", power = 0.8, type = "one.sample")$n
[1] 14.77863
```

`pwr.t.test()`函数除了参数 `n`、`d`、`sig.level` 和 `pwr.norm.test()`函数中对应参数的

① R 统计分析包 `stats` 中还有一个为 t 检验计算功效的函数 `power.t.test()`。

作用一致外，多了一个参数 type，可取值"two.sample""one.sample"和"paired"。这些参数的取值含义可从字面上理解，不再细述。

换作 t 检验，为了验证 6.3.1 小节推导的功效计算公式，我们试着按式(6.23)分步计算功效。首先观察 δ 的表达式可知该非中心参数其实就是分步检验中的检验统计量 t_c，即 t.c。然后利用 t 分布的分位数函数 qt()获得(右侧)检验临界值：

```
> t.crit <- qt(p = 0.01, df = length(height) - 1, lower.tail = FALSE)
```

最后将各项值代入 t 分布的累积分布函数 pt()(非中心参数值需通过参数 ncp 传入)，即可按式(6.23)计算功效。

```
> 1 - pt(q = t.crit, df = length(height) - 1, ncp = t.c)
[1] 0.5533569
```

结果与 pwr.t.test()函数计算的完全一致。一步计算的函数操作方便，分步计算则有利于理解检验功效计算的原理和逻辑。

本题如果采用双尾检验，情况就有所不同了。

(1)设定零假设 $H_0:\mu = 1.6$，备择假设 $H_1:\mu \neq 1.6$。

(2)选取显著性水平 $\alpha = 0.01$。

(3)计算检验统计量和 P 值。

- 检验统计量 t_c 仍为 2.897。
- 计算双尾检验的 P 值：$P(t \geqslant t_c \mid H_0) \times 2 \approx 0.018$，等于图 7.5 灰色区域面积。

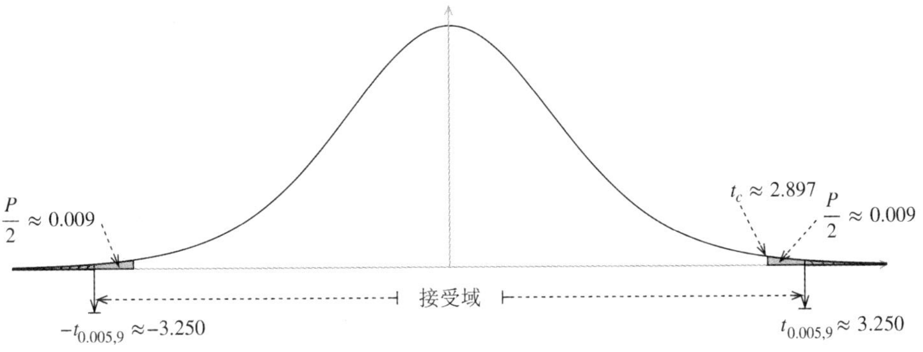

图 7.5　例题 7.4(双尾检验)的检验统计量与 P 值(双尾检验)

```
> pt(q = t.c, df = length(height) - 1, lower.tail = FALSE) * 2
[1] 0.01769535
```

(4)作出统计推断。

P 值大于显著性水平 α，因此应当接受零假设，拒绝备择假设。检验结论：该苗圃的观赏植物苗高与售卖标准之间没有统计学意义上的显著差异，未达到售卖标准。

同一个问题，同一组样本数据，两种不同的检验方法，得到的结论却完全相反！

单尾检验相比于双尾检验，辨别力更强、灵敏度更高。单尾检验拒绝零假设的条件较低，本题中单尾检验的检验临界值为 $t_{0.01,9} \approx 2.821$，而双尾检验在同侧的检验临界值 $t_{0.005,9} \approx 3.250$，所以单尾检验更容易拒绝零假设。样本平均数标准化后 $t_c \approx 2.897$，恰好位于两个检验临界值 $t_{0.01,9}$ 和 $t_{0.005,9}$ 之间。不同的检验规则，会导向不同的结论。

借此例我们想强调的是，假设检验方法是一套有概率理论支撑的操作规范，其目的是保证长期使用该操作规范时多数时候正确，而不是保证每一次检验都不犯错。

再进一步，如果将零假设和备择假设互换，即零假设 $H_0:\mu \geqslant 1.6$，备择假设 $H_1:\mu < 1.6$。进行单尾 t 检验，结果显示 P 值：$P(t < t_c \mid H_0) \approx 0.99$。结论与假设互换前是一致的，苗高已经达到售卖标准。

```
> t.test(x = height, mu = 1.6, alternative = "less")$p.value
[1] 0.9911523
```

现在我们对数据稍作变动，将 10 个苗高数据同时减去 0.03，再分别进行不同零假设的两种单尾检验。结果如下：

```
> t.test(x = height - 0.03, mu = 1.6, alternative = "greater")$p.value
[1] 0.110256
> t.test(x = height - 0.03, mu = 1.6, alternative = "less")$p.value
[1] 0.889744
```

的确，我们得到了看似“矛盾”的结论：

· 设定零假设 $H_0:\mu \leqslant 1.6$，备择假设 $H_1:\mu > 1.6$。得 P 值：$P(t > t_c \approx 1.317 \mid H_0) \approx 0.110$（见图 7.6(a)）。

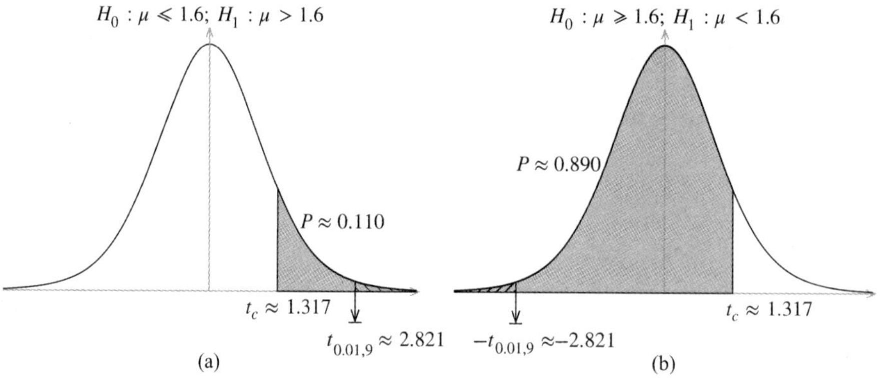

图 7.6　零假设的两种问法及对应的检验结果

· 设定零假设 $H_0:\mu \geqslant 1.6$，备择假设 $H_1:\mu < 1.6$。得 P 值：$P(t < t_c \approx 1.317 \mid H_0) \approx 0.890$（见图 7.6(b)）。

第一种情形，要接受零假设 $H_0:\mu \leqslant 1.6$；第二种情形，也要接受零假设 $H_0:\mu \geqslant 1.6$。虽然都是接受零假设，但是两种零假设所对应的结论却完全相反。

若用第一种零假设(右侧备择)，则该批植物苗未达到售卖标准，不能上市；若用第二种零假设(左侧备择)，则该批植物苗已达到售卖标准，可以上市。假如你是市场检验员，该如何是好？这时候就看你的“主观倾向”了。

如果作为供货方的苗圃，产品质量在过去一段时间不是很好，你对该苗圃信心不足，会坚持用 $\mu \leqslant \mu_0$ 作为零假设。这样一来，需要较强的证据($\bar{x} > \mu_0 + \frac{\sigma z_\alpha}{\sqrt{n}}$)才能让你相信产品质量优等。

如果苗圃有良好的产品质量记录，你对供货方有信心，则会把 $\mu \geqslant \mu_0$ 作为零假设。这样对供货方有利，因为这保证了优质的产品只以很低的概率 α 被拒收，而非优质产品仍能以不是很小的概率被接受。

反过来对于质检方来说，这样做也并非完全不好。首先供货方的产品一贯较好，故可以放宽些，需要有较强的证据（$\bar{x} < \mu_0 - \frac{\sigma z_\alpha}{\sqrt{n}}$）才否定 $\mu \geqslant \mu_0$；其次，既然大多数产品是优等的，那么较小的 α 可保证优等产品有很大的机会都通过检验。

换一个场景来理解，对于平时成绩一贯不好的同学，在某次考试中只有取得非常显著的表现，才能相信他确实有进步。反过来，对于一向成绩优异的同学，在一次考试中除非成绩下降很多，不然我们不应该认为他出现成绩下滑的情况。

单尾检验两种零假设的设定方法之间的矛盾，与上述双尾检验和单尾检验之间的矛盾，都反映了假设检验的一个重要事实：统计推断并不遵循“非此即彼”的逻辑。

假设检验所作的推断，是依据概率的理论框架，对试验或观察所得的数据是否支持零假设的判断。虽然我们手中的数据一旦获得后是确定不变的，然而我们选择不同的逻辑背景（造成双尾和单尾检验的矛盾），为相伴概率选择不同的条件（造成两种单尾检验的矛盾），会带来不同的结论。同理，如果为假设检验选择不同的概率模型，例如为本应使用 t 分布的检验使用标准正态分布，同样的样本数据也可能会得到不同的检验结果。

4.2.1 小节在首次提及 t 分布时，只是提到它是由酿酒师 Gosset 在处理小样本数据时发现的。在介绍完 t 检验的具体方法之后，我们有必要把关于 t 分布和 t 检验的故事讲完，以真正了解 t 检验为科学研究究竟带来了什么。

1875 年 Galton 在一篇文章[①]中第一次精确表述了一种思想：统计比较可以严格遵循数据的内部变异进行，而无须参考甚至依赖外部准则。然而，Galton 所用的方法局限于百分位数，特别是中位数和两个四分位数。在相互比较中深入应用数学的种子就是 1908 年被 Gosset 种下的。在 Gosset 给出 t 统计量之前，大家常借用 Pearson 的标准差来描述样本算术平均数的可能误差。面对大样本时，统计学家毫不犹豫地让 $\sigma = \sqrt{\frac{\sum (x_i - \bar{x})^2}{n}}$，但面对小样本时用同样的方法估计 σ，会发生什么？

没有严格证明，仅靠着非凡的洞察力，Gosset 猜对了结果：随机变量 x_i 服从均值为 0 的正态分布时，$\frac{\bar{x}}{\sqrt{\frac{\sum (x_i - \bar{x})^2}{n}}}$ 服从自由度为 $n-1$ 的 t 分布。

Gosset 的 t 检验，在没有利用任何外部参考，也没有参考相关专业领域常被接受的阈值的前提下，仅仅利用样本中的信息完成了统计比较。t 统计量不包含 σ，因此有关 t 的概率，即 P 值可以从观测值中计算。Gosset 基于 Student’s t 检验的统计推断是一种纯粹的内部数据分析。然而，t 检验在 *Biometrika* 上发表后，几乎无人问津，包括 Gosset 自己在实践工

① Galton F. 1875. IV. Statistics by intercomparison, with remarks on the law of frequency of error. Phil. Mag., 49: 33-46.

作中也忽视了它。这篇论文开始产生深远影响，源于一位特殊的读者。

1915 年，Fisher 在 *Biometrika* 上发表了一篇短小精悍的文章，给出了 t 分布的严格证明①。Fisher 的这篇文章仍然未能为 t 检验带来应有的关注。此后，Fisher 逐渐意识到 t 分布从对总体标准差 σ 的依赖中解放出来，挣脱的其实是一只猛兽。Fisher 借此创造了双样本 t 检验（见 8.2.2 小节），并推导出了用于回归系数的分布理论（见第 10 章回归分析）及方差分析的完整步骤（见第 9 章方差分析）。Gosset 在自己的论文中提出了一种杰出的思想，但仅限于单样本的检验。Fisher 吸收了这种思想，并扩展到两个甚至多个样本的情况。

Gosset 引爆了"核弹"，Fisher 让我们感受到了"冲击波"。

7.2　单样本比率的检验

生物学研究中，有许多数据是以比率、百分数表示的。在涉及此类数据的场景中，总体或样本中的个体将分属于两种属性类别。比如，药剂处理后害虫的死与活、种子的发芽与不发芽、动物的雌与雄等。类似这些性状组成的总体服从二项分布，因此称为二项总体，即呈现"非此即彼"性状的个体组成的总体。

当然，有些时候我们研究的属性类别有多种，可根据研究目的进行适当的处理，将多种属性分为"目标性状"和"非目标性状"两种，这样也可将其看作二项总体。

对来自二项总体的随机变量进行假设检验可以使用精确方法和近似方法。精确方法是借助二项分布作为抽样分布，计算相伴概率 P 值。近似方法则是利用特定条件下二项分布可用正态分布近似的性质，借助标准正态分布或 t 分布作为抽样分布，计算相伴概率 P 值。

7.2.1　基于二项分布的精确方法

当 np 或 $n(1-p)$ 小于 5 时，二项分布和正态分布的偏离程度较大，不能用正态分布近似二项分布。因此，相关问题只能用二项分布来检验，此类方法则称为**二项精确检验**，或二项检验。

设 X 为服从二项分布（参数为 n 和 p）的随机变量，用于描述事件 A 的发生次数。在一组 n 次重复的试验中 A 发生 x 次，则样本比率 $\hat{p}=\dfrac{x}{n}$ 是总体参数 p 的一个估计值。检验 $\hat{p}$ 对应的总体比率 p 是否大于或小于某一标准 p_0，也就相当于对 x 的检验：

- 当 $\hat{p}>p_0$ 时，相伴概率 $P(p\geqslant\hat{p}\mid H_0)=P(X\geqslant x\mid H_0)=\sum\limits_{k=x}^{n}\mathrm{C}_n^k p_0^k(1-p_0)^{n-k}$；
- 当 $\hat{p}<p_0$ 时，相伴概率 $P(p\leqslant\hat{p}\mid H_0)=P(X\leqslant x\mid H_0)=\sum\limits_{k=0}^{x}\mathrm{C}_n^k p_0^k(1-p_0)^{n-k}$。

第一种情况下，相伴概率表示的是 H_0 成立的前提下总体比率 p 大于或等于样本比率 $\hat{p}$ 的概率，相当于二项分布随机变量 X 取值大于或等于当前试验的观测值 x 的概率。此概率值可用二项分布的累积分布函数计算。第二种情况与第一种情况相反，但逻辑相同。

① 文中 Fisher 还提到他发现了一个更复杂的统计量——相关系数 r 的分布。

相伴概率的计算公式中，只有 p_0 是未知的。它表示的是零假设 H_0 成立的情况下，总体比率 p 的取值，因相伴概率本就是以 H_0 成立为条件的条件概率。p_0 的值需根据假设检验问题的具体情况而定。

有了相伴概率，通过 P 值与显著性水平 α 的比较即可作出判断。

例题 7.5　假设在某时期内某一个核工厂中，55～65 岁的男性死亡者 13 人中有 5 人死于癌症。据人口统计数据，死亡人数中 20% 的情况能归因于某种癌症。试问：此结果是否有显著性？

分析　因癌症死亡，不管是一般性原因，还是核工厂的核辐射之类的特殊原因，案例总是较少的。因此，很难达到统计学上的显著性。而且，此类情况几乎不可能通过设计试验来获得新的数据。解决它可以将所谓暴露组的比率数据与大总体中对应的数据作比较。这里暴露组的数据表明死亡率的估计 $\hat{p}=\frac{5}{13}\approx 0.385$，大于一般的癌症死亡率 0.2，所以可采用右侧备择单尾检验。其中，一般癌症死亡率可作为 H_0 成立时总体比率 p 的取值。

解答　根据假设检验的一般操作流程，作二项精确检验如下。

(1)设定零假设 $H_0: p=0.2$，备择假设 $H_1: p>0.2$。

(2)选取显著性水平 $\alpha=0.01$。

(3)计算相伴概率 P 值：$P(X\geqslant 5\mid H_0)=\sum\limits_{k=5}^{13}\mathrm{C}_{13}^{k}\,0.2^{k}\,(1-0.2)^{13-k}\approx 0.099$($X$ 表示 55～65 岁男性死于癌症的人数)，等于图 7.7 灰色点的概率之和。

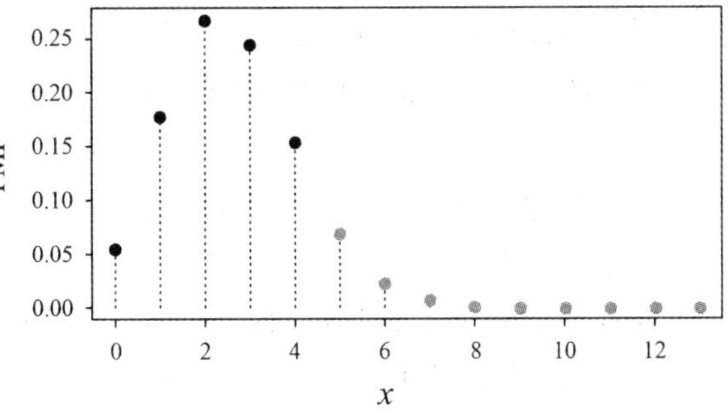

图 7.7　例题 7.5 的 *P* 值

```
> pbinom(q = 4, size = 13, prob = 0.2, lower.tail = FALSE)
[1] 0.09913061
```

二项分布的累积分布函数值由函数 `pbinom()` 完成计算。由于本题计算的是 $P(X\geqslant 5\mid H_0)$，所以 `lower.tail = FALSE`，表示需要计算右尾的概率累积值。此外，`pbinom()` 函数计算右尾概率累积值时，不包含被参数 `q` 传入的值，所以本题需令 `q = 4`。

(4)作出统计推断。

P 值大于显著性水平 α，因此应当接受零假设，拒绝备择假设。检验结论：该核工厂中癌症死亡比率与男性一般癌症死亡率相比没有统计学意义上的显著差异。

假如该工厂目标年龄段男性死亡者 13 人中有 2 人死于癌症，同时备择假设改为 $H_1: p$

<0.2，相伴概率 P 值：$P(X\leqslant 2\mid H_0)=\sum_{k=0}^{2}C_{13}^{k}\,0.2^{k}\,(1-0.2)^{13-k}\approx 0.502$。结论仍然是接受零假设。二项分布随机变量 X 的期望值为 $13\times 0.2=2.6$。实际上，左侧备择单尾检验不论 X 如何（小于 3，$\hat{p}<0.231$）都不会拒绝零假设；而当 $X\geqslant 3$ 时，使用右侧备择单尾检验只有在 $X\geqslant 7$ 的情况下才会在 $\alpha=0.01$ 的水平上拒绝零假设。所以我们只能用 $p>0.2$ 作为备择假设。

R 中精确二项分布检验可通过 binom.test()函数来完成。结果如下：

```
> binom.test(x = 5, n = 13, p = 0.2, alternative = "greater")
    Exact binomial test


data:   5 and 13
number of successes = 5, number of trials = 13, p-value = 0.09913
alternative hypothesis: true probability of success is greater than 0.2
95 percent confidence interval:
  0.1656594 1.0000000
sample estimates:
probability of success
                 0.3846154
```

二项分布精确检验在双侧备择时，由于二项分布的非对称性（如本题中的情形），P 的直接计算相对复杂，我们可以使用 binom.test()函数来完成，只需令 alternative = "two.sided"。如果二项分布是对称的，在双尾检验时还可以直接使用二项分布的累积分布函数计算相伴概率（见下一例题）。

例题 7.6 研究者搜集了某种罕见病的病例 9 例，发现其中女性病人只有 1 人。试问：该罕见病是否有性别上的显著差异？

分析 假如该罕见病没有性别分布上的差异，那么女性发病的理论比率 $p=0.5$。由于样本数只有 9 个，$np<5$，所以本题也只能用二项精确检验来解决。同时，$p=0.5$ 的二项分布形状围绕数学期望值 np 左右对称，因此当双侧备择时，相伴概率 P 值是随机变量 X 取当前值 1 及比当前值更极端值的概率的 2 倍。

解答 根据假设检验的一般操作流程，作二项精确检验如下。

（1）设定零假设 $H_0:p=0.5$，备择假设 $H_1:p\neq 0.5$。

（2）选取显著性水平 $\alpha=0.05$。

（3）计算相伴概率 P 值：$2\times P(X\leqslant 1\mid H_0)=2\times\sum_{k=0}^{1}C_{9}^{k}\,0.5^{k}\,(1-0.5)^{9-k}\approx 2\times 0.020=0.040$，等于图 7.8 灰色点的概率之和。

```
> pbinom(q = 1, size = 9, prob = 0.5, lower.tail = TRUE) * 2
[1] 0.0390625
```

（4）作出统计推断。

P 值小于显著性水平 α，因此应当拒绝零假设，接受备择假设。检验结论：该罕见病在

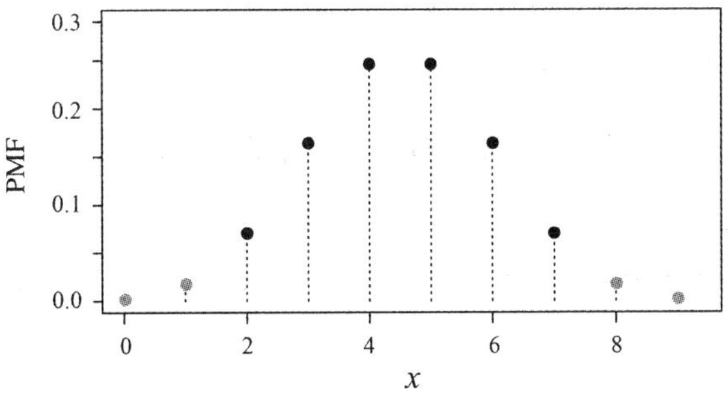

图 7.8　例题 7.6 的 P 值

性别上存在统计学意义上的显著差异。

以上分步检验的计算结果与 binom.test()函数的计算结果一致。

```
> binom.test(x = 1, n = 9, p = 0.5, alternative = "two.sided")$p.value
[1] 0.0390625
```

单样本比率检验的功效可用 pwr 包的 pwr.p.test()函数计算。

```
> pwr.p.test(h = ES.h(1/9, 0.5), n = 9, alternative = "two.sided", sig.level
= 0.05)
     proportion power calculation for binomial distribution (arcsine
transformation)

              h = 0.8911225
              n = 9
      sig.level = 0.05
          power = 0.7622038
    alternative = two.sided
```

参数 h 需要传入通过 ES.h()函数计算的效应量①。功效接近 0.8,表明基于二项分布所作的检验拒绝零假设的结论具有一定的可重复性。

样本比率检验的功效,主要与效应量 h 和样本数量 n 有关,且两者都与功效成正比。也就是说,增加效应量和样本数量都会提高功效。

例题 7.7　基于以往的经验数据,已知某疫苗的严重不良反应率为 0.1%,现有 150 人接种该疫苗,其中有 2 人发生了严重不良反应。试问:该批次疫苗的异常反应率是否高于以往平均水平?

分析　疫苗的不良反应虽然有不同的程度,但是我们可以将人群的反应情况分为两类:严重不良反应和其他。这样就可以用二项分布来描述"严重不良反应"发生次数的概率情况,而基于经验数据的不良反应率为 0.1%,可作为二项分布的参数 p。此外,由于 $np = 0.15$,我们只能采用二项分布的精确检验法。

解答　根据假设检验的一般操作流程,作二项精确检验如下。

① 属 pwr 包。效应量计算公式:$h = 2\arcsin(\sqrt{p_1}) - 2\arcsin(\sqrt{p_2})$。

(1)设定零假设 $H_0:p=0.001$,备择假设 $H_1:p>0.001$。

(2)选取显著性水平 $\alpha=0.01$。

(3)计算相伴概率 P 值:$P(X\geqslant 2\mid H_0)=\sum_{k=2}^{150}C_{150}^{k}0.001^{k}(1-0.001)^{150-k}\approx 0.010$($X$ 表示严重不良反应人数)。

```
> pbinom(q = 1, size = 150, prob = 0.001, lower.tail = FALSE)
[1] 0.01013088
```

(4)作出统计推断。

P 值大于显著性水平 α,因此应当接受零假设,拒绝备择假设。检验结论:该批次疫苗的异常反应(严重不良反应)率在统计上没有显著高于以往平均水平。

如果用 binom.test()函数一步完成二项精确检验,则有

```
> binom.test(x = 2, n = 150, p = 0.001, alternative = "greater", conf.level =
0.99)$p.value
[1] 0.01013088
```

相较于前面两个例题,本题具有明显的特征,首先二项分布所描述的"伯努利事件"——严重不良反应发生概率较低,其次试验次数相对较高。这提示我们除了二项分布的精确检验,还可以用泊松分布来作近似检验。

泊松分布的参数 $\lambda=np$,所以 $\lambda=150\times 0.001=0.15$。代入泊松分布的累积分布函数得

```
> ppois(q = 1, lambda = 0.15, lower.tail = FALSE)
[1] 0.01018583
```

R 一步完成精确泊松检验需用函数 poisson.test()。结果如下:

```
> poisson.test(x = 2, T = 150, r = 0.001, alternative = "greater", conf.level
= 0.99)
	Exact Poisson test


data:  2 time base: 150
number of events = 2, time base = 150, p-value = 0.01019
alternative hypothesis: true event rate is greater than 0.001
99 percent confidence interval:
 0.0009903649          Inf
sample estimates:
event rate
0.01333333
```

观察 pbinom()、binom.test()、ppois()和 poisson.test()四个函数计算的 P 值,可以体会泊松分布对二项分布的近似效果。

看到本题最终的 P 值,只比显著性水平大了约 0.0001,不知读者会有何感想?按照假设检验的程序,我们必须接受零假设。但是,这样的决策结果又有多少说服力呢?我们可以

放松对该疫苗异常反应的追踪吗？如果研究者或者疫苗生产方据此就认为可以放心将疫苗投放市场的话，那么就犯了假设检验"非此即彼"的逻辑错误（见 6.5 小节）。我们应当在积累更多数据后，再次进行假设检验作出新的判断。

7.2.2　基于正态分布的近似方法

当 np 和 $n(1-p)$ 均大于 5 时，二项分布可用正态分布近似。但近似的效果在 n 和 p 两个参数的不同取值上有所不同。当 np 和 $n(1-p)$ 均大于 30 时，近似效果最佳，检验方法可直接使用 z 检验；当 np 或 $n(1-p)$ 小于 30 时，近似效果需要连续性矫正因子矫正，同时检验统计量的抽样分布也需要根据样本量 n 的情况选择（$n \geqslant 30$）标准正态分布（z 检验）或（$n < 30$）t 分布（t 检验）。

正态近似需要**连续性矫正**（continuity correction），是因为二项分布随机变量是离散型数据，当用连续型的正态分布来近似其概率分布时，计算的事件概率会比直接使用二项分布计算的精确结果偏小，在假设检验时更容易发生第一类错误。

比如，离散型随机变量 $x \geqslant 6$ 的概率，用连续型随机变量 x' 来近似时，考虑的应是矫正后的 $x' \geqslant 5.5$ 的概率。如图 7.9 所示，离散型随机变量 $x \geqslant 6$ 的概率相当于图中斜纹矩形的面积。如果用连续型变量 x' 来近似，$x' \geqslant 6$ 的概率相当于灰色区域中在虚线 $x' = 6$ 右侧部分的面积。所以如果不经过矫正，所得概率 P 值将会偏小。通过 $x' \geqslant 6 - 0.5 = 5.5$ 矫正，则可在一定程度上补足偏小的部分。

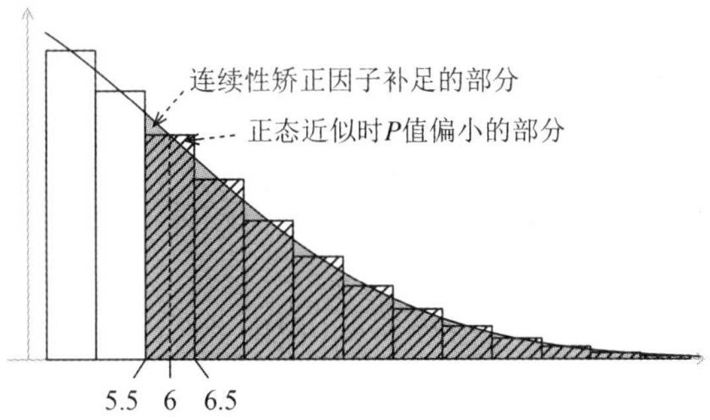

图 7.9　正态近似的连续性矫正

下面分析一个具体的例子。假设某事件发生概率 $p = 0.25$，在 $n = 20$ 次的试验中，试求事件发生次数 $x \geqslant 8$ 的概率。通过 R 指令 `pbinom(q = 7,size = 20,prob = 0.25, lower.tail = FALSE)`直接计算得到 $P(x \geqslant 8) \approx 0.1018$。当用正态分布近似二项分布时，有 $z_c = \dfrac{x - np}{\sqrt{np(1-p)}} = \dfrac{8 - 20 \times 0.25}{\sqrt{20 \times 0.25 \times 0.75}} \approx 1.549$，进而有 $P(z \geqslant 1.549) \approx 0.061$（R 指令 `pnorm(q = 1.549,lower.tail = FALSE)`）。

可见用正态分布近似二项分布时，事件的概率计算（x 大于 np）会偏小。假如引入连续性矫正因子，则 $z_c = \dfrac{x - np - 0.5}{\sqrt{np(1-p)}} = \dfrac{8 - 20 \times 0.25 - 0.5}{\sqrt{20 \times 0.25 \times 0.75}} \approx 1.291$，进而有 $P(z \geqslant 1.291) \approx 0.0984$。此时，利用正态分布近似所得的事件概率已接近直接使用二项分布的结果。

当求事件发生次数 $x \leqslant 3$ 的概率时，直接使用二项分布计算的结果为 $P(x \leqslant 3) \approx 0.225$。无矫正的正态近似计算结果为 $P \approx 0.151$，可见概率计算同样会偏小。考虑连续性矫正因子的结果为 $P\left(z \leqslant z_c = \dfrac{x - np + 0.5}{\sqrt{np(1-p)}}\right) \approx 0.219$。

概括来讲，当 $x > np$ 时，矫正方法是减矫正因子 0.5，将检验统计量 z_c 调小，$P(z \geqslant z_c)$ 才会调大；当 $x < np$ 时，矫正方法是加矫正因子 0.5，将检验统计量 z_c 调大，$P(z \leqslant z_c)$ 才会调大。用符号表示，即 $z = \dfrac{(x - np) \mp 0.5}{\sqrt{np(1-p)}}$，其中 $\mp$ 表示在 $x > np$ 时取负号，在 $x < np$ 时取正号。

对于事件发生频率的检验问题，矫正因子则为 $\dfrac{0.5}{n}$。

例题 7.8 某养鸡场规定种蛋的孵化率达到 0.8 以上为合格。现对一批种蛋随机抽取 100 枚进行孵化试验，结果有 78 枚孵出。试问：这批种蛋是否合格？

分析 以蛋能成功孵化为"目标性状"，不能孵化为"非目标性状"。"目标性状"的总体比率 $p = 0.8$，所以"非目标性状"的总体比率为 $q = 1 - p = 0.2$。np 与 nq 都大于 5，可用正态分布近似计算相伴概率。但由于 nq 小于 30，所以需要连续性矫正。对此类质量检验问题，超过标准才为合格，所以采用单尾检验。

解答 根据假设检验的一般操作流程，作 z 检验如下。

(1)设定零假设 $H_0: p \leqslant 0.8$，备择假设 $H_1: p > 0.8$。

(2)选取显著性水平 $\alpha = 0.05$。

(3)计算检验统计量和 P 值。

· 计算检验统计量：$z_c = \dfrac{(\hat{p} - p) \mp \dfrac{0.5}{n}}{\sqrt{p(1-p)/n}} = \dfrac{(0.78 - 0.8) + \dfrac{0.5}{100}}{\sqrt{0.8 \times 0.2/100}} = \dfrac{-0.02 + 0.005}{0.04} = -0.375$。

```
> z.c <- ((0.78 - 0.8) + (0.5 / 100)) / sqrt(0.8 * (1 - 0.8) / 100); z.c
[1] -0.375
```

· 计算单尾检验的 P 值：$P(z \geqslant z_c \mid H_0) \approx 0.646$。

```
> pnorm(z.c, lower.tail = FALSE)
[1] 0.6461698
```

(4)作出统计推断。

P 值大于显著性水平 α，因此我们应当接受零假设，拒绝备择假设。检验结论：该批种蛋的孵化率不符合标准。

用近似的方法一步完成样本比率检验，R 提供了 prop.test()函数。运行结果如下：

```
> prop.test(x = 78, n = 100, p = 0.8, alternative = "greater", correct = TRUE)
	1-sample proportions test with continuity correction

data:  78 out of 100, null probability 0.8
X-squared = 0.14063, df = 1, p-value = 0.6462
```

```
alternative hypothesis: true p is greater than 0.8
95 percent confidence interval:
 0.6995942 1.0000000
sample estimates:
  p
0.78
```

仔细观察函数返回的结果,会发现 prop.test()并非像以上分步计算一样用正态分布来近似,而是用 χ^2 分布也就是标准正态分布的平方来近似。不过,不管用何种分布来近似,所得的相伴概率 P 值一致,这也体现了标准正态分布与 χ^2 分布的内在联系。

该题目如果用 binom.test()函数完成二项分布的精确检验,结果如下:

```
> binom.test(x = 78, n = 100, p = 0.8, alternative = "greater")$p.value
[1] 0.7389328
```

精确检验和近似检验在总体比率的区间估计上,所得的结果非常接近。差别主要体现在 P 值上。看来即使是考虑了连续性矫正,检验统计量在某些区间内的矫正效果也是有限的。

例题 7.9 某地区 5 月份出生 350 名婴儿,其中男性 196 名,女性 154 名。试问:该地区新生儿的性别比是否区别于理论上的性别比 1∶1?

分析 本题与例题 7.6 类似,男性新生儿出生率理论上应为 0.5。5 月份出生的 350 名新生儿中男性和女性的理论人数同为 $np = 175$,大于 30,因此可直接使用 z 检验,且无须连续性矫正。

解答 根据假设检验的一般操作流程,作 z 检验如下。

(1)设定零假设 $H_0: p = 0.5$,备择假设 $H_1: p \neq 0.5$。

(2)选取显著性水平 $\alpha = 0.01$。

(3)计算检验统计量和 P 值。

· 检验统计量 $z_c = \dfrac{\hat{p} - p}{\sqrt{p(1-p)/n}} = \dfrac{0.56 - 0.5}{\sqrt{0.5 \times 0.5/350}} \approx 2.245$。

```
> z.c <- (0.56 - 0.5) / sqrt(0.5 * 0.5 / 350); z.c
[1] 2.244994
```

· 双尾检验的 P 值:$P(z \geqslant z_c \mid H_0) \times 2 \approx 0.025$。

```
> pnorm(z.c, lower.tail = FALSE) * 2
[1] 0.02476849
```

(4)作出统计推断。

P 值大于显著性水平 α,因此应当接受零假设,拒绝备择假设。检验结论:该地区新生儿的性别比与理论上的性别比 1∶1 没有统计学意义上的显著差异。

该题目如果用 binom.test()函数完成二项分布的精确检验,结果如下:

```
> binom.test(x = 196, n = 350, p = 0.5)$p.value
[1] 0.02826885
```

正态近似的检验结果与二项精确检验的结果(P 值)非常接近。不仅如此,对正态近似和精确检验分别进行功效分析，功效值同样也非常接近。这表明当样本量足够大时，正态近似效果的确优良。

```
> pwr.p.test(h = ES.h(196/350, 0.5), n = 350)$power
[1] 0.6142781
> pwr.norm.test(d = ((0.56 - 0.5) / sqrt(0.5 * 0.5)), n = 350)$power
[1] 0.6122026
```

7.3 单样本方差的检验

样本方差检验的目的是判断样本方差与已知总体的方差，或两个样本的方差是否相同，因此称为方差同质性检验(test for variance homogeneity)。方差同质性也称为方差齐性。

根据 4.2.3 小节，已知样本方差 s^2 经过标准化后得统计量 $\frac{(n-1)s^2}{\sigma^2}$，服从自由度为 $n-1$ 的 χ^2 分布，即

$$\chi^2 = \frac{(n-1)s^2}{\sigma^2} \sim \chi^2_{n-1} \tag{7.5}$$

其中 n 为样本容量。统计量 χ^2 中既包含来自样本的信息 s^2，又包含来自总体的信息 σ^2，同时又有已知的抽样分布，因此可以作为检验单样本方差的检验统计量。基于 χ^2 分布的检验方法称为 χ^2 检验。

进行双尾 χ^2 检验时，我们设定零假设 $H_0:\sigma^2 = \sigma_0^2$，备择假设 $H_1:\sigma^2 \neq \sigma_0^2$，将 σ_0^2 代入上式得检验统计量

$$\chi_c^2 = \frac{(n-1)s^2}{\sigma_0^2} \tag{7.6}$$

然后，通过 χ^2 分布的累积分布函数计算相伴概率，或通过分位数函数计算显著性水平 α 下的检验临界值。比较相伴概率 P 值与显著性水平，或比较检验统计量 χ_c^2 与检验临界值，即可完成 χ^2 检验。

从 z 检验和 t 检验的功效计算公式的推导过程(见 6.3.1 小节)可知，得到功效计算公式的关键在于了解备择假设成立的前提下统计量的抽样分布。z 检验中零假设和备择假设下的抽样分布都是标准正态分布。t 检验中零假设下的抽样分布是 t 分布，而备择假设下是非中心 t 分布。那么，对于 χ^2 检验也有相同的结论，即零假设下的抽样分布是 χ^2 分布，而备择假设下是非中心 χ^2 分布。

设 $z_1,z_2,\cdots,z_n$ 来自标准正态分布 $N(0,1)$，则 $\sum_{i=1}^{n} z_i^2 \sim \chi^2(n)$。变换一下随机变量，设 $x_1,x_2,\cdots,x_n$ 来自正态分布 $N(0,\sigma^2)$，则 $\sum_{i=1}^{n} \frac{x_i^2}{\sigma^2} \sim \chi^2(n)$。这里实际上是对每个 x_i 作了标准化 $\frac{x_i-0}{\sigma}$。

再设 $x_1, x_2, \cdots, x_n$ 来自正态分布 $N(\mu_i, \sigma^2)$，则 $\sum_{i=1}^{n} \frac{x_i^2}{\sigma^2} \sim \chi^2(n, \lambda)$，即自由度为 n、非中心参数 $\lambda = \sum_{i=1}^{n} \frac{\mu_i^2}{\sigma^2}$ 的非中心 χ^2 分布(non-central chi-square distribution，记作 $\chi^2(n, \lambda)$)。当 μ_i 全都等于 0 时，$\lambda = 0$，此时非中心 χ^2 分布退化为 χ^2 分布。

不过，从非中心 χ^2 分布的角度讨论单样本方差 χ^2 检验的功效问题，其中涉及的非中心参数的估计问题过于复杂。下面我们换一种思路来讨论。

以右侧备择的单尾检验(备择假设 $H_1: \sigma^2 > \sigma_0^2$)为例，检验的功效可表示为

$$\begin{aligned} 1-\beta &= P\left[\frac{(n-1)s^2}{\sigma_0^2} > \chi^2_{\alpha, n-1} \mid H_1\right] \\ &= 1 - P\left[\frac{(n-1)s^2}{\sigma_0^2} \leqslant \chi^2_{\alpha, n-1} \mid H_1\right] \\ &= 1 - P\left[\frac{(n-1)s^2}{\sigma_1^2} \times \frac{\sigma_1^2}{\sigma_0^2} \leqslant \chi^2_{\alpha, n-1} \mid H_1\right] \end{aligned} \tag{7.7}$$

当 H_1 成立时(样本来自总体方差为 σ_1^2 的总体)，$\frac{(n-1)s^2}{\sigma_1^2}$ 服从 χ^2 分布，所以

$$1-\beta = 1 - P\left[\frac{(n-1)s^2}{\sigma_1^2} \leqslant \chi^2_{\alpha, n-1} \times \frac{\sigma_0^2}{\sigma_1^2}\right] \tag{7.8}$$

这里的 $P()$ 就是 χ^2 分布的累积分布函数。如果我们用 s^2 来估计 σ_1^2，那么检验功效就是在 χ^2 分布中 χ^2 值大于 $\chi^2_{\alpha, n-1} \times \frac{\sigma_0^2}{s^2}$ 的概率(括号内不等式所表达事件的逆事件的概率)。这样用 χ^2 分布的累积分布函数即可计算功效。

对左侧备择的单尾检验，以及双尾检验完成相似的推导，我们可以得到以下 χ^2 检验的功效计算公式。

- 右侧备择的单尾 χ^2 检验功效：

$$1-\beta = 1 - F_{n-1}\left(\frac{\sigma_0^2}{\sigma_1^2} \chi^2_{\alpha, n-1}\right) \tag{7.9}$$

- 左侧备择的单尾 χ^2 检验功效：

$$1-\beta = F_{n-1}\left(\frac{\sigma_0^2}{\sigma_1^2} \chi^2_{1-\alpha, n-1}\right) \tag{7.10}$$

- 双尾 χ^2 检验功效：

$$1-\beta = 1 - F_{n-1}\left(\frac{\sigma_0^2}{\sigma_1^2} \chi^2_{\frac{\alpha}{2}, n-1}\right) + F_{n-1}\left(\frac{\sigma_0^2}{\sigma_1^2} \chi^2_{1-\frac{\alpha}{2}, n-1}\right) \tag{7.11}$$

其中，$F_{n-1}()$ 为自由度为 $n-1$ 的 χ^2 分布的累积分布函数。

如果要在限定功效的基础上估算样本容量，须 $\frac{\sigma_0^2}{s^2} \chi^2_{\alpha, n-1} \leqslant \chi^2_{1-\beta, n-1}$。这里我们使用了上侧分位数的定义。所以有

$$\frac{\chi^2_{1-\beta, n-1}}{\chi^2_{\alpha, n-1}} \geqslant \frac{\sigma_0^2}{s^2} \tag{7.12}$$

接下来，我们可以用迭代的方法找到能够让不等式成立的最小样本容量 n。这一点与 t 检验的样本估算类似。

例题 7.10 已知某水稻田受到重金属污染，抽样测定其镉含量(μg/g)分别为 3.6、4.2、4.7、4.5、4.2、4.0、3.8 和 3.7。试问：该污染水稻田镉含量的方差与正常农田镉含量的方差 0.065 $(\mu g/g)^2$ 是否相同？

分析 在保证抽样独立性的前提下，一组样本的方差既可能大于总体方差，也可能小于总体方差，所以应当采用双尾检验。

解答 根据假设检验的一般操作流程，作 χ^2 检验如下。

(1)按照双尾检验问题的提法，设定零假设 $H_0:\sigma^2 = 0.065$，备择假设 $H_1:\sigma^2 \neq 0.065$。

(2)选取显著性水平 $\alpha = 0.05$。

(3)计算检验统计量和 P 值。

· 检验统计量 $\chi_c^2 = \dfrac{(8-1)\times 0.150}{0.065} \approx 16.135$。

```
> cadmium <- c(3.6, 4.2, 4.7, 4.5, 4.2, 4.0, 3.8, 3.7)
> chisq.c <- (length(cadmium) - 1) * var(cadmium) / 0.065; chisq.c
[1] 16.13462
```

· 双尾检验的 P 值：$P(\chi^2 \geqslant \chi_c^2 \approx 16.135 \mid H_0)\times 2 \approx 0.048$，等于图 7.10 灰色区域面积。

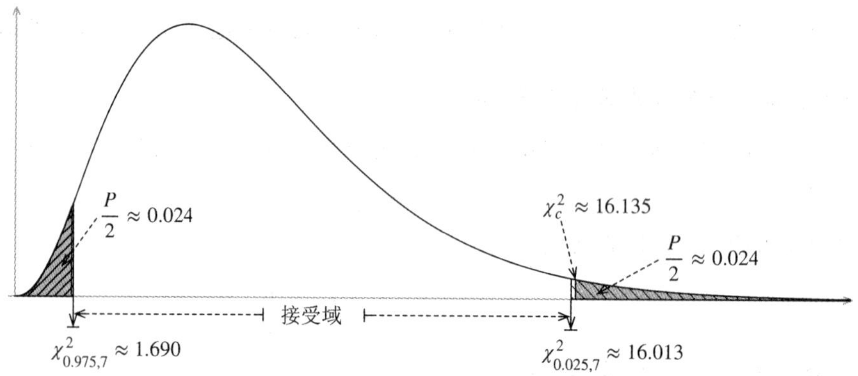

图 7.10 例题 7.10 的检验统计量与 P 值

```
> pchisq(chisq.c, df = length(cadmium) - 1, lower.tail = FALSE) * 2
[1] 0.0478291
```

(4)作出统计推断。

P 值小于显著性水平 α，因此拒绝零假设，接受备择假设。检验结论：受污染水稻田的镉含量的方差与正常农田镉含量的方差有统计学意义上的显著差异。

EnvStats 包[①]提供的 varTest()函数可一步完成单样本 χ^2 检验。结果如下：

① Millard S P, Kowarik A. 2023. EnvStats: Package for Environmental Statistics, Including US EPA Guidance. R package version 2.8.1, 〈https://CRAN.R-project.org/package=EnvStats〉.

```
> library(EnvStats)
> varTest(x = cadmium, sigma.squared = 0.065, alternative = "two.sided")
$p.value
[1] 0.0478291
```

参数 x 接收样本数据；参数 sigma.squared 设定总体方差；参数 alternative 作用同上。

在第 5 章例题 5.5 中，我们对该问题进行过区间估计，结果为 [0.065, 0.621]（置信区间的边界有舍入）。该置信区间不包含本例中比较的正常农田镉含量的方差 0.065 $(\mu g/g)^2$，这是区间估计与假设检验对偶关系的又一体现。

根据式(7.11)，本次 χ^2 检验的功效计算过程如下。首先利用 χ^2 分布的分位数函数 qchisq()计算两个临界值 $\chi^2_{\frac{\alpha}{2},n-1}$ 和 $\chi^2_{1-\frac{\alpha}{2},n-1}$ 。

```
> chisq.crit.r <- qchisq(0.025, df = 7, lower.tail = FALSE)
> chisq.crit.l <- qchisq(0.975, df = 7, lower.tail = FALSE)
```

然后用 s^2 代替 σ_1^2 ，计算 $\frac{\sigma_0^2}{\sigma_1^2}$ 。

```
> delta <- 0.065 / var(cadmium)
```

最后代入 χ^2 分布的累积分布函数 pchisq()。式(7.11)中第一个累积分布函数接收 $\chi^2_{\frac{\alpha}{2},n-1}$ ，即 chisq.crit.r；第二个累积分布函数接收 $\chi^2_{1-\frac{\alpha}{2},n-1}$ ，即 chisq.crit.l。即可完成功效的计算。

```
> 1 - pchisq(q = chisq.crit.r * delta, df = 7) + pchisq(q = chisq.crit.l *
delta, df = 7)
[1] 0.436337
```

通过变换 χ^2 的公式，可得 $\frac{s^2}{\sigma^2} = \frac{\chi^2}{n-1}$。当显著性水平 $\alpha = 0.05$ 时，自由度为 2 的右侧检验临界值 $\chi^2_{0.025}(2) \approx 7.378$ ，此时右侧检验临界值等价于 $s^2/\sigma^2 \approx 7.378/2 = 3.689$。也就是当样本容量 $n = 3$ ，样本方差是特定总体方差的 3.689 倍以上时，将拒绝零假设（功效 0.368）。当样本容量 $n = 6$ 时，拒绝零假设的倍数降低至 2.567（功效 0.416）；当样本容量 $n = 30$ 时，拒绝零假设的倍数则降低至 1.577（功效 0.465）。随着样本容量的上升，χ^2 检验能够识别的有显著差异的样本方差下限相应降低。样本的数量越多，提供给检验方法的信息越多，对同样程度的差异检验则有更足的信心作出判断；反过来说，同等信心下检验方法能识别出更小的差异。

例题 7.11　一个混杂的小麦品种，株高标准差 $\sigma_0 = 14$ cm，经提纯后随机抽出 10 株，它们的株高标准差 $s = 7.9$ cm，试问：提纯后的样本是否比提纯前更加整齐？

分析　小麦经过提纯后株高理应变得更加整齐，而不会变得更离散。所以提纯后的总体方差 σ^2 只能小于 σ_0^2 ，因此应当采用单尾检验。

解答　根据假设检验的一般操作流程，作 χ^2 检验如下。

(1)按照单尾检验问题的提法，设定零假设 $H_0: \sigma = 14$ ，备择假设 $H_1: \sigma < 14$。

(2)选取显著性水平 $\alpha = 0.05$。

(3)计算检验统计量和 P 值。

· 检验统计量 $\chi_c^2 = \dfrac{(10-1)\times 7.9^2}{14^2} \approx 2.866$。

```
> chisq.c <- (10 - 1) * 7.9^2 / 14^2; chisq.c
[1] 2.865765
```

· 单尾检验的 P 值：$P(\chi^2 \leqslant \chi_c^2 \approx 2.866 \mid H_0) \approx 0.031$，等于图 7.11 灰色区域面积。

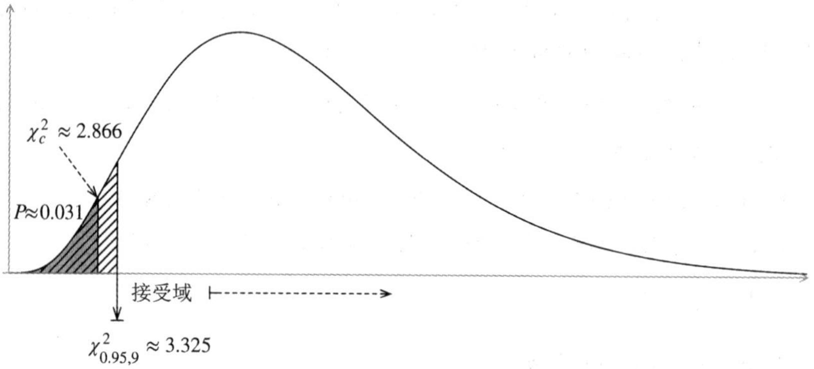

图 7.11　例题 7.11 的检验统计量与 P 值

```
> pchisq(q = chisq.c, df = 9, lower.tail = TRUE)
[1] 0.03062023
```

(4)作出统计推断。

P 值小于显著性水平 α，因此拒绝零假设，接受备择假设。检验结论：小麦经提纯后株高整齐性显著高于提纯前的总体。

根据式(7.10)，本题 χ^2 检验的功效计算过程如下：

```
> chisq.crit <- qchisq(1 - 0.05, df = 9, lower.tail = FALSE)
> delta <- 14^2 / 7.9^2
> pchisq(q = chisq.crit * delta, df = 9)
[1] 0.6841436
```

此次检验是左侧备择的单尾检验，所以检验临界值在左侧，chisq.crit 也就是上侧 $1-0.05=0.95$ 分位数。本节开始处只讨论了右侧备择的单尾 χ^2 检验的功效。读者可以试着推导左侧备择的情况。

习题 7

(1)对单个样本的平均数进行假设检验，选 z 检验或 t 检验的依据是什么？为什么？

(2)关于样本平均数的假设检验，选择单尾检验或双尾检验的原则是什么？

(3)样本比率的假设检验中使用连续性矫正的条件是什么？为什么需要连续性矫正？

(4)对于同一个检验问题，右侧备择和左侧备择两种单尾检验方法是否会出现“互相矛盾”的结果？为什么？

(5)结合本章中关于平均数、比率和方差的假设检验方法，思考构建检验统计量的原则是什么。

(6)正常人的脉搏平均为 72 次/min，现测得 12 例慢性铅中毒患者的脉搏(次/min)：54、67、68、68、78、71、66、67、70、65、69、72。试检验铅中毒患者的脉搏是否显著低于正常人。

(7)已知我国 14 岁女学生的平均体重为 43.4 kg，从该年龄的女学生中抽取 10 名运动员，测得她们的体重数据(kg)：39、36、43、43、40、45、46、42、41、45。试问：这些运动员的平均体重与平均水平是否有显著差异？

(8)某春小麦优良品种的千粒重 $\mu_0 = 34$ g，现从外地引入另一高产品种，在 8 个试验田种植，得千粒重数据(g)：35.6、37.6、33.4、35.2、32.7、36.8、35.9、34.6。试问：①新引入品种的千粒重与当地优良品种是否有显著差异？②估计新品种置信度为 0.95 的千粒重范围。

(9)将 30 只大鼠随机等分为 3 组，分别施加 3 种处理，测得某指标的平均数 ± 标准差分别为：30.0±3.5 、10.2±2.5 和 40±3.5 。试计算三种处理的平均数间的差别是否具有统计学意义上的显著性。

(10)某抗病毒常规药物的周治愈率为 70%，现有一种新型药物，经过 100 例感染者的测试得其周治愈率为 78%，已知该病毒的周自愈率为 20%。试问：该新药在抗病毒效果上是否显著优于常规药物？

第 8 章　双样本的假设检验

相互独立的双样本假设检验，或者说在两组样本之间进行比较，在生物学研究中最为常见。比如，要确定某试验因素是否具有统计上的显著效应，通常我们会设置处理组和对照组进行试验，搜集数据形成两组样本，然后在两组样本的平均数之间进行假设检验，判断它们背后的总体之间是否存在显著差异。又比如，要分析新的处理方法是否会提高某种生物性状的均一性，我们同样会设置处理组和对照组并分别安排新、老方法，然后搜集数据，在两组样本的样本方差之间进行假设检验。

与单样本的假设检验一样，双样本的假设检验同样依靠检验统计量的抽样分布。不同的是双样本的检验统计量是样本平均数之差或样本方差之比，可建立比较关系的随机变量的函数。

8.1　样本方差之比的检验

在单样本方差的检验中，通过构建 χ^2 统计量，将样本方差 s^2 和特定的总体方差 σ^2 联系了起来。在比较两个样本方差时，同样需要在检验统计量中体现两个样本方差 s_1^2 和 s_2^2，以及与它们相对应的总体方差 σ_1^2 和 σ_2^2；同时，还需明确检验统计量的抽样分布。

在第 4 章关于两个样本方差之比的抽样分布，以及第 5 章关于总体方差之比的区间估计的讨论中，两次谈到服从 χ^2 分布的两个随机变量除以各自的自由度后再相除，所得随机变量 F 服从双自由度 n_1-1 和 n_2-1 的 F 分布，即

$$F=\frac{\dfrac{\chi^2(n_1-1)}{n_1-1}}{\dfrac{\chi^2(n_2-1)}{n_2-1}}\sim F(n_1-1,n_2-1) \tag{8.1}$$

现将 $\chi^2=\dfrac{(n-1)s^2}{\sigma^2}$ 代入上式，得

$$F=\frac{s_1^2}{s_2^2}\times\frac{\sigma_2^2}{\sigma_1^2}\sim F(n_1-1,n_2-1) \tag{8.2}$$

这里的统计量 F，已满足比较两个样本方差时对构建检验统计量的要求。基于 F 分布的检验方法称为 F 检验。

当我们比较两个样本方差时，只需设定零假设 $H_0:\sigma_1^2=\sigma_2^2$，备择假设 $H_1:\sigma_1^2\neq\sigma_2^2$。当零假设成立时，将上式中两个总体方差消去，得检验统计量

$$F_c=\frac{s_1^2}{s_2^2} \tag{8.3}$$

然后，通过 F 分布的累积分布函数计算相伴概率，或通过分位数函数计算显著性水平 α 下的检验临界值。比较相伴概率 P 值与显著性水平，或比较检验统计量 F_c 与检验临界值，即可完成 F 检验。

总之，对样本方差之比作检验只需在假设检验的一般操作流程的基础上，替换检验统计量即可。与单样本方差的 χ^2 检验一样，两个样本方差的 F 检验也称为方差同质性检验。

零假设成立时检验统计量的抽样分布用于相伴概率的计算。和 t 检验、χ^2 检验一样，检验统计量 F 在备择假设成立前提下的分布可用于检验功效的计算。当备择假设 $H_1: \sigma_1^2 \neq \sigma_2^2$ 成立时，F 服从非中心 F 分布（non-central F distribution），有自由度 n_1-1 和 n_2-1，以及非中心参数 λ。

中心 F 分布描述的是，两个中心 χ^2 分布的随机变量除以各自自由度后之比值的概率分布，而当分子位置上的中心 χ^2 分布变为非中心 χ^2 分布后，相应的中心 F 分布也就变成非中心 F 分布。

关于两个样本方差 F 检验的功效分析，我们沿用单样本方差 χ^2 检验功效计算的思路，绕过复杂的非中心参数。以单尾检验（备择假设 $H_1: \sigma_1^2 > \sigma_2^2$）为例，检验的功效可表示为

$$1-\beta = P\left(\frac{s_1^2}{s_2^2} > F_{\alpha, n_1-1, n_2-1} \mid H_1\right) \tag{8.4}$$

考虑 H_1 成立的条件，H_0 成立时被消去的总体方差之比现在必须复原。所以有

$$1-\beta = P\left(\frac{s_1^2}{s_2^2} \times \frac{\sigma_2^2}{\sigma_1^2} > F_{\alpha, n_1-1, n_2-1} \times \frac{\sigma_2^2}{\sigma_1^2}\right) \tag{8.5}$$

其中 $\frac{s_1^2}{s_2^2} \times \frac{\sigma_2^2}{\sigma_1^2}$ 仍是服从 F 分布的统计量。此时，如果用 s_1^2 来估计 σ_1^2，用 s_2^2 来估计 σ_2^2，那么功效就是在 F 分布中 F 值大于 $F_{\alpha, n_1-1, n_2-1} \times \frac{s_2^2}{s_1^2}$ 的概率。同样用累积分布函数来表示的话，则有

$$1-\beta = 1-P\left(\frac{s_1^2}{s_2^2} \times \frac{\sigma_2^2}{\sigma_1^2} \leqslant F_{\alpha, n_1-1, n_2-1} \times \frac{\sigma_2^2}{\sigma_1^2}\right) \tag{8.6}$$

对于左侧备择的单尾检验，以及双尾检验完成相同的推导，我们可以得到以下 F 检验的功效计算公式。

· 右侧备择的单尾 F 检验功效：

$$1-\beta = 1-F_{n_1-1, n_2-1}\left(\frac{\sigma_2^2}{\sigma_1^2} F_{\alpha, n_1-1, n_2-1}\right) \tag{8.7}$$

· 左侧备择的单尾 F 检验功效：

$$1-\beta = F_{n_1-1, n_2-1}\left(\frac{\sigma_2^2}{\sigma_1^2} F_{1-\alpha, n_1-1, n_2-1}\right) \tag{8.8}$$

· 双尾 F 检验功效：

$$1-\beta = 1-F_{n_1-1, n_2-1}\left(\frac{\sigma_2^2}{\sigma_1^2} F_{\frac{\alpha}{2}, n_1-1, n_2-1}\right) + F_{n_1-1, n_2-1}\left(\frac{\sigma_2^2}{\sigma_1^2} F_{1-\frac{\alpha}{2}, n_1-1, n_2-1}\right) \tag{8.9}$$

其中，$F_{n_1-1, n_2-1}()$ 为自由度为 n_1-1 和 n_2-1 的 F 分布的累积分布函数。

对于限定功效后的样本容量估算，与单样本方差的 χ^2 检验类似，需要对

$$\frac{F_{1-\beta, n_1-1, n_2-1}}{F_{\alpha, n_1-1, n_2-1}} \geqslant \frac{\sigma_2^2}{\sigma_1^2} \tag{8.10}$$

进行迭代，直至找到能够让不等式成立的最小样本容量 n。

例题 8.1 例题 5.6 断言不同摄入方式的总体方差具有同质性。试检验该说法。

分析 口服橙汁和维生素 C(抗坏血酸)是两种摄入维生素 C 的方式，在各自处理组内引起的牙齿长度的方差，反映了不同摄入方式对牙齿生长影响的稳定性。同时，例题 5.6 已有所体现：两个处理组的方差是否具有同质性还会影响标准化统计量 t 的抽样分布。因此，在进行样本平均数的比较(见例题 8.6)之前，需要进行方差同质性检验。这也正是将本节置于本章之首的原因。

解答 按照假设检验的一般操作流程，作 F 检验如下。

(1)按照双尾检验问题的提法，设定零假设 $H_0: \sigma_1^2 = \sigma_2^2$，备择假设 $H_1: \sigma_1^2 \neq \sigma_2^2$。

(2)选取显著性水平 $\alpha = 0.05$。

(3)计算检验统计量和 P 值。

· 检验统计量 $F_c = \frac{s_1^2}{s_2^2} = \frac{43.63344}{68.32723} \approx 0.639$。

```
> oj <- subset(x = ToothGrowth, subset = supp == "OJ")$len
> vc <- ToothGrowth[ToothGrowth$supp == 'VC', ]$len
> F.c <- var(oj) / var(vc); F.c
[1] 0.6385951
```

`subset()`函数可用来筛选数据中符合条件 `supp == "OJ"`的子集，返回结果的 `len` 列通过`$`提取并赋值给变量 `oj`。维生素 C 的数据提取方式同前(例题 5.6)。

· 双尾 F 检验的 P 值：$P(F \leqslant F_c \approx 0.639 \mid H_0) + P(F \geqslant 1/F_c \approx 1.565 \mid H_0) \approx 0.233$，等于图 8.1 灰色区域面积。

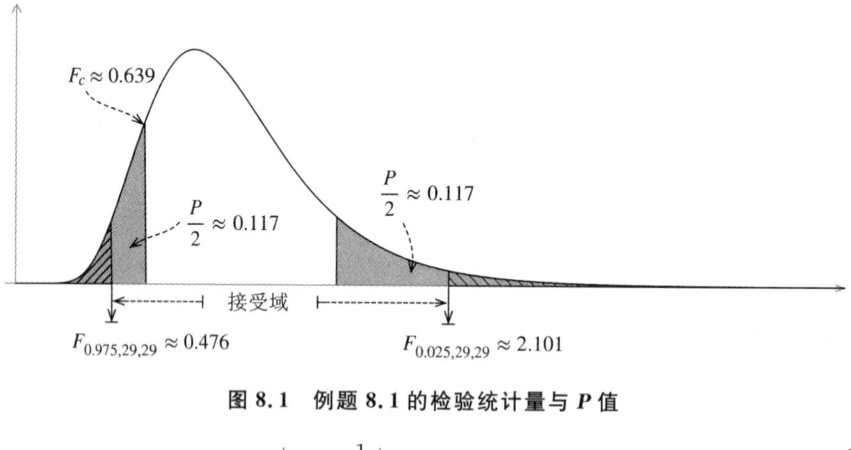

图 8.1 例题 8.1 的检验统计量与 P 值

在 F 分布中 $P(F \leqslant x) = P\left(F \geqslant \frac{1}{x}\right)$，即 F 取值 x 左侧的概率等于 F 取值 $\frac{1}{x}$ 右侧的概率。所以

$$P(F \leqslant F_c \mid H_0) + P\left(F \geqslant \frac{1}{F_c} \mid H_0\right) = 2 \times P(F \leqslant F_c \mid H_0) = 2 \times P\left(F \geqslant \frac{1}{F_c} \mid H_0\right)$$

计算 P 值时，可以计算单侧的 $P(F \leqslant F_c \approx 0.639 \mid H_0)$ 后乘以 2。

```
> pf(q = F.c, df1 = length(oj) - 1, df2 = length(vc) - 1, lower.tail = TRUE)
* 2
[1] 0.2331433
```

(4)作出统计推断。

P 值大于显著性水平 α，因此接受零假设，拒绝备择假设。检验结论：不同摄入方式的总体方差无统计学意义上的显著差异。

R 的 var.test()函数可一步完成双样本 F 检验。执行结果与以上分步计算的检验结果一致。

```
> var.test(x = oj, y = vc, ratio = 1)
	F test to compare two variances


data:  oj and vc
F = 0.6386, num df = 29, denom df = 29, p-value = 0.2331
alternative hypothesis: true ratio of variances is not equal to 1
95 percent confidence interval:
  0.3039488 1.3416857
sample estimates:
ratio of variances
         0.6385951
```

ratio 参数指定了总体方差之比为 1，也是该参数的默认值，可缺省。

根据双尾 F 检验功效的计算公式(见式(8.9))，首先计算两个检验临界值 $F_{\frac{\alpha}{2},n_1-1,n_2-1}$ 和 $F_{1-\frac{\alpha}{2},n_1-1,n_2-1}$。

```
> f.crit.r <- qf(p = 0.025, df1 = 29, df2 = 29, lower.tail = FALSE)
> f.crit.l <- qf(p = 0.975, df1 = 29, df2 = 29, lower.tail = FALSE)
```

我们用样本方差比来估计总体方差比 $\frac{\sigma_2^2}{\sigma_1^2}$。然后观察分子分母的位置，$\frac{s_2^2}{s_1^2}$ 也就是检验统计量 F.c 的倒数。最后将两个检验临界值及 $\frac{s_2^2}{s_1^2}$ 代入 F 分布的累积分布函数 pf()，即可按式(8.9)完成功效的计算。

```
> 1 - pf(f.crit.r * (1/F.c), df1 = 29, df2 = 29) + pf(f.crit.l * (1/F.c), df1
= 29, df2 = 29)
[1] 0.2177356
```

例题 8.2 为了比较 6 种不同杀虫剂(编号 A～F)的杀虫效果，一项农田试验统计了喷洒杀虫剂后，单位面积害虫的数量(R 自带数据包 datasets 中的 InsectSprays 数据集)。试比较其中杀虫剂 A 和杀虫剂 C 的杀虫效果的总体方差是否同质。

分析 InsectSprays 数据集相关的试验比较了 6 种杀虫剂的效果，本题选择了其中的 2 种进行双样本 F 检验。

解答 按照假设检验的一般操作流程，作 F 检验如下。

(1)按照双尾检验问题的提法，设定零假设 $H_0: \sigma_1^2 = \sigma_2^2$，备择假设 $H_1: \sigma_1^2 \neq \sigma_2^2$。

(2)选取显著性水平 $\alpha = 0.05$。

(3)计算检验统计量和 P 值。

· 检验统计量 $F_c = \frac{s_1^2}{s_2^2} = \frac{22.27273}{3.901515} \approx 5.709$。

```
> subset_A <- InsectSprays[InsectSprays$spray == 'A', ]
> subset_C <- InsectSprays[InsectSprays$spray == 'C', ]
> A <- subset_A$count
> C <- subset_C$count
> F.c <- var(A) / var(C); F.c
[1] 5.708738
```

· 双尾检验的 P 值：$2 \times P(F \geqslant F_c \approx 5.709 \mid H_0) \approx 0.007$，等于图 8.2 灰色区域面积。右侧灰色区域已不可见。

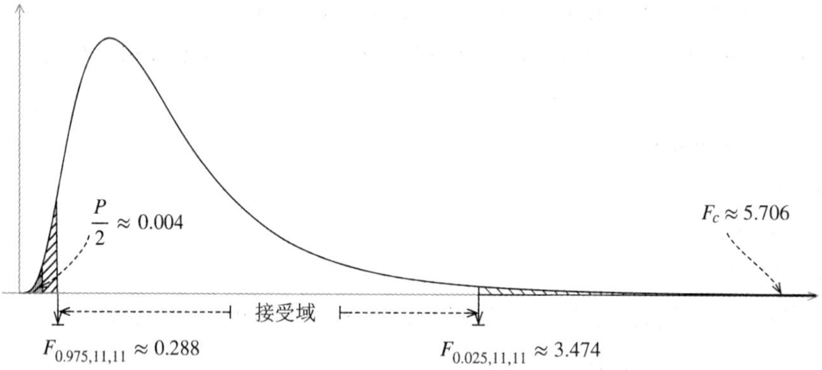

图 8.2 例题 8.2 的检验统计量与 P 值

```
> pf(q = F.c, df1 = length(A) - 1, df2 = length(C) - 1, lower.tail = FALSE) * 2
[1] 0.007489869
```

(4)作出统计推断。

P 值小于显著性水平 α，因此拒绝零假设，接受备择假设。检验结论：A 和 C 两种杀虫剂杀虫效果的总体方差具有统计学意义上的显著差异。

以上分步计算的检验结果与 var.test()函数完成的 F 检验的结果一致。

```
> var.test(x = A, y = C)$p.value
[1] 0.007489869
```

根据式(8.9)，本次 F 检验的功效计算过程如下：

```
> f.crit.r <- qf(p = 0.025, df1 = 11, df2 = 11, lower.tail = FALSE)
> f.crit.l <- qf(p = 0.975, df1 = 11, df2 = 11, lower.tail = FALSE)
> 1 - pf(f.crit.r * (1/F.c), df1 = 11, df2 = 11) + pf(f.crit.l * (1/F.c), df1
= 11, df2 = 11)
[1] 0.7885434
```

8.2　样本平均数之差的检验

一个样本平均数的检验，是在样本平均数与零假设所对应的总体参数之间作比较。这种检验需要明确总体参数的参考值，或者总体参数有某种实际意义上的备择值。比如，某种质量要求的指标。在实际研究工作中，更常见的情况是在两组样本之间比较平均数。其中一组样本对应于一种处理的效应，称为处理组（treatment），而另一组样本作为对照组（control）。两组之间的比较可用于探讨处理组相较于对照组，是否存在统计学意义上的显著差异。此外，两组样本的比较并不仅限于在因素的处理与对照之间展开，还可以在两种分析方法、两种试验方法、两种不同的技术过程等之间进行。这些试验操作方面的不同处理，同样有可能引起数据的变化。相关检验的结论对试验设计和技术的改进有积极的意义。

8.2.1　总体方差已知

假设样本容量为 n_1 和 n_2 的两个样本分别抽自正态总体 $N(\mu_1,\sigma_1^2)$ 和 $N(\mu_2,\sigma_2^2)$。当 σ_1^2 和 σ_2^2 已知时，样本平均数之差服从正态分布，标准化后服从标准正态分布。因此，可用 z 检验判断两个样本平均数 $\bar{x}_1$ 和 $\bar{x}_2$ 所属的总体平均数 μ_1 和 μ_2 是否相等。标准化统计量的计算公式为

$$z=\frac{(\bar{x}_1-\bar{x}_2)-(\mu_1-\mu_2)}{\sigma_{\bar{x}_1-\bar{x}_2}} \tag{8.11}$$

由式(4.19)可知，其中两个样本平均数之差的标准误为

$$\sigma_{\bar{x}_1-\bar{x}_2}=\sqrt{\frac{\sigma_1^2}{n_1}+\frac{\sigma_2^2}{n_2}} \tag{8.12}$$

双尾检验时，假定零假设 H_0 成立，即 $\mu_1=\mu_2$，计算检验统计量

$$z_c=\frac{\bar{x}_1-\bar{x}_2}{\sigma_{\bar{x}_1-\bar{x}_2}} \tag{8.13}$$

并与检验临界值比较，如果 $z_c>z_{\frac{\alpha}{2}}$ 或 $z_c<-z_{\frac{\alpha}{2}}$，则拒绝零假设，反之接受零假设。或者可以计算相伴概率 $P(|z|\geqslant|z_c||H_0)$，然后与显著性水平 α 比较，如果 $P<\alpha$，则拒绝零假设，反之接受零假设。

单尾检验左侧备择时，P 值为 $P(z\leqslant z_c\mid H_0)$，右侧备择时，$P$ 值为 $P(z\geqslant z_c\mid H_0)$。样本平均数之差 z 检验的功效计算，可根据式(6.11)、式(6.12)和式(6.13)，其中 δ 需相应改为 $\frac{\mu_1-\mu_2}{\sigma_{\bar{x}_1-\bar{x}_2}}$。用 $\bar{x}_1-\bar{x}_2$ 估计 $\mu_1-\mu_2$，则 δ 同样是检验统计量 z_c。

例题 8.3　某养殖单位测定了 32 头牛犊和 48 头成年母牛的血糖含量（单位：mg/100 mL），结果显示牛犊平均血糖含量为 81.23，成年母牛平均血糖含量为 70.63。已知牛犊血糖含量总体标准差为 15.64，成年母牛血糖含量的总体标准差为 12.08。试问：牛犊和成年母牛的血糖含量有无差异？

解答 按照假设检验的一般操作流程，作 z 检验如下。

(1)按照双尾检验问题的提法，设定零假设 $H_0:\mu_1=\mu_2$，备择假设 $H_1:\mu_1\neq\mu_2$。

(2)选取显著性水平 $\alpha=0.05$。

(3)计算检验统计量和 P 值。

· 检验统计量 $z_c=\dfrac{\bar{x}_1-\bar{x}_2}{\sigma_{\bar{x}_1-\bar{x}_2}}=\dfrac{81.23-70.63}{3.268667}\approx 3.243$。

```
> sd.means.diff <- sqrt(15.64^2 / 32 + 12.08^2 / 48)
> z.c <- (81.23 - 70.63) / sd.means.diff; z.c
[1] 3.242912
```

· 双尾 z 检验的 P 值：$P(z\geqslant z_c\approx 3.243\mid H_0)\times 2\approx 0.001$，等于图 8.3 灰色区域面积(都已不可见)。

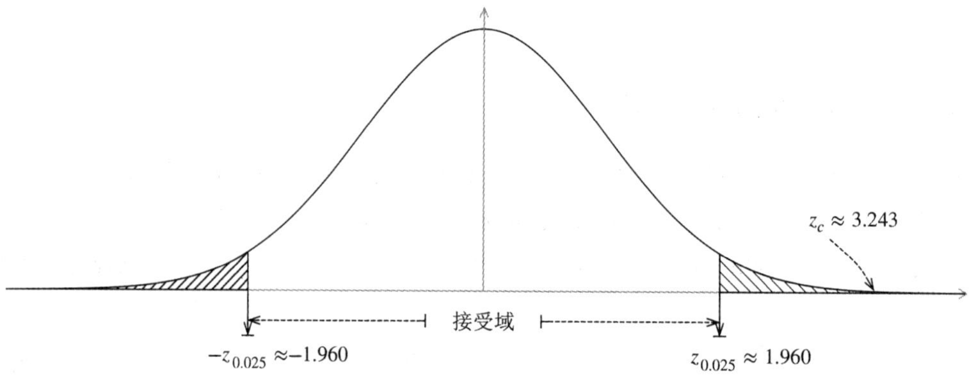

图 8.3 例题 8.3 的检验统计量与 P 值

```
> pnorm(q = z.c, lower.tail = FALSE) * 2
[1] 0.001183146
```

(4)作出统计推断。

P 值小于显著性水平 α，因此拒绝零假设，接受备择假设。检验结论：牛犊和成年母牛的血糖含量具有统计学意义上的显著差异。

以上分步计算的检验结果与 zsum.test()函数完成 z 检验的结果一致。

```
> zsum.test(mean.x = 81.23, sigma.x = 15.64, n.x = 32, mean.y = 70.63, sigma.y = 12.08, n.y = 48, alternative = "two.sided")$p.value
[1] 0.001183146
```

根据式(6.11)，功效分析的结果如下：

```
> z.crit <- qnorm(p = 0.025, lower.tail = FALSE)
> pnorm(q = z.c - z.crit) + pnorm(q = - z.c - z.crit)
[1] 0.900245
```

例题 8.4 通过 rnorm()函数生成两组随机数，模拟抽样的过程。一组样本模拟抽样自正态总体 $N(0.5,1)$，另一组样本模拟抽样自正态总体 $N(2.5,4)$。样本容量同为 10。试比较两组样本的平均数是否有显著差异。

分析 在本次模拟抽样试验中，两组样本来源总体的方差已知，因此可用上述公式直接计算样本平均数之差的标准误。观察两个总体的参数,可以看出它们的平均数有一定程度的差异,这对得出有显著差异的结论是有利的。但是,两个总体的方差差异较大,特别是第二组样本的方差比较大,会造成检验功效的降低。

解答　生成两组服从正态分布的随机数据[①]。

```
> set.seed(810429)
> s1 <- rnorm(n = 10, mean = 0.5, sd = 1)
> s2 <- rnorm(n = 10, mean = 2.5, sd = 2)
```

按照假设检验的一般操作流程,作 z 检验如下。

(1)按照双尾检验问题的提法,设定零假设 $H_0:\mu_1=\mu_2$,备择假设 $H_1:\mu_1\neq\mu_2$。

(2)选取显著性水平 $\alpha=0.05$。

(3)计算检验统计量和 P 值。

· 检验统计量 $z_c=\dfrac{\overline{x}_1-\overline{x}_2}{\sigma_{\overline{x}_1-\overline{x}_2}}=\dfrac{0.8673221-2.684706}{0.7071068}\approx-2.570$。

```
> sd.means.diff <- sqrt(1/10 + 4/10)
> z.c <- (mean(s1) - mean(s2)) / sd.means.diff; z.c
[1] -2.570169
```

· 双尾 z 检验的 P 值:$P(z\leqslant z_c\approx-2.570\mid H_0)\times 2\approx 0.010$,等于图 8.4 灰色区域的面积。

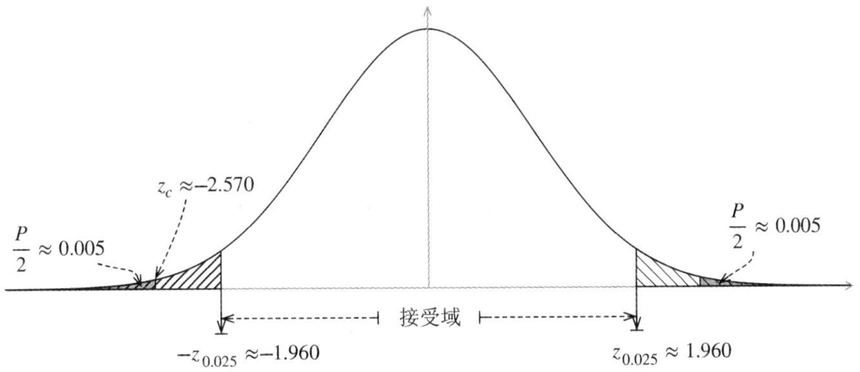

图 8.4　例题 8.4 的检验统计量与 *P* 值

```
> pnorm(q = z.c, lower.tail = TRUE) * 2
[1] 0.01016489
```

(4)作出统计推断。

P 值小于显著性水平 α,因此拒绝零假设,接受备择假设。检验结论:两组模拟样本的平均数有统计学意义上的显著差异。

以上分步计算的检验结果与 z.test()函数完成 z 检验的结果一致。

```
> z.test(x = s1, y = s2, sigma.x = 1, sigma.y = 2)$p.value
[1] 0.01016489
```

① 通过 set.seed()函数设定随机数种子,以保证模拟结果一致。

根据式(6.11),功效分析的结果如下:

```
> z.crit <- qnorm(p = 0.025, lower.tail = FALSE)
> pnorm(q = z.c - z.crit) + pnorm(q = - z.c - z.crit)
[1] 0.7291399
```

第3、第4章曾出现过模拟抽样。本题再次演示了一种利用计算机进行模拟抽样试验的方法。通过调整抽样总体的参数,重复抽样过程、z 检验及后续的功效计算,可以让我们体会到当总体平均数、总体方差、样本容量发生变化时,检验的结果与功效将如何变化。模拟试验可以帮助我们加深对假设检验原理的理解。

8.2.2 总体方差未知

当总体方差 σ_1^2 、σ_2^2 未知时,用样本标准差 s_1 和 s_2 分别代替 σ_1 和 σ_2。虽然样本平均数之差仍服从正态分布,但标准化统计量服从 t 分布。因此,可用 t 检验判断两个样本平均数 $\bar{x}_1$ 和 $\bar{x}_2$ 所属的总体平均数 μ_1 和 μ_2 是否相等。

不过,当 n_1 和 n_2 都大于30时,t 分布接近标准正态分布,因此仍可用 z 检验,也就是用标准正态分布计算相伴概率。

在两个样本平均数的比较中,根据试验设计的不同,检验又分为两种情况:成组数据(pooled data)的比较和成对数据(paired data)的比较。两种方法都是判断两个样本平均数 $\bar{x}_1$ 和 $\bar{x}_2$ 所属的总体平均数 μ_1 和 μ_2 是否相等的检验,常被用于检验生物学研究中处理效应的差异显著性。

1.成组的比较

成组数据的两个样本源自不同的总体,两组样本的各个观测值之间没有任何关联,即两组样本独立。

虽然两个总体的方差未知,但仍需要对两个总体方差的同质性进行 F 检验。这一要求与第5章中总体平均数之差的区间估计是一致的。总体方差是否同质决定了两个样本方差是否可以进行加权平均,以及检验统计量的分布。详细内容参见第4章中平均数之差的抽样分布,或第5章中总体平均数之差的区间估计,这里不再重复讨论。

检验统计量 t 的计算公式为

$$t = \frac{(\bar{x}_1 - \bar{x}_2) - (\mu_1 - \mu_2)}{s_{\bar{x}_1 - \bar{x}_2}} \tag{8.14}$$

其中两个样本平均数之差的样本标准误为

$$s_{\bar{x}_1 - \bar{x}_2} = \sqrt{\frac{s_1^2}{n_1} + \frac{s_2^2}{n_2}} \tag{8.15}$$

双尾检验时,假定零假设 H_0 成立,即 $\mu_1 = \mu_2$,计算检验统计量

$$t_c = \frac{\bar{x}_1 - \bar{x}_2}{\sqrt{\frac{s_1^2}{n_1} + \frac{s_2^2}{n_2}}} \tag{8.16}$$

当两个总体方差相等($\sigma_1^2 = \sigma_2^2$)时,可先根据式(4.21)计算合并样本方差 s_p^2(也就是根据样本容量对两个样本方差进行加权平均),然后替换上式中的 s_1^2 和 s_2^2,最后用自由度为 n_1

$+ n_2 - 2$ 的 t 分布的累积分布函数计算相伴概率 P 值,与显著性水平 α 比较以作出判断。采用检验临界值比较法时,如果 $t_c > t_{\frac{\alpha}{2}, n_1+n_2-2}$ 或 $t_c < -t_{\frac{\alpha}{2}, n_1+n_2-2}$,则拒绝零假设,反之接受零假设。

当两个总体方差不相等($\sigma_1^2 \neq \sigma_2^2$)时,两个样本方差不能进行合并(加权平均),检验统计量直接用上式计算。同时该统计量只是近似服从自由度为 df′(计算方法见式(4.25))的 t 分布,所以需用自由度为 df′的 t 分布的累积分布函数计算相伴概率 P 值。采用检验临界值比较法时,如果 $t_c > t_{\frac{\alpha}{2}, df'}$ 或 $t_c < -t_{\frac{\alpha}{2}, df'}$,则拒绝零假设,反之接受零假设。

单尾检验左侧备择时, P 值为 $P(t \leqslant t_c \mid H_0)$;右侧备择时, P 值为 $P(t \geqslant t_c \mid H_0)$ 。

成组比较 t 检验的功效计算仍然可用式(6.22)、式(6.23)和式(6.24),区别在于其中所涉及的自由度和非中心参数需要进行调整,即 $\delta = \frac{\mu_1 - \mu_2}{s_{\bar{x}_1 - \bar{x}_2}}$ 。用 $\bar{x}_1 - \bar{x}_2$ 估计 $\mu_1 - \mu_2$,则 δ 就是检验统计量 t_c。样本平均数之差的标准误及自由度,需根据总体方差的同质性情况照上述方式确定。

例题 8.5　为研究两种激素类药物对肾组织切片的氧消耗的影响,研究人员设计了对比试验,得数据如下:A 药物, $n_1 = 9$, $\bar{x}_1 = 27.92$, $s_1^2 = 8.67$;B 药物, $n_2 = 6$, $\bar{x}_2 = 25.11$, $s_2^2 = 2.84$。试问:两种药物对肾组织切片氧消耗的影响是否有显著差异?

分析　两组样本的各项主要信息题干都已给出,我们首先要进行方差同质性的 F 检验,以确定后续 t 检验的具体操作方式。方差同质与否,决定了平均数之差的标准误与 t 分布的自由度的不同计算方法。

解答　按照假设检验的一般操作流程,作 t 检验如下。

(1)按照双尾检验问题的提法,设定零假设 $H_0: \mu_1 = \mu_2$,备择假设 $H_1: \mu_1 \neq \mu_2$ 。

(2)选取显著性水平 $\alpha = 0.05$。

(3)对方差同质性进行 F 检验。

```
> F.c <- 8.67 / 2.84
> pf(q = F.c, df1 = 9 - 1, df2 = 6 - 1, lower.tail = FALSE) * 2
[1] 0.23435322
```

P 值大于显著性水平, F 检验结论:总体方差无统计学意义上的显著差异。

(4)计算检验统计量和 P 值。

· 检验统计量 $t_c = \frac{\bar{x}_1 - \bar{x}_2}{s_{\bar{x}_1 - \bar{x}_2}} = \frac{27.92 - 25.11}{1.336215} \approx 2.103$。

```
> var.pooled <- weighted.mean(x = c(8.67, 2.84), w = c(8, 5))
> se.means.diff <- sqrt(var.pooled / 9 + var.pooled / 6); se.means.diff
[1] 1.336215
> t.c <- (27.92 - 25.11) / se.means.diff; t.c
[1] 2.102955
```

weighted.mean()函数可以通过 w 参数传入的权重值,计算加权平均数。

· 双尾检验的 P 值: $P(t \geqslant t_c \approx 2.103 \mid H_0) \times 2 \approx 0.056$,等于图 8.5 灰色区域面积。

```
> pt(q = t.c, df = 9 + 6 - 2, lower.tail = FALSE) * 2
```

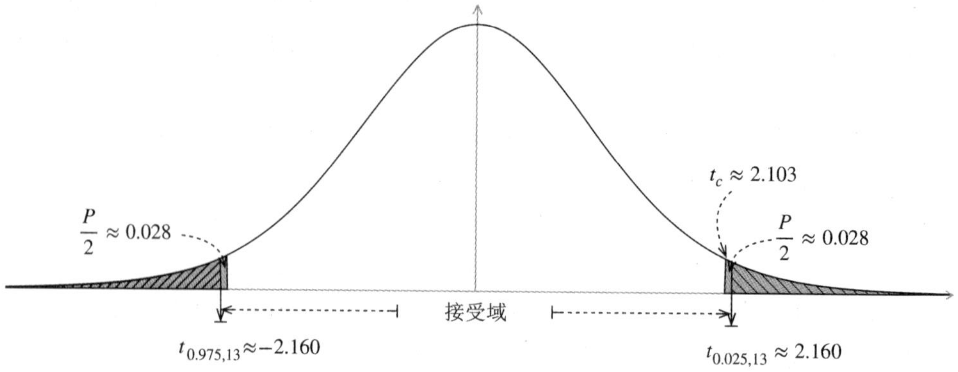

图 8.5　例题 8.5 的检验统计量与 P 值

```
[1] 0.05551398
```

(5)作出统计推断。

P 值大于显著性水平 α，因此接受零假设，拒绝备择假设。检验结论：两种药物对肾组织切片氧消耗的影响没有统计学意义上的显著差异。

与例题 8.3 类似，本题题干只提供了两个样本的统计量信息，并未提供具体样本观测值。因此，也需要借助摘要 t 检验的函数 tsum.test()来完成一步计算，该函数与 zsum.test()函数同属于 BSDA 程序包。运行结果如下：

```
> tsum.test(mean.x = 27.92, s.x = sqrt(8.67), n.x = 9, mean.y = 25.11, s.y =
sqrt(2.84), n.y = 6, var.equal = TRUE)$p.value
[1] 0.05551398
```

根据双尾 t 检验功效的计算公式(见式(6.22))，分步计算功效过程如下：

```
> t.crit.r <- qt(p = 0.025, df = 13, lower.tail = FALSE)
> t.crit.l <- qt(p = 0.975, df = 13, lower.tail = FALSE)
> 1 - pt(q = t.crit.r, df = 13, ncp = t.c) + pt(q = t.crit.l, df = 13, ncp = t.
c)
[1] 0.4948384
```

由于本题中两个样本容量不等，一步计算功效需用 pwr 包 pwr.t2n.test()函数。其中参数 d 接收的效应量为 $\delta=\frac{\mu_1-\mu_2}{s_p}$，分母为两个样本的合并标准差，即 sqrt(var.pooled)。代码如下：

```
> pwr.t2n.test(n1 = 9, n2 = 6, d = (27.92 - 25.11) / sqrt(var.pooled),
alternative = "two.sided")$power
[1] 0.4948384
```

例题 8.6　利用例题 5.6 中的数据(ToothGrowth 数据集)，试检验不同摄入方式下的牙齿长度是否有显著差异。

分析　例题 8.1 已经对总体的方差同质性进行了 F 检验，结论为总体方差具有同质性。因此对两个样本方差进行加权平均得 s_p^2，代入样本平均数之差的标准误计算公式得 $s_{\bar{x}_1-\bar{x}_2}$。自由度则等于两个样本容量之和减 2。

解答　按照假设检验的一般操作流程，作 t 检验如下。

(1)按照双尾检验问题的提法，设定零假设 $H_0: \mu_1 = \mu_2$，备择假设 $H_1: \mu_1 \neq \mu_2$。

(2)选取显著性水平 $\alpha = 0.05$。

(3)计算检验统计量和 P 值。

· 检验统计量 $t_c = \dfrac{\bar{x}_1 - \bar{x}_2}{s_{\bar{x}_1 - \bar{x}_2}} = \dfrac{20.66333 - 16.96333}{1.931844} \approx 1.915$。

```
> oj <- ToothGrowth[ToothGrowth$supp == 'OJ', ]$len
> vc <- ToothGrowth[ToothGrowth$supp == 'VC', ]$len
> var.pooled <- weighted.mean(x = c(var(oj), var(vc)), w = c(29, 29))
> t.c <- (mean(oj) - mean(vc)) / sqrt(var.pooled / 30 + var.pooled / 30); t.c
[1] 1.915268
```

实际上由于本试验两组样本的容量相等，样本平均数之差的方差计算可直接使用式(8.15)，不需要经过合并方差的计算。可见，试验设计中尽量保证各组样本的容量一致，对统计分析有积极的意义。

```
> t.c <- (mean(oj) - mean(vc)) / sqrt(var(oj) / 30 + var(vc) / 30); t.c
[1] 1.915268
```

· 双尾 t 检验的 P 值：$P(t \geqslant t_c \approx 1.915 \mid H_0) \times 2 \approx 0.060$，等于图 8.6 灰色区域面积。

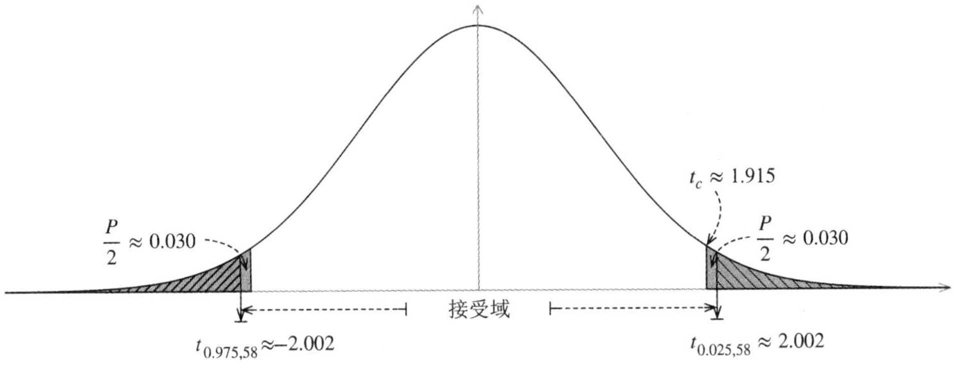

图 8.6　例题 8.6 的检验统计量与 *P* 值

```
> pt(q = t.c, df = length(oj) + length(vc) - 2, lower.tail =  FALSE) * 2
[1] 0.06039337
```

(4)作出统计推断。

P 值大于显著性水平 α，因此接受零假设，拒绝备择假设。检验结论：不同摄入方式对豚鼠牙齿长度没有统计学意义上的显著影响。

以上分步计算的检验结果与 `t.test()` 函数完成的 t 检验的结果一致。

```
> t.test(x = oj, y = vc, var.equal = TRUE)$p.value
[1] 0.06039337
```

`var.equal` 参数等于 `TRUE`，指明了两个样本的方差同质。

下面进行功效分析，我们先看分步方法。根据式(6.22)，计算过程如下：

```
> t.crit.r <- qt(p = 0.025, df = 30 + 30 - 2, lower.tail = FALSE)
> t.crit.l <- qt(p = 0.975, df = 30 + 30 - 2, lower.tail = FALSE)
> 1 - pt(q = t.crit.r, df = 58, ncp = t.c) + pt(q = t.crit.l, df = 58, ncp = t.c)
[1] 0.4695947
```

对于一步法，虽然本题两个样本容量相等，但 pwr.t2n.test()仍然有效。

```
> pwr.t2n.test(n1 = 30, n2 = 30, d = (mean(oj) - mean(vc)) / sqrt(var.
pooled))$power
[1] 0.4695947
```

或者调用 pwr.t.test()函数，将参数 type 设定为"two.sample"。代码如下：

```
> ptt <- pwr.t.test(n = 30, d = (mean(oj) - mean(vc)) / sqrt(var.pooled),
type = "two.sample"); ptt$power
[1] 0.4695947
```

例题 8.7 例题 8.2 中(InsectSprays 数据集)，喷洒杀虫剂 A 和杀虫剂 C 的农田在单位面积害虫的数量上是否有显著差异？

分析 例题 8.2 已经确定杀虫剂 A 和杀虫剂 C 杀虫效果的方差具有显著差异。因此，解决本例题应当用式(4.24)描述的近似 t 检验。

解答 按照假设检验的一般操作流程，作 t 检验如下。

(1)按照双尾检验问题的提法，设定零假设 $H_0:\mu_1=\mu_2$，备择假设 $H_1:\mu_1\neq\mu_2$。

(2)选取显著性水平 $\alpha=0.05$。

(3)计算检验统计量和 P 值。

· 检验统计量 $t'=\dfrac{\overline{x}_1-\overline{x}_2}{s_{\overline{x}_1-\overline{x}_2}}=\dfrac{14.5-2.083333}{1.476884}\approx 8.407$。

```
> var.A <- var(A)
> n.A <- length(A)
> var.C <- var(C)
> n.C <- length(C)
> sd.diff <- sqrt(var.A / n.A + var.C / n.C)
> t.c <- (mean(A) - mean(C)) / sd.diff; t.c
[1] 8.407339
```

· 双尾检验的 P 值：$P(t\geqslant t_c\approx 8.407 \mid H_0)\times 2=5.278477\times 10^{-7}$。

根据式(4.25)计算 t 分布的自由度，然后利用 t 分布的累积分布函数计算 P 值。

```
> R <- (var.A / n.A) / ((var.A / n.A) + (var.C / n.C)); R
[1] 0.8509407
> df <- 1 / (R^2 / (n.A - 1) + (1 - R)^2 / (n.C - 1)); df
[1] 14.73901
> pt(q= t.c, df = df, lower.tail = FALSE) * 2
[1] 5.278477e-07
```

(4)作出统计推断。

P 值小于显著性水平 α ,因此拒绝零假设,接受备择假设。检验结论:杀虫剂 A 和杀虫剂 C 的杀虫效果具有统计学意义上的显著差异。

以上分步计算的检验结果与 t.test()函数完成的 t 检验的结果一致。

```
> t.test(x = A, y = C, var.equal = FALSE)
    Welch Two Sample t-test


data:  A and C
t = 8.4073, df = 14.739, p-value = 5.278e-07
alternative hypothesis: true difference in means is not equal to 0
95 percent confidence interval:
  9.263901 15.569433
sample estimates:
mean of x mean of y
14.500000  2.083333
```

由于样本容量不大,相伴概率 P 值又极低,可以预见检验的功效会非常高。pwr.t.test()和 pwr.t2n.test()函数针对的都是方差同质的情况,所以我们只能根据式(6.22)分步计算功效。

```
> t.crit.r <- qt(p = 0.025, df = df, lower.tail = FALSE)
> t.crit.l <- qt(p = 0.975, df = df, lower.tail = FALSE)
> 1 - pt(q = t.crit.r, df = df, ncp = t.c) + pt(q = t.crit.l, df = df, ncp = t.
c)
[1] 1
```

本例题中,如果我们忽视了两组数据的方差不同质,而用参数 var.equal = TRUE 来执行 t 检验,P 值会因为自由度 df=22 而偏小(p-value = 2.563e-08)。这一点在数据分析实践中是需要谨慎对待的。好在 t.test()函数的 var.equal 参数默认值是 FALSE,提示我们需要先通过 F 检验来确定方差同质性。现在由于方差不同质,t 检验的自由度降低为 14.739,同时也降低了我们作出判断的信心。

例题 8.8　为比较两种安眠药(编号 1 和 2)的效果,分别随机选择 10 名失眠者试药,每名受试者服用一次后记录其睡眠的延长时间(R 自带数据包 datasets 的 sleep 数据集)。在显著水平 $\alpha = 0.05$ 下,试问:两种安眠药的疗效有无显著差异?

分析　题干明确了两种安眠药分别随机分配给 10 名受试者,因此试验产生的两组样本相互独立,可用成组 t 检验来完成分析。

解答　按照假设检验的一般操作流程,作 t 检验如下。

(1)按照双尾检验问题的提法,设定零假设 $H_0:\mu_1 = \mu_2$,备择假设 $H_1:\mu_1 \neq \mu_2$。

(2)选取显著性水平 $\alpha = 0.05$。

(3)对方差同质性进行 F 检验。

```
> drug1 <- sleep[sleep$group == 1, ]$extra
```

```
> drug2 <- sleep[sleep$group == 2, ]$extra
> var.test(x = drug1, y = drug2)$p.value
[1] 0.7427199
```

P 值大于显著性水平，F 检验结论：两种安眠药的睡眠延长时间的总体方差没有统计学意义上的显著差异。

(4)计算检验统计量和 P 值。

· 检验统计量 $t_c=\dfrac{\bar{x}_1-\bar{x}_2}{s_{\bar{x}_1-\bar{x}_2}}=\dfrac{0.75-2.33}{0.849091}\approx-1.861$。

```
> var.pooled <- weighted.mean(x = c(var(drug1), var(drug2)), w = c(9, 9))
> se.means.diff <- sqrt(var.pooled / 10 + var.pooled / 10); se.means.diff
[1] 0.849091
> t.c <- (mean(drug1) - mean(drug2)) / se.means.diff; t.c
[1] -1.860813
```

· 双尾检验的 P 值：$P(t\leqslant t_c\approx-1.861\mid H_0)\times 2\approx 0.079$，等于图 8.7 灰色区域面积。

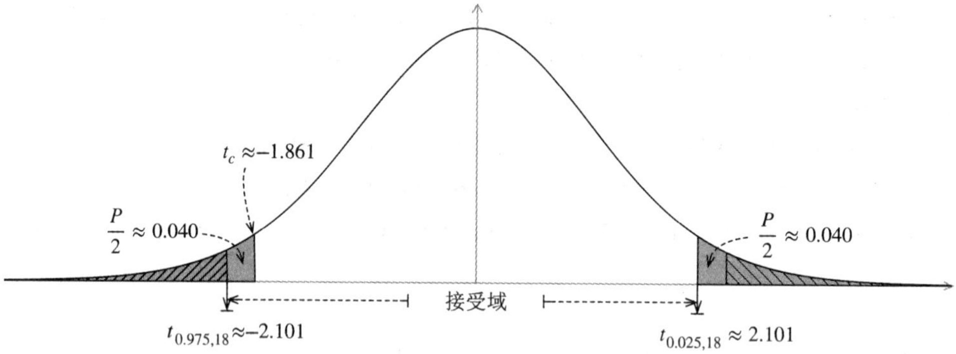

图 8.7　例题 8.8 的检验统计量与 P 值

```
> pt(q = t.c, df = 10 + 10 - 2, lower.tail = TRUE) * 2
[1] 0.07918671
```

(5)作出统计推断。

P 值大于显著性水平 α，因此接受零假设，拒绝备择假设。检验结论：两种安眠药的睡眠延长效果没有统计学意义上的显著差异。

以上分步计算的检验结果与 t.test()函数完成的 t 检验的结果一致。

```
> t.test(x = drug1, y = drug2, var.equal = TRUE)$p.value
[1] 0.07918671
```

根据式(6.22)，功效分析的结果如下：

```
> t.crit.r <- qt(p = 0.025, df = 18, lower.tail = FALSE)
> 1 - pt(q = t.crit.r, df = 18, ncp = t.c) + pt(q = - t.crit.r, df = 18, ncp =
t.c)
[1] 0.4214399
```

这里我们没有再单独计算左侧的检验临界值 $t_{1-\frac{\alpha}{2},df}$，因其与右侧检验临界值关于 y 轴对称。

2. 成对的比较

在两种处理之间进行效应比较时，为了尽可能地消除系统误差，我们会采用配对设计进行试验。配对设计是将两个性质相同的试验对象组成配对，然后把试图比较的两个处理分别随机地分配到每个配对的试验对象上，由此方式搜集的数据称为成对数据。

在大田试验中，土地条件最接近且相邻的两个地块会配成一对，分别安排两个要比较的处理。小鼠试验中，同窝的两只小鼠配对，然后施加不同的处理。每一对小鼠，包括饲养环境，甚至遗传背景都是一致的，只在处理方法上有差异。更特别地，在药物的药效试验中，试验对象用药前后的检测数据会配成一对。这样的配对设计让系统误差在一对观测值之间尽可能地得到控制。同时，不同配对之间的条件差异又可以通过在配对观测值之间取差值而消除。所以配对设计具有较高的试验精确度。

试验设计上的不同，使检验方法与成组比较也有所不同。成对数据的后续处理是在配对的数据之间作差，相当于两组样本又变为一组样本。变为一组样本，体现原来两组样本的差异，只需在假设检验时将零假设设定为 $\mu_d = 0$，即配对观测值之差的总体平均数为 0。当检验拒绝零假设，接受备择假设时，也就是判定差数不为 0，亦即原来两组样本平均数之间有显著差异。简化为一组样本还有一个好处，就是不再需要对两个总体的方差进行同质性检验。

成对数据两组样本的容量相等。但是，容量相等并不意味着可以进行成对的假设检验。成组数据两组样本之间相互独立，缺乏配对的基础，这是两类数据的最主要区别。

设有 n 对成对的两组样本，每一对观测值 (x_i, y_i)，$i = 1,2,\cdots,n$，各对观测值的差数为 $d_i = x_i - y_i$。则样本差数的平均数为

$$\overline{d} = \frac{\sum_{i=1}^{n} d_i}{n} = \frac{\sum_{i=1}^{n}(x_i - y_i)}{n} = \frac{\sum_{i=1}^{n} x_i}{n} - \frac{\sum_{i=1}^{n} y_i}{n} = \overline{x} - \overline{y} \tag{8.17}$$

而样本差数的方差为 $s_d^2 = \dfrac{\sum_{i=1}^{n}(d_i - \overline{d})^2}{n-1}$，所以差数平均数的标准误为 $s_{\overline{d}} = \sqrt{\dfrac{s_d^2}{n}}$。那么对样本差数的平均数标准化，则有

$$t = \frac{\overline{d} - \mu_d}{s_{\overline{d}}} \tag{8.18}$$

服从自由度为 $n-1$ 的 t 分布。执行双尾 t 检验时，设定零假设 $\mu_d = 0$，有检验统计量

$$t_c = \frac{\overline{d}}{s_{\overline{d}}} \tag{8.19}$$

所以，成对数据的检验实际上执行的是单样本 t 检验。相应的功效分析也可参考单样本 t 检验执行。

例题 8.9　例题 8.8 中，假如测试的数据分别来自 10 位受试者，每名受试者用两种安眠药后记录其睡眠延长时间。在显著水平 $\alpha = 0.05$ 下，试问：两种安眠药的疗效有无显著差异？

分析 试验设计的改变，造成两组样本数据属性的差异。在例题 8.8 中，两组数据是相互独立的。而如果假定对应的数据来自同一个受试者，那么两组数据就存在关联，应该用成对的比较方法。

解答 按照假设检验的一般操作流程，作 t 检验如下。

(1)按照双尾检验问题的提法，设定零假设 $H_0:\mu_1=\mu_2$，备择假设 $H_1:\mu_1\neq\mu_2$。

(2)选取显著性水平 $\alpha=0.05$。

(3)计算检验统计量和 P 值。

· 检验统计量 $t_c=\dfrac{\overline{d}}{s_{\overline{d}}}=\dfrac{-1.58}{0.3889587}\approx -4.062$。

```
> diff <- drug1 - drug2
> t.c <- mean(diff) / (sd(diff) / sqrt(length(diff))); t.c
[1] -4.062128
```

· 双尾检验的 P 值：$P(t\leqslant t_c\approx -4.062\mid H_0)\times 2\approx 0.003$，等于图 8.8 灰色区域面积，已不可见。

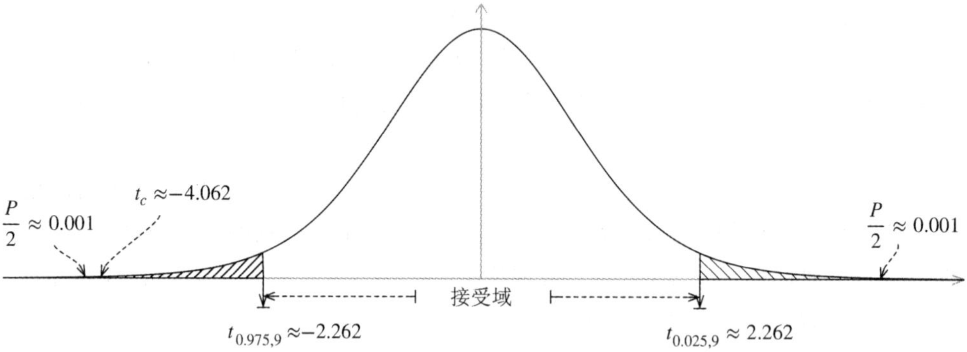

图 8.8 例题 8.9 的检验统计量与 P 值

```
> pt(q = t.c, df = length(diff) - 1, lower.tail = TRUE) * 2
[1] 0.00283289
```

(4)作出统计推断。

P 值小于显著性水平 α，因此拒绝零假设，接受备择假设。检验结论：两种安眠药的睡眠延长时间有统计学意义上的显著差异。

以上分步计算的结果与 t.test()函数完成的 t 检验的结果一致。

```
> t.test(drug1, drug2, var.equal = TRUE, paired = TRUE)
    Paired t-test


data:  drug1 and drug2
t = -4.0621, df = 9, p-value = 0.002833
alternative hypothesis: true mean difference is not equal to 0
95 percent confidence interval:
  -2.4598858 -0.7001142
```

```
sample estimates:
mean difference
          -1.58
```

paired 参数取值 TRUE 表明两组样本为成对数据。

根据式(6.22),功效分析结果如下:

```
> t.crit.r <- qt(p = 0.025, df = 9, lower.tail = FALSE)
> 1 - pt(q = t.crit.r, df = 9, ncp = t.c) + pt(q =  - t.crit.r, df = 9, ncp = t.
c)
[1] 0.949605
```

如用 pwr.t.test()函数来计算功效,首先计算效应量 $d = \dfrac{\overline{d}}{\sqrt{s_1^2 + s_2^2}}$,分母上的标准差即两个样本差值的标准差(这里实践了方差的第四条性质,见 3.2.4 小节)。然后通过 d 参数传入,另外 type 参数须设为 paired。

```
> ES <- mean(diff) / sd(diff)
> pwr.t.test(n = 10, type = "paired", alternative = "two.sided", d =
ES)$power
[1] 0.949605
```

8.3 样本比率之差的检验

样本比率之间的比较也是生物学研究中常见的情形。特别是针对质量性状,通过统计次数法,即得质量性状的样本比率。例如,使用杀虫剂后害虫的死亡率和农作物的发病率等。

从两个二项总体中分别抽取 n_1 和 n_2 个样本,目标性状出现的次数分别为 m_1 和 m_2,那么样本比率之差 $\hat{p_1} - \hat{p_2}$,在 n_1 和 n_2 大于 30 时,其抽样分布近似为正态分布,因此可用 z 检验判断两个样本比率 $\hat{p_1}$ 和 $\hat{p_2}$ 所属的总体比率 p_1 和 p_2 是否相等。标准化统计量的计算公式为

$$z = \frac{(\hat{p_1} - \hat{p_2}) - (p_1 - p_2)}{\sigma_{p_1 - p_2}} = \frac{(\hat{p_1} - \hat{p_2}) - (p_1 - p_2)}{\sqrt{\dfrac{p_1(1-p_1)}{n_1} + \dfrac{p_2(1-p_2)}{n_2}}} \tag{8.20}$$

由于总体比率未知,上式分母中的总体比率用样本比率来估计,则有

$$z = \frac{(\hat{p_1} - \hat{p_2}) - (p_1 - p_2)}{\sqrt{\dfrac{\hat{p_1}(1-\hat{p_1})}{n_1} + \dfrac{\hat{p_2}(1-\hat{p_2})}{n_2}}} \tag{8.21}$$

双尾检验时,设定零假设 $H_0: p_1 = p_2$,计算检验统计量

$$z_c = \frac{\hat{p_1} - \hat{p_2}}{\sqrt{\dfrac{\hat{p_1}(1-\hat{p_1})}{n_1} + \dfrac{\hat{p_2}(1-\hat{p_2})}{n_2}}} \tag{8.22}$$

并与检验临界值比较，如果 $z_c > z_{\frac{\alpha}{2}}$ 或 $z_c < -z_{\frac{\alpha}{2}}$，则拒绝零假设，反之接受零假设。或者可以计算相伴概率 $P(|z| \geqslant |z_c| \mid H_0)$，然后与显著性水平 α 比较，如果 $P < \alpha$，则拒绝零假设，反之接受零假设。

当 n_1 或 n_2 小于 30 时，计算检验统计量

$$t_c = \frac{\hat{p}_1 - \hat{p}_2}{\sqrt{\frac{\hat{p}_1(1-\hat{p}_1)}{n_1} + \frac{\hat{p}_2(1-\hat{p}_2)}{n_2}}} \tag{8.23}$$

如果 $t_c > t_{\frac{\alpha}{2},n_1+n_2-2}$ 或 $t_c < -t_{\frac{\alpha}{2},n_1+n_2-2}$，则拒绝零假设，反之接受零假设。

此外，由于零假设成立时 $p_1 = p_2$，所以两个样本比率之差的标准误计算可改为

$$s_{\hat{p}_1-\hat{p}_2} = \sqrt{\frac{\overline{p}(1-\overline{p})}{n_1} + \frac{\overline{p}(1-\overline{p})}{n_2}} \tag{8.24}$$

其中合并样本比率（两个样本比率的加权平均）$\overline{p} = \frac{n_1\hat{p}_1}{n_1+n_2} + \frac{n_2\hat{p}_2}{n_1+n_2} = \frac{m_1+m_2}{n_1+n_2}$。

两个样本比率之差的检验，不论是 z 检验还是 t 检验都基于近似抽样分布。在 np 或 $n(1-p)$ 小于 30 时，需要进行连续性矫正，即

$$z_c = \frac{\hat{p}_1 - \hat{p}_2 \mp \left(\frac{0.5}{n_1} + \frac{0.5}{n_2}\right)}{\sqrt{\frac{\hat{p}_1(1-\hat{p}_1)}{n_1} + \frac{\hat{p}_2(1-\hat{p}_2)}{n_2}}} \tag{8.25}$$

当 $\hat{p}_1 \geqslant \hat{p}_2$ 时，两个样本比率之差减去矫正因子 $\frac{0.5}{n_1} + \frac{0.5}{n_2}$，而 $\hat{p}_1 < \hat{p}_2$ 时，两个样本比率之差加上矫正因子 $\frac{0.5}{n_1} + \frac{0.5}{n_2}$。

例题 8.10 利用例题 5.7 中的数据（干扰组共 250 只幼虫，死亡 210 只；对照组有 240 只幼虫，死亡 168 只），试检验干扰组与对照组的死亡率是否有显著差异。

分析 分析例题 5.7 时，已知本题的相关计算不需要连续性矫正。

解答 按照假设检验的一般操作流程，作 z 检验如下。

（1）按照双尾检验问题的提法，设定零假设 $H_0: p_1 = p_2$，备择假设 $H_1: p_1 \neq p_2$。

（2）选取显著性水平 $\alpha = 0.01$。

（3）计算检验统计量和 P 值。

· 检验统计量 $z_c = \frac{\hat{p}_1 - \hat{p}_2}{s_{\hat{p}_1-\hat{p}_2}} = \frac{0.84 - 0.7}{0.038} \approx 3.689$。

```
> p1 <- 210 / 250
> p2 <- 168 / 240
> p.wm <- weighted.mean(x = c(p1, p2), w = c(250, 240))
> se <- sqrt(p.wm * (1 - p.wm) * (1 / 250 + 1 / 240))
> z.c <- (p1 - p2) / se; z.c
[1] 3.689324
```

· 双尾检验的 P 值：$P(z \geqslant z_c \approx 3.689 \mid H_0) \times 2 \approx 0.0002$。

```
> pnorm(q = z.c, lower.tail = FALSE) * 2
```

```
[1] 0.0002248508
```

(4)作出统计推断。

P 值小于显著性水平 α，因此拒绝零假设，接受备择假设。检验结论：干扰组和对照组之间在死亡率上有统计学意义上的极显著差异。

prop.test()函数可以完成两个样本比率差异的显著性检验。与该函数在单样本比率检验(例题 7.8)的应用形式上不同的是，我们需要将两个事件的发生次数和试验次数分别通过向量传入 x 和 n 参数。此外，本题不需要连续性矫正，所以 correct = FALSE。

```
> prop.test(x = c(210, 168), n = c(250, 240), conf.level = 0.99, correct =
FALSE)$p.value
[1] 0.0002248508
```

因两组试验的样本容量不相等①，需借助 pwr.2p2n.test()函数计算两个样本比率之差的检验功效。

```
> pwr.2p2n.test(h = ES.h(210/250, 168/240), n1 = 250, n2 = 240, sig.level =
0.01, alternative = "two.sided")$power
[1] 0.873886
```

8.4　抽样分布的应用总结

至此，统计推断的两大任务——参数估计和假设检验，在关于样本平均数、样本方差和样本比率问题上的应用已介绍完毕。纵观参数估计(主要是区间估计)和假设检验，这两条看似平行、不相干的线，在数学关系上有着非常紧密的关系。这一点在第 6 章假设检验和区间估计的对偶关系部分已有讨论。经过第 7 章和第 8 章中对假设检验的实际应用之后，我们有必要对第 4 章抽样分布以来的一些问题再进行总结。

假设检验和区间估计的对偶关系，实际上建立在抽样分布的基础之上。从总体中进行随机抽样得到样本，对样本进行分析可以了解总体的情况。其中，抽样分布所发挥的作用，从理论层面上告诉我们样本统计量会有怎样的概率行为。比如，样本平均数可以估计总体平均数，一次试验只能产生一个样本平均数，那么就当前这个样本平均数而言，它与总体平均数究竟会有什么样的关系？会不会离总体平均数较远？这样的问题就需要抽样分布来回答。

抽样分布是样本统计量的概率分布，标准化统计量将样本统计量和总体参数通过函数形式联系起来。为此，我们建立了以下数学符号表达式：

$$\text{s. s.} = f(x,\theta) \sim N(0,1) \vee t(n-1) \vee \chi^2(n-1) \vee F(n_1-1,n_2-1) \vee \cdots$$

其中 s. s. 为标准化统计量，x 表示可观察的样本信息，θ 表示不可观察的未知总体参数，$\vee$ 表示逻辑或。

同样的标准化统计量，在区间估计中称为枢轴变量，在假设检验中称为检验统计量。除

① 针对样本容量相等的情况，pwr 包提供了 pwr.2p.test()函数，不过该函数被 pwr.2p2n.test()兼容。当后者的两个容量参数 n1 和 n2 传入值相等时，也可以实现容量相等的功效计算。

了称谓上的不同，区间估计和假设检验应用标准化统计量的角度也不同。

· 对于区间估计问题，利用的是 $\theta = f'(x, \text{s.s.})$，也就是将标准化统计量中的总体参数视作"因变量"。抽样分布提供的概率信息反映在以样本统计量为中心的区间范围上，即置信度 $1-\alpha$。

· 对于假设检验问题，利用的是 $x = f''(\theta, \text{s.s.})$，也就是将标准化统计量中的样本统计量视作"因变量"。抽样分布提供的概率信息反映在比样本统计量更极端值出现的概率上，即相伴概率 P 值。

区间估计是通过已知样本了解未知总体的过程；假设检验则是假定总体已知的前提下了解已知样本可能性的过程。

抽样分布为相关问题提供了概率上的支撑。抽样分布是已知的，不含任何未知参数。从未知的总体分布，到可提供部分信息的样本分布，再到完全已知的抽样分布，中心极限定理发挥了根本性作用。

独立同分布的随机变量 $x_1, x_2, \cdots, x_n$ 的平均数 $\bar{x}$ 在 $n \to \infty$ 时，服从正态分布 $N\left(\mu, \frac{\sigma^2}{n}\right)$，标准化后服从标准正态分布 $N(0,1)$。

事实上，在 $n \to \infty$ 时，样本分布也趋于总体分布，我们也能通过样本分布来直接了解总体分布。然而，总体分布在形式上仍然是复杂的，难以展开各种操作，比如统计推断。所以中心极限定理真正的意义在于：不论总体分布多么复杂，只要随机抽样是独立的，那么样本平均数的标准化统计量都服从标准正态分布。

虽然在总体方差未知且样本容量较小时，样本平均数的标准化统计量的抽样分布会发生变化，但在理论应用的逻辑上没有任何不同。

综上所述，抽样分布是贯穿统计学的核心概念，也是统计学的理论难点。掌握抽样分布在统计推断中的作用，是应用统计分析方法的前提。

习题 8

(1)为什么样本平均数之差的假设检验要先作样本方差之比的检验？

(2)样本平均数的成组比较和成对比较有什么不同？

(3)抽样分布在假设检验和区间估计中分别发挥了什么作用？

(4)两组植物幼苗分别用蒸馏水(对照组)和氯化钠溶液(100 mmol/L，试验组)处理，在生长第 10 天分别随机抽取 10 株，测量胚轴长度得数据如下：对照组(1.0，1.1，1.2，1.0，1.1，1.0，1.2，1.0，1.1，1.1)，试验组(1.9，1.8，2.1，1.7，1.4，1.7，1.5，1.6，1.8，1.9)。试问：不同处理下的幼苗生长情况是否有显著差异？

(5)某医院有一组患者在入院时接受了抗生素治疗，住院时间(天)为 14，30，8，8，7，3，11。另一组患者未接受抗生素治疗，住院时间(天)为 5，10，6，11，5，11，17，3，9，3，5，5，4，7。试问：抗生素治疗是否会显著影响患者的住院时间？

(6)因怀疑某药物有升高血压的副作用，随机选择 8 个 35 岁至 39 岁的曾服用该药物的患者，测得他们的平均收缩压为 132.86 mmHg，样本标准差为 15.34 mmHg。另一组样本包含 21 个同年龄段的患者，未服用药物，他们的平均收缩压为 127.44 mmHg，样本标准差为18.23 mmHg。试问：两组血压数据之间是否有显著差异？

(7)为验证“北方动物比南方动物具有相对短的附肢”这一假说，研究者调查了某种鸟类的翅长(mm)，得以下数据：北方(120，113，125，118，116，114，118，119，117，120)，南方(116，117，121，114，118，123，120，116，119，115)。该如何作检验？

(8)同一棉花品种在两个种植区栽种。在两地分别随机抽取 300 粒该品种棉花种子进行发芽试验，结果 A 区发芽 243 株，B 区发芽 278 株。试问：该品种棉花在两个种植区的发芽率是否有显著差异？

(9)为测定 A 和 B 两种病毒对烟草的致病力，随机取同一地块的 10 株烟草进行感染试验。在每一株烟草中部选择一片叶子，半片接种 A 病毒，另半片接种 B 病毒。10 株烟草的病斑数如下：A 病毒(9，17，31，19，7，9，20，10，9，11)，B 病毒(10，11，18，14，6，7，17，5，9，10)。试问：两种病毒的致病力是否有显著差异？

(10)评价药物的有效性的方法之一是在给药后的某个时间记录血样或尿样中的药物浓度。随机选择 10 名患者，先后服用 A 型和 B 型阿司匹林 1 小时后测定尿样中的药物浓度。服用 A 型阿司匹林得药物浓度平均数为 19.20 mg/L，标准差为 8.63 mg/L；服用 B 型阿司匹林得药物浓度平均数为 15.60 mg/L，标准差为 7.68 mg/L。试问：两种阿司匹林的有效性是否有显著差异？

第9章 方差分析

第 8 章介绍的双样本假设检验方法，可以比较两个样本平均数的差异显著性。然而，研究工作中可能会遇到要比较的样本组数超过两个的情况。如果使用两个样本比较的 t 检验方法，技术上将多个样本分别进行两两比较，似乎也可以解决问题。

不过连续多次使用 t 检验，理论上存在以下三个问题。

(1)检验的过程会变得烦琐，n 个样本就需要执行 C_n^2 次检验。

(2)误差只能在每次比较的两个样本范围内进行估计，精确性相对较低，进而造成检验的灵敏性达不到预期。换句话说，多次两两 t 检验需要样本平均数之间具有更大的差异，才能被检验方法判定为有显著差异。

(3)多次使用两两 t 检验，犯第一类错误的概率会增加，推断的可靠性会降低。

前两个问题是容易理解的，对于第 3 个问题我们需要一个实例来解释。

假设有 5 组样本需要进行平均数比较，两两 t 检验需要进行 $C_5^2 = 10$ 次。在 1 次 t 检验中，当零假设为真时，检验有 0.95 的概率接受零假设。又因为每次 t 检验都是独立的事件，所以“10 次检验都接受零假设”的概率为 $0.95^{10} = 0.6$。“10 次检验都接受零假设”，作为一个事件，它的对立事件，即“10 次检验至少 1 次拒绝零假设”的概率为 $1 - 0.6 = 0.4$。可见，当零假设全为真时，连续 10 次的两两 t 检验至少拒绝零假设 1 次的概率——犯第一类错误的概率提高到了 0.4。这明显高于 1 次 t 检验中犯弃真错误的概率 0.05。总体来说，我们对一组数据进行的 t 检验次数越多，当零假设为真时，就越有可能拒绝它。

为了解决多个样本的平均数比较问题，Fisher 于 1918 年提出了*方差分析*(analysis of variance，ANOVA)的方法①。与两两 t 检验不同，方差分析视多个样本组的所有观测值为一个整体，所以误差估计将更精确。在解决问题的思路上，方差分析可谓另辟蹊径。它并不像 t 检验那样直接对样本平均数进行比较，而是将平均数比较的问题转变为方差比较的问题。

为实现这一点，方差分析要将样本观测值中的变异，按照变异的原因分解为处理效应和误差效应两部分；然后通过 F 检验比较处理引起的变异(用处理效应的样本方差表示)和误差引起的变异(用误差效应的样本方差表示)的大小。如果二者有显著差异，则表明多个样本平均数之间的差异显著大于误差，也就是说多个样本平均数之间存在显著差异。

方差分析不仅适用于单因素试验，也适用于双因素或多因素试验。当试验因素超过一个时，除了各因素的主效应，方差分析还可以对因素间的互作效应进行分析。

---

① 该术语 1925 年再次出现于 Fisher 的著作 *Statistical Methods for Research Workers* 中，从此才广为人知。

9.1　方差分析的基本原理

既然方差分析要将观测值的变异按照变异原因进行分解，那么我们就从变异原因开始入手讨论。任何一个试验产生的观测值，造成它们取值差异的主要原因有二：试验因素带来的处理效应(treatment effect，TE)和试验过程中偶然性因素带来的误差效应(error effect，EE)。反映观测值差异的方式非常简单，计算每个观测值 x_i 与它们的平均数 $\bar{x}$ 的差值 $x_i - \bar{x}$ 即可。而 $x_i - \bar{x}$ 的大小取决于处理效应和误差效应，即

$$x_i - \bar{x} = \mathrm{TE} + \mathrm{EE} \tag{9.1}$$

当然，在实践中我们并不直接使用上式来定量 x_i 的取值差异，原因早在 2.3.2 小节已论及。我们会对式(9.1)等号左边的 $x_i - \bar{x}$ 取平方后除以自由度，也就是通过样本方差来衡量观测值差异。等号左边的问题解决了，那等号右边的 TE+EE 又该如何处理呢？

回答这个问题，需要对式(9.1)稍作形式上的变换，引入方差分析的数学模型的概念。

9.1.1　方差分析的数学模型

方差分析的数学模型(mathematical model)，指的是通过不同构成要素的线性组合来表示样本观测值。以单因素(记作 A)试验为例，假设试验所考察的因素有 k 个水平，每个处理有 n 个重复，那么将有 kn 个观测值。数据资料可以组织成表 9.1 的形式。

表 9.1　单因素 k 水平(每组 n 个观测值)的数据资料表

处理	A_1	A_2	…	A_i	…	A_k	
	x_{11}	x_{21}	…	x_{i1}	…	x_{k1}	
	x_{12}	x_{22}	…	x_{i2}	…	x_{k2}	
	⋮	⋮		⋮		⋮	
	x_{1j}	x_{2j}	…	x_{ij}	…	x_{kj}	
	⋮	⋮		⋮		⋮	
	x_{1n}	x_{2n}	…	x_{in}	…	x_{kn}	
总和	$\sum_{j=1}^{n} x_{1j}$	$\sum_{j=1}^{n} x_{2j}$	…	$\sum_{j=1}^{n} x_{ij}$	…	$\sum_{j=1}^{n} x_{kj}$	$\sum\sum x_{ij}$
平均数	$\bar{x}_{1\cdot}$	$\bar{x}_{2\cdot}$	…	$\bar{x}_{i\cdot}$	…	$\bar{x}_{k\cdot}$	$\bar{x}_{\cdot\cdot}$

数据表中 x_{ij} 表示第 i 个处理(对应因素第 i 个水平)的第 j 个重复观测值。对于 x_{ij} 的大小，首先应该包含第 i 个处理的总体平均数，记作 μ_i；其次还应该包含随机误差，记作 ε_{ij}。所以任一观测值可以表示为

$$x_{ij} = \mu_i + \varepsilon_{ij} \tag{9.2}$$

k 个处理对应 k 个小总体，每个小总体都有其平均数 μ_i。观测值 x_{ij} 与小总体平均数 μ_i 的偏差都归为随机误差，这里我们假定误差服从正态分布，即 $\varepsilon_{ij} \sim N(0, \sigma_e^2)$。

既然因素的每个处理对应一个小总体，那么因素的 k 个水平整体对应一个大总体，也应

有一个总体平均数，记作 μ，且有

$$\mu = \frac{\sum_{i=1}^{k}\mu_i}{k} \tag{9.3}$$

μ_i 与 μ 之间的偏差，也就是 A 因素第 i 个水平的处理效应，记作 α_i，即 $\alpha_i = \mu_i - \mu$。第 i 个水平的处理效应在第 i 个处理下的 n 个观测值上都会有体现。现在将小总体平均数 μ_i 与大总体平均数 μ 的关系代入式(9.2)，则有

$$x_{ij} = \mu + \alpha_i + \varepsilon_{ij} \tag{9.4}$$

该表达式即是单因素试验资料的数学模型。它是一种简单的线性模型(linear model)，将观测值分解为不同的构成要素，分别表示影响观测值大小的各种因素(这里只有处理因素和误差因素)的线性组合。

如果换用样本的估计来代替所涉及的总体参数，则有

$$x_{ij} = \bar{x} + a_i + e_{ij} \tag{9.5}$$

即样本的线性模型①。

在观测值的线性模型中，总体的平均数 μ 是确定的值(通常是未知的)，误差的效应 ε 是随机变量。对于处理的效应 α_i，既可以是固定的常量，也可以是随机的变量。根据处理效应的性质不同，观测值的线性模型可以分为以下三种类型。

1. 固定效应模型

固定效应模型(fixed effect model)是指模型所涉及的处理效应 $\alpha_1, \alpha_2, \cdots, \alpha_k$ 都是固定的常量。而且因为 $\alpha_i = \mu_i - \mu$，所以 $\sum_{i=1}^{k}\alpha_i = \sum_{i=1}^{k}\mu_i - k\mu = k\left(\frac{\sum_{i=1}^{k}\mu_i}{k} - \mu\right) = 0$。固定效应模型中的处理是根据试验目的在试验前由试验人员人为选定的。例如，不同温度条件下蛋白酶的催化活性试验、不同月龄小白鼠的抗药性试验等。试验因素不同水平的设定依赖专业知识。我们对符合固定效应模型的数据进行方差分析的目的，也就是确定所选不同处理效应之间是否具有显著差异，以及效应的大小。所得的结论也只能适用于被选择进行试验的几个水平，不能扩展到其他未被试验的水平。

2. 随机效应模型

随机效应模型(random effect model)是指模型中所涉及的处理效应 $\alpha_1, \alpha_2, \cdots, \alpha_k$ 都是相互独立的随机变量，且服从正态分布 $N(0, \sigma_\alpha^2)$。换句话说，每次试验得到的处理效应相当于从正态分布中随机抽取一个观测值。随机效应通常是随机选择的结果。例如，要研究不同窝组的小白鼠的出生体重是否存在差异，随机选择 4 个窝组，每窝均设 4 只幼仔。该试验中窝组是随机选择的，因此窝组效应也是随机的。此外，如果被研究的效应受到复杂且不可控的随机因素影响，也属于随机效应。例如，研究某引进树种在不同地理条件下的适应情况，由于不同种植区气候和水肥等条件无法人为控制，因此地理条件就是随机效应。与固定效应不同，基于随机效应模型所得出的结论可以推广到随机因素的所有水平上。同时由于随

① 注意，样本的模型使用英文字母表示，总体的模型使用希腊字母表示。

机效应的取值不确定，相关的方差分析只回答不同处理效应之间是否具有显著差异的问题，不关心效应的具体大小。

3. 混合效应模型

在双因素和多因素试验中，如果既有固定效应因素，又有随机效应因素，那么相应的线性模型称为*混合效应模型*(mixed effect model)。例如，为考察 3 个小麦品种在某地区的产量，随机选择 5 块试验区域，每个区域选择 3 块试验田分别种植不同品种。试验中不同试验区域是随机选择的，具有随机效应。而 3 个小麦品种的产量效应是固定的，所以该试验应该用混合效应模型来分析数据。

在生物科学的研究中，固定效应模型应用最多，随机效应模型和混合效应模型应用相对较少。区分不同的效应模型，是方差分析中非常关键的一个环节，它决定了方差分析方法的走向，以及软件工具的使用。

9.1.2　平方和与自由度分解

在了解方差分析的数学模型之后，我们再回到式(9.1)方差化的问题。实际上，式(9.1)更准确的表达应该是方差分析样本的线性模型，即式(9.5)，将样本总平均数移至等号左边，有

$$x_{ij} - \bar{x} = a_i + e_{ij} \tag{9.6}$$

即观测值的变异可以分解为两部分：处理效应 a_i 和误差效应 e_{ij}。

等式左边方差化得 kn 个观测值的总样本方差，即

$$s^2 = \frac{\sum_{i=1}^{nk} (x_i - \bar{x})^2}{kn - 1} \tag{9.7}$$

对于任一观测值，要直接计算出 a_i 和 e_{ij} 是不可能的，所以对等式右侧进行方差化似乎行不通。不过式(9.6)的形式告诉我们，既然观测值的变异可以分解为两部分，那么代表观测值变异的方差也应该至少包含两部分，分别对应处理效应的方差和误差效应的方差。所以，处理效应和误差效应的方差化问题便成为如何对总样本方差 s^2 进行分解的问题。

分式形式的总样本方差 s^2 直接分解为两个分式之和，需要两个分式有相同的分母。也就是说，处理效应方差和误差效应方差要有相同的自由度，这一点在实际分析中是不可能的。既然不能直接分解观测值的总样本方差 s^2，我们可以试着分别处理 s^2 分式中的分子(离均差平方和)和分母(自由度)，如果分子、分母分别可以实现按照变异原因分解，那么也可以得到处理效应方差和误差效应方差(离均差平方和除以相应的自由度即可)。

1. 平方和分解

观测值的*总离均差平方和*(total sum of squares)，记作 SS。将总样本方差(式(9.7))分子中样本观测值的下标由一维变为两维，则有 $SS = \sum_{i=1}^{k}\sum_{j=1}^{n}(x_{ij} - \bar{x})^2$。其中 x_{ij} 的第一个下标 i 表示不同处理，第二个下标 j 表示同一个处理下不同的重复观测值。接下来，SS 可以进行如下分解。

首先，在 SS 的表达式中引入 $\bar{x}_{i\cdot} = \frac{1}{n}\sum_{j=1}^{n} x_{ij}$，也就是第 i 个处理下 n 个重复观测值的样

本平均数($\bar{x}_{i\cdot}$ 中的点号指代下标 j 的全部 n 个情况)。

$$\begin{aligned}
SS &= \sum_{i=1}^{k}\sum_{j=1}^{n}(x_{ij}-\bar{x}_{i\cdot}+\bar{x}_{i\cdot}-\bar{x})^2 \\
&= \sum_{i=1}^{k}\sum_{j=1}^{n}[(x_{ij}-\bar{x}_{i\cdot})+(\bar{x}_{i\cdot}-\bar{x})]^2 \\
&= \sum_{i=1}^{k}\sum_{j=1}^{n}[(x_{ij}-\bar{x}_{i\cdot})^2+(\bar{x}_{i\cdot}-\bar{x})^2+2(x_{ij}-\bar{x}_{i\cdot})(\bar{x}_{i\cdot}-\bar{x})] \\
&= \sum_{i=1}^{k}\sum_{j=1}^{n}(x_{ij}-\bar{x}_{i\cdot})^2+\sum_{i=1}^{k}\sum_{j=1}^{n}(\bar{x}_{i\cdot}-\bar{x})^2+2\sum_{i=1}^{k}\sum_{j=1}^{n}(x_{ij}-\bar{x}_{i\cdot})(\bar{x}_{i\cdot}-\bar{x})
\end{aligned} \tag{9.8}$$

最后的交叉乘积项,其中的 $(\bar{x}_{i\cdot}-\bar{x})$ 与 j 无关,所以可移至求和符号 $\sum_{j=1}^{n}$ 之前,即

$$\sum_{i=1}^{k}\sum_{j=1}^{n}(x_{ij}-\bar{x}_{i\cdot})(\bar{x}_{i\cdot}-\bar{x})=\sum_{i=1}^{k}(\bar{x}_{i\cdot}-\bar{x})\sum_{j=1}^{n}(x_{ij}-\bar{x}_{i\cdot}) \tag{9.9}$$

对于 $\sum_{j=1}^{n}(x_{ij}-\bar{x}_{i\cdot})$,无论 i 取何值,其所表达的组内离均差之和都为 0(算术平均数的第一条性质),所以交叉乘积项等于 0。进而有

$$\begin{aligned}
SS &= \sum_{i=1}^{k}\sum_{j=1}^{n}(x_{ij}-\bar{x}_{i\cdot})^2+\sum_{i=1}^{k}\sum_{j=1}^{n}(\bar{x}_{i\cdot}-\bar{x})^2 \\
&= \sum_{i=1}^{k}\sum_{j=1}^{n}(x_{ij}-\bar{x}_{i\cdot})^2+\sum_{i=1}^{k}n(\bar{x}_{i\cdot}-\bar{x})^2
\end{aligned} \tag{9.10}$$

至此,总离均差平方和 SS 被成功分解为以下两部分。

- $\sum_{i=1}^{k}\sum_{j=1}^{n}(x_{ij}-\bar{x}_{i\cdot})^2$,称为*组内离均差平方和*(sum of squares within groups),记作 SS_e。每个处理中 n 个重复观测值的离均差平方和为 $\sum_{j=1}^{n}(x_{ij}-\bar{x}_{i\cdot})^2$,再将 k 个处理下的离均差平方和相加,即得组内离均差平方的总和。根据方差分析的数学模型,SS_e 反映的就是随机误差带来的变异,因此又称为*误差平方和*①。

- $\sum_{i=1}^{k}n(\bar{x}_{i\cdot}-\bar{x})^2$,称为*组间偏差平方和*(sum of squares between groups),记作 SS_t。将 n 移到求和符号之前,有 $n\sum_{i=1}^{k}(\bar{x}_{i\cdot}-\bar{x})^2$,表示每个处理组样本平均数与总样本平均数之间的离均差平方和的 n 倍。SS_t 反映了 k 个小总体的样本平均数之间的偏差程度,因此又称为*处理平方和*②。

组间偏差平方和 $n\sum_{i=1}^{k}(\bar{x}_{i\cdot}-\bar{x})^2$ 包含的平方项也是 kn 个,与组内离均差平方和 SS_e 中的平方项数量相等。也就是说,每个样本观测值都能对应一个总离均差平方 $(x_{ij}-\bar{x})^2$、一

---

① SS_e 的下标 e 指误差 error。

② SS_t 的下标 t 指处理 treatment。

个组内离均差平方 $(x_{ij}-\bar{x}_{i\cdot})^2$ 、一个组间偏差平方 $(\bar{x}_{i\cdot}-\bar{x})^2$ 。

对于总离均差平方和 SS 的分解，还可以从方差分析数学模型 $x_{ij}=\bar{x}+a_i+e_{ij}$ 的角度出发来完成推导。

由于 $a_i=\bar{x}_{i\cdot}-\bar{x}$，即第 i 个处理的效应等于第 i 个处理下 n 个重复观测值的样本平均数 $\bar{x}_{i\cdot}$ 减去总样本平均数 $\bar{x}$。$e_{ij}=x_{ij}-\bar{x}_{i\cdot}$，即观测值 x_{ij} 的误差 e_{ij}，等于 x_{ij} 减去第 i 个处理下 n 个重复观测值的样本平均数 $\bar{x}_{i\cdot}$。所以

$$x_{ij}-\bar{x}=(\bar{x}_{i\cdot}-\bar{x})+(x_{ij}-\bar{x}_{i\cdot}) \tag{9.11}$$

对等号两侧的表达式分别取平方，有

$$(x_{ij}-\bar{x})^2=(\bar{x}_{i\cdot}-\bar{x})^2+(x_{ij}-\bar{x}_{i\cdot})^2+2(\bar{x}_{i\cdot}-\bar{x})(x_{ij}-\bar{x}_{i\cdot}) \tag{9.12}$$

对同一处理下 n 个重复观测值进行累加，得

$$\sum_{j=1}^{n}(x_{ij}-\bar{x})^2=\sum_{j=1}^{n}(\bar{x}_{i\cdot}-\bar{x})^2+\sum_{j=1}^{n}(x_{ij}-\bar{x}_{i\cdot})^2+2\sum_{j=1}^{n}(\bar{x}_{i\cdot}-\bar{x})(x_{ij}-\bar{x}_{i\cdot}) \tag{9.13}$$

上式等号右侧第一项中的 $(\bar{x}_{i\cdot}-\bar{x})^2$ 与 j 无关，所以 $\sum_{j=1}^{n}(\bar{x}_{i\cdot}-\bar{x})^2=n(\bar{x}_{i\cdot}-\bar{x})^2$。因此，有

$$\sum_{j=1}^{n}(x_{ij}-\bar{x})^2=n(\bar{x}_{i\cdot}-\bar{x})^2+\sum_{j=1}^{n}(x_{ij}-\bar{x}_{i\cdot})^2+2\sum_{j=1}^{n}(\bar{x}_{i\cdot}-\bar{x})(x_{ij}-\bar{x}_{i\cdot}) \tag{9.14}$$

然后再对 k 个处理进行累加，得

$$\sum_{i=1}^{k}\sum_{j=1}^{n}(x_{ij}-\bar{x})^2=\sum_{i=1}^{k}n(\bar{x}_{i\cdot}-\bar{x})^2+\sum_{i=1}^{k}\sum_{j=1}^{n}(x_{ij}-\bar{x}_{i\cdot})^2+2\sum_{i=1}^{k}\sum_{j=1}^{n}(\bar{x}_{i\cdot}-\bar{x})(x_{ij}-\bar{x}_{i\cdot}) \tag{9.15}$$

与之前的推导过程一样，这里的交叉乘积项等于 0，所以

$$\sum_{i=1}^{k}\sum_{j=1}^{n}(x_{ij}-\bar{x})^2=\sum_{i=1}^{k}n(\bar{x}_{i\cdot}-\bar{x})^2+\sum_{i=1}^{k}\sum_{j=1}^{n}(x_{ij}-\bar{x}_{i\cdot})^2 \tag{9.16}$$

综上，观测值总样本方差 s^2 的分子部分——总离均差平方和 SS 的分解可表示为

$$\mathrm{SS}=\mathrm{SS}_t+\mathrm{SS}_e \tag{9.17}$$

2. 自由度分解

完成分子部分的分解，我们再看观测值总方差分母部分——自由度该如何处理。

观测值总样本方差的自由度为 $\mathrm{df}=kn-1$。随机误差的方差在每个处理组内有自由度 $n-1$，所以 k 个处理组，误差方差的总自由度 $\mathrm{df}_e=k(n-1)$。对于 k 个水平的处理因素而言，处理方差的自由度 $\mathrm{df}_t=k-1$。不难发现，总样本方差的自由度 df、误差方差的自由度 df_e、处理方差的自由度 df_t，三者有如下关系：

$$\mathrm{df}=kn-1=kn-k+k-1=k(n-1)+(k-1)=\mathrm{df}_e+\mathrm{df}_t \tag{9.18}$$

可见观测值总样本方差 s^2 的分母部分自由度 df 也可以分解为两部分，分别对应处理方差的自由度和误差方差的自由度，公式表示如下：

$$\mathrm{df}=\mathrm{df}_t+\mathrm{df}_e \tag{9.19}$$

总离均差平方和 SS 与总自由度 df 的分解，是方差分析的关键技术环节。SS_t 和 df_t 相除可得处理效应的样本方差 s_t^2；SS_e 和 df_e 相除可得误差效应的样本方差 s_e^2。

误差方差衡量的是随机因素带来的观测值变异，也就是组内变异的度量（见图 9.1(a)）。而处理方差衡量的是试验因素带来的观测值变异，也就是组间变异的度量（见图 9.1(b)）。所以，总离均差平方和与总自由度，按照造成观测值变异原因的不同进行分解，最终可用方差的形式呈现，实现方差分析的第一个任务。

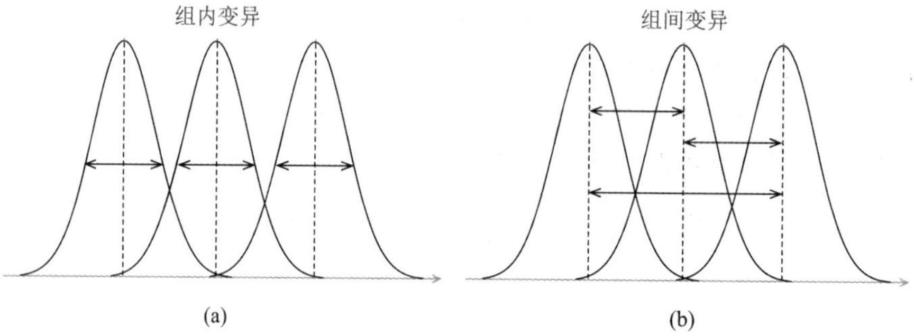

图 9.1　多组样本的变异类型

下面来看一个具体的例子。抗生素的血浆蛋白结合率指抗生素进入血液以后，与血浆蛋白结合的药量占血液药物总量的比率，有重要的临床意义。血浆蛋白结合率高，药物在血液中可以被充分转运并能够持续释放，药物浓度较稳定，能够发挥较好的治疗效果；血浆蛋白结合率低，药物代谢较快，浓度不稳定，将影响治疗效果。

随机选择试验小鼠 25 只，测得 5 种抗生素的血浆蛋白结合率见表 9.2。试验中除了药物处理外其他试验条件保持一致，抗生素是试验因素，有 5 种不同的水平，所以该试验为单因素试验。

表 9.2　5 种抗生素的血浆蛋白结合率数据

重复观测值	A	B	C	D	E
obs1	81.2	75.1	82.3	79.8	75.6
obs2	79.8	77.3	83.7	80.5	74.9
obs3	81.6	76.8	81.9	78.9	76.3
obs4	81.1	75.5	82.5	81.2	75.8
obs5	81.9	78.1	83.2	79.4	74.0

这里抗生素药物的种类有 5 种，即 $k=5$；重复数 $n=5$，观测值总数为 $kn=25$。所以，总方差的自由度 $df=kn-1=25-1=24$，处理的自由度 $df_t=k-1=4$，误差的自由度 $df_e=df-df_t=20$。自由度的计算非常简单，基本不需要借助计算工具。不过，接下来离均差平方和的计算就需要借助软件工具了。下面我们来看 R 如何完成这些任务。

首先计算总离均差平方和 SS。

```
> data(drugPPBR)
> total.mean <- mean(drugPPBR$ppbr); total.mean
[1] 79.136
```

```
> SS.total <- sum((drugPPBR$ppbr - total.mean)^2); SS.total
[1] 210.6776
```

然后计算组间偏差平方和 SS_t。这里 tapply()函数可以根据 drugPPBR$antibiotics 的分组情况，对 drugPPBR$ppbr 数据分组计算平均数（详见 15.4.6 小节）。

```
> groups.mean <- tapply(X = drugPPBR$ppbr, INDEX = drugPPBR$antibiotics,
FUN = mean)
> SS.t <- sum(5 * (groups.mean - total.mean)^2); SS.t
[1] 193.2896
```

最后计算组内离均差平方和 SS_e。

```
> SS.e <- SS.total - SS.t; SS.e
[1] 17.388
```

那么，总样本方差 s^2、处理效应的样本方差 s_t^2、误差效应的样本方差 s_e^2 的计算结果如下。

```
> var.total <- SS.total / 24; var.total
[1] 8.778233
> var.t <- SS.t / 4; var.t
[1] 48.3224
> var.e <- SS.e / 20; var.e
[1] 0.8694
```

显然，总样本方差 s^2（还可用 var()函数直接计算）并不等于处理效应的样本方差 s_t^2 与误差效应的样本方差 s_e^2 之和。然而，如上所述，总样本方差中既包含处理效应的信息，也包含误差效应的信息，而且只与两者有关。

9.1.3　不同效应方差的数学期望

观测值总样本方差，针对分子部分平方和、分母部分自由度的分解，实现了处理效应方差 s_t^2 和误差效应方差 s_e^2 的计算。需要注意的是，s_t^2 和 s_e^2 是由样本计算而得的，所以都是样本方差。它们对应的总体方差，即处理效应的总体方差 σ_t^2 和误差效应的总体方差 σ_e^2，关系到方差分析的下一个环节—— F 检验中检验统计量的构建，所以接下来我们需要进行一些必要的数学工作。

第 3 章概率与概率分布 3.2.4 小节提及的数学期望概念，在第 5 章参数估计中有所应用。样本统计量的数学期望如果等于总体参数，那么该统计量对总体参数的估计称为无偏估计。比如，样本平均数是总体平均数的无偏估计；样本方差（分母为自由度 $n-1$）是总体方差的无偏估计。

在方差分析中，处理效应的样本方差 s_t^2 和误差效应的样本方差 s_e^2，它们的数学期望分别与 σ_t^2 和 σ_e^2 有何关系呢？

首先，我们来看 s_e^2 的数学期望。因为 $s_e^2=\dfrac{SS_e}{k(n-1)}$，所以

$$E(s_e^2)=E\left[\frac{SS_e}{k(n-1)}\right]$$
$$=E\left[\frac{\sum_{i=1}^{k}\sum_{j=1}^{n}(x_{ij}-\bar{x}_{i\cdot})^2}{k(n-1)}\right] \tag{9.20}$$
$$=\frac{1}{k(n-1)}E\left[\sum_{i=1}^{k}\sum_{j=1}^{n}(x_{ij}-\bar{x}_{i\cdot})^2\right]$$

利用式(9.4),可将上式中的 x_{ij} 替换为 $\mu+\alpha_i+\varepsilon_{ij}$。对于 $\bar{x}_{i\cdot}$,因为

$$\bar{x}_{i\cdot}=\frac{\sum_{j=1}^{n}x_{ij}}{n}=\frac{\sum_{j=1}^{n}(\mu+\alpha_i+\varepsilon_{ij})}{n}=\mu+\alpha_i+\bar{\varepsilon}_{i\cdot} \tag{9.21}$$

所以可将 $\bar{x}_{i\cdot}$ 替换为 $\mu+\alpha_i+\bar{\varepsilon}_{i\cdot}$($\bar{\varepsilon}_{i\cdot}$ 表示第 i 组内误差的总体平均数)。进而有

$$E(s_e^2)=\frac{1}{k(n-1)}E\left\{\sum_{i=1}^{k}\sum_{j=1}^{n}[(\mu+\alpha_i+\varepsilon_{ij})-(\mu+\alpha_i+\bar{\varepsilon}_{i\cdot})]^2\right\}$$
$$=\frac{1}{k(n-1)}E\left[\sum_{i=1}^{k}\sum_{j=1}^{n}(\varepsilon_{ij}-\bar{\varepsilon}_{i\cdot})^2\right] \tag{9.22}$$
$$=\frac{1}{k}E\left[\frac{\sum_{i=1}^{k}\sum_{j=1}^{n}(\varepsilon_{ij}-\bar{\varepsilon}_{i\cdot})^2}{n-1}\right]$$

接下来,我们可以将 k 个水平的和式展开,也就是将下标 i 具体化,于是

$$E(s_e^2)=\frac{1}{k}E\left[\frac{\sum_{j=1}^{n}(\varepsilon_{1j}-\bar{\varepsilon}_{1\cdot})^2}{n-1}+\frac{\sum_{j=1}^{n}(\varepsilon_{2j}-\bar{\varepsilon}_{2\cdot})^2}{n-1}+\cdots+\frac{\sum_{j=1}^{n}(\varepsilon_{kj}-\bar{\varepsilon}_{k\cdot})^2}{n-1}\right]$$
$$=\frac{1}{k}\left\{E\left[\frac{\sum_{j=1}^{n}(\varepsilon_{1j}-\bar{\varepsilon}_{1\cdot})^2}{n-1}\right]+E\left[\frac{\sum_{j=1}^{n}(\varepsilon_{2j}-\bar{\varepsilon}_{2\cdot})^2}{n-1}\right]+\cdots+E\left[\frac{\sum_{j=1}^{n}(\varepsilon_{kj}-\bar{\varepsilon}_{k\cdot})^2}{n-1}\right]\right\} \tag{9.23}$$

进行方差分析,我们需要假定试验因素不同水平下的误差有相同的分布(见下文 9.1.7 小节方差分析的基本条件),且方差同为 σ_e^2,即 $\sigma_1^2=\sigma_2^2=\cdots=\sigma_k^2=\sigma_e^2$。所以,上式可继续推得

$$E(s_e^2)=\frac{1}{k}(\sigma_1^2+\sigma_2^2+\cdots+\sigma_k^2)=\sigma_e^2 \tag{9.24}$$

可见,当满足误差同分布的条件时,误差效应的样本方差 s_e^2 的数学期望等于误差的总体方差 σ_e^2。这一结论与上文提到的"SS_e 反映的就是随机误差带来的变异"相一致。

下面我们再看处理效应的样本方差 s_t^2 的数学期望。因为 $s_t^2=\frac{SS_t}{k-1}$,所以有

$$E(s_t^2)=E\left(\frac{SS_t}{k-1}\right)=\frac{1}{k-1}E\left[\sum_{i=1}^{k}n(\bar{x}_{i\cdot}-\bar{x})^2\right] \tag{9.25}$$

类似地,我们可以用 $\mu+\alpha_i+\bar{\varepsilon}_{i\cdot}$ 替换 $\bar{x}_{i\cdot}$。对于 $\bar{x}$ 有

$$\begin{aligned}\bar{x} &= \frac{\sum_{i=1}^{k}\sum_{j=1}^{n}x_{ij}}{kn} \\ &= \frac{\sum_{i=1}^{k}\sum_{j=1}^{n}(\mu+\alpha_i+\varepsilon_{ij})}{kn} \\ &= \mu + \frac{n\sum_{i=1}^{k}\alpha_i}{kn} + \frac{\sum_{i=1}^{k}\sum_{j=1}^{n}\varepsilon_{ij}}{kn} \\ &= \mu + \bar{\alpha} + \bar{\varepsilon}\end{aligned} \tag{9.26}$$

所以式(9.25)可改写为

$$\begin{aligned}E(s_t^2) &= \frac{n}{k-1}E\left\{\sum_{i=1}^{k}[(\mu+\alpha_i+\bar{\varepsilon}_{i\cdot})-(\mu+\bar{\alpha}+\bar{\varepsilon})]^2\right\} \\ &= \frac{n}{k-1}E\left\{\sum_{i=1}^{k}[(\alpha_i-\bar{\alpha})+(\bar{\varepsilon}_{i\cdot}-\bar{\varepsilon})]^2\right\} \\ &= \frac{n}{k-1}E\left[\sum_{i=1}^{k}(\alpha_i-\bar{\alpha})^2+2\sum_{i=1}^{k}(\alpha_i-\bar{\alpha})(\bar{\varepsilon}_{i\cdot}-\bar{\varepsilon})+\sum_{i=1}^{k}(\bar{\varepsilon}_{i\cdot}-\bar{\varepsilon})^2\right]\end{aligned} \tag{9.27}$$

其中,交叉乘积项 $2\sum_{i=1}^{k}(\alpha_i-\bar{\alpha})(\bar{\varepsilon}_{i\cdot}-\bar{\varepsilon})$ 的数学期望为

$$\begin{aligned}2E\left[\sum_{i=1}^{k}(\alpha_i-\bar{\alpha})(\bar{\varepsilon}_{i\cdot}-\bar{\varepsilon})\right] &= 2E\left(\sum_{i=1}^{k}\alpha_i\cdot\bar{\varepsilon}_{i\cdot}-\sum_{i=1}^{k}\bar{\alpha}\cdot\bar{\varepsilon}_{i\cdot}-\sum_{i=1}^{k}\alpha_i\cdot\bar{\varepsilon}+\sum_{i=1}^{k}\bar{\alpha}\cdot\bar{\varepsilon}\right) \\ &= 2E\left(\sum_{i=1}^{k}\alpha_i\cdot\bar{\varepsilon}_{i\cdot}\right)-2E\left(\sum_{i=1}^{k}\bar{\alpha}\cdot\bar{\varepsilon}_{i\cdot}\right)-2E\left(\sum_{i=1}^{k}\alpha_i\cdot\bar{\varepsilon}\right) \\ &\quad +2E\left(\sum_{i=1}^{k}\bar{\alpha}\cdot\bar{\varepsilon}\right)\end{aligned} \tag{9.28}$$

由于误差的期望、误差平均数的期望都等于 0,所以上式中包含误差的所有项的期望均等于 0。于是式(9.27)可简化为

$$\begin{aligned}E(s_t^2) &= \frac{n}{k-1}E\left[\sum_{i=1}^{k}(\alpha_i-\bar{\alpha})^2\right]+\frac{n}{k-1}E\left[\sum_{i=1}^{k}(\bar{\varepsilon}_{i\cdot}-\bar{\varepsilon})^2\right] \\ &= \frac{n}{k-1}E\left[\sum_{i=1}^{k}(\alpha_i-\bar{\alpha})^2\right]+nE\left[\frac{\sum_{i=1}^{k}(\bar{\varepsilon}_{i\cdot}-\bar{\varepsilon})^2}{k-1}\right]\end{aligned} \tag{9.29}$$

接下来,由于 $\bar{\varepsilon}_{i\cdot}$ 是第 i 个处理组的误差总平均数,所以上式最后一项中的数学期望实际上计算的是一个样本平均数的方差。样本平均数方差的期望等于总体方差除以样本容量,即 $s\frac{2}{x}=\frac{\sigma^2}{n}$,因此 $E\left[\frac{\sum_{i=1}^{k}(\bar{\varepsilon}_{i\cdot}-\bar{\varepsilon})^2}{k-1}\right]=\frac{\sigma_e^2}{n}$,代入上式后得

$$E(s_t^2)=\frac{n}{k-1}E\left[\sum_{i=1}^{k}(\alpha_i-\bar{\alpha})^2\right]+\sigma_e^2 \tag{9.30}$$

如果试验因素符合固定效应模型，那么 $\bar{\alpha}=0$，而各个水平的效应值 α_i 都为常量，所以 $E(\sum_{i=1}^{k}\alpha_i^2)=\sum_{i=1}^{k}\alpha_i^2$。上式可变为

$$E(s_t^2)=\frac{n}{k-1}\sum_{i=1}^{k}\alpha_i^2+\sigma_e^2 \tag{9.31}$$

可见处理效应的样本方差 s_t^2 的数学期望同样也与误差的总体方差 σ_e^2 有关，而且除了 σ_e^2 之外的部分与效应值 α_i 有关。

误差的样本方差的数学期望等于误差分布的总体方差，所以 s_e^2 是 σ_e^2 的无偏估计量。对于因素的处理效应来说，只有各水平效应值同为 0 时，即 $\alpha_1=\alpha_2=\cdots=\alpha_k=0$ 成立时，s_t^2 才是 σ_e^2 的无偏估计量。

此时，如果我们在 s_t^2 和 s_e^2 之间作比较，就可以反映 α_i 的大小。若 s_t^2 与 s_e^2 相差不大，意味着 α_i 与 0 相差不大，即各处理的平均数 μ_i 间差异不显著。若 s_t^2 与 s_e^2 相差较大，则认为 μ_i 间的差异是显著的。

对于固定效应模型，我们通常令式(9.31)中 $\frac{1}{k-1}\sum_{i=1}^{k}\alpha_i^2=\eta_\alpha^2$，则

$$E(s_t^2)=n\eta_\alpha^2+\sigma_e^2 \tag{9.32}$$

如果试验因素符合随机效应模型，那么各个水平的效应值 α_i 不再是常量，而是服从 $N(0,\sigma_\alpha^2)$ 的随机变量。效应方差的数学期望的构成形式可改写为

$$E(s_t^2)=n\sigma_\alpha^2+\sigma_e^2 \tag{9.33}$$

9.1.4 显著性检验——*F* 检验

在处理的样本方差 s_t^2 与误差的样本方差 s_e^2 之间作比较，目的在于检验处理带来的观测值变异是否显著大于误差带来的变异。假如处理的方差 s_t^2 显著大于误差的方差 s_e^2，表明试验因素的处理所带来的观测值变化显著大于误差，也就是说 k 个处理中至少有一个会造成观测值的显著变化(表现为该处理下 n 个重复观测值平均数的显著变化)。反过来说，假如处理的方差 s_t^2 与误差的方差 s_e^2 没有显著差异，则表明 k 个处理不能造成观测值的显著变化，它们带来的差异与随机误差无异。

第 8 章样本方差之比的检验中，已经介绍了我们可以通过 F 检验来比较两个样本的方差，所以方差分析的第二任务就是利用 F 检验来判断处理效应的样本方差 s_t^2 与误差效应的样本方差 s_e^2 的差异显著性。

F 检验中构建的统计量为

$$F=\frac{s_1^2}{s_2^2}\times\frac{\sigma_2^2}{\sigma_1^2} \tag{9.34}$$

服从自由度分别为 n_1-1 和 n_2-1 的 F 分布。应用到方差分析的场景中，则有

$$F=\frac{s_t^2}{s_e^2}\times\frac{\sigma_e^2}{\sigma_t^2} \tag{9.35}$$

此时 F 分布的自由度分别为 $k-1$ 和 $k(n-1)$。

在进行 F 检验时，零假设假定 $\sigma_t^2 = \sigma_e^2$。对于固定效应模型，根据 $\sigma_t^2 = E(s_t^2) = n\eta_\alpha^2 + \sigma_e^2$，零假设等同于假定 $n\eta_\alpha^2 = 0$。因为 $\eta_\alpha^2 = \frac{1}{k-1}\sum_{i=1}^{k}\alpha_i^2$，所以零假设又等同于假定 $\alpha_1 = \alpha_2 = \cdots = \alpha_k = 0$。这里要比较的 s_t^2 和 s_e^2，在正常的试验中前者通常大于后者，所以应采用单尾的 F 检验。

9.1.2 小节已完成 5 种抗生素血浆蛋白结合率数据的平方和与自由度分解，并计算了处理效应的样本方差 s_t^2 和误差效应的样本方差 s_e^2。下面我们进行组间差异与组内差异的比较。

根据假设检验的一般操作流程，作 F 检验如下。

(1)按照单尾检验问题的提法，设定零假设 $H_0: \sigma_t^2 = \sigma_e^2$，备择假设 $H_1: \sigma_t^2 > \sigma_e^2$。

(2)选取显著性水平 $\alpha = 0.05$。

(3)计算检验统计量和 P 值。

· 检验统计量 $F_c = \frac{s_t^2}{s_e^2} = \frac{48.3224}{0.8694} \approx 55.581$。

```
> F.c <- var.t / var.e; F.c
[1] 55.58132
```

· 单尾 F 检验的 P 值：$P(F \geqslant F_c \approx 55.581 \mid H_0) = 1.49222 \times 10^{-10}$。

```
> pf(q = F.c, df1 = 4, df2 = 20, lower.tail = FALSE)
[1] 1.49222e-10
```

(4)作出统计推断。

P 值小于显著性水平 α，因此拒绝零假设，接受备择假设。检验结论：不同抗生素的血浆蛋白结合率具有统计学意义上的显著差异。

为便于展示，以上分析过程中产生的数据通常会被整理成方差分析表(见表 9.3)的形式。

表 9.3 5 种抗生素的血浆蛋白结合率的方差分析表

变异来源	平方和 SS	自由度 df	方差 s^2	F 值	P 值
抗生素间(处理间)	193.2896	4	48.3224	55.58132	1.49222×10^{-10}
重复间(处理内)	17.388	20	0.8694		
总变异	210.6776	24			

至此，我们基本上完成了一个单因素试验的方差分析。

为便于解释其基本原理，以上分步式计算由多个 R 函数来完成。实践中的方差分析计算当然不会如此复杂，因为 R 语言提供了更便捷的方式。

抗生素能与血浆蛋白结合，是抗生素固有的性质，所以其观测数据应属于固定效应模型。在 R 语言中，`lm()`函数可为固定效应建立线性模型。结果如下。

```
> fit.lm <- lm(formula = ppbr ~ antibiotics, data = drugPPBR); fit.lm
Call:
lm(formula = ppbr ~ antibiotics, data = drugPPBR)
```

```
Coefficients:
(Intercept)  antibioticsB  antibioticsC  antibioticsD  antibioticsE
      81.12         -4.56          1.60         -1.16         -5.80
```

R 语言中线性模型公式使用一种特定的符号表示，它允许我们指定因变量和自变量之间的线性关系（详见 15.6.3 小节）。在为数据建立线性模型后，可通过 anova()函数完成方差分析表的计算。结果如下。

```
> anova.table <- anova(fit.lm); anova.table
Analysis of Variance Table

Response: ppbr
            Df  Sum Sq  Mean Sq  F value     Pr(>F)
antibiotics  4 193.290   48.322   55.581  1.492e-10 ***
Residuals   20  17.388    0.869
---
Signif. codes:  0 '***' 0.001 '**' 0.01 '*' 0.05 '.' 0.1 ' ' 1
```

lm()结合 anova()的方差分析结果与之前我们分步计算的结果一致。

此外，R 提供的 aov()函数也可以构建方差分析的模型，不过方差分析表中的信息需要借助 summary()函数来展示。结果如下。

```
> fit.aov <- aov(ppbr ~ antibiotics, data = drugPPBR)
> summary(fit.aov)
            Df  Sum Sq  Mean Sq  F value    Pr(>F)
antibiotics  4  193.29    48.32    55.58  1.49e-10 ***
Residuals   20   17.39     0.87
---
Signif. codes:  0 '***' 0.001 '**' 0.01 '*' 0.05 '.' 0.1 ' ' 1
```

抗生素药物血浆蛋白结合率试验的例子，详细解释了方差分析的基本原理：不直接对各处理组之间的平均数进行两两比较，而是将思路转变为对处理间方差与误差方差的比较，通过一次 F 检验来完成多组平均数差异的显著性检验。

然而，方差分析的整个过程到此并不算完全结束。实际工作中，我们除了关心多组平均数间有无显著差异外，更重要的是各处理的实际效应，还包括有显著差异的效应究竟出现在哪个或哪些处理组内。在介绍解决方法之前，我们再审视一下方差分析中的不同效应模型。

现在我们应该可以意识到不同的效应模型对于方差分析来说是何等的重要了。对于固定效应来说，处理效应方差的期望 $E(s_t^2)=n\eta_\alpha^2+\sigma_e^2$，相应的方差分析看重的是处理效应（固定的常量）的大小，即 η_α^2 的大小；对于随机效应来说，处理效应方差的期望 $E(s_t^2)=n\sigma_\alpha^2+\sigma_e^2$，相应的方差分析看重的是处理效应（随机变量）方差的大小，即 σ_α^2 的大小。进一步说，对于随机效应，关注处理效应具体的大小没有意义。

9.1.5 功效分析

接下来我们来处理一下方差分析的功效问题。因为方差分析的假设检验环节用的是 F 检验,所以方差分析的功效就是 F 检验的功效。F 统计量的分子是组间方差 σ_t^2,分母是组内方差 σ_e^2,在零假设 $H_1:\sigma_t^2=\sigma_e^2$ 条件下,检验统计量 $F_c=\frac{s_t^2}{s_e^2}$ 服从 F 分布;在备择假设 $H_1:\sigma_t^2>\sigma_e^2$ 条件下,检验统计量 $F_c=\frac{s_t^2}{s_e^2}$ 服从非中心 F 分布。

方差分析涉及的非中心 F 分布,有比较简单的非中心参数计算公式①:

$$\lambda=\frac{n\sum\alpha_i^2}{\sigma_e^2}=\frac{n\sum(\mu_i-\mu)^2}{\sigma_e^2} \tag{9.36}$$

R 统计分析包 stats 中的 power.anova.test()可用于计算方差分析的功效。结果如下。

```
> power.anova.test(groups = 5, n = 5, between.var = var.t / 5, within.var =
var.e)
     Balanced one-way analysis of variance power calculation


         groups = 5
              n = 5
    between.var = 9.66448
     within.var = 0.8694
      sig.level = 0.05
          power = 1

NOTE: n is number in each group
```

其中参数 groups 指定组数;参数 n 指定组内观测值数;参数 within.var 接收组内方差,也就是误差的方差;参数 between.var 接收的是各组平均数间的方差,所以应是组间平方和 $SS_t=\sum_{i=1}^{k}n(\bar{x}_{i\cdot}-\bar{x})^2$ 除以组内观测值数 n 后再除以组间自由度 $k-1$,也就是组间方差 s_t^2 除以组内观测值个数 n。

pwr 包中的 pwr.anova.test()函数也可以完成方差分析的功效计算。结果如下。

```
> pwr.anova.test(k = 5, n = 5, f = sqrt(SS.t / (var.e * 5 * 5)))$power
[1] 1
```

其中 k 参数指定组数;n 参数指定组内观测值个数;f 参数接收效应量,有公式

$$f=\sqrt{\frac{\sum_{i=1}^{k}\frac{n_i}{N}(\mu_i-\mu)^2}{\sigma_e^2}} \tag{9.37}$$

① 该公式是用总体参数表示的,具体应用时须替换为样本统计量,即 μ 替换为 $\bar{x}$、μ_i 替换为 $\bar{x}_{i\cdot}$、σ_e^2 替换为 s_e^2。

n_i 为各组内观测值数，N 为观测值总数。所以，各组内观测值数相等时，效应量与非中心参数之间有 $f=\sqrt{\frac{\lambda}{kn}}$ 的关系。

9.1.6 多重比较

对于固定效应模型，F 检验得出有显著差异的结论，仅仅意味着 $\eta_\alpha^2 \neq 0$。究竟是哪个或哪些处理带来了不为 0 的效应值？该问题又将我们带回了原点，也就是说对于固定效应模型，还是需要比较不同的处理间两两差异的显著性。所用的方法当然不是将常规的双样本 t 检验执行多次（原因在本章开始已有讨论），而是用专门进行多个平均数两两比较的*多重比较法*（又称多重比较检验，multiple comparison tests）。常用的多重比较法包括最小显著差数法和最小显著极差法。

1. 最小显著差数法

最小显著差数法（the method of least significant difference，LSD）也是由 Fisher 提出的，是最早用于检验多个样本平均数差异显著性的方法。

LSD 法在进行两两样本平均数比较时，首先要确定平均数差异达到显著水平的最小平均数差数，记为 LSD_α，其中 α 为检验选择的显著性水平。然后，依次将两个样本平均数的差值与 LSD_α 比较，如果 $|\bar{x}_1-\bar{x}_2|>LSD_\alpha$，则在给定的 α 水平上 $\bar{x}_1$ 与 $\bar{x}_2$ 的差异达到显著水平。反之，$\bar{x}_1$ 与 $\bar{x}_2$ 的差异未达到显著水平。所以确定 LSD_α 是解决问题的关键。

两个样本平均数的比较，所用的标准化统计量 $t=\frac{(\bar{x}_1-\bar{x}_2)-(\mu_1-\mu_2)}{s_{\bar{x}_1-\bar{x}_2}}$，当 H_0 成立时 $\mu_1=\mu_2$，所以检验统计量 $t_c=\frac{\bar{x}_1-\bar{x}_2}{s_{\bar{x}_1-\bar{x}_2}}$。$\bar{x}_1$ 与 $\bar{x}_2$ 之间要有显著差异，显著性水平 $\alpha=0.05$ 的双尾检验需要 $|t_c|>t_{0.025,\text{df}}$ ①，即 $\frac{|\bar{x}_1-\bar{x}_2|}{s_{\bar{x}_1-\bar{x}_2}}>t_{0.025,\text{df}}$。进而，两个样本平均数的差数需要 $|\bar{x}_1-\bar{x}_2|>t_{0.025,\text{df}}\times s_{\bar{x}_1-\bar{x}_2}$。所以，平均数的差异达到显著水平的最小差数为

$$LSD_{0.05}=t_{0.025,\text{df}}\times s_{\bar{x}_1-\bar{x}_2} \tag{9.38}$$

平均数差数的标准误计算公式为 $s_{\bar{x}_1-\bar{x}_2}=\sqrt{\frac{s_1^2}{n_1}+\frac{s_2^2}{n_2}}$，其中两个样本方差 s_1^2 和 s_2^2 分别对应两个处理组内观测值的样本方差。各组内的样本方差相等，这是方差分析的基本要求（见下文），也就是说它们都应等于组内方差 s_e^2，所以 $s_{\bar{x}_1-\bar{x}_2}=\sqrt{s_e^2\left(\frac{1}{n_1}+\frac{1}{n_2}\right)}$。当 $n_1=n_2=n$ 时，可进一步简化为 $s_{\bar{x}_1-\bar{x}_2}=\sqrt{\frac{2}{n}s_e^2}$。

在抗生素的血浆蛋白结合率数据中，$s_{\bar{x}_1-\bar{x}_2}=\sqrt{\frac{2}{5}\times 0.8694}\approx 0.590$。

```
> var.diff <- sqrt(2 / 5 * var.e); var.diff
```

① 注意，$t_{0.025,\text{df}}$ 是双尾检验临界值的表示方法，对应显著性水平 $\alpha=0.05$。

```
[1] 0.5897118
```

对于自由度为 20 的 t 分布，0.05 水平的双尾检验临界值 $t_{0.025,20}$ 和 0.01 水平的双尾检验临界值 $t_{0.005,20}$ 需用 t 分布的分位数函数 qt()来计算

```
> t.0.025 <- qt(p = 0.025, df = 20, lower.tail = FALSE); t.0.025
[1] 2.085963
> t.0.005 <- qt(p = 0.005, df = 20, lower.tail = FALSE); t.0.005
[1] 2.84534
```

所以将各值代入式(9.38)，有

$$\begin{aligned} LSD_{0.05} &= t_{0.025,20} \times s_{\bar{x}_1-\bar{x}_2} = 2.085963 \times 0.5897118 \approx 1.230 \\ LSD_{0.01} &= t_{0.005,20} \times s_{\bar{x}_1-\bar{x}_2} = 2.84534 \times 0.5897118 \approx 1.678 \end{aligned} \tag{9.39}$$

为方便作多重比较，我们将各处理下的平均数由大到小排列，计算前后两个平均数的差值，然后与 LSD 值比较。比较的结果用字母标记法展示(见表 9.4)。

表 9.4　5 种抗生素的血浆蛋白结合率的多重比较(LSD 法)

抗生素	平均数	平均数差值	$\alpha=0.05$	$\alpha=0.01$
C	82.72		a	A
A	81.12	1.60	b	AB
D	79.96	1.16	b	B
B	76.56	3.40	c	C
E	75.32	1.24	d	C

所谓字母标记法是用不同的字母表示两个平均数之间差异显著性的方法。

以 $\alpha=0.05$ 为例，首先，如表 9.4 所示各组数据按平均数从大到小排序后，为排在第一位的抗生素 C 标记字母 a，然后用第一组别的平均数向下依次与其他组别的平均数比较。C 与 A 的差值为 1.60，大于 $LSD_{0.05}$，所以 C 与 A 之间有显著差异，为 A 组别标记新的字母 b。假如 C 与 A 之间未达显著差异，那么 A 组继续标记字母 a，C 将继续与下一组别比较，直至出现显著差异，并为相应组别标记字母 b。本例中第一对比较的平均数就出现了新的字母，所以就需要从 A 开始新的比较。

新一轮的比较中，按照程序，A 组需要先与比其平均数大但未比过的组进行比较(向上比)，然后再向下依次与其他组别的平均数比较。本例中向上没有未与 A 比较的组别，所以开始向下比。A 与 D 的差值为 1.16，小于 $LSD_{0.05}$，所以 A 与 D 之间没有显著差异，在 D 组别上继续标记字母 b。A 继续向下比，A 与 B 的差值大于 $LSD_{0.05}$，所以在 B 组上标记新的字母 c。从 B 组开始新一轮的比较，先向上与未比过的 D 组比，再向下与其他组别比。B 与 D 的差值也大于 $LSD_{0.05}$，无须任何动作。B 组再向下与 E 组比较，差值大于 $LSD_{0.05}$，为 E 组标记字母 d。所有组别完成字母标记，多重比较结束。

当选定 $\alpha=0.01$ 时，与平均数差值比较的 $LSD_{0.01}$ 变得更大，为了区别于 $\alpha=0.05$ 水平，我们用大写字母标记。比较的程序是一致的。概括来说，各组按照平均数从大到小排列，从平均数最大的组别(标记字母 A)开始向下与其他组别比较，为平均数差值小于 $LSD_{0.01}$ 的组别标记相同的字母 A，直到出现差值大于 $LSD_{0.01}$ 的组别，并为其标记新的字母 B，一轮比较

结束。

新一轮比较从标记新字母的组别开始，首先向上与比其平均数大、但未比较过的组别进行比较：差值大于 $LSD_{0.01}$ 时无动作；差值小于 $LSD_{0.01}$ 时为相应组别追加与当前组别相同的字母。然后向下与比其平均数小的组别进行比较，直至出现新的字母，开始新一轮的比较。本例中，新标记字母在向上比时就出现了追加字母的情况。从 D 组开始新一轮比较，向上有 A 组未比较，它们的差值 1.16 小于 $LSD_{0.01}$，所以为 A 组在已有的字母 A 后追加一个字母 B。

字母标记法的过程看起来复杂，然而字母标记结果在理解上却非常简单。所有没有共有字母的组别之间都有显著差异，反之凡是标记相同字母的两组间都没有显著差异。

`agricolae` 程序包[①]提供了多种多重比较的方法，其中 `LSD.test()` 函数可执行 LSD 多重比较检验。

```
> library(agricolae)
> lsd.5 <- LSD.test(y = fit.lm, trt = "antibiotics", alpha = 0.05)
```

`lsd.5` 是一个记录结果数据的列表，有多个分量：`statistics` 包含组内方差、自由度、LSD 值等统计量；`parameters` 包含 `LSD.test()` 函数的参数设置；`means` 记录了各组平均数及相关统计量；`comparison` 的内容在 `LSD.test()` 函数的参数 `group = TRUE`（默认值）时为空；`groups` 记录 LSD 多重比较的字母标记结果[②]。

从上述 LSD 法的介绍中，可以看出 LSD 法的核心仍然是 t 检验。其中的 LSD_α 就像一把尺子，用来衡量平均数差数的显著性。

LSD 法虽然摆脱了两两 t 检验在操作上的复杂性，但是犯第一类错误可能性高的问题并没有解决。多次使用 t 检验犯第一类错误的概率增大的现象，源于假设检验的基本逻辑：当我们看到“罕见的现象”（零假设成立前提下极端的样本数据）时，就会拒绝零假设。所以，检验的次数越多，就越容易碰到“罕见的现象”，也就越容易犯错误，即在没有显著差异的情况下判断有显著差异。这一问题在统计学上称为显著性水平膨胀（the inflation of the significance level）。

为解决 LSD 法的显著性水平膨胀问题，捷克统计学家和概率学家 Zbyněk Šidàk 在 1967 年引入了调整 α 的方法（称为 Sidak 法）。

连续使用 C 次 t 检验，犯第一类错误的概率 $\mathcal{A}=1-(1-\alpha)^C$，其中 α 是一次检验中的显著性水平。上式如果视 α 为未知数，则有 $\alpha=1-(1-\mathcal{A})^{\frac{1}{C}}$。如果令连续使用 10 次 t 检验犯第一类错误的概率 $\mathcal{A}=0.05$，那么可求得 $\alpha\approx 0.00512$。以此显著性水平进行单次 t 检验，总体上 10 次连续的单次 t 检验犯第一类错误的概率就可以控制在 0.05 以内。由于 Sidak 法更倾向于接受零假设，所以要比 LSD 法更保守。

但是，Sidak 法的具体实现并不是通过调整检验的水平 α，而是反过来调整 P 值。如果说 α 需要调低，那么调高 P 值会有相同的效果。

---

① Mendiburu F. 2023. agricolae: Statistical Procedures for Agricultural Research. R package version 1.3-7, 〈https://CRAN.R-project.org/package=agricolae〉.

② `LSD.test()` 函数并没有在 `alpha = 0.01` 时为结果标记大写字母。

MHTdiscrete 包[①]中的 Sidak.p.adjust()函数可以接收 LSD.test()函数产生的原始多重比较的 P 值，并将其调整为符合 $\mathcal{A}=0.05$ 的 P 值，即调整的 P 值（adjusted P value）。

```
> lsd.5.gf <- LSD.test(y = fit.lm, trt = "antibiotics", alpha = 0.05, group
= FALSE)
```

group 参数设为 FALSE，LSD.test()函数将不再进行字母标记法的比较，而是报告两两比较的结果（记录于 comparison 分量）。

```
> lsd.5.gf$comparison
      difference  pvalue  signif.          LCL        UCL
A - B       4.56  0.0000      ***  3.329882753  5.7901172
A - C      -1.60  0.0134        * -2.830117247 -0.3698828
A - D       1.16  0.0632        . -0.070117247  2.3901172
A - E       5.80  0.0000      ***  4.569882753  7.0301172
B - C      -6.16  0.0000      *** -7.390117247 -4.9298828
B - D      -3.40  0.0000      *** -4.630117247 -2.1698828
B - E       1.24  0.0484        *  0.009882753  2.4701172
C - D       2.76  0.0001      ***  1.529882753  3.9901172
C - E       7.40  0.0000      ***  6.169882753  8.6301172
D - E       4.64  0.0000      ***  3.409882753  5.8701172
```

通过$符号提取 pvalue 列，并传给 Sidak.p.adjust()函数的参数 p，即可计算调整 P 值。

```
> sidak.adj.p <- Sidak.p.adjust(p = lsd.5.gf$comparison$pvalue, alpha =
0.05, make.decision = TRUE)
```

参数 make.decision 为 TRUE 命令显示两两比较的 P 值，并作比较。结果如下。

```
> sidak.adj.p$Result
    raw.p      adjust.p  decision
1   0.0000  0.0000000000   reject
2   0.0134  0.1262018694   accept
3   0.0632  0.4794423650   accept
4   0.0000  0.0000000000   reject
5   0.0000  0.0000000000   reject
6   0.0000  0.0000000000   reject
7   0.0484  0.3911022999   accept
8   0.0001  0.0009995501   reject
9   0.0000  0.0000000000   reject
10  0.0000  0.0000000000   reject
```

---

① Zhu Y, Guo W. 2018. MHTdiscrete: Multiple Hypotheses Testing for Discrete Data. R package version 1.0.1, 〈https://CRAN.R-project.org/package=MHTdiscrete〉.

调整后的 P 值与原始 P 值相比都有所提升。调高的 P 值与 $\alpha = 0.05$ 比较，之前有显著差异的，比如第 2 对 A 组和 C 组，以及第 7 对 B 组和 E 组，将不再显著。也就是说，P 值调整后的 LSD 法多重比较和 $\alpha = 0.01$ 水平的 LSD 法比较结果一致。

由于 Sidak 法中涉及分数幂，在没有计算机辅助的情况下难以计算，所以瑞典生物统计学家 Sture Holm 在 1979 年提出了一种基于 Bonferroni 不等式(因此称为 Bonferroni 法)的近似计算公式：$\alpha \approx \frac{\mathcal{A}}{C}$。连续 10 次的 t 检验，用 Bonferroni 法矫正后的 $\alpha \approx 0.005$，与 Sidak 法的结果非常接近。相比之下 Bonferroni 法矫正后的 α 要小于 Sidak 法的，而且当检验的次数越来越多时，Bonferroni 法会出现矫枉过正的情况，效果上就不如 Sidak 法。不过或许是因为计算上的简易性，Bonferroni 法是迄今为止使用频次最高的显著性水平矫正方法之一。`LSD.test()`函数通过参数 `p.adj` 提供了多种调整 P 值的方法，如 `p.adj = bonferroni` 即可实现 Bonferroni 法矫正。

```
> lsd.5.bonferroni <- LSD.test(y = fit.lm, trt = "antibiotics", alpha =
0.05, p.adj = "bonferroni")
> lsd.5.bonferroni$groups
   ppbr  groups
C  82.72      a
A  81.12     ab
D  79.96      b
B  76.56      c
E  75.32      c
```

与 Sidak 法一样，在 $\alpha = 0.05$ 的水平上经过 P 值调整后的检验结果发生了变化。可见 P 值调整降低了多重比较的灵敏度。

既然 LSD 法本质上仍然是 t 检验，而且通过调整 P 值的方法可以在一定程度上解决显著性水平膨胀问题，那么技术上是可以进行多次两两 t 检验来完成多重比较的，只需对 t 检验的 P 值加以矫正即可。毕竟借助软件执行 t 检验，“检验的过程烦琐”已不再是主要问题。R 提供了 `pairwise.t.test()`来完成多重 t 检验，该函数的参数 `p.adjust.method` 可以设定不同的调整 P 值的方法[①]。

```
> pairwise.t.test(x = drugPPBR$ppbr, g = drugPPBR$antibiotics, p.adjust.
method = "bonferroni")
    Pairwise comparisons using t tests with pooled SD


data:  drugPPBR$ppbr and drugPPBR$antibiotics
```

① 包括："holm""hochberg""hommel""bonferroni""BH""BY""fdr"和"none"(不调整)。

```
  A        B        C        D
B 2.0e-06  -        -        -
C 0.13386  1.5e-08  -        -
D 0.63204  0.00012  0.00144  -
E 4.2e-08  0.48354  6.1e-10  1.5e-06

P value adjustment method: bonferroni
```

2. 最小显著极差法

最小显著极差法(the method of least significant range,LSR)是在一定的显著性水平 α 上,通过确定达到显著差异的最小极差 LSR,然后与各组平均数之差进行比较的方法。最小显著极差法包括 Tukey's HSD(honestly significant difference)法、SNK(Student-Newman-Keuls)法和新复极差检验法。

Tukey 法由美国统计学家 John Tukey 于 1949 年提出。该方法需要计算出每两组之间的平均数差数和标准误,然后根据学生化极差分布(studentized range distribution)来确定哪些组之间存在显著差异。学生化极差分布也是一种连续型概率分布,可用来估计样本量较小且总体方差未知时正态总体的极差。功能上,学生化极差分布与 t 分布、χ^2 分布及 F 分布一样,都是抽样分布。学生化极差统计量,即

$$q_{k,\mathrm{df}_{\bar{x}}} = \frac{\bar{x}_{\max} - \bar{x}_{\min}}{s_{\bar{x}}} = \frac{\bar{x}_{\max} - \bar{x}_{\min}}{s_e \sqrt{n}} \tag{9.40}$$

与 LSD 法类似,当 $q_{k,\mathrm{df}_{\bar{x}}} > q_{\alpha,k,\mathrm{df}_{\bar{x}}}$ 时,$\bar{x}_{\max} - \bar{x}_{\min}$ 在 α 水平上存在显著差异。所以 α 水平上的最小显著极差为

$$\mathrm{LSR}_{\alpha} = q_{\alpha,k,\mathrm{df}_{\bar{x}}} \times \sqrt{\frac{s_e^2}{n}} \tag{9.41}$$

在抗生素的血浆蛋白结合率数据中 $\mathrm{df}_{\bar{x}} = k(n-1) = 20$,组数 $k=5$。通过 R 函数 qtukey()可算得 q 值:$q_{0.05,5,20} = 4.231857$,$q_{0.01,5,20} = 5.293253$。

```
> qtukey(p = 0.05, nmeans = 5, df = 20, lower.tail = FALSE)
[1] 4.231857
> qtukey(p = 0.01, nmeans = 5, df = 20, lower.tail = FALSE)
[1] 5.293253
```

将各值代入式(9.41),有

$$\begin{aligned} \mathrm{LSR}_{0.05} &= q_{0.05,5,20} \times \sqrt{\frac{s_e^2}{n}} = 4.231857 \times \sqrt{\frac{0.8694}{5}} \approx 1.765 \\ \mathrm{LSR}_{0.01} &= q_{0.01,5,20} \times \sqrt{\frac{s_e^2}{n}} = 5.293253 \times \sqrt{\frac{0.8694}{5}} \approx 2.207 \end{aligned} \tag{9.42}$$

然后与 LSD 法一样,分别用两组平均数之差与 LSR 值比较,大于 LSR 值的有显著差异,反之则没有显著差异(见表 9.5)。与未调整 P 值的 LSD 法相比,Tukey 法在 $\alpha = 0.05$ 的显著性水平下降低了灵敏度。

表 9.5　5 种抗生素的血浆蛋白结合率的多重比较(Tukey 法)

药物	平均数	平均数差值	$\alpha=0.05$	$\alpha=0.01$
C	82.72		a	A
A	81.12	1.60	ab	AB
D	79.96	1.16	b	B
B	76.56	3.40	c	C
E	75.32	1.24	c	C

agricolae 程序包中的 HSD.test()函数可完成 Tukey 法的多重比较①。

```
> tukey.5 <- HSD.test(y = fit.lm, trt = "antibiotics", alpha = 0.05)
```

Tukey 法在进行平均数比较时,思想与 LSD 法类似。首先是计算达到显著差异的平均数极差,如果两组平均数的差异大于该极差,则认为差异是显著的。Tukey 法的优点是可以同时比较多个组之间的平均数差异,而不需要进行多次比较;还可以控制整体显著性水平,从而减少第一类错误的发生概率。Tukey 法要求比较的样本容量相差不大,一般用于样本容量相同的组之间平均数的比较。

SNK(Student-Newman-Keuls)法属于*复极差法*(multiple range test),也称为 q 检验,是对 Tukey 法的修正。SNK 法同样使用学生化极差统计量 $q_{k,\mathrm{df}_{\bar{x}}}$,不同的是在计算临界值时考虑两个样本平均数的秩次矩 M。不同秩次矩 M 的两个样本平均数比较时使用不同的检验临界值,所以 SNK 检验统计量为 $q_{M,\mathrm{df}_{\bar{x}}}$。例如,比较 3 个样本平均数,从小到大排序后,最大平均数和最小平均数之间的秩次矩为 3。相对于 SNK 法,Tukey 法不论要比较的平均数秩次矩如何都使用相同的临界值,在本例中即 $M=5$ 不变。而 SNK 法考虑了秩次矩,并且随着秩次矩的减小,检验临界值也减小,因而 SNK 法比 Tukey 法灵敏度高。

分步完成 SNK 法多重比较,首先需要借助 qtukey()函数产生不同秩次矩 M 的 q 值。

```
> snk.q.0.05 <- qtukey(p = 0.05, nmeans = 2:5, df = 20, lower.tail = FALSE);
snk.q.0.05
[1] 2.949998 3.577935 3.958293 4.231857
> snk.q.0.01 <- qtukey(p = 0.01, nmeans = 2:5, df = 20, lower.tail = FALSE);
snk.q.0.01
[1] 4.023918 4.639220 5.018016 5.293253
```

然后将这些 q 值代入式(9.41),计算 $\mathrm{LSR}_{0.05}$ 和 $\mathrm{LSR}_{0.01}$。

```
> snk.q.0.05 * sqrt(var.e / 5)
[1] 1.230117 1.491960 1.650566 1.764639
> snk.q.0.01 * sqrt(var.e / 5)
[1] 1.677930 1.934505 2.092459 2.207229
```

将这些计算结果整理成表 9.6 以方便比较。

① R 统计分析包 stats 中的 TukeyHSD()函数也可完成 Tukey 法多重比较。

表 9.6　5 种抗生素的血浆蛋白结合率多重比较的 q 值和 LSR 值(SNK 法)

M	2	3	4	5
$q_{0.05}$	2.949998	3.577935	3.958293	4.231857
$q_{0.01}$	4.023918	4.639220	5.018016	5.293253
$LSR_{0.05}$	1.230117	1.491960	1.650566	1.764639
$LSR_{0.01}$	1.677930	1.934505	2.092459	2.207229

接下来与 Tukey 法一样，将平均数的差值与 LSR 值比较，差值超过 LSR 值的有显著差异，反之则差异不显著。不同的是，如比较 A 组与 D 组时，平均数差值比较的对象是 $M=2$ 的 LSR 值；而继续比较 A 组和 B 组时，平均数差值比较的对象是 $M=3$ 的 LSR 值。比较结果如表 9.7 所示。

表 9.7　5 种抗生素的血浆蛋白结合率的多重比较(SNK 法)

药物	平均数	平均数差值	$\alpha=0.05$	$\alpha=0.01$
C	82.72		a	A
A	81.12	1.60	b	AB
D	79.96	0.16	b	B
B	76.56	3.40	c	C
E	75.96	0.60	d	C

agricolae 程序包中的 SNK.test()函数可一步完成 SNK 法多重比较。

```
> snk.5 <- SNK.test(y = fit.lm, trt = "antibiotics", alpha = 0.05)
```

新复极差检验(new multiple range test，MRT)由统计学家 David B. Duncan[①] 于 1955 年提出，因此又称为 Duncan 法。Duncan 法是对 SNK 法的进一步修正，计算最小显著极差时，对 q 值进行了调整，得到 SSR(significant studentized ranges)值。通过 qtukey()函数计算 q 值时，其中参数 p 接收显著性水平 α。Duncan 法需要根据不同的秩次矩对显著性水平进行放松处理，方法如下。

$$\alpha' = 1-(1-\alpha)^{M-1} \tag{9.43}$$

秩次矩 M 从 2 到 5，代入上式计算出新的显著性水平。

```
> new.alpha.0.05 <- 1 - (1 - 0.05)^(2:5 - 1); new.alpha.0.05
[1] 0.0500000 0.0975000 0.1426250 0.1854938
> new.alpha.0.01 <- 1 - (1 - 0.01)^(2:5 - 1); new.alpha.0.01
[1] 0.01000000 0.01990000 0.02970100 0.03940399
```

只有 $M=2$ 时，显著性水平保持 0.05，其他复极差的情况下显著性水平有不同程度的提高。将新的显著性水平传入 qtukey()函数计算 SSR 值。

```
> duncan.q.0.05 <- qtukey(new.alpha.0.05, nmeans = 2:5, df = 20, lower.tail
```

① 大卫·比蒂·邓肯(1916—2006)，澳大利亚裔美国生物统计学家。Duncan 的早期工作侧重于回归分析，他对这个领域作出了两项重要贡献：卡尔曼滤波器的早期倡导者；最早提倡对二元响应使用逻辑回归而不是线性回归的人之一。

```
= FALSE); duncan.q.0.05
[1] 2.949998 3.096506 3.189616 3.254648
> duncan.q.0.01 <- qtukey(new.alpha.0.01, nmeans = 2:5, df = 20, lower.tail
= FALSE); duncan.q.0.01
[1] 4.023918 4.197156 4.311677 4.394977
```

然后,代入公式

$$\mathrm{LSR}_{\alpha} = q_{\alpha',k,\mathrm{df}_{\bar{x}}} \times \sqrt{\frac{S_e^2}{n}} \tag{9.44}$$

计算 $\mathrm{LSR}_{0.05}$ 和 $\mathrm{LSR}_{0.01}$。

```
> duncan.q.0.05 * sqrt(var.e / 5)
[1] 1.230117 1.291210 1.330035 1.357153
> duncan.q.0.01 * sqrt(var.e / 5)
[1] 1.677930 1.750169 1.797923 1.832658
```

以上结果整理见表 9.8。与表 9.6 相比,Duncan 法再次降低了达到显著差异的临界值,所以比 SNK 法有更高的灵敏度。接下来的操作,与 SNK 方法一样,将平均数的差数与相应的 LSR 值比较,大于 LSR 值的有显著差异,反之则没有显著差异。Duncan 法所得结果与 SNK 法的一致,故结果展示略去。

表 9.8　5 种抗生素的血浆蛋白结合率多重比较的 SSR 值和 LSR 值(Duncan 法)

M	2	3	4	5
$\mathrm{SSR}_{0.05}$	2.949998	3.096506	3.189616	3.254648
$\mathrm{SSR}_{0.01}$	4.023918	4.197156	4.311677	4.394977
$\mathrm{LSR}_{0.05}$	1.230117	1.291210	1.330035	1.357153
$\mathrm{LSR}_{0.01}$	1.677930	1.750169	1.797923	1.832658

agricolae 程序包中的 duncan.test()函数可一步完成 Duncan 法多重比较。

```
> duncan.5 <- duncan.test(y = fit.lm, trt = "antibiotics", alpha = 0.05)
```

最小显著极差的三种方法:Tukey 法,SNK 法和 Duncan 法,比较它们的 LSR 值可以发现三种方法对达到显著性的要求依次降低,灵敏度依次增高。从假设检验推断发生错误的角度讲,发生一类错误的风险依次增高。

以上介绍的多重比较方法的结果如表 9.9 所示,综合来看 LSD 法和 Duncan 法是偏宽松的方法(犯第一类错误的风险较高),Tukey 法和加 P 值矫正的 LSD 法相对偏严格(犯第二类错误的风险高)。研究工作中应当根据各类方法的特点选择合适的多重比较方法。

表 9.9　5 种抗生素的血浆蛋白结合率的多重比较($\alpha=0.05$)

药物	平均数	LSD	LSD+Bonferroni	Tukey	SNK	Duncan
C	82.72	a	a	a	a	a
A	81.12	b	ab	ab	b	b
D	79.96	b	b	b	b	b

续表

药物	平均数	LSD	LSD＋Bonferroni	Tukey	SNK	Duncan
B	76.56	c	c	c	c	c
E	75.96	d	c	c	d	d

对固定效应模型完成多重比较，方差分析的整个流程才算正式完成。

9.1.7　方差分析的基本条件

通过抗生素药物血浆蛋白结合率的分析实例，我们详细阐述了方差分析的基本原理，包括数学模型、平方和与自由度分解、方差的数学期望、效应差异显著性的 F 检验，以及最后的多重比较。

在方差分析的数学模型中，我们谈到了数据资料必须满足的三个基本条件。如果数据资料不满足这些条件，方差分析则不再适用，所以有必要在此着重强调。

1. 效应的可加性

方差分析的数学模型规定了 $x_{ij}=\mu+\alpha_i+\varepsilon_{ij}$，可见总效应 $x_{ij}-\mu$ 等于处理效应 α_i 和误差效应 ε_{ij} 之和，这就是效应的可加性(additivity)要求。

效应的可加性是总变异按照变异原因进行分解的前提。相对于单因素，多因素方差分析的数学模型对效应可加性的体现更加直观，如：$x_{ijk}=\mu+\alpha_i+\beta_j+(\alpha\beta)_{ij}+\varepsilon_{ijk}$，因素 A 与 B 的主效 α_i 和 β_j，以及它们的互作效应 $(\alpha\beta)_{ij}$ 以线性相加的方式表现在观测值之上。

效应可加性是方差分析的最基本假设。

2. 误差分布的正态性

方差分析首先要求试验误差服从正态分布，即 $\varepsilon_{ij}\sim N(0,\sigma_e^2)$。在第 i 个处理下，n 个重复观测值与它们的平均数 $\bar{x}_{i.}$ 之间的偏差就来源于随机的试验误差。对误差的正态性要求也就是要求 n 个重复观测值服从正态分布，即每一个观测值 x_{ij} 应围绕平均数 $\bar{x}_{i.}$ 呈正态分布。

R 语言提供了观测数据正态性的检验方法，即 `shapiro.test()` 函数和 `ks.test()` 函数(Kolmogorov-Smirnov 检验)等。此外，QQ 图也可以帮助我们判断样本的分布是否符合某种理论分布。`car` 包[①]中的 `qqPlot()` 函数可绘制 QQ 图，并给出置信带。如图 9.2 所示，图上的点近似地在一条直线附近，可以认为样本数据来自正态分布总体。

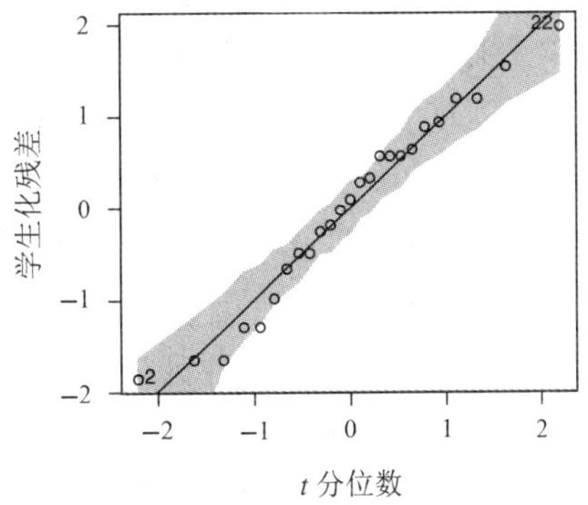

图 9.2　抗生素血浆蛋白结合率的正态 QQ 图

① Fox J, et al. 2023. car: Companion to Applied Regression. R package version 3.1-2, 〈https://CRAN.R-project.org/package=car〉.

```
> library(car)
> aov.fit <- aov(ppbr ~ antibiotics, data = drugPPBR)
> qqPlot(aov.fit, simulate = TRUE)
```

3. 误差方差的同质性

试验误差除了正态性要求，还要求在不同的处理下都有相同的方差，即试验因素的处理不会改变试验误差的方差。方差相同，统计上称为*方差齐性*（homogeneity of variance），即 $\sigma_1^2 = \sigma_2^2 = \cdots = \sigma_k^2$。这一点在误差方差的数学期望推导中发挥了关键作用。对多样本进行方差同质性检验，F 检验不再适用，需要使用 Bartlett 检验法。R 中可用 `bartlett.test()`实现。

```
> bartlett.test(ppbr ~ antibiotics, data = drugPPBR)
    Bartlett test of homogeneity of variances


data:  ppbr by antibiotics
Bartlett's K-squared = 1.3238, df = 4, p-value = 0.8573
```

不过，Bartlett 检验对数据的正态性非常敏感，所以非参数的 Levene 检验（`car` 包中的 `leveneTest()`函数）使用范围更广。

总体来说，对误差的正态性和误差方差同质性的要求，保证了进行方差分析的数据资料的误差在所有 k 个处理下独立同分布。整体上，kn 个观测值的误差都是来自正态分布 $N(0, \sigma_e^2)$ 的随机变量。

对于一般的生物学试验来说，以上三个基本条件都能够满足。

而当某些试验条件不满足时，我们可以考虑使用其他方法作方差分析。例如，R 提供的 `oneway.test()`函数作为两个独立样本 t 检验的 Welch 方法的推广，可以不要求满足方差同质性。再如，将数据转化为秩统计量，然后采用 Kruskal-Wallis 检验（`kruskal.test()`函数）、Friedman 秩和检验（`friedman.test()`函数）作方差分析。因为秩统计量的分布与总体分布无关，可以摆脱总体分布的束缚（见第 13 章非参数检验）。

除了上述专门的统计方法，还可以对数据进行适当的*转换*（transformation），只要转换后的数据符合以上基本条件，方差分析同样适用。常见的数据转换方法如下。

- 平方根转换。有些生物学数据服从泊松分布而非正态分布，样本平均数与其方差有某种比例关系，可采用平方根转换，对方差进行缩小，以减少较大的观测值对方差的影响，进而达到方差同质性要求。在处理较小的数据时，可以考虑使用 $\sqrt{x+1}$。
- 对数转换。如果效应之间的关系是相乘而非相加，或标准差与平均数成比例，可以使用对数转换。对原始观测值取对数，可使方差变得一致，而且效应也会由相乘性变为相加性。如果原始数据中存在 0，可以采用 $\lg(x+1)$ 的转换方式。
- 反正弦转换。如果数据是比值，或以百分比表示，其分布趋向于二项分布，可采用反正弦转换，公式为 $\arcsin\sqrt{P}$，其中 P 为百分数数据。转换后的数值是以度为单位的角度，因此又称为角度转换。

原始数据经过转换后，若在后续的方差分析中得到有显著差异的结论，多重比较时仍需要用转换后的数据。但在解释最终结果时，应当还原为原始的数据。

9.2　单因素方差分析

单因素试验在形式上最为简单,也是介绍方差分析基本原理的最常用场景。我们已经反复强调:在研究工作中,当数据资料满足方差分析的三个基本条件时,正确执行方差分析和理解其结果的关键在于正确区分处理效应的性质。

在抗生素试验中,不同抗生素的处理符合固定效应模型,相应的单因素方差分析需要完成多重比较。而如果试验处理符合随机效应模型时,方差分析完成 F 检验即可,无须进行多重比较。

此外,实践中的单因素试验还有可能在其他方面与上述抗生素试验不同。例如,组内观测值的数量可能不相等。在抗生素试验中,每组抗生素处理都有 5 个观测值。组内观测值数量相等的单因素试验,源自平衡试验设计(balanced design)。观测值数量相等可以增加试验的可靠性,降低偶然因素对结果的干扰,减少数据的变异性,提高试验的精确度和准确性,进而更有效地进行不同处理组之间的比较。

本节将通过两个不同的实例,介绍随机效应模型的单因素方差分析,以及组内观测值数量不相等的单因素方差分析。为简化问题,对随机效应模型我们设定组内观测值相等,对组内观测值不等的情况仍然使用符合固定效应模型的数据资料。

9.2.1　组内观测值数量相等

例题 9.1　5 头公牛分别与一组母牛交配,记录每头公牛作为父本所产的牛犊中 8 头雄性牛犊(来自不同母畜)的出生体重(见 `calvesWeight` 数据集)。试用方差分析检验不同的父系对雄性牛犊的出生体重是否有显著的影响。

分析　交配的父系作为试验因素,有 5 个水平,因此该试验也是典型的单因素试验。每个处理下设置 8 个重复,组内观测值数量相等。更重要的是,参与交配试验的父系实际上是从某一个成年公牛的总体中随机选择的。虽然每头被选定的父系公牛在牛犊体重上的(遗传学上的)效应相对固定,但是在选择之前是不确定的,所以父系公牛的效应应该用随机效应模型来描述。这一点不同于固定效应模型,其试验因素的效应在试验前未知但是固定的值。

前文用到的 `anova()`和 `aov()`函数都是针对固定效应模型的。对于随机效应模型和混合效应模型,R 语言有一套与基于 F 检验的传统方法不同的处理方法,因超出本书的范围,不再详述。

这里我们继续沿用传统的 F 检验,分步完成随机效应模型的方差分析。其中处理效应和误差效应的样本方差的计算是关键,方法可以参考 9.1.2 小节中介绍的分步操作。实际上不需要如此麻烦,因为平方和与自由度的分解无论是固定效应还是随机效应都是一样的,所以 `lm()`和 `anova()`函数仍然可以使用,目标是获得平方和、自由度、方差等数值。而且本例只涉及一个因素,所以本例题的 F 检验也需要 `anova()`函数计算的 F 值。

方差齐性是方差分析的重要前提条件,为保证后续分析有效可靠,执行 Bartlett 检验如下。

```
> data(calvesWeight)
```

```
> bartlett.test(weight ~ sire, data = calvesWeight)
    Bartlett test of homogeneity of variances


data:  weight by sire
Bartlett's K-squared = 6.8291, df = 4, p-value = 0.1452
```

结果显示不同组别的牛犊初生体重的误差方差相等。判断误差是否符合正态分布，首先通过 residuals()函数从方差分析的模型中提取误差值，然后传递给 shapiro.test()函数作正态检验。

```
> aov.fit <- aov(weight ~ sire, data = calvesWeight)
> resid <- residuals(aov.fit)
> shapiro.test(resid)
    Shapiro-Wilk normality test


data:  residuals(aov.fit)
W = 0.97839, p-value = 0.6301
```

结果显示 calvesWeight 完全符合方差分析的基本条件。

解答　从对题目的分析可知，单因素随机效应模型的方差分析，可以使用与固定效应模型一样的方法。R 代码如下。

```
> fit.lm <- lm(weight ~ sire, data = calvesWeight)
> anova.table <- anova(fit.lm); anova.table
Analysis of Variance Table


Response: weight
           Df  Sum Sq  Mean Sq  F value   Pr(>F)
sire        4  5591.2  1397.79   3.0138  0.03087 *
Residuals  35 16232.8   463.79
---
Signif. codes:  0 '***' 0.001 '**' 0.01 '*' 0.05 '.' 0.1 ' ' 1
```

F 检验所得 P 值小于显著性水平 0.05，表明不同雄性公牛所产牛犊体重存在显著差异，即父系对雄性牛犊的出生体重有显著的影响。

功效分析结果如下。

```
> power.anova.test(groups = 5, n = 8, between.var = 5591.2 / (8 * 4), within.
var = 463.79)$power
[1] 0.7417278
```

换 pwr.anova.test()执行功效分析，需要首先计算效应值。结果如下。

```
> effect <- sqrt(5591.2 / (463.79 * 40))
> pwr.anova.test(k = 5, n = 8, f = effect)$power
[1] 0.7417278
```

完成随机效应模型的单因素方差分析看起来是容易的。然而，我们可能还会有这样的疑问：固定效应和随机效应的单因素方差分析的差别究竟在哪里？

上一节基本原理的介绍中，我们一再强调区分效应的性质非常重要，此处为什么分析方法又是一样的呢？要解释这一问题，还得回到方差分析的数学模型上。

式 $x_{ij}=\mu+\alpha_i+\varepsilon_{ij}$ 中如果因素的效应是固定的，则 $\mu+\mu_i+\varepsilon_{ij}$ 中前两项都是常数，所以 x_{ij} 的方差 $\mathrm{Var}(x_{ij})=\sigma_e^2$，同时 x_{ij} 的数学期望 $E(x_{ij})=\mu$，所以 x_{ij} 是独立同分布的随机变量，其随机性只与误差有关。

如果因素的效应是随机的，那么 $\mathrm{Var}(x_{ij})=\sigma_\alpha^2+\sigma_e^2$，$x_{ij}$ 的随机性就与两个随机变量有关。此时，x_{ij} 的取值就有可能出现组内相关(intraclass correlation)的现象(可用组内相关系数 $\dfrac{\sigma_\alpha^2}{\sigma_\alpha^2+\sigma_e^2}$ 来衡量，相关的概念将在第 10 章详细讨论)。特别是 σ_α^2 远大于 σ_e^2 时，组内相关性更强。结合本例，出现组内观测值相关现象，意味着来自同一父系的牛犊体重存在相关性，不再是完全独立的随机变量。组内相关性会直接动摇 F 检验的基础。这也是 R 对于随机效应和混合模型不提供基于传统 F 检验方法的主要原因。

虽然这里固定效应和随机效应的单因素方差分析在形式上是一样的，但是对结果的解释却不同。对于固定效应模型，结果的解释关注的是各组平均数的差异，或各处理的效应大小。而对于随机效应模型，F 检验的结果处理效应方差显著大于误差效应的方差，表明 5 头父本公牛作为随机样本，对牛犊体重的影响在公牛群体中存在明显的变异性。

9.2.2　组内观测值数量不相等

与组内观测值数量不等的试验对应的是不平衡试验设计(unbalanced design)。这种各组内包含的观测值数量不同的情况，可能会对数据分析和结果产生影响，导致组间比较的困难，影响统计分析的精确性和可靠性。在这种情况下，我们需要采取适当的方法来处理不平衡设计。当然产生不平衡数据多数可能是由于客观原因，比如在一些调查性研究中存在的自然限制条件；又比如试验涉及资源、时间或其他操作限制因素。总之，无论何种原因，组内观测值数量不等的情况都应尽量避免。

假设一个单因素试验，k 个处理的观测值数量依次为 $n_1, n_2, \cdots, n_k$，上述方差分析的方法仍然有效。但观测值总数不是 kn，而是 $\sum\limits_{i=1}^{k} n_i$，所以计算平方和的公式有所变化，且在随后的多重比较中，平均数和平均数差数的标准误计算也会因此无法使用 $s_{\bar{x}}=\sqrt{\dfrac{s_e^2}{n}}$ 和 $s_{\bar{x}_1-\bar{x}_2}=s_e\sqrt{\dfrac{2}{n}}$ 两个公式，而需要先计算各 n_i 的平均数 $n_0=\dfrac{\left(\sum n_i\right)^2-\sum n_i^2}{(k-1)\times\sum n_i}$，然后替换以上两个公式中的 n。

`anova()`函数会根据数据的情况，自动完成这些复杂的计算。所以对于单因素的不平衡数据，方差分析的操作与平衡数据并无区别。

例题 9.2　园艺研究所调查了 3 个品种草莓的维生素 C 含量(mg/100 g)，测定结果见 `strawberryVC` 数据集。试进行方差分析判断不同品种草莓之间维生素 C 含量是否有显著差异。

分析 通过 aggregate()函数统计不同品种的数据个数，结果显示三个品种的数据个数分别为 6、10、8。各组内观测值数量不相等。

```
> data(strawberryVC)
> aggregate(strawberryVC$vc, by = list(strawberryVC$trt), FUN = length)
  Group.1  x
1       I  6
2      II 10
3     III  8
```

Bartlett 检验显示各组的误差方差同质，正态性检验也确认误差服从正态分布，可以进行方差分析。

```
> bartlett.test(vc ~ trt, data = strawberryVC)$p.value
[1] 0.922253
> aov.fit <- aov(vc ~ trt, data = strawberryVC)
> shapiro.test(residuals(aov.fit))$p.value
[1] 0.6174581
```

解答 根据方差分析的操作流程，执行 R 代码如下。

```
> fit.lm <- lm(vc ~ trt, data = strawberryVC)
> anova.table <- anova(fit.lm); anova.table
Analysis of Variance Table

Response: vc
          Df  Sum Sq  Mean Sq  F value     Pr(>F)
trt        2  3874.5  1937.25   59.131  2.361e-09 ***
Residuals 21   688.0    32.76
---
Signif. codes:  0 '***' 0.001 '**' 0.01 '*' 0.05 '.' 0.1 ' ' 1
```

F 检验所得 P 值小于显著性水平 0.001，表明不同品种草莓之间维生素 C 含量具有极显著差异。为确定何种草莓品种的维生素 C 含量最高，通过 LSD 法作多重比较如下。

```
> lsd.5 <- LSD.test(y = fit.lm, trt = "trt", alpha = 0.05)
> lsd.5$groups
       vc  groups
I   109.0       a
III  82.5       b
II   78.0       b
```

结果显示 I 号品种的维生素 C 含量最高，并与其他品种有统计学意义上的显著差异。

在下一节的例题 9.5 中我们将发现，传统的 anova()函数在面对双因素的不平衡数据时，会有奇怪的表现。其原因与构建线性模型时添加自变量，也就是因素的顺序有关。因为单因素线性模型的自变量只有一个(本例即 trt 参数对应的草莓品种),使得 anova()函数在面对不平衡的数据时也有正常的表现。

9.2.3　F 检验与 t 检验的关系

本章开头提及两个样本的平均数差异显著性可通过两两 t 检验加以分析,而当比较的样本数量超过 2 个时,需要借助 F 检验,也就是单因素方差分析。然而,单因素方差分析对因素的水平数并没有加以限制,如果水平数 $k=2$,比较的样本数量等于 2,F 检验和 t 检验都同样适用,那结果会不会有区别呢?

例题 9.3　对例题 8.8 中的睡眠数据(sleep 数据集)作方差分析。

解答　根据方差分析的操作流程,执行 R 代码如下。

```
> data(sleep)
> anova(lm(formula = extra ~ group, data = sleep))
Analysis of Variance Table


Response: extra
          Df  Sum Sq  Mean Sq  F value   Pr(>F)
group      1  12.482  12.4820   3.4626  0.07919 .
Residuals 18  64.886   3.6048
---
Signif. codes:  0 ‘***’ 0.001 ‘**’ 0.01 ‘*’ 0.05 ‘.’ 0.1 ‘ ’ 1
```

F 检验所得 P 值大于显著性水平 0.05,表明两种安眠药的睡眠延长效果没有统计学意义上的显著差异。

比较在例题 8.8 中我们执行 t 检验的结果,会发现 t 检验的 P 值和 F 检验的 P 值完全相等。之所以会如此,是因为自由度为 $n-1$ 的 t 分布的平方等于自由度为 $(1,n-1)$ 的 F 分布。将 t 检验所得的 t 值平方后刚好等于此处 F 检验所得的 F 值。t 分布和 F 分布的关系基于单样本的比较有证明如下。

$$t^2=\left(\frac{\bar{x}-\mu}{s/\sqrt{n}}\right)^2=\left(\frac{\dfrac{\bar{x}-\mu}{\sigma/\sqrt{n}}}{\dfrac{s/\sqrt{n}}{\sigma/\sqrt{n}}}\right)^2=\frac{\left(\dfrac{\bar{x}-\mu}{\sigma/\sqrt{n}}\right)^2}{\dfrac{s^2}{\sigma^2}}=\frac{\left(\dfrac{\bar{x}-\mu}{\sigma/\sqrt{n}}\right)^2}{\dfrac{(n-1)s^2}{\sigma^2}\cdot\dfrac{1}{n-1}}=F \qquad (9.45)$$

其中的 $\left(\frac{\bar{x}-\mu}{\sigma/\sqrt{n}}\right)^2$ 也就是一个服从标准正态分布的随机变量的平方,可表示为 $\sum_{i=1}^{1} z_i^2$,因此该变量服从自由度为 1 的 χ^2 分布;而分母上的 $\frac{(n-1)s^2}{\sigma^2}$ 服从自由度为 $n-1$ 的 χ^2 分布。两个服从 χ^2 分布的随机变量分别除以各自的自由度后再相除,即得服从 F 分布的 F 统计量(见式(4.32))。通过本例,我们将三大抽样分布之间的关系作了简要说明。

回到样本平均数的比较问题上,从 2 个样本的比较到多个样本的比较(假设各组样本容量同为 n),在方法上把 t 检验换成了 F 检验。如果用 F 检验,2 个样本比较时 F 统计量第一自由度等于1，第二自由度等于2($n-1$)；3个样本比较时F统计量第一自由度等于2，第二自由度等于3($n-1$)；依次类推，k个样本比较时F统计量第一自由度等于$k-1$，第二自由度等于$k(n-1)$。这里第二自由度是误差的自由度，当误差的方差同质时，随着比较样本数量的增加，误差的自由度会变大，对误差的估计也会更准确。

9.3 双因素方差分析

当试验因素超过一个时，除了各因素的主效，还需要关注因素之间的互作。而且互作的效应有时甚至会明显大于主效。因素之间是否存在互作可根据专业知识进行判断，或通过专门的统计分析方法确定，还可以通过R函数 `interaction.plot()`作出图形来判断。

假设试验涉及A和B两个因素，分别有a和b个水平，每个处理之下设置n个重复。在单因素方差分析数学模型的基础上，扩展为双因素数学模型，形式如下：

$$x_{ijk} = \mu + \alpha_i + \beta_j + (\alpha\beta)_{ij} + \varepsilon_{ijk} \tag{9.46}$$

式中：x_{ijk}为A因素第$i(i=1,2,\cdots,a)$个水平、B因素第$j(j=1,2,\cdots,b)$个水平下的第$k(k=1,2,\cdots,n)$个重复观测值；μ为总体平均数；α_i为A因素第i个水平的效应；β_j为B因素第j个水平的效应；$(\alpha\beta)_{ij}$为α_i和β_j的互作效应；ε_{ijk}为随机误差，彼此独立，且服从$N(0,\sigma_e^2)$。

当因素的主效和因素间的互作效应符合固定模型时，有$\sum\alpha_i=\sum\beta_j=\sum(\alpha\beta)_{ij}=0$。与单因素方差分析一样，对因素主效和互作效应进行显著性检验时，所用F统计量都以误差的方差作分母，即

$$F_A = \frac{s_A^2}{s_e^2},\quad F_B = \frac{s_B^2}{s_e^2},\quad F_{AB} = \frac{s_{AB}^2}{s_e^2} \tag{9.47}$$

式中：s_A^2表示与A因素有关的组间样本方差；s_B^2表示与B因素有关的组间样本方差；s_{AB}^2表示与AB互作有关的组间样本方差；s_e^2表示组内样本方差，即误差的样本方差。

而当因素中出现随机效应因素时，情况就不同了。A和B两个因素同为随机效应因素时，三个F统计量分别为

$$F_A = \frac{s_A^2}{s_{AB}^2},\quad F_B = \frac{s_B^2}{s_{AB}^2},\quad F_{AB} = \frac{s_{AB}^2}{s_e^2} \tag{9.48}$$

当A和B两个因素其一为随机效应因素时(如A为固定因素，B为随机因素)，三个F统计量分别为

$$F_A = \frac{s_A^2}{s_{AB}^2},\quad F_B = \frac{s_B^2}{s_e^2},\quad F_{AB} = \frac{s_{AB}^2}{s_e^2} \tag{9.49}$$

之所以如此设计F统计量，与s_A^2、s_B^2、s_{AB}^2和s_e^2四个样本方差的数学期望有关。在9.1.3小节中我们仔细推导了处理效应方差的期望$E(s_t^2)$和误差效应方差的期望$E(s_e^2)$，表9.10给出了双因素资料不同效应模型下各种样本方差的数学期望。

表 9.10　不同效应模型的期望方差

	样本方差	期望方差		
		固定效应模型	随机效应模型	混合模型（A 固定，B 随机）
A 因素	s_A^2	$bn\eta_\alpha^2+\sigma_e^2$	$n\sigma_{\alpha\beta}^2+bn\sigma_\alpha^2+\sigma_e^2$	$n\sigma_{\alpha\beta}^2+bn\eta_\alpha^2+\sigma_e^2$
B 因素	s_B^2	$an\eta_\beta^2+\sigma_e^2$	$n\sigma_{\alpha\beta}^2+an\sigma_\beta^2+\sigma_e^2$	$an\sigma_\beta^2+\sigma_e^2$
$A\times B$	s_{AB}^2	$n\eta_{\alpha\beta}^2+\sigma_e^2$	$n\sigma_{\alpha\beta}^2+\sigma_e^2$	$n\sigma_{\alpha\beta}^2+\sigma_e^2$
误差	s_e^2	σ_e^2	σ_e^2	σ_e^2

对于固定效应模型，F 统计量如 $\frac{s_A^2}{s_e^2}$，其分子 s_A^2 的期望只比误差方差 s_e^2 的期望 σ_e^2 多了 $bn\eta_\alpha^2$，其大小仅与 A 因素的主效应有关。

当 A 因素具有随机效应时，s_A^2 的期望与 σ_e^2 相比多出了 $bn\sigma_\alpha^2$ 和 $n\sigma_{\alpha\beta}^2$ 两个分量，前者与 A 因素的主效有关，而后者与两因素的互作有关。F 统计量如果仍以 s_e^2 为分母，那么分子超出分母的部分不能准确反映 A 因素的主效，所以随机效应模型的 A 因素在进行 F 检验时，F 统计量应该用 s_{AB}^2 作分母。s_{AB}^2 的期望与 s_A^2 的期望之间只相差了一个与 A 因素的主效有关的分量。

在混合模型中，A 虽为固定因素，但 s_A^2 的期望为 $n\sigma_{\alpha\beta}^2+bn\eta_\alpha^2+\sigma_e^2$。其中关于主效的分量 $bn\eta_\alpha^2$ 与 A 在固定效应模型中的一致；关于互作的分量 $n\sigma_{\alpha\beta}^2$，因 B 为随机因素，表现为随机变量的方差形式。所以对于 A 因素的检验与在随机模型中一样，F 统计量以 s_{AB}^2 作分母。对于随机因素 B，由于其方差的期望中除了关于误差的分量外，只有关于 B 因素主效的分量，所以 F 统计量以 s_e^2 作分母。

总体来说，F 统计量的计算要求分子的期望只比分母的期望多出效应项（$bn\eta_\alpha^2$，固定效应）或方差项（$bn\sigma_\alpha^2$，随机效应），所以 F 统计量的构造由方差的数学期望决定。

9.3.1　无重复观测值的双因素方差分析

如果确定两因素间不存在互作，试验可不设置观测值的重复。双因素方差分析的数学模型相应可简化为

$$x_{ij}=\mu+\alpha_i+\beta_j+\varepsilon_{ij} \tag{9.50}$$

试验数据通常组织为如表 9.11 所示的形式。

表 9.11　无重复观测值的双因素（因素 A 有 a 个水平，因素 B 有 b 个水平）数据资料表

因素 A	因素 B						总和 $T_{i\cdot}$	平均数 $\bar{x}_{i\cdot}$
	B_1	B_2	…	B_j	…	B_b		
A_1	x_{11}	x_{12}	…	x_{1j}	…	x_{1b}	$\sum_{j=1}^{b}x_{1j}$	$\bar{x}_{1\cdot}$
A_2	x_{21}	x_{22}	…	x_{2j}	…	x_{2b}	$\sum_{j=1}^{b}x_{2j}$	$\bar{x}_{2\cdot}$
⋮	⋮	⋮		⋮		⋮	⋮	⋮

续表

因素 A	因素 B						总和 $T_{i\cdot}$	平均数 $\bar{x}_{i\cdot}$
	B_1	B_2	…	B_j	…	B_b		
A_i	x_{i1}	x_{i2}	…	x_{ij}	…	x_{ib}	$\sum_{j=1}^{b} x_{ij}$	$\bar{x}_{i\cdot}$
⋮	⋮	⋮		⋮		⋮	⋮	⋮
A_a	x_{a1}	x_{a2}	…	x_{aj}	…	x_{ab}	$\sum_{j=1}^{b} x_{aj}$	$\bar{x}_{a\cdot}$
总和 $T_{\cdot j}$	$\sum_{i=1}^{a} x_{i1}$	$\sum_{i=1}^{a} x_{i2}$	…	$\sum_{i=1}^{a} x_{ij}$	…	$\sum_{i=1}^{a} x_{ib}$	$\sum\sum x_{ij}$	
平均数 $\bar{x}_{\cdot j}$	$\bar{x}_{\cdot 1}$	$\bar{x}_{\cdot 2}$	…	$\bar{x}_{\cdot j}$	…	$\bar{x}_{\cdot b}$		$\bar{x}_{\cdot\cdot}$

对此类数据进行方差分析，与单因素方差分析并无明显差异，只是方差分析表中多了一个因素的主效。

例题 9.4 随机选择 12 户家庭参与一个植物苗圃的试验。每户家庭都被要求在他们的院子里选择面积相同的 4 个区域，分别种植 4 种不同品种的草。每一户种植的 4 种草由同一个人照料，所以不同品种的草在每一户中生长和养护的条件是相同的。经过一段时间的生长后，为 48 个区域的草的生长情况评分（数据见 grassNursery 数据集）。试对草的生长情况作方差分析并进行多重比较。

分析 由于 12 户家庭是随机选择的，所以家庭这一因素应为随机效应；4 种不同的草种则为固定效应。所以本例实际上是混合效应模型的方差分析。但是由于没有互作效应，F 统计量不论是对家庭因素还是对草种因素作检验都用误差的样本方差作分母。所以本例与例题 9.1 在方法上并无差别。

解答 根据方差分析的操作流程，执行 R 代码如下。

```
> data(grassNursery)
> fit.lm.grass <- lm(formula = score ~ family + variety, data =  grassNursery)
> anova(fit.lm.grass)
Analysis of Variance Table


Response: score
          Df  Sum Sq  Mean Sq  F value   Pr(>F)
family    11   0.000   0.0000   0.0000  1.00000
variety    3  12.708   4.2361   3.1922  0.03622 *
Residuals 33  43.792   1.3270
---
Signif. codes:  0 '***' 0.001 '**' 0.01 '*' 0.05 '.' 0.1 ' ' 1
```

F 检验所得不同草种间的 P 值小于显著性水平 0.05，表明不同草种的生长情况有统计学意义上的显著差异，而不同家庭对草种的养护没有差异。

为确定何种草的生长情况最好，通过 Duncan 法作多重比较如下。

```
> duncan.5 <- duncan.test(y = fit.lm.grass, trt = "variety", alpha = 0.05)
> duncan.5$groups
      score  groups
t1  3.166667       a
t4  2.833333      ab
t3  2.041667       b
t2  1.958333       b
```

结果显示品种 t1 的评价最优，但是品种 t1 和品种 t4 并无显著差异。

9.3.2 有重复观测值的双因素方差分析

要对因素之间的互作效应加以研究，必须为同一处理设置重复。这里为了简化问题，不考虑组内观测值数量不同的情况（也是应该尽量避免的情况）。

例题 9.5 某饲料公司为了比较三种仔猪饲料饲喂断奶仔猪的效果，随机选择 3 个猪场进行试验，每个猪场选初始条件基本一致的仔猪 9 头，随机分为 3 组，分别饲喂一种饲料，试验进行 14 天，最后记录仔猪日增重数据（数据见 pigletWeight 数据集）。试对仔猪增重情况进行方差分析。

分析 饲料作为一种试验因素，对仔猪增重的效果应该是稳定的，所以属于固定效应模型。然而猪场作为一个试验因素，是试验人员随机选择的，因此属于随机效应模型。而且试验设置了重复，所以该试验数据适用于混合模型的双因素方差分析。pigletWeight 数据集中除了观测值列 gain，还有 feedstuff、farm 两列分别对应因素饲料和猪场。构建线性模型时，需要考虑两因素的互作项 feedstuff:farm。

解答 根据方差分析的操作流程，执行以下 R 指令。

```
> data(pigletWeight)
> fit.lm.piglet <- lm(formula = gain ~ feedstuff + farm + feedstuff:farm,
data = pigletWeight)
> anova.fixed <- anova(fit.lm.piglet); anova.fixed
Analysis of Variance Table


Response: gain
                Df    Sum Sq   Mean Sq  F value    Pr(>F)
feedstuff        2 0.0064534 0.0032267   8.8990  0.002055 **
farm             2 0.0008490 0.0004245   1.1707  0.332683
feedstuff:farm   4 0.0012724 0.0003181   0.8773  0.496881
Residuals       18 0.0065267 0.0003626
---
Signif. codes:  0 ‘***’ 0.001 ‘**’ 0.01 ‘*’ 0.05 ‘.’ 0.1 ‘ ’ 1
```

F 检验所得不同饲料间的 P 值小于显著性水平 0.01，表明不同饲料对仔猪增重具有极显著的影响。而猪场，以及饲料与猪场的互作对仔猪增重不存在显著影响。

注意！由于 farm 是随机效应因素，所以对 farm 的主效和互作 feedstuff:farm 的 F 检验，以上结果是正确的。但是，对固定因素 feedstuff 的主效，由 Residuals 也就是误差的方差 0.0003626 作分母计算 F = 8.8990 是错误的。本节开始时讨论过对于混合效应模型，固定因素的 F 统计量应以互作的方差为分母。所以对 feedstuff 的正确 F 检验，应通过以下代码分步完成。

首先将 feedstuff 的样本方差与 feedstuff:farm 的样本方差相除，得到 F 值。

```
> F.feedstuff <- 0.0032267 / 0.0003181; F.feedstuff
[1] 10.14367
```

然后，通过 F 分布的累积分布函数计算 P 值。

```
> pf(F.feedstuff, df1 = 2, df2 = 4, lower.tail = FALSE)
[1] 0.02712442
```

纠正 F 统计量的分母后，虽然固定效应因素 feedstuff 有显著差异的结论不变，但是正确的 P 值变大了。这里决定 P 值大小的因素有三个：F 值、固定因素 feedstuff 的自由度和互作 feedstuff:farm 的自由度。其中固定因素 feedstuff 的自由度纠正前后不变，而且 F 值中的分子固定因素 feedstuff 的方差也不变。所以影响 P 值大小的因素实际上有两个，也就是 F 值中作为分母的因素及其自由度。

anova()默认用 Residuals 因素的方差和它的自由度，而我们分步计算用的是互作 feedstuff:farm 的方差和自由度。Residuals 因素的方差和 feedstuff:farm 的方差在本例中差异不大，但是从 Residuals 的自由度 18 到 feedstuff:farm 的自由度 4，变化就大了。F 分布的形状由两个自由度决定，所以 P 值的变化主要源于此。

通常情况下，互作的自由度小于误差的自由度，导致 F 分布在右侧拒绝域以互作的方差作分母时较大，以误差的方差作分母时较小。所以随机效应 F 检验的 P 值，会小于将其视为固定效应时 F 检验的 P 值。

以上分步操作看起来比较烦琐，不过能很好地演示和体现方差分析的基本原理。实际上，R 提供了一种简单的方式来完成以上操作。

```
> fit.aov.piglet <- aov(formula = gain ~ feedstuff + Error(farm/feedstuff),
data = pigletWeight)
> summary(fit.aov.piglet)
Error: farm
           Df    Sum Sq    Mean Sq  F value  Pr(>F)
Residuals   2  0.000849  0.0004245

Error: farm:feedstuff
           Df    Sum Sq   Mean Sq  F value  Pr(>F)
feedstuff   2  0.006453  0.003227    10.14  0.0271 *
Residuals   4  0.001272  0.000318
---
```

```
Signif. codes:  0 ‘***’ 0.001 ‘**’ 0.01 ‘*’ 0.05 ‘.’ 0.1 ‘ ’ 1

Error: Within
           Df    Sum Sq    Mean Sq  F value  Pr(>F)
Residuals  18  0.006527  0.0003626
```

这里用 aov()函数构建方差分析的模型时，在定义模型的公式中出现了一个新的函数 Error()。公式 gain~feedstuff + Error(farm/feedstuff)，表示 feedstuff 为固定因素，farm 是随机因素，且 feedstuff 嵌套于 farm 之内。符号“/”表示嵌套关系。计算结果与之前我们分步计算的结果完全一致。

通过 Error()来定义随机效应模型和混合模型是 R 的传统方法，表达方式非常不直观，对于复杂模型的构建容易出错。所以现在 R 语言比较推荐的方式是使用 lme4 包中的 lmer()函数来构建模型，相应的显著性检验也不再使用 F 检验，而是采用在两个模型之间作比较的似然比检验。

9.3.3　重复观测值不等的双因素方差分析

例题 9.6　研究人员计划在秘鲁利马和皮斯科 2 个地区的试验田中收集棉花产量数据，每个地区选择 6 个地块，每个地块又选择 8 株棉花称重，获取产量数据(原数据见 agricolae 包中的 cotton 数据集)。在汇总数据时，研究人员发现利马地区 I 号地块的数据遗失了 2 个重复观测值(数据见 cottonYield 数据集)，试分析不同地区、不同地块之间的棉花产量是否有显著差异。

分析　该试验原本是平衡设计的，然而意外的情况(为演示用，人为删除)造成最终的数据是不平衡的(I 号地块缺失了 2 个数据)。每个地区的 6 个试验地块是随机选择的，2 个地区虽然不是研究人员随机选择的，但从数据分析的角度也可以与地块一同视为随机效应因素。然而因素效应的性质不是本例题关注的重点，为方便起见，下面的分析将两个因素都视作固定效应处理。

解答　根据方差分析的操作流程，执行 R 代码如下。

```
> data(cottonYield)
> fit.cotton.ub <- lm(yield ~ site + block + site:block, data = cottonYield)
> anova(fit.cotton.ub)
Analysis of Variance Table

Response: yield
            Df   Sum Sq  Mean Sq  F value     Pr(>F)
site         1   570.97   570.97  34.4956  8.793e-08 ***
block        5   195.00    39.00   2.3562    0.04745 *
site:block   5   106.84    21.37   1.2910    0.27581
Residuals   82  1357.25    16.55
---
```

```
Signif. codes:  0 '***' 0.001 '**' 0.01 '*' 0.05 '.' 0.1 ' ' 1
```

F 检验所得不同地区之间的 P 值小于显著性水平 0.001,不同地块之间的 P 值小于显著性水平 0.05,表明不同地区间的棉花产量有极显著差异,不同地块间的产量有显著差异。而地区与地块的互作对棉花产量不存在显著影响。

正如前文介绍的方法,R 完成了本题的双因素方差分析,结论是两个因素对棉花产量都有显著的影响,不同地区、不同地块之间的棉花产量都有显著差异。如果数据是平衡的,结果又会如何?

对原始的 cotton 数据再作一次方差分析会发现,地区之间的棉花产量仍然是有显著差异的,而不同地块之间 F 检验的 $P = 0.06918$,未达到显著差异水平。可见缺失数据对结论的影响是深刻的。

然而这还不是本例题的主要用意。现在我们将构建线性模型时添加因素的顺序改变,再执行一次方差分析,看结果会如何。

```
> fit.cotton.ub2 <- lm(yield ~ block + site + site:block, data = cottonYield)
> anova(fit.cotton.ub2)
Analysis of Variance Table


Response: yield
           Df  Sum Sq  Mean Sq  F value      Pr(>F)
block       5  165.87    33.17   2.0043     0.08659 .
site        1  600.09   600.09  36.2550   4.679e-08 ***
block:site  5  106.84    21.37   1.2910     0.27581
Residuals  82 1357.25    16.55
---
Signif. codes:  0 '***' 0.001 '**' 0.01 '*' 0.05 '.' 0.1 ' ' 1
```

仔细比较一下前后两个方差分析表,可以发现除了互作项和误差项不变,两个因素的主效显示顺序变了,更重要的是它们的平方和、方差、F 值、P 值都发生了变化。而且地块因素主效 F 检验的 P 值升到了显著水平之上,也就是说不同的因素添加顺序,有可能会带来不同的结论。

造成这种差异的原因与 R 语言处理线性模型的方式有关。

R 有三种方式进行平方和的计算,分别为 Type-Ⅰ序贯型、Type-Ⅱ分层型和 Type-Ⅲ边界型。R 语言(anova()和 aov()函数)默认使用 Type-Ⅰ型方法,而其他软件(如 SAS 和 SPSS)则默认使用 Type-Ⅲ型方法。如果我们有一个平衡的设计,所有三种方式会产生相同的结果,平方和、F 值等都符合本章前面给出的公式。但在处理非平衡设计的双因素和多因素试验数据时,模型中效应项的顺序会造成明显的影响(此外模型中存在协变量时也会有影响)。样本大小越不平衡,效应项顺序的影响越大。

一般来说,越是基础性的效应越需要放在模型公式的前面,因素主效应放在双因素的互作项之前,双因素的互作项应放在三因素的互作项之前。就主效而言,相对更重要的因素应放在表达式的前面。一个基本的准则是,如果因素之间存在相关性,一定要慎重处理效应在模型表达式中的顺序。这种按顺序处理效应项的方式，即为 Type-Ⅰ序贯型。在 Y~A + B + A:B 模型中，A 不作调整，B 根据 A 调整，交互项 A:B 根据 A 和 B 调整。之前我们观察到因素添加的顺序差异会带来结论差异，现在就容易理解了。

car 包中的 Anova()函数提供了 Type-Ⅱ和 Type-Ⅲ方法。所谓 Type-Ⅱ分层型，也就是在模型中，A 根据 B 作调整，B 根据 A 作调整，交互项 A:B 根据 A 和 B 调整。而 Type-Ⅲ边界型则是 A 根据 B 和 A:B 作调整，B 根据 A 和 A:B 作调整，交互项 A:B 根据 A 和 B 调整。Type-Ⅲ方法似乎更加严谨，所以也是常被推荐的方法。

试着对 fit.cotton.ub 和 fit.cotton.ub2 分别使用 Type-Ⅱ方法，所得结果仅在效应项的顺序上有差异，而相关数据值则是一致的。

```
> Anova(fit.cotton.ub, type = 2)
Anova Table (Type II tests)

Response: yield
             Sum Sq  Df  F value      Pr(>F)
site         600.09   1  36.2550  4.679e-08 ***
block        195.00   5   2.3562    0.04745 *
site:block   106.84   5   1.2910    0.27581
Residuals   1357.25  82
---
Signif. codes:  0 '***' 0.001 '**' 0.01 '*' 0.05 '.' 0.1 ' ' 1
> Anova(fit.cotton.ub2, type = 2)
Anova Table (Type II tests)

Response: yield
             Sum Sq  Df  F value      Pr(>F)
block        195.00   5   2.3562    0.04745 *
site         600.09   1  36.2550  4.679e-08 ***
block:site   106.84   5   1.2910    0.27581
Residuals   1357.25  82
---
Signif. codes:  0 '***' 0.001 '**' 0.01 '*' 0.05 '.' 0.1 ' ' 1
```

下面来看 Type-Ⅲ方法。在执行 Anova(fit.cotton.ub,type= 3)之前，需要对 fit.cotton.ub 加以修改，为 site 和 block 效应项设置对照方法"contr.sum"。

```
> fit.cotton.ub <- lm(yield ~ site + block + site:block, data = cottonYield,
contrasts = list(site = "contr.sum", block = "contr.sum"))
```

新的 fit.cotton.ub 模型修改了因素各水平的对照变量处理方法。R 在处理线性模型中的因子 factor(见 15.3.4 小节)时会用与各水平相对应的数值型对照变量来代替因子的各水平(也就是将因子水平数值化)。R 提供了 5 种创建对照变量的内置方法(也可以自建对照方法)，默认情况下是"contr.treatment"方法，各水平对照基线水平(默认第一个水平)。具体形式可以通过 contrasts()函数查看。"contr.sum"方法要求对照变量值之和限制为 0，在各水平的平均数和所有水平的平均数之间作比较(这正是方差分析的目的)。其他对照方法参见 help(contrasts)。

```
> Anova(fit.cotton.ub, type = 3)
Anova Table (Type III tests)

Response: yield
              Sum Sq  Df   F value     Pr(>F)
(Intercept) 22682.6   1  1370.3981  < 2.2e-16 ***
site          593.6   1    35.8603  5.386e-08 ***
block         187.8   5     2.2697    0.05507 .
site:block    106.8   5     1.2910    0.27581
Residuals    1357.3  82
---
Signif. codes:  0 '***' 0.001 '**' 0.01 '*' 0.05 '.' 0.1 ' ' 1
```

与 Type-Ⅱ方法一样，改变模型效应项顺序后 Type-Ⅲ方法也会给出一致的结果。

分别比较三种方法的结果与平衡数据的结果，发现要使 Type-Ⅰ方法的检验结论与平衡数据的结果一致，需要将 block 效应项放在首位；Type-Ⅱ方法对效应项顺序不敏感，但在 block 效应项的结论上与平衡数据的结果不一致；Type-Ⅲ方法同样对效应项顺序不敏感，检验结论也与平衡数据的结果一致。所以就本例题来看，Type-Ⅲ方法可以有效解决数据不平衡带来的问题。然而 Type-Ⅲ方法是否一定比其他方法好，还值得商榷。

总体来说，可靠的方差分析结果要求数据首先符合方差分析的三项基本条件；研究人员要能够正确区分因素效应的性质，选择正确的软件处理方法；组内要设置观测值重复，以提升误差估计的准确性；要让数据保持平衡，避免不平衡数据造成计算上的困难，以及结果上的偏差。

习题 9

(1)方差分析要求数据资料具备哪些基本条件?

(2)单因素方差分析一般有哪些步骤?

(3)单因素方差分析的数学模型中有哪些构成要件? 它们分别有何意义?

(4)方差分析中的固定效应模型与随机效应模型有何区别?

(5)常用的多重比较方法有哪些?

(6)多重比较为何要进行 P 值矫正?

(7)multcomp 包[①]中的 cholesterol 数据集记录了 50 位接受降胆固醇药物治疗患者

① Hothorn T, et al. 2023. multcomp: Simultaneous Inference in General Parametric Models. R package version 1.4-25, ⟨https://CRAN.R-project.org/package=multcomp⟩.

的响应数据(用药前后的胆固醇降低量)。其中三种治疗方案使用了同一种药物的不同用药方式:20 mg 一天一次(1time)、10 mg 一天两次(2times)和 5 mg 一天四次(4times)。剩下两组使用不同候选药物(drugD 和 drugE)。试作方差分析确定哪种治疗方案降低胆固醇的效果最好。

(8)multcomp 包中的 fattyacid 数据集记录了简单芽孢杆菌(*Bacillus simplex*)5 种不同生态型(ecotypes)的脂肪酸数据(注意各组的观测值数量不等)。试作方差分析确定不同生态型的脂肪酸含量是否有显著差异。

(9)PlantGrowth 数据集包含了不同处理条件下(1 个对照组、2 个处理组)植物生长的观测结果。试作方差分析比较各组植物生长是否有显著差异。

(10)例题 5.6 中针对豚鼠牙齿生长影响的试验,考虑了维生素 C 的剂量(0.5 毫克/天,1 毫克/天,2 毫克/天)和摄入方式(橙汁,记为 OJ;抗坏血酸,维生素 C 的一种形式,记为 VC)两种因素(R 自带数据包 datasets 中的 ToothGrowth 数据集)。试作方差分析确定对牙齿生长最有利的因素或互作。

第 10 章 回 归 分 析

10.1 “回归”的故事

Francis Galton,1822 年 2 月 16 日出生于英国伯明翰的一个知识分子家庭。父亲经营一家银行,祖父是皇家学会会员。在 Galton 的大家庭里有一位比他年长 13 岁的表兄,名叫 Charles Darwin。是的,就是《物种起源》的作者达尔文。表兄的旷世巨著引起了 Galton 对人类遗传的兴趣。1884 年 Galton 建立了人类测量实验室;1901 年与他的弟子 Karl Pearson、进化生物学家 Walter F. R. Weldon 共同创办了 *Biometrika* 期刊;1904 年设立基金,在伦敦创办优生学实验室。

Galton 早期分别在伯明翰总医院和伦敦国王学院接受医学教育和训练,后又在剑桥大学三一学院转向数学的学习,但由于考试成绩不理想而未获得本科的荣誉学位。父亲去世后留下了一笔遗产,Galton 在 1845—1846 年深度游历了奥斯曼帝国,并详细记录了此次旅行,还因此获得了英国皇家地理学会颁发的金质奖章。1853 年,31 岁的 Galton 被选为英国皇家地理学会会员,三年后又被选为皇家学会会员。

Galton 的早期贡献集中在气象学领域,他首次认识并命名了反气旋。43 岁之后,遗传学和统计学成为他的主要关注点。他坚信人才的遗传性,并相信通过制定方案培养人才,可以消除疾病。1883 年,Galton 将这种方案称为“优生学”(eugenics)。虽然 Galton 是 Darwin 自然选择理论的坚定拥护者,但是和 Darwin 的观点不同,Galton 相信变异是不连续的。Galton 的另一个值得称道的贡献是建立了第一个可实际应用的指纹分类系统。1909 年 Galton 被授予骑士称号,两年后的 1911 年 1 月 17 日他在英国的黑斯尔米尔去世。

1877 年,*Nature* 杂志发表了 Galton 题为“Typical laws of heredity①”的开创性论文。文中讨论了长久以来困扰他的遗传学问题:为什么人类群体的遗传属性的特征(如身高的平均数和方差)会在世代之间保持不变?还有,为什么这些属性多服从正态规律?这与遗传过程中发生的大量遗传影响相去甚远。例如,某些遗传机制和过程限制了某一类孩子的数量(如巨人),相关机制降低了他们与父辈在身高上的相似性。然而,正态规律通常在反映一系列独立的、微小的影响因素以各种组合方式表现整体效应时才会出现。任何自然选择上的倾向都会带来巨大影响,从而破坏正态规律。

Galton 通过一组甜豌豆试验发现:不同大小的种子所得子代种子的大小都会表现出正态分布的规律,而且各分布呈现出相同的标准差 e;假设所有子代种子大小的平均数为 M,

① Galton F. 1877. Typical laws of heredity. Nature, 15: 492-495. Lecture delivered at the Royal Institution, Friday evening, February 9.

不同父代的种子大小分组会有平均数 $M+ke(k=0,\pm1,\pm2,\pm3)$，各组子代种子的大小则满足 $M+k\rho e(0<\rho<1)$。Galton 将这两种现象分别称为 family variability 和 reversion[①]。后者描述的是：一个人在父母不具备的某些特征上与祖父母或更远的祖先相似的遗传现象。

1885 年，Galton 继续深化关于 reversion 问题的研究，并在英国科学联合会人类学部作了主席演讲。这一次 Galton 不仅证明了 regression（第一次使用了该名词，以代替之前的 reversion）在本质上是对称的，而且给出了正确的机制。研究结论基于 205 个家庭的父母和成年子女的身高数据。Galton 首先将母亲的身高乘以 1.08 以平衡身高的性别差异，然后取父母的身高平均数，再以 1 英寸（1 英寸＝2.54 厘米）为一个组别将父母身高平均数与成年子女身高作频数分布表。计算得到父母和子代的平均身高都是 68.25 英寸，偏差分别为 1.2 英寸和 1.7 英寸。然后在每一个身高分组中计算子代身高的中位数，并与父母身高均值一起作图（见图 10.1）。结果发现相对于拟合父母均值得到的直线，子代身高的拟合直线斜率为 2/3。Galton 解释道，子代在部分继承父母特征的同时，也部分继承了祖先的特征。一般来说，家谱越往前追溯，当前一代的祖先就越多、越杂，直到他们不再与从整个种族中随机抽取的任何同等数量的样本有区别。

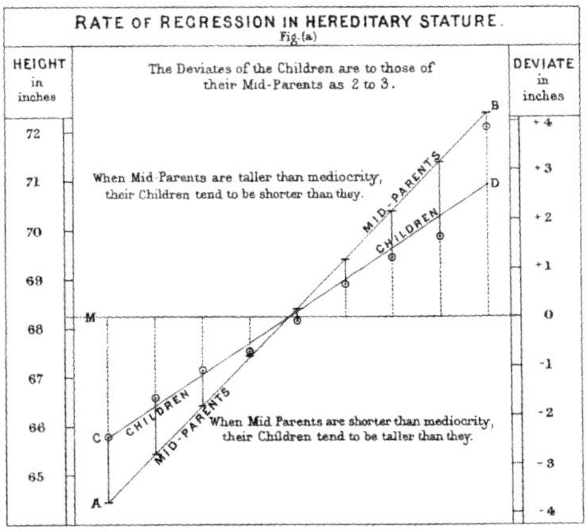

图 10.1 Galton 绘制的子代身高（中位数）与父母平均身高的回归关系图

（引自：Galton F. 1886. Regression towards mediocrity in hereditary stature. The Journal of the Anthropological Institute of Great Britain and Ireland，15：246-263.）

实际上，所谓的向均值回归的现象不需要任何生物学的机制为基础，回归效应可以发生在任何两个不完美相关的变量之间。所以这种关系是对称的，也就是说将子代和父代的数据对调，父代的身高也会不那么极端，只是拟合直线的斜率会变为 1/3。

在此基础上，Galton 着手绘制父代身高均值和子代身高的联合分布图，并从中引出了二元正态分布。由于 Galton 仅具备"及格"的数学功底，最后由剑桥大学数学家 Hamilton Dickson 在理论分析的层面证实了 Galton 的所有经验性结果（作为文章[②]的附件发表）。回

① 对应遗传学上的返祖现象（atavism），即个体在某些特征上与祖父母或更远的祖先相似，而这些特征并不由父母所拥有。不过，遗传学的返祖现象并不能与纯粹统计学的回归概念对应。

② Galton F. 1886. I. Family likeness in stature. Proc. R. Soc. Lond.，40：42-73.

归效应的对称性，在 Galton 1889 年基于 295 个家庭的 783 个兄弟的身高数据中再次出现。所有这些理论的和经验的数据有力地证实了 Galton 的假设，即回归是对称的，它本质上是一个统计学问题。所有这些成果，Galton 都完整地记录在 1889 年出版的代表作 *Natural Inheritance* 之中。他解决了 Darwin 理论中一个似乎没有人完全意识到的问题，而且展示出完全正确的理解，所发展的方法在 20 世纪早期的生物学中发挥了至关重要的作用。

在回归问题的研究中，Galton 发明了巧妙的高尔顿板（又称梅花机，quincunx）来表达和验证他的思想（见图 10.2）。1873 年第一版的梅花机（见图 10.2(a)，也是唯一一个被 Galton 雇手艺人实际做出来的梅花机）的顶部有一个漏斗，下面是一排排的木销，每两层木销的位置交错呈梅花形，底部是一排垂直隔间。铅弹自漏斗口下落，碰到木销后要么从左侧要么从右侧滑落，再碰到下层木销后会重复以上情形，直到进入底部的某一个垂直间隔内。当准备大量铅弹逐个自上而下掉落后，它们在连续的隔间中形成的铅弹柱轮廓接近正态密度曲线。所以梅花机实际上是二项分布逼近正态分布的一种形象展示。

1877 年第二版的梅花机——双层梅花机（见图 10.2(b)），用来展示多个小正态分布可汇聚成一个大正态分布的现象。双层梅花机的木销层中插入了一层垂直隔间。当铅弹从漏斗落下后先在上层隔间中形成大的正态分布，然后依次打开上层隔间底部的挡板，铅弹继续下落（一个隔间内的弹丸会在下层隔间与之垂直对应的位置附近形成一个小正态分布），最后在底层隔间中再次形成大的正态分布。然而，Galton 发现在底层隔间形成的正态分布会比上层隔间形成的分布具有更大的方差，这与他对自然种群中变异性的观察不一致。所以

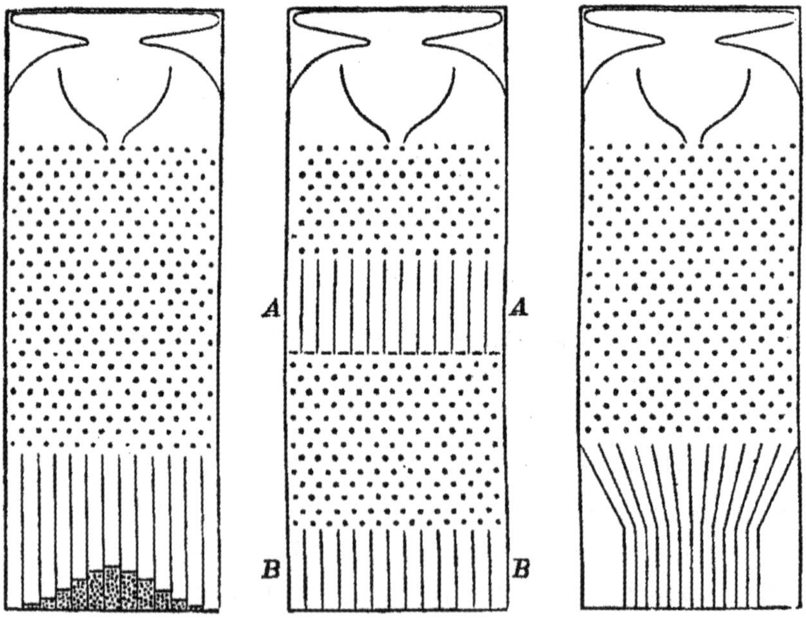

(a) (b) (c)

图 10.2 Galton 梅花机示意图

（引自：Natural Inheritance. By Francis Galton，F. R. S. London：Macmillan and Co.，1889.）

他设计了第三版的梅花机——收敛梅花机(见图 10.2(c)),在垂直隔间的上部加装了两侧向中心倾斜的滑道。收敛梅花机可使上下两个正态分布的变异程度保持一致,倾斜的滑道实际上模拟了回归的效果。

回归与相关问题源自两个服从正态分布的随机变量,然而当服从正态分布的假设不成立时,两个变量之间的回归还存在吗?正态变量虽然普遍,但现实情况中不服从正态分布的变量也是常见的。例如,人的生育能力的统计,甚至对成年人的体重测量,还有经济学中工资和估价等随机变量的分布都是偏斜的。

这个问题最终被统计学家 George U. Yule[①] 通过引入最小二乘法解决。Yule 十三岁时进入温切斯特学院学习物理,十六岁时进入伦敦大学学院学习工程学,在这里结交了 Karl Pearson。毕业后 Yule 在工程公司做过学徒,后又投身实验物理学,研究电波(并在该领域发表了他的第一篇论文)。1893 年,Yule 放弃了物理学,接受 Pearson 的邀请回到了伦敦大学学院,并于 1896 年升任应用数学的助理教授。

1897 年,Yule 结合最小二乘原理拟合两个或多个变量的线性关系,发现最小二乘公式适用于回归呈线性的任何情形,使回归完全脱离了正态分布(见图 10.3)。1907 年,Yule 发表论文对多元回归符号进行系统化和标准化[②]。这是统计学新技术的开创点,它实现了统计学从生物学向社会学的跨越。Yule 在处理相关和回归问题时,清楚地认识到许多问题的本质是回归关系而非简单的相关关系。他在经济学领域的研究并不单纯为了研究相关,而是试图揭开目标因素潜在的因果关系。1920 年后,Yule 开始研究时间序列,尝试回答"为什么时间序列数据中会有一些奇怪的相关",运用序列相关和回归技术开创了现代时间序列分析。Yule 终其一生没有发展任何新的统计学理论分支,却为很多统计学研究方向开拓了新的领域。其中包括第一次利用统计学方法实现对作者身份的识别,搭建了现代统计学与计量风格学的桥梁。

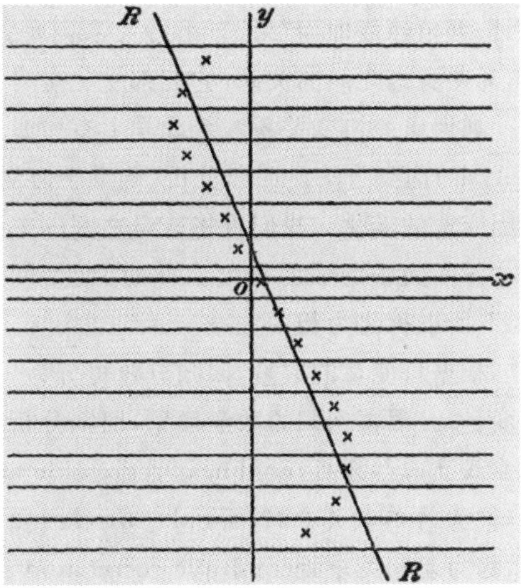

图 10.3 三维频率曲面上 y 值和平均 x 值的关系图

(引自:Yule G U. 1897. On the significance of Bravais' formulæ for regression, &c., in the case of skew correlation. Proc. R. Soc. Lond., 60:477-489.)

---

① 乔治·尤德尼·尤尔(1871—1951),英国数学家、统计学家。他开创了多元回归与相关分析方法,是现代时间序列分析的创始人。他重视理论与实践的结合,将统计学拓展至生物学、社会学和经济学等领域,推动了统计学的进步。Yule 还是吴定良先生加入国际统计学会的推荐人。

② Yule G U. 1907. On the theory of correlation for any number of variables, treated by a new system of notation. Proc. R. Soc. Lond. A, 79:182-193.

10.2 回归与相关的基本概念

自然界中的许多事物和现象之间的关系，或互相依赖，或互相制约，或互相作用。从数学的角度，可将客观事物或现象抽象成变量来研究。变量间的关系大体可分为两类：一类是可用函数确切表达的关系，如圆的面积和半径的关系；另一类是非确定性的关系，其中掺杂着随机因素和未知因素的干扰。这种非确定的关系在生物学研究中非常普遍。例如，身高与体重的关系，它们必然有内在的联系，但无法用确切的函数表达。统计学上把这种变量的相互关系，称为*协变关系*(covariant relation)，具有协变关系的变量称为*协变量*(covariate)。

协变关系又可分为因果关系和平行关系两类。*因果关系*是指一个变量(*因变量*，dependent variable)的变化受另一个变量或几个变量(*自变量*，independent variable)的制约。例如，微生物的繁殖速度受温度、培养基养分、氧气等因素的影响，这些影响因素就是"因"，繁殖速度即为"果"。*平行关系*则是指两个以上变量之间共同受其他因素的影响。例如，兄弟身高之间的关系，它们都受父母身高的制约，同时还受家庭饮食条件的影响。

如何研究协变关系？统计学上有*回归分析*(regression analysis)和*相关分析*(correlation analysis)两类方法。回归分析，侧重于协变量间的数量关系，利用自变量的变化去估计或预测因变量的变化。我们可将变量之间的关系看作因果关系，或回归关系。相关分析，则侧重于变量间关系的强弱程度。此时，变量间的地位是平等的，或无法确定谁是"因"，谁又是"果"，所以称之为相关关系。

根据自变量的数量，回归分析可分为*一元回归分析*(一个自变量)和*多元回归分析*(多个自变量)。根据回归的数学模型，回归分析可分为*线性回归分析*(linear regression analysis)和*非线性回归分析*(nonlinear regression analysis)两类。类似地，研究两个变量间的相关关系，称为*简单相关分析*(simple correlation analysis)，研究多个变量与一个变量间的相关关系，称为*复相关分析*(multiple correlation analysis)。在复相关关系中，研究其他变量保持不变的情况下两个变量间的关系称为*偏相关分析*(partial correlation analysis)。

本书主要探讨一元线性回归分析和简单相关分析，它们分别是回归分析和相关分析最简单的形式。方便起见，下文将它们分别简称为回归分析和相关分析。此外，考虑到篇幅原因，相关分析将于下一章讨论。

对于回归关系和相关关系的研究，通常我们会先将数据可视化，通过图形来观察变量间的关系(这一点很重要！例题 10.2 会讲到)。

假设变量 x 和 y 有 n 对观测值 $(x_1, y_1), (x_2, y_2), \cdots, (x_n, y_n)$，作散点图将这些数据点显示出来，会有图 10.4 所示的四种可能的结果：(a)中的 y 会随着 x 的增大而增大，这种关系模式称为*正向关系*(positive relationship)；(b)中的 y 会随着 x 的增大而减小，这种关系称为*负向关系*(negative relationship)；(c)中的 y 看起来并不会随 x 变化而变化，即 x 和 y 相互*独立*(independence)；(d)中的 y 与 x 同样有正向关系，但与(a)不同的是，y 的增长速率是有变化的，这种关系即为*非线性关系*(nonlinear relationship)。

下面我们先对回归分析展开讨论。

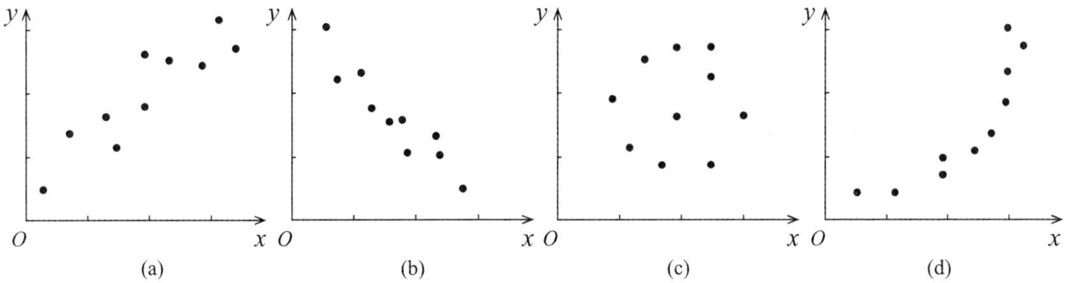

图 10.4　x 和 y 的关系

10.3　线性回归分析

10.3.1　回归的数学模型与基本假定

线性回归中，因变量所对应的总体中每一个观测值 y，理论上都应该由三部分组成：总体平均数 μ_y，因自变量 x 变化而引起的 y 的变异，以及随机误差 ε。第二部分中自变量 x 的变化，可以用 $x-\mu_x$ 表示；由 $x-\mu_x$ 导致 y 的变化，则表示为 $\beta(x-\mu_x)$。所以，线性回归的数学模型为

$$y=\mu_y+\beta(x-\mu_x)+\varepsilon \tag{10.1}$$

对该式稍作变化，有

$$y=(\mu_y-\beta\mu_x)+\beta x+\varepsilon \tag{10.2}$$

其中 μ_x 和 μ_y 是两个总体的平均数，虽然未知，但是固定的常量。所以可令 $\alpha=\mu_y-\beta\mu_x$，则线性回归的数学模型可改写为

$$y=\alpha+\beta x+\varepsilon \tag{10.3}$$

该数学模型中各部分的意义如下。

· α，是回归直线在纵坐标轴上的截距，故称为*总体回归截距*(regression intercept)。α 是 y 的本底部分，即 x 对 y 没有任何影响时 y 的取值，也就是 y 中不能用 x 估计的部分。

· βx，是因变量 y 的变化中，由 y 和 x 的线性回归关系决定的部分，也就是可用 x 估计的部分。β 称为*总体回归系数*(regression coefficient)，是回归直线的斜率(slope)。

· ε，又称*回归估计误差*(errors of regression)或*残差*(residuals)。它表示 y 的变化中除由 x 引起的以外，其他所有未被纳入该模型的部分。这里需要注意的是，ε 不局限于随机因素引起的误差，还包括未知的非随机因素。以第 i 个观测值对 (x_i,y_i) 为例，$\varepsilon_i=y_i-(\alpha+\beta x_i)=y_i-\hat{y}$，$\varepsilon_i$ 是观测值 y_i 与线性回归模型估计值 $\hat{y}$ 之间的差值，其中必定包含随机误差的效应，同时还可能含有其他同样和 y 有关系的、未被模型考虑在内的因素效应。

针对样本资料，线性回归的数学模型可表示为

$$y=\bar{y}+b(x-\bar{x})+e \tag{10.4}$$

或

$$y=a+bx+e \tag{10.5}$$

其中 a ，b 和 e 分别是 α ，β 和 ε 的估计值。

基于以上分析，线性回归模型应符合以下基本假定。

(1)自变量 x 是没有误差的固定变量，至少和因变量 y 相比，x 的误差可以忽略不计。而 y 是典型的随机变量，有随机误差。

(2)既然 y 是随机变量，那么任意一个 x 实际上都对应一个 y 总体。该 y 总体服从正态分布，有条件平均数(conditional mean) $\mu_{y|x}=\alpha+\beta x$ ，且方差 $\sigma_{y|x}^2$ 不受 x 影响。

(3)随机误差 ε 相互独立，且服从正态分布 $N(0,\sigma_e^2)$。

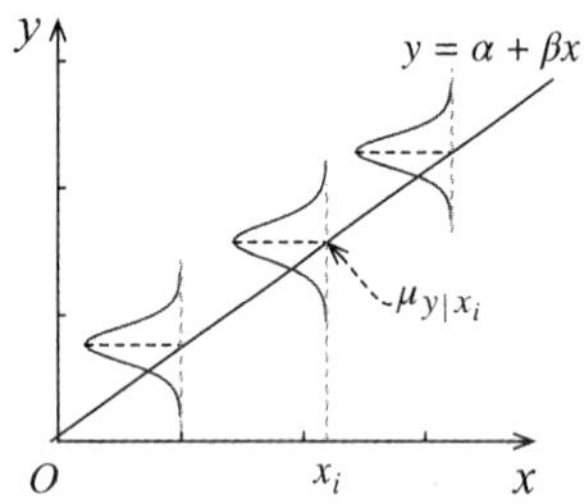

图 10.5　线性回归模型示意图

第一条和第三条假定比较容易理解，第二条假定并不直观。如图 10.5 所示，假设现在 $x=x_i$ ，如果线性模型中的 α 和 β 是确定的，比如 $\alpha=a$ ，$\beta=b$ ，那么代入模型公式后我们将得到 y 的一个值 $y_{x=x_i}=a+bx_i$。它是当 $x=x_i$ 时 y 的一个取值，但不是唯一取值，因为假定有表述“任意一个 x 实际上都对应一个 y 总体”。我们知道 x 不是随机变量，至少 x_i 是一个固定的常量，那么如果 $y_{x=x_i}$ 是一个随机变量且有概率分布的话，则意味着 $a+bx_i$ 中的 a 和 b 至少有一个是随机变量。也就是说，在线性回归的数学模型中，除了 x 外，其他各项都是随机变量。

试验给了我们 x 和 y 的观测值，利用样本观测值对 α 和 β 分别作出估计，得到 a 和 b。所以，a 和 b 可以理解为两个总体的样本平均数，这两个总体有总体平均数 α 和 β。另外，虽然“任意一个 x 实际上都对应一个 y 总体”，但是一组样本只能得到一组 a 和 b ，所以只能得到一个 $\bar{y}_{x=x_i}$ ，也就是用回归模型预测的 $\hat{y}=a+bx_i$。$\bar{y}_{x=x_i}$ 是一个样本平均数，对应总体平均数 $\mu_{y|x_i}$。因此，在图 10.5 中 $\mu_{y|x_i}$ 是每个小分布的总体平均数，而且回归直线穿过所有这些条件平均数。

10.3.2　回归方程及其性质

所谓*回归方程*，就是利用样本数据资料估计线性回归模型中的各项参数，并代入模型公式所得到的线性方程，即

$$\hat{y}=\hat{\alpha}+\hat{\beta}x=a+bx \tag{10.6}$$

“回归”的故事中提到，这里参数估计的方法即*最小二乘法*(the method of least squares)。

在 n 对观测值 $(x_1,y_1),(x_2,y_2),\cdots,(x_n,y_n)$ 中，任意一个 x 代入回归方程中，都会得到一个关于 y 的估计值 $\hat{y}$。我们当然期望基于线性回归模型的估计值越准确越好，用公式表示也就是 $y_i-\hat{y}_i$ 越小越好。除了单个估计值的效果以外，更重要的是从整体上尽可能让 n 个估计值与实际观测值的偏差 $\sum_{i=1}^{n}|y_i-\hat{y}_i|$ 越小越好。和之前讨论方差时遇到的问题一样，绝对值的方式不可取，同样需要用取平方的方式。现在让我们定义因变量观测值与回归估计值的离均差平方和为

$$Q=\sum_{i=1}^{n}(y_i-\hat{y}_i)^2=\sum_{i=1}^{n}(y_i-a-bx_i)^2 \tag{10.7}$$

要让回归方程的估计值越准确，就需要找到合适的 a 和 b 让 Q 尽可能小，即图 10.6 所示虚

线段长度的平方和尽可能小。

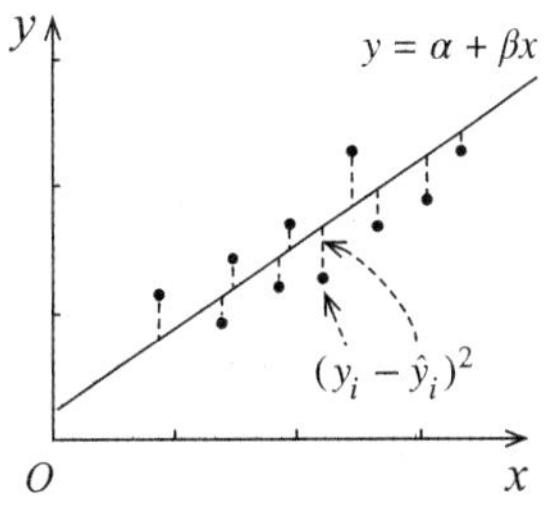

图 10.6　线性回归模型与观测值偏差

利用微积分中函数的极值原理,这个目标很容易实现。视 Q 为关于 a 和 b 的二元二次函数,令 Q 对 a、b 的一阶偏导数等于 0,得

$$\begin{cases}\dfrac{\partial Q}{\partial a}=-2\sum_{i=1}^{n}(y_i-a-bx_i)=0\\ \dfrac{\partial Q}{\partial b}=-2\sum_{i=1}^{n}(y_i-a-bx_i)x_i=0\end{cases}\tag{10.8}$$

整理成方程组,得

$$\begin{cases}\sum_{i=1}^{n}y_i=an+b\sum_{i=1}^{n}x_i\\ \sum_{i=1}^{n}x_iy_i=a\sum_{i=1}^{n}x_i+b\sum_{i=1}^{n}x_i^2\end{cases}\tag{10.9}$$

解方程组,得

$$\begin{cases}a=\bar{y}-b\bar{x}\\ b=\dfrac{\sum_{i=1}^{n}(x_i-\bar{x})(y_i-\bar{y})}{\sum_{i=1}^{n}(x_i-\bar{x})^2}\end{cases}\tag{10.10}$$

其中 a 为样本回归截距,是回归直线与纵坐标轴交点的纵坐标,即总体回归截距 α 的无偏估计值(证明略);b 为样本回归系数,是回归直线的斜率,即总体回归系数 β 的无偏估计值(证明见下文)。当 $b>0$ 时,x 和 y 呈现正向关系(见图 10.4(a));当 $b<0$ 时,x 和 y 呈现负向关系(见图 10.4(b));当 $b=0$ 时,x 和 y 相互独立(见图 10.4(c))。

方程组解的表达式中还有一个细节需要注意:b 的分子部分是 x 的离均差与 y 的离均差的乘积和,简称乘积和(sum of products),记作 SP_{xy};分母部分是 x 的离均差平方和,记作 SS_x。

回归方程所代表的回归直线具有以下性质:

(1)离回归之和等于 0,即 $\sum_{i=1}^{n}(y_i-\hat{y}_i)=0$;

(2)离回归平方和最小,即 $\sum_{i=1}^{n}(y_i-\hat{y}_i)^2$ 最小;

(3)回归直线通过点 $(\bar{x},\bar{y})$。

前两条性质和第 2 章谈到的算术平均数的两条性质是一致的。第二条性质本就是最小二乘法的目标,无须再证明。第三条性质的证明,可以从方程组的第一个解 $a=\bar{y}-b\bar{x}$ 得出。证明第一条性质,等价于证明 $\sum_{i=1}^{n}y_i=\sum_{i=1}^{n}\hat{y}_i$。用 $a+bx_i$ 替换 $\hat{y}_i$,有 $\sum_{i=1}^{n}y_i=\sum_{i=1}^{n}(a+bx_i)$。引入随机误差 e_i,因 $\sum_{i=1}^{n}e_i=0$,则 $\sum_{i=1}^{n}y_i=\sum_{i=1}^{n}(a+bx_i+e_i)$,得证。

10.3.3 回归的显著性检验

利用最小二乘法得到总体回归截距与总体回归系数的估计值，确立回归方程，只完成了回归分析的第一步。回归方程实现了对自变量 x 与因变量 y 之间数量关系的精确描述。借助回归方程，我们可以了解因变量的变化规律，还可以对因变量进行预测。然而，还有一个关键问题没有解决。

1. 回归系数的 t 检验

我们知道在线性回归模型中自变量 y 是随机变量，n 个 y 的观测值 $y_1, y_2, \cdots, y_n$ 实际上就是一组容量为 n 的样本。既然是样本，假如再进行一次随机抽样，必然会得到一组新的 $y'_1, y'_2, \cdots, y'_n$。基于新样本，利用最小二乘法又会得到新的回归截距 a 和新的回归系数 b。正如上文讨论回归分析第二条基本假定时提到的，这两个统计量也都是随机变量。

抛开回归截距不说，让我们聚焦到回归系数之上。b 决定了 x 和 y 是否存在关系，而且只有 b 不等于 0 时，x 和 y 才存在关系。那么问题来了，假如总体回归系数 $\beta = 0$，那么用样本估计的回归系数 b 有没有可能不等于 0 呢？答案是有可能，而且可能性还很大。实际试验中产生的任意一组 y，刚好让 $b = 0$ 的概率是很低的。这个问题的另一种表述方式是：如果通过最小二乘法所得的回归系数 $b \neq 0$，这会不会是抽样误差造成的一种偶然现象呢？答案当然也是有可能。

认识到这一点不难，关键是如何应对。假设总体回归系数 $\beta = 0$，如果有办法计算回归系数估计值 b 取当前估计值的概率，那么问题就迎刃而解了。但是现在除了 b 的一个估计值外没有其他具体信息了，想要得到 b 的概率分布函数似乎不太可能。那么我们换个思路来试试：既然 b 是随机变量，先看看它的数学期望和方差分别是什么。根据 b 的计算公式(10.10)，有

$$E(b) = E\left[\frac{\sum_{i=1}^{n}(x_i - \bar{x})(y_i - \bar{y})}{\sum_{i=1}^{n}(x_i - \bar{x})^2}\right] \tag{10.11}$$

等号右侧只有 y 是随机变量，所以有

$$\begin{aligned} E(b) &= \frac{\sum_{i=1}^{n}(x_i - \bar{x})E(y_i - \bar{y})}{\sum_{i=1}^{n}(x_i - \bar{x})^2} \\ &= \frac{\sum_{i=1}^{n}(x_i - \bar{x})[E(y_i) - E(\bar{y})]}{\sum_{i=1}^{n}(x_i - \bar{x})^2} \end{aligned} \tag{10.12}$$

将 $y_i = \alpha + \beta x_i + \varepsilon_i$ 和 $\bar{y} = \alpha + \beta\bar{x}$，代入上式得

$$E(b) = \frac{\sum_{i=1}^{n}(x_i - \bar{x})[E(\alpha + \beta x_i + \varepsilon) - E(\alpha + \beta\bar{x})]}{\sum_{i=1}^{n}(x_i - \bar{x})^2} \tag{10.13}$$

该式中所有求期望的项除了随机误差 ε(期望为 0)都不是随机变量,根据数学期望的第一条性质(见 3.2.4 小节),常数的期望等于常数本身,所以

$$E(b)=\frac{\sum_{i=1}^{n}(x_i-\bar{x})[\alpha+\beta x_i-\alpha-\beta\bar{x}]}{\sum_{i=1}^{n}(x_i-\bar{x})^2}$$

$$=\frac{\sum_{i=1}^{n}(x_i-\bar{x})\beta(x_i-\bar{x})}{\sum_{i=1}^{n}(x_i-\bar{x})^2} \tag{10.14}$$

$$=\beta$$

上一节提到,样本回归系数 b 是总体回归系数 β 的无偏估计值。这里我们给出了证明。

下面再看 b 的方差。

$$\mathrm{Var}(b)=\mathrm{Var}\left[\frac{\sum_{i=1}^{n}(x_i-\bar{x})(y_i-\bar{y})}{\sum_{i=1}^{n}(x_i-\bar{x})^2}\right]$$

$$=\mathrm{Var}\left[\frac{\sum_{i=1}^{n}(x_i-\bar{x})y_i-\sum_{i=1}^{n}(x_i-\bar{x})\bar{y}}{\sum_{i=1}^{n}(x_i-\bar{x})^2}\right] \tag{10.15}$$

$$=\mathrm{Var}\left[\frac{\sum_{i=1}^{n}(x_i-\bar{x})y_i-\bar{y}\sum_{i=1}^{n}(x_i-\bar{x})}{\sum_{i=1}^{n}(x_i-\bar{x})^2}\right]$$

因 $\sum_{i=1}^{n}(x_i-\bar{x})=0$,所以

$$\mathrm{Var}(b)=\mathrm{Var}\left(\frac{\sum_{i=1}^{n}(x_i-\bar{x})y_i}{\sum_{i=1}^{n}(x_i-\bar{x})^2}\right) \tag{10.16}$$

为简化表达式,我们用 x 的离均差平方和 SS_x 来替换分母部分,并将$\frac{1}{SS_x}$移到分子部分求和符号的内部,有

$$\mathrm{Var}(b)=\mathrm{Var}\left(\sum_{i=1}^{n}\frac{(x_i-\bar{x})}{SS_x}y_i\right) \tag{10.17}$$

根据方差的第二条性质有

$$\mathrm{Var}(b)=\sum_{i=1}^{n}\left[\frac{(x_i-\bar{x})}{SS_x}\right]^2\mathrm{Var}(y_i) \tag{10.18}$$

因为 $\mathrm{Var}(y_i)=\mathrm{Var}(\alpha+\beta x_i+\varepsilon_i)=\mathrm{Var}(\varepsilon_i)=\sigma_e^2$ (注意 α 和 β 是常量,x_i 是非随机变量,因此前两项的方差为 0,最后一项误差的方差记作 σ_e^2),所以

$$\begin{aligned}\mathrm{Var}(b) &= \sum_{i=1}^{n}\frac{(x_i-\bar{x})^2}{(\mathrm{SS}_x)^2}\sigma_e^2 = \sigma_e^2\sum_{i=1}^{n}\frac{(x_i-\bar{x})^2}{(\mathrm{SS}_x)^2} = \sigma_e^2\frac{\sum_{i=1}^{n}(x_i-\bar{x})^2}{(\mathrm{SS}_x)^2} \\ &= \sigma_e^2\frac{\mathrm{SS}_x}{(\mathrm{SS}_x)^2} = \frac{\sigma_e^2}{\mathrm{SS}_x}\end{aligned} \tag{10.19}$$

可见回归系数的变异程度不仅取决于误差的方差，也取决于自变量 x 的变异程度。如果自变量 x 的变异程度大，也就是 x 的取值更分散一些，那么 b 的变异就会小一些，b 相对更稳定，进而由回归方程所估计的值就更加精确。

现在我们对回归系数 b 有了更多的了解。回到之前的问题上，计算 b 取当前估计值的概率。虽然不能直接通过 b 的概率分布函数来计算，但是我们可以对 b 进行标准化，得到新的标准化统计量。中心极限定理(见 3.4.2 小节)指出：独立同分布随机变量的样本平均数，经标准化后近似服从标准正态分布 $N(0,1)$。当总体方差未知，用样本方差代替时(用 s_e 估计 σ_e)，标准化统计量不再服从标准正态分布，而服从 t 分布(见 4.3.1 小节)。所以对于标准化的回归系数，有

$$t = \frac{b-\beta}{\dfrac{s_e}{\sqrt{\mathrm{SS}_x}}} \sim t(n-2) \tag{10.20}$$

我们知道 t 分布的形状由自由度决定，这里标准化回归系数的自由度等于 $n-2$。因为用样本估计回归系数 b 和回归截距 a ，分别消耗了一个自由度。

有了这个结论，计算“假设总体回归系数 $\beta=0$，回归系数估计值 b 取当前估计值的概率”就不是问题了。当心这里有一个陷阱！t 分布是连续型概率分布，计算取单值的概率是没有意义的。既然这样，我们可以把问题改为：“假设总体回归系数 $\beta=0$，回归系数估计值 b 取当前估计值及更极端值的概率。”

是的，它就是伴随概率 P 值。如果 P 值小于某一个预先设定的值，如 0.05，我们会认为“总体回归系数 $\beta=0$”的前提非常不可靠，应该不成立。如果 P 值大于 0.05，我们就会认为“总体回归系数 $\beta=0$”的前提是靠谱的，也就是说通过样本估计的回归系数 $b\neq0$ 是由随机误差造成的。

至此，借回归系数的 t 检验，我们重述了假设检验的基本原理。假设检验是生物统计学的核心，需要结合不同的应用场景深化理解。

在回归分析中除了回归系数的 t 检验，有时候也会对回归截距进行检验，虽然截距的大小与回归关系没有影响。回归截距的检验方法和回归系数的类似。首先，回归截距 a 是总体回归截距 α 的无偏估计量，所以 a 的期望等于 α。其次，a 的方差等于 $\sigma_e^2\left(\dfrac{1}{n}+\dfrac{\bar{x}^2}{\mathrm{SS}_x}\right)$，在对 a 标准化时如 σ_e^2 未知，可用误差的样本方差 s_e^2 估计。标准化统计量同样服从 t 分布，自由度为 $n-2$。所以，回归截距的检验仍然采用 t 检验法。

2. 回归方程的 F 检验

通过回归系数的 t 检验法来检验回归显著性自然且直观，但它不是唯一的途径。下面我们从另一个角度来思考回归的显著性检验问题。

对于图 10.7 所示的两个线性回归结果，如果要评价它们的回归效果，我们应该会不假

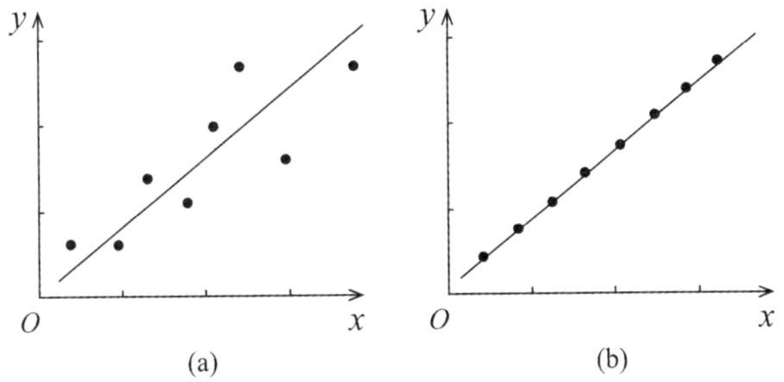

图 10.7　两种不同的线性回归效果

思索地选择(b)。为什么？因为(b)的回归直线对各数据点有更好的拟合(fitting)，而(a)中实际观测值 y_i 与回归估计值 $\hat{y}_i$ 都有不小的偏差。这种直观的差异，就可以被用来检验回归的显著性。

首先，我们需要量化这种视觉上的偏差。每个数据点的纵坐标值 y_i 与回归估计值 $\hat{y}_i$ 的偏差可以直接表示为 $y_i-\hat{y}_i$。将所有数据点的差值取平方后求和得：$\sum_{i=1}^{n}(y_i-\hat{y}_i)^2$。这个平方和越小，回归效果越好。然而实际试验中，像图 10.7(b)那样差值都为零的情况非常少见。所以，我们需要为 $\sum_{i=1}^{n}(y_i-\hat{y}_i)^2$ 找一个比较的对象，然后用相对大小来反映回归的效果，而且这个比较的对象也必须来自样本数据。

对于数据点 (x_i,y_i) 来说，由 x_i 通过回归方程得到了回归估计值 $\hat{y}_i$；对随机变量 y 来说，还有一个可以利用的信息或参数，即 y 的平均数 $\bar{y}$。如图 10.8 所示，(x_i,y_i) 到 $(x_i,\hat{y}_i)$ 的距离为 $y_i-\hat{y}_i$(数据点到回归直线的纵向距离)；$(x_i,\hat{y}_i)$ 到 $(x_i,\bar{y})$ 的距离为 $\hat{y}_i-\bar{y}$。两段距离相加就是 (x_i,y_i) 到 $(x_i,\bar{y})$ 的距离，即 $y_i-\bar{y}$。

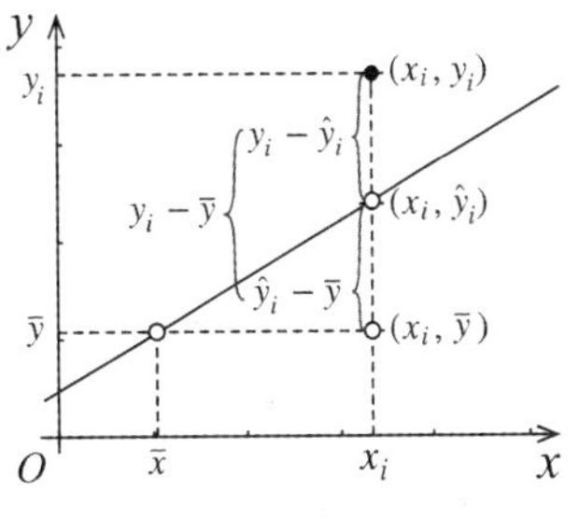

图 10.8　因变量离均差($y-\bar{y}$)的分解

对于随机变量 y 来说，$y_i-\bar{y}$ 才是对 y_i 变异程度的一种衡量。现在我们也对它取平方和，看看会有什么情况发生。

$$\sum_{i=1}^{n}(y_i-\bar{y})^2=\sum_{i=1}^{n}[(y_i-\hat{y}_i)+(\hat{y}_i-\bar{y})]^2$$
$$=\sum_{i=1}^{n}(y_i-\hat{y}_i)^2+\sum_{i=1}^{n}(\hat{y}_i-\bar{y})^2+2\sum_{i=1}^{n}(y_i-\hat{y}_i)(\hat{y}_i-\bar{y}) \tag{10.21}$$

这里对平方项的处理方式，在方差分析的平方和分解中已经使用过了。当时幸运地得到了交叉乘积项等于 0 的结果，这里交叉乘积项是否也等于 0 呢？由回归方程可知 $\hat{y}_i=\bar{y}+b(x_i-\bar{x})$，代入交叉乘积项得

$$\sum_{i=1}^{n}(y_i-\hat{y}_i)(\hat{y}_i-\bar{y})=\sum_{i=1}^{n}[y_i-\bar{y}-b(x_i-\bar{x})][\bar{y}+b(x_i-\bar{x})-\bar{y}]$$

$$
\begin{aligned}
&= \sum_{i=1}^{n}[y_i - \bar{y} - b(x_i - \bar{x})]b(x_i - \bar{x}) \\
&= \sum_{i=1}^{n}[(y_i - \bar{y}) - b(x_i - \bar{x})]b(x_i - \bar{x}) \\
&= \sum_{i=1}^{n}(y_i - \bar{y})b(x_i - \bar{x}) - \sum_{i=1}^{n}b^2(x_i - \bar{x})^2 \\
&= b\sum_{i=1}^{n}(y_i - \bar{y})(x_i - \bar{x}) - b^2\sum_{i=1}^{n}(x_i - \bar{x})^2
\end{aligned}
\tag{10.22}
$$

因为 $b = \dfrac{\sum_{i=1}^{n}(x_i - \bar{x})(y_i - \bar{y})}{\sum_{i=1}^{n}(x_i - \bar{x})^2} = \dfrac{SP_{xy}}{SS_x}$，所以

$$
\begin{aligned}
\sum_{i=1}^{n}(y_i - \hat{y}_i)(\hat{y}_i - \bar{y}) &= b\sum_{i=1}^{n}(x_i - \bar{x})(y_i - \bar{y}) - b^2\sum_{i=1}^{n}(x_i - \bar{x})^2 \\
&= \frac{SP_{xy}}{SS_x}SP_{xy} - \left(\frac{SP_{xy}}{SS_x}\right)^2 SS_x \\
&= 0
\end{aligned}
\tag{10.23}
$$

交叉乘积项确实等于0。所以式(10.21)最终变为

$$
\sum_{i=1}^{n}(y_i - \bar{y})^2 = \sum_{i=1}^{n}(\hat{y}_i - \bar{y})^2 + \sum_{i=1}^{n}(y_i - \hat{y}_i)^2 \tag{10.24}
$$

这里的 $\sum_{i=1}^{n}(y_i - \bar{y})^2$ 是因变量 y 的总离均差平方和，记作 SS_y，可衡量随机变量 y 的总变异。SS_y 可分解为以下两部分。

(1) $\sum_{i=1}^{n}(\hat{y}_i - \bar{y})^2$ 是由 x 的变异引起的 y 变异的平方和，称为回归平方和(regression sum of squares)，记作 SS_r。它反映的是在 y 的总变异中由于 x 和 y 的直线关系而引起 y 变异的部分，也就是在总离均差平方和中可以用 x 解释的部分。SS_r 越大，回归效果越好。

(2) $\sum_{i=1}^{n}(y_i - \hat{y}_i)^2$ 是误差引起的变异的平方和，称为离回归平方和或残差平方和(residual sum of squares)，记作 SS_e。它反映的是去除 x 和 y 的直线回归关系后其余因素使 y 发生变异的部分，也就是总离均差平方和 SS_y 中不能用 x 解释的部分。正如前面分析的，SS_e 越小回归效果越好。

简化式(10.24)，得

$$
SS_y = SS_r + SS_e \tag{10.25}
$$

对于回归平方和 SS_r，将 $\hat{y}_i = \bar{y} + b(x_i - \bar{x})$ 代入 $\sum_{i=1}^{n}(\hat{y}_i - \bar{y})^2$，得

$$
\begin{aligned}
SS_r &= \sum_{i=1}^{n}(\hat{y}_i - \bar{y})^2 = \sum_{i=1}^{n}[\bar{y} + b(x_i - \bar{x}) - \bar{y}]^2 \\
&= b^2\sum_{i=1}^{n}(x_i - \bar{x})^2 = b^2 SS_x
\end{aligned}
\tag{10.26}
$$

这里我们明确了回归平方和 SS_r 与自变量 x 的总离均差平方和 SS_x 的关系。

现在除了残差平方和 SS_e，我们又从样本数据中提炼出了回归平方和 SS_r。对于一组样本数据来说，总平方和 SS_y 是固定的，我们期望较好的回归效果，实际上是要求 SS_e 尽可能小，或反过来要求 SS_r 尽可能大。

与 SS_e 比较的对象终于找到了，下一步需要确定在 SS_r 和 SS_e 之间作比较的方法。毋庸置疑，这个方法一定是属于统计学的，也就是需要有概率支撑的。

平方和是方差的分子部分，也就是说平方和除以自由度就可以得到方差。对于残差平方和 SS_e 来说，它的自由度在上一节已经提到了，等于 $n-1-1=n-2$（这里的两个 1 分别表示用样本估计总体回归系数和总体回归截距而损失的自由度）。所以 $\dfrac{SS_e}{n-2}$ 就是残差方差，或离回归方差，记作 s_e^2。

对于回归平方和 SS_r 来说，它的自由度应等于总自由度减去 SS_e 的自由度，即 $(n-1)-(n-2)=1$。还有一种解释，直线回归只涉及 1 个自变量 x，所以回归平方和的自由度为 1。所以$\dfrac{SS_r}{1}$就是回归方差，记作 s_r^2。

将平方和转换成方差，是为 F 检验做准备。这是目前我们比较两个方差的唯一工具。

按照第 4 章介绍的 F 统计量的定义（见 4.3.3 小节），s_r^2 除以回归的总体方差 σ_r^2 得 F 统计量的分子部分，s_e^2 除以残差的总体方差 σ_e^2 得 F 统计量的分母部分，即

$$F=\frac{\dfrac{s_r^2}{\sigma_r^2}}{\dfrac{s_e^2}{\sigma_e^2}}=\frac{s_r^2}{s_e^2}\times\frac{\sigma_e^2}{\sigma_r^2} \tag{10.27}$$

服从自由度为 1 和 $n-2$ 的 F 分布。

作 F 检验时，零假设 H_0 认为 x 和 y 之间不存在线性关系，也就是假定 $\sigma_r^2=\sigma_e^2$，所以检验统计量为

$$F_c=\frac{s_r^2}{s_e^2}=\frac{(n-2)SS_r}{SS_e} \tag{10.28}$$

当 F_c 大于检验临界值时，表明 s_r^2 显著大于 s_e^2，$\sigma_e^2=\sigma_r^2$ 的零假设应被拒绝；反之，则接受零假设。

用类似回归系数 t 检验的方式解释：当 P 值小于显著性水平（F_c 大于检验临界值）时，因 x 和 y 的回归关系引起的 y 变异大于随机误差带来的变异，表明 x 和 y 的回归关系显著，并不是由随机误差造成的。或者说，相对于图 10.7(a)、(b)是由随机误差造成的可能性较小。这就是回归方程的 F 检验。

综上，我们从两种不同的角度分析了回归显著性的检验方法：回归系数的 t 检验和回归方程的 F 检验。两种方法的检验结果理论上应该是一致的，否则两种方法的有效性会被质疑，同时也会带来实践上的麻烦。9.2.3 小节在介绍方差分析时提到过：自由度为 $n-1$ 的 t 分布的平方等于自由度为 $(1,n-1)$ 的 F 分布。那么，自由度为 $n-2$ 的 t 分布的平方就应该等于自由度为 $(1,n-2)$ 的 F 分布。这里我们也可以对 t 统计量取平方，看看会得出什么结果。

$$t^2=\left(\frac{b}{\frac{s_e}{\sqrt{SS_x}}}\right)^2=\frac{b^2 SS_x}{s_e^2}=\frac{SS_r}{\frac{SS_e}{n-2}}=F \tag{10.29}$$

毋庸置疑,两种检验法是完全等价的,实践中任选其一即可。上式在形式上要比式(9.45)简单,读者可以试着比较它们的差异。

10.3.4 回归的区间估计

1. 回归系数和回归截距的置信区间

最小二乘法得到关于总体回归系数和总体回归截距的估计,是点估计的形式。对两个总体参数的区间估计,可借助标准化统计量完成。相关原理在第 5 章已经详细讨论过,这里直接给出结论。

由于 $\frac{b-\beta}{\frac{s_e}{\sqrt{SS_x}}}$ 服从自由度 df$=n-2$ 的 t 分布,所以 β 的置信度为 95%的置信区间为

$$\left[b-t_{0.025,n-2}\times\frac{s_e}{\sqrt{SS_x}},b+t_{0.025,n-2}\times\frac{s_e}{\sqrt{SS_x}}\right] \tag{10.30}$$

置信度为 99%的置信区间为

$$\left[b-t_{0.005,n-2}\times\frac{s_e}{\sqrt{SS_x}},b+t_{0.005,n-2}\times\frac{s_e}{\sqrt{SS_x}}\right] \tag{10.31}$$

同理,由于 $\frac{a-\alpha}{\sqrt{s_e^2\left(\frac{1}{n}+\frac{\bar{x}^2}{SS_x}\right)}}$ 服从自由度 df$=n-2$ 的 t 分布,所以 α 的置信度为 95%的置信区间为

$$\left[a-t_{0.025,n-2}\times\sqrt{s_e^2\left(\frac{1}{n}+\frac{\bar{x}^2}{SS_x}\right)},a+t_{0.025,n-2}\times\sqrt{s_e^2\left(\frac{1}{n}+\frac{\bar{x}^2}{SS_x}\right)}\right] \tag{10.32}$$

置信度为 99%的置信区间为

$$\left[a-t_{0.005,n-2}\times\sqrt{s_e^2\left(\frac{1}{n}+\frac{\bar{x}^2}{SS_x}\right)},a+t_{0.005,n-2}\times\sqrt{s_e^2\left(\frac{1}{n}+\frac{\bar{x}^2}{SS_x}\right)}\right] \tag{10.33}$$

回归系数 b 的置信区间如果不包含 0,则等价于 t 检验拒绝零假设 $H_0:\beta=0$。所以,回归的显著性还可用置信区间的方式来确定。

2. 条件平均数 $\mu_{y|x}$ 的置信区间

由式(10.3)所示的回归线性模型,有

$$E(y)=E(\alpha+\beta x+\varepsilon)=\alpha+\beta x \tag{10.34}$$

其中 $E(y)$ 是给定 x 后 y 的期望,也就是前面提到的条件平均数 $\mu_{y|x}$。当 $x=x_i$ 时,$\mu_{y|x_i}$ 也就是与 x_i 所对应的 y 正态总体的总体平均数。当得到回归系数和回归截距的估计值 b 和 a 后,$\mu_{y|x}$ 的估计值为

$$\hat{\mu}_{y|x}=a+bx \tag{10.35}$$

其期望值为

$$E(\hat{\mu}_{y|x})=E(a+bx)=E(a)+E(bx)=\alpha+\beta x \tag{10.36}$$

可见，$\hat{\mu}_{y|x}$ 是个无偏估计量，其方差为

$$\mathrm{Var}(\hat{\mu}_{y|x}) = \mathrm{Var}(a+bx) \tag{10.37}$$

将 $a=\bar{y}-b\bar{x}$ 代入上式，有

$$\begin{aligned}\mathrm{Var}(\hat{\mu}_{y|x}) &= \mathrm{Var}[\bar{y}+b(x-\bar{x})] \\ &= \mathrm{Var}(\bar{y})+(x-\bar{x})^2\mathrm{Var}(b) \\ &= \frac{\sigma_e^2}{n}+(x-\bar{x})^2\frac{\sigma_e^2}{\mathrm{SS}_x} \\ &= \sigma_e^2\left[\frac{1}{n}+\frac{(x-\bar{x})^2}{\mathrm{SS}_x}\right]\end{aligned} \tag{10.38}$$

有了期望和方差，即得 $\mu_{y|x}=\alpha+\beta x$ 的 95%置信区间

$$\left[(a+bx)-t_{0.025,n-2}\times s_e\sqrt{\frac{1}{n}+\frac{(x-\bar{x})^2}{\mathrm{SS}_x}},(a+bx)+t_{0.025,n-2}\times s_e\sqrt{\frac{1}{n}+\frac{(x-\bar{x})^2}{\mathrm{SS}_x}}\right] \tag{10.39}$$

99%置信区间

$$\left[(a+bx)-t_{0.005,n-2}\times s_e\sqrt{\frac{1}{n}+\frac{(x-\bar{x})^2}{\mathrm{SS}_x}},(a+bx)+t_{0.005,n-2}\times s_e\sqrt{\frac{1}{n}+\frac{(x-\bar{x})^2}{\mathrm{SS}_x}}\right] \tag{10.40}$$

3. y 的预测区间

因为 $y=\alpha+\beta x+\varepsilon=E(y)+\varepsilon$，所以当 $x=x_i$ 时，y_i 的预测值为

$$\hat{y}_i=E(y)+\varepsilon_i=\hat{\mu}_{y|x_i}+\varepsilon_i \tag{10.41}$$

由于误差 ε_i 的期望为 0，可用 0 作 ε_i 的估计值，于是有 $\hat{y}_i=\hat{\mu}_{y|x_i}$。所以 y 的预测值估计公式与条件平均数 $\mu_{y|x}$ 的估计公式(10.35)是相同的。

然而，$\hat{y}_i$ 的方差为

$$\begin{aligned}\mathrm{Var}(\hat{y}_i) &= \mathrm{Var}(\hat{\mu}_{y|x_i})+\mathrm{Var}(\varepsilon_i) \\ &= \sigma_e^2\left[\frac{1}{n}+\frac{(x-\bar{x})^2}{\mathrm{SS}_x}\right]+\sigma_e^2 \\ &= \sigma_e^2\left[1+\frac{1}{n}+\frac{(x-\bar{x})^2}{\mathrm{SS}_x}\right]\end{aligned} \tag{10.42}$$

显然，这个方差要大于条件平均数 $\mu_{y|x}$ 的方差。从以上推导过程不难看出，$\hat{y}_i$ 的方差多了一个误差的方差。

同理得 y 的 95%预测区间

$$\left[(a+bx)-t_{0.025,n-2}\times s_e\sqrt{1+\frac{1}{n}+\frac{(x-\bar{x})^2}{\mathrm{SS}_x}},(a+bx)+t_{0.025,n-2}\times s_e\sqrt{1+\frac{1}{n}+\frac{(x-\bar{x})^2}{\mathrm{SS}_x}}\right] \tag{10.43}$$

99%预测区间

$$\left[(a+bx)-t_{0.005,n-2}\times s_e\sqrt{1+\frac{1}{n}+\frac{(x-\bar{x})^2}{\mathrm{SS}_x}},(a+bx)+t_{0.005,n-2}\times s_e\sqrt{1+\frac{1}{n}+\frac{(x-\bar{x})^2}{\mathrm{SS}_x}}\right] \tag{10.44}$$

10.3.5 回归方程的评价

前文已介绍，回归分析侧重于协变量间的数量关系，而相关分析侧重于变量间关系的强弱程度。对回归分析而言，想要了解两个变量回归关系的密切程度，我们可以从拟合度和偏离度两个方面评价回归方程。

建立回归方程的过程称为拟合(fitting)。如果数据点紧密分布于回归直线附近，说明两个变量之间的直线回归关系密切，回归方程的拟合度较好；反之，则说明拟合度较差。在统计上，我们可以用决定系数(coefficient of determination)来定量拟合度，记作 R^2，有

$$R^2 = \frac{\sum_{i=1}^{n}(\hat{y}_i - \bar{y})^2}{\sum_{i=1}^{n}(y_i - \bar{y})^2} = \frac{SS_r}{SS_y}, 0 \leqslant R^2 \leqslant 1 \tag{10.45}$$

从决定系数的表达式可以看出，R^2 从正面定量描述了回归关系的密切程度（R^2 与回归平方和成正比）。那么，从相反的角度看，离回归平方和(即残差平方和)与回归关系密切程度成反比。因此，用离回归平方和也可以评价回归关系，不过所用的方式是残差的标准差，有公式

$$s_e = \sqrt{\frac{SS_e}{n-2}} = \sqrt{\frac{\sum_{i=1}^{n}(y_i - \hat{y}_i)^2}{n-2}} \tag{10.46}$$

又称离回归标准误。s_e 表示的是回归估计值 $\hat{y}$ 与实际观测值 y 的偏差程度，亦即回归方程的偏离度。

10.3.6 回归分析实例

介绍完回归分析的基本原理和方法，下面通过实例演示回归分析的具体操作过程。

例题 10.1 土壤氮含量对植物的生长有重要影响，适当增加氮含量可以促进植物生长。为探讨土壤氮含量(g/kg)与某种牧草干重(100 g/m^2)的关系，研究人员选择了 7 个不同氮含量水平的试验田，这些试验田的其他条件基本一致，等量播撒牧草种子半年后测定各试验田中牧草植株干重(数据见 `nitrogenGrass` 数据集)，试作回归分析。

分析 通过散点图观察数据点的分布情况，可以初步判断回归模型的形式。在统计分析前观察数据的分布形状是回归诊断的重要环节(下一例题就是一个非常典型的例子)。观察数据点的分布(见图 10.9)，可知土壤氮含量和牧草干重确实表现出了如题干说的关系，即正向回归关系。

```
> data(nitrogenGrass)
> plot(DW ~ N, data = nitrogenGrass, xlab = "Nitrogen", ylab = "Dry Weight")
```

用 R 完成线性回归分析，操作分为两步。首先，用 `lm()` 函数在两个变量之间构建线性模型。然后，用 `summary()` 函数展示拟合模型的详细结果，包括回归系数和回归截距的估计值，以及它们的 t 检验结果、决定系数 R^2 和回归方程的 F 检验结果。

解答 调用 `lm()` 函数在 `nitrogenGrass` 数据集中的变量 `N` 和 `DW` 之间建立线性模型。

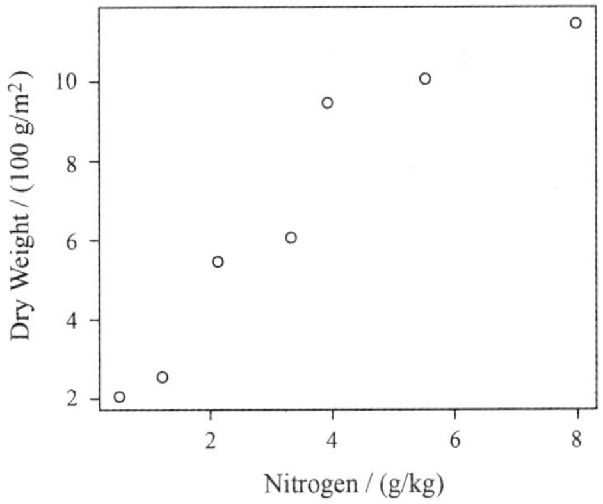

图 10.9　土壤氮含量(Nitrogen)与牧草干重(Dry Weight)的关系

```
> fit.lm <- lm(DW ~ N, data = nitrogenGrass); fit.lm
Call:
lm(formula = DW ~ N, data = nitrogenGrass)

Coefficients:
(Intercept)           N
       2.08        1.34
```

这里令 DW 作因变量,N 作自变量。模型拟合结果已经给出了回归系数 $b = 1.34$ 和回归截距 $a = 2.08$。接着再调用 summary()函数提取更多模型信息。

```
> summary(fit.lm)
Call:
lm(formula = DW ~ N, data = nitrogenGrass)

Residuals:
      1         2        3        4        5        6        7
-0.6505  -1.0888  0.6050  -0.4034  2.1925  0.6480  -1.3028

Coefficients:
             Estimate  Std.Error  t value  Pr(>|t|)
(Intercept)    2.0804     0.8969    2.320   0.06808 .
N              1.3403     0.2110    6.352   0.00143 **
---
Signif. codes:  0 '***' 0.001 '**' 0.01 '*' 0.05 '.' 0.1 ' ' 1

Residual standard error: 1.346 on 5 degrees of freedom
Multiple R-squared:  0.8897,    Adjusted R-squared:  0.8677
F-statistic: 40.34 on 1 and 5 DF,  p-value: 0.001429
```

线性模型的摘要结果包含了回归系数和回归截距的 t 检验结果，其中回归系数显著不等于 0，$t=6.352$，$P=0.00143$。决定系数 $R^2=0.8897$。回归方程的 F 检验得 $F=40.34$，$P=0.001429$。回归截距的 t 检验表明截距并非显著不等于 0(P=0.06808)。

如果要单独获取回归方程的截距项和系数项，可用 coefficients()函数（也可以直接用$符号提取 fit.lm 的 coefficients 分量）。

```
> coefficients(fit.lm)
(Intercept)                N
   2.080397         1.340295
```

所以，土壤氮含量与牧草干重的回归方程为 $y=1.340295x+2.080397$。

计算回归系数和回归截距的置信区间，可用 confint()函数。

```
> confint(fit.lm, level = 0.95)
                 2.5 %    97.5 %
(Intercept)  -0.2250365  4.385830
N             0.7978668  1.882723
```

置信区间的结果与 t 检验的结果一致，检验拒绝 $\beta=0$ 的零假设，则 β 置信区间不包含 0；检验接受 $\alpha=0$ 的零假设，则 α 置信区间包含 0。

拟合的回归直线，可用 abline()函数追加到散点图上[①]。效果如图 10.10 所示。

```
> abline(fit.lm)
```

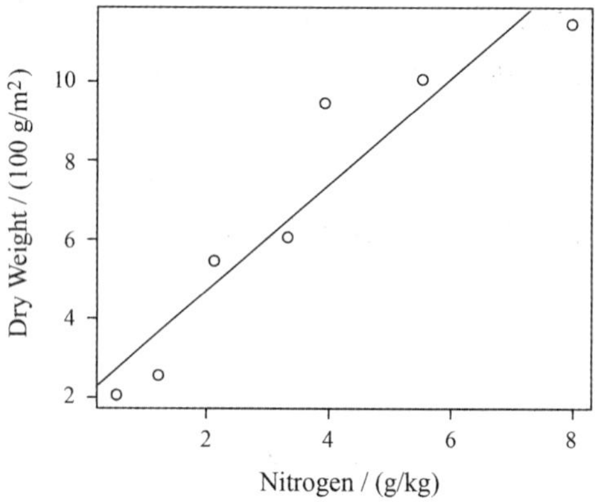

图 10.10　土壤氮含量(Nitrogen)与牧草干重(Dry Weight)的回归分析

如果要利用线性回归模型预测因变量的值，可用 predict()函数。例如，我们想知道土壤氮含量为 7 g/kg 时的牧草干重，可通过以下指令进行预测。

```
> predict(fit.lm, newdata = list(N = 7))
       1
11.46246
```

如果不通过 newdata 参数传入新的自变量，predict()将返回所有原自变量的回归模

① 在执行 abline(fit.lm)之前须先执行 plot(DW ~ N, data = nitrogenGrass, xlab = "Nitrogen", ylab = "Dry Weight")。

型估计值。

```
> predict(fit.lm)
       1        2        3        4        5        6         7
2.750544 3.688750 4.895016 6.503370 7.307547 9.452018 12.802755
```

计算条件平均数 $\mu_{y|x}$ 的置信区间，可通过 interval = "confidence"来控制；计算 y 的预测区间则需设定 interval = "prediction"。

```
> dw.conf <- predict(fit.lm, interval = "confidence")
> dw.pred <- predict(fit.lm, interval = "prediction")
```

通常我们需要将置信区间和预测区间也添加到散点图上，与回归直线一起展示回归分析的结果。添加数据线用 lines()函数，参数 x 和 y 分别接收数据点的横、纵坐标信息，参数 lty 设定了数据线的类型(效果见图 10.11)。

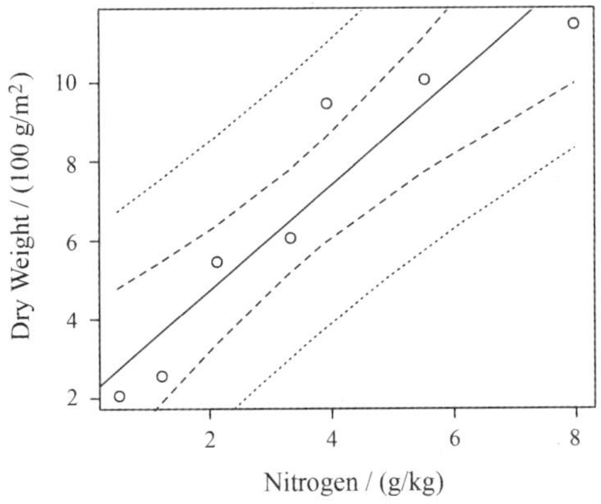

图10.11　土壤氮含量(Nitrogen)与牧草干重(Dry Weight)的回归分析和 95%置信带

```
> lines(x = nitrogenGrass$N, y = dw.conf[, 2], lty = 2)
> lines(x = nitrogenGrass$N, y = dw.conf[, 3], lty = 2)
> lines(x = nitrogenGrass$N, y = dw.pred[, 2], lty = 3)
> lines(x = nitrogenGrass$N, y = dw.pred[, 3], lty = 3)
```

为加深对回归方程 F 检验的理解，下面我们分步计算 F 值，根据式(10.26)和式(10.28)，执行 R 指令如下。

```
> y.mean <- mean(nitrogenGrass$DW)
> y.r <- sum((predict(fit.lm) - y.mean)^2)
> y.e <- sum((nitrogenGrass$DW - y.mean)^2) - y.r
> F.c <- y.r * (7 - 2) / y.e; F.c
[1] 40.34403
```

结果与 summary(fit.lm)提供的模型摘要信息一致。

获取模型的残差值，可用 residuals()函数来计算(第 9 章检验误差正态性时已用过该函数)。回归分析的数学模型适用的基本假定中要求误差 ε 相互独立，且服从正态分布。对残差值作正态性检验(shapiro.test()函数)，结果得 $P = 0.4407$，表明该误差正态性的基本假定已满足。

```
> res <- residuals(fit.lm)
> shapiro.test(res)
    Shapiro-Wilk normality test


data:  residuals(fit)
W = 0.91623, p-value = 0.4407
```

例题 10.2 R 自带数据包 datasets 中 anscombe 数据集记录了统计学家 Francis Anscombe 在 1973 年发表的一篇文章[①]所用的 4 组数据。每组数据包含 11 个数据点，试对每组数据分别作回归分析。

分析 调用 str()函数观察 anscombe 数据集的结构，确定各项数据的变量名称。

```
> str(anscombe)
'data.frame':   11 obs. of  8 variables:
$ x1: num  10 8 13 9 11 14 6 4 12 7 ...
$ x2: num  10 8 13 9 11 14 6 4 12 7 ...
$ x3: num  10 8 13 9 11 14 6 4 12 7 ...
$ x4: num  8 8 8 8 8 8 8 19 8 8 ...
$ y1: num  8.04 6.95 7.58 8.81 8.33 ...
$ y2: num  9.14 8.14 8.74 8.77 9.26 8.1 6.13 3.1 9.13 7.26 ...
$ y3: num  7.46 6.77 12.74 7.11 7.81 ...
$ y4: num  6.58 5.76 7.71 8.84 8.47 7.04 5.25 12.5 5.56 7.91 ...
```

四组数据分别是(x1,y1)，(x2,y2)，(x3,y3)和(x4,y4)。

解答 调用 lm()和 summary()，分别对 4 组数据作回归分析。

```
> lm1 <- lm(y1 ~ x1, data = anscombe)
> reg1 <- summary(lm1)
> lm2 <- lm(y2 ~ x2, data = anscombe)
> reg2 <- summary(lm2)
> lm3 <- lm(y3 ~ x3, data = anscombe)
> reg3 <- summary(lm3)
> lm4 <- lm(y4 ~ x4, data = anscombe)
> reg4 <- summary(lm4)
```

4 组数据的回归显著性检验结果如下。

```
> reg1$coefficients
              Estimate  Std.Error  t value     Pr(>|t|)
(Intercept)  3.0000909  1.1247468  2.667348  0.025734051
x1           0.5000909  0.1179055  4.241455  0.002169629
> reg2$coefficients
```

① Anscombe F. 1973. Graphs in statistical analysis. The American Statistician, 27(1): 17-21.

```
             Estimate  Std.Error   t value      Pr(>|t|)
(Intercept)  3.000909  1.1253024  2.666758  0.025758941
x2           0.500000  0.1179637  4.238590  0.002178816
> reg3$coefficients
              Estimate  Std.Error   t value      Pr(>|t|)
(Intercept)  3.0024545  1.1244812  2.670080  0.025619109
x3           0.4997273  0.1178777  4.239372  0.002176305
> reg4$coefficients
              Estimate  Std.Error   t value      Pr(>|t|)
(Intercept)  3.0017273  1.1239211  2.670763  0.025590425
x4           0.4999091  0.1178189  4.243028  0.002164602
```

4 组数据的回归分析结果中各项数据非常相近,结论同为回归系数和回归截距显著不等于 0。现在让我们作出 4 组数据的散点图,并添加回归线(见图 10.12)。

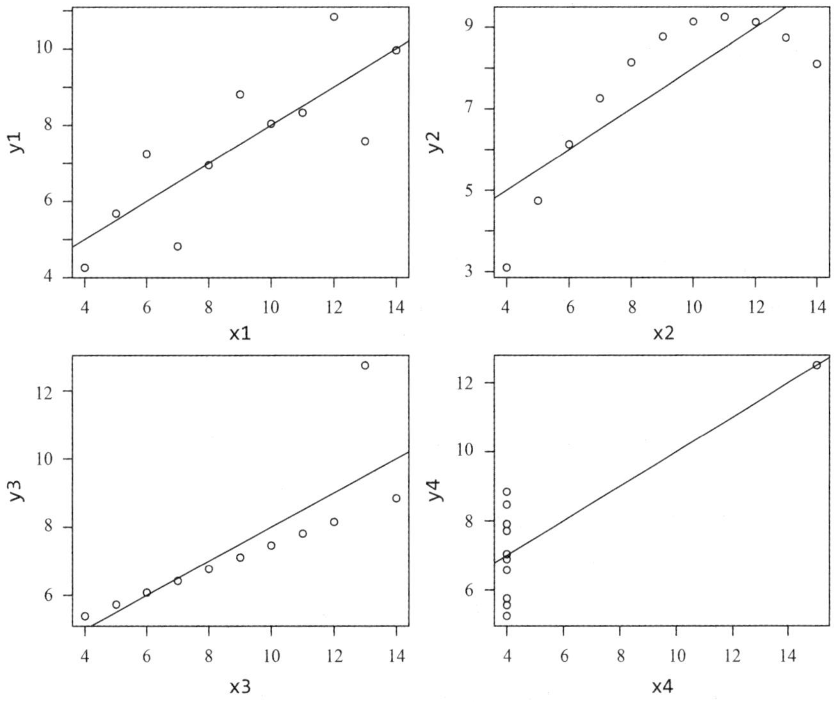

图 10.12　Anscombe 数据的回归分析

看到这样的结果读者或许会感到意外,惊讶之余还是让我们体会一下 Anscombe 的用意。这 4 组数据是作者为了表达统计作图的重要性而人为制造的数据,并非来自实际的试验。除了第 1 组数据看起来正常外,其他各组都是有问题的,至少不适合进行线性回归分析。

第 2 组数据点的分布表明该组数据并非线性的,可能使用二次多项式模型更合适。第 3 组数据点中,有一个数据点明显区别于其他数据点,这很可能是一个试验错误,或者是未知原因造成的离群值,应该将其排除。第 4 组最为奇怪,回归系数的估计完全依赖于右上角那一个数据点(anscombe 的第 8 行)。如果将该点删除,则无法估计回归系数,因为此时的 y4 与 x4 根本就是不相关的。

4 组数据如此迥异,回归分析的结果却又如此相近。这充分说明了通过数据可视化全面了解数据分布的结构,对于统计分析是多么重要。当然,计算机辅助作图在当下已远比 anscombe 数据集发表的那个年代便捷,这个问题在现在可能不会经常出现。然而,数据可视化的作用并未被减弱,而且随着数据复杂度的不断提升,它也正在发挥其他统计方法不可替代的作用。

例题 10.3 multcomp 包 sbp 数据集记录了 69 位 17～70 岁成年人的血压(收缩压,单位:mmHg)数据。试作回归分析,并预测一位 56 岁成年男性的收缩压数据。

分析 成年人收缩压数据理论上应和年龄存在正向关系,即随着年龄的增长收缩压会相应增高。从 summary()函数获得的 sbp 数据的基本情况来看,69 人中有 40 名男性和 29 名女性。性别差异很可能会对收缩压数据有影响。

解答 首先,调用 lm()和 summary()函数,对整个数据作回归分析。

```
> sbp.lm.all <- lm(sbp ~ age, data = sbp)
> summary(sbp.lm.all)
Call:
lm(formula = sbp ~ age, data = sbp)

Residuals:
    Min       1Q  Median      3Q     Max
-26.782  -7.632   1.968   8.201  22.651

Coefficients:
              Estimate  Std.Error  t value  Pr(>|t|)
(Intercept)  103.34905    4.33190    23.86    <2e-16 ***
age            0.98333    0.08929    11.01    <2e-16 ***
---
Signif. codes:  0 ‘***’ 0.001 ‘**’ 0.01 ‘*’ 0.05 ‘.’ 0.1 ‘ ’ 1

Residual standard error: 11.1 on 67 degrees of freedom
Multiple R-squared:  0.6441,    Adjusted R-squared:  0.6388
F-statistic: 121.3 on 1 and 67 DF,  p-value: < 2.2e-16
```

回归系数 $b=0.98333$,回归关系极显著。基于 sbp.lm.all 的模型预测结果为

```
> predict(sbp.lm.age, newdata = list(age = 56), interval = "prediction")
       fit       lwr       upr
1 158.4154  136.0234  180.8074
```

然后,再单独对男性数据作回归分析。

```
> sbp.man <- subset(sbp, subset = gender == "male")
```

```
> sbp.lm.man <- lm(sbp ~ age, data = sbp.man)
> summary(sbp.lm.man)$coefficients
               Estimate   Std.Error   t value      Pr(>|t|)
(Intercept)  110.0385285  4.48923170  24.51166  6.847009e-25
age            0.9613526  0.09130237  10.52933  7.984950e-13
```

回归系数 $b = 0.9613526$，回归关系极显著。基于 sbp.lm.man 的模型预测结果为

```
> predict(sbp.lm.man, newdata = list(age = 56), interval = "prediction")
       fit      lwr      upr
1 163.8743  146.415  181.3336
```

相同的置信度(0.95)之下，sbp.lm.man 模型预测的区间范围明显比 sbp.lm.all 模型预测的区间要窄。就具体的预测值而言，sbp.lm.man 模型的预测值要更高。可见，不同性别的收缩压数据分布范围是不同的，因此用 sbp.lm.man 模型预测该 56 岁男性的收缩压应更加准确。

将本题的回归关系可视化，如图 10.13 所示，整体上男性收缩压与年龄的回归线与女性数据的回归线近乎平行(回归系数比较接近)。但是，男性数据的回归截距(110.039)要明显高于女性数据(97.077，读者可尝试计算)。结果表明，虽然在成年人群中年龄与收缩压的回归关系明确且稳定，但是不同性别表现出不同的收缩压分布范围。

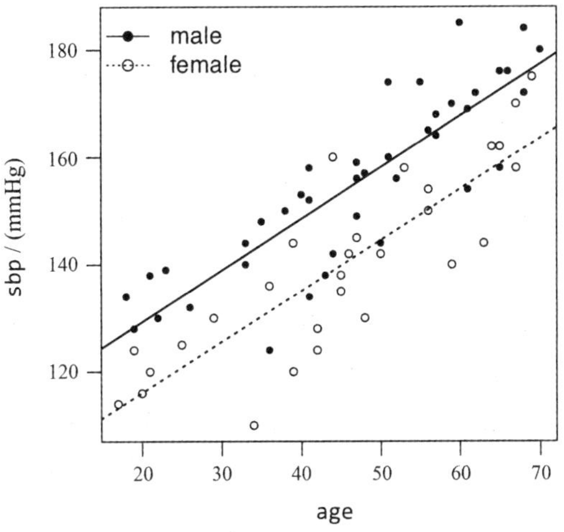

图 10.13　男性与女性收缩压(sbp)与年龄(age)的回归分析

10.3.7　回归分析应注意的问题

回归分析是研究变量数量关系的有力工具，不过实践中应用回归分析需要注意以下问题。

(1)回归分析要有实际意义。

从技术的角度讲，回归分析可以应用于任何一对变量。但是我们进行回归分析的目的是确定两个协变量的数量关系，有专业研究的目标。所以实践中的回归分析应当服务于我们的研究工作，至少分析结果在逻辑上是可以解释的。

(2)回归变量的确定。

回归关系中,谁为因谁为果,通常需要通过专业知识来判定。从数据的角度,如果两个协变量难以确定因果,则一般以方便测定的、变异程度较小的变量作为自变量。

(3)观测值要尽可能多。

两个协变量的观测值对应尽可能多一些,足够的样本永远是统计分析的基础。此外,自变量 x 的取值范围要尽可能大一些,这是因为回归系数 b 的方差大小与 x 的变异程度(x 的离均差平方和)有关。

(4)回归效果须检验。

任何统计分析都应有相应的假设检验作支撑,回归分析也不例外。得到回归方程只是回归分析的第一步,回归效果的显著性检验是不可或缺的。而且,不显著的回归方程也不能应用。

(5)预测和外推要谨慎。

通过回归方程用新的自变量取值预测因变量时,不宜将预测的范围扩大至建立回归方程所用的自变量取值范围之外。因为回归关系是通过建立方程时所用自变量取值范围来确定的,超出该范围后有可能回归关系不再成立。即使需要外推,也必须谨慎。

10.4 非线性回归分析

虽然非线性回归分析不是本书的重点,但由于生物学研究中不乏一些非线性关系的场景。例如,单细胞生物生长初期细胞数按照指数函数的形式增长,经过较长时间的增殖后,受营养和空间等因素的限制,后期生长受到抑制,则会变为S曲线。再如,酶促反应动力学中的米氏方程(Michaelis-Menten equation)则是一种双曲线。所以,本节将简单介绍几类非线性模型。

生物学中变量间的曲线关系常见的有倒数函数曲线、指数函数曲线、对数函数曲线、幂函数曲线,以及S曲线(实为Logistic函数曲线)等。判断变量间的曲线关系需要借助相关专业知识。而且所选择的曲线模型不仅应该能够解释数据,还应可以用于解释相关理论。虽然为某些变量找出完美的曲线模型有时非常困难,但只要我们对所研究的变量掌握足够的信息和专业知识,是可以解决大多数曲线建模问题的。

10.4.1 非线性回归分析的一般方法

首先,将所得到的试验数据资料可视化,也就是绘制散点图。按照散点图的趋势,找出符合数据变化规律的曲线函数。

然后,将选定的曲线函数直线化,用转换后的数据再绘制散点图。如果新的散点图趋势上变为直线,则表明选取的曲线函数恰当,否则需要重新选择。

最后,按照线性回归的方式处理转换后(直线化)的数据,通过决定系数判定回归直线拟合度。

对同一组数据资料,非线性回归分析的过程可能需要重复多次。最终需要结合决定系数的大小及专业知识，选择既符合生物学规律，又有较高拟合度的曲线回归方程来描述变量间的非线性回归关系。

10.4.2　数据转换的方法

在对符合曲线回归模型的数据进行直线化时，常用的数据转化的方法有以下两种。

(1)引入新的变量。例如，对数函数 $y=a+b\lg x$，令 $x'=\lg x$，原方程即可转换为直线形式 $y=a+bx'$。

(2)变换方程后再引入新的变量。例如，幂函数 $y=ax^b$，取对数后得 $\lg y=\lg a+b\lg x$，再令 $y'=\lg y$，$a'=\lg a$，$x'=\lg x$，则原方程变为直线形式 $y'=a'+bx'$。

一些常用的曲线方程直线化方法如表 10.1 所示。

表 10.1　常用曲线的直线化方法

曲线方程	y'	x'	a'	直线化的方程
$y=\dfrac{a+bx}{x}$	$y'=yx$			$y'=a+bx$
$y=\dfrac{1}{a+bx}$	$y'=\dfrac{1}{y}$			$y'=a+bx$
$y=\dfrac{x}{a+bx}$	$y'=\dfrac{x}{y}$			$y'=a+bx$
$y=ax+bx^2$	$y'=\dfrac{y}{x}$			$y'=a+bx$
$y=a+b\lg x$		$x'=\lg x$		$y=a+bx'$
$y=ax^b$	$y'=\ln y$	$x'=\ln x$	$a'=\ln a$	$y'=a'+bx'$
$y=ae^{bx}$	$y'=\ln y$		$a'=\ln a$	$y'=a'+bx$
$y=axe^{bx}$	$y'=\ln\dfrac{y}{x}$		$a'=\ln a$	$y'=a'+bx$
$y=\dfrac{1}{ax^b}$	$y'=\ln\dfrac{1}{y}$	$x'=\ln x$	$a'=\ln a$	$y'=a'+bx'$

10.4.3　一类特殊的曲线——Logistic 生长曲线

Logistic 生长曲线，最早是由比利时数学家 Pierre-François Verhulst① 于 1838 年研究人口增长情况时推导出来的。但此后很长一段时间并未引起关注，直到 1920 年才被生物学

① 皮埃尔·弗朗索瓦·维尔赫斯特(1804—1849)，比利时数学家。师从比利时数学家 Lambert Adolphe Jacques Quetelet(朗伯·阿道夫·雅克·凯特勒，1796—1874)，人口增长问题也是 Quetelet 交给 Verhulst 的研究课题。

家和统计学家 Raymond Pearl[①] 和 Lowell J. Reed[②] 再次发现。虽然开始备受质疑,但是后来 Logistic 生长曲线在解释人类和动物群体生长问题上发挥了重要作用。在此,我们专门介绍一下这一特殊的曲线。

Logistic 生长曲线的特点是开始阶段增长缓慢,然后进入快速增长期,最后又进入增长缓慢期。所以其形态呈图 10.14 所示的 S 形。

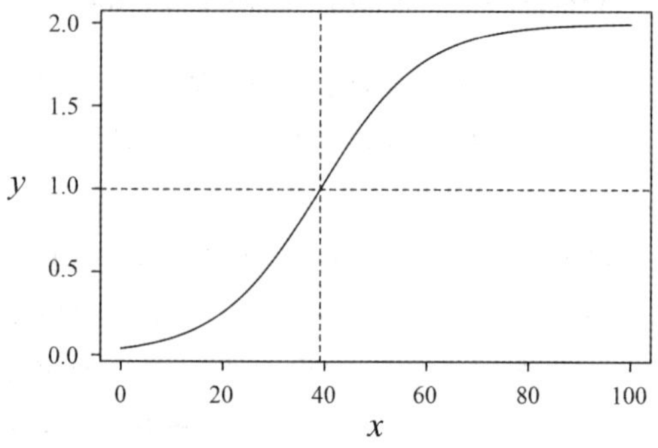

图 10.14 Logistic 生长曲线

Logistic 生长曲线的方程表达式为

$$y=\frac{K}{1+ae^{-bx}} \tag{10.47}$$

当 $x=0$ 时,$y=\frac{K}{1+a}$;当 $x\to\infty$,$y=K$。所以在时间 0 点,y 的初始值为 $\frac{K}{1+a}$,随着时间无限延长,极限值为 K。当 $x=\frac{-\ln\frac{1}{a}}{b}$ 时,曲线有一个拐点(knee point),此时 $y=\frac{K}{2}$,恰好为极限值的一半。所以在拐点左侧曲线是下凹的,在拐点右侧曲线上凸。

从 Logistic 生长曲线的方程表达式可以看出,只要确定了 K 值,就可以将该曲线直线化。首先将方程式改写为

$$\frac{K-y}{y}=ae^{-bx} \tag{10.48}$$

等号两侧取对数,得

$$\ln\frac{K-y}{y}=\ln a-bx \tag{10.49}$$

再令 $y'=\ln\frac{K-y}{y}$,$a'=\ln a$,$b'=-b$,则 Logistic 生长曲线可最终直线化为

$$y'=a'+b'x \tag{10.50}$$

对于 K 值的确定,有两种方法处理。

(1)如果因变量 y 是累积频率,则 y 的极限就是 100%,即 $K=100$。

(2)如果因变量 y 是生长量或繁殖量,可取 3 组自变量为等间距的观测值对,代入式(10.48)后形成联立方程组,求解即可。此间需要将 a 和 b 消元,最后解出 K 值。

10.5 回归分析与方差分析的关系

回想一下方差分析的 R 指令操作,不难发现与回归分析的操作完全一样(特指 `lm()`和

---

① 雷蒙德·珀尔(1879—1940),美国动物学家,生物计量学的创始人之一,他开始将统计学应用于生物学和医学的领域。

② 洛厄尔·雅各布·里德(1886—1966),美国生物统计学家,约翰斯·霍普金斯大学第七任校长,开发了 ED-50 估计方法。

`summary( )`函数组合）。这就有必要讨论一下这两种统计分析方法的关系了。或许我们还可以从不同的角度加深对它们的理解。

10.5.1　两者的相同点

1. 同为线性模型

以单因素方差分析为例，方差分析的数学模型为

$$x_{ij} = \mu + \alpha_i + \varepsilon_{ij} \tag{10.51}$$

回归分析的数学模型为

$$y = \alpha + \beta x + \varepsilon \tag{10.52}$$

它们都是线性模型，所以 R 使用同样的函数 `lm()`来处理它们。

在模型的解释上，都是将等号左侧变量的变异，按照变异原因分解成三个部分，且各部分之间是线性相加的关系。而且，其中都有一部分用来解释随机误差。在各自的语境下，其他两部分的意义就不同了。但是，不论是方差分析还是回归分析，这两部分又都有其一与试验因素无关，比如 μ 和 α；而剩下的 α_i 和 βx 与试验因素有关。

2. 都用 *F* 检验

显著性检验、回归分析和方差分析都用到了 F 检验。其中，F 统计量的构建需要平方和与自由度分解，分解的方法在两种分析中都是一致的。现在我们重点比较一下平方和分解。方差分析中的总离均差平方和可分解为

$$SS = SS_t + SS_e \tag{10.53}$$

回归分析中 y 的总离均差平方和可分解为

$$SS_y = SS_r + SS_e \tag{10.54}$$

两个线性模型都含有与随机误差有关的平方和 SS_e；都有与试验因素有关的平方和 SS_t 和 SS_r。分解后的平方和分别除以各自的自由度后，再相除所得的统计量都服从 F 分布。而且两种分析的 F 统计量都用误差的方差作分母。也就是说，与试验因素有关的变异都用误差效应作为比较的对象。

10.5.2　两者的差异点

1. 分析目的不同

两种分析方法之所以没有统一成一个方法，最关键的还是它们的研究目的不同。回归分析侧重于两个变量间的数量关系，而方差分析侧重于试验因素内部各水平的差异。

2. 数据类型不同

抛开分析目的，回归分析和方差分析最大的差别当属两者的数据类型了。在方差分析中，按照因素的水平不同，观测值被分为不同的组别。所以 R 在用数据框组织数据时，处理因素是以因子的方式表示的。换句话说，处理因素是离散的分类变量。因此，R 在进行方差分析时需要将因素各水平处理成对照变量（分类变量数值化）。而在回归分析中，处理因素（即自变量 x）是连续型变量。

方差分析和回归分析的关系将在协方差分析（见第 12 章）中有更直接的体现。届时回

归分析将帮助扩大方差分析的适用范围，让我们拭目以待。

习题 10

(1)回归关系和相关关系有什么不同?

(2)回归分析的数学模型是什么? 各分项有何意义?

(3)回归分析中回归方程的确定使用何种方法? 其基本思想是什么?

(4)回归效果的显著性检验有哪些方法?

(5)决定系数是如何定义的? 在回归分析中有何作用?

(6)试对第 9 章习题(7)作回归分析，并与方差分析的结果作比较。

(7)R 自带数据包 `datasets` 中的 `iris` 数据集记录了 3 种(`setosa`、`versicolour` 和 `virginica`)、150 株鸢尾花的表型信息，包括：萼片长度(`Sepal.Length`)、萼片宽度(`Sepal.Width`)、花瓣长度(`Petal.Length`)、花瓣宽度(`Petal.Width`)。试确定各表型之间是否存在回归关系。

(8)R 自带数据包 `datasets` 中的 `airquality` 数据集记录了某城市 1973 年 5 月到 9 月的空气质量数据，包括温度等 4 项指标。试对各项指标之间的关系作回归分析。

(9)R 自带数据包 `datasets` 中的 `trees` 数据集记录了 31 棵樱桃树的直径、高度和体积数据。试在两两变量间作回归分析。

(10)试通过 `rnorm()`函数模拟从正态总体 $N(5,16)$ 中抽取 10 个随机数，然后与自然数列 `seq(1,10)`作回归分析。

第 11 章 相关分析

第 10 章在介绍回归时也同时引出了相关的概念。回归与相关源自两个随机变量的关系问题。如果两个变量存在因果关系，就用回归分析来研究它们的数量关系；而如果两个变量存在平行的协变关系，则应使用相关分析来研究。

11.1 相关性和相关系数的由来

相关(correlation)一词最早出现在 Galton 于 1889 年发表的一篇文章①，当时写作 co-relation。文中 Galton 分析了 Alphonse Bertillon② 关于犯罪嫌疑人臂长与身高的数据，提出了相关的概念③。“相关”在 Galton 的描述下是这样的：“当一个器官的变化伴随着另一个器官或多或少地变化，并且方向相同时，就可以说这两个可变器官是相关的。”

第 10 章我们讲到，Galton 把关于回归的研究成果都记录在了他的代表作 *Natual Inheritance*(1889 年出版)中。其中最重要的结论是：有关家庭特征(如身高)相似性的问题完全受控于概率的高级法则。这部著作出版之后，另外两个问题吸引了 Galton，深入研究后他发现这些问题实际上和两代人的身高问题属于同一类问题，也就是相关。Galton 担心 *Natual Inheritance* 的出版会影响到许多人，所以立即发表了这篇关于“相关”的论文。也就是说，Galton 以前对回归的研究并不限于遗传问题，也适用于其他领域。事实上，所有这些问题都是一个基本现象的表现，即相关性。

在 Galton 之后，第一个将回归和相关应用到生物学问题中的学者是进化生物学家、生物统计学家 Walter F. R. Weldon④。在 1890 年至 1892 年间，Weldon 发表了两篇重要论文，将回归分析应用于褐虾(*Crangon vulgaris*)的变异研究。尽管 Weldon 在统计学和数学方面并不擅长，但他确实意识到需要用定量方法来为 Darwin 的理论提供经验证据。Weldon 提出的许多生物学问题对 Karl Pearson 为现代统计学作出的贡献起了重要作用。这两位科

---

① Galton F. 1889. I. Co-relations and their measurement, chiefly from anthropometric data. Proc. R. Soc. Lond., 45: 135-145. 1888 年 12 月 5 日收稿，1889 年 1 月 1 日发表。

② 阿方斯·贝蒂荣(1853—1914)，生于法国巴黎，法国警官和生物识别技术研究者。他创建了身体测量的识别系统，将人体测量学应用于执法。人体测量学最早是警方认定罪犯的一套科学系统，人体测量学方法最终被指纹鉴定所取代。

③ 毫无疑问，Galton 是第一个提出相关性概念的人。然而，在 Galton 之前，一些理论工作已经在数学上暗示了相关性，尽管从未明确提及。

④ 瓦尔特·弗兰克·拉斐尔·韦尔登(1860—1906)，出生于伦敦海盖特。他于 1876 年加入伦敦大学学院，打算从事医学事业。在伦敦大学学院，Weldon 从数学家 Olaus Henrici 那里学习了数学，从动物学家 E. Ray Lankester 那里学习了生物学。次年，他转到伦敦国王学院，然后于 1878 年转到剑桥圣约翰学院。在剑桥，他师从动物学家 Francis Maitland Balfour，并决定放弃医学事业而选择动物学。1881 年，他获得自然科学的一等荣誉文凭。

学家之间的合作非常密切，在 Galton 的支持下，他们于 1901 年创办了期刊 *Biometrika*①。

站在 Galton 肩膀上的，除了 Weldon 还有数理统计学先驱 Francis Y. Edgeworth②。Edgeworth 于 1892 年发表了题为"Correlated averages"的论文③，首次系统地研究了多元正态分布，第一次认真尝试将 Galton 的双变量相关性扩展到三个或更多变量上，并且引入了 coefficient of correlation 这个术语。四年后的 1896 年，Pearson 著名的样本相关系数 r 基于乘积矩的计算公式终于发表④。该论文首先否定了 Galton 和 Weldon 的方法，然后从二元正态分布的联合密度公式出发，最终得到了如今被广泛使用的相关系数计算公式。

假设我们有两个服从正态分布的随机变量 X 和 Y，且 $X \sim N(0,\sigma_1^2)$，$Y \sim N(0,\sigma_2^2)$。如果说一个随机变量的几何表示是一维的直线，那么两个随机变量就可用二维平面来表示。二维平面上的所有 N 个点 $(x_1,y_1),(x_2,y_2),\cdots,(x_N,y_N)$，就是两个随机变量构成的总体中的 N 个观测值。Pearson 从该总体的概率密度函数（又称为联合密度函数）入手，得

$$f_{XY}(x,y)=\left(\frac{1}{2\pi\sigma_1\sigma_2\sqrt{1-\rho^2}}\right)^N \times \mathrm{e}^{-\frac{1}{2(1-\rho^2)}\left[\frac{\sum x_i^2}{\sigma_1^2}-2\rho\frac{\sum x_iy_i}{\sigma_1\sigma_2}+\frac{\sum y_i^2}{\sigma_2^2}\right]} \tag{11.1}$$

其中 ρ 为总体相关系数。这个公式过于复杂，Pearson 对其进行了简化。令 $\lambda=\dfrac{\sum x_iy_i}{N\sigma_1\sigma_2}$，且有 $\sigma_1^2=\dfrac{\sum x_i^2}{N}$，$\sigma_2^2=\dfrac{\sum y_i^2}{N}$，注意分母不是 $N-1$（因为它们都是总体方差）。所以上式可变为

$$\begin{aligned} f_{XY}(x,y) &= \left(\frac{1}{2\pi\sigma_1\sigma_2\sqrt{1-\rho^2}}\right)^N \mathrm{e}^{-\frac{1}{2(1-\rho^2)}[N-2\rho\lambda N+N]} \\ &= \left(\frac{1}{2\pi\sigma_1\sigma_2\sqrt{1-\rho^2}}\right)^N \mathrm{e}^{-\frac{N-\rho\lambda N}{1-\rho^2}} \\ &= \left(\frac{1}{2\pi\sigma_1\sigma_2\sqrt{1-\rho^2}}\right)^N \mathrm{e}^{-N\frac{1-\rho\lambda}{1-\rho^2}} \end{aligned} \tag{11.2}$$

到这里，Pearson 发挥了他在数学上的天赋：将上式视为有关 ρ 的函数，对等式两边取对数，并运用泰勒定理展开表达式。最后发现展开式的高阶项为负值，所以函数 $f_{XY}(x,y)$ 要取到最大值需要一阶项的系数 $\dfrac{(1+\rho^2)(\lambda-\rho)}{(1-\rho^2)^2}=0$。也就是需要

$$\rho=\lambda=\frac{\sum x_iy_i}{N\sigma_x\sigma_y}=\frac{\sum x_iy_i}{\sqrt{\sum x_i^2\sum y_i^2}} \tag{11.3}$$

这就是 Pearson 最初得到的相关系数计算公式（它其实是一个特例，因为我们一开始假定了两个随机变量的总体平均数为 0）。

在 Pearson 发表这篇文章的 1896 年，最大似然估计还没有被 Fisher 完善和推广，所以

① https://academic.oup.com/biomet/.

② 弗朗西斯·伊西德罗·埃奇沃思(1845—1926)，出生于爱尔兰朗福德郡。少年时受家庭老师的影响，对数学和古典文学产生了浓厚的兴趣。他潜心研究概率论与数理统计，并将其应用到经济学领域。

③ Edgeworth F Y. 1892. XXII. Correlated averages. Philosophical Magazine Series 1, 34(207): 190-204.

④ Pearson K. 1896. VII. Mathematical contributions to the theory of evolution. III. Regression, heredity, and panmixia. Phil. Trans. R. Soc. A, 187: 253-318.

当时 Pearson 利用了泰勒定理来分析联合密度最大值的情形。如果用最大似然估计的方法，思路会更加流畅。将联合密度函数视为似然函数，取对数得

$$\ln L = -N\ln(2\pi\sigma_1\sigma_2\sqrt{1-\rho^2}) - \frac{1}{2(1-\rho^2)}\left[\frac{\sum x_i^2}{\sigma_1^2} - 2\rho\frac{\sum x_i y_i}{\sigma_1\sigma_2} + \frac{\sum y_i^2}{\sigma_2^2}\right] \quad (11.4)$$

然后分别对 $\ln L$ 取关于 σ_1,σ_2,ρ 的偏导数并令它们等于 0，解方程组可得到与 Pearson 的方法相同的结果。

11.2　线性相关分析

11.2.1　Pearson 相关系数

将随机变量 X 和 Y 泛化到更一般的情形，即它们分别服从正态分布 $N(\mu_x,\sigma_1^2)$ 和 $N(\mu_y,\sigma_2^2)$，那么总体相关系数的计算公式为

$$\rho = \frac{\sum_{i=1}^{N}(x_i-\mu_x)(y_i-\mu_y)}{\sqrt{\sum_{i=1}^{N}(x_i-\mu_x)^2\sum_{i=1}^{N}(y_i-\mu_y)^2}} \quad (11.5)$$

当用样本统计量来估计总体参数时，有样本相关系数的计算公式

$$r = \frac{\sum_{i=1}^{n}(x_i-\bar{x})(y_i-\bar{y})}{\sqrt{\sum_{i=1}^{n}(x_i-\bar{x})^2\sum_{i=1}^{n}(y_i-\bar{y})^2}} \quad (11.6)$$

其中 n 为样本容量。这就是 Pearson 相关系数的完整形式。

为了深入理解相关系数的意义，现在我们再对 r 的公式稍作变化，有

$$\begin{aligned} r &= \frac{\sum_{i=1}^{n}(x_i-\bar{x})(y_i-\bar{y})}{(n-1)\times\sqrt{\frac{\sum_{i=1}^{n}(x_i-\bar{x})^2}{n-1}\times\frac{\sum_{i=1}^{n}(y_i-\bar{y})^2}{n-1}}} \\ &= \frac{\sum_{i=1}^{n}(x_i-\bar{x})(y_i-\bar{y})}{(n-1)\times\sqrt{s_x^2\times s_y^2}} \\ &= \frac{\sum_{i=1}^{n}(x_i-\bar{x})(y_i-\bar{y})}{(n-1)\times s_x\times s_y} \\ &= \frac{\sum_{i=1}^{n}\left(\frac{x_i-\bar{x}}{s_x}\right)\left(\frac{y_i-\bar{y}}{s_y}\right)}{n-1} \end{aligned} \quad (11.7)$$

其中 s_x 和 s_y 分别是 x 和 y 的标准差。所以，$\frac{x_i-\overline{x}}{s_x}$ 和 $\frac{y_i-\overline{y}}{s_y}$ 分别是 x_i 和 y_i 的标准化转换。可见，相关系数 r 实际上是各观测值标准化变换后的乘积之和除以自由度 $n-1$。那么，变形后相关系数公式该如何理解呢？

假设我们有随机变量 X 和 Y 的一组容量为 3 的样本，它们在二维坐标系中的位置如图 11.1(a)所示。首先，我们对 x 进行标准化，由于 1 号点和 2 号点横坐标都小于三个点横坐标的平均数，所以它们的新横坐标都小于零。对横坐标标准化，实际上是将三个点水平移动，1 号点和 2 号点将移动到第二象限，而 3 号点仍留在第一象限(见图 11.1(b))。然后，我们再对纵坐标进行标准化，三个点将被纵向垂直移动。由于 1 号点的纵坐标小于平均数，所以它被移动到第三象限(见图 11.1(c))。

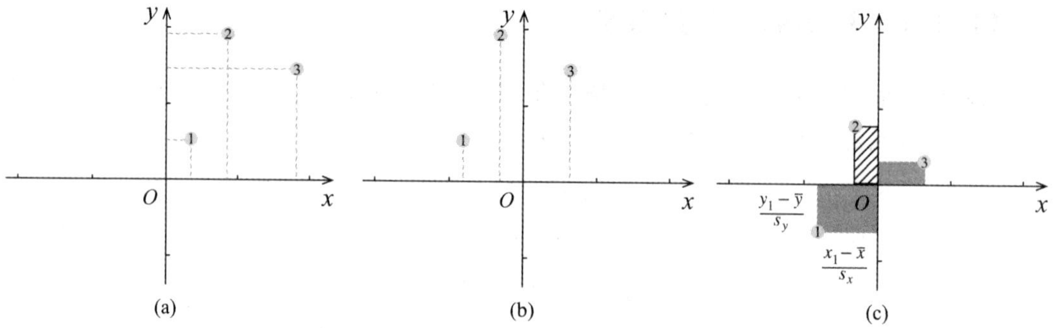

图 11.1 相关系数的几何学解释

三个点在坐标系中的移动对应数据标准化的过程，而转换后的乘积项对应的是面积的计算。如图 11.1(c)所示，1 号点坐标值转换后的乘积 $\frac{x_1-\overline{x}}{s_x}\times\frac{y_1-\overline{y}}{s_y}$，就是由 1 号点与零点构成的矩形的面积。注意：第一象限和第三象限中的点，它们的标准化坐标值乘积为正值；而第二象限和第四象限中的点，它们的标准化坐标值乘积为负值。所以我们把第一象限和第三象限的矩形标为灰色，第二象限和第四象限的矩形标为斜纹样式。对矩形面积求和时，如果灰色矩形面积大于斜纹矩形面积，则 $r>0$，反之则 $r<0$；而如果灰色矩形面积与斜纹矩形面积相等，则 $r=0$，这意味着两个随机变量不相关。

以上只是对相关系数 r 符号变化的几何解释。下面我们来看 r 的取值范围。首先，考虑一种特殊的情况 $y=a+bx$，也就是假定 X 和 Y 之间存在严格线性回归关系(y 的变化可完全由 x 的变化来解释)。那么就有

$$\frac{y_i-\overline{y}}{s_y}=\frac{(a+bx_i)-(a+b\overline{x})}{\sqrt{\dfrac{\sum_{i=1}^{n}[(a+bx_i)-(a+b\overline{x})]^2}{n-1}}}=\frac{b(x_i-\overline{x})}{|b|s_x} \tag{11.8}$$

因此

$$r=\frac{\sum_{i=1}^{n}\left(\frac{x_i-\overline{x}}{s_x}\right)\left(\frac{y_i-\overline{y}}{s_y}\right)}{n-1}=\frac{\frac{b}{|b|}\times\sum_{i=1}^{n}\left(\frac{x_i-\overline{x}}{s_x}\right)^2}{n-1}$$

$$=\frac{\frac{b}{|b|}\times\frac{\sum_{i=1}^{n}(x_i-\overline{x})^2}{s_x^2}}{n-1}=\frac{b}{|b|}\times\frac{n-1}{n-1}=\frac{b}{|b|}=\pm 1 \tag{11.9}$$

即当 b 为正值时，$r=1$；当 b 为负值时，$r=-1$。对应到矩形面积之和(灰色矩形面积为正值，斜纹矩形面积为负值)，其取值分别是 $n-1$ 和 $-(n-1)$。

所以相关系数 r 的取值范围为 $[-1,1]$。理解相关系数的意义还可以通过以下途径。

在回归分析中，我们曾记 $SP_{xy}=\sum_{i=1}^{n}(x_i-\overline{x})(y_i-\overline{y})$，$SS_x=\sum_{i=1}^{n}(x_i-\overline{x})^2$，$SS_y=\sum_{i=1}^{n}(y_i-\overline{y})^2$。所以相关系数 r 的公式还可改写为

$$r=\frac{SP_{xy}}{\sqrt{SS_x}\times\sqrt{SS_y}} \tag{11.10}$$

又因回归平方和 $SS_r=b^2SS_x=\frac{SP_{xy}^2}{SS_x}$，所以相关系数 r 又可以表达为

$$r=\sqrt{\frac{SS_r}{SS_y}} \tag{11.11}$$

将回归分析中的平方和分解得 $SS_y=SS_r+SS_e$，SS_e 为残差平方和。所以当 $SS_e=0$ 时，SS_r 取最大值 SS_y，此时 $r=1$；当 $SS_r=0$ 时，$r=0$。注意，在用 $\sqrt{SS_r}$ 替代 $\frac{SP_{xy}}{\sqrt{SS_x}}$ 时，丢掉了 SS_{xy} 的符号。换句话说，y 的变异可全部由 x 的变化来解释，且两者变化的方向一致时，r 就能取到最大值 1(完全正相关，complete positive correlation)；变化方向不一致时，r 能取到最小值 -1(完全负相关，complete negative correlation)。若随机变量 y 的变异不能全部由 x 的变化来解释，还有随机误差的贡献，则 $0<|r|<1$；若随机变量 y 的变异全部由随机误差来解释，则 $r=0$。

回归分析中，我们用决定系数 R^2 来评价回归方程的效果。比较决定系数 R^2(见式(10.45))和相关系数 r 的公式(见式(11.11))，不难看出两者的关系，即 $r=\sqrt{R^2}$。

现在再观察一下 Pearson 相关系数的计算公式(见式(11.6))，从结构上看该公式由三部分组成，也就是式(11.10)所表达的。我们知道 SS_x 和 SS_y 分别除以各自的自由度(同为 $n-1$)可得两个变量的样本方差，那么 SP_{xy} 除以自由度 $n-1$ 又是什么呢？回答这个问题需要引入一个新概念。

定义 11.1　设随机变量 X 和 Y，若

$$\mathrm{Cov}(X,Y)=E\{[X-E(X)][Y-E(Y)]\} \tag{11.12}$$

存在，则称其为随机变量 X 和 Y 的协方差(covariance)，记作 $\mathrm{Cov}(X,Y)$。

从协方差的定义可以看出它和方差的关系。当令 $Y=X$ 时，协方差 $\mathrm{Cov}(X,X)$ 就等于随机变量 X 的方差 $\mathrm{Var}(X)$。

基于协方差定义，可知 $\frac{SP_{xy}}{n-1}=\frac{\sum_{i=1}^{n}(x_i-\bar{x})(y_i-\bar{y})}{n-1}$ 应为随机变量 X 和 Y 的样本协方差。有了这层发现，我们就又可以从新角度理解 Pearson 相关系数的计算公式了。

$$r=\frac{SP_{xy}}{\sqrt{SS_x}\times\sqrt{SS_y}}=\frac{\frac{SP_{xy}}{n-1}}{\sqrt{\frac{SS_x}{n-1}}\times\sqrt{\frac{SS_y}{n-1}}} \tag{11.13}$$

$$=\frac{\mathrm{Cov}(x,y)}{\sqrt{\mathrm{Var}(x)}\times\sqrt{\mathrm{Var}(y)}}$$

由于 r 可取负值，所以协方差也可取负值。当 X 和 Y 独立时，$r=0$，进而协方差也等于 0。此外，由 $|r|\leqslant 1$ 得 $|\mathrm{Cov}(X,Y)|\leqslant\sqrt{\mathrm{Var}(X)}\sqrt{\mathrm{Var}(Y)}$。

11.2.2 相关系数的显著性检验

与回归系数 b 一样，相关系数 r 也同样需要进行显著性检验。如果采用与检验回归系数 b 一样的思路，那么就需要知道 r 的数学期望和标准差 s_r。因为样本相关系数 r 的期望等于总体相关系数 ρ，所以检验统计量可写为

$$\frac{r-\rho}{s_r} \tag{11.14}$$

这里 s_r 的推导远比回归系数 b 的标准差推导复杂得多，我们直接给出结论：$s_r=\sqrt{\frac{1-r^2}{n-2}}$。代入上式，得检验统计量

$$\frac{r-\rho}{\sqrt{\frac{1-r^2}{n-2}}} \tag{11.15}$$

该统计量的抽样分布比较特殊，只有在零假设 $H_0:\rho=0$ 成立时，服从 $n-2$ 的 t 分布。也就是说

$$t=\frac{r}{\sqrt{\frac{1-r^2}{n-2}}}\sim t(n-2) \tag{11.16}$$

而当备择假设 $H_1:\rho\neq 0$ 成立时，不能用 t 分布来描述式(11.15)所示随机变量的概率分布。不过，有零假设成立时的抽样分布足以完成相关系数的检验。

相关系数的检验同样涉及功效分析问题。具体的功效计算公式我们不再讨论，`pwr` 包提供的 `pwr.r.test()`函数可以方便地完成对相关系数 r 检验的功效分析。

例题 11.1 对例题 10.1 中的数据(`nitrogenGrass` 数据集)进行 Pearson 相关分析。

分析 计算 Pearson 相关系数由 `cor()`函数完成，但该函数只能计算相关系数，不提供对相关系数的假设检验。`cor.test()`函数可以完成假设检验，同时也会提供相关系数的计算结果。为了实践 Pearson 相关系数公式，我们首先分步计算，然后再用 R 函数验证分步计算结果。

解答 分别计算 SP_{xy}、SS_x 和 SS_y。

```
> x <- nitrogenGrass$N
> y <- nitrogenGrass$DW
> SS.xy <- sum((x - mean(x)) * (y - mean(y))); SS.xy
[1] 54.55
> SS.x <- sum((x - mean(x))^2); SS.x
[1] 40.7
> SS.y <- sum((y - mean(y))^2); SS.y
[1] 82.17429
```

计算 Pearson 相关系数。

```
> r <- SS.xy / sqrt(SS.x * SS.y); r
[1] 0.943256
```

按照假设检验的基本流程，对相关系数进行 t 检验如下。

（1）设定零假设 $H_0:\rho=0$，备择假设 $H_1:\rho\neq 0$。

（2）选择显著性水平 $\alpha=0.05$。

（3）计算检验统计量和 P 值。

- 检验统计量 $t_c=\dfrac{r}{\sqrt{\dfrac{1-r^2}{n-2}}}=\dfrac{0.943256}{\sqrt{\dfrac{1-0.943256^2}{7-2}}}\approx 6.352$。

```
> t.c <- r / sqrt((1 - r^2) / (length(x) - 2)); t.c
[1] 6.351695
```

- 双尾 t 检验的 P 值：$P(t\geqslant t_c\approx 6.352\mid H_0)\times 2\approx 0.001$。

```
> pt(q = t.c, df = length(x) - 2, lower.tail = FALSE) * 2
[1] 0.001428638
```

（4）作出统计推断。

P 值小于显著性水平 α，因此应当拒绝零假设，接受备择假设。检验结论：土壤氮含量与牧草干重之间的相关系数显著不等于 0，即两个变量间具有显著的相关性。

cor()和 cor.test()函数的计算结果如下。

```
> cor(x = nitrogenGrass$N, y = nitrogenGrass$DW)
[1] 0.943256
> cor.test(x = nitrogenGrass$N, y = nitrogenGrass$DW, method = "pearson")
      Pearson's product-moment correlation


data:  nitrogenGrass$N and nitrogenGrass$DW
t = 6.3517, df = 5, p-value = 0.001429
alternative hypothesis: true correlation is not equal to 0
95 percent confidence interval:
 0.6565943 0.9918071
sample estimates:
```

```
    cor
0.943256
```

pwr.r.test()函数的功效分析结果如下。

```
> pwr.r.test(n = 7, r = 0.943256, sig.level = 0.05, alternative = "two.
sided")
     approximate correlation power calculation (arctangh transformation)


              n = 7
              r = 0.943256
      sig.level = 0.05
          power = 0.9576617
    alternative = two.sided
```

回归分析中除了对回归系数进行 t 检验外，还可以对回归方程进行 F 检验。既然回归分析和相关分析有着如此紧密的联系，那么是否也可以用 F 检验法来检验相关性呢？答案是肯定的，而且思路与回归方程的 F 检验一致。

将 y 变量的平方和分解为相关平方和 $\sum_{i=1}^{n}(\hat{y}_i-\bar{y})^2$ 与非相关平方和 $\sum_{i=1}^{n}(y_i-\hat{y}_i)^2$，即

$$SS_y=\sum_{i=1}^{n}(y-\bar{y})^2=\sum_{i=1}^{n}(\hat{y}_i-\bar{y})^2+\sum_{i=1}^{n}(y_i-\hat{y}_i)^2 \tag{11.17}$$

相关平方和 $\sum_{i=1}^{n}(\hat{y}_i-\bar{y})^2$ 是由 x 与 y 的相关关系决定的，在回归分析的语境里就是回归平方和，而非相关平方和其实就是残差平方和。由式(10.26)和式(11.11)可得

$$\sum_{i=1}^{n}(\hat{y}_i-\bar{y})^2=SS_r=r^2SS_y \tag{11.18}$$

又因 $\sum_{i=1}^{n}(y_i-\hat{y}_i)^2=SS_y-\sum_{i=1}^{n}(\hat{y}_i-\bar{y})^2$，所以

$$\sum_{i=1}^{n}(y_i-\hat{y}_i)^2=(1-r^2)SS_y \tag{11.19}$$

接下来对自由度进行分解。因 y 的自由度为 $n-1$，相关平方和的自由度为 1，非相关平方和的自由度则为 $n-2$。于是检验统计量为

$$F_c=\frac{r^2SS_y/1}{(1-r^2)SS_y/(n-2)}=\frac{(n-2)r^2}{1-r^2} \tag{11.20}$$

并服从自由度为 1 和 $n-2$ 的 F 分布。通过比较 F 值与不同显著性水平下的检验临界值即可完成对相关性的 F 检验。

例题 11.2 对例题 10.1 中的数据(nitrogenGrass 数据集)，利用 F 检验法检验相关性的显著性。

分析 R 用 F 检验完成两个随机变量相关性的显著性检验，具体操作与回归分析完全一致(见例题 10.1)。这里我们分步完成 F 检验。开始之前先解决一个关键问题，这里的 F

检验应是双尾还是单尾？两个随机变量如果是完全独立的，相关平方和最小也应该与非相关平方和持平，因此相关方差（F_c 的分子部分）应大于或等于非相关方差（F_c 的分母部分）。所以这里的 F 检验也应是单尾检验，且右侧备择。

解答 按照假设检验的一般操作流程，作 F 检验如下。

（1）设定零假设 $H_0: \sigma_{cor}^2 = \sigma_{ncor}^2$，备择假设 $H_1: \sigma_{cor}^2 \geqslant \sigma_{ncor}^2$。

（2）选择显著性水平 $\alpha = 0.05$。

（3）计算检验统计量和 P 值。

• 检验统计量 $F_c = \dfrac{(n-2)r^2}{1-r^2} = \dfrac{(7-2)\times 0.943256^2}{1-0.943256^2} \approx 40.344$。

```
> F.c <- (length(x) - 2) * r^2 / (1 - r^2); F.c
[1] 40.34403
```

• 单尾 F 检验的 P 值：$P(F \geqslant F_c \approx 40.344 \mid H_0) \approx 0.001$。

```
> pf(q = F.c, df1 = 1, df2 = length(x) - 2, lower.tail = FALSE)
[1] 0.001428638
```

（4）作出统计推断。

P 值小于显著性水平 α，因此应当拒绝零假设，接受备择假设。检验结论：土壤氮含量与牧草干重之间存在显著的相关性。

例题 10.1 的回归分析结果如下。

```
Multiple R-squared:  0.8897,    Adjusted R-squared:  0.8677
F-statistic: 40.34 on 1 and 5 DF,  p-value: 0.001429
```

其中决定系数 0.8897，等于相关系数 0.943256 的平方（忽略精确性）；F 值 40.34，是例题 11.1 中 t 值 6.3517 的平方（忽略精确性，从这一点也能印证 F 检验应为右侧备择的单尾检验）；而 P 值和相关系数 t 检验的 P 值完全相等。

例题 11.3 对数据集 anscombe 中的数据分别进行 Pearson 相关分析。

分析 在例题 10.2 中，我们对 anscombe 数据的回归分析，4 组完全不同的数据得到了近乎一致的回归结果。鉴于回归分析和相关分析的关系，对 4 组数据的相关分析结果也应该相近。

解答 对 4 组数据分别计算 Pearson 相关系数并作检验。

```
> d1 <- cor.test(x = anscombe$x1, y = anscombe$y1, method = "pearson")
> d2 <- cor.test(x = anscombe$x2, y = anscombe$y2, method = "pearson")
> d3 <- cor.test(x = anscombe$x3, y = anscombe$y3, method = "pearson")
> d4 <- cor.test(x = anscombe$x4, y = anscombe$y4, method = "pearson")
```

相关系数保存于各结果的 estimate 分量，检验的 P 值保存于 p.value 分量。将相关结果整理成数据框。

```
> result <- data.frame(pearson.r = c(d1$estimate, d2$estimate, d3$estimate,
d4$estimate), p.value = c(d1$p.value, d2$p.value, d3$p.value, d4$p.value))
> result
```

```
   pearson.r     p.value
1  0.8164205  0.002169629
2  0.8162365  0.002178816
3  0.8162867  0.002176305
4  0.8165214  0.002164602
```

不出所料，虽然 4 组数据的分布形态(见图 10.12)有明显的差异，但 4 个回归系数都约等于 0.5，现在我们又得到了 4 个非常接近的 Pearson 相关系数，约等于 0.816。

11.2.3 相关系数的区间估计

为总体相关系数 ρ 计算置信区间，仅知道样本相关系数 r 标准化统计量在 $\rho = 0$ 时的抽样分布是不够的。因为，多数时候我们为 ρ 计算置信区间，就是因为它不等于 0。所以为解决该问题，需要了解在 $\rho \neq 0$ 时相关系数 r 的抽样分布。推导 r 的抽样分布存在一个难点，即 r 取值于闭区间。这和我们所了解的一般连续性随机变量，如服从正态分布的随机变量(取值于实数域)有明显区别。

为了解决该问题，Fisher 提出了 z **转换法**(z-transformation)，即

$$z = 0.5\ln\frac{1+r}{1-r} \tag{11.21}$$

有标准差 $s_z = \dfrac{1}{\sqrt{n-3}}$。$z$ 近似服从正态分布。

因此，我们可以先得到 z 的置信区间

$$[L_1 = z - z_{\frac{\alpha}{2}} s_z, L_2 = z + z_{\frac{\alpha}{2}} s_z] \tag{11.22}$$

然后，利用区间上下限反解出总体相关系数 ρ 的置信区间上下限，即

$$\left[\frac{e^{2L_1}-1}{e^{2L_1}+1}, \frac{e^{2L_2}-1}{e^{2L_2}+1}\right] \tag{11.23}$$

例题 11.4 利用例题 10.1 中的数据(`nitrogenGrass` 数据集)，对相关系数作区间估计。

分析 例题 11.1 中函数 `cor.test()`的计算结果，包含对相关系数的区间估计结果：

```
95 percent confidence interval:
 0.6565943 0.9918071
```

下面我们看分步计算的结果是否一致，以验证 z 转换法。

解答 调用 `cor()`函数计算 Pearson 相关系数。

```
> r <- cor(x = nitrogenGrass$N, y = nitrogenGrass$DW)
```

代入式(11.21)，计算 z 统计量及其标准误。

```
> z = 0.5 * log((1 + r) / (1 - r)); z
[1] 1.766785
> z.se = 1 / sqrt(length(nitrogenGrass$N) - 3); z.se
[1] 0.5
```

代入式(11.22)，得 z 的置信区间下限 L_1 和上限 L_2。

```
> L1 <- z - qnorm(0.025, lower.tail = FALSE) * z.se; L1
[1] 0.7868032
> L2 <- z + qnorm(0.025, lower.tail = FALSE) * z.se; L2
[1] 2.746767
```

根据式(11.23),反解相关系数的置信区间上下限。

```
> rho.L1 <- (exp(2 * L1) - 1) / (exp(2 * L1) + 1); rho.L1
[1] 0.6565943
> rho.L2 <- (exp(2 * L2) - 1) / (exp(2 * L2) + 1); rho.L2
[1] 0.9918071
```

最终得土壤氮含量与牧草干重之间 Pearson 相关系数的置信区间 [0.657,0.992]。

11.3 秩相关分析

Pearson 相关系数是最常用的相关性定量方法,但是它只适用于服从正态分布的数据资料,包括回归分析也是如此。对于非正态分布的数据资料进行相关分析,解决问题的思路是将变量 x 和 y 先转变成秩统计量,然后计算秩相关系数(coefficient of rank correlation)以表示秩相关的性质及其相关程度。常用的秩相关分析方法包括 Spearman 秩相关和 Kendall 秩相关。

11.3.1 Spearman 秩相关系数

Spearman 秩相关系数(Spearman′s rank correlation coefficient,记作 r_s),是英国心理学家 Charles E. Spearman[①] 在 1904 年提出的一种非参数秩统计量,用于衡量两个变量之间的相关强度。和 Pearson 相关系数一样,$-1 \leqslant r_s \leqslant 1$。$r_s$ 的绝对值大小同样表示相关性的强度,其符号同样表示相关的性质,即负相关和正相关。

两者的差别首先是 Pearson 相关系数只能基于连续型的定量数据,而 Spearman 秩相关系数对于定量和定性数据同样适用。且对于定量数据,Spearman 秩相关系数所描述的数据可以是离散的,也可以是连续的。其次,Spearman 秩相关系数可以用来描述非线性相关关系(见图 11.2)。

计算 Spearman 秩相关系数首先要对两个随机变量进行秩统计量转换。假设我们有 3 个数据对 (2,−3),(5,4),(−6,1) ,即随机变量 x 有 3 个观测值 2,5,−6 ,随机变量 y 有 3 个观测值 −3,4,1。对 x 的 3 个观测值,按从小到大排序(也可从大到小排序,但两个随机变量的排序方式须一致),得

$$-6,2,5$$

记录每个观测值在排序结果中的位置,即 −6 排第 1,2 排第 2,5 排第 3,然后用各观测值的位置编号替换原序列中的观测值,得秩统计量

① 查尔斯·爱德华·斯皮尔曼(1863—1945),英国理论和实验心理学家。他是实验心理学的先驱,对心理统计的发展做了大量的研究工作,因素分析方法是他在学术上最伟大的成就。

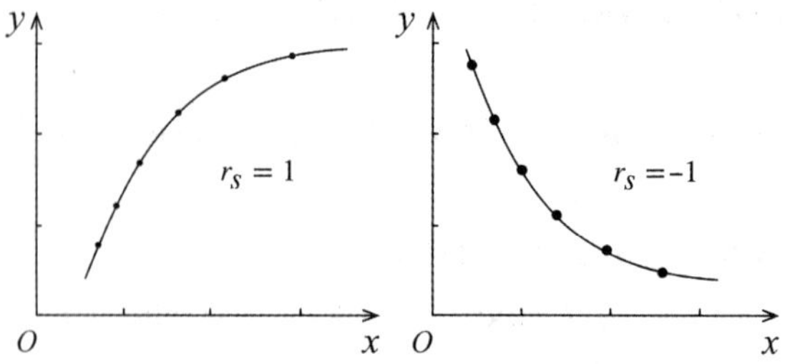

图 11.2　非线性关系的 Spearman 相关系数

$$R_x = \{2,3,1\}$$

对 y 作相同的处理，得

$$R_y = \{1,3,2\}$$

秩统计量转换过程中如果遇到两个或多个相同的位置编号(秩次)，则用位置编号的平均数。得到统计量后，计算两个秩统计量中相同位置上的秩差 d，即

$$d = R_x - R_y = 1,0,-1$$

最后代入公式

$$r_s = 1 - \frac{6\sum_{i=1}^{n} d_i^2}{n(n^2-1)} \tag{11.24}$$

即可计算 Spearman 秩相关系数。

本示例的秩相关系数为 $r_s = 1 - 6 \times \dfrac{1^2 + 0^2 + (-1)^2}{3 \times (3^2 - 1)} = 0.5$。式(11.24)的结构并不复杂，它实际上可从 Pearson 相关系数公式推导出来。

首先我们对 Pearson 相关系数公式中的分子部分稍加处理，有

$$\begin{aligned}
\sum_{i=1}^{n}(x_i - \bar{x})(y_i - \bar{y}) &= \sum_{i=1}^{n}(x_i \cdot y_i - x_i \cdot \bar{y} - \bar{x} \cdot y_i + \bar{x} \cdot \bar{y}) \\
&= \sum_{i=1}^{n} x_i \cdot y_i - \sum_{i=1}^{n} x_i \cdot \bar{y} - \sum_{i=1}^{n} \bar{x} \cdot y_i + \sum_{i=1}^{n} \bar{x} \cdot \bar{y} \\
&= \sum_{i=1}^{n} x_i \cdot y_i - \bar{y}\sum_{i=1}^{n} x_i - \bar{x}\sum_{i=1}^{n} y_i + n \cdot \bar{x} \cdot \bar{y} \\
&= \sum_{i=1}^{n} x_i \cdot y_i - \frac{\sum_{i=1}^{n} y_i}{n}\sum_{i=1}^{n} x_i - \frac{\sum_{i=1}^{n} x_i}{n}\sum_{i=1}^{n} y_i + n \cdot \frac{\sum_{i=1}^{n} x_i}{n} \cdot \frac{\sum_{i=1}^{n} y_i}{n} \\
&= \sum_{i=1}^{n} x_i \cdot y_i - \frac{\sum_{i=1}^{n} y_i \sum_{i=1}^{n} x_i}{n}
\end{aligned} \tag{11.25}$$

这种处理方式同样适用于分母中的平方和，因此有

$$\sum_{i=1}^{n}(x_i - \bar{x})^2 = \sum_{i=1}^{n} x_i^2 - \frac{\left(\sum_{i=1}^{n} x_i\right)^2}{n}$$

$$\sum_{i=1}^{n}(y_i-\bar{y})^2=\sum_{i=1}^{n}y_i^2-\frac{\left(\sum_{i=1}^{n}y_i\right)^2}{n} \tag{11.26}$$

将它们代入 Pearson 相关系数公式后，有

$$r=\frac{\sum_{i=1}^{n}x_i\cdot y_i-\frac{\sum_{i=1}^{n}y_i\sum_{i=1}^{n}x_i}{n}}{\sqrt{\sum_{i=1}^{n}x_i^2-\frac{\left(\sum_{i=1}^{n}x_i\right)^2}{n}}\times\sqrt{\sum_{i=1}^{n}y_i^2-\frac{\left(\sum_{i=1}^{n}y_i\right)^2}{n}}} \tag{11.27}$$

由于秩统计量是一个自然数列，所以

$$\begin{aligned}&\sum_{i=1}^{n}x_i=\sum_{i=1}^{n}y_i=1+2+3+\cdots+n=\frac{n(n+1)}{2}\\&\sum_{i=1}^{n}x_i^2=\sum_{i=1}^{n}y_i^2=1^2+2^2+3^2+\cdots+n^2=\frac{1}{6}n(n+1)(2n+1)\end{aligned} \tag{11.28}$$

现在我们定义 $d_i=x_i-y_i$，所以

$$\sum_{i=1}^{n}d_i^2=\sum_{i=1}^{n}(x_i-y_i)^2=\sum_{i=1}^{n}x_i^2+\sum_{i=1}^{n}y_i^2-2\sum_{i=1}^{n}x_iy_i \tag{11.29}$$

进而有

$$\begin{aligned}\sum_{i=1}^{n}x_iy_i&=\frac{1}{2}\left(\sum_{i=1}^{n}x_i^2+\sum_{i=1}^{n}y_i^2-\sum_{i=1}^{n}d_i^2\right)\\&=\frac{1}{2}\left[\frac{1}{6}n(n+1)(2n+1)+\frac{1}{6}n(n+1)(2n+1)-\sum_{i=1}^{n}d_i^2\right]\\&=\frac{1}{6}n(n+1)(2n+1)-\frac{1}{2}\sum_{i=1}^{n}d_i^2\end{aligned} \tag{11.30}$$

最后将 $\sum_{i=1}^{n}x_iy_i$ 、$\sum_{i=1}^{n}x_i^2$ 和 $\sum_{i=1}^{n}y_i^2$ 的值代入式(11.27)，经过整理即可得到 Spearman 秩相关系数 r_s 的计算公式(见式(11.24))。

需要注意的是，如果有很多平均秩，秩相关系数的计算需要用矫正的公式：

$$r_s'=\frac{\frac{n^3-3}{6}-(t_x+t_y)-\sum_{i=1}^{n}d_i^2}{\sqrt{\left(\frac{n^3-n}{6}-2t_x\right)\left(\frac{n^3-n}{6}-2t_y\right)}} \tag{11.31}$$

其中 t_x 和 t_y 同为 $\sum_{i=1}^{n}\frac{t_i^3-t_i}{12}$。在计算 t_x 时，t_i 为 x 中相同秩次的观测值数量；在计算 t_y 时，t_i 为 y 中相同秩次的观测值数量。

同样地，Spearman 秩相关系数也需要经过检验以判断其统计显著性，只是情况要比 Pearson 相关系数复杂。当 $n\leqslant 15$ 时，可查 Spearman 秩相关系数显著性临界值表进行统计推断；当 $n>15$ 时，由于 r_s 与 r 的抽样分布开始接近，所以可以像 Pearson 相关系数那样，用 $df=n-2$ 的 t 分布来完成检验；当 n 充分大时，r_s 近似服从正态分布，即 $r_s\sim$

$N\left(0,\left(\frac{1}{\sqrt{n-1}}\right)^2\right)$，因而 $r_s\sqrt{n-1}$ 近似服从标准正态分布，可对 r_s 作 z 检验。当然，R 可以自动区分这些情况，调用合适的方法进行统计推断。

例题 11.5 对例题 10.1 中的数据（`nitrogenGrass` 数据集）进行 Spearman 秩相关分析。

分析 Spearman 秩相关系数的计算和检验，和 Pearson 相关系数相同，也需要 `cor()`和 `cor.test()`函数。用法上只需根据不同的方法设定 `method` 参数的值（默认 `method = "pearson"`）即可。计算 Spearman 秩相关系数需设定 `method = "spearman"`。

解答 调用 `cor.test()`函数一步完成 Spearman 秩相关系数的计算和检验。

```
> cor.test(x = nitrogenGrass$N, y = nitrogenGrass$DW, method = "spearman")
    Spearman's rank correlation rho


data:  nitrogenGrass$N and nitrogenGrass$DW
S = 1.2434e-14, p-value = 0.0003968
alternative hypothesis: true rho is not equal to 0
sample estimates:
rho
  1
```

Spearman 秩相关系数等于 1。根据 Spearman 秩相关系数的公式（11.24），可知 `nitrogenGrass` 数据中 `N` 和 `DW` 之间的秩差 d 应全为 0。用 R 的 `diff()`函数可以计算向量中相邻元素之间的差值，并返回一个长度比原向量少 1 的新向量，因此可用来反映数据的变化趋势。

```
> diff(nitrogenGrass$N)
[1] 0.7 0.9 1.2 0.6 1.6 2.5
> diff(nitrogenGrass$DW)
[1] 0.5 2.9 0.6 3.4 0.6 1.4
```

`diff()`函数的计算结果表明，`N` 依次增大，同时 `DW` 中的数据也是严格递增的。所以，它们的秩统计量相等，即 $R_{\mathrm{N}} = R_{\mathrm{DW}} = 1,2,3,4,5,6$，进而有 $\sum_{i=1}^{n} d_i^2 = 0$。秩差 d 还可以利用 `rank()`直接计算。

```
> rank(nitrogenGrass$N) - rank(nitrogenGrass$DW)
[1] 0 0 0 0 0 0 0
```

例题 11.6 对 `anscombe` 数据集中的数据分别作 Spearman 秩相关分析。

分析 例题 11.3 中的 Pearson 相关系数无法区分 4 种不同分布形态的数据资料。现在让我们来看 Spearman 相关系数对这些数据会有何反应。

解答 对 4 组数据分别计算 Spearman 秩相关系数并作检验。

```
> d1 <- cor.test(x = anscombe$x1, y = anscombe$y1, method = "spearman")
```

```
> d2 <- cor.test(x = anscombe$x2, y = anscombe$y2, method = "spearman")
> d3 <- cor.test(x = anscombe$x3, y = anscombe$y3, method = "spearman")
> d4 <- cor.test(x = anscombe$x4, y = anscombe$y4, method = "spearman")
```

将 estimate 分量和 p.value 分量中的数据整理成数据框。

```
> result <- data.frame(spearman.r = c(d1$estimate, d2$estimate, d3$estimate,
d4$estimate), p.value = c(d1$p.value, d2$p.value, d3$p.value, d4$p.value))
> result
  spearman.r     p.value
1  0.8181818 0.003734471
2  0.6909091 0.023058874
3  0.9909091 0.000000000
4  0.5000000 0.117306803
```

例题 11.3 所得的 Pearson 相关系数,4 组数据都约为 0.5。而这里得到 Spearman 秩相关系数明显不同,可见秩相关系数可以反映出数据分布的差异。由于 4 组数据的样本容量一致,所以秩相关系数的差异就由秩差 d 决定。

下面我们通过 rank()函数计算各组数据秩差平方和 $\sum_{i=1}^{n} d_i^2$ 。

```
> rd1 <- rank(anscombe$x1) - rank(anscombe$y1); rd1
[1] 0  1  4  -3  0  1  -2  0  -2  2  -1
> rd2 <- rank(anscombe$x2) - rank(anscombe$y2); rd2
[1] -3  -1  3  -2  -3  6  0  0  0  0  0
> rd3 <- rank(anscombe$x3) - rank(anscombe$y3); rd3
[1] 0  0  -1  0  0  1  0  0  0  0  0
> rd4 <- rank(anscombe$x4) - rank(anscombe$y4); rd4
[1] 1.5  2.5  -1.5  -4.5  -3.5  -0.5  4.5  0.0  3.5  -2.5  0.5
> ss.rd1 <- sum((rd1)^2); ss.rd1
[1] 40
> ss.rd2 <- sum((rd2)^2); ss.rd2
[1] 68
> ss.rd3 <- sum((rd3)^2); ss.rd3
[1] 2
> ss.rd4 <- sum((rd4)^2); ss.rd4
[1] 82.5
```

4 组数据有明显不同的秩差平方和,且由于秩差平方和与 Spearman 相关系数成反比,所以第 3 组数据的 Spearman 相关系数最大。图 10.12 所示的 4 组数据的变化趋势,也是第 3 组数据的正增长趋势相对最稳定。

注意,如果用秩差平方和分步计算 Spearman 秩相关系数,将前三组秩差平方和代入式(11.24),最后一组由于数据中有多个平均秩出现,因此需要代入式(11.31)。

11.3.2 Kendall 秩相关系数

Kendall 秩相关系数是由英国统计学家 Maurice G. Kendall[①] 于 1938 年提出的一种相关程度的度量方法。

假设我们有 n 个观测值对 $(x_1, y_1), (x_2, y_2), \cdots, (x_n, y_n)$，在二维坐标系上它们对应 n 个点。那么任意一对观测值点，如 (x_i, y_i) 和 (x_j, y_j)，如果 $x_i < x_j$ 时，$y_i < y_j$，或者 $x_i > x_j$ 时，$y_i > y_j$，则称该对观测值点是协同的(concording)；如果 $x_i < x_j$ 时，$y_i > y_j$，或者 $x_i > x_j$ 时，$y_i < y_j$，则称该对观测值点是不协同的(discording)。

用更数学化的语言描述就是：若 $(x_j - x_i)(y_j - y_i) > 0$，则两个观测值点协同；若 $(x_j - x_i)(y_j - y_i) < 0$，则两个观测值点不协同。从图 11.3 可见协同的观测值点，实际上表示的是 (x_i, y_i) 和 (x_j, y_j) 之间的正相关关系。反之，不协同的观测值点，意味着它们之间存在负相关关系。

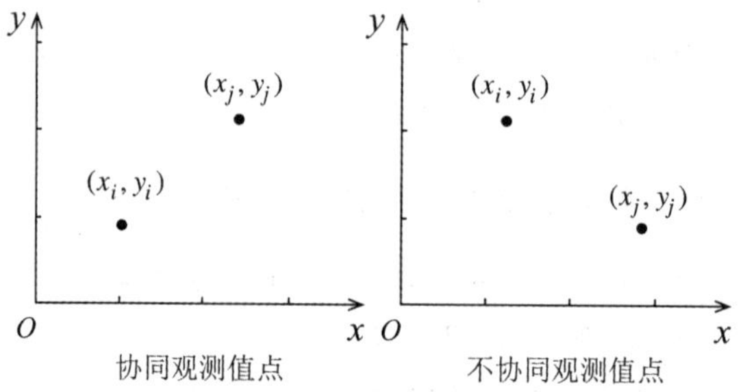

图 11.3　数据的协同关系示意图

接下来，我们需要对所有两两观测值点分析它们的协同关系，统计所有协同观测值点的对数，记作 N_c；统计所有不协同观测值点的对数，记作 N_d。其间我们忽略 $(x_j - x_i)(y_j - y_i) = 0$ 的情况，也就是两个观测值点既非协同也非不协同。最后，Kendall 秩相关系数可用以下公式计算：

$$\tau = \frac{N_c - N_d}{C_n^2} = \frac{N_c - N_d}{\frac{n(n-1)}{2}} \tag{11.32}$$

如果 $\frac{n(n-1)}{2}$ 个两两观测值点，全为协同的观测值点，那么 $N_c = \frac{n(n-1)}{2}$，$N_d = 0$，所以 $\tau = 1$，即两个随机变量完全正相关；如果全为不协同观测值点，那么 $N_c = 0$，$N_d = \frac{n(n-1)}{2}$，所以 $\tau = -1$，即两个随机变量完全负相关。

对于 Kendall 秩相关系数的假设检验，和 Spearman 秩相关系数 r_s 类似，当 n 较大($n>10$)时，τ 近似服从正态分布，即 $\tau \sim N\left(0, \frac{2(2n+5)}{9n(n-1)}\right)$。因此，$\tau\sqrt{\frac{9n(n-1)}{2(2n+5)}}$ 近似服从标准正态分布，可对 τ 作 z 检验。不过和 Spearman 秩相关分析一样，我们将这些复杂的计算问

---

① 莫里斯·乔治·肯德尔(1907—1983)，英国统计学家、数学家。他是统计学领域一位多才多艺、极具影响力的领袖人物，一位多产的统计理论阐释者，在非参数统计、时间序列、对称函数和统计史方面也作出了重要贡献。

题都交给 R 来处理。

例题 11.7　对例题 10.1 中的数据(nitrogenGrass 数据集)进行 Kendall 秩相关分析。

分析　Kendall 秩相关系数的计算和检验,同样也需要 cor()和 cor.test()函数,只需将 method 参数设为"kendall"。

解答　调用 cor.test()函数一步完成 Kendall 秩相关系数的计算和检验。

```
> cor.test(x = nitrogenGrass$N, y = nitrogenGrass$DW, method = "kendall")
    Kendall's rank correlation tau


data:  nitrogenGrass$N and nitrogenGrass$DW
T = 21, p-value = 0.0003968
alternative hypothesis: true tau is not equal to 0
sample estimates:
tau
  1
```

Kendall 秩相关分析与 Spearman 秩相关分析的结果一致。

例题 11.8　对 anscombe 数据集中的数据分别进行 Kendall 秩相关分析。

分析　Spearman 秩相关分析成功区分了不同分布形态的数据。同为秩相关但思路完全不同的 Kendall 秩相关分析有可能会有不同的表现。

解答　对 4 组数据分别计算 Kendall 秩相关系数并作检验。

```
> d1 <- cor.test(x = anscombe$x1, y = anscombe$y1, method = "kendall")
> d2 <- cor.test(x = anscombe$x2, y = anscombe$y2, method = "kendall")
> d3 <- cor.test(x = anscombe$x3, y = anscombe$y3, method = "kendall")
> d4 <- cor.test(x = anscombe$x4, y = anscombe$y4, method = "kendall")
```

将 estimate 分量和 p.value 分量中的数据整理成数据框。

```
> result <- data.frame(kendall.tau = c(d1$estimate, d2$estimate, d3$estimate,
d4$estimate), p.value = c(d1$p.value, d2$p.value, d3$p.value, d4$p.value))
> result
  kendall.tau      p.value
1   0.6363636 5.707171e-03
2   0.5636364 1.654050e-02
3   0.9636364 5.511464e-07
4   0.4264014 1.138463e-01
```

结合图 10.12 中 4 组数据的分布形态,对照 Spearman 相关分析的结果,大致可以得出以下结论:Kendall 相关分析整体上会得到相对低一些的相关系数;两种秩相关分析对 4 组数据的辨识力一致,同样是第 3 组数据最优、第 4 组数据最差。纵观三种相关分析方法,从统计分析的稳健性、保守性来看,Kendall、Spearman、Pearson 相关系数依次递减。

11.4 相关分析的注意事项

数据分析实践中应特别注意 Pearson 相关系数要求数据服从正态分布，对离群值和非线性关系较为敏感。此外，相关系数应进行显著性检验。为保证分析结果的可靠性，变量的观测值应尽可能多。这些都是线性相关分析与线性回归分析共同的要求，这里不再赘述。不过，对于相关系数含义的理解，因涉及统计分析结果在专业领域内的解释问题，有必要深入讨论。下面我们来看一个真实的案例。

《新英格兰医学杂志》上有一篇 2012 年发表的有趣短文[①]。作者在 23 个国家的千万人均诺贝尔奖获奖数(数据统计至 2011 年)与年人均巧克力消耗量之间作了相关分析，结果得到相关系数 $r = 0.791$（如把可能的离群值瑞典排除，则 $r = 0.862$），显著性检验的 $P < 0.0001$。在诺贝尔奖获奖数和巧克力消耗量方面，瑞士最高。根据回归直线的斜率，我们可以估算，如果一个国家年人均巧克力消耗量增加 0.4 千克，那么该国的诺贝尔奖获得者的人数可增加 1 人。作者最终认为："食用巧克力可以增强认知能力，而认知能力是获得诺贝尔奖的必要条件，它与每个国家的诺贝尔奖获得者的人数密切相关。食用巧克力是否是所观察到的与认知功能改善有关的潜在机制，还有待确定。"

2013 年，比利时学者 Pierre Maurage 等发文质疑以上结论[②]。Maurage 和同事将上文的内容总结为以下两点：①可可中所含的黄烷醇可能会对认知功能有益；②增加巧克力的摄入量，以提高个人的认知能力，将会增加国家层面上诺贝尔奖获得者的人数。然后，Maurage 等指出了 Messerli 的相关分析在方法学上的问题：所观察到的相关性实际上基于各国巧克力消耗的平均数，而不是基于诺贝尔奖获得者本人的实际消耗。这就造成了一个被称为生态推断谬误(ecological inference fallacy)的重大解释问题，即从总体行为数据中得出有关个体行为的结论。此外，巧克力消耗的相关数据仅涉及最近两年，而诺贝尔奖获得者的相关数据则跨越了一个多世纪。更重要的是，巧克力只是众多含有类黄酮的营养品之一。如果营养品中黄酮类化合物的数量确实是关键的解释因素，那么诺贝尔奖获得者的人数也应该与食用其他富含黄酮类化合物的营养品相关(数据显示无显著相关性)。

随后，Maurage 等指出了上文中统计分析的问题，这也是我们在这里想要重点说明的："相关性从来不意味着因果关系。"有很多相关性的例子，其因果关系的解释是没有意义的。为了再次证明这一注意事项，Maurage 等发现一个国家内宜家家居店(来自瑞典的全球知名家具和家居零售商)的数量与诺贝尔奖获奖人数之间也存在着令人难以置信的高度相关性（$r = 0.82$；$P < 0.0001$）。尽管我们无法得出任何互为因果的关系，但可能有人会因此声称："宜家家居的市场主要局限于获得诺贝尔奖的国家，或者理解和应用宜家家居的组装说明会改善人口的认知功能。"

---

① Messerli F H. 2012. Chocolate consumption, cognitive function, and Nobel laureates. N. Engl. J. Med., 367(16): 1562-1564.

② Maurage P, Heeren A, Pesenti M. 2013. Does chocolate consumption really boost Nobel Award chances? The peril of over-interpreting correlations in health studies. J. Nutr., 143(6): 931-933.

在逻辑层面上，即使牢记相关性并不意味着因果关系，当高相关性伴随着合理的解释时，也很容易推断出一些因素之间松散的导向关系。毕竟，食用类黄酮对人群认知功能的有益影响是可信的，而且听起来肯定比诺贝尔奖可能导致更多人食用巧克力的反向影响更合乎逻辑。因此，即使承认观察到的相关性不能直接解释为因果联系，但逻辑推理倾向于排除其他解释。然而，即使存在表面上有意义的关系，也不允许这种从相关性到导向性的解释漂移，因为不能排除分别影响两个变量的隐藏因素。Maurage 等最终给出了可能的隐藏因素——国内生产总值 GDP，并指出对不能通过试验来研究因果关系的情形应当附加其他统计方法（如 Granger 因果关系检验和收敛交叉映射法），而不能仅靠相关分析。

对 Messerli 文章的质疑，还有一篇匈牙利语的文章①，限于语言问题只将其引在此处，作为反对者不在少数的例证。Messerli 的文章为我们提供了一个"正确理解相关系数"的（反面的）典型案例。为了增加诺贝尔奖获奖数而提高巧克力消耗量，或许只是 Messerli 的一种幽默。然而，在生物学还有生态学研究中，这种"荒谬"的解释其实并不鲜见。造成显著相关的除了因果关系外（注意：因果关系并不一定导致线性相关关系），还有共因关系（都与第三因素存在因果关系）、互因关系（两个因素互为因果），以及巧合关系。巧合关系在观测样本较少时尤其容易发生，这也是应当搜集更多观测数据和作假设检验的原因。在因果关系中，我们还不能忽视反因果关系，比如获诺贝尔奖是因，而巧克力消耗是果，就是反因果关系。总之，无论是回归分析还是相关分析，结果的解释都需要从专业的角度出发，符合基本的逻辑。

最后，作者还想强调相关分析的结果需要同时报告相关系数 r 和检验的 P 值。如果得到一个较高的相关系数 r，但 P 值达不到显著水平，相关关系可能是虚假的；相反，如果得到一个较低的相关系数 r，P 值却很小，虽然在统计上具有显著意义，但是实际上这种相关关系却不重要。所以，实践中必须杜绝在统计上不显著时只报告 r 值，在相关关系不明显时只报告 P 值的做法。

11.5　回归系数与相关系数的关系

对于相关分析来讲，两个变量的地位是平等的，没有自变量和因变量之分，这是相关分析与回归分析的主要区别。

假设两个随机变量 x 和 y 分别服从正态分布 $N(\mu_x,\sigma_x^2)$ 和 $N(\mu_y,\sigma_y^2)$，且有相关系数 ρ。第 3 章介绍的条件概率公式告诉我们，条件概率 $P(A\mid B)$ 等于积事件概率 $P(A\cap B)$ 除以条件事件 B 的概率 $P(B)$。这里将概率函数 $P()$ 换成概率密度函数，就可以得到条件概率密度函数。记随机变量 x 和 y 的概率密度函数分别为 $f_x(x)$ 和 $f_y(y)$，记两个随机变量的联合概率密度函数为 $f_{x,y}(x,y)$（联合概率即积事件概率），则条件概率密度函数 $f_{y|x}(y\mid x)$ 为

① Folyovich A, Jarecsny T, Jánoska D, et al. 2019. Csokoládéfogyasztás és a magyar Nobel-díjasok [Chocolate consumption and Hungarian Nobel laureates]. Orv. Hetil., 160(1): 26-29.

$$f_{y|x}(y \mid x)=\frac{f_{x,y}(x,y)}{f_x(x)} \tag{11.33}$$

其中 x 为条件变量。将两个正态随机变量的联合密度函数公式,以及正态分布的概率密度公式代入上式,可以推出

$$f_{y|x}(y \mid x)=\frac{1}{\sigma_y\sqrt{2\pi(1-\rho^2)}}e^{-\frac{\left[y-\mu_y-\rho\cdot\frac{\sigma_y}{\sigma_x}(x-\mu_x)\right]^2}{2\sigma_y^2(1-\rho^2)}} \tag{11.34}$$

该式在形式上仍然是一个正态分布的概率密度函数,现在我们可以根据正态分布的概率密度函数的标准形式 $f(x)=\frac{1}{\sigma\sqrt{2\pi}}e^{-\frac{(x-\mu)^2}{2\sigma^2}}$,推出条件随机变量 $y \mid x$ 的数学期望为

$$E(y \mid x)=\mu_y+\rho\frac{\sigma_y}{\sigma_x}(x-\mu_x) \tag{11.35}$$

方差为

$$\operatorname{Var}(y \mid x)=\sigma_y^2(1-\rho^2) \tag{11.36}$$

同理,条件随机变量 $x \mid y$(换 y 作条件变量)有数学期望

$$E(x \mid y)=\mu_x+\rho\frac{\sigma_x}{\sigma_y}(y-\mu_y) \tag{11.37}$$

方差为

$$\operatorname{Var}(x \mid y)=\sigma_x^2(1-\rho^2) \tag{11.38}$$

仔细观察两个条件随机变量期望的计算公式,它们实际上分别是 y 对 x 的回归方程和 x 对 y 的回归方程。回归系数分别为 $\beta_{y|x}=\rho\frac{\sigma_y}{\sigma_x}$ 和 $\beta_{x|y}=\rho\frac{\sigma_x}{\sigma_y}$。两式相乘可得如下关系:

$$\beta_{y|x}\beta_{y|x}=\rho^2 \tag{11.39}$$

可见两个回归系数成反比,而且它们的乘积等于相关系数 ρ 的平方,因此在 0 和 1 之间。

此外,根据回归系数的计算公式得

$$\begin{aligned} b_{y|x}\times b_{x|y} &= \frac{\sum(x-\bar{x})(y-\bar{y})}{\sum(x-\bar{x})^2}\times\frac{\sum(x-\bar{x})(y-\bar{y})}{\sum(y-\bar{y})^2} \\ &= \left[\frac{\sum(x-\bar{x})(y-\bar{y})}{\sqrt{\sum(x-\bar{x})^2\times\sum(y-\bar{y})^2}}\right]^2 \\ &= r^2 \end{aligned} \tag{11.40}$$

以上分析,我们从总体和样本两个层面解释了回归系数与相关系数之间的关系。下面结合土壤氮含量对牧草干重影响的实例,看看两者的关系。例题 10.1 得出当土壤氮含量为自变量时牧草干重的回归系数为 1.340295。现在我们将两个变量的位置互换,可得当牧草干重为自变量时土壤氮含量的回归系数为 0.6638330。两者相乘得 0.8897321,正是 Pearson 相关系数 0.943256 的平方(忽略计算机在数值计算上的偏差)。

习题 11

(1)什么叫相关分析?相关系数与决定系数各具什么意义?

(2)常用的非参数相关分析有哪些？秩相关系数与 Pearson 相关系数相比有何优势？
(3)如何正确理解相关系数的含义？
(4)相关系数与回归系数之间有何关系？
(5)Pearson 相关系数的显著性检验有几种方法？分别与回归分析的何种检验相对应？
(6)Pearson 相关系数与协方差有何关系？
(7)试对第 10 章习题(7)中的数据再作相关分析。
(8)试对第 10 章习题(8)中的数据再作相关分析。
(9)试对第 10 章习题(9)中的数据再作相关分析。
(10)试对第 10 章习题(10)中的数据再作相关分析。

第 12 章　协方差分析

方差分析的应用，要求不同处理组内的非试验因素保持条件一致，否则效应可加性和误差分布的正态性将被破坏。举例来说，为比较 3 种教学方案在生物统计学教学效果上的差异，教研组挑选 3 个教学班分别实施 3 种方案，一个学期后我们可以在各班考试成绩之间作方差分析。该研究方案表面上看似合理，不过忽略了一个影响考试成绩的重要因素——学习能力，或者说是学生的学习基础。这一点很可能会导致方差分析得出错误结论。

再举一个例子。3 种饲料可能会对猪日增重有影响，现将 30 头猪随机分为 3 组分别饲喂不同的饲料，一段时间后对日增重数据在 3 组之间作方差分析。试验设计上，我们必须要求 30 头猪在试验前的初始重量一致，因为初始重量同样会对日增重产生影响，属于应加以控制的非试验因素。然而，挑选 30 头体重一致的试验对象并不容易实现，除非猪场规模较大且有足够的试验对象可选。

解决该问题的一种思路是将*方差分析*与*回归分析*结合起来，通过回归关系排除非试验因素对结果的影响，统计上称该方法为*协方差分析*(analysis of covariance, ANCOVA)。协方差分析是方差分析的延伸，可以实现对非试验因素或协变量的统计控制(statistical control)。

12.1　协方差分析的基本原理

在 10.2 节的回归分析中提到，统计上把具有*协变关系*的变量称为*协变量*。假设一个变量 y 与另一个变量 x 存在协变关系，那么 x 就是 y 的一个协变量。此外，已知变量 y 还受一个或几个试验因素的影响。以单一试验因素 A 为例，A 的不同水平会改变 y 的取值(处理效应)，协变量 x 也会造成 y 的变异。

如果同样用变量来描述试验因素 A，那么它就是一个离散型的变量(所以 R 用因子类型来表达此类数据)。

变量 x 则不能像变量 A 那样处理。首先，变量 x 难以像变量 A 那样确定在几个固定水平之上。其次，变量 x 的一个取值通常只对应一个 y 值。也就是说，假如视变量 x 为试验因素，它的不同取值为不同的水平，同一个水平之下难以设置重复。而且，我们的试验目的也不在分析变量 x 上，它只是一个需要我们想办法排除的干扰因素。

为与协变量 x 有所区分，我们称 y 为*因变量*。因变量与协变量[①]的关系可以通过回归分析来研究。回归方程用精确的数学语言描述了协变量 x 和因变量 y 的关系。通过回归方程可以得到因变量 y 的变异中由协变量 x 决定的部分(见式(10.1))。利用这一点，我们就可

① 回归分析的语境里协变量称为自变量。

以将协变量 x 的影响从因变量 y 的变异中剔除。y 变异的剩余部分则可以仍然采用方差分析来研究。这就是协方差分析的核心思想。

总体来说，统计上用回归分析来研究两个变量间的协同关系，所以协方差分析首先需要进行回归分析。如果回归关系显著，则表明协变量 x 对因变量 y 有显著影响，需要排除协变量 x 的影响之后，再进行方差分析以研究试验因素对 y 的影响；如果回归关系不显著，则表明协变量 x 对因变量 y 没有显著影响，可直接进行方差分析。

不难理解，协方差分析实际上是结合了回归分析的方差分析，其本质上是方差分析的一种特殊形式。

12.1.1 协方差分析的数学模型

以单因素试验为例，假设试验所考察的因素 A 有 k 个水平，每个处理有 n 个重复。方差分析中，每个处理的每个重复仅取一个观测值，即 y_{ij} $(i=1,\cdots,k;j=1,\cdots,n)$。现在为了排除协变量 x 对 y 的影响，需要同时测量协变量 x 的值，那么试验就将产生 kn 个观测值对 (x_{ij},y_{ij})。数据资料可以组织成表 12.1 所示的形式。

表 12.1 单因素 k 水平(每组 n 个观测值)结合单协变量 x 的数据资料表

处理	A_1	A_2	$\cdots$	A_i	$\cdots$	A_k	
	x_{11},y_{11}	x_{21},y_{21}	$\cdots$	x_{i1},y_{i1}	$\cdots$	x_{k1},y_{k1}	
	x_{12},y_{12}	x_{22},y_{22}	$\cdots$	x_{i2},y_{i2}	$\cdots$	x_{k2},y_{k2}	
	$\vdots$	$\vdots$		$\vdots$		$\vdots$	
	x_{1j},y_{1j}	x_{2j},y_{2j}	$\cdots$	x_{ij},y_{ij}	$\cdots$	x_{kj},y_{kj}	
	$\vdots$	$\vdots$		$\vdots$		$\vdots$	
	x_{1n},y_{1n}	x_{2n},y_{2n}	$\cdots$	x_{in},y_{in}	$\cdots$	x_{kn},y_{kn}	
总和	$\sum_{j=1}^{n}x_{1j}$	$\sum_{j=1}^{n}x_{2j}$	$\cdots$	$\sum_{j=1}^{n}x_{ij}$	$\cdots$	$\sum_{j=1}^{n}x_{kj}$	$\sum\sum x_{ij}$
	$\sum_{j=1}^{n}y_{1j}$	$\sum_{j=1}^{n}y_{2j}$		$\sum_{j=1}^{n}y_{ij}$		$\sum_{j=1}^{n}y_{kj}$	$\sum\sum y_{ij}$
平均数	$\bar{x}_{1\cdot},\bar{y}_{1\cdot}$	$\bar{x}_{2\cdot},\bar{y}_{2\cdot}$	$\cdots$	$\bar{x}_{i\cdot},\bar{y}_{i\cdot}$	$\cdots$	$\bar{x}_{k\cdot},\bar{y}_{k\cdot}$	$\bar{x}_{\cdot\cdot},\bar{y}_{\cdot\cdot}$

现在先考虑因素 A 的效应，由方差分析的数学模型(式(9.5))得

$$y_{ij}=\bar{y}_{\cdot\cdot}+a_i+e'_{ij} \tag{12.1}$$

其中 a_i 为第 i 个水平(处理)的效应。由于 y 的变异还与协变量 x 有关，所以 e'_{ij} 并不能完全代表随机误差，其中还应包含由 x 引起的 y 的变异。

由 x 和 y 的回归关系，参考回归分析的数学模型(式(10.4))，有

$$y_{ij}=\bar{y}_{\cdot\cdot}+b(x_{ij}-\bar{x}_{\cdot\cdot})+e''_{ij} \tag{12.2}$$

其中 b 为样本回归系数。同理，这里的 e''_{ij} 也不能完全代表随机误差，因其中还包含试验因素的效应。

假定引起 y 变异的效应是可加的，综合两式得

$$y_{ij} = \bar{y}_{..} + a_i + b(x_{ij} - \bar{x}_{..}) + e_{ij} \tag{12.3}$$

就现在的问题讨论范围而言，e_{ij} 即可表示随机误差的效应。该式也就是样本的协方差分析数学模型表达式。

替换其中的符号，可得含单协变量的线性模型为

$$y_{ij} = \mu_y + \alpha_i + \beta(x_{ij} - \mu_x) + \varepsilon_{ij} \tag{12.4}$$

式中：μ_y 和 μ_x 分别为 y 和 x 的总体平均数；α_i 为因素 A 第 i 个水平的处理效应；β 为 y 依 x 的总体回归系数，$\beta(x_{ij} - \mu_x)$ 为回归效应；ε_{ij} 为随机的误差效应。

将式(12.4)中的 α_i 移到等号左边，有

$$y_{ij} - \alpha_i = \mu_y + \beta(x_{ij} - \mu_x) + \varepsilon_{ij} \tag{12.5}$$

即处理效应被剔除。此时，协方差分析即成为 $y_{ij} - \alpha_i$ 和 x_{ij} 之间的线性回归分析。

将式(12.4)中的 $\beta(x_{ij} - \mu_x)$ 移到等号左边，则有

$$y_{ij} - \beta(x_{ij} - \mu_x) = \mu_y + \alpha_i + \varepsilon_{ij} \tag{12.6}$$

即回归效应被剔除，又称回归矫正。协方差分析又成为针对 $y_{ij} - \beta(x_{ij} - \mu_x)$ 的方差分析。

12.1.2 协方差分析的基本条件

应用以上协方差分析数学模型，我们的数据资料需满足以下基本条件。

1. 协变量的独立性

协变量 x 没有所谓的测量误差，是非随机变量。这一点延续了回归分析中对 x 的要求。同时，无论试验因素具有固定效应还是具有随机效应，协变量与试验因素相互独立。

2. 回归斜率的同质性

在排除试验因素的效应后，因变量 y 对协变量 x 的回归是线性的，同时各处理组内的回归系数同质，即各处理组内回归系数同为 β。用图形表示的话，不同处理组内的回归直线是平行的。对样本数据而言，我们要保证各组内的回归系数之间没有显著差异。虽然也有回归斜率不同质的情况，但因超出本书范围，我们不再深入讨论。

3. 随机误差独立同分布

随机误差应服从正态分布，且各处理组内误差的方差同质，即 $\varepsilon_{ij} \sim N(0, \sigma_e^2)$。该条件保证了回归矫正之后能够正常执行方差分析。

12.1.3 平方和、乘积和与自由度分解

1. 平方和分解

参考方差分析中的平方和分解，将协变量 x 和因变量 y 的总离均差平方和分别分解为组间偏差平方和 SS_t、组内离均差平方和 SS_e。用符号表示，即

$$\begin{cases} SS_x = SS_{t_x} + SS_{e_x} \\ SS_y = SS_{t_y} + SS_{e_y} \end{cases} \tag{12.7}$$

当然，这里我们关注的主要是因变量 y。

式(12.1)中，e'_{ij} 包含由 x 引起的 y 的变异，对应到这里关于 y 的平方和分解，也就是 SS_{e_y} 中应该包含由 x 引起的 y 的平方和变化。同理，由于 SS_y 包含 SS_{e_y}，SS_y 中也包含 x 引

起 y 的离均差平方和变化。而且，因组间平方和 SS_{t_y} 只与试验因素有关，SS_y 和 SS_{e_y} 与 x，y 回归关系有关的部分是一致的。

既然 y 的组内平方和 SS_{e_y} 包含由 x 引起的 y 的变异，那么我们就可以采用回归分析的方法，将 SS_{e_y} 分解为回归平方和与残差平方和(见式(10.24)和式(10.25))。用符号表示为

$$SS_{e_y} = SS_{e_r} + SS_{e_e} \tag{12.8}$$

式中：SS_{e_r} 表示 y 的组内离均差平方和中的*回归平方和*(对应 y 的组内变异中由 x 引起的部分)；SS_{e_e} 表示 y 的组内离均差平方和中的*残差平方和*(对应 y 的组内变异中与误差有关的部分)。

在方差分析的语境里，“组内离均差”与误差有关，如果要简化以上两个平方和的名称，可以分别将它们称为*误差回归平方和*、*误差残差平方和*。

由回归平方和计算公式(见式(10.26))和回归系数计算公式(见式(10.10))，可得

$$SS_{e_r} = \frac{\left[\sum_{i=1}^{k}\sum_{j=1}^{n}(x_{ij}-\bar{x}_{i\cdot})(y_{ij}-\bar{y}_{i\cdot})\right]^2}{\sum_{i=1}^{k}\sum_{j=1}^{n}(x_{ij}-\bar{x}_{i\cdot})^2} \tag{12.9}$$

注意，上式虽然没有明确表达，其分母实际上就是 SS_{e_x}。

将式(12.8)代入式(12.7)(与 y 有关的等式)，则有

$$SS_y = SS_{t_y} + SS_{e_r} + SS_{e_e} \tag{12.10}$$

现在我们对*因变量* y 的离均差平方和的构成终于有了深入了解。事实上，不单是平方和，我们为 y 建立的数学模型也是这样的结构(见式(12.4))。

不过，假如我们无视因素的处理效应，而直接将 y 的总离均差平方和 SS_y 按照回归分析的方式，拆分成回归平方和(对应 y 的总变异中由 x 引起的部分，记作 SS_r)和残差平方和(对应 y 的总变异中与误差有关的部分，记作 SS_e)，有

$$SS_y = SS_r + SS_e \tag{12.11}$$

该式就是第 10 章回归分析中的式(10.25)。其中 SS_r 借助回归平方和计算公式(见式(10.26))和回归系数计算公式(见式(10.10))，可以写成以下形式

$$SS_r = \frac{\left[\sum_{i=1}^{k}\sum_{j=1}^{n}(x_{ij}-\bar{x})(y_{ij}-\bar{y})\right]^2}{\sum_{i=1}^{k}\sum_{j=1}^{n}(x_{ij}-\bar{x})^2} \tag{12.12}$$

仔细比较式(12.9)和式(12.12)，前者的分母是 SS_{e_x}，后者的分母就是 SS_x。而且，它们的分子也都有相似的结构，那么这两个分子又分别是什么呢？

回归分析在介绍用最小二乘法估计*回归系数*和*回归截距*时，提到过回归系数 b 的分子部分(见式(10.10))是 x 的离均差与 y 的离均差的乘积和，简称*乘积和*。所以，SS_r 分子部分就是*总乘积和*的平方；而 SS_{e_r} 的分子部分，其中离均差之均是协变量 x 的组内平均数，所以是*组内乘积和*的平方。

2. 乘积和分解

作为分母的 SS_{e_x} 和 SS_x，后者包含前者(见式(12.7)，与 x 有关的第一个等式)。作为分子的*组内乘积和*与*总乘积和*又有何关系？已知总平方和可以分解为组内平方和与组间平方

和。该结论有可能同样适用于总乘积和。下面让我们对总乘积和也试着作分解。

由于总乘积和的表达式中缺少组内乘积和当中的 $\bar{x}_{i\cdot}$ 和 $\bar{y}_{i\cdot}$，因此需要设法将它们引入。策略与平方和分解时的一样。所以有

$$\begin{aligned}\sum_{i=1}^{k}\sum_{j=1}^{n}(x_{ij}-\bar{x})(y_{ij}-\bar{y}) &= \sum_{i=1}^{k}\sum_{j=1}^{n}(x_{ij}-\bar{x}_{i\cdot}+\bar{x}_{i\cdot}-\bar{x})(y_{ij}-\bar{y}_{i\cdot}+\bar{y}_{i\cdot}-\bar{y}) \\ &= \sum_{i=1}^{k}\sum_{j=1}^{n}[(x_{ij}-\bar{x}_{i\cdot})+(\bar{x}_{i\cdot}-\bar{x})][(y_{ij}-\bar{y}_{i\cdot})+(\bar{y}_{i\cdot}-\bar{y})] \\ &= \sum_{i=1}^{k}\sum_{j=1}^{n}[(x_{ij}-\bar{x}_{i\cdot})(y_{ij}-\bar{y}_{i\cdot})+(\bar{x}_{i\cdot}-\bar{x})(y_{ij}-\bar{y}_{i\cdot})+ \\ &\quad (x_{ij}-\bar{x}_{i\cdot})(\bar{y}_{i\cdot}-\bar{y})+(\bar{x}_{i\cdot}-\bar{x})(\bar{y}_{i\cdot}-\bar{y})]\end{aligned} \tag{12.13}$$

对中括号内的 4 个乘积项，将第 2 项结合前面的求和符号单独观察，有

$$\sum_{i=1}^{k}\sum_{j=1}^{n}(\bar{x}_{i\cdot}-\bar{x})(y_{ij}-\bar{y}_{i\cdot})=\sum_{i=1}^{k}(\bar{x}_{i\cdot}-\bar{x})\sum_{j=1}^{n}(y_{ij}-\bar{y}_{i\cdot}) \tag{12.14}$$

这与方差分析平方和分解中，交叉乘积项的处理方式类似（见式(9.9)）。对于组内离均差之和 $\sum_{j=1}^{n}(y_{ij}-\bar{y}_{i\cdot})$，无论 i 取何值都为 0，进而第 2 个乘积项等于 0。同理，可得第 3 个乘积项也等于 0。所以

$$\begin{aligned}\sum_{i=1}^{k}\sum_{j=1}^{n}(x_{ij}-\bar{x})(y_{ij}-\bar{y}) &= \sum_{i=1}^{k}\sum_{j=1}^{n}(x_{ij}-\bar{x}_{i\cdot})(y_{ij}-\bar{y}_{i\cdot})+\sum_{i=1}^{k}\sum_{j=1}^{n}(\bar{x}_{i\cdot}-\bar{x})(\bar{y}_{i\cdot}-\bar{y}) \\ &= \sum_{i=1}^{k}\sum_{j=1}^{n}(x_{ij}-\bar{x}_{i\cdot})(y_{ij}-\bar{y}_{i\cdot})+n\sum_{i=1}^{k}(\bar{x}_{i\cdot}-\bar{x})(\bar{y}_{i\cdot}-\bar{y})\end{aligned} \tag{12.15}$$

上式等号右边的前一项表示的是两个变量的观测值与各组平均数之差的乘积和，即组内乘积和(sum of products within groups)；而后一项表示的是两个变量各组平均数与总平均数之差的乘积和，即组间乘积和(sum of products between groups)。可见，总乘积和也可以分解为两部分。

如用 SP_{xy}、SP_t、SP_e 分别表示总乘积和、组间乘积和、组内乘积和，再结合平方和的分解，关于协方差分析，我们就可以得到以下关系，

$$\begin{cases} SP_{xy} = SP_t + SP_e \\ SS_x = SS_{t_x} + SS_{e_x} \\ SS_y = SS_{t_y} + SS_{e_y} \end{cases} \tag{12.16}$$

同时，式(12.8)和式(12.11)可改写为

$$\begin{cases} SS_{e_y} = \dfrac{(SP_e)^2}{SS_{e_x}} + SS_{e_e} \\ SS_y = \dfrac{(SP_{xy})^2}{SS_x} + SS_e \end{cases} \tag{12.17}$$

综上，对 y 用方差分析来处理，排除试验因素的效应平方和 SS_{t_y}，剩下的误差平方和

SS_{e_y} 中还包含 x 引起的回归效应平方和 $\frac{(SP_e)^2}{SS_{e_x}}$；对 y 用回归分析处理，排除协变量 x 的回归平方和 $\frac{(SP_{xy})^2}{SS_x}$，剩下的残差平方和 SS_e 还包含试验因素的效应平方和。这里我们从平方和的角度，重述了前文协方差分析数学模型部分最后的讨论。

不过细心的读者可能会发现，从平方和的角度如此讨论，需要 $\frac{(SP_{xy})^2}{SS_x} = \frac{(SP_e)^2}{SS_{e_x}}$。结合式(12.16)，该等式成立实际上要求 SP_t 和 SS_{t_x} 同时等于 0。协方差分析的基本条件第 1 条，要求协变量与试验因素独立，所以 SS_{t_x} 理论上应等于 0，或者各组间协变量变异很小。而当 SS_{t_x} 很小时，也就是 $SP_t = n\sum_{i=1}^{k}(\bar{x}_{i\cdot} - \bar{x})(\bar{y}_{i\cdot} - \bar{y})$ 表达式中的 $(\bar{x}_{i\cdot} - \bar{x})$ 很小时，不论 $(\bar{y}_{i\cdot} - \bar{y})$（$y$ 的组间差异）是否很小，SP_t 也会很小。所以 SP_t 和 SS_{t_x} 理论上等于 0 或都很小是容易达成的。

然而实践中，不完美数据是常态，这无疑将造成 $\frac{(SP_{xy})^2}{SS_x} \neq \frac{(SP_e)^2}{SS_{e_x}}$。此时，先从整体上的回归分析入手就不够严谨。为避免这种情况，协方差分析应当从组内的回归分析入手，也就是说我们对 y 总离均差平方和的分解应当按照式(12.10)的方式进行。

3. 自由度分解

与平方和分解一样，协方差分析的自由度分解也与方差分析的一致。值得庆幸的是自由度的问题没有像乘积和那样的衍生物，故没有让问题进一步复杂化。

与因变量 y 有关的自由度有

$$\begin{cases} df_y = kn - 1 \\ df_t = k - 1 \\ df_e = k(n-1) \end{cases} \tag{12.18}$$

式中：df_y 表示 y 的总自由度；df_t 表示与组间平方和对应的组间自由度；df_e 表示与组内平方和对应的组内自由度。

下面来看一个具体的例子。为比较蛋白健胃剂(PA)、食欲旺(PB)、自配食欲增进剂(PC)3 种食欲增进剂对仔猪增重的效果，将初始条件接近的 48 头仔猪随机分为 4 组，每组 12 个重复，将 3 种增进剂随机安排到 3 组，每组使用 1 种，剩下 1 组作对照。为保证试验的严谨性，研究组同时记录了开始试验时的仔猪初始重及 50 日龄重(kg)。试验数据见 appetiteStimulants 数据集。

首先，获取试验数据的相关基础信息，并完成自由度计算如下。

```
> n <- 12
> k <- 4
> df.y <- k * n - 1
> df.t <- k - 1
> df.e <- k * (n - 1)
```

然后计算 x 和 y 的总离均差平方和。这里 with()函数协助执行 expr 参数传入的 R 指令，而且指令中可直接使用 appetiteStimulants 中的变量名 x 和 y。

```
> data(appetiteStimulants)
> SS.x <- with(data = appetiteStimulants, expr = sum((x - mean(x))^2)); SS.x
[1] 1.732592
> SS.y <- with(data = appetiteStimulants, expr = sum((y - mean(y))^2)); SS.y
[1] 97.25313
```

计算组间平方和。

```
> mean.x <- with(appetiteStimulants, mean(x))
> mean.y <- with(appetiteStimulants, mean(y))
> means.groups.x <- with(appetiteStimulants, tapply(x, group, mean))
> means.groups.y <- with(appetiteStimulants, tapply(y, group, mean))
> SS.t.x <- sum(n * (means.groups.x - mean.x)^2); SS.t.x
[1] 0.8281417
> SS.t.y <- sum(n * (means.groups.y - mean.y)^2); SS.t.y
[1] 12.12062
```

计算组内平方和。

```
> SS.e.x <- SS.x - SS.t.x; SS.e.x
[1] 0.90445
> SS.e.y <- SS.y - SS.t.y; SS.e.y
[1] 85.1325
```

最后，计算总乘积和、组间乘积和，以及组内乘积和。

```
> SP.xy <- with(appetiteStimulants, sum((x - mean(x)) * (y - mean(y))));
SP.xy
[1] 8.494875
> SP.t <- sum(n * (means.groups.x - mean.x) * (means.groups.y - mean.y));
SP.t
[1] 1.754375
> SP.e <- SP.xy - SP.t; SP.e
[1] 6.7405
```

至此，协方差分析所需要的基本要素已经计算完毕。现在我们先对协变量 x 作方差分析，结果如下。

```
> lm.x.group <- lm(x ~ group, data = appetiteStimulants)
> anova(lm.x.group)
Analysis of Variance Table

Response: x
          Df  Sum Sq  Mean Sq F value    Pr(>F)
group      3 0.82814 0.276047  13.429 2.343e-06 ***
Residuals 44 0.90445 0.020556
```

```
---
Signif. codes:  0 '***' 0.001 '**' 0.01 '*' 0.05 '.' 0.1 ' ' 1
```

再对因变量 y 作方差分析，结果如下。

```
> lm.y.group <- lm(y ~ group, data = appetiteStimulants)
> anova(lm.y.group)
Analysis of Variance Table

Response: y
          Df  Sum Sq  Mean Sq  F value  Pr(>F)
group      3  12.121   4.0402   2.0881  0.1155
Residuals 44  85.133   1.9348
```

将以上结果整理成以下方差分析表，如表 12.2 所示。

表 12.2　x 和 y 的方差分析表

变异来源	df	x			y			F_α
		SS	s^2	F_c	SS	s^2	F_c	
组间	3	0.828	0.276	13.429***	12.121	4.04	2.088	$F_{0.05}=2.816$
组内	44	0.904	0.021		85.133	1.935		$F_{0.01}=4.261$
总变异	47	1.733			97.253			

可见，仔猪初始重在 4 种处理组间存在极显著的差异，而 50 日龄重在各组间不存在显著差异。如果在试验设计之初仅考虑使用增进剂之后仔猪的重量，分析结果会认为几种增进剂没有效果上的显著差异，甚至与不使用增进剂的对照组也没有差异。不过正像前文所讨论的，初始重量对增进剂处理之后的重量可能有重要的影响，需要通过协方差分析将其排除。

12.1.4　回归系数与回归显著性检验

协方差分析的第一项任务即确定协变量 x 与因变量 y 之间的回归关系。由于组间的变异是由试验因素的处理效应 α_i 引起的，回归关系带来的 y 变异体现在 y 的组内平方和 SS_{e_y} 之中，所以回归系数的计算需要在组内进行。根据回归系数计算公式（见式(10.10)），有

$$b=\frac{\sum_{i=1}^{k}\sum_{j=1}^{n}(x_{ij}-\bar{x}_{i\cdot})(y_{ij}-\bar{y}_{i\cdot})}{\sum_{i=1}^{k}\sum_{j=1}^{n}(x_{ij}-\bar{x}_{i\cdot})^2}=\frac{SP_e}{SS_{e_x}} \tag{12.19}$$

“在组内进行”反映在公式上，即离均差之均都是组内的平均数。

回归关系显著性可用 F 检验或 t 检验。如对回归方程进行 F 检验，我们已经有了误差回归平方和 SS_{e_r}，由式(12.8)可得误差残差平方和 $SS_{e_e}=SS_{e_y}-SS_{e_r}$。再由误差回归平方和对应的自由度 $df_{e_r}=1$，得误差残差平方和对应的自由度 $df_{e_e}=df_e-df_{e_r}=k(n-1)-1$。所以，检验统计量为

$$F_c = \frac{\frac{SS_{e_r}}{df_{e_r}}}{\frac{SS_{e_e}}{df_{e_e}}} = \frac{[k(n-1)-1]SS_{e_r}}{SS_{e_e}} \tag{12.20}$$

在 F 检验得出回归关系显著的结论之后，即确定了协变量 x 与因变量 y 的回归关系之后，可以考虑如何排除这种回归关系的影响。若回归关系不成立，则仍采用一般的方差分析研究试验因素对因变量 y 的影响。

样本回归系数的计算结果如下。

```
> b <- SP.e / SS.e.x; b
[1] 7.452596
```

计算检验统计量，并完成对回归方程的 F 检验。

```
> SS.e.r <- (SP.e)^2 / SS.e.x; SS.e.r
[1] 50.23422
> SS.e.e <- SS.e.y - SS.e.r; SS.e.e
[1] 34.89828
> F.c <- (df.e - 1) * (SS.e.r / SS.e.e); F.c
[1] 61.89622
> F.0.05 <- qf(p = 0.05, df1 = 1, df2 = df.e - 1, lower.tail = FALSE); F.0.05
[1] 4.067047
> F.0.01 <- qf(p = 0.01, df1 = 1, df2 = df.e - 1, lower.tail = FALSE); F.0.01
[1] 7.263575
```

检验统计量 $F_c > F_{0.01}$，该结果确认了仔猪初始重 x 与增进剂处理后的重量 y 存在极显著的回归关系。

如用第 10 章回归分析中介绍的方法计算回归系数，并完成显著性检验，结果如下（注意这里的模型与单纯考虑协变量回归关系时的不同）。

```
> lm.y.x.group <- lm(y ~ x + group, data = appetiteStimulants)
> summary(lm.y.x.group)$coefficients
             Estimate  Std.Error   t value     Pr(>|t|)
(Intercept) 0.5387215  1.4631534  0.3681921  7.145364e-01
x           7.4525955  0.9472737  7.8674148  7.311222e-10
groupPA     0.7387809  0.4307261  1.7151989  9.350774e-02
groupPB     1.8085185  0.4207919  4.2978934  9.695948e-05
groupPC     2.0097412  0.5053292  3.9770928  2.629397e-04
```

其中 x 行的 Estimate 项即组内相关系数。该行相应的 t value 为 7.8674148，取平方后得 61.89622，也就是上述回归方程分步 F 检验中的 F.c。查该分位数的累积分布函数值，即 F 检验的 P 值。

```
> pf(q = F.c, df1 = 1, df2 = df.e - 1, lower.tail = FALSE)
[1] 7.311222e-10
```

该值与回归系数 t 检验的 P 值完全一致。

12.1.5 回归矫正与差异显著性检验

所谓排除回归关系的影响，其实就是将因变量 y 观测值中由协变量 x 引起的变异去除，然后用矫正后的 y 值进行方差分析。这也就是式(12.6)所表达的。

现在已经有了回归系数 b，很容易计算出任意 y_{ij} 的矫正量 $b(x_{ij}-\overline{x})$。不过我们没有必要这样做，因为对每个 y_{ij} 的矫正，最终都要反映在各平方和项上，而后续的方差分析 F 检验也是基于这些平方和项的。所以，我们可以直接对平方和项进行矫正。

首先，y 的组内平方和 SS_{e_y} 可用误差回归平方和来矫正，即

$$(SS_{e_y})_{adj} = SS_{e_y} - SS_{e_r} = SS_{e_y} - \frac{(SP_e)^2}{SS_{e_x}} \tag{12.21}$$

对照式(12.17)，可知所谓矫正的组内平方和其实就是误差残差平方和 SS_{e_e}。

然后，y 的总离均差平方和 SS_y 可用总回归平方和来矫正，即

$$(SS_y)_{adj} = SS_y - SS_r = SS_y - \frac{(SP_{xy})^2}{SS_x} \tag{12.22}$$

矫正的总离均差平方和也就是总残差平方和 SS_e。

至于 y 的组间平方和的矫正，就简单了。

$$\begin{aligned}(SS_{t_y})_{adj} &= (SS_y)_{adj} - (SS_{e_y})_{adj} \\ &= SS_e - SS_{e_e}\end{aligned} \tag{12.23}$$

矫正了平方和，自由度也需要调整。由于回归平方和自由度为 1，所以 y 的矫正总自由度为 $(df_y)_{adj} = kn-1-1$；y 的矫正组内平方和自由度 $(df_e)_{adj} = k(n-1)-1$；y 的矫正组间平方和自由度 $(df_t)_{adj}$ 不变，仍为 $k-1$。

平方和与自由度矫正后，即可计算矫正组间方差和矫正组内方差

$$\begin{cases}(s_t^2)_{adj} = \dfrac{(SS_{t_y})_{adj}}{(df_t)_{adj}} = \dfrac{SS_e - SS_{e_e}}{k-1} \\ (s_e^2)_{adj} = \dfrac{(SS_{e_y})_{adj}}{(df_e)_{adj}} = \dfrac{SS_{e_e}}{k(n-1)-1}\end{cases} \tag{12.24}$$

构建检验统计量

$$F_c = \frac{(s_t^2)_{adj}}{(s_e^2)_{adj}} \tag{12.25}$$

通过与检验临界值比较，即可完成方差分析。

计算矫正的平方和。

```
> SS.y.adj <- (SS.y - ((SP.xy)^2 / SS.x)); SS.y.adj
[1] 55.60286
> SS.e.y.adj <- SS.e.e
> SS.t.y.adj <- SS.y.adj - SS.e.y.adj; SS.t.y.adj
[1] 20.70458
```

计算 y 的矫正组间方差 $(s_t^2)_{adj}$ 和矫正组内方差 $(s_e^2)_{adj}$，然后相除得检验统计量 F_c。

```
> var.t.y.adj <- SS.t.y.adj / (k - 1); var.t.y.adj
[1] 6.901527
> var.e.y.adj <- SS.e.y.adj / (k * (n - 1) - 1); var.e.y.adj
[1] 0.8115879
> F.c <- var.t.y.adj / var.e.y.adj; F.c
[1] 8.503733
```

计算检验临界值 $F_{0.05}$ 和 $F_{0.01}$，注意这里的自由度。

```
> qf(p = 0.05, df1 = k - 1, df2 = k * (n - 1) - 1, lower.tail = FALSE)
[1] 2.821628
> qf(p = 0.01, df1 = k - 1, df2 = k * (n - 1) - 1, lower.tail = FALSE)
[1] 4.27265
```

与方差分析类似，我们可以将以上计算结果整理成如表 12.3 所示的协方差分析表。

表 12.3　x 和 y 的协方差分析表

变异来源	df	SS_x	SS_y	SP	b	y 矫正后的			F_c
						df	SS	s^2	
组间	3	0.828	12.121	1.754					
组内	44	0.904	85.133	6.741	7.453	43	34.898	0.812	
总变异	47	1.733	97.253	8.495		46	55.603		
矫正后的组间						3	20.705	6.902	8.504

协方差分析比一般的方差分析多了回归分析，计算和分析流程自然要更复杂。如果把以上分步的计算过程全部交给 R 来完成，则非常简单。

```
> anova(lm.y.x.group)
Analysis of Variance Table


Response: y
          Df Sum Sq Mean Sq F value    Pr(>F)
x          1 41.650  41.650 51.3195  7.46e-09 ***
group      3 20.705   6.902  8.5037 0.0001506 ***
Residuals 43 34.898   0.812
---
Signif. codes:  0 '***' 0.001 '**' 0.01 '*' 0.05 '.' 0.1 ' ' 1
```

没错，完成协方差分析的 R 函数仍然是方差分析的函数 anova()或者 Anova()。

这里与不考虑回归关系的方差分析(前文中基于 lm.y.group 模型的分析)的唯一区别在于，线性模型中考虑了协变量 x。而且需要特别注意：在模型公式中 x 必须排在 group 之前。否则 anova()函数会给出错误的结果，其原因我们在 9.3.3 小节已有解释。简言之，anova()函数默认使用 Type-Ⅰ型方法计算平方和，因此造成不同的建模顺序得出不同的结果。为避免该问题，建议使用 car 包中的 Anova()函数，采用 Type-Ⅲ型方法计算平方和。

```
> Anova(lm(y ~ group + x, data = appetiteStimulants), type = 3)
Anova Table (Type III tests)

Response: y
             Sum Sq  Df  F value     Pr(>F)
(Intercept)   0.110   1   0.1356  0.7145364
group        20.705   3   8.5037  0.0001506 ***
x            50.234   1  61.8962  7.311e-10 ***
Residuals    34.898  43
---
Signif. codes:  0 '***' 0.001 '**' 0.01 '*' 0.05 '.' 0.1 ' ' 1
```

rstatix 包[①]中的 anova_test()函数提供了一个便于管理的框架，以执行不同类型的方差分析，其中当然包括协方差分析。

```
> anova_test(data = appetiteStimulants, formula = y ~ x + group, type = 3,
detailed = TRUE)
ANOVA Table (type III tests)

       Effect    SSn    SSd DFn DFd      F        p p<.05   ges
1 (Intercept)  1.456 34.898   1  43  1.794 1.87e-01       0.040
2           x 50.234 34.898   1  43 61.896 7.31e-10     * 0.590
3       group 20.705 34.898   3  43  8.504 1.51e-04     * 0.372
```

协方差分析的结果显示，不同的食欲增进剂处理带来的仔猪增重效果上的差异极显著。与不考虑回归关系的方差分析相比，分析结果截然不同。

12.1.6　矫正平均数的多重比较

假设 F 检验得出处理间差异显著的结论，正如增进剂试验的结果。对于固定模型的处理效应仍然需要进行多重比较。从第 9 章方差分析介绍的几种多重比较方法来看，它们实际上都是在各组平均数之间作比较。所以我们需要将 y 的各组平均数 $\bar{y}_i(i=1,2,\cdots,k)$ 进行矫正，公式为

$$(\bar{y}_i)_{\text{adj}} = \bar{y}_i - b(\bar{x}_i - \bar{x}) \tag{12.26}$$

矫正后的平均数比较可用两两 t 检验和 LSD 法等。t 检验中，我们用检验统计量

$$t_c = \frac{(\bar{y}_i)_{\text{adj}} - (\bar{y}_j)_{\text{adj}}}{(s_{\bar{d}})_{\text{adj}}} \tag{12.27}$$

其中，$(s_{\bar{d}})_{\text{adj}}$ 为 y 的两个矫正平均数差数的标准误。有计算公式

$$(s_{\bar{d}})_{\text{adj}} = \sqrt{(s_e^2)_{\text{adj}}\left[\frac{1}{n_i} + \frac{1}{n_j} + \frac{(\bar{x}_i - \bar{x}_j)^2}{\text{SS}_{e_x}}\right]} \tag{12.28}$$

---

① Kassambara A. 2023. rstatix: Pipe-Friendly Framework for Basic Statistical Tests. R package version 0.7.2, 〈https://CRAN.R-project.org/package=rstatix〉.

当各处理组观测值数相等，即 $n_i = n_j$ 时，公式可简化。

t 检验法中每次比较两个 y 的矫正平均数时，都需要根据两组相应 x 的平均数计算标准误。也就是说，每次比较的"标准尺子"不同。当 y 的组内方差自由度 $df_e \geqslant 20$，且协变量 x 的变异较小时，可采用 LSD 法。这时"标准尺子"的规格可以统一。两矫正平均数差数的标准误的计算公式变为

$$(s_{\bar{d}})_{adj} = \sqrt{(s_e^2)_{adj}\left(\frac{1}{n_i}+\frac{1}{n_j}\right)\left[1+\frac{SS_{t_x}}{(k-1)SS_{e_x}}\right]} \tag{12.29}$$

然后利用与式(9.38)类似的公式 $LSD_\alpha = t_\alpha \times (s_{\bar{d}})_{adj}$，计算出最小显著差数，并与 y 的各组矫正平均数之差进行比较，即可检验它们的差异显著性。

食欲增进剂试验中由于组内方差自由度 $(df_e)_{adj} = 43$，而且协变量 x 的变异较小，因此接下来我们采用 LSD 法来完成多重比较。

首先，计算 y 的各组矫正平均数。

```
> means.groups.y.adj <- means.groups.y - b * (means.groups.x - mean.x)
> means.groups.y.adj
      CT        PA        PB        PC
10.34199  11.08077  12.15051  12.35173
```

然后根据式(12.29)计算 y 的两矫正平均数差数的标准误。

```
> s.mean.diff.adj <- sqrt(var.e.y.adj * (2 / n) * (1 + (SS.t.x / ((k - 1) *
SS.e.x))))
> s.mean.diff.adj
[1] 0.4201771
```

最后计算 $LSD_{0.05}$ 和 $LSD_{0.01}$。

```
> t.0.05 <- qt(p = 0.025, df = k * (n - 1) - 1, lower.tail = FALSE)
> t.0.01 <- qt(p = 0.005, df = k * (n - 1) - 1, lower.tail = FALSE)
> lsd.0.05 <- t.0.05 * s.mean.diff.adj; lsd.0.05
[1] 0.8473678
> lsd.0.01 <- t.0.01 * s.mean.diff.adj; lsd.0.01
[1] 1.13242
```

LSD 法多重比较（字母标记法）的结果如表 12.4 所示。

表 12.4　不同食欲增进剂增重效果的多重比较(LSD 法)

增进剂组别	平均数	平均数差值	$\alpha = 0.05$	$\alpha = 0.01$
PC	12.35173		a	A
PB	12.15051	0.2012227	a	A
PA	11.08077	1.0697376	b	B
CT	10.34199	0.7387809	b	B

结果显示，蛋白健胃剂组与对照组没有显著差异；食欲旺组和自配食欲增进剂组与对照

组有极显著差异;相对地,自配食欲增进剂组的增重效果最优。

rstatix 包中的 emmeans_test()可以完成协方差分析的事后(post hoc)多重比较,而且用法简单[①]。

```
> emmeans_test(data = appetiteStimulants, formula = y ~ group, covariate =
x, p.adjust.method = "bonferroni")
# A tibble: 6 x 9
  term    .y.   group1 group2    df statistic         p    p.adj p.adj.signif
* <chr>   <chr> <chr>  <chr>  <dbl>     <dbl>     <dbl>    <dbl> <chr>
1 x*group y     CT     PA        43    -1.72  0.0935    0.561    ns
2 x*group y     CT     PB        43    -4.30  0.0000970 0.000582 ***
3 x*group y     CT     PC        43    -3.98  0.000263  0.00158  **
4 x*group y     PA     PB        43    -2.90  0.00579   0.0347   *
5 x*group y     PA     PC        43    -3.28  0.00207   0.0124   *
6 x*group y     PB     PC        43    -0.510 0.612     1        ns
```

该函数提供了调整 P 值的参数 p.adjust.method,可选的方法与 9.1.6 小节提到的方法一致。

12.2　单因素单协变量协方差分析

以上对协方差分析基本原理的讨论基于包含一个协变量 x 的单因素试验。单因素试验中试验因素的各水平,通常可以描述为离散型变量的不同取值。数据类型上属于离散型数量性状数据,或者属于质量性状数据。总之,试验因素的各水平就是对数据资料的分组。所以,单因素试验可以理解为单向分组试验。

下面我们再介绍一个单因素单协变量协方差分析的例子。

例题 12.1　为了调查运动对降低焦虑水平的影响,研究人员进行了一项试验。他们测量了 3 组不同水平体育锻炼者(基础级 grp1、中度级 grp2、高度级 grp3),2 个时间点的焦虑水平评分:初始评分 start,运动后评分 end(见 anxietyExercise 数据集)。试分析不同程度的体育锻炼对焦虑水平的影响。

分析　一般认为体育锻炼有利于降低焦虑水平,不过相关的试验设计必须考虑受试者的初始焦虑水平,否则很可能影响统计分析的结果。所以,初始焦虑水平应视作协变量来处理,进行协方差分析。

开始进行协方差分析之前,首先确认数据是否符合以下基本条件。

(1)误差正态性。通过 residuals()函数从线性模型中提取残差值,也就是将 start 和 group 两效应量从 end 中排除后剩下与随机误差有关的效应。然后由 shapiro.test()函数进行正态性检验。

---

① emmeans_test()函数的计算结果采用 tibble 格式输出。tibble 与数据框类似,也是一种表格式的数据类型。tibble 来自 tidyverse 程序包生态中的 tibble 包,与数据框的最大不同在打印输出和子集索引两方面。

```
> resid <- residuals(lm(end ~ start + group, data = anxietyExercise))
> shapiro.test(resid)
	Shapiro-Wilk normality test

data:  resid
W = 0.98249, p-value = 0.7214
```

结果 $P > 0.05$ 显示误差服从正态分布。

(2)方差同质性。多组数据的方差同质性检验，我们用 bartlett.test()完成。由于检验的是误差方差的同质性，所以需要将上述残差值按照 group 分组后在各组之间作同质性检验。

```
> bartlett.test(resid ~ group, data = anxietyExercise)
	Bartlett test of homogeneity of variances

data:  resid by group
Bartlett's K-squared = 1.2688, df = 2, p-value = 0.5303
```

结果 $P > 0.05$ 表示各组的误差方差同质。

(3)回归系数同质性。各组的回归系数同质，即各组回归系数无显著差异。而如果各组回归系数有显著差异，则表明各组内协变量与因变量的回归关系受到试验因素的影响，亦即协变量与试验因素之间存在互作。所以，我们可以通过检验两者是否存在交互作用，以达到回归系数同质性检验的目的。

```
> library(car)
> Anova (aov (end ~ group + start + group:start, data = anxietyExercise),
type = 3)
Anova Table (Type III tests)

Response: end
              Sum Sq  Df   F value      Pr(>F)
(Intercept)    0.006   1    0.0296      0.8643
group          0.783   2    2.0451      0.1430
start         33.996   1  177.5185  4.247e-16 ***
group:start    0.178   2    0.4657      0.6311
Residuals      7.469  39
---
Signif. codes:  0 '***' 0.001 '**' 0.01 '*' 0.05 '.' 0.1 ' ' 1
```

在线性模型中考虑交互项 group:start，结果 $P = 0.6311 > 0.05$，表明协变量与试验因素之间不存在显著的交互作用，进而各组回归系数同质。

数据通过了基本条件的检验，现在可以进行协方差分析了。

解答 根据上一节介绍的方法，作协方差分析如下。

（1）组内回归分析。

```
> lm.end.start.group <- lm(end ~ start + group, data = anxietyExercise)
> summary(lm.end.start.group)

Call:
lm(formula = end ~ start + group, data = anxietyExercise)

Residuals:
     Min       1Q   Median       3Q      Max
-1.03752 -0.26979  0.01062  0.34229  0.71450

Coefficients:
            Estimate Std.Error t value  Pr(>|t|)
(Intercept)  -0.6299    0.7618  -0.827  0.413093
start         1.0060    0.0441  22.811   <2e-16 ***
groupgrp2    -0.5907    0.1589  -3.718  0.000602 ***
groupgrp3    -2.9262    0.1577 -18.552   <2e-16 ***
---
Signif. codes:  0 '***' 0.001 '**' 0.01 '*' 0.05 '.' 0.1 ' ' 1

Residual standard error: 0.4319 on 41 degrees of freedom
Multiple R-squared: 0.9561, Adjusted R-squared:  0.9529
F-statistic:   298 on 3 and 41 DF,  p-value: < 2.2e-16
```

得组内回归系数 $b = 1.0060$；回归系数的 t 检验得 $P < 0.01$，回归关系极显著。图 12.1 展示了各组内回归直线的具体情况。

（2）协方差分析。

```
> Anova(lm.end.start.group, type = 3)
Anova Table (Type III tests)

Response: end
            Sum Sq Df  F value Pr(>F)
(Intercept)  0.128  1   0.6837 0.4131
start       97.054  1 520.3523 <2e-16 ***
group       71.795  2 192.4630 <2e-16 ***
Residuals    7.647 41
---
Signif. codes:  0 '***' 0.001 '**' 0.01 '*' 0.05 '.' 0.1 ' ' 1
```

排除协变量 start 后，各组不同水平的体育锻炼带来了焦虑水平的极显著差异。

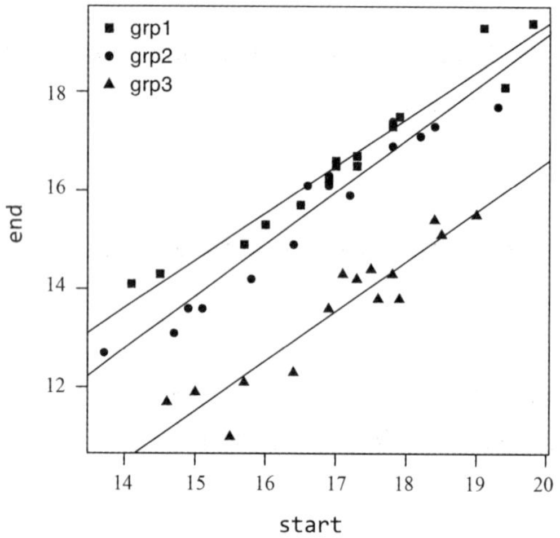

图 12.1　焦虑初始水平(start)与运动一段时间后焦虑水平(end)的分组回归分析

(3)多重比较。

```
>emt <- emmeans_test(data =anxietyExercise, formula =end ~group,
covariate =start, p.adjust.method ="bonferroni"); emt
# A tibble: 3 x 9
  term         .y.   group1 group2    df statistic          p     p.adj p.adj.signif
* <chr>        <chr> <chr>  <chr>  <dbl>     <dbl>      <dbl>     <dbl> <chr>
1 start*group end    grp1   grp2      41      3.72 6.02e-4   1.81e-3  **
2 start*group end    grp1   grp3      41     18.6  1.49e-21  4.46e-21 ****
3 start*group end    grp2   grp3      41     14.7  5.63e-18  1.69e-17 ****
```

不同水平的体育锻炼带来的焦虑评分之间都有显著差异。要了解何种程度的训练效果最好,可从多重比较中提取 estimate 分量[①],其中记录了以上两两矫正平均数的差值。

```
> emt_detailed <- emmeans_test(data = anxietyExercise, formula = end ~
group, covariate = start, p.adjust.method = "bonferroni", detailed = TRUE)
> emt_detailed$estimate
[1] 0.5906751 2.9262236 2.3355486
```

grp1 与 grp2 差值最小,grp1 与 grp3 差值最大,可见高度级的体育锻炼对焦虑水平的影响最大。

12.3　双因素单协变量协方差分析

单因素试验结合单一协变量,用单向分组资料的协方差分析来处理。那么,双因素试验结合单一协变量,就可用双向分组资料协方差分析来处理。与双因素方差分析一样,如果两

① 得到 estimate,需要在执行 emmeans_test()函数时设置 detailed = TRUE,以提供更详细的信息。这里由于显示限制未传入该参数。

个试验因素之间不存在互作，则可以在处理内不设置重复。试验产生的数据可以组成表 12.5。

表 12.5　双因素(因素 A 和因素 B)结合单协变量 x 的数据资料表

因素 A	因素 B						总和	平均数
	B_1	B_2	…	B_j	…	B_b		
A_1	x_{11},y_{11}	x_{12},y_{12}	…	x_{1j},y_{1j}	…	x_{1b},y_{1b}	$\sum x_{1j},\sum y_{1j}$	$\bar{x}_{1\cdot},\bar{y}_{1\cdot}$
A_2	x_{21},y_{21}	x_{22},y_{22}	…	x_{2j},y_{2j}	…	x_{2b},y_{2b}	$\sum x_{2j},\sum y_{2j}$	$\bar{x}_{2\cdot},\bar{y}_{2\cdot}$
⋮	⋮	⋮		⋮		⋮	⋮	⋮
A_i	x_{i1},y_{i1}	x_{i2},y_{i2}	…	x_{ij},y_{ij}	…	x_{ib},y_{ib}	$\sum x_{ij},\sum y_{ij}$	$\bar{x}_{i\cdot},\bar{y}_{i\cdot}$
⋮	⋮	⋮		⋮		⋮	⋮	⋮
A_a	x_{a1},y_{a1}	x_{a2},y_{a2}	…	x_{aj},y_{aj}	…	x_{ab},y_{ab}	$\sum x_{aj},\sum y_{aj}$	$\bar{x}_{a\cdot},\bar{y}_{a\cdot}$
总和	$\sum x_{i1},\sum y_{i1}$	$\sum x_{i2},\sum y_{i2}$	…	$\sum x_{ij},\sum y_{ij}$	…	$\sum x_{ib},\sum y_{ib}$	$\sum\sum x_{xj}$, $\sum\sum y_{xj}$	
平均数	$\bar{x}_{\cdot 1},\bar{y}_{\cdot 1}$	$\bar{x}_{\cdot 2},\bar{y}_{\cdot 2}$	…	$\bar{x}_{\cdot j},\bar{y}_{\cdot j}$	…	$\bar{x}_{\cdot b},\bar{y}_{\cdot b}$		$\bar{x}_{\cdot\cdot},\bar{y}_{\cdot\cdot}$

原理上，双向分组资料协方差分析在总平方和、总乘积和、总自由度分解过程中，除了因素 A 还要分解出因素 B 的相关项。当然，由于我们已经掌握了 R 实现协方差分析的方法，软件操作的复杂度不会上升。

例题 12.2　为研究新的治疗方法及体育锻炼对缓解压力评分的影响，研究人员新设计了一组试验。治疗方法作为一个因素有 2 个水平：治疗和无治疗。体育锻炼仍然有 3 个水平：低、中、高程度的锻炼。除了记录压力评分，还记录受试者的年龄(见 stressExercise 数据集)。试分析治疗方法和体育锻炼对压力评分的影响。

分析　治疗方法(treatment)作为一个试验因素，和体育锻炼(exercise)一样，它们的各水平实现了对数据资料的分组。所以本试验是一个典型的双向分组试验。年龄(age)显然具有连续型数据的特征，将作为协变量来实现对因变量压力评分(score)的统计控制。开始分析之前，我们同样需要检验该组数据是否符合协方差分析的基本条件。

(1)误差正态性。residuals()提取模型残差值时，输入的模型需要在两个因素之间(分组资料)列出各主效及互作。因此，我们用* 将 treatment 和 exercise 连接起来，效果等同于 treatment+ exercise+ treatment:exercise。

```
> resid <- residuals(lm(score ~ age + treatment * exercise, data =
stressExercise))
> shapiro.test(resid)
```

```
    Shapiro-Wilk normality test

data:  resid
W = 0.98299, p-value = 0.5669
```

结果 $P>0.05$ 显示误差服从正态分布。

(2)方差同质性。由于 bartlett.test()函数每次只能传入单个分组变量的公式,所以我们改用 car 包中的 leveneTest()函数执行非参数的 Levene 检验(非参数检验是下一章的主题)。

```
> leveneTest(resid ~ treatment * exercise, data = stressExercise)
Levene's Test for Homogeneity of Variance (center = median)
       Df  F value  Pr(>F)
group   5   1.0146  0.4182
       54
```

结果 $P>0.05$ 表示各组的误差方差同质。

(3)回归系数同质性。

```
> Anova(lm(score ~ age * treatment * exercise, data = stressExercise), type
= 3)
Anova Table (Type III tests)

Response: score
                         Sum Sq  Df  F value   Pr(>F)
(Intercept)              181.31   1   6.9380  0.01132 *
age                       42.80   1   1.6378  0.20678
treatment                  0.01   1   0.0002  0.98855
exercise                   2.96   2   0.0567  0.94498
age:treatment              0.14   1   0.0054  0.94148
age:exercise               0.07   2   0.0014  0.99858
treatment:exercise         5.63   2   0.1076  0.89818
age:treatment:exercise     2.93   2   0.0560  0.94559
Residuals               1254.38  48
---
Signif. codes:  0 '***' 0.001 '**' 0.01 '*' 0.05 '.' 0.1 ' ' 1
```

协变量 age 与两个试验因素,以及试验因素的互作之间都不存在显著的交互作用,因此各组回归系数同质。

解答 根据上一节介绍的方法,作协方差分析如下。

(1)组内回归分析。

```
> lm.score.age.groups <- lm(score ~ age + treatment * exercise, data =
stressExercise)
```

```
> summary(lm.score.age.groups)

Call:
lm(formula = score ~ age + treatment * exercise, data = stressExercise)

Residuals:
    Min       1Q  Median      3Q     Max
-9.3648  -3.2830  0.0706  2.4578  10.7207

Coefficients:
                            Estimate  Std.Error  t value  Pr(>|t|)
(Intercept)                 55.03742   10.21438    5.388  1.67e-06 ***
age                          0.53197    0.16364    3.251     0.002 **
treatmentno                  1.94721    2.18754    0.890     0.377
exercisemoderate             0.07714    2.21340    0.035     0.972
exercisehigh               -13.56974    2.31788   -5.854  3.08e-07 ***
treatmentno:exercisemoderate -0.31476   3.10074   -0.102     0.920
treatmentno:exercisehigh     7.77401    3.09334    2.513     0.015 *
---
Signif. codes:  0 '***' 0.001 '**' 0.01 '*' 0.05 '.' 0.1 ' ' 1

Residual standard error: 4.889 on 53 degrees of freedom
Multiple R-squared:  0.6759,    Adjusted R-squared:  0.6392
F-statistic: 18.42 on 6 and 53 DF,  p-value: 2e-11
```

得组内回归系数 $b=0.53197$；回归系数的 t 检验得 $P<0.01$，回归关系极显著。图 12.2 展示了各组内回归直线的具体情况。

(2)协方差分析。

```
> Anova(lm.score.age.groups, type = 3)
Anova Table (Type III tests)

Response: score
                    Sum Sq Df F value    Pr(>F)
(Intercept)         694.04  1 29.0330 1.669e-06 ***
age                 252.63  1 10.5679  0.002003 **
treatment            18.94  1  0.7923  0.377414
exercise           1125.88  2 23.5488 4.809e-08 ***
treatment:exercise  209.89  2  4.3901  0.017211 *
Residuals          1266.98 53
```

```
---
Signif. codes:  0 '***' 0.001 '**' 0.01 '*' 0.05 '.' 0.1 ' ' 1
```

排除协变量 age 后，各组不同水平的体育锻炼带来了压力水平的极显著差异，同时两个因素的交互作用 treatment:exercise 对压力水平也有显著影响。而新的治疗方法并未表现出对压力水平的显著影响。

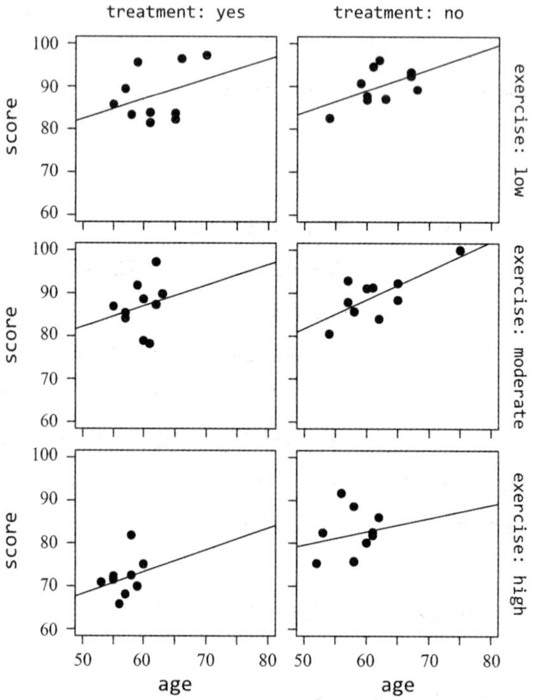

图 12.2　年龄(age)与压力水平(score)的分组回归分析

(3)多重比较。

```
>emt <- emmeans_test(data = stressExercise, formula = score ~ exercise,
covariate = age, p.adjust.method = "bonferroni"); emt
# A tibble: 3 x 9
  term         .y.   group1   group2      df statistic          p      p.adj p.adj.si…¹
* <chr>        <chr> <chr>    <chr>    <dbl>     <dbl>      <dbl>      <dbl> <chr>
1 age*exercise score low      moderate    56  -0.00850 0.993      1          ns
2 age*exercise score low      high        56   4.79    0.0000128  0.0000385  ****
3 age*exercise score moderate high        56   5.04    0.00000523 0.0000157  ****
# … with abbreviated variable name ¹p.adj.signif
```

high 级别的锻炼程度与其他两个程度的体育锻炼相比，对压力水平的影响有极显著的差异。这一显著影响也同时传递给了互作 treatment:exercise。

本例题的分析结果，从图 12.2 也能观察出来。肉眼可见的差异主要体现在 high 级别锻炼的一组(第三排的两个子图)。虽然该大组内用新方法治疗的小组(第三排左侧子图)压力评分低于无治疗小组(第三排右侧子图)，但整体上有治疗(左侧一列三个子图)与无治疗

(右侧一列三个子图)两大组之间没有显著差异。

可是,如果我们直接在 treatment 的两组之间作 t 检验,结果却是

```
> t.test(score ~ treatment, data = stressExercise)$p.value
[1] 0.01684363
```

这种有治疗组和无治疗组之间整体上的显著差异,实际上并不是新治疗方法带来的。如果无视 exercise 因素,显然会带来错误的结论。

某因素的主效无显著影响,而另一因素有显著影响,进而带来两个因素的互作有显著影响,这种情况在分析实践中需要特别注意。处理不当不但可能导致错误的结论,还会造成分析方法的误用。

本章针对协方差分析表,都是用 Anova()函数计算 Type-Ⅲ型平方和。除了试验设计是否均衡,也就是各组重复数是否相等,会导致不同平方和计算方式产生不同的结果,因素间是否存在显著的互作,也会在不同平方和计算方式间产生结果差异。比如,如果我们采用 Type-Ⅱ型计算方式,即令 Anova()函数的参数 type = 2,则会有

```
> Anova(lm.score.age.groups, type = 2)
Anova Table (Type II tests)

Response: score
                    Sum Sq  Df  F value     Pr(>F)
age                 252.63   1  10.5679  0.0020026 **
treatment           290.65   1  12.1584  0.0009906 ***
exercise           1034.02   2  21.6275  1.357e-07 ***
treatment:exercise  209.89   2   4.3901  0.0172110 *
Residuals          1266.98  53
---
Signif. codes:  0 '***' 0.001 '**' 0.01 '*' 0.05 '.' 0.1 ' ' 1
```

因素 treatment 现在也显著了。虽然 Type-Ⅱ型也可用于不平衡数据,但是它要求因素间不存在互作。因为 Type-Ⅱ型分层处理主效和互作,也就是主效之间相互调整时不考虑低一层的互作。所以互作显著时应采用 Type-Ⅲ型,该方式在计算主效的平方和时会考虑互作。

12.4　协方差分析的作用

方差分析中的不同试验因素始终在研究人员的控制之下,而协方差分析中的协变量不能人为控制。至少在某一个现实情况下,比如试验材料不够充足,我们无法控制协变量。假如条件允许,对于例题 12.1 如果有足够多初始评分一致的受试者,那么初始评分就可以作为一个试验因素进行方差分析。

为了排除试验条件不一致的影响,成对 t 检验还可以将处理前后的观测值作差。这种方法虽然和协方差分析一样,都能消除初始条件的影响,但是它们背后的逻辑不同。取差值

的方法假定了初始值并不影响处理施加过程中观测值的变化，只是作为一个基础值存在；而协方差分析则认为初始值会影响观测值的变化，或者说参与了观测值的变化。因此，二者不能等同视之。

就协方差分析的作用而言，在了解了它的基本原理及应用实例之后，我们可以将其总结为以下三点。

1）非试验因素的统计控制

第 14 章试验设计部分的 14.3.3 小节会讲到，局部控制是试验设计的基本原则之一。其目的是保障同一组内处理之外的一切条件保持一致。但在某些时候，难以实现试验控制，需要辅以统计控制。通过统计矫正，使试验误差减小，进而让处理效应的估计更加准确。

2）估计缺失值

第 2 章描述性统计 2.4 小节提及对数据中的个别缺失值（不超过 2 个）可采用最小二乘法作估计。如此作缺失值估计的思想基于令误差平方和最小。但这种方法会引起处理平方和出现偏差。而如果通过协方差分析来估计缺失值，也就是利用协变量与因变量的回归关系来估计，则会达到更好的估计效果。

3）协方差的组分分析

介绍了一整章的协方差分析，却在结尾处第一次出现协方差。本书在 11.2.1 小节第一次提到协方差，当时给出了协方差的定义 11.1。基于协方差的概念（总乘积和 SP_{xy} 除以自由度），我们还调整了 Pearson 样本相关系数 r 的公式，即

$$r = \frac{\mathrm{Cov}(x, y)}{\sqrt{\mathrm{Var}(x)} \times \sqrt{\mathrm{Var}(y)}} \tag{12.30}$$

协方差 $\mathrm{Cov}(x, y)$ 的大小反映了两个变量之间的相关性程度。协方差分析实现了总乘积和按照变异原因的分解，也就相当于对协方差的分解，进而也就实现了对变量相关性按照变异原因的分解。协方差分析由此得名。

方差分析、回归分析、协方差分析，以及后者与前两者的关系已足够清晰。再加上协方差分析所引向的相关性问题，相关分析也被引入进来。本书对四种统计分析方法的重点介绍终于完成。

习题 12

（1）什么是协方差分析？请解释其目的和用途。

（2）协方差分析和方差分析有什么相似之处和不同之处？

（3）协方差分析要求数据资料具备哪些基本条件？

（4）单因素单协变量协方差分析一般有哪些步骤？

（5）简述协方差和相关性之间的关系。

（6）试对第 10 章的例题 10.3 的数据作协方差分析。

（7）为研究某药物对初生小鼠体重的影响，研究人员分别将 4 种剂量（`dose`）的该药物施加于怀孕母鼠，待母鼠分娩后测初生小鼠体重（`weight`），同时还记录了开始试验时母鼠的怀孕时间（`gesttime`）（数据见 `multcomp` 包 `litter` 数据集）。试作协方差分析。

(8) cricketsPulse 数据集记录了两种蟋蟀(ex: *Oecanthus exclamationis*; niv: *Oecanthus niveus*)在不同温度下的振翅脉冲频率数据。温度可能会对振翅频率有影响,试作协方差分析。

(9)fishWeight 数据集记录了分属 6 个种的 150 条鱼的体长(Length)、体宽(Width)、高度(Height)及体重(Weight)数据。试分别用 3 种身体特征与体重作协方差分析。

(10)hamburgerCalories 数据集记录了一组 3 种不同主料的汉堡的盐含量(Sodium)和热量(Calories),试以盐含量为协变量作协方差分析。

第 13 章　非参数检验

前面介绍的所有关于样本平均数、样本方差的假设检验，包括方差分析、回归分析和相关分析（仅限 Pearson 相关分析），都是关于总体参数的检验。因此，统计学上将它们统称为参数检验（parametric test）。支撑参数检验的主要是正态分布，或者是可用正态分布近似的总体分布。

虽然正态分布可解释大多数随机变量的概率问题，然而实际工作中出现的样本仍然有不少来自非正态总体，甚至不能通过数据转换得到正态总体。非正态总体也罢，只要分布是已知的，问题仍然是可以处理的。真正棘手的是如何处理非正态且未知的总体。对于这样的难题，统计学家们早已为我们找到解决办法——非参数检验（non-parametric test）。Spearman 和 Kendall 秩相关分析即属此类。

非参数检验是一类与总体分布无关的检验方法，对总体分布的具体形式不作任何限制性的假定，不以估计或检验总体参数的具体数值为目的。所以非参数检验具有计算简便、易于掌握等优点。当然，非参数检验并非完美无缺，它不能充分利用样本内含的数据信息，检验的效率较低。例如，对成组数据进行非参数检验（秩和检验），其效率仅是 t 检验的 86.4%，也就是说，基于相同的显著性水平得出显著差异的结论，t 检验所需样本容量要比非参数检验少 13.6%。

常用的非参数检验主要有卡方检验、符号检验、秩和检验等。卡方检验主要针对计数资料（将观察单位按某种属性或类别分组计数），根据观测值与理论值的关系，推断数据是否符合某种理论分布或假设分布，或判断两个试验因素或变量是否相互独立；符号检验将观测值转变为正负符号，通过符号变化判断总体分布的位置（中位数的位置）；秩和检验通过比较样本数据的大小顺序，推断两个或多个总体分布的位置是否相同。

13.1　卡方检验

卡方检验在前面介绍单样本方差的假设检验时已经登场。当时应用卡方检验的目的是在样本方差与特定标准值之间作比较。方差是两个重要的总体参数之一，所以用于方差检验的卡方检验属于参数检验家族。然而，除了比较方差，卡方检验还可以判断观测值与理论值之间的符合程度。这种“符合程度”在 Karl Pearson 的论文里被称为拟合优度（goodness of fit），相应的检验方法则被称为拟合优度检验（goodness-of-fit test）。

Pearson 的拟合优度检验是历史上第一个正式的显著性检验方法。Pearson 确立的拟合优度检验发表于 1900 年①，而他第一次遇到拟合度的问题似乎是在 1892 年。那年

---

① Pearson K. 1900. X. On the criterion that a given system of deviations from the probable in the case of a correlated system of variables is such that it can be reasonably supposed to have arisen from random sampling. Philosophical Magazine Series 5,50(302):157-175.

Pearson 抛硬币 2400 次，后来他的学生 C. L. T. Griffith 又抛了 8178 次作为补充。为了分析这些试验结果，Pearson 将观察到的标准差与理论上的标准差进行了比较。三年后，Pearson 提出了频率多边形(形如图 2.1(b))的"平均百分比误差"作为衡量拟合度的标准。从他 1897 年出版的 *The Chances of Death* 一书的前两章可以看出，在发表拟合优度检验的开创性论文之前，Pearson 就已经开始认真考虑这个问题了。

我们不必深究 Pearson 论文里完整的数学内容。故事的梗概是 Pearson 从 n 个服从正态分布的随机变量的联合概率密度函数出发，再次导出了 χ^2 分布的密度函数①，随后将理论频率 m_i 和观测频率 m_i'，通过三角转换引入 χ^2 的表达式中，最终得到

$$\sum_{i=1}^{n+1} \frac{(m_i - m_i')^2}{m_i} \sim \chi_n^2 \tag{13.1}$$

至此，Pearson 得到了整个统计学中最受欢迎且易于识别的公式之一。文章的第六部分，Pearson 利用他的新方法对一些例子进行了分析。其中一个就是从 Weldon 那里得到的关于"每次投 12 颗骰子，投 26306 次的结果中 5 点或 6 点出现的次数"的数据。经过计算，$\chi^2 = 43.87241$，$P = 0.000016$。基于这样的相伴概率，可以很有信心地得出结论：骰子表现出对高点数的偏爱。注意，这里 Pearson 第一次使用了 P 值(后来 Fisher 的显著性检验吸收了这一点)。

然而，Pearson 的工作并不完美。一个关键的漏洞随后被比他小 33 岁的 Fisher 抓住，还发表了论文进行批判。Fisher 借此提出了自由度的概念。从此以后，两个统计学天才之间的"战争"爆发了。故事的后续发展证明 Fisher 赢得了最终的胜利。事实上，Pearson 并不是对他的错误完全无感。1911 年 Pearson 就扩展了 χ^2 检验(11 年后才作出修正)。尽管如此，Pearson 坚决否认 Fisher 关于自由度概念的有效性。

Karl Pearson 无疑是数理统计学中的杰出天才之一。在 1892 年他才 35 岁，对统计学还知之甚少，然而在接下来 10 年左右的时间里，他引入了许多至今仍在使用的统计学术语：标准差、列联表、拟合优度、相关系数、偏度、峰度、矩。然而，过度自信甚至专横跋扈的性格让他一生树敌不少。退休后的 Pearson，只有一个研究生助手和一间距伦敦大学学院优生学系及生物统计学系都很远的办公室。优生学系和生物统计学系的前身正是他退休前领导的 Galton 生物统计实验室。

作为非参数方法的卡方检验主要有两个功能：判断理论值与观测值之间的适合程度(适合性检验)和判断两个试验因素或变量是否独立(独立性检验)。

13.1.1　适合性检验

假设随机变量 X 有理论分布 F，X 可取有限个不同值 $a_1, \cdots, a_r$。X 取到 a_i 的概率为 p_i，即 $P(X = a_i) = p_i (i = 1, \cdots, r)$，且根据概率的性质有 $p_i > 0$，$\sum_{i=1}^{r} p_i = 1$。现在我们从

① 法国数学家 Irenée-Jules Bienaymé 和德国物理学家 Ernst Abbe 分别于 1852 年和 1863 年推导过 χ^2 分布。

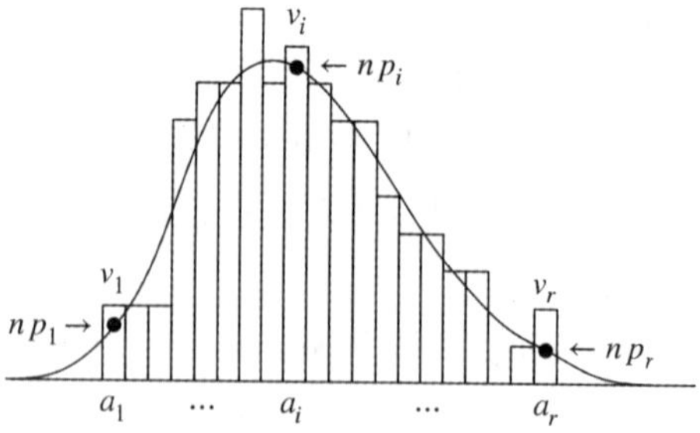

图 13.1　理论分布的拟合

F 中随机抽取 n 个观测值 $x_1,\cdots,x_n$，以 v_i 表示观测值中等于 a_i 的个数，所以有 $\sum_{i=1}^{r} v_i = n$。这里的 v_i 被称为观测频数（实际发生的频数值），np_i 被称为理论频数（频数的理论期望值）。观测频数和理论频数的关系如图 13.1 所示。

为了反映样本分布与理论分布的偏离程度，Pearson 首先得到 n 个观测值的频数分布表，然后引入了统计量

$$\chi^2 = \sum_{i=1}^{r} \frac{(v_i - np_i)^2}{np_i} \tag{13.2}$$

并且证明了如果样本确实来自理论分布 F，则样本容量 $n \to \infty$ 时，χ^2 统计量的抽样分布收敛于自由度为 $r-1$ 的 χ^2 分布。

观测频数 v_i 是随机变量 X 取值于 a_i（离散型随机变量）或取值于某一个区间（连续型随机变量）的次数。在数据分析过程中，很多时候观测频率是以计数资料的形式作为观测值直接获得的（对于连续型数据需要进行转换），所以 χ^2 统计量有更一般的形式

$$\chi^2 = \sum_{i=1}^{r} \frac{(O_i - E_i)^2}{E_i} \tag{13.3}$$

其中 O_i 表示第 i 个观测值，E_i 则是与 O_i 对应的理论值。

算出一组具体样本的 χ_c^2 后，如果零假设 H_0 成立，即理论值与观测值相等，或称拟合，出现像 χ_c^2 这么大的差异或更大的差异的概率 $P(\chi^2 \geqslant \chi_c^2 \mid H_0)$，就是拟合优度。

拟合优度越高，即出现比 χ_c^2 更大的样本可能性越高，亦即理论分布对当前样本拟合越好。和前面介绍的假设检验一样，我们先设定一个阈值 α（如 0.01，0.05），若 χ_c^2 大于 χ^2 分布的上侧 α 分位数 $\chi_{r-1}^2(\alpha)$，则否定零假设 H_0，反之接受零假设 H_0。

卡方检验用于样本方差的比较时，由于样本方差可能大于特定标准值也可能小于标准值，所以采用双尾检验的形式。然而，这里用于衡量理论值与观测值拟合程度的 χ_c^2 值，不利于零假设 H_0 的情况只会发生在比当前 χ_c^2 值更大的样本中，所以应该采用单尾检验的形式。

后来的显著性检验中 P 值的计算基本上都延续了拟合优度的方式。让我们重温一下相伴概率 P 值的定义：检验统计量取到当前值，以及比当前值更极端的值的概率。它反映的是当前值的极端程度：P 值很小，说明当前值已经足够极端，因为取到比它还极端的值的概率已经很低；而 P 值较大，说明当前值并不足够极端，取到比它更极端的值的概率还很高。

细想一下，拟合优度检验应该称为“拟合劣度检验”，因为检验只能在观测值与理论值偏离程度较大，超过检验临界值时否定零假设，也就是得到观测值与理论值拟合不良的结论。当偏离程度不够极端，不能否定零假设时，比如一个样本得到 $P=0.07$，而另一个样本得到 $P=0.9$，虽然都不能否定零假设，但是两个样本对同一个理论分布 F 的拟合程度显然不同。所以“拟合劣度检验”只能告诉我们哪个理论分布更差，而不能说明哪个更优。

χ^2 分布是连续型分布，而计数资料或属性资料是离散的，所以式(13.3)中的 χ^2 统计量

是一个近似值。为了达到较好的近似效果，在计算 χ^2 值时需要注意以下两点。

(1)任一理论频数值 E_i 都必须大于 5。如果 $E_i = np_i \leqslant 5$，统计量会明显偏离 χ^2 分布。这一点我们在第 7 章用正态近似的方法检验单样本比率时已经遇到过。当 np 和 $n(1-p)$ 均大于 5 时，二项分布才可用正态分布近似。

(2)当 $r = 2$ 时，相应的 χ^2 分布有自由度 df$=r-1=1$。需要对 χ^2 统计量进行连续性矫正，矫正公式为

$$\chi^2 = \sum_{i=1}^{r} \frac{(|O_i - E_i| - 0.5)^2}{E_i} \tag{13.4}$$

矫正后的 χ^2 统计量要小于未矫正的 χ^2 统计量。所以连续性矫正减小了犯第一类错误的概率。

1. 不同类型分布比率的适合性检验

单样本比率的参数检验方法，其中包括基于二项分布的精确方法和基于正态分布的近似方法。实际上，这类比率的检验问题也可以用卡方检验来完成。

例题 13.1　荷包红鲤(红色，纯隐性性状)与湘江野鲤(青灰色，纯显性性状)杂交，得到青灰色子代 1503 条、红色子代 99 条。试问这一组试验资料是否符合孟德尔一对等位基因的遗传规律，即鲤鱼体色青∶红 = 3∶1。

分析　如果采用单样本比率的参数检验思想，本例题的问法应该是子代显性的青灰体色比率 $\frac{1503}{1503+99} \approx 0.938$，是否显著大于 $\frac{3}{3+1} = 0.75$。这个问题如果用卡方检验来处理，那么就有两对观测值与理论值，分别对应青灰色和红色两种性状，它们都属于分类资料。

观测值已在题目中给出，理论值则需要理论比例来计算，即青灰色的理论值为 $(1503+99) \times \frac{3}{4} = 1201.5$，红色的理论值为 $(1503+99) \times \frac{1}{4} = 400.5$。剩下的只需要代入公式计算 χ^2 值，然后与 χ^2 分布的临界值作比较即可。注意，本例有两对观测值与理论值，χ^2 分布的自由度等于 1，所以需要进行连续性矫正。

解答　根据假设检验的一般操作流程，作 χ^2 检验如下。

(1)设定零假设 H_0：子代体色性状分离符合 3∶1 的比例，备择假设 H_1：子代体色性状分离不符合 3∶1 的比例。

(2)选取显著性水平 $\alpha = 0.01$。

(3)计算检验统计量和 P 值。

· 检验统计量 $\chi_c^2 = \sum_{i=1}^{2} \frac{(|O_i - E_i| - 0.5)^2}{E_i} = \frac{(|1503 - 1201.5| - 0.5)^2}{1201.5} + \frac{(|99 - 400.5| - 0.5)^2}{400.5} \approx 301.636$。

```
> obs.v <- c(1503, 99)
> the.p <- c(3/4, 1/4)
> the.v <- the.p * sum(obs.v)
> chisq.c <- sum((abs(obs.v - the.v) - 0.5)^2 / the.v); chisq.c
```

```
[1] 301.6263
```

· 单尾检验的 P 值：$P(\chi^2 \geqslant \chi_c^2 \approx 301.626 \mid H_0) = 1.456996 \times 10^{-67}$。

```
> pchisq(chisq.c, df = 1, lower.tail = FALSE)
[1] 1.456996e-67
```

(4)作出统计推断。

P 值小于显著性水平 α，因此拒绝零假设，接受备择假设。检验结论：子代体色性状分离不符合 3∶1 的比例。

针对适合性问题的卡方检验，其功效的计算 pwr 包有专门的 pwr.chisq.test()函数[①]。方法如下。

```
> obs.p <- obs.v / sum(obs.v)
> pct <- pwr.chisq.test(w = ES.w1(the.p, obs.p), N = sum(obs.v), df = 1);
pct$power
[1] 1
```

其中，ES.w1()函数(同属 pwr 包)用于计算拟合优度卡方检验的效应量。

通过传入的理论比率和观测比率，计算效应量 $w = \sqrt{\sum_{i=1}^{m} \frac{(p_{i,H_1} - p_{i,H_0})^2}{p_{i,H_0}}}$。$p_{i,H_1}$ 表示备择假设下的比率，即观测比率；p_{i,H_0} 表示零假设下的比率，即理论比率。对于本例题中的数据，效应量为

$$w = \sqrt{\frac{(1503/(1503+99) - 3/4)^2}{3/4} + \frac{(99/(1503+99) - 1/4)^2}{1/4}} = 0.4346345$$

例题 13.2 孟德尔用豌豆的两对相对性状进行杂交试验，黄色(显性)圆滑(显性)种子与绿色(隐性)褶皱(隐性)种子杂交后得子代 556 粒种子。表型数据分布情况为：黄圆 315 粒、黄皱 101 粒、绿圆 108 粒、绿皱 32 粒。试问此结果是否符合自由组合规律，即黄圆∶黄皱∶绿圆∶绿皱 = 9∶3∶3∶1。

分析 相比于上一例题，本题涉及的分类资料的组别超过了两个。所以相应 χ^2 分布的自由度 df=4−1=3，因此 χ^2 统计量不再需要连续性矫正。类似遗传表型这样的计数数据或属性数据，类型数等于 2 时，单样本比率的参数检验方法(将比率转换成某一类别的比率数据，如上题 3∶1 转换为 0.75)和非参数的卡方检验有相同的功能。然而，当类型数超过 2 时，也就是说需要比较多对比率时，之前的参数检验方法就无能为力了。这种场景是不是似曾相识？是的，就是方差分析。它的诞生也是为了解决多组样本平均数的比较问题。

解答 根据假设检验的一般操作流程，作 χ^2 检验如下。

(1)设定零假设 H_0：子代表型性状分离符合 9∶3∶3∶1 的比例，备择假设 H_1：子代表型性状分离不符合 9∶3∶3∶1 的比例。

(2)选取显著性水平 $\alpha = 0.01$。

(3)计算检验统计量和 P 值。

---

① pwr.chisq.test()函数不能用于单样本方差卡方检验的功效计算。

• 检验统计量 $\chi_c^2 = \sum_{i=1}^{4} \frac{(|O_i - E_i|)^2}{E_i} \approx 0.470$。

```
> obs.v <- c(315, 101, 108, 32)
> the.p <- c(9, 3, 3, 1) / 16
> the.v <- the.p * sum(obs.v)
> chisq.c <- sum((obs.v - the.v)^2 / the.v); chisq.c
[1] 0.470024
```

• 单尾检验的 P 值：$P(\chi^2 \geqslant \chi_c^2 \approx 0.470 \mid H_0) \approx 0.925$。

```
> pchisq(chisq.c, df = 4 - 1, lower.tail = FALSE)
[1] 0.9254259
```

(4)作出统计推断。

P 值大于显著性水平 α，因此接受零假设，拒绝备择假设。检验结论：子代表型性状分离符合 9∶3∶3∶1 的比例。

R 统计分析包 stats 中一步完成卡方检验的函数有 chisq.test()，通过参数 x 传入观测值数据，参数 p 传入各观测值的概率，即理论比率。chisq.test()函数不需要传入理论值，它会根据理论比率来计算理论值[①]。结果如下。

```
> chisq.test(x = obs.v, p = the.p)
	Chi-squared test for given probabilities


data:  obs.v
X-squared = 0.47002, df = 3, p-value = 0.9254
```

功效分析的结果如下。

```
> obs.p <- obs.v / sum(obs.v)
> pct <- pwr.chisq.test(w = ES.w1(the.p, obs.p), N = sum(obs.v), df = 4 - 1);
pct$power
[1] 0.07915517
```

2. 理论分布的适合性检验

泊松分布主要用来描述较小概率事件发生次数的概率分布(见 3.3.3 小节)，在生物学研究中较为常见。例如，某地区畜群的某种稀有疾病的发病个体数，以及一个显微镜视野内观察到的细菌数都可以用泊松分布来描述。下面我们就来看一个具体的例子。

例题 13.3　现有不同显微镜视野内观察到的细菌计数数据(见 bacteriaCount 数据集)，试利用该资料检验细菌数是否符合泊松分布。

解答　根据假设检验的一般操作流程，作 χ^2 检验如下。

(1)设定零假设 H_0：显微镜视野内的细菌细胞数服从泊松分布，备择假设 H_1：显微镜视野内的细菌细胞数不服从泊松分布。

(2)选取显著性水平 $\alpha = 0.05$。

① chisq.test()函数固然方便，不过如果使用它来完成例题 13.1，该函数计算的卡方值不会进行连续性矫正。

(3)计算检验统计量和 P 值。

· 检验统计量 $\chi_c^2 = \sum_{i=1}^{7} \frac{(|O_i - E_i|)^2}{E_i} \approx 0.731$。

```
> head(bacteriaCount, n = 3)
  BNum  Vfield
1    0       5
2    1      19
3    2      26
```

首先,观察[①] bacteriaCount 数据集的结果,发现数据记录的是细菌不同细胞计数下的视野数(观测值)。比如第一行:细菌细胞数为 0 的视野有 5 个。然后,如果要得到泊松分布下的理论视野数(理论值),需要估计泊松分布的参数 λ。泊松分布的参数 λ 即随机变量的数学期望,也就是事件发生的平均次数。所以我们可以利用样本数据计算事件发生的平均次数作为泊松分布的参数估计值。

```
> Vfield.sum <- with(bacteriaCount, sum(Vfield))
> BNum.mean <- with(bacteriaCount, sum((Vfield / Vfield.sum) * BNum)); BNum.
mean
[1] 2.983051
```

其中 Vfield.sum 为总视野数,BNum.mean 为用加权平均法估计的泊松分布总体参数估计值。通过泊松分布的概率质量函数 dpois()计算理论分布下各观测值的概率,乘以总视野数,即得理论视野数。

```
> the.p <- dpois(bacteriaCount$BNum, lambda = BNum.mean)
> the.v <- the.p * Vfield.sum
```

下面将数据理论视野数整合到 bacteriaCount 数据框中。

```
> tdtable <- cbind(bacteriaCount, the.p = the.p, the.v = the.v); tdtable
   BNum  Vfield        the.p       the.v
1     0       5  0.050638109   5.9752968
2     1      19  0.151056053  17.8246143
3     2      26  0.225303944  26.5858654
4     3      26  0.224031040  26.4356628
5     4      21  0.167073996  19.7147316
6     5      13  0.099678045  11.7620093
7     6       5  0.049557446   5.8477787
8     7       1  0.021118912   2.4920316
9     8       1  0.007874848   0.9292321
10    9       1  0.002610119   0.3079941
```

第 8、9、10 行的理论视野数小于 5,为满足卡方检验的条件,需要将它们与第 7 行合并。

① head()函数让数据只显示前 3 行。

以下指令中 apply()函数首先实现了 7～10 行的同列数值加和，然后 rbind()函数实现了原1～6 行数据与加和数据的行合并（参见 15.4.3 小节）。

```
> row7_10 <- apply(X = tdtable[7:10,], MARGIN = 2, FUN = sum)
> tdtable2 <- rbind(tdtable[1:6,], row7_10); tdtable2
  BNum  Vfield      the.p     the.v
1    0       5 0.05063811  5.975297
2    1      19 0.15105605 17.824614
3    2      26 0.22530394 26.585865
4    3      26 0.22403104 26.435663
5    4      21 0.16707400 19.714732
6    5      13 0.09967805 11.762009
7   30       8 0.08116133  9.577036
```

现在可以计算检验统计量 χ_c^2 了。

```
> chisq.c <- with(tdtable2, sum((Vfield - the.v)^2 / the.v)); chisq.c
[1] 0.7305685
```

• 单尾检验的 P 值：$P(\chi^2 \geqslant \chi_c^2 \approx 0.731 \mid H_0) \approx 0.994$。

```
> pchisq(chisq.c, df = 7 - 1, lower.tail = FALSE)
[1] 0.9938075
```

由于合并后组数为 7，利用样本估计的总体参数有 1 个，所以自由度为 6。将 tdtable2 中的观测频数数据 Vfield 和理论频数数据 Vfield.t 分别用柱形和点线表示，如图 13.2 所示。

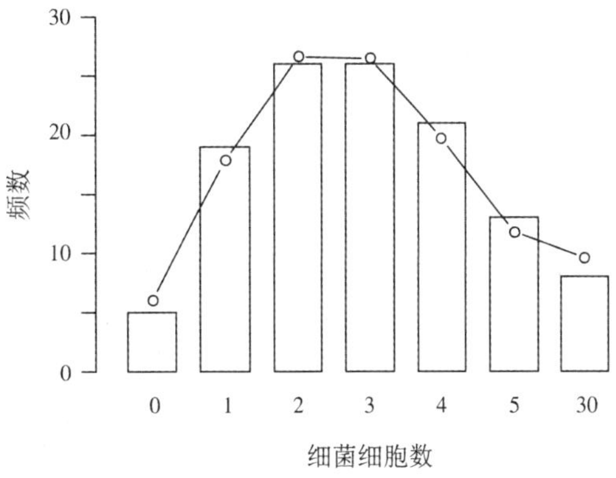

图 13.2　不同视野下细菌细胞数的观测值与理论值

（4）作出统计推断。

P 值大于显著性水平 α，因此接受零假设，拒绝备择假设。检验结论：显微镜视野内的细菌细胞数服从泊松分布。

如用 chisq.test()来完成适合性检验，理论视野数小于 5 的观测值仍然需要合并，所以我们可以从 tdtable2 出发执行检验。

```
> cst <- chisq.test(x = tdtable2$Vfield, p = tdtable2$the.p, rescale.p =
TRUE); cst$p.value
[1] 0.9938284
```

这里算出来的 P 值与上述分步计算结果有微小差异。原因是 rescale.p 对传入的理论频率 tdtable2$the.p 进行了归一化。如果按照默认的 rescale.p = FALSE，函数会报错，因 tdtable2$the.p 的和不等于 1（见下面的代码和运行结果）。这种情况在对小数进行舍入时经常发生。所以,chisq.test()用于计算 χ^2 值的理论值和分步计算的理论值不同,造成了 P 值的微小差异。

```
> sum(tdtable2$the.p)
[1] 0.9989425
> cst$expected
[1] 5.981622 17.843484 26.614009 26.463648 19.735602 11.774461   9.587175
> tdtable2$the.v
[1] 5.975297 17.824614 26.585865 26.435663 19.714732 11.762009   9.577036
```

自然界中服从正态分布的随机变量最为常见,那么如何通过卡方检验判断一个随机变量是否服从正态分布呢?首先,由于正态分布是连续型的概率分布,没有自然的分组类别,为进行卡方检验,我们需要将全部观测值人为地划分为 k 组,整理成频数分布表;然后,根据正态分布计算各组的理论频数;最后,利用卡方检验比较观测频数与理论频数之间的差异。若差异显著,则表明观测值不符合正态分布;反之,则认为符合正态分布。

理论频数的计算步骤如下。

(1)编制频数分布表。

(2)计算各组的理论频数。对各组上下限进行标准化处理,计算各组段的正态分布概率,然后根据概率和观测总次数计算理论频数。

(3)将理论频数小于 5 的组段,与邻近组段合并,以达到卡方检验的要求。

执行卡方检验时,χ^2 分布的自由度为 $\mathrm{df}=k-1-r$,其中 k 为分组数,r 为利用样本估计的总体参数个数。正态分布的总体参数有两个:平均数 μ 和方差 σ^2 。如果两个参数均已知,则 $r=0$;如果两个参数均未知,需要用样本来估计,则 $r=2$。

例题 13.4 为考察某品种小麦穗长的分布情况,随机抽取 100 个麦穗测得穗长数据,并制作频数分布表(见 wheatearFDtable 数据集),已知该品种小麦穗长平均数为 6.032 cm,标准差为 0.776 cm。试检验该数据是否服从正态分布。

解答 根据假设检验的一般操作流程,作 χ^2 检验如下。

(1)设定零假设 H_0:该品种小麦穗长数据服从正态分布,备择假设 H_1:该品种小麦穗长数据不服从正态分布。

(2)选取显著性水平 $\alpha=0.05$。

(3)计算检验统计量和 P 值。

· 检验统计量 $\chi_c^2=\sum_{i=1}^{6}\frac{(|O_i-E_i|)^2}{E_i}\approx 2.042$。

同样地,我们需要观察一下 wheatearFDtable 数据集的结构。观测值分布于 4 到 8.5 之间,按照数据集中已有的分组(组距 0.5),计算这些组限在标准正态分布下的对应值。操作方法是对组限值进行标准化。

```
> class_lower <- seq(4, 8, 0.5)
> class_upper <- seq(4.5, 8.5, 0.5)
> class_lower_z <- (class_lower - 6.032) / 0.776
> class_upper_z <- (class_upper - 6.032) / 0.776
```

然后，利用标准正态分布的累积分布函数，计算正态分布取值于各分组的概率(the.p)。概率乘以总数即得各分组在正态分布下的理论值(the.v)，然后将数据汇总。

```
> the.p <- pnorm(class_upper_z) - pnorm(class_lower_z)
> the.v <- the.p * 100
> fdtable <- cbind(wheatearFDtable, the.p = the.p, the.v = the.v); fdtable
  Class limits  f    rf       the.p      the.v
1      [4,4.5)  2  0.02 0.019762849  1.9762849
2      [4.5,5)  6  0.06 0.067598141  6.7598141
3      [5,5.5) 17  0.17 0.154716975 15.4716975
4      [5.5,6) 24  0.24 0.237060338 23.7060338
5      [6,6.5) 27  0.27 0.243223083 24.3223083
6      [6.5,7) 12  0.12 0.167102206 16.7102206
7      [7,7.5)  9  0.09 0.076859300  7.6859300
8      [7.5,8)  2  0.02 0.023656961  2.3656961
9      [8,8.5)  1  0.01 0.004869688  0.4869688
```

第 1、8、9 行的理论数小于 5，为满足卡方检验的条件，将它们分别与邻近的行合并①。

```
> fdtable2 <- rbind(fdtable[1,] + fdtable[2,], fdtable[3:6,], fdtable[7,] +
fdtable[8,] + fdtable[9,]); fdtable2
Warning messages:
1: In Ops.factor(left, right) : '+' not meaningful for factors
2: In Ops.factor(left, right) : '+' not meaningful for factors
3: In Ops.factor(left, right) : '+' not meaningful for factors
  Class limits  f    rf      the.p     the.v
1         <NA>  8  0.08 0.08736099  8.736099
3      [5,5.5) 17  0.17 0.15471698 15.471698
4      [5.5,6) 24  0.24 0.23706034 23.706034
5      [6,6.5) 27  0.27 0.24322308 24.322308
6      [6.5,7) 12  0.12 0.16710221 16.710221
7         <NA> 12  0.12 0.10538595 10.538595
```

最后，计算检验统计量。

```
> chisq.c <- with(fdtable2, sum((f - the.v)^2 / the.v)); chisq.c
[1] 2.041784
```

· 单尾检验的 P 值：$P(\chi^2 \geqslant \chi_c^2 \approx 2.042 \mid H_0) \approx 0.843$。

```
> pchisq(chisq.c, df = 6 - 1, lower.tail = FALSE)
[1] 0.8433337
```

合并后组数为 6，总体的两个参数已知，所以自由度为 5。

① fdtable 中的 Class limits 是一个因子，所以 R 报出 Warning messages，意即"+"操作对因子无意义。

(4)作出统计推断。

P 值大于显著性水平 α，因此接受零假设，拒绝备择假设。检验结论：该品种小麦穗长数据服从正态分布。

第 9 章提到误差分布正态性可以用 shapiro.test()函数(Shapiro-Wilk 检验)和 ks.test()函数(Kolmogorov-Smirnov 检验)来完成检验(9.1.7 小节)。区别于拟合优度检验，这两个函数需要传入原始的观测值数据(见 wheatearLen 数据集)，而且 ks.test()函数还需要传入理论分布的名称及总体参数。

```
> shapiro.test(x = wheatearLen)
    Shapiro-Wilk normality test


data:  wheatearLen
W = 0.99145, p-value = 0.7802
> ks.test(x = wheatearLen, "pnorm", mean(wheatearLen), sd(wheatearLen))
    One-sample Kolmogorov-Smirnov test


data:  wheatearLen
D = 0.07594, p-value = 0.6114
alternative hypothesis: two-sided


Warning message:
In ks.test(x = wheatearLen, "pnorm", mean(wheatearLen), sd(wheatearLen)) :
  ties should not be present for the Kolmogorov-Smirnov test
```

两种正态性检验方法所得 P 值都大于 0.05，结论与拟合优度 χ^2 检验一致。这里有必要解释一下 ks.test()函数抛出的警告信息。ties 指的是一样的数据。ks.test()函数要求传入 x 的是连续型数据，连续型随机变量取相同值的概率为 0。作者在生成 wheatearLen 时进行了舍入，恰巧出现了一对重复值(?wheatearLen 可查看数据生成过程)，所以发出警告。

13.1.2 独立性检验

独立性检验是研究两个或两个以上因素彼此之间是否有关联的统计方法。例如，研究接种疫苗与感染流感两个因素是否有关联，可以通过比较流感感染者的频数在疫苗接种组和未接种组中的分布差异，推断两个因素的关联性。有关联，即两因素不独立，反之则独立。独立性检验的形式有多种，利用列联表的方式最为常见。

1. 列联表

列联表(contingency table)是观测数据按两个或更多属性(定性变量)分类时所列出的频数表。

设 A 和 B 是随机试验中的两个事件，其中事件 A 可能出现 $A_1, A_2, \cdots, A_r$，共 r 种结果，

事件 B 可能出现 $B_1, B_2, \cdots, B_c$，共 c 种结果，事件 A 和事件 B 所代表的两个因素相互作用，在随机试验中可能出现 $r \times c$ 种不同的结果，记作 O_{ij}，$i \in (1,2,\cdots,r)$，$j \in (1,2,\cdots,c)$。所有可能结果可以组织成 $r \times c$ 列联表(见表 13.1)。

表 13.1　$r \times c$ 列联表的一般形式

	B_1	B_2	…	B_c	合计
A_1	O_{11}	O_{12}	…	O_{1c}	$\sum_{j=1}^{c} O_{1j}$
A_2	O_{21}	O_{22}	…	O_{2c}	$\sum_{j=1}^{c} O_{2j}$
⋮	⋮	⋮		⋮	
A_r	O_{r1}	O_{r2}	…	O_{rc}	$\sum_{j=1}^{c} O_{rj}$
合计	$\sum_{i=1}^{r} O_{i1}$	$\sum_{i=1}^{r} O_{i2}$	…	$\sum_{i=1}^{r} O_{ic}$	$\sum_{i=1}^{r}\sum_{j=i}^{c} O_{ij}$

2. 卡方独立性检验

与适合性检验类似，独立性检验的关键也是理论值的计算。在理论分布的适合性检验中，理论频数的计算需要使用理论分布的概率分布函数。当我们这样做时，也就等于假定了零假设 H_0 成立。同理，在独立性检验中，我们也可以通过假定零假设成立来计算理论值。

此外，独立性检验中 χ^2 分布的自由度 $\mathrm{df} = (r-1)(c-1)$。当 $r=2, c=2$ 时，可以得到最简单的列联表。下面我们就从 2×2 列联表开始，看卡方检验如何解决独立性问题。

例题 13.5　为研究吸烟与患气管炎病之间的关系，对人群进行随机抽样调查(共 500 例)，数据如表 13.2 所示。试检验吸烟与患气管炎病两种因素之间的关联性。

表 13.2　不同人群患气管炎病的抽样调查资料

不同人群	气管炎		合计
	患气管炎病	不患气管炎病	
吸烟	50	250	300
不吸烟	5	195	200
合计	55	445	500

解答　根据假设检验的一般操作方法，作 χ^2 检验如下。

(1)设定零假设 H_0：吸烟与患气管炎病无关联，备择假设 H_1：吸烟与患气管炎病有关联。

(2)选取显著性水平 $\alpha = 0.01$。

(3)计算检验统计量和 P 值。

· 检验统计量 $\chi_c^2 = \sum_{i=1}^{4} \frac{(|O_i - E_i| - 0.5)^2}{E_i} \approx 23.174$。

通过 matrix()函数(用法详见 15.3.2 小节)，将列联表中的数据记入矩阵。

```
> obs.v <- matrix(data = c(50, 5, 250, 195), byrow = FALSE, nrow = 2)
```

首先,从样本数据中可以估算出患气管炎病的概率 $\frac{55}{500}$,以及吸烟的概率 $\frac{300}{500}$。当我们假定 H_0 成立时,500 人的群体中吸烟且患病的理论人数应为 $500\times\frac{300}{500}\times\frac{55}{500}=33$。此处我们应用了概率的乘法定理,即相互独立事件的积事件(两事件同时发生)的概率等于两事件的概率之积。

依次类推,500 人的群体中吸烟但不患病的理论人数应为 $500\times\frac{300}{500}\times\left(1-\frac{55}{500}\right)=267$;不吸烟但患病的理论人数应为 $500\times\left(1-\frac{300}{500}\right)\times\frac{55}{500}=22$;不吸烟且不患病的理论人数应为 $500\times\left(1-\frac{300}{500}\right)\times\left(1-\frac{55}{500}\right)=178$。

记录理论值于矩阵 the.v 后计算检验统计量。由于自由度为 1,在计算 χ^2 值时需要进行连续性矫正。

```
> the.v <- matrix(c(33, 22, 267, 178), byrow = FALSE, nrow = 2)
> chisq.c <- sum((abs(obs.v - the.v) - 0.5)^2 / the.v); chisq.c
[1] 23.17416
```

· 单尾检验的 P 值:$P(\chi^2\geqslant\chi_c^2\approx23.174\mid H_0)=1.479726\times10^{-6}$。

```
> pchisq(chisq.c, df = (2 - 1) * (2 - 1), lower.tail = FALSE)
[1] 1.479726e-06
```

(4)作出统计推断。

P 值小于显著性水平 α,因此拒绝零假设,接受备择假设。检验结论:吸烟与患气管炎病有关联。

使用 chisq.test()函数完成 2×2 列联表的独立性检验时,函数会默认进行连续性矫正(由 correct 参数控制)。此外,不需要手动输入理论值,函数会根据输入的观测值矩阵,自动计算理论值。

```
> chisq.test(x = obs.v)
    Pearson's Chi-squared test with Yates' continuity correction


data:  obs.v
X-squared = 23.174, df = 1, p-value = 1.48e-06
```

列联表 χ^2 检验的功效分析,同样使用 pwr.chisq.test()函数执行,只是效应量的计算与适合性 χ^2 检验不同,由 ES.w2()函数完成。

```
> obs.p <- obs.v / sum(obs.v)
> pct <- pwr.chisq.test(w = ES.w2(obs.p), df = 1, N = 500); pct$power
[1] 0.9986495
```

计算观测频率 obs.p,并传入 ES.w2()。后者将计算一个可以描述理论频率与观测频率分歧程度的 χ^2 值,也就是效应量。

在 2×2 列联表的基础上，先对列扩展可以得到 $2\times c$ 列联表，其中 $c\geqslant3$，表示列数超过两个。对于 $2\times c$ 列联表的独立性检验，χ^2 分布的自由度公式仍为 $df=(r-1)(c-1)$，因为 $r=2$，所以 $df=c-1$。由于 $c\geqslant3$，$df\geqslant2$，因此计算 χ^2 统计量时不需要连续性矫正。

例题 13.6　冠状动脉疾病(coronary artery disease，CAD)是一类由遗传因素、环境因素及其之间的相互作用引起的多基因疾病。通过大规模的全基因组关联分析已发现多个基因中存在 CAD 易感的位点，NOA1 基因内含子中的某位点就是其中之一。为验证这一结果，研究人员调查了 180 例 CAD 患者和 160 例健康者(对照组)的 NOA1 基因的序列，对其中的易感位点的基因型数据进行统计，结果如表 13.3 所示。试检验该位点不同基因型与患 CAD 是否有关联。

表 13.3　CAD 与 NOA1 基因型关联的调查资料

不同人群	NOA1 基因型			合计
	AA	Aa	aa	
CAD 患者	92	75	13	180
对照	55	47	58	160
合计	147	122	71	340

解答　根据假设检验的一般操作流程，进行 χ^2 检验如下。

(1)设定零假设 H_0：患 CAD 与 NOA1 基因上的易感位点无关联，备择假设 H_1：患 CAD 与 NOA1 基因上的易感位点有关联。

(2)选取显著性水平 $\alpha=0.01$。

(3)计算检验临界值和 P 值。

· 检验统计量 $\chi_c^2=\sum_{i=1}^{6}\frac{(|O_i-E_i|)^2}{E_i}\approx43.233$。

以矩阵的形式记录观测数据。

```
> obs.v <- matrix(c(92, 55, 75, 47, 13, 58), byrow = FALSE, nrow = 2)
```

计算理论值可以用和例题 13.5 一样的思路，不过这里借助矩阵运算来简化计算过程。首先用观测值矩阵 obs.v 除以样本总数 sum(obs.v)得到一个观测频率矩阵 obs.p。

```
> obs.p <- obs.v / sum(obs.v)
```

然后，对 obs.p 矩阵的行求和(rowSums()函数)得到一个向量(该向量是 R 默认的列向量)，再对 obs.p 矩阵的列求和(colSums()函数)得到一个向量，后者通过 t()函数转置后(得到一个行向量)，与前一个列向量进行矩阵相乘(%*%)得到理论频率矩阵 the.p。

```
> the.p <- rowSums(obs.p) %*% t(colSums(obs.p))
```

最后与总样本数相乘后得理论值矩阵 the.v。

```
> the.v <- the.p * sum(obs.v); the.v
         [,1]      [,2]      [,3]
[1,]  77.82353  64.58824  37.58824
[2,]  69.17647  57.41176  33.41176
```

现在计算检验统计量。自由度 $c-1=2$，因此不需要进行连续性矫正。

```
> chisq.c <- sum(abs(obs.v - the.v)^2 / the.v); chisq.c
[1] 43.23341
```

• 单尾检验的 P 值：$P(\chi^2 \geqslant \chi_c^2 \approx 43.233 \mid H_0) = 4.092464 \times 10^{-10}$。

```
> pchisq(chisq.c, df = 2, lower.tail = FALSE)
[1] 4.092464e-10
```

(4)作出统计推断。

P 值小于显著性水平 α，因此拒绝零假设，接受备择假设。检验结论：患 CAD 与 NOA1 基因上的易感位点有关联。

以上分步计算的检验结果与 chisq.test()函数的一步计算结果一致。

```
> chisq.test(x = obs.v)
    Pearson's Chi-squared test


data:  obs.v
X-squared = 43.233, df = 2, p-value = 4.092e-10
```

功效分析的结果如下。

```
> pct <- pwr.chisq.test(w = ES.w2(obs.p), df = 2, N = 340); pct$power
[1] 0.9999892
```

最后我们再进一步把 $2\times c$ 列联表纵向扩展为 $r\times c$ 列联表。虽然列联表变得更大，但是卡方独立性检验的方法仍然不变。

例题 13.7 用碘剂治疗地方性甲状腺肿，不同年龄段患者的治疗效果统计结果如表 13.4 所示。试检验碘剂治疗效果是否与患者年龄有关。

表 13.4 不同年龄段甲状腺肿患者碘剂治疗效果调查资料

年龄段	治疗效果				合计
	治愈	显效	好转	无效	
11～30 岁	67	9	10	5	91
31～50 岁	32	23	20	4	79
50 岁以上	10	11	23	5	49
合计	109	43	53	14	219

解答 根据假设检验的一般操作流程，作 χ^2 检验如下。

(1)设定零假设 H_0：碘剂治疗效果与患者年龄无关，备择假设 H_1：碘剂治疗效果与患者年龄有关。

(2)选取显著性水平 $\alpha = 0.01$。

(3)计算检验统计量和 P 值。

• 检验统计量 $\chi_c^2 = \sum_{i=1}^{12} \frac{(|O_i - E_i|)^2}{E_i} \approx 46.988$。

以矩阵的形式记录观测数据，并通过矩阵运算计算理论值矩阵，然后计算检验统计量。

```
> obs.v <- matrix(c(67, 32, 10, 9, 23, 11, 10, 20, 23, 5, 4, 5), byrow = FALSE,
```

```
nrow = 3)
> obs.p <- obs.v / sum(obs.v)
> the.p <- rowSums(obs.p/sum(obs.p)) %*% t(colSums(obs.p/sum(obs.p))) * sum
(obs.p)
> the.v <- the.p * sum(obs.v)
> chisq.c <- sum(abs(obs.v - the.v)^2 / the.v); chisq.c
[1] 46.98805
```

·单尾检验的 P 值：$P(\chi^2 \geqslant \chi_c^2 \approx 46.988 \mid H_0) = 1.881431 \times 10^{-8}$。注意，自由度 $(r-1)(c-1)=6$。

```
> pchisq(chisq.c, df = 6, lower.tail = FALSE)
[1] 1.881431e-08
```

(4)作出统计推断。

P 值小于显著性水平 α，因此拒绝零假设，接受备择假设。检验结论：碘剂治疗效果与患者年龄有关。

以上分步计算的检验结果与 chisq.test()函数的一步计算结果一致。

```
> chisq.test(x = obs.v)
	Pearson's Chi-squared test

data:  obs.v
X-squared = 46.988, df = 6, p-value = 1.881e-08

Warning message:
In chisq.test(x = obs.v) : Chi-squared approximation may be incorrect
```

不过这里 chisq.test()函数抛出的警告信息不能放过，它说卡方近似可能不正确。本节开头处指出卡方检验需要理论频数值都大于 5，否则近似效果不佳。观察理论值矩阵 the.v 发现 50 岁以上无效组的理论值只有 3.132420。可见本次试验搜集的数据量不足，还需要补充，以满足卡方检验的要求。

最后，观察三种列联表的结构，以及列联表在独立性 χ^2 检验中的应用，不难发现在适合性检验中，我们碰到的情况实际上可以理解为 $1 \times c$ 列联表独立性检验。

3. 配对列联表的独立性检验

通过列联表组织数据的试验，其试验因素的作用效果是由不同的试验对象体现的。这里忽略了试验对象本身的差异所带来的影响。在两组样本间作比较时，假如试验对象的个体差异比较大，那么成组 t 检验可能会得出错误的结论。我们应该使用成对 t 检验，其中不同试验因素的处理效果通过同一组试验对象反映，此类试验被称为配对试验。

同样地，配对试验的结果如果组织成列联表，称为配对列联表。如果执行一般的独立性检验，也会出现成组 t 检验类似的问题，所以需要对卡方独立性检验的检验统计量进行调整。1947 年，统计学家 Quinn McNemar① 解决了 2×2 配对列联表的独立性检验问题。统

① 奎因·麦克尼马尔(1900—1986)，美国心理学家、统计学家。1963 年当选美国心理学会会长。

计学家 Albert H. Bowker[①] 一年后对 McNemar 检验进行了扩展，使之适应 $k\times k$ 配对列联表。所以配对列联表的独立性检验又称为 McNemar-Bowker 检验。检验统计量为

$$\chi_c^2=\sum_{i=1}^{k-1}\sum_{j=i+1}^{k}\frac{(O_{ij}-O_{ji})^2}{O_{ij}+O_{ji}} \tag{13.5}$$

服从 χ^2 分布，有自由度 $\mathrm{df}=\frac{k(k-1)}{2}$。与一般的 2×2 列联表的检验一样，自由度 df=1 时需要进行连续性矫正(方法同式(13.4))。

McNemar-Bowker 检验有两点需要注意。首先，检验针对的配对列联表是对称的(所以又称对称性检验)。其次，检验统计量只考虑了对称列联表中沿着主对角线(自左上角至右下角)对称的观测值，而主对角线上的数据全部忽略。下面来看一个具体的例子。

某种疾病有两种检测方法，为比较两者有无差异，对已确诊的 100 名患者使用两种方法进行检测，结果如表 13.5 所示。

表 13.5　A 和 B 两种检测方法的调查资料

A 法	B 法		合计
	阳性	阴性	
阳性	56(O_{11})	23(O_{12})	79
阴性	16(O_{21})	5(O_{22})	21
合计	72	28	100

针对同一组试验对象，施加两种不同的处理因素，它们必然有相同的分类组别，不然无法实现两种因素的比较。这也正是配对列联表对称的原因。表 13.5 中主对角线上的观测值 O_{11} 和 O_{22} 是两种方法结果一致的情况，而沿着主对角线对称的 O_{12} 和 O_{21} 是两种方法结果不一致的情况。从式(13.5)的形式来看，检验统计量衡量的是对称位置上观测值的差异程度。O_{ij} 与 O_{ji} 的差值越大，χ_c^2 值越大，当超过检验临界值时，表明两种方法的检测结果有统计学意义上的显著差异。

例题 13.8　白内障分为核性、皮质性、后囊膜下三种，表 13.6 所示的是前来眼科看病的病人双眼白内障类型的分布情况。试问左右眼白内障的类型是否有显著差异。

表 13.6　左眼与右眼白内障类型的调查资料

左眼	右眼			合计
	核性	皮质性	后囊膜下	
核性	19	11	6	36
皮质性	3	17	7	27
后囊膜下	10	9	18	37
合计	32	37	31	100

① 阿尔伯特·霍斯默·鲍克(1919—2008)，美国统计学家、教育家。在统计学方面，他著有三本颇具影响力的著作：《工程统计学》(与 Gerald Lieberman 合著)、《工业统计学手册》(与 Gerald Lieberman 合著)和《变量抽样检验》(与 Henry Goode 合著)。

解答　根据假设检验的一般操作流程，作 χ^2 检验如下。

(1)设定零假设 H_0：左右眼白内障类型相同，备择假设 H_1：左右眼白内障类型不相同。

(2)选取显著性水平 $\alpha = 0.01$。

(3)计算检验统计量和 P 值。

• 检验统计量 $\chi_c^2 = \sum_{i=1}^{2}\sum_{j=i+1}^{3}\frac{(O_{ij}-O_{ji})^2}{O_{ij}+O_{ji}} \approx 5.821$。

```
> obs.v <- matrix(c(19, 3, 10, 11, 17, 9, 6, 7, 18), byrow = FALSE, nrow = 3)
> k <- dim(obs.v)[1]
```

dim()函数获取矩阵 obs.v 的维度，第一个元素为矩阵的行数。

```
> chisq.c <- sum((obs.v - t(obs.v))^2 / (obs.v + t(obs.v))) / 2; chisq.c
[1] 5.821429
```

这里我们利用了矩阵的对称性，对角线上的元素在 t()函数转置后位置不变(所以相减得 0)，非对角线上的元素转置后与原位置上的元素相减，即 $O_{ij}-O_{ji}$，相加即 $O_{ij}+O_{ji}$。不过求和所得的是 χ_c^2 的 2 倍。

• 单尾检验的 P 值：$P(\chi^2 \geqslant \chi_c^2 \approx 5.821 \mid H_0) \approx 0.121$。

```
> pchisq(chisq.c, df = k * (k - 1)/2, lower.tail = FALSE)
[1] 0.1206288
```

(4)作出统计推断。

P 值大于显著性水平 α，因此接受零假设，拒绝备择假设。检验结论：左右眼白内障类型相同。

R 统计分析包 stats 中完成 McNemar-Bowker 检验的函数为 mcnemar.test()，该函数形式非常简单，数据通过参数 x 传入即可。以上分步计算的检验结果与 mcnemar.test()函数的计算结果一致。

```
> mcnemar.test(x = obs.v)
McNemar's Chi-squared test


data:  obs.v
McNemar's chi-squared = 5.8214, df = 3, p-value = 0.1206
```

4. Fisher 精确检验

在 2×2 列联表的独立性检验，以及二分类的适合性检验中，当理论频数小于 5 时(或总观测频数小于 40)，卡方检验的有效性不再有保障。而且，我们还不能通过组别合并来提高理论频数。针对这一问题，我们可以用 Fisher 的精确检验法(Fisher's exact test)来解决。所谓精确检验，本质上是一种基于超几何分布(3.3.4 小节)直接计算相伴概率的检验方法。虽然不属于卡方检验的范畴，但它是卡方检验的有力补充。

实际上，我们在第 6 章介绍假设检验的基本原理时，已经介绍过精确检验法了，只是当时并没冠以精确检验法这个名称而已。Fisher 在女士品茶试验中，精确计算出了所有可能的试验结果的概率，并通过相伴概率与显著性水平的比较来作出判断。这就是我们接下来要介绍的精确检验法。当然，除了方法的名称以外，在第 6 章的语境里还没有提出列联表的概念,也没有明确超几何分布的应用。暂时抛开女士品茶试验,我们看一个与列联表有关的例子。

某制药厂用 A 和 B 两种药物各治疗 9 名患者,A 药物治愈 8 人,B 药物治愈 3 人。用 2×2 列联表组织数据,如表 13.7 所示。试问 A 和 B 两种药物对该疾病的治疗效果是否存在显著差异。

表 13.7 A 和 B 两种药物的疗效调查资料

药物	效果		合计
	痊愈	未愈	
A 药	8	1	9
B 药	3	6	9
合计	11	7	18

18 名患者中,可被药物治愈的有 11 人,而这 11 人中被 A 药治愈的有 8 人。注意,由于试验只用了两种药物,所以当 A 药治愈 8 人时,B 药治愈 3 人。假设两种药物的效果没有任何差异,那么我们理应看到两种药物治愈的人数没有差别,即使有差别也应该是误差造成的。现在 A 药治愈 8 人、B 药治愈 3 人的结果是由误差造成的吗?那就要看,假定该结果是误差造成的话,发生的概率有多大。

计算这样的概率,最简单的方法是借助超几何分布。容量为 N 的总体,其中有 M 个个体具有某种特征,其他 $N-M$ 个则没有。从总体中随机抽取 n 个个体,其中 k 个有该特征,这里 k 的取值就服从超几何分布。

本例中 $N=18$,其中可被药物治愈的患者,即具有某种特征的患者数 $M=11$。一次"随机试验抽取" $n=9$ 人,其中 $k=8$ 人是可被 A 药治愈患者的概率。根据超几何分布的概率公式(3.39),有

$$P(X=8)=\frac{C_M^k \cdot C_{N-M}^{n-k}}{C_N^n}=\frac{C_{11}^8 \cdot C_{18-11}^{9-8}}{C_{18}^9}=0.02375566 \tag{13.6}$$

具体的计算可借助超几何分布的概率质量函数 dhyper()完成。代码如下。

```
> dhyper(x = 8, m = 11, n = 7, k = 9)
[1] 0.02375566
```

根据 dhyper()函数的参数设定方法,这里的参数 m 接收的是药物治疗后的痊愈人数 11,参数 n 接收的是未愈人数 7,参数 k 接收抽样人数 9,而参数 x 接收被抽中患者里被 A 药治疗痊愈的人数 8。

所以,假如两种药物的效果没有任何差异,试验得到表 13.7 中数据的概率是比较低的。但是根据显著性检验的基本原理,我们需要的其实是相伴概率,即得到当前观测结果及比当前结果更不利于零假设的结果的概率。比当前结果更不利于零假设的情况只有一种:A 药的治愈人数为 9,未愈人数为 0。这种情况发生的概率 $P(X=9)\approx 0.001$。考虑到备择假设"两种药物有差异"对应两个拒绝域,所以应该用双尾检验法,则相伴概率为

$$P=2\times[P(X=8)+P(X=9)]=2\times(0.02375566+0.001131222)=0.04977376 \tag{13.7}$$

或者，利用超几何分布的累积分布函数 phyper()来完成计算。代码如下[①]。

```
> phyper(q = 7, m = 11, n = 7, k = 9, lower.tail = FALSE) * 2
[1] 0.04977376
```

假如我们选定显著性水平 $\alpha = 0.05$，那么 Fisher 精确检验法得出的结论应为：A 和 B 两种药物对该疾病的治疗效果存在显著差异。

以上检验的着眼点是 A 药物，比如式(13.6)计算的是 9 个被抽中的患者中被 A 药物治愈 8 人的概率。如果检验着眼于 B 药物，结果又如何呢？理论上不应有差异，因为检验方法针对的是 A 和 B 两种药物的疗效是否有差异，如果从 A 药物的角度看有显著差异，那么反过来从 B 药物的角度看不可能不同。

验证一下，从 B 药物的角度再次计算相伴概率。代码如下。

```
> phyper(q = 3, m = 11, n = 7, k = 9, lower.tail = TRUE) * 2
[1] 0.04977376
```

从 B 药物的角度看，更不利于零假设的情况包括 0 治愈、1 治愈、2 治愈三种情况。所以 `lower.tail` 参数的设定与之前的不同。

以上就是 2×2 列联表精确检验方法的基本思路。下面我们再看一个例子。

例题 13.9　为研究某基因对肿瘤易感性的影响，研究人员建立了该基因的基因敲除小鼠模型，其等位基因杂合型和野生型小鼠在接受射线照射后的肿瘤发生情况如表 13.8 所示。试问该基因是否影响小鼠对肿瘤的易感性。

表 13.8　不同基因型小鼠肿瘤易感性试验资料

基因型	肿瘤易感性		合计
	肿瘤发生	肿瘤未发生	
野生型	3	16	19
杂合型	9	10	19
合计	12	26	38

解答　根据假设检验的一般操作流程，作 Fisher 精确检验如下。

(1)设定零假设 H_0：该基因与小鼠的肿瘤易感性无关，备择假设 H_1：该基因与小鼠的肿瘤易感性有关。

(2)选取显著性水平 $\alpha = 0.01$。

(3)计算相伴概率 $P = 2 \times [P(X=0)+P(X=1)+P(X=2)+P(X=3)] \approx 0.079$。

```
> phyper(q = 3, m = 12, n = 26, k = 19, lower.tail = TRUE) * 2
[1] 0.07889075
```

(4)作出统计推断。

P 值大于显著性水平 α，因此接受零假设，拒绝备择假设。检验结论：该基因与小鼠的

① 通过 q 传入的值为 7，是因为离散型概率分布的累积分布函数在计算右尾累积概率值时，计算的是 $P(X > x_0)$。$P(X > 7) = P(X \geqslant 8)$。

肿瘤易感性无关。

Fisher 精确检验在 R 统计分析包 stats 中可由 fisher.test()完成。以上分步计算的检验结果与 fisher.test()函数的计算结果一致。

```
> obs.v <- matrix(c(3, 9, 16, 10), byrow = FALSE, nrow = 2)
> fisher.test(x = obs.v)
	Fisher's Exact Test for Count Data


data:  obs.v
p-value = 0.07889
alternative hypothesis: true odds ratio is not equal to 1
95 percent confidence interval:
 0.03040536 1.14774227
sample estimates:
odds ratio
0.2175618
```

最后,让我们再回到女士品茶的试验,看如何用 2×2 列联表来描述该检验结果,然后再用 fisher.test()完成精确检验。

根据 Fisher 的试验设计,奶茶的制作方式有两种:茶倒入奶和奶倒入茶。女士的判断结果也有两种:茶倒入奶和奶倒入茶。试验结果为 6 杯对、2 杯错,据此可制列联表如表 13.9 所示。

表 13.9　品茶试验的数据资料

制茶方式	女士判断结果		合计
	茶倒入奶	奶倒入茶	
茶倒入奶	3	1	4
奶倒入茶	1	3	4
合计	4	4	8

在用 fisher.test()作精确检验时,还需要注意一个问题,那就是检验的形式是单尾还是双尾。就零假设 H_0"女士没有分辨能力"而言,判断正确的杯数大于当前值 6,即为 8 时,是更不利于零假设的。然而在分布的另一端,不存在对零假设更不利的情况,所以检验应该是单尾的形式,且拒绝域在比当前值更大的一侧。

```
> obs.v <- matrix(c(3, 1, 1, 3), byrow = FALSE, nrow = 2)
> fisher.test(x = obs.v, alternative = "greater")$p.value
[1] 0.2428571
```

所得 P 值与第 6 章计算的结果一致。

13.1.3　卡方检验的分解

在对例题 13.2 的分析中我们提到,和方差分析一样,卡方检验也可用于多组样本的比较,只是卡方检验比较的是样本比率。对于方差分析来说,当 F 检验得出各组样本平均数有显著差异的结论时，对于固定效应模型还面临多重比较的问题。那么，当卡方检验得出各样本比率有显著差异时，是不是也有“多重比较”的问题呢？看下面的例题。

例题 13.10　果蝇的颜色（显性：黑色；隐性：灰色）和翅膀的形状（显性：长翅；隐性：残翅）分别由一对等位基因控制。纯合的黑色长翅果蝇与纯合的灰色残翅果蝇杂交，对 280 只子代进行统计的结果为：灰色长翅 175 只，灰色残翅 42 只，黑色长翅 38 只，黑色残翅 25 只。试问本试验的子代表型性状分离是否符合两对等位基因自由组合规律 9∶3∶3∶1。

解答　根据假设检验的一般操作流程，作 χ^2 检验如下。

（1）设定零假设 H_0：子代表型性状分离符合 9∶3∶3∶1 的比例，备择假设 H_1：子代表型性状分离不符合 9∶3∶3∶1 的比例。

（2）选取显著性水平 $\alpha = 0.05$。

（3）计算检验统计量和 P 值。

· 计算检验统计量 $\chi_c^2 = \sum_{i=1}^{4} \frac{(|O_i - E_i|)^2}{E_i} \approx 11.263$。

```
> obs.v <- c(175, 42, 38, 25)
> the.p <- c(9/16, 3/16, 3/16, 1/16)
> the.v <- the.p * sum(obs.v)
> chisq.c <- sum(abs(obs.v - the.v)^2 / the.v); chisq.c
[1] 11.26349
```

· 单尾检验的 P 值：$P(\chi^2 \geqslant \chi_c^2 \approx 11.263 \mid H_0) \approx 0.01$。

```
> pchisq(chisq.c, df = 3, lower.tail = FALSE)
[1] 0.01038315
```

（4）作出统计推断。

P 值小于显著性水平 α，因此拒绝零假设，接受备择假设，即子代表型性状分离不符合 9∶3∶3∶1 的比例。

卡方检验的结论认为本试验的数据不符合自由组合规律。那么整体上性状分离的比例不符合 9∶3∶3∶1，究竟是哪一种或几种性状的数据造成了比例偏离呢？

对于只有两个类别的分类资料（如例题 13.1），卡方检验的结果是容易解释的。对于有两个以上类别的分类计数资料，卡方检验在拒绝零假设时，结论就不容易进一步解释了。这里我们可以对卡方检验进行分解，以实现类似方差分析多重比较的目的，找出使试验观测比例偏离理论比例的原因。

根据遗传学知识，子代四种表型比例要满足 9∶3∶3∶1，相当于满足以下三个条件：

（1）控制体色的等位基因自由组合的比例应为 3∶1；

（2）控制翅膀性状的等位基因自由组合的比例应为 3∶1；

（3）体色有关的基因与翅膀性状有关的基因相互独立。

首先对第 1 个条件进行卡方适合性检验。

```
> obs.v.1 <- c(217, 63)
> the.p.1 <- c(3/4, 1/4)
> the.v.1 <- the.p.1 * sum(obs.v.1)
```

```
> chisq.c.1 <- sum((abs(obs.v.1 - the.v.1) - 0.5)^2 / the.v.1); chisq.c.1
[1] 0.8047619
> pchisq(chisq.c.1, df = 1, lower.tail = FALSE)
[1] 0.3696734
```

再对第 2 个条件进行卡方适合性检验。

```
> obs.v.2 <- c(213, 67)
> the.p.2 <- c(3/4, 1/4)
> the.v.2 <- the.p.2 * sum(obs.v.2)
> chisq.c.2 <- sum((abs(obs.v.2 - the.v.2) - 0.5)^2 / the.v.2); chisq.c.2
[1] 0.1190476
> pchisq(chisq.c.2, df = 1, lower.tail = FALSE)
[1] 0.7300697
```

最后对第 3 个条件进行卡方独立性检验。

```
> obs.v.3 <- matrix(c(175, 42, 38, 25), byrow = FALSE, nrow = 2)
> the.v.3 <- rowSums(obs.v.3 / sum(obs.v.3)) %*%  t(colSums(obs.v.3 / sum
(obs.v.3))) * sum(obs.v.3)
> chisq.c.3 <- sum((abs(obs.v.3 - the.v.3) - 0.5)^2 / the.v.3); chisq.c.3
[1] 9.994984
> pchisq(chisq.c.3, df = 1, lower.tail = FALSE)
[1] 0.001569672
```

最终独立性检验否定了零假设，也就是说决定颜色和翅型的两个基因相互关联。那么，最初整体上的适合性检验得出结论“子代表型性状分离偏离了 9∶3∶3∶1 的比例”，其原因就是控制两种表型的基因不独立（比如，基因座可能存在连锁现象），造成不同基因型不能在子代自由组合。

13.2 符号检验

符号检验是一种非常简易的非参数检验方法，它通过符号的变化判断总体分布的位置（实际上是中位数的位置）。执行符号检验时，所有观测值将转换为正负号，仅保留它们相对于中位数的大小。任何分布的总体，经过“减去中位数取符号”的转换将得到一个二项分布，也就是符号检验的抽样分布。该抽样分布可用于计算相伴概率，并据此作出统计推断。

13.2.1 单样本的符号检验

假设有一个未知分布的总体，其中位数为 ξ。现在从该总体中随机抽取 n 个观测值，记作 $x_1, x_2, \cdots, x_n$。令 $\delta_i = x_i - \xi$。然后我们把注意力放在 δ_i 的符号上，当 $x_i < \xi$ 时，δ_i 的符号为“－”；当 $x_i > \xi$ 时，δ_i 的符号为“＋”；当 $x_i = \xi$ 时，$\delta_i = 0$ 无符号。为简化问题，我们先假定所有 $\delta_i \neq 0$，那么对于 n 个 δ_i 的符号，就有以下 $n+1$ 种可能的情况。

$$\underbrace{+,+,\cdots,+,+}_{n}\ \Big|\ \underbrace{+,+,\cdots,+}_{n-1},-\ \Big|\ \cdots\ \Big|\ +,\underbrace{-,\cdots,-,-}_{n-1}\ \Big|\ \underbrace{-,-,\cdots,-,-}_{n}$$

接下来考虑一下这 $n+1$ 种情况各自出现的概率。不难看出左右两端的情况最极端，它们发生的概率应该最低。远离两端，向中间靠近的情况发生概率会逐渐增大。所以，这 $n+1$ 种情况的概率分布应该是中间高、两端低的形态。

再回想一下中位数的概念：按照观测值的大小，将数据排序，处于中间位置的观测值称为中位数（见 2.3.1 小节）。可见无论总体的分布如何，总体中的所有值一定有一半大于 ξ，而另一半是小于 ξ 的。现在我们将总体中的所有值都减去 ξ，取其符号组成一个新的总体。新总体应该一半是“＋”、一半是“－”。

假设总体的容量为 N，那么上述抽样并计算差值取符号的过程，就等价于从一半是“＋”、一半是“－”的新总体中抽样。抽出符号要么为“＋”，要么为“－”，所以一次抽样就是一次伯努利试验。n 次抽取，就是 n 重伯努利试验。对 n 重伯努利试验中事件（如抽中“＋”）发生次数的概率，我们用二项分布来描述。因为新总体中一半是“＋”，所以事件发生的概率为 $\frac{1}{2}$。综上，n 次抽样中“＋”出现的概率问题可以有以下结论。

记 n 个符号中“＋”的个数为 n_+，$n_+=k$ 的概率为

$$P(n_+=k)=C_n^k\left(\frac{1}{2}\right)^k\left(1-\frac{1}{2}\right)^{n-k}=C_n^k\left(\frac{1}{2}\right)^n,k\in(0,1,2,\cdots,n) \tag{13.8}$$

有了这个结论，即可按照假设检验的基本思想，构建单样本符号检验的一般过程如下。

（1）设定零假设 $H_0:\xi=C$，备择假设 $H_1:\xi\neq C$。C 为已知的中位数。

（2）选取显著性水平 α。

（3）计算差值并记录符号。

统计“＋”的数量，记作 n_+；统计“－”的数量，记作 n_-；差值等于 0 的情况全部忽略（前面我们假定它不发生），因为刚好等于 C 的观测值对我们要回答的问题来说不提供任何信息。样本数 n 更新为 n_++n_-。

（4）计算相伴概率。

假定 H_0 成立，ξ 两侧的观测值数量应该相等，即 $n_+=n_-$。如果样本实际得出的 $n_+\neq n_-$，则它们中的较小者 $l=\min(n_+,n_-)$ 会向二项分布左侧拒绝域的方向偏离中心；而它们中的较大者 $r=\max(n_+,n_-)$ 会向二项分布右侧拒绝域的方向偏离中心。偏离中心越远，越不利于零假设。

所以双尾检验相伴概率 $P=\sum_{i=0}^{l}C_n^i\left(\frac{1}{2}\right)^i+\sum_{i=r}^{n}C_n^i\left(\frac{1}{2}\right)^i$。因 $p=\frac{1}{2}$ 的二项分布对称，所以 $P=2\sum_{i=0}^{l}C_n^i\left(\frac{1}{2}\right)^i$。

（5）作出统计推断。如相伴概率 $P<\alpha$，则拒绝零假设；反之，接受零假设。

例题 13.11　假设某项研究要求一批玉米种子的发芽率达到 90%。现随机抽取 10 袋玉米种子，每袋取 200 粒种子做发芽试验，得发芽数分别为 168，170，174，181，175，178，183，169，179，181。试检验该批玉米种子的发芽率是否为 90%。

分析　基于随机试验得出的发芽率可能达不到 90%的要求，也可能被抽中的种子质量

较好，发芽率就会超过 90%。所以我们采用双尾检验，在计算相伴概率 P 值时应当注意拒绝域在二项分布的两侧。

解答 根据符号检验的一般操作流程，作符号检验如下。

(1)设定零假设 $H_0:\xi = 200 \times 0.9 = 180$ 粒，备择假设 $H_1:\xi \neq 180$ 粒。

(2)选取显著性水平 $\alpha = 0.05$。

(3)计算差值并记录符号。

10 个观测值分别减去 180 得差值向量 diff。

```
> obs <- c(168, 170, 174, 181, 175, 178, 183, 169, 179, 181)
> diff <- obs - 180; diff
[1] -12  -10  -6  1  -5  -2  3  -11  -1  1
```

统计差值 diff 中的正值及负值个数。

```
> length(diff[diff > 0])
[1] 3
> length(diff[diff < 0])
[1] 7
```

得 $n_+ = 3$，$n_- = 7$。

(4)计算相伴概率 P 值。

假设 H_0 成立，则理应或大概率是 $n_+ = n_- = 5$。那么包括当前结果 $n_+ = 3$ 在内，左侧拒绝域的方向上更不利于 H_0 的结果有 $n_+ \leqslant 3$；右侧拒绝域的方向上更不利于 H_0 的结果有 $n_+ \geqslant 7$。相伴概率 $P = 2 \times \sum_{i=0}^{3} \mathrm{C}_{10}^{i} \left(\frac{1}{2}\right)^{i} \approx 0.344$。

```
> 2 * pbinom(q = 3, size = 10, prob = 0.5)
[1] 0.34375
```

(5)作出统计推断。

P 值大于显著性水平 α，因此接受零假设，拒绝备择假设。检验结论：该批种子的发芽率达到了 90%的要求。

BSDA 包的 SIGN.test()函数、DescTools 包中的 SignTest()函数和 nonpar 包中的 signtest()函数都可以完成符号检验。以下是 SIGN.test()函数的运行结果，与上述分步计算的结果一致。

```
> SIGN.test(obs, md = 180)$p.value
[1] 0.34375
```

实际上，SIGN.test()等函数都基于二项精确检验(由 binom.test()函数完成)。发芽数的观测值中有 3 个是大于发芽标准 180 的，也就相当于从等数量的“+”和“−”构成的总体中抽取 10 次，抽得 3 个“+”。按照假设检验的基本思想，相伴概率等于抽中小于或等于 3 个“+”的概率的 2 倍(因是双尾检验)。用 binom.test()函数进行符号检验结果如下。

```
> binom.test(x = 3, n = 10, alternative = "two.sided", conf.level = 0.95)
$p.value
[1] 0.34375
```

对于本例题，如果使用参数检验的方法，如 t 检验（R 指令 t.test(obs,mu = 180)），将得 $P = 0.03707$，结论是否定零假设。可见非参数的符号检验要比参数的 t 检验保守。

13.2.2　成对数据的符号检验

在第 8 章双样本的假设检验中我们介绍过成对数据样本平均数的比较方法。对于类似的成对数据，也可以使用符号检验来完成比较。将数据按照配对关系做减法，记录差值的符号，问题就转化为单样本的符号检验。成对的 t 检验判断的是差值的总体平均数是否等于 0，而符号检验判断的是差值的总体中位数是否等于 0。

例题 13.12　从猪场随机挑选 15 头猪，记录它们运动前后的心率数据（次/分钟，见 pigHR 数据集）。试问运动对猪的心率是否有影响。

分析　运动前后的心率，明确了数据的成对特征。不同个体的基础心率数据不同，运动对个体心率的影响也不同。所以，本题是配对设计和成对数据统计分析的又一典型。

解答　根据符号检验的一般操作流程，作符号检验如下。

（1）设定零假设 H_0：运动前后心率差值 d 的总体中位数 $= 0$，备择假设 H_1：运动前后心率差值 d 的总体中位数 $\neq 0$。

（2）选取显著性水平 $\alpha = 0.05$。

（3）计算差值并记录符号。

成对数据相减，得差值向量 diff。

```
> diff <- pigHR$BHR - pigHR$AHR; diff
[1] -16  -15  -17  -13  2  -6  -23  -14  2  0  -10  -20  -8  -6  -16
```

统计差值中的正值个数和负值个数。

```
> length(diff[diff > 0])
[1] 2
> length(diff[diff < 0])
[1] 12
```

得 $n_+ = 2, n_- = 12$。

（4）计算相伴概率 P 值。$P = 2 \times \sum_{i=0}^{2} C_{14}^{i} \left(\frac{1}{2}\right)^{i} \approx 0.013$。

```
> 2 * pbinom(q = 2, size = 14, prob = 0.5)
[1] 0.01293945
```

（5）作出统计推断。

P 值小于显著性水平 α，因此拒绝零假设，接受备择假设。检验结论：运动对猪的心率有显著影响。

以上分步计算的检验结果与 SIGN.test()函数完成的符号检验结果一致。

```
> SIGN.test(x = pigHR$BHR, y = pigHR$AHR)$p.value
[1] 0.01293945
```

下面我们再比较成对 t 检验的结果。

```
> t.test(x = pigHR$BHR, y = pigHR$AHR, paired = TRUE)$p.value
```

```
[1] 0.0001165009
```

参数方式的 t 检验得到的 P 值更小，有更强的信心拒绝零假设。这信心就来自参数方法从数据中提取了更多信息(虽然有时候信息会带有误差的干扰)。非参数的符号检验，只利用了差值中的正负信息，舍弃了大小信息，所以相对来说不够敏感。这本质上也决定了符号检验的应用边界。

此外，借助 `binom.test()` 函数我们可以很容易地算出，当 $n=5$ 时不论 `number of successes` 等于多少，P 都不会小于 0.05，也就是说符号检验对样本容量小于 6 的样本无能为力。在实践中使用符号检验需要特别注意这一点。一般认为样本容量要超过 20，符号检验才能更好地发挥作用。

13.3 秩和检验

秩和检验是一种改进的符号检验。在任意的总体分布下，检验成对数据所在总体的分布位置有无显著差异，运用符号检验就可以实现。不过，只考虑差数正负号的符号检验会导致信息的过度损失，结果较为粗略。为了避免符号检验方法的这一缺陷，1945 年统计学家 Frank Wilcoxon[①] 提出了一种改进方法，称为秩和检验(rank sum test)。

秩和检验通过将观测值由小到大排列，每一个观测值按照次序排列中的位置编号，也就是秩(rank)，重新编码，然后计算出秩和(rank sum)进行检验。秩和检验效率高于符号检验，因为它除了比较差值的符号外，还比较差值的秩大小。

13.3.1 成组数据的秩和检验

成组(非配对)数据的秩和检验方法，包括 Wilcoxon 秩和检验和 Mann-Whitney U 检验。两种方法的检验过程相似、结果等价，差别在于检验统计量有所不同，因此也合称为 Wilcoxon-Mann-Whitney 检验。下面我们从经典的 Wilcoxon 秩和检验出发，介绍一下秩和检验的基本思想。

先看一个具体的应用场景。为研究少量杂草的存在对玉米产量的影响，研究人员在 8 块试验田上种植相同品种的玉米，然后对玉米试验田进行人工除草。随机选取 4 块无杂草地，其他 4 块地每行间正好有 3 株羊角芹。以下是每块地的玉米产量(kg/亩)：无杂草地块 700.14，723.24，693.00，742.98(记作 A 组)；少量杂草地块 666.12，740.88，643.02，655.20(记作 B 组)。现在将 8 个观测值从小到大排序，得

643.02　655.20　666.12　**693.00**　**700.14**　**723.24**　740.88　**742.98**

其中，对 A 组数据进行了加粗。

容易看到排在队伍后面的 5 个较大的观测值中，有 4 个来自无杂草地块的 A 组。直觉告诉我们无杂草地块的产量应该高于有少量杂草地块。秩和检验的思想就源于这样的直觉。

再将以上排序队列中的数字转换成位置编号，也就是秩，得

---

① 弗兰克·威尔科克森(1892—1965)，美国化学家、统计学家。早年先后毕业于宾夕法尼亚军事学院、拉特格斯大学、康奈尔大学，1924 年获物理化学博士学位。

1　2　3　**4**　**5**　**6**　7　**8**

将原始观测值变为秩是对数据的一种转换，就像将观测值转换为对数一样。秩转换只保留了观测值的排列顺序，而没有使用观测值的具体数值大小。这样就让我们摆脱了对总体分布具体形式的限制（但仍需要两个总体有相同的分布形状），比如参数检验对正态性的要求。秩转换时如果前后两个观测值相等，那么它们的秩同取它们位置编号的平均数。

然后再将 A 组和 B 组的秩分别求和，得秩和

13　**23**

A 组无杂草地块的秩和仍用粗体表示。如果存在少量杂草降低了玉米的产量，我们预计有杂草地块的产量秩和会比无杂草地块的秩和小，事实也确实如此。这两个秩和之间的差值，可以衡量无杂草地块的玉米产量比有少量杂草地块的玉米产量高的程度。事实上，从 1 到 8 的秩和总是等于 36，所以只需关注其中一个秩和即可。这里我们聚焦到秩和 13 上，它是两组数据中观测值相对较小的那个，暂记作 W_1（另一组记作 W_2）。

如果杂草对玉米产量没有影响，我们预计 W_1 和 W_2 都应该是 18。如果杂草对玉米产量有影响，那 W_1 就会从 18 开始沿数轴向左移动（变小）。不难看出 W_1 可取的最小值应等于 $\frac{n_1(n_1+1)}{2}=10$，此时 W_2 取到最大值 $n_1n_2+\frac{n_2(n_2+1)}{2}=26$。$W_1$ 取最小值时，相对较小组的观测值将全部排在前面。

假设少量杂草对产量没有影响（零假设 H_0），我们应当看到 $W_1=18$。但是，当前的实际情况是 $W_1=13$，偏离了零假设成立时的理论值 18。依据假设检验的基本思想，我们应当知道这种偏离的程度越大越不利于零假设。对零假设不利的程度用相伴概率来衡量，也就是 $P(10\leqslant W_1\leqslant 13)$ 的值。要计算相伴概率就需要知道，在零假设成立的前提下秩和统计量 W 的抽样分布。

遗憾的是，W 的抽样分布并不简单。图 13.3 展示了 Wilcoxon 秩和统计量的分布形状。当零假设成立时，分布是以 $n_1\frac{n_1+n_2+1}{2}$ 为中心的对称性分布。而且，当 n_1 和 n_2 都很大时，分布逼近于平均数 $\mu=n_1\frac{n_1+n_2+1}{2}$、方差 $\sigma^2=\frac{n_1n_2(n_1+n_2+1)}{12}$ 的正态分布。如果零假设不成立，秩和统计量则呈偏态分布。

最初的 Wilcoxon 秩和统计量抽样分布制成表格后过于复杂，使用不便，展示也困难。

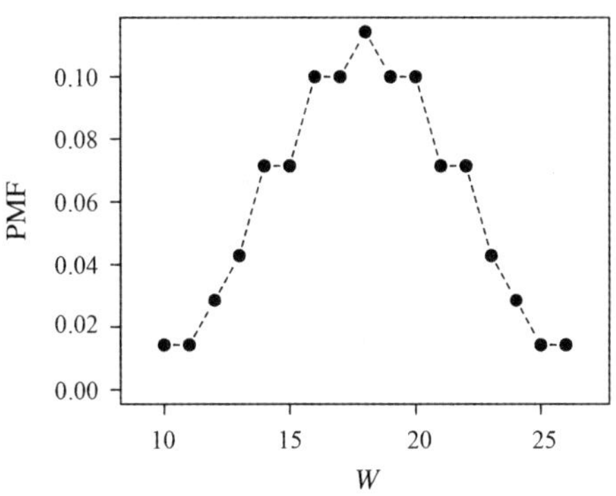

图 13.3　秩和统计量的概率分布

两年后的1947年，Henry B. Mann[①]和Donald R. Whitney[②]提出了一种等效检验统计量，改善了制表问题，最终形成了现在广泛使用的Mann-Whitney检验方法。

Mann-Whitney方法定义了两个统计量：U_{XY}，所有观测值组合(x_i, y_i)中$x_i < y_i$的组合个数；U_{YX}，所有观测值组合(x_i, y_i)中$x_i > y_i$的组合个数。Mann-Whitney U统计量介于0到n_1n_2之间，且$U_{XY} + U_{YX} = n_1n_2$。Wilcoxon秩和统计量与U统计量之间存在如下关系：

$$U_{XY} = W_1 - n_1\frac{n_1 + 1}{2}; U_{YX} = W_2 - n_2\frac{n_2 + 1}{2} \tag{13.9}$$

由于n_1和n_2是确定的常量，所以U统计量和W统计量具有相同形状的抽样分布，只是它们的中心位置不同。所以Wilcoxon秩和检验和Mann-Whitney U检验等效。目前统计软件多以Mann-Whitney U检验为主。计算相伴概率P值时不管是U统计量还是W统计量，都选择两个统计量的较小者。

例题13.13 为研究乙酸对水稻幼苗生长的影响，种植了7盆用乙酸处理过的幼苗，对照苗种植了5盆，每盆均栽种4株幼苗。生长7天后，测定茎叶干重（克/盆），结果如下：处理组3.85，3.78，3.91，3.94，3.86，3.75，3.82；对照组4.32，4.38，4.10，3.89，4.25。试问乙酸处理对水稻幼苗生长是否有显著影响。

解答 根据假设检验的基本操作流程，作秩和检验如下。

（1）设定零假设$H_0: \xi_1 = \xi_2$，乙酸处理对水稻幼苗生长无影响；备择假设$H_1: \xi_1 \neq \xi_2$，乙酸处理对水稻幼苗生长有影响。

（2）选取显著性水平$\alpha = 0.05$。

（3）排序并进行秩转换，计算秩和，得$U_c = 2$。

```
> trt <- c(3.85, 3.78, 3.91, 3.94, 3.86, 3.75, 3.82)
> ctl <- c(4.32, 4.38, 4.10, 3.89, 4.25)
> U.c <- sum(outer(X = trt, Y = ctl, FUN = ">")); U.c
[1] 2
```

outer()函数默认计算两个向量的外积。当指定FUN为">"时取代外积计算中的乘号，改为比较大小。将结果传入sum()函数可计算所有观测值组合中trt比ctl大的组合数，即U统计量。

（4）计算相伴概率P值：$P = 2 \times P(U < U_c = 2 \mid H_0) \approx 0.010$。

```
> pwilcox(q = U.c, m = 7, n = 5) * 2
[1] 0.01010101
```

pwilcox()是Wilcoxon秩和统计量的累积分布函数。参数m和n分别接收两组样本的样本容量，参数q接收分位数。

（5）作出统计推断。

P值小于显著性水平α，因此拒绝零假设，接受备择假设。检验结论：乙酸处理对水稻

① 亨利·伯特霍尔德·曼（1905—2000），奥地利数学家。在长达五十多年的职业生涯中（在美国度过），他对代数学、数论、统计学和组合学作出了重大贡献。

② 唐纳德·兰塞姆·惠特尼（1915—2001），美国统计学家。Henry B. Mann最早的博士生之一。

幼苗生长有统计学意义上的显著影响。

R 统计分析包 `stats` 中完成 Mann-Whitney U 检验的函数有 `wilcox.test()`，用该函数完成本题的检验。结果如下。

```
> wilcox.test(x = trt, y = ctl)
    Wilcoxon rank sum exact test


data:  trt and ctl
W = 2, p-value = 0.0101
alternative hypothesis: true location shift is not equal to 0
```

13.3.2　成对数据的符号秩检验

为克服成对符号检验未充分利用数据信息的缺点，Wilcoxon 对其进行了改进，提出了符号秩检验(signed rank test)，也称 Wilcoxon 配对检验。

现在我们把例题 13.12 中前 5 头猪的数据提出来，看符号秩法如何检验两组数据的差异。5 头猪的运动前心率(BHR)和运动后心率(AHR)数据，以及它们的差值(DIF)如下。

BHR：	60	65	68	64	74
AHR：	76	80	85	77	72
DIF：	16	15	17	13	−2

因为差值 DIF 是用 AHR 减去 BHR 得到的，所以 DIF 中正值越多表明 AHR 比 BHR 高的情况越多。而且正值的绝对值越大，表明 AHR 比 BHR 高的程度越高。如果对差值的绝对值从小到大排序，记录它们的秩，并对原差值是正值的进行加粗处理，将得到

2	**13**	**15**	**16**	**17**
1	**2**	**3**	**4**	**5**

最后将所有负差值的秩求和得 $W_- = 1$，将所有正差值的秩求和得 $W_+ = 14$。两个秩和中的较小者，即为 Wilcoxon 符号秩统计量。在这个例子中秩的转换是容易的，因差值的绝对值没有相等的情况。如果遇到差值绝对值相等的情况，则需要计算平均秩；如果差值为 0，则忽略不计。

符号秩统计量有平均数 $\mu_W = \dfrac{n(n+1)}{4}$，方差 $\sigma_W^2 = \dfrac{n(n+1)(2n+1)}{24}$。当零假设成立时，即两组数据没有差异时(差值的总体中位数等于 0)，符号秩统计量作为检验统计量越小越不利于零假设。

例题 13.14　对例题 13.12 中的数据(`pigHR` 数据集)进行符号秩检验。

解答　根据假设检验的一般操作流程，作符号秩检验如下。

(1)设定零假设 H_0：运动前后心率差值 d 的总体中位数 $=0$，备择假设 H_1：运动前后心率差值 d 的总体中位数 $\neq 0$。

(2)选取显著性水平 $\alpha = 0.05$。

(3)计算 Wilcoxon 符号秩统计量。

取得差值并将数据存入数据框 `df`，然后用 `replace()` 函数将差值为 0 的项替换为 `NA`，

以排除相等的观测值对。

```
> diff <- pigHR$AHR - pigHR$BHR; diff
[1] 16  15  17  13  -2  6  23  14  -2  0  10  20  8  6  16
> df <- data.frame(diff = diff)
> df$diff <- replace(df$diff, df$diff == 0, NA)
```

通过 sign()函数提取差值的符号,并存入数据框的新变量 sgn 中。

```
> df$sgn <- sign(df$diff)
```

用 abs()函数取差值的绝对值,并存入新变量 abs 中。

```
> df$abs <- abs(df$diff)
```

计算绝对值的秩,并存入新变量 rank 中。

```
> df$rank <- rank(df$abs, na.last = "keep")
```

计算负差值的秩和及正差值的秩和。

```
> sum(df[df$sgn == -1,]$rank, na.rm = TRUE)
[1] 3
> sum(df[df$sgn == 1,]$rank, na.rm = TRUE)
[1] 102
```

得 $W_- = 3$ 和 $W_+ = 102$,所以 Wilcoxon 符号秩统计量等于 3。

(4)计算相伴概率 P 值。

通过符号秩统计量的累积分布函数 psignrank(),计算相伴概率。

```
> psignrank(q = 3, n = 14, lower.tail = TRUE) * 2
[1] 0.0006103516
```

其中参数 n 接收的是差值不等于 0 的观测值对数量。

(5)作出统计推断。

P 值小于显著性水平 α ,因此拒绝零假设,接受备择假设。检验结论:运动对猪的心率有统计学意义上的显著影响。

完成符号秩检验的 R 函数也是 wilcox.test(),只是需要将 paired 参数的值改为 TRUE。结果如下。

```
> wilcox.test(x = pigHR$BHR, y = pigHR$AHR, paired = TRUE)
    Wilcoxon signed rank test with continuity correction

data:  pigHR$BHR and pigHR$AHR
V = 3, p-value = 0.002082
alternative hypothesis: true location shift is not equal to 0

Warning messages:
1: In wilcox.test.default(x = pigHR$BHR, y = pigHR$AHR, paired = TRUE) :
  cannot compute exact p-value with ties
2: In wilcox.test.default(x = pigHR$BHR, y = pigHR$AHR, paired = TRUE) :
```

```
cannot compute exact p-value with zeroes
```

wilcox.test()函数执行结果中的 P 值和我们分步计算的不同。原因就在函数输出的 Warning 信息之中。差值中出现 0,以及差值相等需要计算平均秩时,会影响符号秩统计量的概率分布,所以 wilcox.test()函数不能给出精确 P 值,而是近似值。读者可以尝试对心率数据的前 8 对观测值,分别进行分步符号秩检验和 wilcox.test()函数的检验,以验证这一点。

13.3.3　多组数据的秩和检验

第 9 章讨论方差分析的基本条件时,我们提到过当基本条件不满足时,可采用 Kruskal-Wallis 检验,在 R 中由 kruskal.test()函数完成。Kruskal-Wallis 检验实际上就是针对多组资料的秩和检验。

例题 13.15　研究人员想知道三种药物对膝关节疼痛是否有不同的疗效,招募了 30 名膝关节疼痛症状相似的患者,并将他们随机分成三组,分别服用药物 1、药物 2、药物 3。服药一个月后,研究人员要求每位患者对自己的膝关节疼痛进行评分,评分标准为 1 到 100 分,100 分表示疼痛最严重(数据见 painKiller 数据集)。试问三种药物的效果是否不同。

解答　根据假设检验的一般操作流程,作秩和检验如下。

(1)设定零假设 H_0:三种药物的效果相同,备择假设 H_1:三种药物的效果不相同。

(2)选取显著性水平 $\alpha = 0.05$。

(3)计算相伴概率 P 值。

```
> kruskal.test(x = painKiller$ratings, g = painKiller$drug)
    Kruskal-Wallis rank sum test


data:  painKiller$ratings and painKiller$drug
Kruskal-Wallis chi-squared = 3.0973, df = 2,
p-value = 0.2125
```

(4)作出统计推断。

P 值大于显著性水平 α,因此接受零假设,拒绝备择假设。检验结论:三种药物的效果没有统计学意义上的显著差异。

1943 年,Wilcoxon 入职康涅狄格州斯坦福美国氰胺公司,领导一个杀虫药剂和真菌剂的研究小组。他在使用当时的标准方法,即 t 检验和 Fisher 的方差分析法分析实验数据时,由于"极端值"或样本容量不理想的影响,结果产生了异常。基于自己吸收的最新统计理念,即科学研究或测量得到的所有观测值具有同等效力,他认为我们不能人为地、随意地删除"异常值"。因为这看起来像是为了得到一个好的分析结果,而去挑选看上去正确的数据。

Wilcoxon 试图找到一种新的方法分析实验数据,降低"异常值"对结果的影响。他首先尝试搜索相关文献,无果;然后被迫按照自己的想法进行基于排列组合的计算,写了一篇论文,并于 1945 年正式发表①。当这篇谦逊的小论文(正文只有 3 页)发表时,Wilcoxon 并没

① Wilcoxon F. 1945. Individual comparisons by ranking methods. Biometrics Bulletin, 1(6):80-83.

有预料到他提出的技术(双样本秩和统计量与单样本或配对样本符号秩统计量)很快就会在统计学新发展的分支——非参数统计学中占据核心地位①。

Wilcoxon 在整个职业生涯中几乎同时活跃于工业和学术教学领域。1929 年至 1941 年,他虽然从事全职工作,但仍在布鲁克林理工学院为研究生开设物理化学夜校课程;1960 年至去世前,他在佛罗里达州立大学新成立的统计系,为自然科学专业的学生讲授应用统计学课程。他开设的课程中有着丰富的实例,这些例子往往基于他自己的研究或咨询经验,学生对此非常欣赏。

学生们当然也有不太满意的地方,因为 Wilcoxon 从不给任何数字结果不正确的答案打分。理由是在研究中错误的数字计算工作完全不能接受。Wilcoxon 尊重每一个真实的实验数据,谨慎对待分析结果。谦虚、严谨、低调的治学态度是每一个科学研究人员都应具备的素养。Wilcoxon 因为兴趣从化学领域转行到统计领域,职业生涯发生了巨大改变,他在统计学上的成就,是自学成才的典范,完美诠释了爱因斯坦的名言——兴趣是最好的老师。

习题 13

(1)什么是非参数检验?它与参数检验的主要区别是什么?

(2)卡方检验的功能有哪些?

(3)列联表有怎样的结构,在独立性检验中有什么功能?

(4)为什么配对列联表不能使用普通的独立性检验?

(5)符号检验的基本思想是什么?为什么说符号检验会损失数据信息?

(6)已知杂交大麦的 F2 代芒性状表型有钩芒、长芒、短芒 3 种。观察得各种表型的大麦株数分别为 358、123 和 157。试检验观测数据间的比率是否符合 9∶3∶4 的理论比。

(7)已知 5 个小麦品种感染锈病的数据(健康株数∶发病株数):440∶75、479∶80、398∶78、376∶99、500∶105。试分析小麦锈病与品种是否有关。

(8)试对例题 7.4 中的数据作符号检验。

(9)试对例题 8.8 中的数据作 Mann-Whitney U 检验。

(10)试对例题 9.5 中的数据作 Kruskal-Wallis 检验。

① 1914 年,德国心理学家古斯塔夫·杜赫勒(Gustav Deuchler,1883—1955),在 *Zeitschrift für Pädagogische Psychologie und Jugendkunde* 杂志发表德文文章 Über die Methoden der Korrelationsrechnung in der Pädagogik und Psychologie,描述了与 Wilcoxon-Mann-Whitney 检验相同的方法。虽然 Wilcoxon 很可能读不到 Deuchler 的文章,但是 Deuchler 确实是独立发现了秩和检验方法,相关思想早已在学术界出现的事实不能被否定或遗忘。

第14章 抽样调查与试验设计

从第2章描述性统计到第13章非参数检验，本书五分之四的内容围绕数据的统计分析方法展开。在整个统计学部分的末章，我们不得不对数据的来源问题做一个交代。巧妇难为无米之炊，再高明的分析方法也要有可靠的数据作基础。就获取数据的方式来说，无外乎两种：一是在开展研究之前数据已经存在，或者说感兴趣的研究现象已经发生，研究者需要做的是收集分散的数据；二是在开展研究之前数据还不存在，研究者需要先通过必要的过程产生数据，然后再收集数据。

与这两种数据来源方式相对应的分别是调查(survey)和试验(experiment)。无论何种方式，实施之前都需要先确定研究方案，即调查方案和试验设计。科学合理的研究方案保证了数据的可靠性，所谓科学合理也就是符合统计规律。显然，研究方案和统计分析相辅相成。总体来说，由于统计分析方法都有适用的前提条件，正如误差正态性之于方差分析，所以调查方案和试验设计尤为重要。

14.1 抽样调查概述

调查是对已发生的现象进行数据的汇总、整理、分析，以期了解研究对象内在规律的过程。调查的方法主要有两种：普查和抽样调查。

普查(census)，是指对研究总体中的每个个体进行逐一调查，也称全面调查(complete survey)。通过这种方法所得的数据系统、全面、稳定、可靠。但是，普查涉及面广、成本投入大、时间较长，且由于中间环节多，易受干扰，对统计数据质量控制的要求也较高。

抽样调查(sampling survey)，是一种非全面调查，是根据一定的原则从研究总体中抽取一部分个体构成样本，对其进行观察、测量或度量，然后利用样本的信息来反映总体特征的方法。

为使有限的样本尽可能地反映总体的特征，样本容量首先要尽可能大，其次抽样方法要科学。方法科学也是相对重要的一个条件。特别是样本容量受客观条件限制而不能很大时，科学的抽样方法可以保证抽取的样本具有代表性，同时还可以节约调查研究的成本投入。此外，只有科学的抽样方法才能与统计分析方法相结合，对总体作出准确的估计与推断。

14.2 常用抽样调查方法

生物学研究中常用的抽样方法有：随机抽样、顺序抽样和典型抽样。后两种实际上属于非随机抽样的代表。

14.2.1 随机抽样

关于随机(randomness),第3章概率与概率分布已有深入的讨论。这里的随机抽样(random sampling)指的是抽样的过程要体现随机原则,避免一切主观因素的影响。随机原则,要求总体中每个个体(试验单位)被选中的概率相等。

对于无限总体来说,做到随机抽样并不困难。连续抽样的过程不会发生因已经抽到的个体而改变后续个体抽中概率的情况,或者说影响可忽略不计。然而,生物学研究中的总体有时候是有限的。特别是对于个体数量不多的有限总体,已抽中个体会对后续抽样的概率产生影响,即不同个体在抽样问题上不独立(参见3.3.4小节的超几何分布)。这种情况下要保证随机原则就比较困难。

随机抽样在具体实施上又分为:简单随机抽样、分层随机抽样和整群抽样。

1. 简单随机抽样

简单随机抽样(simple random sampling)是最简单、最常用的抽样方法。它要求被抽样的总体内每一个个体被抽中的机会完全相等。方法是:首先将所有个体进行编号,然后通过随机选择编号的方式选出抽样单位构成样本。简单随机抽样适用于个体差异较小、抽样单位数量较少的情况,对于那些有明显差异或变化趋势的总体不适用。

随机选择编号,可以使用随机数生成器(计算机程序)或查随机数字表。对于个体数较少的有限总体,应该采用重置抽样(sampling with replacement)。重置抽样是指在每次抽出一个个体并记录数据后,该个体被放回原总体,再继续进行抽样,因此又称放回式抽样。

R 函数 `sample()`可完成简单随机抽样。假设从1到100的编号中,随机选择10个编号。代码如下。

```
> pop <- seq(from = 1, to = 100)
> sample(x = pop, size = 10, replace = FALSE, prob = NULL)
[1] 4 56 88 70 43 17 49  2 28 63
```

参数 `size` 设定抽样的个数;参数 `replace` 设定是否进行重置抽样,默认为 `FALSE`;参数 `prob` 接收关于各元素抽中概率权重的向量,向量内的元素之和可以不为1,但不能为负值,也不能全为0。

2. 分层随机抽样

分层随机抽样(stratified random sampling)是一种混合抽样。方法是:首先将总体按照变异原因或程度划分为若干区层(strata),可以是地段、地带或生物的一个品种,然后在各区层内实施简单随机抽样。设置区层的目的是,通过使区层内部变异尽可能小或者变异原因相同,让样本对总体有较好的代表性。

抽样单位的数量,按照一定的抽样比例分配给各区层。分配比例的设置通常有以下三种方式。

(1)相等分配(equal allocation),针对各区层的抽样单位数相等的情况。

(2)比例分配(proportional allocation),针对各区层的抽样单位数不相等的情况。各区层按照各自所含抽样单位的比例分配。

(3)最优分配(optimum allocation),根据各区层的抽样单位数、抽样误差和成本,确定各区层的抽样比例。重点考虑让抽样误差的控制和成本的投入达到最优。比如,在成本一致的情况下,变异较小的区层,抽样比例可相对小一些;而对于变异较大的区层,抽样比例应大一些。反过来,变异程度相近的情况下,成本高的区层,抽样比例可相对小一些;而成本低的区层,抽样比例可大一些。

3. 整群抽样

整群抽样(cluster sampling),是把总体分为若干群,以群为单位进行随机抽样,对抽到的群内所有单位进行全面调查。整群抽样以“群”为基本抽样单位,因此群之间的差异越小,总体被分成的群越多,抽样误差才会越小。整群抽样与分层随机抽样相比,相同点在于两者都对总体进行了分组;不同的是分层随机抽样要求各组之间的变异要大,而整群抽样要求各组之间的变异要小。

以上三种随机抽样方法与其说是抽样的方法,不如说是抽样的思想。因为在抽样调查实践中,我们常常需要根据实际情况,整合不同的抽样思想设计具体的抽样方案。

比如,2013 年第五次全国卫生服务调查①,考虑到我国人口流动性增加,城镇化速度加快,城乡人口比例发生了明显变化,因此第五次调查在保持原来 94 个样本县市区的基础上进行了扩大调整。首先将全国分为六层(东部城市、东部农村、中部城市、中部农村、西部城市、西部农村),按照简单随机抽样的原则在每层中抽取样本县市区 26 个,样本乡镇和村及住户的抽取与以往调查相同。调整后的样本覆盖全国 31 个省(自治区、直辖市),涉及 156 个县(市、区)、780 个乡镇(街道)、1560 个村(居委会)。实际调查 93613 户,调查人口 273 688人。调查样本遵循经济有效的抽样原则,采用了多阶段分层、整群随机抽样的方法。

14.2.2　非随机抽样

1. 顺序抽样

顺序抽样(ordinal sampling),又称系统抽样(systematic sampling)、机械抽样和等距抽样,是按某种既定顺序从有限总体中抽取一定数量的个体构成样本的方法。

具体方法是:将总体全部 N 个个体按自然顺序进行编号,并将总体平分成若干组,组数等于样本容量 n;然后从第一组内随机抽取 1 个抽样单位,依据第一个抽样单位在第一组中的位置,在第二组中选择同样位置的抽样单位;如此继续下去,直到抽出所需抽样单位组成样本。

顺序抽样简单易行,容易得到一个按比例分配的样本。如果抽样单位在总体内的分布分散且均匀,那么顺序抽样能够得到代表性较高的样本。相反,如果抽样单位在总体内存在周期性变化,那么顺序抽样可能会得到一个偏差很大的样本,产生明显的系统误差。此外,顺序抽样得到的样本并不是独立的,因此不能估计抽样误差。

采用顺序抽样时,必须首先对总体中各单位按某种标志进行排序。常见排序方法有以

① 全国卫生服务调查始于 1993 年,每 5 年开展 1 次,由国家卫生健康委员会组织领导,规划司负责协调,委统计信息中心负责组织实施。该调查是我国规模最大的居民健康询问调查,是通过深入住户家中全面获取居民健康状况、卫生服务需求及利用信息的综合性调查。

下两种。

(1)按无关标志排序,即总体各单位排列的顺序和所要研究的标志无关。比如,调查职工的收入水平,可按姓氏笔画排序的职工名单进行抽样;工业生产质量检验可按产品生产的时间顺序进行等距抽样等。一般认为,按无关标志排序的等距抽样称为无序系统抽样。结合随机数字表,通常能达到较好的抽样效果。

(2)按有关标志排序,即总体各单位排列的顺序与所要研究的标志有相关关系。例如,农业产量抽样调查,可按照当年估产或前几年的平均实产,由低到高或由高到低排序进行抽样。这种按有关标志排序的等距抽样又称有序系统抽样,它能使标志值高低不同的单位均有可能选入样本,从而提高样本的代表性,减小抽样误差。一般认为相比等比例分层抽样,有序系统抽样能使样本更均匀地分布在总体中,抽样误差也更小。

2. 典型抽样

典型抽样(typical sampling),又称主观抽样(subjective sampling),是根据初步数据分析的结果和经验判断,有意识、有目的地选取一个典型群体作为样本,以估计整个总体。典型样本代表着总体的绝大部分,如果选择合适,不仅能够得到可靠的结果,而且可以有效地降低成本。从个体数量较大的总体中只能选择较少抽样单位时,往往采用典型抽样。

典型抽样反映的是研究者的先验知识,结果不稳定。而且没有体现随机原则,所以无法对抽样误差进行估计。典型抽样多用于大规模的社会经济调查,总体相对较小或需要估计抽样误差时不宜采用该方法。但是,典型抽样可以和其他抽样法混合使用。比如,先从总体中选出典型单位群,然后在典型单位群内使用随机抽样。总之,抽样方法并不是固化的。研究者应当从实际问题和客观情况出发,秉持随机原则,合理地选择抽样方法或者抽样方法的组合。

14.3 试验设计的基本原理

如前所述,如果说抽样是对已发生现象的数据汇总,那么试验(experiment)在实施时,被研究的现象则尚未发生。试验是通过选择一定数量的、有代表性的试验单位,在一定的条件下进行的探索性研究工作。例如,要了解某处理对研究对象的效应,可以通过设置对照组和处理组进行试验来获得样本数据。设置试验处理时,需遵循随机、重复和局部控制三个基本原则。

14.3.1 试验设计的基本要素

试验设计包括三个基本要素,即处理因素、试验对象和处理效应。

1. 处理因素

试验有单因素试验(single factor experiment)和多因素试验(multiple factor experiment)之分,有不同的统计分析方法与之对应。因素之下又有不同的水平,形成多个不同的单因素处理(single factor treatment);不同因素的处理相结合,则形成多因素处理(multiple factor treatment)。因此,试验设计首先要考虑的是处理的设计,包括试验因素的设计、各因素的水平情况。

所有被试验设计考虑到的因素,我们称之为处理因素(treatment factor)。与处理因素相对应的是非处理因素(non-treatment factor),它是误差的主要来源,也是试验设计应当特别注意并尽量加以控制的。对非处理因素的控制可以通过试验设计加以控制(如随机区组设计),也可以通过如协方差分析的方式进行统计控制。

2. 试验对象

试验对象是处理因素施加的客体,也就是试验单位。在进行试验设计时,必须对试验对象提出严格的要求,以保证试验单位的同质性,进而突显处理因素的效应。生物学研究的试验对象通常是生物有机体,或者是生物有机分子。其中,模式生物(model organisms)在各大生物类群的研究中发挥着关键作用。

3. 处理效应

处理效应是处理因素施加到试验对象后的反应,也就是试验结果的具体体现。需要注意的是,试验所得的观测值包含处理因素的效应,也包含试验误差。后续统计分析的主要目的就是对它们加以区分,并检验处理效应差异的显著性。

14.3.2　试验误差的控制

1. 试验误差的来源

1)试验材料本身的差异

试验材料在遗传和生长发育方面会存在一定程度的差异。例如,试验材料的遗传背景不同;生长试验中植物种子的大小有区别。诸如此类,试验材料不能保证同质性必然带来试验误差。

2)试验条件不一致

除了试验材料,很多生物学试验是在一定的试验条件下进行的。比如,田间试验中不同小区的土壤肥力就需要保持一致,否则会对作物生长带来影响。如果不能加以控制,试验设计时也未加以考虑,必然带来较大的试验误差。

3)试验操作不一致

试验的操作技术不一致,包括处理或处理组合作用于试验对象的过程中,存在时间和质量上的差别。有时候即使是同一个操作人员执行的操作,也会存在技术上的偏差。

4)偶然因素的影响

试验因素之外,人工无法控制的环境差异、试验条件差异、仪器设备稳定与否等都属于偶然因素,都可能带来试验误差。这也是可接受的试验误差的主要来源。

2. 控制误差的途径

了解了试验误差的来源,便可有的放矢地对误差加以控制。

1)选择纯合一致的试验材料

试验材料本身的差异,可通过尽可能选择纯合一致的材料来控制。或者通过安排不同的区组,在区组内通过局部控制(详见下文)来尽量控制误差。

2)改进和标准化试验的操作流程

试验方案需要合理设计,操作流程需要仔细认真地执行。应提高试验人员的操作熟练程度，一个完整的试验应尽可能由一个试验人员完成。此外，试验中应当设置自查自纠的环节。

3)采用合理的试验设计

合理的试验设计既可以减少试验误差，也可以更好地估计试验误差，从而提高试验的精确度和准确度。

14.3.3 试验设计的基本原则

Fisher 在 1935 年出版的《试验设计》一书中提出了试验设计应遵循的三项基本原则。

1. 重复

绪论章 1.4 小节生物统计学常用术语部分提到：重复(replication)，是指试验中将同一个处理实施在两个或多个试验单位上。重复的主要作用是估计试验误差。试验误差是客观存在且无法避免的，只能通过同一处理下重复之间的差异来计算。重复的另一个重要作用是降低试验误差，提高试验精度，更准确地反映试验因素的效应。第二个作用可以通过样本标准误公式 $s_{\bar{x}}=\frac{\sigma}{\sqrt{n}}$ 直观反映。

2. 随机

随机(randomness)，是指试验中的处理或处理的组合无论安排在哪一个试验单位上，都不受主观影响。或者说，每一个处理都有均等的机会实施于任何一个试验单位上。随机的作用有二：一是降低或消除系统误差，因为随机可以使一些客观因素的影响得到平衡；二是保证误差估计的无偏性。误差估计的无偏性需要随机和重复两个条件同时具备。

随机是一个非常有趣的话题。生物统计学相关原理和方法，很大程度上都在应对和克服随机性带来的不利影响。同时，我们也在利用随机这一利器，正如抽样的随机性有力地支撑了推断性统计。

3. 局部控制

局部控制(local control)，是将整个试验环境分割成若干条件一致的小环境，然后在小环境中安排试验的各种处理。之所以要进行局部控制，是因为生物学试验中将非试验因素控制均衡一致，有时候难以实现。这种情况下，我们需要按照非试验因素变化趋势，将整个试验环境分成相对一致的小环境，称为区组(block)、窝组(fossa)。区组之间的差异，也就是非试验因素的效应，可以通过方差分析进行分离和剔除，因而局部控制可以在很大程度上降低试验误差。

综上所述，一个合格的试验设计必须遵循以上三项基本原则，才能从试验中得到真实的试验处理效应，以及无偏的、最小的试验误差估计，进而通过统计分析得到可靠的结论。

14.4 常用试验设计方法

试验设计方法有很多，它们或全部或部分地体现了以上三项基本原则。在生物学研究中常用的试验设计方法有以下几种。

14.4.1　完全随机设计

完全随机设计(completely randomized design),是根据试验处理数 $k(k \geqslant 2)$,将全部 N 个试验单位随机地分成 k 组,然后对不同的组实施不同处理的设计方法。

试验单位数 N 通常是试验处理数 k 的整数倍,如 $N = 3 \times k$。这意味着每种试验处理有 3 个重复。完全随机设计应用了重复和随机两个基本原则。其中,随机原则的体现包括试验单位被随机分组、各组随机接受试验处理,甚至各试验处理的实施顺序也随机安排。

如图 14.1 所示,假设要对两种猪蓝耳病药物的治疗效果进行研究。从同一养殖场的感染群体中,随机选 9 头猪进行试验。首先将它们进行编号,然后随机打乱排序,再将试验对象分为 3 组,最后将 3 种处理(两种药物处理和无处理的对照)随机地安排在 3 组中进行试验。由于试验目的是在多组之间作比较以反映处理的效果,所以需采用方差分析对试验最终产生的数据进行统计分析。

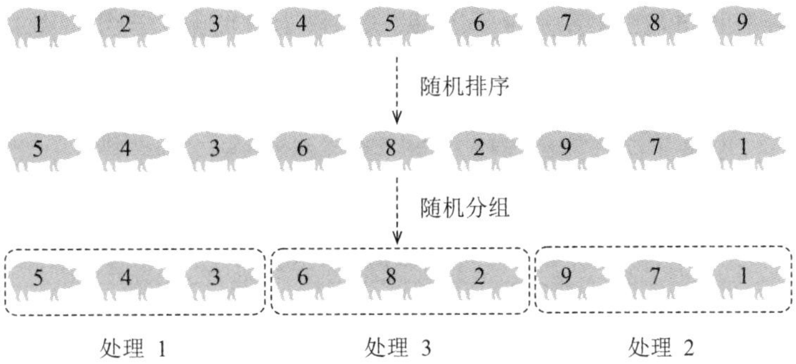

图 14.1　完全随机设计

完全随机设计方法简单,充分体现了重复和随机原则,处理数、重复数和因素数都不受限制。但是,该方法仅适用于试验条件、环境、试验材料差异较小的试验。因未体现局部控制原则,所以非试验因素的效应无法控制,将它们统归为试验误差。在处理数较多时,试验误差将会增大。因此,试验条件、环境、试验材料差异较大时,不宜采用这种方法。

随机化的方法有很多,最常用的方法有随机数字表法、抽签法和计算机随机化数据处理法等。`agricolae` 包除了前文介绍过的方差分析多重比较方法,还为我们提供了试验设计相关的函数。针对完全随机设计有 `design.crd()`函数。如图 14.1 所示的案例,用该函数进行设计,代码如下。

```
> library(agricolae)
> treatment <- c('trt1', 'trt2', 'ctl')
> crd <- design.crd(trt = treatment, r = 3, serie = 0, seed = 1235, randomization
= TRUE)
```

参数 `trt` 接收不同处理的名称标签;参数 `r` 设定了为每个处理安排的重复数;参数 `serie` 规定了试验单位的编号位数,`serie = 0` 时从 1 开始编号,`serie = 1` 时从 11 开始编号,`serie = 2` 时从 101 开始编号,依此类推;参数 `seed` 设定了随机数种子。此外,还有参数 `randomization` 指定程序是否进行随机化;参数 `kinds` 指定随机化的方法(参见 15.6.2 小节)。

试验设计结果可通过查看 crd 的 book 分量获得（crd$book），该试验设计表将方便我们开展试验和数据的记录。

14.4.2 成组设计与配对设计

当处理 $k=2$ 时，完全随机设计又被称为成组设计（two-group design），是生物学试验中最简单、最常见的试验设计。假设我们要研究某种生长激素的两种不同剂量（A_1 和 A_2）对大豆生长的影响，那么试验将涉及两个处理。每个处理设置 6 个重复，则共需要 12 粒相同品系、品质的大豆种子。种子生长的条件也需要尽可能保持一致。按照完全随机设计的思路，首先将 12 盆大豆编号并随机分为两组，然后随机选一组安排处理 A_1（另一组自动安排处理 A_2），即可展开试验。因为实施不同处理几乎是同时完成的，所以可以忽略试验处理实施顺序的影响。

再如图 14.2(a)所示，我们要对某种药物进行动物试验，10 只猴子被随机分为两组，然后药物处理又被随机安排在两组中的一组，另一组作为对照组。产生的数据将在两组之间作比较，即需要用成组的 t 检验进行分析。

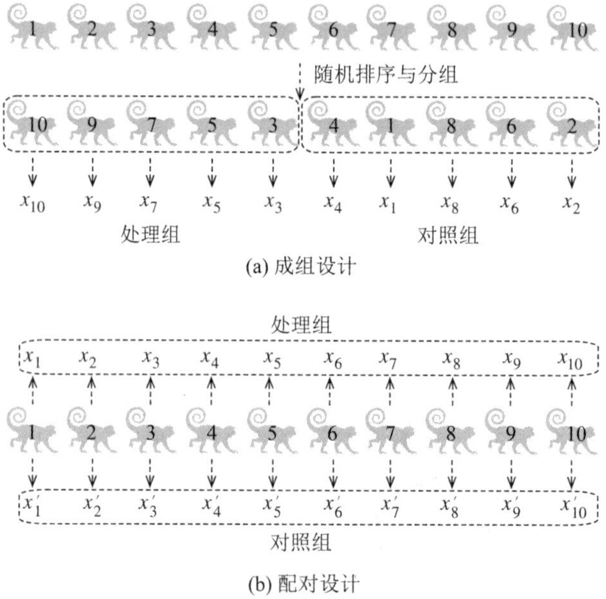

(b) 配对设计

图 14.2 成组设计与配对设计

完全随机试验要求试验条件和试验材料尽可能一致。成组设计中就有一种实现这一目的的特殊试验设计——配对设计（paired design）。该方法是指根据配对的要求将试验单位两两配对，然后将成对的两个试验单位随机分配到两个处理组中进行试验。配对的要求是：配对的两个试验单位初始条件尽量一致，不同配对间的初始条件可以有一定的差异。

生物学试验中配对的方式有两种：自身配对和同源配对。自身配对（见图 14.2(b)）是指同一试验单位在两个不同时间点接受不同的处理，在前后两个观测值之间作比较；或者在同一试验单位不同部位、不同测定方法的观测值间作比较。同源配对是指将来源相同、性质相同的两个个体配成一对，比如将窝别、性别、年龄、体重相同的两个试验动物配成一对，然后对配对的两个试验对象随机地实施不同处理。

配对设计体现了局部控制原则，通过配对消除或降低了非试验因素的干扰。但它仅适用于只有两个处理的试验。试验产生的数据需要用成对 t 检验来分析。

14.4.3 随机区组设计

在一个处理数较多、规模较大的试验中要做到试验条件和材料保持严格一致有时是困难的，甚至是不可能的。这就限制了完全随机设计的应用。比如，在田间试验中，作为非试验因素的试验田土壤肥力很难保持一致，这样就会使土壤肥力间的差异与试验误差混杂，掩盖目标试验因素（如作物品种）的效应。

为了解决这一问题，我们可以把试验材料按照性质一致的原则分为几个区组（block），如图 14.3 所示，随机化只在区组内进行，同时要求每个区组内包含所有处理。这样的试验设计方法称为随机区组设计（randomized block design）。随机区组设计中试验单位可以是田间小区、植物个体和动物个体。区组可以根据不同试验场、不同动物窝组、不同地块来划分。

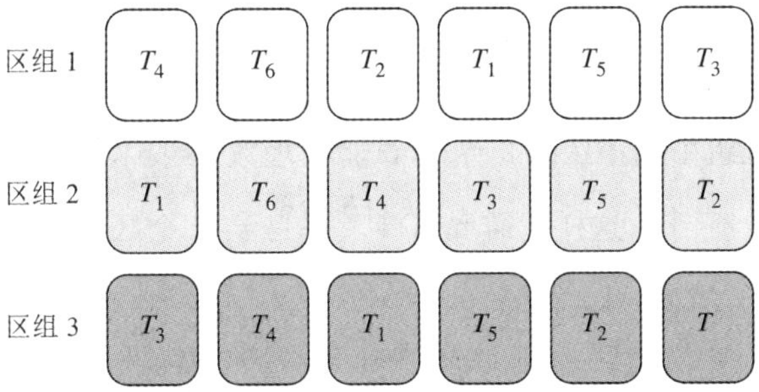

图 14.3 随机区组设计(灰度不同表示非试验因素的影响)

随机区组设计简单易行，而且同时体现了试验设计的三项基本原则。不过，当处理数过多时，在一个区组内难以保持试验条件一致又成了影响试验效果的问题，因此随机区组设计的处理数不宜过多。

`agricolae` 包的 `design.rcbd()` 函数可帮助我们进行随机区组设计。比如图 14.3 所示的试验，可用以下代码实现。

```
> trt <- c('T1', 'T2', 'T3', 'T4', 'T5', 'T6')
> rcbd <- design.rcbd(trt = trt, serie = 2, seed = 4533, r = 3)
> rcbd$sketch
     [,1] [,2] [,3] [,4] [,5] [,6]
[1,] "T4" "T6" "T2" "T1" "T5" "T3"
[2,] "T1" "T6" "T4" "T3" "T5" "T2"
[3,] "T3" "T4" "T1" "T5" "T2" "T6"
```

设计结果 `rcbd` 中的 `sketch` 分量记录了试验设计图。同样地，`book` 分量记录了试验设计表。

随机区组设计试验产生的数据用方差分析来进行统计分析。分析时需要将区组视作一个因素(区组数即水平数),不过是非试验因素。而区组内设置的不同处理,对应试验因素的不同水平。所以我们采用的方差分析,实际上是二因素方差分析,且不考虑区组和试验因素之间的互作。总体来说,我们可用无重复观测值的二因素方差分析,对单(试验)因素随机区组设计的试验结果进行统计分析。

14.4.4 平衡不完全区组设计

随机区组设计中要求每个区组内包含所有的处理,这种区组称为完全区组(complete block)。如果一个区组只包含部分处理,则称为不完全区组(incomplete block)。这种情况在生态学和农林田间试验中较常见。由于受地形、土壤等客观条件的限制,一个区组内只能安排部分的试验处理,此时就需要采用不完全区组设计。

平衡不完全区组设计(balanced incomplete block design),就是不完全区组设计中的一种。进行设计时,首先根据试验处理数 k 、重复数 n 及每个区组中的小区数 a 计算区组数 $A(Aa = nk)$,以及两个处理在一个区组内相遇的次数 $\lambda = \frac{n(a-1)}{k-1}$。然后,根据每一区组的小区数将处理排入区组,保证任意两个处理在一个小区相遇的概率相等。最后,对各区组内的处理进行随机排列,再对区组进行随机排列。

比如,对于图 14.3 所示的试验,如果试验空间有限,每个区组只能设置 3 个小区来安排 3 个处理。现在每个区组中的小区数 $a = 3$,试验处理数 $k = 6$,那么我们就可以选择为每个处理设定 5 个重复,即 $n = 5$。这样就需要 $A = \frac{5 \times 6}{3} = 10$ 个区组。任意两个处理在同一区组内相遇的次数为 $\lambda = \frac{5(3-1)}{6-1} = 2$。

手工实现这样的设计并不容易,可以借助 agricolae 包的 design.bib()函数来完成。代码如下。

```
> trt <- c("T1", "T2", "T3", "T4", "T5", "T6")
> bib <- design.bib(trt = trt, k = 3, r = 5, seed = 28432)
Parameters BIB
==============
Lambda         : 2
treatmeans     : 6
Block size     : 3
Blocks         : 10
Replication    : 5

Efficiency factor 0.8

<<< Book >>>
```

参数 trt 仍然接收不同处理的符号标记;k 参数定义了区组内的小区数(区组的大小),也就是 $a = 3$;参数 r 定义了处理的重复数,即 $n = 5$。输出结果中的 Lambda 是函数计算的任意两个处理在同一区组内相遇的次数；`Blocks` 即总的区组数。同样地，详细设计方案记录于 `bib` 的 `sketch` 和 `book` 分量。观察最终的设计方案（见图 14.4），可见任意两处理共同出现的次数都为 2。每一个处理在任一区组内出现的概率为 $\frac{5}{10}$，所以任意一对处理在同一区组相遇的概率为 $\frac{5}{10} \times \frac{5}{10} = 0.25$。

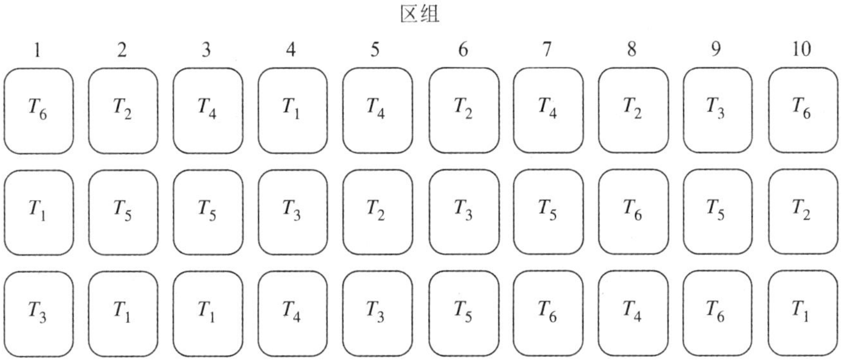

图 14.4　平衡不完全区组设计

平衡不完全区组设计的主要特点是：经济、平衡、灵活和计算严密。与随机区组设计一样，平衡不完全区组设计资料的统计分析也采用无重复观测值的二因素方差分析。不过需要对处理平方和进行矫正，去除区组的影响。`agricolae` 包有专门用于平衡不完全区组设计数据分析的函数 `BIB.test()`。

14.4.5　拉丁方设计

随机区组设计之所以安排不同的区组，主要目的是将无法控制的非试验因素影响从试验误差中分离出来。也就是说，如果试验有两个因素，一个试验因素和一个非试验因素，那么随机区组设计可以排除非试验因素的干扰，进而能够更好地研究试验因素。但是，如果试验涉及两个非试验因素，随机区组设计则无法得出理想的结果。此种情况即可采用拉丁方设计（Latin square design）。

“拉丁方”一词最早也是由 Fisher 提出的，其含义是：将 n 个不同符号排成一个 n 阶方阵，使每一个符号在每一行、每一列都仅出现一次，这个方阵就是 $n \times n$ 拉丁方。拉丁方设计就是利用拉丁方来安排试验的设计方法，是一种二维设计，用于有三个因素（可以视作一个试验因素和两个非试验因素），且每个因素的水平数都相同的研究。如果试验水平数为 k，拉丁方设计需要安排的试验数等于 k^2。下面我们通过一个具体的例子来展示拉丁方设计的细节。

例题 14.1　为研究 5 种饲料类型对乳牛产乳量的影响，考虑试验用牛和泌乳时间两个非试验因素，试进行拉丁方设计。

分析　题干已经指明本试验的非试验因素有试验用牛和泌乳时间两个，而试验因素即饲料类型。由于饲料因素的水平数为 5，所以按照拉丁方设计非试验因素的水平数也应为 5。因此，选择 5 头试验用牛分别编号；选择 5 个月（1 至 5 月份）为试验数据采集期。

解答 拉丁方设计流程如下。

1）选择标准拉丁方

按照拉丁方的定义，对于某一阶数的拉丁方而言，其个数是惊人的。我们将所有符合条件的拉丁方中，第一行和第一列的字母按照自然顺序排列的拉丁方称为标准拉丁方（standard square）。

对于不同阶数的拉丁方，其标准拉丁方的个数也不同。3×3 拉丁方只有 1 种标准拉丁方；4×4 拉丁方则有 4 种标准拉丁方；5×5 拉丁方有 56 种标准拉丁方。标准拉丁方的个数 K、拉丁方阶数 n、拉丁方的个数 S 之间的关系为 $S = K\times n!\times(n-1)!$。

本试验要进行拉丁方设计，首先需从 5×5 拉丁方的 56 种标准拉丁方中随机选一种，并为标准拉丁方的行与列对应不同的非试验因素：行对应试验用牛，列对应泌乳时间。

2）行、列随机化

对标准拉丁方的各行进行随机重排，即随机调换行的次序。重排行时，列保持不变。所以行随机化，即对试验用牛因素的各水平进行随机化。然后再对行随机化后的拉丁方的各列进行随机重排，即随机调换列的次序。重排列时，行保持不变。列随机化就是对泌乳时间因素的各水平进行随机化。

如图 14.5 所示，我们为各行各列编号。行随机化的结果是各行按 53142 顺序重排，列随机化的结果是各列按 42513 顺序重排。随机序号可用 `sample()` 函数生成。

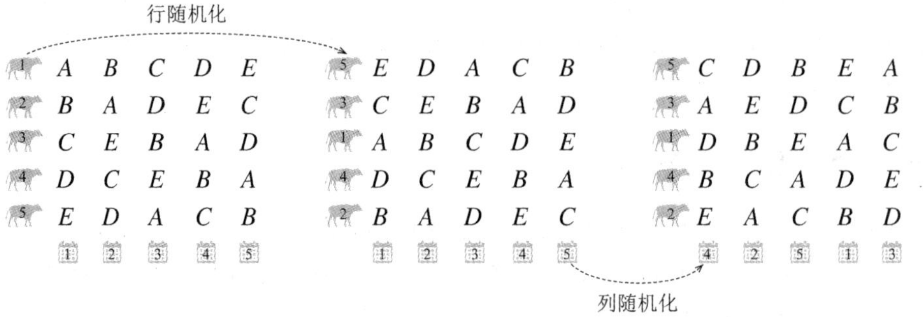

图 14.5 拉丁方设计的行、列随机化

由于标准拉丁方和拉丁方在数量上的关系，可知每一个标准拉丁方可随机产生 $n!(n-1)!$ 个不同的拉丁方①。

3）处理随机化

行与列的重排只是完成了两个非试验因素的随机化，最后还需要对试验因素的各处理进行随机化。首先为 5 种不同的饲料分别编号：F_1、F_2、F_3、F_4 和 F_5。然后进行随机化，假设重排后的顺序为 F_5、F_4、F_2、F_1、F_3，即令图 14.6 中的字母与饲料编号有以下对应关系：$A=F_5$，$B=F_4$，$C=F_2$，$D=F_1$，$E=F_3$。

综合图 14.5 和图 14.6，拉丁方设计对三个因素都进行了随机化，即三个维度的顺序重排。试验的具体实施，则按照图 14.6 中右侧方阵所示，5 号牛 4 月份喂食饲料 F_2，5 号牛 2

① 理解了拉丁方设计的基本思路，会发现拉丁方设计的整个过程实际上是从所有可能的拉丁方中随机选择了一个而已。

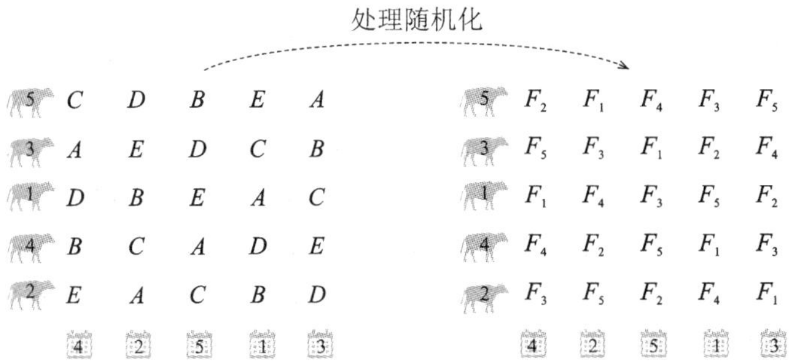

图 14.6　拉丁方设计的处理随机化

月份喂食饲料 F_1，5 号牛 5 月份喂食饲料 F_4，以此类推，并记录每个月的总产奶量。

拉丁方设计在行和列两个方向上都实施了局部控制，行和列两个方向皆成完全区组，而且行列互为对方的重复。处理数、重复数、行数、列数都相等是拉丁方设计的特点。与随机区组设计相比，拉丁方设计多了一个区组。当行间、列间都有明显的差异时，其行、列两个区组的变异都可以从试验误差中分离出来。因此，当试验中确实多一个非试验因素时，拉丁方设计比随机区组设计有更高的试验精确度。

不过，拉丁方设计需要保持行数、列数、处理数相等，缺乏伸缩性，所以试验处理数一般不能太多，以 5～10 个为宜，且在对试验精确度要求较高时使用。处理数过多，试验规模过大很难实施；处理数过少，误差项的自由度不足，对误差的估计将不够精确。在本题中，三个因素的自由度同为 $n-1=5-1=4$，总自由度为 $n^2-1=5^2-1=24$，所以误差的自由度只有 $24-3\times4=12$。处理数小于 5 时，误差自由度将小于 12，检验的灵敏度将难以保证。

理解拉丁方设计的思路是本例题的重点，实践中我们还是借助计算机程序的辅助来完成设计。`design.lsd()`函数，就是专门为拉丁方设计开发的。函数的用法也是到目前为止最简单的，只需向参数 `trt` 传入不同处理的符号标记即可。

```
> trt <- c("F1", "F2", "F3", "F4", "F5")
> lsd <- design.lsd(trt = trt)
> lsd$sketch
     [,1] [,2] [,3] [,4] [,5]
[1,] "F1" "F2" "F3" "F5" "F4"
[2,] "F2" "F3" "F4" "F1" "F5"
[3,] "F4" "F5" "F1" "F3" "F2"
[4,] "F3" "F4" "F5" "F2" "F1"
[5,] "F5" "F1" "F2" "F4" "F3"
```

拉丁方设计产生的试验数据，要比随机区组设计多一个非试验因素，所以可用三因素方差分析的模型来进行统计分析。

14.4.6　裂区设计

裂区设计(split plot design)和拉丁方设计一样也是一种多因素试验设计。与拉丁方设计不同的是，裂区设计中非试验因素有主次之分，适合于安排对不同因素精度要求不同、或因素可控性存在差异的试验。而且，裂区设计可以用于二因素试验，称为二因素裂区设计(two-factor split plot design)。

进行二因素裂区设计时，假定主要因素为 A，有 3 个水平 A_1, A_2, A_3，次要因素为 B，有 4 个水平 B_1, B_2, B_3, B_4，试验设置 3 个重复。首先针对 3 个重复，将整个试验区域分为 3 个大区；紧接着，将每一大区按照因素 A 的处理数划分 3 个小区，称为主区(main plot)，在主区内随机安排主处理 A_1, A_2, A_3；然后，在主区内再划分更小的小区，称为副区(secondary plot)或裂区(split plot)，以引入次要因素的各副处理 B_1, B_2, B_3, B_4，在副区里副处理的安排也是随机的。

如图 14.7 所示，主处理的 3 个主区在 3 个重复里的安排是完全随机的。假如 3 个重复之间有明显差异，那么对主处理的安排就相当于随机区组设计。而如果 3 个重复之间没有明显差异，对主处理的安排就相当于完全随机设计。当我们又在每个主区里随机安排副处理时，一个重复里的所有处理的安排就不再完全随机。比如，第一组重复中，由于第一列(主区)的处理组合都含有 A_3，使得 A_3 不可能再出现在后两列的处理组合中。而完全随机化应该将 $3 \times 4 = 12$ 种处理组合，随机安排在 12 个裂区上。所以，从整个试验的所有处理组合来讲，主区对于副处理来说是一个完全区组，但是对于主处理来说又是一个不完全区组(因为每个主区内并不包含全部 3 个主处理)。

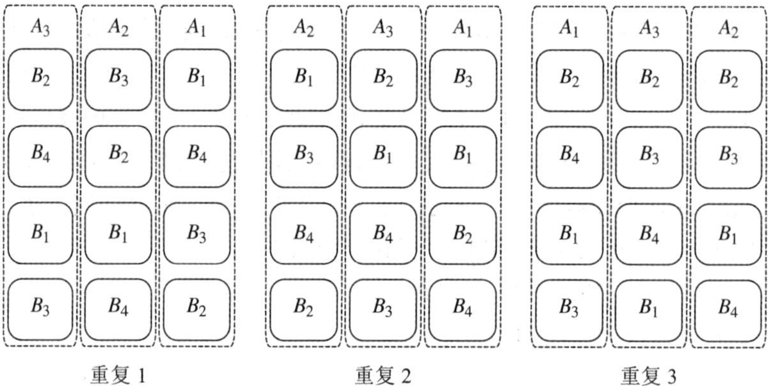

图 14.7　裂区设计(虚线框为主区，实线框为副区)

裂区设计通常适用于下列情况。

(1)一个因素的各处理比另一个因素的各处理需要更大的试验区域，或者说一个因素的实施需要更集中的区域。将需要较大区域的因素作为主处理，设在主区，而另一个因素可设置在副区。例如，农业试验中考虑翻耕因素时，翻耕的操作在集中的区域实施会更加方便。

(2)试验中某一个因素的主效比另一个因素的主效更重要，而且要求更精确的比较，或者两个因素的交互作用更为重要。将精度要求高的因素作为副处理，另一个因素作为主处理。

(3)根据以往的研究经验，某些因素的效应比其他因素的效应更大，可将表现较大差异的因素作为主处理。

(4)对于已开展的试验，临时需要增加因素时，可在原试验设计中的小区中再划分副区，这样就将完全随机设计或者随机区组设计变成了裂区设计。当然，这种补救措施在实践中应该尽量避免。

裂区设计在应用于多因素试验时，可在副区中再划分更小的小区安排第三因素，以此类推。层级越低的小区，试验误差越小，精度越高。agricolae 包中负责裂区设计的函数是 design.split()。使用时需要向参数 trt1 传入主区的符号标记，向参数 trt2 传入副区的符号标记，通过参数 r 设定处理的重复数。以下是主区数为 2、副区数为 3、重复数为 3 的裂区设计代码，试验设计表记录于 split 的 book 分量中。

```
> mainPlots <- c("A1", "A2")
> subPlots <- c("B1", "B2", "B3")
> split <- design.split(trt1 = mainPlots, trt2 = subPlots, r = 3, seed = 
68943)
```

裂区设计产生的数据同样用方差分析来处理。不过，由于主副区的地位不同，方差分析时主副区需要分开来分解变异。主区分解为区组、主处理和主区误差；副区分解为副处理、两因素互作和副区误差。手工处理起来比较复杂，可交由 agricolae 包的 sp.plot()函数来完成。

14.4.7　正交设计

面对多试验因素，且既要考虑因素之间的交互作用，又要使用完全随机化方案，这样的试验设计称为析因设计(factorial design)。这种设计将按全部因素的所有水平的一切组合逐个进行试验，处理数是各因素水平数的乘积，总试验次数是处理数与重复次数的乘积。比如，3 因素各有 3 水平的试验，处理组合数就有 $3^3 = 27$ 种。如果再为每种处理设置 3 个重复，那么就需要 81 份试验材料。这对于动物试验和植物大田试验而言，要么研究材料难以获得，要么试验场地要求过大，都难以实施。

这就需要在试验设计上想办法，寻求一种既合理又经济、易于实施的设计方法。正交试验设计(orthogonal design)，就是其中最为常用的一种。这种试验设计的特点是在全部试验处理的组合中，挑选部分有代表性的处理组合进行试验。通过部分试验的结果来反映全面试验的情况，这样可以节省人力、物力和时间成本，使一些难以实施的多因素试验得以进行。

正交试验设计对处理组合数的简化，需要借助正交表(orthogonal table)来进行。最早也是最常用的正交表由日本工程管理专家 Genichi Taguchi① 制定完成，试验设计时只需要根据试验的实际需求直接套用即可。

现在我们以 $L_9(3^4)$ 正交表为例，介绍正交表的概念和特点。这里的 L 表示正交表，括号内幂的底数 3 表示因素的水平数，幂的指数 4 表示最多可安排的因素个数，L 的下标 9 表示试验次数(处理组合数)。总体来说，$L_9(3^4)$ 表示的是用表 14.1 进行试验设计，最多可以安排 4 个因素，每个因素有 3 个水平，一共需要做 9 组试验。

表 14.1 的第 2 到第 5 列表示该正交表所能容纳的 4 个试验因素；每一列所包含的 3 个

① 田口玄一(1924—2012)，日本统计学家与工程管理专家。从 20 世纪 50 年代开始，创造了田口方法(Taguchi method)，是品质工程的奠基者。

数字表示各因素的 3 个水平；表中的各行，代表 9 个不同的处理组合。按照该表进行的试验，只需要安排 9 个试验材料，并分别对它们施加相应的处理组合即可。

表 14.1 $L_9(3^4)$正交表

试验号	因素				处理组合
	A	B	C	D	
1	1	1	1	1	$A_1B_1C_1D_1$
2	1	2	2	2	$A_1B_2C_2D_2$
3	1	3	3	3	$A_1B_3C_3D_3$
4	2	1	2	3	$A_2B_1C_2D_3$
5	2	2	3	1	$A_2B_2C_3D_1$
6	2	3	1	2	$A_2B_3C_1D_2$
7	3	1	3	2	$A_3B_1C_3D_2$
8	3	2	1	3	$A_3B_2C_1D_3$
9	3	3	2	1	$A_3B_3C_2D_1$

仔细观察表 14.1，我们可以发现正交表的特点：

(1)每一列中不同数字出现的次数相等；

(2)任意两列中，由同一行的两个数字组成的数字对出现的次数相等。

这两个特点也共同构成了对正交性的要求，所有正交表都满足以上特点。正交性保证了所选取的处理组合具有最好的代表性。

用正交表进行的试验安排具有以下特性。

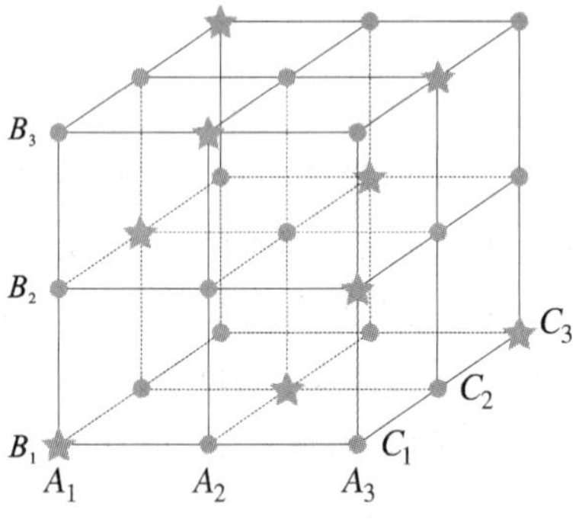

图 14.8 正交表的均衡分散性

1)均衡分散性

从正交表挑选出来的处理组合，在全部可能的处理组合中分布均匀，因此所选处理组合具有代表性。例如，一个 3 因素 3 水平的试验，如果采用析因设计则需要 27 次试验。所有处理组合可以通过图 14.8 所示立方体上 27 个线段交点表示。若用 $L_9(3^4)$ 正交表设计试验，只需要 9 个试验来安排星形所示的处理组合即可。9 颗星均匀分散在 9 个平面上，每个平面上都有 3 颗，而且每个平面上的 3 颗星不会共线。

2)整齐可比性

由于正交表中各因素两两正交，任一因素的任一水平之下都均衡地包含其他因素的各水平。例如，A_1、A_2 和 A_3 之下各有 B 因素的 3 个水平和 C 因素的 3 个水平(见图 14.9)。当我们比较 A_1、A_2 和 A_3 时(相当于 3 个灰色平面之间作比较)，B 和 C 因素的效应相互抵消，剩下的只有 A 因素的效应和试验误差。A 因素同一水平下的 3 个处理组合可视为重复。因此，3 个水平下的 9 个处理组合(3 个灰色平面)之间就具有了可比性。在 B_1、B_2、B_3，以及 C_1、C_2、C_3 之间比较时同样适用。

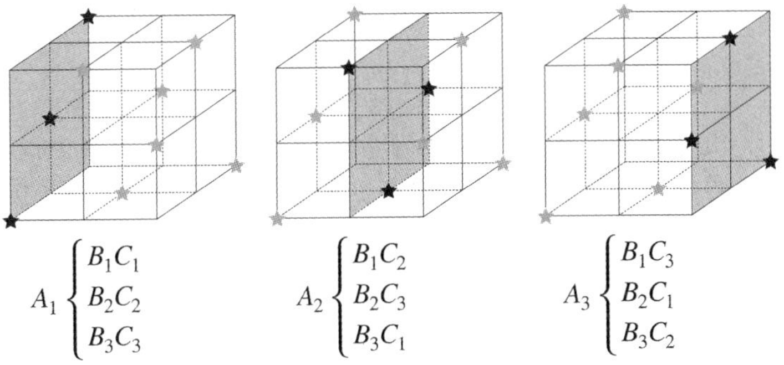

图 14.9　正交表的整齐可比性

从以上特性来看，正交表并不唯一。我们可以通过以下三种变换得到同构的正交表(isomorphic orthogonal table)：

(1)任意两列互换，换句话说就是试验因素可以安排在任一列上；

(2)任意两行互换，这就使得处理组合没有顺序，可以自由选择；

(3)每一列中不同数字代表的水平可以互换，使得因素的水平可以自由安排。

试验所容纳的试验因素具有相等数量的水平时，此类正交表称为等水平正交表，如 $L_4(2^3)$、$L_8(2^7)$ 和 $L_9(3^4)$。而当各因素的水平数不相等时，称为混合水平正交表。混合水平正交表的表示方法是在等水平正交表的基础上进行扩展。例如，$L_8(4^1\times 2^4)$ 表示一个包含 1 个 4 水平因素、4 个 2 水平因素的正交表。

了解了正交表之后，下面我们来看正交试验设计的基本流程。

1)选择正交表

根据试验因素的个数和各因素的水平数选择一个合适的正交表。实际上，正交表的表示方式已经给出了正交表的选择方法。表示方式中括号内的底数为因素的水平数，幂为试验所能容纳的最大因素个数。当不考虑因素之间的互作时，可选择幂大于或等于因素个数的正交表。如果要考虑互作，则幂必须大于因素个数。如果为每个处理组合只安排一个试验单元(无重复)，则幂必须大于因素个数与要考虑的互作数之和。

总之，所选的正交表既要能安排下全部试验因素，又要使处理组合数尽可能少。在正交试验中，各因素的水平数减 1 求和后加 1，就是所需要的最少试验次数或处理组合数。如果考虑互作，需要再加上交互作用的自由度。例如，某药厂进行了提高某抗生素药物发酵单位的试验，设有 8 个试验因素，各有 3 个水平。如果采用正交试验，并考虑 $A\times B$ 和 $A\times C$ 互作效应，则最少需要的试验次数为

$$(3-1)\times 8+1+(3-1)\times(3-1)\times 2=25$$

其中两个互作效应的自由度同为 $(3-1)\times(3-1)$。因此，可以选择 $L_{27}(3^{13})$ 正交表设计试验，该表的试验次数 27 能够容纳本试验所需要的最少试验次数。

对于混合水平正交试验，比如包含 1 个 4 水平因素、3 个 2 水平因素的试验，如果不考虑互作，则至少需要安排 $(4-1)+(2-1)\times 3+1=7$ 个处理组合。而如果要进行全面的试验，处理组合数为 $4\times 2^3=32$ 个。当考虑互作时，再加上互作的自由度即可。例如，考虑某

一对因素(4 水平因素和某一个 2 水平因素)的互作,则处理组合数变为 $7+(4-1)\times(2-1)=10$。

2)表头设计

所谓表头设计,是指将试验所要研究的因素及互作分配给正交表中的各列。如果不考虑互作,可以任意确定。比如,对于 3 因素 3 水平的正交试验,3 个因素可以安排在 $L_9(3^4)$ 正交表 4 列中的任意 3 列中。而如果考虑互作,则必须参考正交表的交互作用表来确定,因为某些特定的列需要保留给交互作用。

表 14.2 和表 14.3 分别是 $L_8(2^7)$ 正交表和它的交互作用表。$L_8(2^7)$ 正交表可最多安排 7 个因素的试验,每因素 2 个水平。表 14.3 中,带括号的数字代表正交表的各列,其他数字则代表交互作用所在的列。每个不带括号的数字代表的是,它左边带括号数字与它下方带括号数字所代表的列之间的交互作用所在列。例如,第 1 行中的数字 3 表示正交表中第 1 列(左边带括号数字)和第 2 列(下方带括号数字)之间的互作出现在第 3 列。再比如,第 2 行中的数字 7 表示正交表中第 2 列和第 5 列的交互在第 7 列。以此类推。

表 14.2 $L_8(2^7)$正交表

试验号	列号						
	1	2	3	4	5	6	7
1	1	1	1	1	1	1	1
2	1	1	1	2	2	2	2
3	1	2	2	1	1	2	2
4	1	2	2	2	2	1	1
5	2	1	2	1	2	1	2
6	2	1	2	2	1	2	1
7	2	2	1	1	2	2	1
8	2	2	1	2	1	1	2

表 14.3 $L_8(2^7)$二列间的交互作用

列号	1	2	3	4	5	6	7
1	(1)	3	2	5	4	7	6
2		(2)	1	6	7	4	5
3			(3)	7	6	5	4
4				(4)	1	2	3
5					(5)	3	2
6						(6)	1
7							(7)

根据交互作用表,针对不同的因素个数,还需要根据表头设计表(见表 14.4)设计表头。当因素数为 3 时,按照表 14.4 中的第 1 行:将 A 因素和 B 因素分别安排在表 14.2 的第 1 列和第 2 列;第 3 列保留给互作 $A\times B$(表 14.3 交互作用表中的第 1 列和第 2 列的互作就在第

3 列)；C 因素安排在第 4 列；第 5、第 6 和第 7 列分别安排互作 $A \times C$、互作 $B \times C$ 和互作 $A \times B \times C$。对于 3 因素 2 水平的试验来说，这样的安排实际上就是析因设计。因为 $2^3 = 8$ 个处理组合，每一个都安排了试验。由于正交设计不考虑高阶互作，因此在表头设计表 14.4 中第 7 列为空，并不安排互作 $A \times B \times C$。

表 14.4　$L_8(2^7)$表头设计

因素数	列号						
	1	2	3	4	5	6	7
3	A	B	$A \times B$	C	$A \times C$	$B \times C$	
4	A	B	$A \times B$ $C \times D$	C	$A \times C$ $B \times D$	$B \times C$ $A \times D$	D
4	A	B $C \times D$	$A \times B$	C $B \times D$	$A \times C$	D $B \times C$	$A \times D$
5	A $D \times E$	B $C \times D$	$A \times B$ $C \times E$	C $B \times D$	$A \times C$ $B \times E$	D $A \times E$ $B \times C$	E $A \times D$

当因素数为 4 时，表头设计表提供了两种方案：表 14.4 中的第 2 行和第 3 行。不论哪一种方案，都不能完全考虑互作。按照第一种方案，4 种因素被分别安排在表 14.2 的第 1、第 2、第 4 和第 7 列；表头设计表的第 2 行第 3 列中出现了两种互作 $A \times B$ 和 $C \times D$，这表示它们将混在一起无法分离。所以必须假定其中一种互作不存在(比如 $A \times B$)，而将表 14.2 的第 3 列安排给另一种互作($C \times D$)。第 2 行第 5 列和第 6 列也是这种情况。至于忽略哪一种互作就需要根据研究问题的实际情况而定。如果按照第二种方案，第 3 行第 2 列中因素 B 的主效和 $C \times D$ 互作混杂，通常主效要比互作重要，所以只能假定互作不存在。

接着如果因素数为 5，则按照第 4 行的方案进行表头设计。该方案中每一列都有混杂现象，我们可将主效分别安排在第 1、第 2、第 4、第 6 和第 7 列。第 3 和第 5 列还可以分别安排一个互作。总体来说，在正交表中主效安排得越多，则混杂现象越多。之所以存在混杂现象，是因为 5 因素 2 水平的处理组合数为 $2^5 = 32$，而正交试验只安排了 8 次试验。试验次数减少，提供的信息也相应减少，自然无法有效区分一些效应。因此在做试验之前一定要根据专业知识，判断试验的各因素之间是否存在互作，以及效应之间孰轻孰重，只有这样才能发挥正交设计的强大作用。

3)制定方案

根据表头设计的结果，按照表 14.2 各因素所在列中的数字进行处理的组合。注意，即使考虑互作，各处理的组合也是根据主效列来实施的。例如，3 个 2 水平因素 A、B 和 C，只考虑互作 $A \times B$，按表头设计表 14.4 第一行设计表头，表 14.2 中 1 号试验的处理组合为 $A_1B_1C_1$。也就是说，第 3 列的交互作用列在试验安排上不需要考虑，它只是在后续方差分析中起到数据分组的作用。最后采用完全随机化方法将试验单元分配给各处理，进行试验即可。

上述正交试验设计的基本流程中，表头设计似乎理解起来最为困难。难点在于交互作用(见表 14.3)和表头设计(见表 14.4)需要配合使用,而我们又不清楚为什么要这么做。为了解决这个问题,让我们再来研究一下表 14.2 和表 14.3。交互作用表(表 14.3)告诉我们正交表 14.2 第 1 列和第 2 列的互作在第 3 列。那么,我们来看正交表(表 14.2)第 1、第 2、第 3 列的数字有什么样的关系。

第 1 和第 2 列的数字组合共有 4 种:(1,1)、(1,2)、(2,1)、(2,2)。每种组合出现的次数都为 2(正交表的特点 2)。把第 3 列的数字和它们关联起来,会发现第 1、第 2 列的每一种数字组合都在第 3 列对应了同一个数字。例如,两个 (1,1) 在第 3 列都对应 1,两个 (1,2) 都对应 2。可如果和第 4 列的数字关联起来,会发现每种数字组合都在第 4 列对应了不同的数字。这种情况,我们称第 1、第 2 列与第 4 列是正交的,而与第 3 列是混杂的。这就是正交表(表 14.2)第 1 列和第 2 列的互作在第 3 列的原因。

再看第 3 和第 4 列,它们的交互在第 7 列。第 3 和第 4 列中第一对数字组合 (1,1) 在第 7 列都对应 1,第二对数字组合 (1,2) 在第 7 列都对应 2,其他数字组合也都类似。所以交互作用表本质上是根据正交表中任意两列中的数字组合,在其他列中对应数字的情况制作出来的。我们可以用这种分析方法,从正交表出发来制作交互作用表。有了交互作用表也就有了表头设计表。

下面我们来看以下实例,并演示 R 如何辅助正交设计。

例题 14.2 酶的催化作用受多种因素的影响,比如:底物浓度、酶浓度、溶液的 pH 值和离子浓度、温度等。为研究某淀粉酶在不同温度、pH 值、底物浓度 3 种因素下(每种因素各有 3 个水平)的催化效率,试进行正交试验设计(不考虑互作)。

分析 DoE.base 包①提供了与析因设计和正交设计有关的函数,其中包括用于查询正交表的函数 show.oas()和用于正交设计的函数 oa.design()。

show.oas()函数有以下一般形式:

```
show.oas(name = "all", nruns = "all", nlevels = "all", factor = "all", ...)
```

参数 name 用于按正交表 ID 查询。DoE.base 包中正交表的 ID 命名规则延续了数学符号的表达方式,只是形式上作了调整。例如,$L_9(3^4)$ 正交表的 ID 表示为 L9.3.4。参数 nruns 用于按处理组合数查找。参数 nlevels 用于按水平数查找。参数 factors 用于按因素查询,需通过列表传入两个名为 nlevels 和 number 的向量。例如,factors = list (nlevels = c(4,2),number = c(1,3))查询包含 1 个 4 水平因素和 3 个 2 水平因素的正交表。DoE.base 包提供了 1837 个正交表,通过运行 show.oas()指令只能显示前 10 个。

oa.design()函数有以下一般形式:

```
oa.design(ID = NULL, nruns = NULL, nfactors = NULL, nlevels = NULL, factor.
names = NULL, randomize = TRUE, ...)
```

参数 ID 接收正交表的 ID;参数 nruns 和 nlevels 同上;参数 nfactors 指定因素数量;参数 factor.names 为正交表设定因素名和水平编码;参数 randomize 决定是否对正交表进行行列随机化互换。

---

① Groemping U,et al. 2023. DoE. base:Full Factorials,Orthogonal Arrays and Base Utilities for DoE Packages. R package version 1. 2-4,〈https://CRAN. R-project. org/package=DoE. base〉.

解答　根据正交试验设计的基本流程，进行如下设计。

(1)选择正交表。

本试验有 3 个因素，分别有 3 个水平，所以可用 show.oas()查询适合的正交表。

```
> show.oas(nlevels = c(3, 3, 3))
212  orthogonal  arrays found,
the first  10  are listed
               name  nruns                      lineage
5            L9.3.4      9
20       L18.2.1.3.7    18     3~6;6~1;:(6~1!2~1;3~1;)
22       L18.3.6.6.1    18
39          L27.3.13    27         3~9;9~1;:(9~1!3~4;)
40       L27.3.9.9.1    27
76      L36.2.16.3.4    36        2~16;9~1;:(9~1!3~4;)
80     L36.2.11.3.12    36     3~12;12~1;:(12~1!2~11;)
81  L36.2.10.3.8.6.1    36
83   L36.2.9.3.4.6.2    36
85      L36.2.4.3.13    36  3~12;12~1;:(12~1!2~4;3~1;)
```

我们选择试验数最少的正交表 L9.3.4。

(2)设计表格。

根据正交表的 ID 设计表格，主要是对原始正交表进行随机化处理。正交表 L9.3.4 中有 4 列，可以任意安排 4 种处理组合。而本题有 3 个因素，现将最后一列删除(可任选一列)。

```
> oa.l9 <- oa.design(ID = L9.3.4, seed = 12453)
> oa.l9 <- oa.l9[, -4]
```

(3)制定方案。

假设反应温度设定为 20 ℃、30 ℃、40 ℃；酶的浓度分别为 0.25%、0.5%和 1%；反应液 pH 值为 5.0、6.0 和 7.0。正交表可以通过以下方式生成，并将 3 因素分别安排给正交表的各列。

```
> levels(oa.l9$A) <- c(20, 30, 40)
> levels(oa.l9$B) <- c(0.25, 0.5, 1)
> levels(oa.l9$C) <- c(5.0, 6.0, 7.0)
> colnames(oa.l9) <- c("temp", "conc", "pH")
```

以上操作还可通过 factor.names 参数在设计正交表时一并完成。

```
> oa.l9 <- oa.design(ID = L9.3.4, factor.names = list(temp = c(20, 30, 40),
conc = c(0.25, 0.5, 1), pH = c(5.0, 6.0, 7.0)), seed = 12453); oa.l9
```

```
  temp  conc  pH
1   30   0.5   6
2   30  0.25   7
3   30     1   5
4   20  0.25   5
5   20     1   6
6   20   0.5   7
7   40     1   7
8   40   0.5   5
9   40  0.25   6
class = design, type = oa
```

得到正交设计方案后,即可安排试验。假设我们已取得观测值数据 obs,后续可对数据进行方差分析。

```
> obs <- c(4.3, 4.2, 4.4, 3.8, 4.0, 3.9, 4.5, 4.3, 4.2)
> oa.l9.data <- cbind(oa.l9, obs = obs)
> fit.lm <- lm(obs ~ temp + conc + pH, data = oa.l9.data)
> anova(fit.lm)
Analysis of Variance Table

Response: obs
          Df  Sum Sq  Mean Sq F value   Pr(>F)
temp       2 0.34889 0.174444     157 0.006329 **
conc       2 0.08222 0.041111      37 0.026316 *
pH         2 0.00222 0.001111       1 0.500000
Residuals 2 0.00222 0.001111
---
Signif. codes:  0 '***' 0.001 '**' 0.01 '*' 0.05 '.' 0.1 ' ' 1
```

例题 14.3 对于例题 14.2,如果考虑反应温度与底物浓度之间的互作,该如何进行正交试验设计?

分析 考虑互作的正交设计,重点和难点都是交互作用安排在正交表的哪些列上。一般情况下我们需要在资料中查询相关正交表的交互作用表和表头设计表。本例题我们用 R 来实现交互列的查找。

解答 根据正交试验设计的基本流程,进行如下设计。

(1)选择正交表。

本题除了 3 个主效外又多了 1 个互作效应,需要再找一个能够容纳 4 个因素的正交表(暂时视互作为主效)。

```
> show.oas(nlevels = c(3, 3, 3, 3))
201  orthogonal  arrays found,
```

```
the first  10  are listed
               name  nruns                     lineage
5             L9.3.4     9
20        L18.2.1.3.7    18     3~6;6~1;:(6~1!2~1;3~1;)
22        L18.3.6.6.1    18
39           L27.3.13    27         3~9;9~1;:(9~1!3~4;)
40        L27.3.9.9.1    27
76       L36.2.16.3.4    36        2~16;9~1;:(9~1!3~4;)
80      L36.2.11.3.12    36     3~12;12~1;:(12~1!2~11;)
81   L36.2.10.3.8.6.1    36
83    L36.2.9.3.4.6.2    36
85       L36.2.4.3.13    36  3~12;12~1;:(12~1!2~4;3~1;)
```

其中试验数最少的 **L9.3.4** 正交表不可用，因为表中任意三列都是正交的，无法安排交互项。此后有两个正交表试验数同为 18。第一个正交表包含 1 个 2 水平因素和 7 个 3 水平因素，第二个正交表包含 6 个 3 水平因素和 1 个 6 水平因素。虽然它们的试验数一样，但是 **L18.3.6.6.1** 正交表与 **L9.3.4** 正交表一样，任意三列都是正交的。而 **L18.2.1.3.7** 正交表中虽然有混杂的列，但是只有一列，不够放 2 个 3 水平因素的交互作用。对于 2 个 2 水平因素，主效和互作的自由度都为 1，所以水平数为 2 的交互作用列只需要一列即可安置互作项。然而，对于 2 个 3 水平因素，主效的自由度为 2，互作的自由度为 $2\times2=4$，所以水平数为 3 的交互作用列需要两列才能安置互作项。所以，最终我们选择 **L27.3.13** 正交表。

(2)设计表格。

根据正交表的 ID，设计表格。限于表格长度，我们选择只显示该正交表的前 3 行。

```
> oa.l27 <- oa.design(ID = L27.3.13, seed = 235234)
> head(oa.l27, n = 3)
  A  B  C  D  E  F  G  H  J  K  L  M  N
1 2  1  3  3  2  1  1  3  2  3  2  1  3
2 2  1  3  1  3  2  3  2  1  3  3  3  1
3 1  3  2  3  2  1  2  1  3  3  3  3  1
```

下面我们通过计算任意 4 列组成的数据框中重复行的数量来判断哪些列是正交的，哪些列又是混杂的。首先将正交设计表中的数据转换为数值(当前为因子类型)。这里我们用 lapply()函数来对正交设计表中的每一项进行数值转换(oa.design()函数返回结果为列表类型)。

```
> oa.df <- data.frame(lapply(oa.l27, FUN = as.numeric))
> colnames(oa.df)
[1] "A" "B" "C" "D" "E" "F" "G" "H" "J" "K" "L" "M" "N"
```

计算前 4 列之间的重复数据数量。

```
> sub.df <- oa.df[c(1, 2, 3, 4)]
```

```
> nrow(sub.df[duplicated(sub.df) == F,])
[1] 27
```

duplicated()函数可判断数据中是否存在重复的元素。这里 sub.df 是一个数据框，所以 duplicated(sub.df)可判断该数据框中是否存在重复的行。结果显示不重复的行数为 27,等于正交表的总行数,表明前 4 列是相互正交的。

用同样的方法,我们可以判断其他的列组合是否正交。不过 13 个不同列 4 个一组的情况有 $C_{13}^{4}=715$ 种,显然不会有人愿意逐个计算。我们需要编写一个简单的程序来完成(PriBioStatR 包的 find.oa.interactions()函数)。计算结果如下。

```
> find.oa.interactions(oa.table = oa.l27)
                        non.rep  rep
[1,]     1   2   3  10        9   18
[2,]     1   4   7  11        9   18
[3,]     1   5   9  12        9   18
[4,]     1   6   8  13        9   18
[5,]     2   4   9  13        9   18
[6,]     2   5   8  11        9   18
[7,]     2   6   7  12        9   18
[8,]     3   4   8  12        9   18
[9,]     3   5   7  13        9   18
[10,]    3   6   9  11        9   18
[11,]    4   5   6  10        9   18
[12,]    7   8   9  10        9   18
[13,]   10  11  12  13        9   18
```

第 1、第 2 列的交互作用列在第 3、第 10 列;第 1、第 4 列的交互作用列在第 7、第 11 列;依次类推。为本试验中 3 个主效各安排 1 列,1 个互作安排 2 列,所以需要从原正交表中选择 5 列。

```
> oa.final <- oa.l27[,c(1, 2, 3, 4, 10)]
```

(3)制定方案。

因为第 1、第 2、第 4 列正交,而第 1、第 2 列和第 3、第 10 列混杂,所以我们将 3 个主效分别安排在第 1、第 2、第 4 列,其中考虑交互作用的两个主效安排在第 1 和第 2 列,第 3、第 10 列安排交互作用。

```
> levels(oa.final$D) <- c(5.0, 6.0, 7.0)
> levels(oa.final$A) <- c(20, 30, 40)
> levels(oa.final$B) <- c(0.25, 0.5, 1)
> colnames(oa.final) <- c("temp", "conc", "temp_conc1", "pH", "temp_conc2")
> head(oa.final, n = 5)
```

```
   temp  conc  temp_conc1  pH  temp_conc2
1    30  0.25           3   7           3
2    30  0.25           3   5           3
3    20     1           2   7           3
4    30     1           1   5           2
5    40   0.5           1   6           3
```

根据正交表 oa.l27 的设计方案进行试验时，每个试验只需向试验对象施加各因素不同水平的处理组合即可。例如，1 号试验的条件设定为：温度为 30 ℃，底物浓度 0.25%，pH 等于 7。

同样地，在获得试验数据（obs 同为假定的数据）之后，我们用方差分析进行统计分析。

```
> obs <- c(3.3, 3.3, 3.5, 5.5, 5.7, 5.7, 4.6, 3.6, 5.0, 3.7, 3.6, 4.5, 6.9, 3.0,
3.3, 3.1, 3.7, 3.8, 3.7, 3.4, 6.8, 3.1, 3.6, 3.7, 3.1, 5.7, 3.3)
> oa.final.data <- cbind(oa.final, obs = obs)
> fit.lm <- lm(obs ~ temp + conc + pH + temp:conc, data = oa.final.data)
> anova(fit.lm)
Analysis of Variance Table

Response: obs
          Df  Sum Sq  Mean Sq  F value     Pr(>F)
temp       2 13.8956   6.9478  20.1710   4.23e-05 ***
conc       2  9.9200   4.9600  14.4000  0.0002647 ***
pH         2  1.0689   0.5344   1.5516  0.2421621
temp:conc  4  4.6111   1.1528   3.3468  0.0358617 *
Residuals 16  5.5111   0.3444
---
Signif. codes:  0 '***' 0.001 '**' 0.01 '*' 0.05 '.' 0.1 ' ' 1
```

总体来说，正交设计是利用正交表的均衡分散性和整齐可比性，对多因素试验的多个处理组合进行的合理简化。特别是在因素之间不存在互作时，正交设计实施起来并不复杂。在有交互作用时，需要重点考虑的是在正交表中预留与主效列非正交的列给交互作用。互作越多，正交设计越复杂、也越困难。毕竟用有限的试验次数来完成对更多处理组合的研究，本身就是综合考虑研究成本的一种权衡。

正交设计在简化处理组合的道路上并非走到了极致。试验设计中还有一种更简约的方法——均匀设计（uniform design），它是我国数理统计学家方开泰①和数学家王元②在 1978 年共同提出的，是数论方法和统计方法有机结合的产物③。均匀设计需要解决的是导弹试验

① 方开泰（1940—），数学家，统计学家，国际统计学会当选会员。他的研究领域主要涉及试验设计、多元分析和数据挖掘在统计中的应用。

② 王元（1930—2021），数学家，中国科学院院士。主要从事解析数论研究，对哥德巴赫猜想的研究有重要贡献。

③ “均匀试验设计的理论、方法及其应用”项目获得了 2008 年度国家自然科学奖二等奖。

部门提出的一个问题:5 个因素,每个因素要考虑 10 个以上水平,且试验次数不能超过 50 次。经过几个月的研究,最终均匀设计只安排了 31 次试验。

除了均匀设计,还有结构上与裂区设计相似的嵌套设计,在药物试验中较常用的交叉设计,以及考虑时间因素的重复测量设计等。限于篇幅,本书均不再详细介绍,留给读者查阅资料研究学习。

习题 14

(1)什么是抽样调查? 常用的抽样调查方法有哪些?

(2)三种随机抽样方法分别适合何种场景? 为什么?

(3)试验设计的基本原则是什么? 分别有何作用?

(4)试比较完全随机设计、随机区组设计、平衡不完全区组设计的数据统计分析方法有何不同?

(5)试分析析因设计、拉丁方设计和正交设计的优缺点。

(6)某项目的一个试验涉及 3 个因素,每个因素 4 个水平,试用 R 实现完全随机设计。

(7)某项研究的目标试验因素有 10 个水平,非试验因素按照差异程度可分为 3 组。试用 R 辅助完成随机区组设计。

(8)接第(7)题,假设试验场地的客观情况只能满足一个区组内安排 8 个处理,该如何修改试验设计?

(9)一个涉及 6 个因素,每个因素有 3 个水平的试验,如按照正交设计的思路,不考虑互作,该如何选择正交表?

(10)接第(9)题,假设考虑两个因素的一组互作,该如何选择正交表? 又该如何安排互作项?

第 15 章　R 语言基础

R[①] 是专门用于统计分析和绘图的操作环境，是一个自由、免费、源代码开放、跨平台的软件。R 语言类似于 John Chambers[②] 及其同事在贝尔实验室开发的 S 语言，可被视为后者的另一种实现。

R 提供各种统计分析（线性和非线性建模、经典统计检验、时间序列分析、分类、聚类等）和图形技术，并具有高度的可扩展性。R 语言的优势之一是能轻松地设计制作精良、高质量的图表，包括所需的数学符号和公式。

同时，R 还是一种专为统计分析设计的编程语言。语法通俗易懂，经过一定程度的训练，我们可以通过编写函数、设计算法来扩展现有的功能。这就是 R 的更新比其他商业统计软件，如 SPSS、SAS 等快的原因。大多数最新的统计方法和技术都可以在 R 中直接得到。

R 语言的优秀教程有很多，本章内容并不能为学习 R 语言提供更好的途径，而是为实践前文所介绍的生物统计学原理和分析技术、面向初学者提供 R 语言的基础用法。

15.1　R 语言基本用法

15.1.1　运行方式

R 有交互式和程序式两种运行方式。当运行 R 语言的图形界面软件，或在 Unix 系统终端执行 R 命令后，会启动 R 的运行环境（一个 R 会话 session），即进入交互式运行方式。

R 运行环境的命令提示符为>。在它之后的光标处可输入 R 语言的指令，并通过回车键执行。以下示例演示了算术运算“1＋2”，R 将计算结果按行输出（每行起始中括号内的数字表示该行显示的第一个数值、字符等数据在结果中的索引位置）。

```
> 1 + 2
[1] 3
```

每次运行 R 会进入 R 的工作空间（workspace），也就是 R 的工作环境。它储存着所有用户定义的 R 对象（向量、矩阵、函数、数据框、列表等）。在一个 R 会话结束时，可以将当前工作空间保存到一个镜像中，并在下次启动 R 时自动载入。关闭当前会话环境，退出 R 可执行 `quit()`或 `q()`命令。交互式运行 R 是处理简单分析任务较常用的方式。但是，当我们想要重复执行某个分析任务，或者处理复杂计算时，程序式运行 R 则是更好的选择。

所谓程序式运行，是将分析任务所涉及的 R 指令，按照 R 的语法规则写入文件（以`.R`作

① 官方网站：https://www.r-project.org。

② 约翰・钱伯斯（1949—），美国思科公司前总裁兼首席执行官。

文件扩展名，如 `anova.R`)，作为脚本程序。然后，通过 R 软件的命令运行程序 `Rscript` 来一次执行程序文件里的指令。如

```
% Rscript anova.R
```

这里的%是系统终端的命令行提示符。需要注意的是，程序式运行需要在程序中完成分析结果的保存(详见 15.1.2 小节)。

运行 R 语言环境，除了 R 自带的图形界面程序，RStudio[①] 是一个值得推荐的 R 集成开发环境。RStudio 对于基础应用也是开源免费的，而且为 R 的学习与实操提供了更好的使用逻辑和友好的用户界面。

15.1.2 输入与输出

1. 数据的输入

R 提供了多种数据输入的方式，主要分为两大类：键盘输入和导入外部数据文件。

键盘输入相关的函数有 `edit()`和 `fix()`。对于体量较大的数据而言，这种方式显然是不可取的。不过该方式在对数据点进行修改时高效且直观。

外部导入数据文件可实现大批量数据的录入。R 支持导入几乎所有常见的数据文件类型：制表符分隔的纯文本文件(*.txt)，逗号分隔的纯文本文件(*.csv)，Excel 文件(*.xls 或 *.xlsx)，XML 数据，SPSS 数据，SAS 数据，Stata 数据和 netCDF 数据。还可以访问数据库管理系统(MySQL、Oracle、Microsoft SQL Server 等)并导入数据。这充分反映了 R 语言与其他软件较高的交互性。

除前两种导入类型外，其他类型的导入都需要借助相关程序包。因此，这里重点介绍导入 txt 文件和 csv 文件的方法。这两种常见的文件导入可由函数 `read.table()`完成(csv 文件还可由 `read.csv()`函数导入)。一般形式为

```
data <- read.table(file = "/path/to/file.txt", header = TRUE, sep = '\t',
row.names = 1, col.names = 1, na.strings = 'NA', blank.lines.skip = TRUE)
```

参数 `file`(必选参数)指定了数据文件的路径(需用双引号或单引号包裹路径字符串)；参数 `header` 规定了文件第一行是否是各列数据所代表的变量名称，取值 `TRUE` 或 `FALSE`(默认值)；参数 `sep` 指定数据单元的分隔符，`'\t'`为制表符(也就是键盘上的 tab 键)，csv 文件则由逗号分隔，需设置 `sep = ','`；参数 `row.names` 指定了行编号所在的列号；参数 `col.names`指定列名称所在的行号；参数 `na.strings` 指定空值 `NA`(详见 15.2.4 小节)的替代符；参数 `blank.lines.skip` 规定了是否忽略空行，取值 `TRUE` 或 `FALSE`。

读入文件通过全路径传给参数 `file` 可能略显麻烦。替代方式是修改当前的工作目录(working directory)到文件所在处，然后只传文件名给参数 `file` 即可。`getwd()`函数可查看当前的工作目录的位置，`setwd()`函数可设定工作目录到指定位置。

2. 结果的输出

原始数据导入 R 运行环境后，经过计算与分析，结果可分为两类，即文本类结果与图像

---

① 官方网站 https://posit.co。2022 年的 RStudio 大会上，RStudio 宣布改名为 Posit，以拓宽其在数据科学领域的探索与应用，其核心产品 RStudio 编辑器将维持原名。

类结果，它们对应不同的方式导出与保存。

首先与 read.table()函数相对的 write.table()函数，可将表格式数据保存到指定文件内。其他类型的文本数据结果可通过 sink()函数打开一个指向本地磁盘文件的通道，将数据信息写入文件。需要注意的是写入完成后需要再次执行 sink()以关闭通道。区别在于第一次执行 sink("/path/to/filename.txt")，即指定导出文件名，而关闭通道不需指定任何参数。

对于图像类结果，R 提供了多种保存格式，包括 pdf、svg、png、jpeg、bmp 和 ps 格式，分别由 pdf()、svg()、png()、jpeg()、bmp()、postscript()函数完成。它们都需要传入导出文件的文件名。与 sink()不同的是，关闭上述文件通道需要用 dev.off()函数。

15.1.3　程序包

R 的程序包(或称为模块)是 R 函数、数据、预编译代码的集合。在已安装 R 语言的计算机系统中，包的储存目录为 library，称为库。.libPaths()函数可显示库所在的具体位置。

library()函数(不传入任何参数)，可显示目前 R 系统的库中有哪些包，而要查看目前工作空间已经加载了哪些包则需执行 search()函数。

```
> search()
[1]  ".GlobalEnv"          "tools:RGUI"          "package:stats"
[4]  "package:graphics"    "package:grDevices"   "package:utils"
[7]  "package:datasets"    "package:methods"     "Autoloads"
[10] "package:base"
```

当我们每次运行 R 时，以上这些核心 R 包将自动加载，其中主要的程序包如下。

- base 基础包，包含许多最基本的函数和数据结构。这些函数可以用于数据的读取、操作、转换和计算。
- stats 统计分析包，包含许多常用的统计函数和算法，如概率分布、假设检验、回归分析等。
- datasets 自带数据包，包含 100 多个各种类型的、涉及多个学科领域的数据集，用于实践和测试统计分析方法。
- utils 实用工具包，提供许多函数，用于文件的读写、环境的设置、帮助文档的查看等。
- graphics 数据可视化包，提供许多绘图函数，可以用于创建散点图、柱状图、折线图等各种图形。
- methods 方法包，提供面向对象编程(object-oriented programming)的支持，主要用于定义和管理通用方法和类，以实现多态性和方法的重载。

当前 R 系统内没有的程序包，可通过 install.packages()函数安装，将需要安装的包名(需有双引号包裹)作为参数传递给该函数。如不传入包名，系统将弹出一个 CRAN① 镜像站点的列表，选择其中一个站点后，将看到所有可用包的名称列表，选择其一即可下载和

① The Comprehensive R Archive Network，https://cran.r-project.org/.

安装。

将已安装的包加载到当前工作空间中,才可使用新程序包所提供的功能。加载包需执行 library(packagename)函数,packagename 即所要加载的包名,可以不用双引号包裹。

R 的主程序和程序包托管在 CRAN,其在全球有多个镜像网站,提供快速便捷的包下载服务。截至 2024 年 8 月,CRAN 包仓库中共有 21145 个 R 程序包。事实上,CRAN 包仓库对程序包的审核较为严格,一定程度上限制了程序包的扩展量。除了 CRAN,国外流行的 Github,以及国内的 Gitee 软件托管平台上也有不少 R 程序包可供我们使用。本书附带的程序包 PriBioStatR(依赖 4.1.2 版本的 R)就托管于 Gitee 平台,读者可通过以下指令下载安装。

```
> install.packages("remotes")
> library(remotes)
> install_git("https://gitee.com/mselab/PriBioStatR.git")
```

如 remotes 包已经安装,请忽略第一步。

15.1.4 获取帮助

R 提供了完备的帮助功能,学会使用这些帮助文档,可以助力 R 的学习和训练。R 的内置帮助系统可为我们展示当前已安装包(需要先使用 library()加载到运行环境)中所有函数的细节、参考文献及使用示例。与帮助有关的函数包括以下几种。

- 函数 help.start()会打开一个浏览器窗口,我们可在其中查看入门和高级的帮助手册、常见问题集及参考材料。
- 函数 vignette(),返回的 vignette 文档一般是 PDF 格式的实用介绍性文章。不过,并非所有的包都提供了 vignette 文档。
- 函数 help("plot")或?plot,查看函数 plot 的帮助(双引号可以省略)。
- 函数 help.search("plot")或??plot,以 plot 为关键词搜索本地帮助文档。
- 函数 example("plot"),运行函数 plot 的使用示例(双引号可以省略)。
- 函数 data(),列出当前已加载包中所含的所有可用示例数据集。

学会使用 R 语言提供的帮助功能,举一反三、融会贯通,将会极大地提高运用 R 进行数据统计分析的能力。当然阅读这些英文的帮助文档本身也是学习的障碍之一,需要耐心和信心的支撑。

15.2 数据类型

数据类型在所有计算机编程语言里都是基础内容。我们也需要从这里开始正式了解 R。

15.2.1 常量

常量(constant),是构成 R 语言系统的最基本单元,相当于人类自然语言中的"字",包括数值、字符串、逻辑值和符号。通俗而言，数值用于表达“量”，相当于数字；字符用于表达“意”，相当于汉字；逻辑值（非此即彼，非 0 即 1，又称布尔值），用于表达逻辑状态的真或假；而符号则是数值、字符串及逻辑判断结果的“代词”。

不同的常量有不同的类型。R 中字符串常量的类型为字符型 character，逻辑值常量的类型为逻辑型 logical，而数值常量涉及的类型则稍显复杂。复数型数值常量的类型为 complex；实数型数值常量的类型为 double①；整数型数值常量的类型为 integer。常量的类型可通过 typeof()函数获取。例如，

```
> typeof(3.14)
[1] "double"
```

数值常量，如果不经过处理（类型转换或序列取值），除了复数，都会被 R 看作 double 型。字符串常量，指的是包含在一对引号之间的所有文本。一般情况下，用双引号标示（包裹）字符。如果字符串中出现了双引号，则用单引号包裹比较方便，反之亦然。让同类引号同时出现的方法是将字符串内部的引号用转义符号\转义。例如，"hello \"world\""。逻辑值常量有 TRUE（可简写为 T）和 FALSE（可简写为 F），它们支撑了计算机的逻辑运算。

15.2.2　变量

利用计算机完成复杂的运算，基本上不会直接使用以上不同类型的常量，而是通过具有指代意义的符号进行运算。例如，本章开始时展示的加法运算，将数值常量 1 和 2 分别赋值于符号 x 和 y，加法运算则在两个符号之间进行。即

```
> x <- 1
> y <- 2
> x + y
[1] 3
```

这里的<- 是 R 语言的赋值符号。多数编程语言常用的赋值符号= 在 R 里也有效。不过为体现 R 的特色，建议使用<- 。

以上加法运算中 x 是值为 1 的常量，但当 x 再被赋予不同的值时，它又代表了不同的常量。因此，x 表现出了可变的性质，让 x 脱离其所代表的常量，我们称其为变量（variable）。

变量其实是由符号表示的、可取不同常量值的量。由于变量由符号表示，又因为 R 中某些符号具有特殊意义，属于系统保留的符号，所以变量的符号表示，也就是变量命名须有一定的规则。

以字符开头，包含其他字符、数字、英文句点和下划线的符号可直接使用②。不能使用 if、else、for、in、while、function、next、break、TRUE、FALSE、NULL、Inf、NaN、NA、...、..1 等，对于 R 来说具有特定功能的符号来命名变量。

变量一定涉及赋值操作，调用未被赋值过的变量，系统会提示错误（对象不存在）。

---

① 双精度浮点数。现在一般的 64 位（8 字节）计算机的内存中，一个双精度浮点数占 8 个字节，可以表示十进制的 15 或 16 位有效数字。

② 如果以数字开头且包含特殊符号如+、-、* 和/等，则需要用反引号`包裹，如`1+1` <- "hello"。

常量虽然是构成 R 语言系统的基石，但在编程或者数据分析实践中，更多情况是用符号来表达数据，无论这个符号是恒定的，还是不断变化的。也正是因此，对于变量的命名需要以具体的意义为原则，以方便复杂程序的开发。

15.2.3　运算符

运算符也是一种符号，执行特定的数学或逻辑操作。R 提供的运算符主要有以下几种。

(1)算术运算符包括：加+、减-、乘*、除/、指数^、求余数%%、求模数%/%等运算。算术运算遵循数学中的运算顺序，比如乘*的运算优先级就比加+的高。计算时需要注意在合适的位置通过小括号来保证运算顺序正确。

(2)关系运算符包括：大于>、小于<、等于==[1]、小于等于<=、大于等于>=、不等于!=。关系运算的结果是逻辑值 TRUE 和 FALSE。

(3)逻辑运算符包括：逻辑与 &、逻辑或|、逻辑非!等。逻辑运算符中同样有优先级。逻辑非优先级大于逻辑与，逻辑与大于逻辑或。

(4)赋值运算符包括：左赋值<-和=、右赋值->等。

(5)其他运算符包括：序列生成符:、成员运算符%in%等。序列生成符可以生成由整数构成的序列(例如，1:9 将产生从 1 到 9 的自然序列)。成员运算符可判断序列中是否存在某个数值(也适用于向量、矩阵、数据框等数据结构，详见 15.3 小节)。

15.2.4　特殊值

R 语言中有一些特殊值：NA、Inf、-Inf、NaN 和 NULL。

NA，即 not available，在 R 中代表缺失值。从数据文件或从数据库中向 R 导入数据时，可能会出现这种缺失数据的情况。数据文件中的缺失值直接用 NA 替换。还有一种情形会出现 NA 值，即当向量(或矩阵和数组)的长度被扩展至超出向量初始长度时，新的元素位由 NA 来填充(详见 15.3 小节)。

Inf 和-Inf，即 ± infinite，表示正负无穷大。R 中如果要表示一个超过操作系统所能表达的数字极限时，超大值用 Inf 表示，负值用-Inf 表示。

NaN，即 not a number，表示一个没有意义的结果。例如，0/0 和 Inf-Inf 都将返回 NaN。

NULL，表示空值，在 R 里 NULL 总是指向 null 对象，表示未被赋值。需要说明的是 NULL 和 NA、NaN 是有本质区别的。例如，当用 length()分别计算它们的长度时，NULL 得到的结果为 0，NaN 和 NA 得到的结果为 1。这说明 NaN 和 NA 在计算机内存中占有位置，而 NULL 没有。

此外，R 还内建了一些指代特殊常量的符号，如 pi(圆周率)、LETTERS(大写的英文字母)、letters(小写的英文字母)、month.abb(三字母简写的月份)、month.name(月份名称)等，为开发 R 程序提供便利。

[1] =已被用于赋值，所以多数编程语言包括 R 都用==表示等于。

15.2.5 对象和类

R 语言是一种面向对象的计算机语言。与 Java 和 Python 语言一样，在 R 中一切皆是对象 object。前面介绍的字符串、数值、符号表示的变量，包括下面将要介绍的向量、矩阵、因子、数据框等数据结构都是不同的 R 对象(见表 15.1)。

表 15.1 常见 R 对象的类型 type 与类 class

R 对象	基本类型 type	所属类 class
1	double	numeric
1:3	integer	integer
'hello'	character	character
c(1,2,3)	double	numeric
plot()	closure	function
factor(c(1,2,3))	integer	factor
TRUE	logical	logical
1 + 1i	complex	complex

每个对象都有具体的类型 type。此外，每个对象又有所属的类 class。数字 1 的具体类型为 double，属于 numeric 类；字符串 'hello' 的具体类型为 character，属于 character 类；函数 plot()的具体类型为 closure，属于 function 类。

对象和类是计算机编程语言中的重要概念，理解上有一定的难度。对于初学者而言，首先需要明确类型 type 是相较于类 class 更加基础的概念，处于 R 的底层。而类是 R 为了实现更高级的功能而设计的。例如，下面将要介绍的数据框，就是 R 为表达和处理表格型数据而专门设计的类。

15.2.6 表达式

R 语言中表达式(expression)的概念有狭义和广义两种形式：狭义的表达式特指属于 expression 类的对象，由 expression()函数生成；而广义的表达式既包含 expression 类的对象，也包含 language 类。广义的表达式指所有由 R 语言构成的具有完整语义的“句子”(赋值语句)、“段落”(函数)和“文章”(R 程序)。

广义的表达式由对象和函数(包括符号函数)构成。此外，R 还提供了三种组合表达式的结构，包括分号;、小括号()、大括号{}。分号;可以将一系列表达式放在同一行内。

```
> x <- 1; y <- 2; z <- x + y; z
[1] 3
```

小括号()包裹表达式后，将计算并返回括号内表达式的执行结果，与数学表达式中的小括号含义相同，可以处理运算优先级问题。

```
> 3 * (1 + 5) - (3 * 2)
[1] 12
```

大括号{}用于执行一系列表达式,并返回最后一个表达式的执行结果。因此,大括号常用于将函数体中的一系列操作组合起来,或者用于控制结构中[①]。

```
> {x <- 1; x ; y <- 2; z <- x + y; z}
[1] 3
```

15.3 数据结构

数据结构是计算机存储、组织数据的方式,指相互之间存在一种或多种特定关系的数据元素的集合。通常情况下,精心选择的数据结构可以带来更高的运行或存储效率。R 语言提供的数据结构有向量、矩阵、数组、因子、数据框和列表等。

15.3.1 向量

向量(vector),是用于储存数值、字符、逻辑值等数据的一维数据结构。R 用于构建向量的函数是 c()。其用法简单,直接将相同类型(数值型、字符型、逻辑型)的 R 对象作为输入值传递给 c()即可。

```
> vec1 <- c(1, 2, 3, 4, 5)
```

如果传入了不同类型的对象,R 会进行强制转换。例如

```
> vec2 <- c(1, "one", TRUE); vec2
[1] "1"     "one"  "TRUE"
```

通过向量中元素的位置,即索引,可以访问向量中的元素。比如,要获取 vec2 中的第 2 个元素,可执行

```
> vec2[2]
```

还可以用一个向量包含多个位置索引传入中括号内,实现访问多个元素。例如

```
> vec3 <- seq(from = 1, to = 10, by = 2)
> vec3[c(2, 4)]
[1] 3 7
```

seq()函数是一个序列生成器,可产生从 from 到 to,并以 by 为间隔的等差数列和字符序列。

另一种访问多个元素的方法,我们称之为切片,也就是用冒号:[②]分隔位置索引的起始与结束位置。例如

```
> vec3[2:4]
[1] 3 5 7
```

以上这些访问向量中元素的方式,都是正向选择。如要实现反向选择,可在位置索引前加上负号“-”。不过当用切片索引时需要用小括号包裹。以下代码实现了将 1 到 20 数列中的 5 至 15 剔除的功能。

---

① 函数与控制结构属于程序设计的主要内容,不在本书的范围内,有兴趣的读者可借阅其他资料学习。

② 即序列生成符,将生成从起始到结束位置的数值序列。

```
> vec4 <- 1:20; vec4[-(5:15)]
```

元素访问的方式除了通过位置索引精确定位之外，R 还允许使用数学表达式以匹配某个条件。例如，要访问 vec4 中小于 8 的元素，则可以执行

```
> vec4[vec4 < 8]
```

配合逻辑运算符 &，即可进行区间选取。

```
> vec4[vec4 > 4 & vec4 < 8]
```

向量是 R 组织数据最简单的数据结构。事实上，像数值和字符等常量，R 也是将它们作为向量处理的，只是它们的长度，也就是包含元素的个数为 1。

```
> 1 == c(1)
[1] TRUE
```

在数学上，向量有列向量和行向量之分。需要指明的是，R 的向量都是列向量。如需得到行向量，则要用转置函数 t()。从以下示例的行列名称就可以看出转置后的向量有 1 行 4 列，所以是行向量。

```
> t(c(1,2,3,4))
     [,1] [,2] [,3] [,4]
[1,]    1    2    3    4
```

15.3.2 矩阵

矩阵(matrix)是二维的数据结构。R 用于构建矩阵的函数为 matrix()。此外，我们还可以通过 as.matrix()函数将其他数据结构的数据转换为矩阵。与向量类似，同一矩阵中无法同时包含不同类型的数据。函数 matrix()的一般用法如下。

```
matrix(data, nrow = number_of_rows, ncol = number_of_columns, byrow = TRUE,
dimnames = list(rows_names, cols_names))
```

它以一个向量为输入数据，将该向量转换为矩阵结构。参数 nrow 定义了矩阵的行数；参数 ncol 定义了矩阵的列数；参数 byrow 定义了向量中的数据在矩阵生成过程中的排列走向，其默认值为 TRUE，即向量中的数据先横向填充矩阵的第一行，达到规定列数后折回填充矩阵的第二行，反之则先填充矩阵的列；参数 dimnames 定义了矩阵的行、列的名称，其中 rows_names 和 cols_names 分别为行和列名称字符串的向量。

```
> mat1 <- matrix(1:9, nrow = 3, ncol = 3, byrow = TRUE); mat1
     [,1] [,2] [,3]
[1,]    1    2    3
[2,]    4    5    6
[3,]    7    8    9
```

matrix()函数的参数中，nrow 和 ncol 都可忽略，R 会生成行数等于向量长度、列数等于 1 的矩阵；如果指定其中一个参数，R 会根据向量长度和指定的参数来计算另一个参数，指定参数与自动计算的另一个参数之积，将等于或大于向量长度。这样可以保证向量中的所有元素都将用于构建矩阵。如果两个参数之积大于向量长度，则矩阵中多出来的位置用向量中的数据重新(循环地)填补，同时 R 会发出警告信息。

```
> mat2 <- matrix(1:9, nrow = 2); mat2
Warning message:
In matrix(1:9, nrow = 2) :
  data length [9] is not a sub-multiple or multiple of the number of rows [2]
     [,1] [,2] [,3] [,4] [,5]
[1,]    1    3    5    7    9
[2,]    2    4    6    8    1
```

访问和操作矩阵中的数据与向量类似,可以使用位置索引和方括号来选择矩阵中的行、列或元素。不过因为矩阵是二维的,所以有两个位置索引。M[i,j]指矩阵 M 的第 i 行第 j 个元素;如果省略 j ,则 M[i,]指的是矩阵 M 中第 i 行,同理 M[,j]指的是矩阵 M 中第 j 列。注意,如果仍像向量那样,用单个位置索引访问矩阵中的元素,如 M[i],R 返回的将是矩阵(也是构建矩阵所用向量)的第 i 个元素,而索引方向由构建矩阵时的参数 byrow 决定。

由 t()函数执行的转置运算,最常用的对象是矩阵。例如

```
> t(mat1)
     [,1] [,2] [,3]
[1,]    1    4    7
[2,]    2    5    8
[3,]    3    6    9
```

此外,常用的矩阵运算还有:det()函数执行求行列式运算;%*%运算符执行求内积运算;%o%运算符或 outer()函数执行求外积运算。乘法运算符*只能实现维度相同的两个矩阵的对应元素相乘。

```
> mat3 <- matrix(c(1,2,3,4), nrow = 2)
> mat4 <- matrix(c(0,-1,2,3), nrow = 2)
> mat3 %*%  mat4
     [,1] [,2]
[1,]   -3   11
[2,]   -4   16
> mat3 * mat4
     [,1] [,2]
[1,]    0    6
[2,]   -2   12
```

除了运算符,R 还提供了很多针对矩阵运算的函数。包括 colMeans()函数(计算列均值)、colSums()函数(计算列总和)、diag()函数(提取矩阵对角线向量)、eigen()函数(计算特征值和特征向量)、qr()函数(执行 QR 分解)、svd()函数(执行奇异值分解)、solve()函数(计算方阵的逆)等。

15.3.3 数组

数组(array)在 R 中被用于表示和储存高于两个维度的数据，可通过 array()函数创建。一般用法如下。

```
array(data, dimensions = c(size_of_dim1, size_of_dim2, size_of_dim3),
dimnames = list(dim1.names, dim2.names, dim3.names))
```

与矩阵类似，array()函数同样以一个向量作为输入数据，将该向量转换为数组结构。参数 dimensions 定义了数组在各个维度上的大小，它的功能与 matrix()函数中的参数 nrow 和 ncol 类似；同样地，参数 dimnames 定义了数组各个维度的名称。

```
> dim1 <- c("A1", "A2", "A3")
> dim2 <- c("B1", "B2", "B3")
> dim3 <- c("C1", "C2")
> arr1 <- array(c(1:18), dim = c(3, 3, 2), dimnames = list(dim1, dim2, dim3))
```

与向量、矩阵一样，数组中的对象也只能是一种类型。

矩阵中的数据访问从向量的一维位置索引扩展到了二维。自然地，数组中的数据访问则是由高维(高于二维)位置索引实现的。如以下示例中，索引的是在位置点(A2、B2、C2)上的数值。

```
> arr1[2,2,2]
[1] 14
```

15.3.4 因子

因子(factor)是 R 中一类特殊且重要的数据结构。数据分析时，对数据进行分类的变量，在 R 中是用因子来表达的。例如，有以下向量

```
> bt <- c("A", "B", "B", "A", "AB", "AB", "AB", "O", "A", "A")
```

表示 10 个人的血型，具有分类的形式，但无法实现分类的相关操作。通过 factor()函数可对其完成因子的转换。一般用法如下。

```
factor(vector, levels = unique_set_of_vector, labels = character_vector,
exclude = character_vector, ordered = logical)
```

factor()函数以一个向量作为输入数据。参数 levels 指定了因子的水平，当不指定 levels 时，等于 unique(vector)。函数 unique()返回一个由输入向量中不重复的元素组成的集合(向量)。我们以向量的形式指定 levels 时，长度既可小于也可大于 unique(vector)的长度。参数 labels 可以接收一个字符串，用于给不同的水平作标签，或者接收一个长度和 unique(vector)一致的向量；参数 exclude 指定了因子中哪些水平被屏蔽，而被屏蔽的元素由 NA 代替；参数 ordered 规定了因子是否被视为有序。

```
> unique(bt)
[1] "A"  "B"  "AB" "O"
> fac1 <- factor(bt); fac1
```

```
[1] A  B  B  A  AB AB AB O  A  A
Levels: A AB B O
> fac2 <- factor(bt, levels = c('A', 'B', 'AB')); fac2
[1] A    B    B    A    AB    AB    AB   <NA>   A    A
Levels: A B AB
```

这里当参数 levels 被指定了一个长度小于 unique(bt)的向量,未包含在 levels 的水平将被转换为 NA。该效果通过参数 exclude 也可以实现。

```
> factor(bt, exclude = c("O"))
[1] A    B    B    A    AB    AB    AB   <NA>   A    A
Levels: A AB B
```

参数 labels 的设定逻辑稍显复杂,当我们指定一个字符串时,因子中的数据将进行相应的替换。

```
> factor(bt, labels = "L")
[1] L1 L3 L3 L1 L2 L2 L2 L4 L1 L1
Levels: L1 L2 L3 L4
```

由于 R 中单字符串可视作一个长度为 1 的向量,因此 labels = "L"与 labels = c("L")等效。但是,如果指定的向量长度大于 1 时,必须让其长度等于 unique(bt),否则 R 会报错。

```
> factor(bt, labels = c("L", "M"))
Error in factor(bt, labels = c("L", "M")) :
  invalid 'labels'; length 2 should be 1 or 4
```

当 ordered = TRUE 时,因子的不同水平会被排序。

```
> factor(bt, ordered = TRUE)
[1] A  B  B  A  AB AB AB O  A  A
Levels: A < AB < B < O
```

因子在 R 语言中是非常重要的一个数据结构,它决定了数据分析的方式,且在数据的可视化,也就是绘图方面有特殊的作用。

传入 factor()函数的仍然是一个向量,所以因子也不会包含不同类型的数据对象。另外需要指出的是,实际上不论传入的向量中的元素为何种类型,在执行过程中,各元素会被 factor()函数转化为匹配元素位置的索引(数值型)。因此,因子中的元素数据类型为 integer。

R 还有一个好用的函数 gl(),可根据我们设定的水平数(由参数 n 控制)和重复数(由参数 k 控制)生成因子。示例如下。

```
> gl(n = 3, k = 5)
[1] 1 1 1 1 1 2 2 2 2 2 3 3 3 3 3
Levels: 1 2 3
```

综上,向量、矩阵、数组、因子都不能包含不同类型的元素,这显然不能满足实际数据分析的要求。例如,我们时常会碰到一组数据中既包含数值型数据,也包含字符型数据、分类变量，甚至包含逻辑型数据的情况。这时就需要使用 R 提供的数据框了。

15.3.5 数据框

数据框(data frame)的维度和矩阵是一样的，只是它较矩阵更为一般化。简单来讲，数据框就像我们在其他数据处理软件，如 Excel 中看到的表格或数据集。因此，数据框将是我们在 R 中使用最频繁的数据结构。数据框由函数 data.frame()构建。一般形式如下。

```
data.frame (col1, col2, col3, ..., row. names = NULL, check. rows = FALSE,
check.names = TRUE, stringsAsFactors = FALSE)
```

参数 col1、col2、col3 指定了数据框中第 1、第 2、第 3 列的数据(变量)，依次类推；参数 row.names 为每行数据指定名称，而每列数据的名称则由参数 col1、col2、col3 的名称指定；参数 check.rows 规定了是否检查各行数据的长度是否一致，行的名称是否重复；参数 check.names 规定了是否检查各变量名称是否重复；参数 stringsAsFactors 规定是否将字符型数据转换为因子来处理，默认值为 FALSE。

以下示例构建了一个包含三个变量的数据框。列数等于变量数，行数等于每个变量中的观测值数，同时也是相应向量中最长向量的长度。

```
> x <- c(1, 2); y <- c(1.02, 1.14, 1.21, 1.34); z <- c('T', 'T', 'C', 'C')
> df1 <- data.frame(x, y, z, stringsAsFactors = TRUE); df1
  x    y z
1 1 1.02 T
2 2 1.14 T
3 1 1.21 C
4 2 1.34 C
```

如果参数 stringsAsFactors 为默认的 FALSE，虽然表面上生成的数据框没有区别，但是 z 列的类不会由 character 转为 factor，我们将无法利用因子带来的好处。这一点不易察觉的区别，往往会给我们的数据分析带来麻烦。

关于数据框中的数据访问，可以用类似访问矩阵的二维位置索引的方式。不过当用 df1[,3]访问第 3 列时，横排输出。如果想要以竖列的方式来显示，可以用 df1[3]。

这一点与矩阵的元素访问有明显区别。R 之所以会如此处理，是因为数据框在构建时以列为单位。数据框的列还可以通过$符号加列名称的方式来访问。

```
> df1$y
[1] 1.02 1.14 1.21 1.34
```

请注意这里输出格式的差别。如果要用名称来访问，同时又以竖列的方式显示，只需将列名称放入中括号即可，如 df1['y']。

$符号访问数据框中变量的方式，每次都必须带上数据框的名称，变量较多时会让代码变得不美观。基础包中的 with()函数可让代码变得简单易读，其主要功能是对数据框执行一系列 R 表达式。比如，我们想把 df1 中的 x 和 y 相加，可以这样操作

```
> with(df1, {xy <- x + y; xy})
[1] 2.02 3.14 2.21 3.34
```

此时在 with()的局部环境里有一个新的变量 xy，它在 R 的全局环境里是不存在的。如果需要把 with()函数内部生成的变量传到全局环境中，只需将<-赋值符号替换为特殊的赋值符号<<-。

15.3.6 列表

列表(list)是 R 语言中较为复杂的数据结构之一，它是一个有序的对象集合。所谓复杂，是因为列表可以整合若干结构/类型不同的对象。具体而言，列表中可以存放向量、矩阵、数组、因子、数据框这些数据结构，甚至可以将列表放于列表之中。构建列表需要 list()函数。一般形式如下。

```
list(obj1, obj2, obj3, ..., all.names = FALSE, sorted = FALSE)
```

参数 obj1、obj2、obj3 指定了列表中第 1、第 2、第 3 个数据对象(或称分量)；参数 all.names规定了是否拷贝所有变量名称，或者忽略名称中以点号开始的变量(默认值)；参数 sorted 规定了是否将各对象按名称排序，排序将花费更多计算资源，但当进行比较时则会更高效。下面来看几个具体的示例。

```
> A <- c(1, 2, 3, 4, 5)
> B <- "biostatistics"
> C <- matrix(1:4, nrow = 2)
> lis1 <- list(A, B, C)
```

给每一个数据对象命名有助于组织和观察数据。

```
> lis2 <- list(object1 = A, object2 = B, object3 = C)
```

访问列表中的数据也是通过位置索引，比如 lis2[1]将返回第一个对象 object1，效果等同于 lis2['object1']。当用$符号访问时情况就不同了，返回的是第一个数据对象本身，而不是列表的一部分。

到此为止，我们已经了解了 R 语言中主要的也是最常用的六种数据结构。它们或单独或通过组合，可以表达数据分析中大部分的数据类型，配合 R 提供的大量工具函数就能解决几乎所有的统计分析问题。

15.4 数据管理

15.4.1 了解数据

1. 数据摘要

获取数据的基本情况可以用 base 包中的 summary()函数，任何 R 对象都可作为该函数的参数，返回对象的统计和概要信息。

```
> summary(df1)
       x              y          z
Min.   :1.0  Min.   :1.020  C:2
1st Qu.:1.0  1st Qu.:1.110  T:2
Median :1.5  Median :1.175
Mean   :1.5  Mean   :1.177
3rd Qu.:2.0  3rd Qu.:1.242
Max.   :2.0  Max.   :1.340
```

此外,工具包 utils 中的 str()函数可以用来查看数据框、列表、向量等对象的结构和属性。

```
> str(df1)
'data.frame':   4 obs. of  3 variables:
$ x: num  1 2 1 2
$ y: num  1.02 1.14 1.21 1.34
$ z: Factor w/ 2 levels "C","T": 2 2 1 1
```

2. 维度与长度

对于高维数据,如矩阵和数据框,dim()函数可返回对象的维度:行数和列数。函数 length()可用于计算向量、矩阵中元素的个数,而如果传入一个数据框,函数则返回列(即变量)的个数。R 还有一个计算对象长度的函数 lengths()。与 length()的差别是,后者计算传入对象中所有基本元素的长度,而 length()计算的是对象本身的长度。

```
> lengths(df1)
x y z
4 4 4
```

与数据维度有关的函数还有 nrow()和 ncol()函数,它们分别计算并返回矩阵和数据框的行数和列数。这些函数都属于 base 包,下文中未指明出处的函数也都属于基础包。

3. 名称

函数 names()用于返回 R 对象的名称(如果存在)。上例中的数据框 df1 的 names()的返回结果为一个字符向量。

```
> names(df1)
[1] "x" "y" "z"
```

与名称相关的常用函数有:dimnames(),以列表的形式返回行列名称;colnames(),返回列名称;rownames(),返回行名称。

4. 计数

函数 tabulate()将传入向量整数化后,计算每个整数的出现频数。

```
> tabulate(c(-2, 0, 2, 3, 3, 5))
[1] 0 1 2 0 1
> tabulate(c(-2, 0, 2, 3, 3, 5), nbins = 10)
[1] 0 1 2 0 1 0 0 0 0 0
```

传入数据向量中的 −2 和 0 被忽略,然后计算从 1 开始每个整数的出现次数。参数

nbins 为默认值时，计算到传入数据向量中最大的整数值，而当 nbins = 10 时，则计算到 10。

函数 table()可用于计算每个元素的频数。如果将因子传入该函数，函数会计算每个水平的重复次数(相当于向量中不重复元素的出现频数)。当向 table()函数传入两个等长度的向量时，将返回两个向量中不重复元素组合的频数表。

```
> table(c("A", "A", "B", "A"), c("B", "A", "A", "C"))
    A  B  C
  A 1  1  1
  B 1  0  0
```

上例中第 1 个向量有 2 个不重复元素(对应输出结果中的两行)，第 2 个向量有 3 个不重复元素(对应输出结果中的 3 列)。结果中的数字是两个向量中不同元素组合出现的次数。与 table()函数功能类似的还有统计分析包 stats 中的 xtabs()函数，后者可以接收公式表达式生成频数表。

15.4.2 数据排序

数据排序也是一个时常用到的数据操作，因为有时查看排序后的数据可以获得更多的信息。针对向量、矩阵、数组可以使用 sort()函数进行排序，其参数 decreasing(默认为升序)控制了排序的方式(decreasing = TRUE 降序，decreasing = FALSE 升序)。

对于数据框的排序则稍显麻烦，需要借助另一个函数 order()。默认的排列顺序仍为升序。例如，我们将数据框 df1 中的 x 变量传入 order()。

```
> order(df1$x)
[1] 1 3 2 4
```

返回的并不是 x 变量的排序结果，而是排序结果中的各行在原数据框中的行号。就本例而言，order()函数的返回结果需要这样理解：df1 中第 1 行数据在新排序中仍在第 1 行；第 3 行数据在新排序中在第 2 行；第 2 行数据在新排序中在第 3 行；第 4 行数据在新排序中仍在第 4 行。

将这些有序的行号传入数据框的行索引，即可得到数据框 df1 按照 x 变量排序的结果。

```
> df1[order(df1$x), ]
```

如果数据框需要按照两个变量先后排序，只需要将第二个变量也同时传递给 order()函数即可。

```
> df1[order(df1$x, df1$z),]
```

如要实现降序排列，则需在相应的变量前加一个负号。

```
> df1[order( - df1$x, df1$z),]
```

15.4.3 数据合并

如果数据分散在不同的 R 对象中，在具体的分析前我们可能会需要将两个数据对象合并成一个对象。例如，两个数据框中的部分数据列合并为一个新的数据框。R 为我们提供了两种合并数据的思路和相应的函数工具，一种是直接合并，另一种是通过共有变量合并数据。

1. 直接合并数据

直接合并数据，由于数据表通常是二维的（如数据框、矩阵），就有了按行合并和按列合并两种方式。

rbind()函数可实现数据按行合并，以数据框为例。

```
> df2 <- data.frame(x = 1, y = 1.7, z = factor('T'))
> rbind(df1, df2)
```

新的数据之所以通过 data.frame()存入数据框 df2，而不是以向量的形式传入rbind()，是为了保证在与 df1 按行合并时，不会因为类型的强制转换而改变数据框 df1 中原有的数据类型。

除了数据框，rbind()还可用于向量和矩阵的按行合并。当合并两个长度不一致的向量时，R 会按照长向量的长度自动补齐短向量。但是，长向量的长度须是短向量长度的整数倍，否则系统会发出警告，但短向量仍会循环补齐。

cbind()函数可实现数据按列合并。对于数据框而言，这相当于给数据框添加新的变量。操作上与 rbind()类似，只是由于添加的新列代表的是一类新数据，所以具有相同的数据类型，没有类型强制转换的麻烦。

```
> cbind(df1, h = c(2, 3, 4, 3))
```

2. 通过共有变量合并数据

函数 merge()允许按照两个数据集合中共有的变量合并数据。首先，我们把上例中列合并的结果存入一个新的变量，再用同样的方式产生另一个数据框。

```
> df2 <- cbind(df1, h = c(2, 3, 4, 3))
> df3 <- cbind(df1, g = c('A', 'B', 'B', 'E'))
```

现在 df2 和 df3 都包含了 df1，所以 merge()函数会按它们之间共有的部分合并。

```
> merge(x = df2, y = df3)
  x    y z h g
1 1 1.02 T 2 A
2 1 1.21 C 4 B
3 2 1.14 T 3 B
4 2 1.34 C 3 E
```

merge()函数中有参数 by，其默认值为 intersect(names(x),names(y))。其中的 intersect()返回的是分别通过 x 和 y 两个参数传入的两个数据框的共有变量名。因此，如果我们想要指定某个共有变量来合并，可用以下方式执行 merge()函数。

```
> merge(x = df2, y = df3, by = c('x', 'y'))
  x    y z.x h z.y g
1 1 1.02   T 2   T A
2 1 1.21   C 4   C B
3 2 1.14   T 3   T B
4 2 1.34   C 3   C E
```

这里未通过 by 指定 z 变量,但在两个数据框中都有 z 变量,所以两个 z 变量会被同时保留。且为了解决重名的问题,R 将它们分别加了后缀.x 和.y。

15.4.4 数据抽样

1. 选取子集

前文介绍的位置索引其实就是选取数据子集的一种方式。此外,R 还提供了 subset() 函数选取数据子集,它可以分别针对数据框(或矩阵)的行和列进行选择。一般形式为

```
subset(x, subset, select, ...)
```

其中参数 subset 用于设定被选择的行,可以接受判断表达式;参数 select 用于设定被选择的变量,也就是数据列。选择 df1 中 y > 1.2 的行,可执行

```
> subset(df1, subset = y > 1.2)
```

在此基础上,再单独选择变量 y 和 z 的数据,则执行

```
> subset(df1, subset = y > 1.2, select = c('y', 'z'))
```

2. 随机抽样

随机抽取数据集合中的部分数据,是统计建模中常遇到的情况。R 中最简单的方法是使用函数 sample(),一般形式为

```
sample(x, size, replace = F, prob = NULL, ...)
```

参数 size 是较容易理解的,定义了从参数 x 中抽取出的数据个数。不过需要说明的是,矩阵的子集是按照元素为单位选取 size 个元素的,而数据框是按照列为单位选取 size 个列的。参数 replace 决定了子集的选取是否重置,当为 TRUE 时,子集选取后会被重新放入原数据集合中,这也就是统计学中常说的重置抽样;当为 FALSE 时,子集选取后不会被重新放入原数据集合中,那么抽出的新数据集合中不会出现重复的元素。

```
> sample(1:10, size = 5, replace = FALSE)
[1] 9 5 7 4 3
> sample(1:10, size = 5, replace = TRUE)
[1] 3 3 9 2 8
```

参数 prob 接收一个向量,其中每个元素值为 x 中元素抽取概率的权重,所以该权重向量的长度等于向量 x 的长度(抽取单位的个数),它们的和不一定为 1。下例中 5 被抽中的概率是其他值的 5 倍。

```
> sample(1:5, size = 5, replace = T, prob = c(1, 1, 1, 1, 5))
```

数据框的抽样是按列进行的,如果要对数据框的行进行抽样,可以首先生成一个由随机抽取的行号组成的向量,然后通过该向量对数据框进行位置索引,来达到随机按行抽样的目的。

```
> rows <- sample(1:nrow(df2), 2)
> df1[rows,]
```

这里,sample()函数随机抽取了两个行号。数据框 df1 接收行号的位置索引,即可实现随机抽取数据行。

15.4.5 数据修整

1. 创建新变量

实践中如果需要在数据框中创建新的变量，或对已有变量重新赋值，可以通过赋值表达式来实现。此外，R 还提供了一个更简单的方法，借助函数 transform()实现。比如，我们想要对 df2 中的变量 x 和 h 求和，并将结果存入新的变量，同时还想对它们求平均数并存入新变量，那么可以执行以下指令。

```
> transform(df2, sum.xh = x + h, mean.xh = (x + h) / 2)
```

2. 重编码

重编码(recoding)是根据同一个变量或其他变量的现有值创建新变量的过程。字面上，变量重编码与上述新变量创建一样。不过在某些时候重编码具有特殊意义，比如将一个连续型变量变为离散型的分类变量，又如将错误编码的数据替换为正确值，再如将数据依某种标准进行分组。

重编码往往需要逻辑运算符。datasets 包中的 women 数据集，记录了 15 位女性的身高与体重数据，如果我们想根据体重将她们分为三组，可执行如下操作。

```
> women$group[women$weight > 150] <- "F"
> women$group[women$weight > 130 & women$weight <= 150] <- "N"
> women$group[women$weight <= 130] <- "L"
```

这里的 group 是新建的变量，用于数据的分类。为了方便后续的分析，我们可以将 group 转为因子。

```
> women$group <- as.factor(women$group)
```

上述操作还可通过 within()函数写成更简单的形式。

```
> within(women, {group <- NA;
                 group[weight > 150] <- "F";
                 group[weight > 130 & weight <= 150] <- "N";
                 group[weight <= 130] <- "L";})
```

within()函数与 with()函数功能类似，区别在于 within()函数会在传入数据集的复制本上修改数据。这里我们对 women 数据框执行了一些操作，它们通过{}按顺序组织在一起。其中第一项操作 group <- NA 新建一个名为 group 的变量，且所有的值同为 NA。这一项操作须写在前面，否则后续的操作会令 R 报错 Error:object 'group' not found。

这样就在 women 数据集的复制本中新产生了一个变量 group，实现了将连续型变量变为离散型分类变量的目的，同时也实现了数据分组。如要使用新的数据集，将 within()函数的结果赋值给新的变量名即可。

以上对变量 weight 的分割方式稍显笨拙，R 其实有更简便的方式。

```
> women_copy <- within(women, {group <- cut(weight, breaks = c(110, 130, 150,
170), labels = c("L", "N", "F"))})
```

cut()函数可通过其参数 breaks 传入对数据分割的点，4 个分割点将形成 3 个区间。每个区间的名称由参数 labels 定义。

访问数据不仅可以将符合条件的数据显示出来，还可以针对部分数据进行计算分析和操作。例如，对符合某条件的部分数据求和，统计符合某条件的部分数据的个数等。而操作包括对符合条件的数据进行修改，即对数据重新赋值。

在实际的数据分析中，经常会碰到数据缺失的情况(缺失值由 NA 表示)。如果要将缺失值 NA 全部用 0 来替换，则可通过条件判断哪些数据为 NA，然后再重新赋值。由于 NA 为特殊值，可借助函数 is.na()来实现条件语句。如以下示例。

```
> vec5 <- c(1, 2, 3, 4, NA)
> vec5[is.na(vec5)] <- 0
> vec5
[1] 1 2 3 4 0
```

关于数据重编码，一些程序包中有不少实用的函数，如 car 包中的 recode()函数，它可以简便地重编码数值型、字符型向量和因子，还有 doBy 包中的 recodevar()函数，都非常受欢迎。

3. 变量重命名

如果对某个变量名称不满意，可以交互式或者以编程的方式修改它们。交互式需要使用工具包 utils 中的 fix()函数，调用一个交互式的编辑器，单击变量名然后重命名。

编程式的修改可以通过获取变量名称后重新赋值的方式实现。获取变量名可用 names()函数。将 women 数据框中新添加的变量 group 改名，可执行如下指令。

```
> names(women_copy)
[1] "height" "weight" "group"
> names(women_copy)[3] <- "category"
> names(women_copy)
[1] "height"   "weight"   "category"
```

通过重新赋值的方式重命名，比较生硬。reshape 包[①]中的 rename()函数提供了一种较自然的方式。

```
> rename(x = women_copy, replace = c(group = "category"))
```

4. 类型转换

R 语言有一整套语义直观的类型转换函数，它们都以 as.作前缀，包括：as.logical()、as.integer()、as.numeric()、as.complex()、as.character()。此外，R 还有一系列以 is.作前缀的函数(将上述函数的 as.替换为 is.)，可用于对象类型的判断，返回 TRUE 或 FALSE。

当调用函数时，如果被参数传入的数据类型与函数要求的不一致，R 会尝试强制转化该传入的数据类型，以使函数能够正常运行(详见 15.3 小节)。通常 R 会将特殊的对象类型转换为较一般的类型。一般原则如下：

• 转换的顺序是 logical、integer、numeric、complex、character、list，即当一个

① Wickham H. 2022. reshape: Flexibly Reshape Data. R package version 0.8.9, 〈https://CRAN.R-project.org/package=reshape〉。

由逻辑值构成的向量中某元素被修改为整数型数据时,所有逻辑值都将转换为整数型数值。

- 逻辑型转为数值型时,TRUE 被转换为 1,FALSE 被转换为 0;
- 当对象被强制转换为其他类型时,对象的属性会被删除;
- 对象的值被转换为展示所有信息所需要的、最简单的类型。

而当我们希望在数据传递给函数时,禁止进行类型转换,可以通过 AsIs()或 I()函数将数据对象“包装”后传递给函数。R 语言中的类型强制转换对初学者来说并不是那么直观、容易理解。然而实践中,我们很少遇到数据对象被转换为不合适的类型的情况,因为多数情况下我们碰到的都是数值型向量,或为数值型与字符型混杂的情况。

15.4.6 分组操作

在数据计算、操作的过程中,经常会对一系列对象(或者一个复合对象的所有元素)进行同一个操作,并返回一个新的对象。同一个操作一般都会由某个函数执行。R 提供了一组函数来应对这种情况。其中,函数 apply()可以对一个矩阵、数据框、数组的每一部分运行同一个函数。一般形式为

```
apply(X, MARGIN, FUN, ...)
```

参数 MARGIN = 1 时,对行操作;MARGIN = 2,则对列操作;依次类推,如果数据对象的维度为 3 时,那么 MARGIN = 3 就会对第三维进行操作。参数 FUN 指定了操作函数(可以是函数名的字符串,也可以是函数名)。如以下指令对矩阵 mat1 的各行执行了求和操作。

```
> mat1 <- matrix(1:9, nrow = 3, ncol = 3, byrow = TRUE)
> apply(X = mat1, MARGIN = 1, FUN = "sum")
row1  row2  row3
   6    15    24
```

apply()函数操作的数据对象必须具有维度信息,即 dim(X)不等于 NULL。所以,对于向量和列表这类没有维度信息的数据结构,只能换用函数 lapply()。结果将以列表的形式给出,如果我们想要结果以向量、矩阵或数组的形式呈现,需要换用函数 sapply()。

apply()函数实现了按照行或列执行计算任务,而 tapply()函数可用于分组的循环计算。一般形式为

```
tapply(X, INDEX, FUN = NULL, ...)
```

通过参数 INDEX 对参数 X 接收的数据集进行分组,然后分组执行参数 FUN 接收的指令。注意参数 INDEX 应接收一个因子数据,且该因子变量应属于参数 X 接收的数据集。

```
> tapply(X = df1$y, INDEX = z, FUN = mean)
    C      T
1.275  1.080
```

统计分析包 stats 中的 aggregate()函数也可以按照要求将数据分组,然后对分组聚合以后的数据进行加和、求平均等各种操作。一般形式为

```
aggregate(x, by, FUN, ...)
```

参数 by 指定了用于聚合分组的变量。参数 FUN 与 apply()函数中的一样,指定了聚合分组后对组内数据进行的操作。以下指令实现了对数据框 df1 按照 z 变量进行分组聚合,

并计算每组的平均数的操作。

```
> aggregate(x = df1, by = list(df1$z), FUN = mean)
  Group.1   x     y  z
1       C 1.5 1.275 NA
2       T 1.5 1.080 NA
Warning messages:
1: In mean.default(X[[i]], ...) :
  argument is not numeric or logical: returning NA
2: In mean.default(X[[i]], ...) :
  argument is not numeric or logical: returning NA
```

R 发出警告信息,是因为 z 变量本身不能进行求平均数的操作。可以忽略它,或者修改 x 参数传入的数据,例如

```
> aggregate(df1[c("x", "y")], by = list(df1$z), FUN = mean)
  Group.1   x     y
1       C 1.5 1.275
2       T 1.5 1.080
```

aggregate()是一个功能强大的函数。除了通过参数 by 来指定分组的变量,还可以用公式表达式(formula)来指定。在豚鼠牙齿长度数据集 ToothGrowth 中有两个因子 dose 和 supp,如果我们想要用两个因子的不同组合来分组数据,并计算各组的平均数,则可以执行以下指令。

```
> aggregate(len ~ supp + dose, data = ToothGrowth, FUN = mean)
```

15.4.7 数据重塑

当用表格的方式组织数据时,通常有两种格式:宽格式(wide format)和长格式(long format)。

宽格式是指数据以多列的形式呈现,第一列为索引(index),也就是数据来源的编号,此后的每一列放置一个变量的数据。而长格式是指数据以多行的形式呈现,第一列也是索引,第二列为变量名(variable name),第三列为观测值(value)。也就是说,每一行描述了一个观测值的索引、变量名和具体数值。事实上,用其他电子表格软件整理数据时,一般会用宽格式,因为它更符合我们的思维习惯。而且在用 R 语言构建数据框时,数据框的一列代表的也是一个变量。比如,用以下代码创建的数据框本身就是宽格式的。

```
> plant <- data.frame(A = c(0.7, 1.0, 1.5), B = c(0.5, 0.7, 0.9), C = c(0.3,
0.6, 1.0)); plant
    A   B   C
1 0.7 0.5 0.3
2 1.0 0.7 0.6
3 1.5 0.9 1.0
```

该数据可以理解为 3 组观测值,每组 3 个重复。要将它从宽格式转换成长格式,R 提供

了多种方法。工具包 utils 中的 stack()函数就是其一。

```
> stack(plant)
  values  ind
1    0.7    A
2    1.0    A
3    1.5    A
4    0.5    B
5    0.7    B
6    0.9    B
7    0.3    C
8    0.6    C
9    1.0    C
```

返回的新数据框包含两列，values 列包含原数据框中的所有观测值，ind 列包含原数据框中的所有列名称。有时宽格式的数据框中包含不需要进行转换的列，例如

```
> plant2 <- data.frame(Day = c(1, 2, 3), A = c(0.7, 1.0, 1.5), B = c(0.5, 0.7,
0.9), C = c(0.3, 0.6, 1.0))
```

这组数据中变量 Day 表示的是数据采集的时间。它和其他三个变量并不属于同一类(比如 A、B 和 C 可能是同一因素的不同水平)，按照上面的方式转换成长格式，ind 列就显得不合逻辑。所以需要通过 select 参数将需要转换的变量选择出来。

```
> stack(plant2, select = c(A, B, C))
```

unstack()函数可将数据转回到每组一列的宽格式，这里不再示例。

除了 utils 包中的 stack()和 unstack()函数，stats 包中还有 reshape()函数可实现数据框长宽格式的转换。一般形式如下。

```
reshape(data, varying = NULL, v.names = NULL, timevar = "time", idvar =
"id", direction, drop = NULL, sep = ".", ...)
```

参数 data 接收需要重塑的数据框；参数 varying 通过向量和列表的形式选定需要重塑的变量，比如选择数据框中的第 3 到第 6 列进行重塑，则需 varying = 3:6 或将相应列的名称通过列表传入；参数 v.names 指定了长格式中放置观测值的列名；参数 timevar 指定“时间”变量的名称，这里“时间”变量并不特指时间，而是泛指宽格式数据框中不同的列(变量)合并为长格式数据框后，新生成的列(变量)名称(见下例)；参数 idvar 指定研究对象变量；参数 direction 指定重塑的方式，"long"转成长格式，"wide"转成宽格式；参数 drop 指定不需要重塑的变量。

数据框 plant2 本身为宽格式，重塑为长格式时，reshape()函数需要其列名有可识别的模式。比如，A、B、C 表示三棵不同的植物，在重塑为长格式时需要将宽格式的这三列堆砌成一列，新的列名由 timevar 参数决定。那么，我们就需要先将 plant2 中这三列的名称改为 plant.A、plant.B、plant.C。如此，reshape()函数可以通过参数 sep 来识别它们[①]，并

① 参数 sep 默认值为.，所以此处不是必须以 plant 开头，只要变量名中.之前的字符相同即可。

转为长格式。

```
> colnames(plant2) <- c("Day", 'plant.A', 'plant.B', 'plant.C')
> reshape(plant2, direction = "long", varying = 2:4, timevar = 'plant',
v.names = 'obs', sep = ".")
```

plant.A、plant.B、plant.C 将被分别重编码为 1、2、3,同时 timevar 参数将该列数据命名为 plant。对应原宽格式数据框中的所有观测值数据则存于名为 obs 的列中。

reshape()函数略显复杂。所以一些程序包,例如 reshape2、tidyr 等开发了用法简便的函数,读者可查阅相关资料研究学习。

15.5 数据可视化

数据可视化(data visualization),是数据的视觉表现形式,主要目的是借助图形化手段,清晰直观地表达数据信息。有效地描绘数据需要美学形式与功能齐头并进,这样才能深入洞察复杂的数据。R 语言的前身 S 语言擅长交互式数据分析和绘图,所以数据可视化、统计作图也是 R 的重要功能。

R 基础图形学(basic graphics)相关的函数基本上集中于 graphics 包。这些函数用法简单、灵活性强,功能上可分为两类:高级作图函数和低级作图函数。此外,R 还有一些更易用、功能更强大的图形系统,如 ggplot2。限于篇幅,本节只概括地介绍 R 基本作图功能。

15.5.1 高级作图函数

所谓高级作图函数,就是直接针对某一绘图任务可作出完整图形的函数。它们包括点线图函数 plot()[①]、柱形图函数 barplot()、饼图函数 pie()、直方图函数 hist()、箱线图函数 boxplot()等。

在具体介绍这些作图函数之前,让我们先来了解一下 R 基本图形学的版面设计。如图 15.1 所示,R 将整个绘图版面分为两个区域:绘图区(plot region)和页边区(margin)。绘图区承载了数据可视化后的图形结果,数据的信息只能显现在该区域内,显示范围分别受作图函数的 xlim 和 ylim 两个参数控制。页边区则承载了坐标轴的范围、刻度及坐标轴标签、图的标题等信息。回字形的页边区可分为 4 部分:底边区(放置 x 轴)、左边区(放置 y 轴)、上边区(可放置图的主副标题)和右边区(可放置第二 y 轴),依次编号 1、2、3、4。

基于以上版面设计,高级作图函数所要完成的任务也就是根据各自的功能,将传入的数据通过散点、线、柱形和扇形等形式映射到绘图区,并在页边区显示理解图形的辅助信息。

1. 点线图

R 使用频率最高的绘图函数为 plot(),可绘制散点图和折线图(包括平滑曲线)。一般用法如下。

```
plot(x, y, type = 'p', xlab = "x axis label", ylab = "y axis label", xlim =
NULL, ylim = NULL, lty = 1, lwd = 1, cex = 1, pch = 1, col = NULL, ...)
```

① plot()属于基础 base 包,是用于实现 R 对象作图的通用函数。在绘制点线图时,plot()会调用 graphics 包的 plot.default()函数。

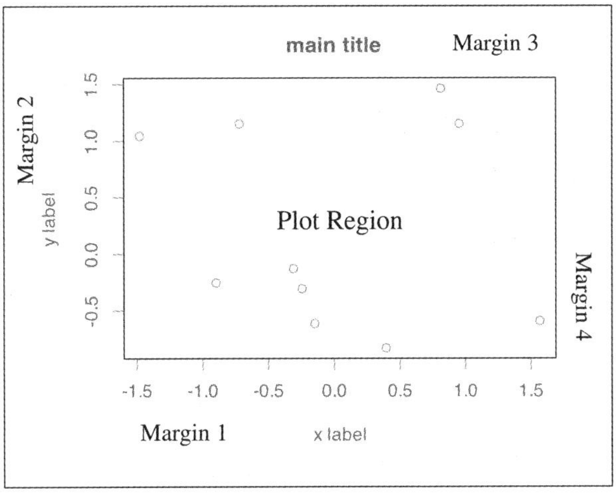

图 15.1　R 基本绘图的版面设计

参数 x 接收数据点的 x 坐标值；参数 y 接收数据点的 y 坐标值，忽略 y 时，数据点的 y 坐标值由传入 x 的数据的位置索引值充当；参数 type 规定数据点的绘制方式（可选取值及效果见图 15.2）；参数 xlab 接收 x 轴的标签，参数 ylab 接收 y 轴的标签；xlim 和 ylim 分别设定绘图区两坐标轴的显示范围，如 xlim = c(10,50)，那么 x 轴只显示从 10 到 50 的区间；参数 lty 指定线的类型（应用时须将 type 设为与线形有关的方式）；参数 lwd 指定线的宽度；参数 cex 指定散点图中点的大小（该参数对线形无作用）；参数 pch 指定点的形状；参数 col 为点线图形着色。

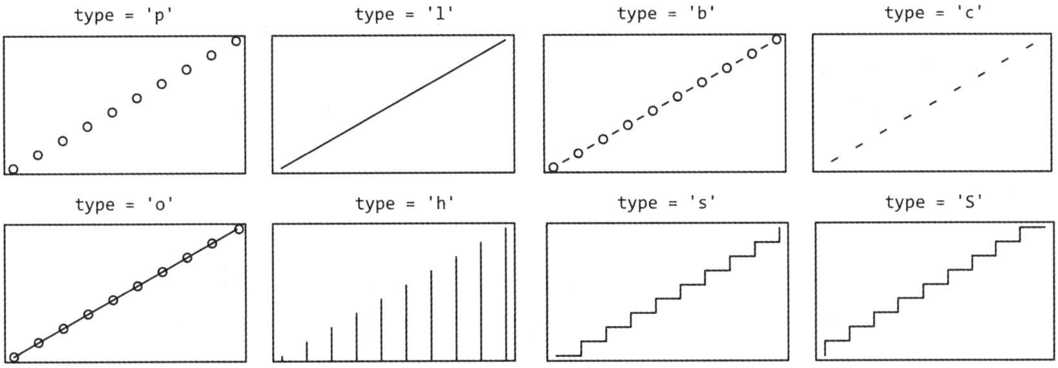

图 15.2　plot 函数的绘制方式

与一般的 R 函数相比，作图函数有较多的参数，这是统计作图学习的难点之一。分析这些参数的名称可发现一些规律。比如，与尺寸大小有关的参数多数有 cex，与颜色有关的参数都有 col，与坐标轴有关的参数通常以 x 和 y 作首字母。下面我们还会提到控制全局图形参数的 par()，在参数数量上该函数可谓名列前茅。与其死记硬背不如按照功能将参数分门别类，这样学习效率会更高。

点的形状参数 pch 有 26 种取值，效果见图 15.3(a)。线状图形参数 lty 有 7 种取值（其中 lty = 0 为空白线），效果见图 15.3(b)。不同形状的点和线主要用于区分分组的数据。比如，数据集中存在因子变量，我们可以通过该因子给不同的数据赋予不同的点线形状。

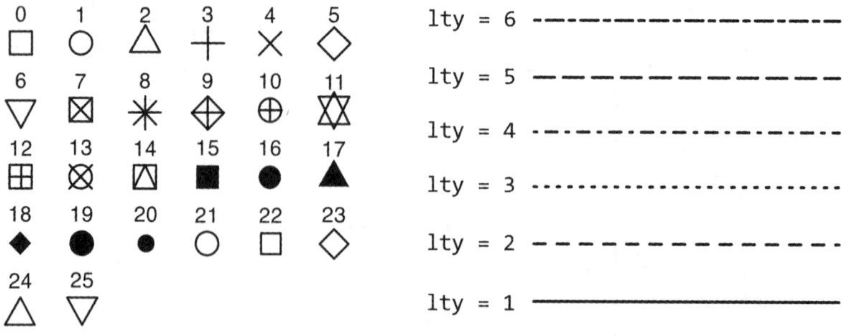

(a) (b)

图 15.3 点(a)与线(b)的类型

以下代码实现了对自带数据包的 mtcars 数据集，以 mpg 为 x 轴、disp 为 y 轴作散点图，并通过变量 cyl(须转为因子)分组各数据点，赋予不同的形状。

```
> with(mtcars, plot(x = mpg, y = disp, pch = c(0, 1, 2)[factor(cyl)]))
```

实际上，这里传入点形状参数 pch 的是一个向量，其中每一个元素是为坐标值点赋予的形状编号。同样的方法还可为数据点或线按分组赋予不同的颜色。

```
> c(0, 1, 2)[factor(mtcars$cyl)]
[1] 1 1 0 1 2 1 2 0 0 1 1 2 2 2 2 2 2 0 0 0 0 2 2 2 2 0 0 0 2 1 2 0
```

就一般的统计作图而言，二维平面图所能表达的数据通常有两个维度，也就是 x 和 y 分别对应的数据变量。如果要在二维平面上表达第三个维度，甚至第四维度，可通过形状、尺寸或颜色来加以区分。这三个美学要素从区分数据的功能角度看也不尽相同，通常颜色的分辨效果高于形状，形状又优于尺寸。正如本节起始提到的，统计作图需要兼顾美学形式与功能，偏废则难以达到好的效果。

第 2 章描述性统计中的数据频数分布图制作，是统计作图的主要应用场景之一。其中，图 2.1(b)显示的折线图效果可由以下代码生成(指令 seq(150,195,5)用于生成各组的左边界)。

```
> library(fdth)
> fdt_height <- fdt(x = studentHeight, start = 150, end = 200, h = 5)
> with(fdt_height$table, plot(x = seq(150, 195, 5), y = f, type = 'b', xlab
= "Student Height", ylab = "Frequency"))
```

2. 柱形图

柱形图由函数 barplot()生成。一般用法如下。

```
barplot(height, space = 0.2, beside = FALSE, horiz = FALSE, names.arg =
NULL, xlim = NULL, ylim = NULL, ...)
```

参数 height 与 plot()函数中的参数 x 类似，它指定了柱形的高度；参数 space 指定柱子间的宽度；参数 beside 设为 TRUE 时，二维数据(矩阵和数据框)中代表同列数据中不同数值的柱子将并列排放，否则会堆叠摆放；horiz 参数控制柱形是否水平放置；names.arg 参数以向量的形式接收每个柱子的名称。

第 2 章的图 2.1(a)显示的柱形图效果可通过以下代码生成。

```
> xpos <- with(fdt_height$table, barplot(height = f, names.arg = 'Class limits', ylim = c(0, 600), xlab = "Student Height", ylab = "Frequency"))
```

为区别于点线图，这里我们对作图指令进行了赋值操作。R 的绘图区是一个二维坐标系，函数 plot()生成的点线图的两个坐标轴非常明确，而 barplot()函数生成的柱形图的 x 轴是隐匿的，无轴线也没有刻度。柱子的高度由传入 height 参数的高度数值决定，而每个柱子在 x 轴上的位置则由 barplot()自动安排。如果要获取 x 轴上的位置数据，可将作图结果赋值给一个变量，生成图形结果的同时会将 x 轴坐标数据存于被赋值的变量。

```
> t(xpos)
     [,1] [,2] [,3] [,4] [,5] [,6] [,7] [,8] [,9]
[1,]  0.7  1.9  3.1  4.3  5.5  6.7  7.9  9.1 10.3
```

xpos 本身是一个单列的矩阵，为与柱子的排放顺序对应，这里进行了转置操作。这些信息将在对柱形图添加新内容时发挥关键作用，比如添加文字注释（一般在柱子的顶端），或为柱形图添加误差棒（error bar）。

3. 饼图

饼图由 pie()生成。一般用法如下。

```
pie(x, labels = names(x), radius = 0.8, clockwise = FALSE, border = NULL, ...)
```

参数 x 接收饼图各扇形的面积数据；参数 labels 以向量的形式接收每个扇形的标记名称；参数 radius 指定饼图的半径，可以实现饼图的大小调整；参数 clockwise 控制扇形的排列方向，默认为逆时针方向，即 clockwise = FALSE；参数 border 控制扇形边框的有无与颜色。

第 2 章的图 2.1(c)所示的饼图可用以下代码生成。

```
> with(fdt_height$table, pie(x = f, labels = `Class limits`, col = NA))
```

其中颜色参数 col 传入了缺失值 NA，表示不给饼图着色。

饼图绘图区坐标系的两个轴都不再可见，但是各种图形元素的位置仍然由坐标轴来标定，这是 R 基础图形学的基本逻辑。

4. 直方图

直方图是描述数据分布情况的常用图形，特别是当数据组别不多时，使用直方图简单易操作。一般用法如下。

```
hist(x, breaks = "Sturges", freq = NULL, right = TRUE,...)
```

参数 x 接收样本数据；参数 breaks 指定数据分组方法，可以接收一个包含分割点数值的向量，也可以接收一个定义组数的数值，或者接收分组方法的名称，如"Sturges"（按大小分组）；参数 freq 定义了直方图是频数图（freq = TRUE）还是频率图（freq = FALSE）；参数 right 控制分组的区间类型，当 right = TRUE 时区间左开右闭，当 right = FALSE 时区间左闭右开。

第 2 章的图 2.2(a)[①]所示的直方图效果可用以下代码生成。

① 图 2.2(b)的效果由 EnvStats 包的 ecdfPlot()函数生成。

```
> hist(studentHeight, breaks = seq(150, 200, 5), freq = TRUE, right = TRUE)
```

直方图上的一些详细信息可以通过类似上述柱形图的处理方式,将作图函数的执行结果赋值给变量,以保存相关数据。

5. 箱线图

箱线图是描述多组数据分布情况的图形类型。具体概念已在 2.4 小节介绍,下面我们来看箱线图生成函数 boxplot()的一般用法。

```
boxplot(x, range = 1.5, notch = FALSE, outline = TRUE, names, plot = TRUE, horizontal = FALSE, ...)
```

参数 x 接收样本数据;参数 range 定义线的长度,默认值 1.5 即线长是 1.5 倍的四分位距 IQR;参数 notch 为 TRUE 时箱子两侧开缺口,位置在 $\frac{\pm 1.58 \times \mathrm{IQR}}{\sqrt{n}}$;参数 outline 决定是否画出离群值;参数 names 接收包含每个箱子名称标签的向量;参数 plot 为 FALSE 时,boxplot()函数不生成图形,只进行统计计算;参数 horizontal 控制箱线图的摆放方式,相当于 barplot()函数中的 horiz。

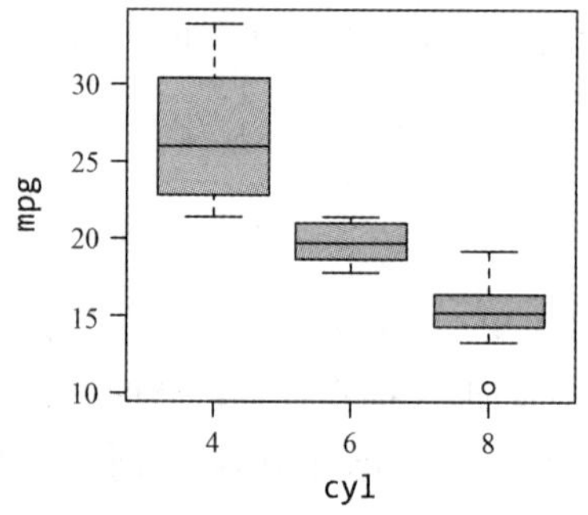

图 15.4 按 cyl 分组的 mpg 箱线图

为多组数据绘制箱线图时,可以向 x 传入矩阵或数据框。特别是数据框中用因子分组的数据,可以向 boxplot()传入公式对象(详见 15.6.3 小节)。比如,为实现 mtcars 中 mpg 数据的分组箱线图绘制,可执行以下代码。效果见图 15.4。

```
> boxplot(mpg ~ cyl, data = mtcars)
```

15.5.2 低级作图函数

低级作图函数只能在已有图形上添加图形内容,所以在执行低级作图函数之前须运行合适的高级作图函数。常用的低级作图函数如表 15.2 所示。这些函数在接收数据之后,将在绘图区的坐标系中找到传入数据所指定的位置添加新的图形。

表 15.2 低级作图函数

函数名	功能	主要参数
points()	添加数据点	x,y = NULL,type = "p",col,cex,pch,...
lines()	添加数据线	x,y = NULL,type = "l",col,lwd,lty,...
text()	添加文本	x,y = NULL,labels,pos,col,cex,...
segments()	添加线段	x0,y0,x1 = x0,y1 = y0,col,lty,lwd,...
arrows()	添加箭头	x0,y0,x1 = x0,y1 = y0,col,lty,lwd,code = 2,length = 0.25,angle = 30,...
rect()	添加矩形	xleft,ybottom,xright,ytop,col,border,lty,lwd,...
polygon()	添加多边形	x,y = NULL,col,border,lty,lwd,...

续表

函数名	功能	主要参数
legend()	添加图例	x, y = NULL, legend, fill, lty, lwd, pch, bty, ncol, horiz, cex, title,...
abline()	添加参考线	a = NULL,b = NULL,h = NULL,v = NULL,lwd,lty,col,...

这些低级作图函数中 abline()最为简单，直接传入参考线的截距 a 和斜率 b(回归分析的回归线就是通过该方式生成的)，或传入水平参考线相对 y 轴的位置 h，抑或传入垂直参考线相对 x 轴的位置 v。除了 abline()，其他函数都需要传入新增内容在绘图区二维坐标系中的位置，其次才是要添加的内容，以及图形元素的颜色、尺寸和形状等美学属性。

plot()函数生成点线图，这里从 points()和 lines()的用法也可以看出对 R 来说点与线是互通的，点相当于最短的线，线就是多点相连。text()在传入的一个或多个坐标点上写入参数 labels 接收的文字内容。由于文字是一个面而坐标是一个点，所以需要参数 pos 控制文字相对于坐标点的位置，该参数可取值 1、2、3、4，表示下位、左侧、上位和右侧。表示方位的编号顺序在 R 中是一贯的，前面四个页边区的区分也是如此。

segments()和 arrows()函数所添加的图形比较类似，所以在坐标位置控制上是一致的。线段和箭头都有起点(由 x0 和 y0 控制)，也都有终点(由 x1 和 y1 控制)。只是对于箭头来说，还有箭头的指向性问题，由 code 参数控制，可取值 0(无箭头)、1(指向起点)、2(指向终点)和 3(双向箭头)。此外，箭头头部短线的长度和角度分别由参数 length 和 angle 控制，所以要实现平箭头可令 angle = 90(可用于误差棒的绘制)。对于 rect()函数，虽然图形上与线段、箭头不同，但是 R 绘制矩形的逻辑和它们一样，也有起点与终点之说。起点即左下点，由 xleft 和 ybottom 控制；终点即右上点，由 xright 和 ytop 控制。

添加多边形的 polygon()函数是绘制复杂图形的有力工具。参数并不复杂，掌握其用法的关键点也是难点就在于坐标数据的传入。polygon()函数在绘图区画出多边形，就像提笔在白纸上不停顿地画出任意图形。笔尖接触纸面的第一个点，以及随后经过的所有点的坐标都通过参数 x 和 y 传给 polygon()。甚至笔尖无须回到起点，函数会自动将起点与终点连接。所以，传入 x 和 y 的两个向量长度须相等。传入的数据点坐标点越多、越密集，polygon()绘制的多边形越平滑。本书假设检验部分所有相伴概率 P 值的面积表示都由该函数完成。

除了表 15.2 中的函数，添加标题的 title()、添加坐标轴的 axis()、在页边区添加文本的 mtext()这三个低级作图函数可在页边区添加新内容。特别是 axis()和 mtext()都有 side 和 at 两个参数。前者有 4 个取值控制添加内容出现在哪个页边区；后者接收坐标轴的刻度值，以控制添加内容(对 axis()来说添加的是坐标轴刻度，对 mtext()就是文本)出现的具体位置。可见，坐标系除了控制绘图区，对页边区也同样有效。

低级作图函数在本书第 10 章回归分析中应用较多，需求是在散点图上添加回归线，或者回归线的置信区间和预测区间。涉及的函数有 abline()和 lines()。以下即是图 10.13 的绘制代码。首先，对男性和女性数据分别构建线性模型。

```
> library(multcomp)
```

```
> sbp.lm.woman <- lm(sbp ~ age, data = subset(sbp, subset = gender == "female"))
> sbp.lm.man <- lm(sbp ~ age, data = subset(sbp, subset = gender == "male"))
```

然后绘制散点图，并用 gender 因子变量为不同组的数据点指定不同形状，点的尺寸设定为 0.8，坐标轴分别传入变量的名称作标签。

```
> with(sbp, plot(age, sbp, pch = c(16, 1)[gender], cex = 0.8, xlab = "age", ylab = "sbp"))
```

最后将回归线添加到散点图上，并在绘图区的左上角添加图例说明。

```
> abline(sbp.lm.man, lty = 1)
> abline(sbp.lm.woman, lty = 3)
> legend("topleft", legend = levels(sbp$gender), pch = c(16, 1), bty = "n", lty = c(1, 3))
```

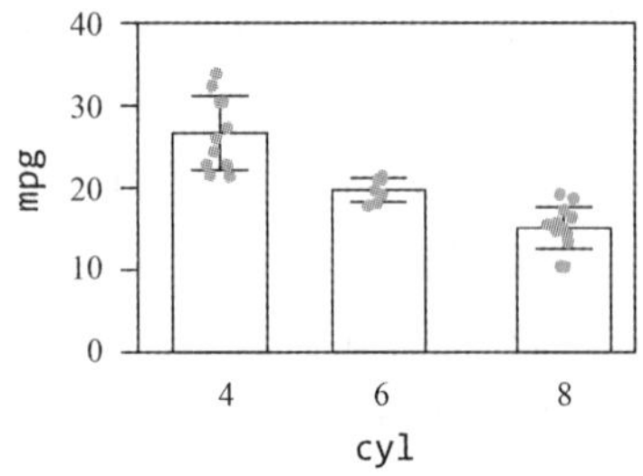

图 15.5　按 cyl 分组的 mpg 柱形图

下面我们再看一个稍显复杂的图形。图 15.4 用箱线图的方式表达了按 cyl 分组的 mpg 数据分布情况。现在换作柱形图，用柱子高度表示各组数据的平均数，在柱子顶端用误差棒表示各组的标准差，然后再将各组数据用散点表示在平均数周围。效果见图 15.5，绘制过程如下。

首先，用 aggregate( ) 函数分组计算平均数和标准差。

```
> means <- aggregate(mtcars$mpg, by = list(mtcars$cyl), FUN = mean)
> sds <- aggregate(mtcars$mpg, by = list(mtcars$cyl), FUN = sd)
```

再用 barplot()绘制柱形图，并记录各个柱子在 x 轴上的位置。ylim = c(0,40)将 y 轴的范围设定在 0 到 40 之间。col = NA 即不为柱子着色。space = 0.5 则加大柱子间距。

```
> xpos <- barplot(means$x, names.arg = means$Group.1, ylim = c(0, 40), xlab = "cyl", ylab = "mpg", col = NA, space = 0.5)
```

然后用箭头函数 arrows()添加误差棒。各组数据的误差棒起点和终点的 x 坐标值同为柱子中心位置在 x 轴上的位置，即 xpos；而 y 坐标在起点处应为柱子高度减标准差，在终点处应为柱子高度加标准差。

```
> arrows(xpos, means$x - sds$x, xpos, means$x + sds$x, angle = 90, code = 3)
```

为了用散点表示各组数据，将各组 mpg 数据提取出来作为散点的 y 坐标值。

```
> cyl4 <- subset(mtcars, subset = cyl == 4, select = mpg)$mpg
> cyl6 <- subset(mtcars, subset = cyl == 6, select = mpg)$mpg
> cyl8 <- subset(mtcars, subset = cyl == 8, select = mpg)$mpg
```

散点的 x 坐标值本应是各柱子的位置坐标，但是这样处理散点可能会堆叠在一起，不够美观。因此，我们用一组以 xpos 为平均数的随机数作为 x 坐标。由于随机数的标准差限制在 0.05，散点的横向分散程度也不至于过大。

```
> points(rnorm(length(cyl4), mean = xpos[1], sd = 0.05), cyl4, pch = 16, col = "gray")
```

```
> points(rnorm(length(cyl6), mean = xpos[2], sd = 0.05), cyl6, pch = 16, col
= "gray")
> points(rnorm(length(cyl8), mean = xpos[3], sd = 0.05), cyl8, pch = 16, col
= "gray")
```

最后还需用 box()函数为绘图区加边框。图 15.5 还有一点瑕疵，读者可尝试将误差棒与散点的绘制顺序反过来，效果会不同。

15.5.3 图形参数设置

R 的图形参数可以通过函数 par()在执行作图函数之前设定，也可以在执行作图函数时临时设定。前一种设置方式会在整个绘图过程中始终有效，除非将图形窗口关闭，因此也称为全局图形参数设置。而后者的设置是临时的，不会影响后续作图函数的图形效果。点线图中传入 plot()函数的 pch 参数就是临时从 par()函数借调的，只能控制当前散点图中点的形状。

函数 par()可以用来设置或者获取图形参数，当不传入参数执行时即获取当前全局图形参数的具体取值。若要设置参数，则可用 par(arg = value)的形式修改设定，其中 arg 为参数名，value 为设定值。par()涉及的图形参数约 72 个，其中 40 多个常用且较易理解的参数根据功能可分为：颜色类、尺寸类、形状类、画板类、坐标轴类、文本类及其他类。

颜色类(col)、尺寸类(cex)、坐标轴类(x 或 y 作首字母)、文本类(font)大多在参数名称上有一定的特征，易举一反三。剩下的参数无命名特征，需要逐个击破的参数也所剩不多。比如，控制坐标轴样式的 las，与坐标轴刻度线有关的 tcl 和 tck，以及控制坐标轴与绘图区距离的 mgp。

没有命名规律的形状类参数中，除了控制点形状的 pch、线形状的 lty，还有控制线宽度的 lwd 及控制绘图区边框类型的 bty 参数。画板类参数中较常用的有：mar 设置页边区宽度，按照四个边区的编号，默认值为 c(5,4,4,2) + 0.1；mfrow 和 mfcol 可实现多子图的图形设计①，取值形式为 c(nrow,ncol)，向量中的两个参数值分别设置版面分割的行数和列数。

多子图设计有效扩展了统计作图的功能范围，可以实现复杂图形的绘制。图 2.1 整体效果可以通过以下代码实现。

```
> par(mfrow = c(1, 3))
> with(fdt_height$table, barplot(height = f, names.arg = `Class limits`,
ylim = c(0, 600), xlab = "Student Height", ylab = "Frequency"))
> with(fdt_height$table, plot(x = seq(150, 195, 5), y = f, type = 'b', xlab
= "Student Height", ylab = "Frequency"))
> with(fdt_height$table, pie(x = f, radius = 1.0, labels = `Class limits`,
col = NA))
```

① 多子图设计还可以通过 layout()函数实现。

R 图形学是整个 R 语言生态中核心的，也是较复杂的板块，有很多以此为专题的书籍资料。其复杂性主要体现在函数多，参数更多，而且灵活性强，常令初学者面对想要实现的效果无从下手。除了不断训练，走熟能生巧的路，掌握 R 图形学的基本逻辑更能事半功倍。这一点对于学习像建立在新图形语法基础上的 ggplot2 也同样适用。

15.6 数据运算

15.6.1 数学运算

1. 符号运算

利用算术运算符对数据直接进行数学运算，需要我们建立向量或矩阵计算的概念。例如，向量与一个数值相加

```
> c(1, 2, 3) + 3
[1] 4 5 6
```

实际上是对向量中的每一个元素都执行加法运算。因 R 对单个常量也是作向量处理的，数值 3 实际上是向量 c(3)。两个长度不等的向量相加，短的向量会用已有的元素循环填补，直到和长向量长度相等。所以，以上加法操作实际上是 c(1,2,3) + c(3,3,3)。

两个向量之间的符号运算都是对应元素的运算，然后以向量的形式返回结果。再比如

```
> c(1, 2, 3) * c(3, 2, 1)
[1] 3 4 3
```

两个向量对应元素相乘，并产生一个新向量存放计算结果。

类似地，当我们将向量或矩阵传给一个针对单个元素操作的函数时，会对每一个元素执行该函数。比如，将序列生成符:生成的 1 到 9 的数值序列（一个向量）传给类型转换函数 as.character()会将所有元素逐个转换成字符串。

```
> as.character(1:9)
[1] "1" "2" "3" "4" "5" "6" "7" "8" "9"
```

其他涉及数学运算的运算符，请参考 15.2.3 小节。

2. 函数运算

一些复杂的、难以通过运算符执行的计算在 base 包中都有相应的函数。包括：绝对值函数 abs()，平方根函数 sqrt()，自然数 e 为底的指数函数 exp()，自然数 e 为底的对数函数 log()，计算 10 为底的对数函数 log10()，阶乘函数 factorial()，数值舍入函数 round()，向下取整函数 floor()，向上取整函数 ceiling()，向零取整函数 trunc()，以及进行矩阵运算的相关函数（参见 15.3.2 小节）。

我们可以向这些函数传入整数型或实数型的数值常量，也可以传入以数值为元素的向量、矩阵和数据框。这些函数的主要功能是实现数据的变换。例如，对试验产生的原始数据取对数。

```
> y <- c(33.2, 34.2, 35.4, 36.1, 31.9)
```

```
> log(y)
[1] 3.502550 3.532226 3.566712 3.586293 3.462606
```

15.6.2　概率计算

与概率分布相关的 R 函数都有一定的命名规律，这方便了我们的学习和应用。

首先，R 为各种概率分布[①]设定了名称，包括：二项分布 binom、泊松分布 pois、超几何分布 hyper、均匀分布 unif、正态分布 norm、t 分布 t、卡方分布 chisq、F 分布 f 等。

然后，在这些分布的名称之前加上以下四种字母，即可得到相关函数。

- d：概率质量函数（离散型随机变量）或概率密度函数（连续型随机变量）；
- p：累积分布函数；
- q：分位数函数；
- r：随机数生成函数。

以标准正态分布为例，如果要计算 x = 1 的概率密度只需执行

```
> dnorm(x = 1, mean = 0, sd = 1)
```

计算 $P(X < -1.96)$ 的概率，则需要用累积分布函数，即

```
> pnorm(q = -1.96, mean = 0, sd = 1, lower.tail = TRUE)
```

而计算 $100p$ 分位数，则需要用分位数函数，即

```
> qnorm(p = 0.05, mean = 0, sd = 1, lower.tail = TRUE)
```

参数 p 定义了分位数所对应的累积分布函数值。lower.tail = TRUE 规定函数计算下侧或下尾分位数。所以上侧 0.05 分位数的计算需要 lower.tail = FALSE。从以上示例可以看出，累积分布函数 pnorm()和分位数函数 qnorm()互为反函数。针对标准正态分布，以上函数的参数 mean = 0 和 sd = 1 都是默认值，因此可以不指定。

对于离散型随机变量的累积分布函数而言，例如 pbinom()函数，我们需要特别注意当 lower.tail 为默认值 TRUE 时，函数返回的是 $P(X \leqslant x)$ 的值；而当 lower.tail = FALSE 时，函数返回的是 $P(X > x)$ 的值。这里的 x 是通过 q 参数传入的，所以计算下侧累积概率时包含传入的参数值所对应的概率，而计算上侧累积概率时不包含传入的参数所对应的概率。

在没有计算机软件辅助统计分析之前，我们完成假设检验通常需要查检验统计量与概率值的关系表。例如，z 检验需要查正态离差值（z 值）表，t 检验需要查 t 值表，χ^2 检验需要查 χ^2 值表，F 检验需要查 F 值表。很多统计学教材也都会附上这些表格。现在通过 pnorm()函数可以快速且方便地得到检验统计量对应的概率值，通过 qnorm()函数可得到概率值对应的检验统计量。因此，本书不再将那些复杂的表格作为附录。

r 开头的随机数生成函数在计算机模拟中有着重要的作用，正如其在第 4 章中的表现。每次运行随机数生成函数，R 将产生不同的随机数[②]。如以下指令将得到服从标准正态分布

① 约 17 种常用的分布。通过执行?Distributions 可获得 R 提供的所有概率分布信息。

② R 提供的随机化方法包括"Wichmann-Hill"、"Marsaglia-Multicarry"、"Super-Duper"、"Mersenne-Twister"、"Knuth-TAOCP"、"user-supplied"、"Knuth-TAOCP-2002"。

的 5 个随机数。

```
> rnorm(n = 5)
[1] 0.9688849  -0.2840009  0.3619086  -0.3646651  -0.5646972
```

如果要前后产生的随机数保持不变,则需要用 set.seed()函数设置随机数种子。该函数的参数接收任意数字,代表设置的第几号种子,并不会参与运算。

```
> set.seed(234234)
> rnorm(n = 5)
[1] -0.1308295  -0.6777994  0.1435791  -0.4879708  -0.1845969
```

当再次执行 rnorm(n = 5)之前,先执行 set.seed(234234)可以保证产生的随机数不变。

15.6.3 统计计算

统计计算是 R 语言的主要优势。前文在介绍相关统计原理和方法时,陆续使用了许多统计函数。它们可以分为特征计算、假设检验、线性模型三大类。下面我们进行一次梳理,以加深对它们的认识。它们中的大部分都属于统计分析包 stats。

1. 特征计算

描述数据中心位置的特征数计算函数,包括:计算算术平均数的 mean()函数,计算中位数的 median()函数,计算分位数的 quantile()函数,计算几何平均数的 geometric.mean()函数(psych 包),计算调和平均数的 harmonic.mean()函数(psych 包)。

描述数据离散程度的特征数计算,包括:计算方差的 var()函数,计算标准差的 sd()函数,计算绝对中位差的 mad()函数,计算偏度的 skewness()函数(moments 包),计算峰度的 kurtosis()函数(moments 包)。

以上这些函数都需要通过参数 x 传入承载数据的 R 对象,通常是向量和矩阵。除了参数 x,这些函数还共有一个参数 na.rm 用于处理数据对象中可能存在的缺失值 NA。其中只有 geometric.mean()和 harmonic.mean()函数的 na.rm 默认值是 TRUE,其他函数的默认值都是 FALSE。

两个随机变量相关的特征数计算,包括:计算相关系数的 cor()函数,计算协方差的 cov()函数。

实际上,计算方差的 var()函数也可以接收两个随机变量。这三个函数在 R 里属于一组典型的姊妹函数。当传入的变量 x 和 y 相同时,协方差 cov()函数的结果等于方差 var()函数;当传入的变量 x 和 y 不同时,方差 var()函数的结果等于协方差 cov()函数;而相关系数的计算需要计算协方差,cor()函数又与其他两个函数有关。

除了以上三大类特征数计算函数,base 包还有一些常用辅助统计计算的函数,包括求和函数 sum()、计算值域函数 range()、滞后差分函数 diff()、最小值函数 min()、最大值函数 max()、数据标准化函数 scale()。

2. 假设检验

假设检验本身作为统计推断的主要任务之一,是本书重点介绍的内容。R 语言对假设检验方法的实现涉及大量函数,这也是我们通过 R 语言实践数据统计分析的重点学习内容。

本书涉及的假设检验相关的函数大致可分为四类，包括参数检验、功效分析、非参数检验和方差分析多重比较相关函数。

参数检验　涉及的 R 函数如表 15.3 所示。这些函数共有的参数有：

- 参数 x 和/或 y 接收样本数据（通常以单独的向量、数据框的列和矩阵的形式），单样本检验时 y 可缺省；
- 参数 alternative 决定了拒绝域的方向，可取值"two.sided"、"less"和"greater"，分别对应双尾检验、左侧备择单尾检验和右侧备择单尾检验；
- 参数 conf.level 指定区间估计的置信度，等于 1 减显著性水平 α，所以也是选定检验显著性水平的途径。

以上三个参数分别确定了完成假设检验所必需的观测值数据、检验类型和显著性水平。当然，不同的检验函数对应不同的假设检验方法，或者说对应不同的抽样分布。关于输入数据，zsum.test()和 tsum.test()有些特殊，它们与 z.test()和 t.test()的差别在于，前者不需要传入具体的样本观测值，只需传入样本平均数。因此，zsum.test()完成的检验称为摘要 z 检验（summarized z-test），tsum.test()完成的检验称为摘要 t 检验。

表 15.3　假设检验相关的 R 函数

函数名	程序包	功能	主要参数	例题
zsum.test()	BSDA	摘要 z 检验	mean.x, sigma.x = NULL, n.x = NULL, mean.y = NULL, sigma.y = NULL, n.y = NULL, conf.level = 0.95, mu = 0, alternative = "two.sided"	7.1;7.2
z.test()	BSDA	z 检验	x, y = NULL, conf.level = 0.95, mu = 0, sigma.x = NULL, sigma.y = NULL, alternative = "two.sided"	7.3;8.4
t.test()	stats	t 检验	x, y = NULL, conf.level = 0.95, mu = 0, paired = FALSE, var.equal = FALSE, alternative = "two.sided"	7.4;8.6;8.7;8.8
tsum.test()	BSDA	摘要 t 检验	mean.x, s.x = NULL, n.x = NULL, mean.y = NULL, s.y = NULL, n.y = NULL, conf.level = 0.95, mu = 0, var.equal = FALSE, alternative = "two.sided"	8.5
varTest()	EnvStats	单样本方差 χ^2 检验	x, sigma.squared = 1, conf.level = 0.95, alternative = "two.sided"	7.10
var.test()	stats	F 检验	x, y, ratio = 1, conf.level = 0.95, alternative = "two.sided"	8.1;8.2

续表

函数名	程序包	功能	主要参数	例题
binom.test()	stats	精确二项检验	x,n,p = 0.5,conf.level = 0.95,alternative = "two.sided"	7.5;7.6;7.7;7.8;7.9
poisson.test()	stats	精确泊松检验	x,T = 1,r = 1,conf.level = 0.95,alternative = "two.sided"	7.7
prop.test()	stats	比率检验	x,n,p = NULL,conf.level = 0.95,alternative = "two.sided",correct = TRUE	7.8;8.10
fisher.test()	stats	Fisher 精确检验	x,y = NULL,conf.level = 0.95,alternative = "two.sided"	13.9
cor.test()	stats	相关性检验	x,y,conf.level = 0.95,method = "pearson",alternative = "two.sided"	11.1;11.3;11.5;11.6;11.7;11.8
bartlett.test()	stats	多样本方差齐性检验	x,g	9.1;9.2;12.1
shapiro.test()	stats	正态性检验	x	9.1;9.2;10.1;12.1;12.2

对单样本进行检验的函数,如 z.test()和 t.test(),包括它们的摘要版本,必须通过参数 mu 传入比较的总体平均数。同理,单样本方差的 χ^2 检验必须通过参数 sigma.squared 传入比较的总体方差。

样本平均数的 t 检验中有两个重要的参数 paired 和 var.equal,前者确定了 t 检验是配对的还是成组的,后者确定了两个样本方差是否相等。这两个参数对 t 检验的结果有明显的影响。数据分析时,我们应当根据试验设计和数据的真实情况慎重选择。

此外,某些检验函数有特定参数。包括:var.test()函数的参数 ratio 接收两个总体方差之比;binom.test()函数的参数 n 和 p 接收二项分布的两个总体参数;prop.test()函数的参数 n 和 p 同样接收二项分布的两个总体参数,参数 correct 决定是否进行连续性矫正;cor.test()函数的参数 method 确定相关系数计算方法,Pearson 相关系数("pearson"),Kendall 秩相关系数("kendall"),Spearman 秩相关系数("spearman");bartlett.test()函数的参数 g 接收对数据进行分组的因子。

prop.test()与 binom.test()的区别在于,前者利用了二项分布的正态近似,所以前者适用于大样本数据。此外,prop.test()除了单比率检验之外,可以比较两个或多个比率,这个时候我们需要向 x 和 n 分别传入发生次数向量和试验总次数向量。如果多个比率需要和一组目标比率比较,除了 x 和 n,还需要以向量形式向参数 p 传入目标比率。

功效分析 涉及的 R 函数如表 15.4 所示。

表 15.4 功效分析相关的 R 函数

函数名	程序包	相关检验	主要参数	例题
pwr.norm.test()	pwr	z 检验	d = NULL,n = NULL,sig.level = 0.05,power = NULL,alternative = "two.sided"	7.1;7.2;7.3;7.9
pwr.t.test()	pwr	t 检验	d = NULL,n = NULL,sig.level = 0.05,power = NULL,type = "two.sample",alternative = "two.sided"	7.4;8.6;8.9
pwr.t2n.test()	pwr	容量不等的两个样本 t 检验	d = NULL,n1 = NULL,n2 = NULL,sig.level = 0.05,power = NULL,alternative = "two.sided"	8.5;8.6
pwr.p.test()	pwr	比率检验	h = NULL,n = NULL,sig.level = 0.05,power = NULL,alternative = "two.sided"	7.6;7.9
pwr.2p2n.test()	pwr	两个样本比率检验	h = NULL,n1 = NULL,n2 = NULL,sig.level = 0.05,power = NULL,alternative = "two.sided"	8.10
pwr.chisq.test()	pwr	χ^2 检验	w = NULL,N = NULL,df = NULL,sig.level = 0.05,power = NULL	13.1;13.2;13.5
pwr.anova.test()	pwr	方差分析	k = NULL,n = NULL,f = NULL,sig.level = 0.05,power = NULL	9.1
pwr.r.test()	pwr	相关系数检验	r = NULL,n = NULL,sig.level = 0.05,power = NULL,alternative = "two.sided"	11.1

与参数检验相关函数的参数 alternative 一样，功效分析函数中该参数仍决定检验的类型。而显著性水平在这里有了专门的参数 sig.level。此外，功效分析函数中都有关于功效的参数 power，关于样本容量的参数 n(或 n1 和 n2)，关于处理效应量的参数 d、r、w 和 f。功效、样本容量和效应量，三者固定其中两项，函数会对第三项进行计算。例如，为函数传入样本容量和效应量，将计算功效；为函数传入功效和效应量，则会计算样本容量。

pwr 包计算功效的关键在于效应量的计算。不同检验问题的效应量都有专门的计算公式。比如，pwr.norm.test()函数中的

$$d = \frac{\bar{x} - \mu}{\sigma} \tag{15.1}$$

其实就是检验统计量除以 $\sqrt{n}$，即 $\frac{z_c}{\sqrt{n}}$。

再如，两个容量相等的样本，其平均数差异的检验功效计算，传入 pwr.t.test()函数的效应量为

$$d = \frac{\bar{x}_1 - \bar{x}_2}{\sqrt{\frac{\sigma_1^2 + \sigma_2^2}{2}}} \tag{15.2}$$

用检验统计量 t_c 来表达，$d = t_c\sqrt{\frac{2}{n}}$。

成对样本的配对 t 检验的功效分析，传入 pwr.t.test()函数的效应量公式为

$$d = \frac{\overline{x}_1 - \overline{x}_2}{\sqrt{\sigma_1^2 + \sigma_2^2}} \tag{15.3}$$

实际的效应量有正有负，不过传入负效应量时，功效计算函数 pwr.norm.test()和 pwr.t.test()会自动将它们转为正值。

两个样本比率检验的功效分析，通过 h 参数传入的效应量有公式

$$h = 2\arcsin(\sqrt{p_1}) - 2\arcsin(\sqrt{p_2}) \tag{15.4}$$

可用 ES.h()函数计算，只需传入两个样本的比率即可。

相关系数检验的功效分析最为简单，只需通过 r 参数将样本相关系数的计算结果传给 pwr.r.test()函数即可。

pwr 包只提供了独立性和适合性 χ^2 检验的功效分析，pwr.chisq.test()函数中的效应量参数公式为

$$w = \sqrt{\sum_{i=1}^{m} \frac{(p_{i,H_1} - p_{i,H_0})^2}{p_{i,H_0}}} \tag{15.5}$$

其中，p_{i,H_0} 表示零假设下列联表第 i 单元格中的概率，p_{i,H_1} 表示备择假设下列联表第 i 单元格中的概率。

方差分析的功效分析中，效应量

$$f = \sqrt{\frac{\sum_{i=1}^{k} \frac{n_i}{N}(\overline{x}_{i\cdot} - \overline{x})^2}{s_e^2}} \tag{15.6}$$

其中，k 为样本分组数，n_i 为第 i 组的观测值数量，N 为总观测值数量，$\overline{x}_{i\cdot}$ 为第 i 组的样本平均数，$\overline{x}$ 为总的样本平均数，s_e^2 为误差的方差。当各组观测值数量同为 n 时 $N = nk$，该效应量与式(9.36)所表达的非中心参数有如下关系：

$$\lambda = Nf^2 \tag{15.7}$$

非参数检验　涉及的 R 函数如表 15.5 所示。

表 15.5　非参数检验相关的 R 函数

函数名	程序包	功能	主要参数	例题
chisq.test()	stats	列联表的独立性检验，适合性检验（拟合优度检验）	x,y = NULL,correct = TRUE,rescale.p,p = rep(1/length(x),length(x))	13.2;13.3;13.5;13.6;13.7
mcnemar.test()	stats	配对列联表的独立性检验	x,y = NULL,correct = TRUE	13.8
SIGN.test()	BSDA	符号检验	x,y = NULL,md = 0,conf.level = 0.95,alternative = "two.sided"	13.12

续表

函数名	程序包	功能	主要参数	例题
wilcox.test()	stats	两个样本秩和检验	x,y = NULL,alternative = "two.sided", mu = 0,paired = FALSE,correct = TRUE, conf.level = 0.95	13.13
kruskal.test()	stats	多样本秩和检验	x,g	13.15
friedman.test()	stats	Friedman 秩和检验	y,groups,blocks	
leveneTest()	car	多样本方差齐性检验	y,group,center = median	12.2
oneway.test()	stats	方差不齐的多组间平均数检验	formula,data,subset,var.equal = FALSE	

这些函数中的参数 alternative 和 conf.level 功能同上。

chisq.test()函数中参数 x 和 y 接收矩阵格式的列联表数据；参数 correct 规定是否对2×2 列联表进行连续性矫正；p 以向量的形式给定各组观测值的概率，如果 rescale.p 为默认的 FALSE，传入的概率之和须等于 1，否则 R 会报错；参数 rescale.p 决定了是否对传入的概率值进行归一化。mcnemar.test()函数的参数 x 同样接收矩阵形式的列联表；参数 correct 规定是否进行连续性矫正。

SIGN.test()函数的参数 x 和 y 接收样本数据(y 可缺省)；参数 md 对应比较的总体中位数。wilcox.test()函数的参数 x 和 y 接收样本数据(y 可缺省)；参数 mu 对应比较的总体参数；参数 paired 表明数据是成对的(paired = TRUE)，还是成组的(paired = FALSE)；参数 correct 规定在正态近似时是否进行连续性矫正。kruskal.test()函数的参数 x 接收多组样本数据，参数 g 接收一个定义了样本分组的因子，其参数形式与 bartlett.test()函数类似。

方差分析多重比较　涉及的 R 函数如表 15.6 所示。

表 15.6　方差分析多重比较相关的 R 函数

函数名	程序包	功能	主要参数
pairwise.t.test()	stats	多重 *t* 检验	x, g, p. adjust. method = p. adjust. methods, paired = FALSE, pool.sd = !paired, alternative = "two.sided"
LSD.test()	agricolae	LSD 检验	y,trt,DFerror,MSerror,alpha = 0.05,p.adj = "none",group = TRUE
HSD.test()	agricolae	Tukey 检验	y, trt, DFerror, MSerror, alpha = 0. 05, group = TRUE,unbalanced = FALSE
SNK.test()	agricolae	Student-Newman-Keuls 检验	y, trt, DFerror, MSerror, alpha = 0. 05, group = TRUE

续表

函数名	程序包	功能	主要参数
duncan.test()	agricolae	Duncan 检验	y, trt, DFerror, MSerror, alpha = 0. 05, group = TRUE

pairwise.t.test()函数中参数 x 接收样本数据；参数 g 接收对样本数据分组的因子数据；参数 p.adjust.method 可对不同的 P 值矫正方法进行选择。具体的方法名称有

```
> p.adjust.methods
[1] "holm"       "hochberg"   "hommel"     "bonferroni" "BH"
[6] "BY"         "fdr"        "none"
```

当数据为非配对数据时参数 pool.sd 采用合并的标准差；参数 paired、alternative 功能同上。

其他多重比较函数中参数 y 接收数据的线性模型；参数 trt 指定分组因子的名称（字符串）；参数 alpha 指定显著性水平；参数 p.adj 指定 P 值矫正方法；参数 group 规定函数进行字母标记法的比较（group = TRUE），或者报告两两比较的结果（记录于 comparison 分量，group = FALSE）。

3. 线性模型

线性模型是统计分析中最简单的数据模型。本书涉及线性模型的统计分析方法包括方差分析、回归分析及协方差分析。相关函数见表 15.7。

表 15.7　线性模型相关的 R 函数

函数名	程序包	功能	主要参数
formula()	stats	定义模型公式	x
lm()	stats	线性模型拟合	formula,data
aov()	stats	方差分析模型拟合	formula,data
anova()	stats	生成方差分析表	object
Anova()	car	生成方差分析表	object,type = 2
fitted()	stats	提取模型拟合值	object
residuals()	stats	提取模型的残差值	object
coefficients()	stats	提取模型参数	object
confint()	stats	计算模型参数的置信区间	object
predict()	stats	线性模型的预测	object,newdata, interval = "none", level = 0.95

formula()函数用于生成一个线性模型公式的表达式。线性模型公式的一般形式为

```
response ~ effect1 + effect2 + ...
```

其中，response 表示因变量（也称为响应变量），而 effect1、effect2 等表示自变量（或解释变量，也就是试验因素的主效或互作）。线性模型公式的写法具有以下特点和用法。

• 分隔符~:相当于数学表达式中的等号=。左侧为响应变量,右侧为解释变量。

• 自变量的组合:通过加号+来指定多个自变量。例如,y~x1+x2 表示因变量 y 与自变量 x1 和 x2 之间的线性关系。

• 交互项:可以使用冒号:来表示自变量之间的交互关系。例如,y~x1+x2+x1:x2 表示因变量 y 与 x1、x2 及它们的交互项 x1:x2 之间的线性关系。

• 如果需要在模型中列出所有交互项,可通过星号*实现。例如,y~x1*x2*x3 等价于 y~x1+x2+x3+x1:x2+x1:x3+x2:x3+x1:x2:x3。

• 令表达式包含除因变量外的所有变量,可通过.号实现。例如,一个数据框中包含变量 x、y、z 和 w,则 y~.展开为 y~x+z+w。

• 交互项次数:如果要限制交互项的次数,可通过乘方号^实现。例如,y~(x+y+z)^2 展开为 y~x+y+z+x:y+x:z+y:z。这里三次的交互项 x:y:z 不会出现。

• 删除变量:移除表达式中的某个变量,可用减号-实现。例如,y~(x+y+z)^2-x:z 展开为 y~x+y+z+x:y+y:z。

• 非线性关系:可以使用函数来指定自变量之间的非线性关系。例如,y~log(x1)+sqrt(x2)表示因变量 y 与自变量 x1 的对数及 x2 的平方根之间的线性关系。

• 截距项:默认情况下,R 会自动为线性模型添加截距(截距项)。如果不想包含截距,可以使用减号-或者明确指定-1 来去除截距项。例如,y~x1-1 表示因变量 y 与自变量 x1 之间的线性关系,没有截距项。

• I()函数:从算术角度来解释括号中的表达式。例如,y~x+(z+w)^2 将展开为 y~x+z+w+z:w,而 y~x+I((z+w)^2)将展开为 y~x+h,h 是一个由 z 和 w 的平方和创建的新变量。

这些是线性模型公式的常见写法,通过适当的组合和变换,可以建立复杂的线性模型。在使用线性模型公式时,可以根据实际情况进行灵活调整和变化,以满足分析需求。

formula()生成的表达式对象,或者表达式本身,可通过 formula 参数传入 lm()和 aov()函数生成线性模型。线性模型通过 object 参数进一步传入 anova()、Anova()、fitted()、residuals()、coefficients()、confint()和 predict()等函数,即可完成相关计算。

与 stats 包的 anova()函数不同,car 包的 Anova()函数可以执行 Type-Ⅱ分层型和 Type-Ⅲ边界型平方和计算,而前者执行 Type-Ⅰ序贯型计算。不同的计算方式对方差分析和协方差分析可能会产生影响,详细内容请参考 9.3.3 和 12.3 小节。

除了上述函数,获取数据摘要的 summary()函数也可以接收线性模型对象(aov()生成的模型)并返回模型的详细信息。

习题 15

(1)从 CRAN 社区下载 4.1.2 版本的 R 软件,尝试安装、运行和退出。

(2)通过帮助系统查看 t.test()函数的使用方法。

(3)自带数据包 datasets 中有 pressure 数据集,试对变量 temperature 计算特征数。

(4)尝试通过 `install.packages()`函数安装本书附录 A 表 A.1 中的程序包。

(5)利用 t 分布的分位数函数 `qnorm()`计算上侧 0.1 分位数。

(6)R 常用的数据结构有哪些？其中针对分类变量的是何种数据结构？

(7)R 中呈现数据表有长格式和宽格式两种，它们有何区别？

(8)尝试提取鸢尾花数据集 `iris` 中 `Species` 为 `setosa`、萼片长度 `Sepal.Length` 小于 5 的数据。

(9)R 中与概率分布有关的函数有哪四类？它们都有什么功能？

(10)尝试用 R 语言复现本书介绍的统计分析方法。

附录 A

表 A.1　书中有应用实例的 R 程序包

程序包名称	版本	功能说明	首现章节
fdth	1.3-0	制作频数分布表、直方图和多边形图	2.2
psych	2.4.3	心理学、心理测量学和人格研究	2.3
moments	0.14.1	矩、累积量、偏度、峰度及相关检验	2.3
gtools	3.9.5	R 编程工具包	4.1
BSDA	1.2.2	基础统计学与数据分析	7.1
pwr	1.3-0	功效分析基础工具	7.1
EnvStats	2.8.1	环境统计学	7.3
agricolae	1.3-7	农业研究统计程序	9.1
MHTdiscrete	1.0.1	离散数据的多重假设检验	9.1
car	3.1-2	应用回归分析相关工具	9.1
multcomp	1.4-25	基于参数模型的统计推断	9.4
rstatix	0.7.2	基础统计检验框架	12.1
DoE.base	1.2-4	析因和正交表,试验设计的基础工具	14.4
reshape	0.8.9	灵活地重塑数据	15.4

表 A.2　程序包 PriBioStatR 中的数据集

数据集名称	数据结构	内容说明	出现章节
wheatGrains	向量	300 株小麦的穗粒数	2.2
studentHeight	向量	2000 名男生的身高	2.2;15.5
drugPPBR	数据框	5 种抗生素血浆蛋白结合率数据	9.1
calvesWeight	数据框	不同父系的牛犊初生体重数据	9.2
strawberryVC	数据框	3 个品种草莓的维生素 C 含量数据	9.2
grassNursery	数据框	4 个品种草的生长情况数据	9.3
pigletWeight	数据框	仔猪增重数据(饲料)	9.3
cottonYield	数据框	2 个地区 6 个地块棉花产量数据	9.3
nitrogenGrass	数据框	土壤氮含量与牧草干重数据	10.3;11.2;11.3
appetiteStimulants	数据框	48 头仔猪 50 日龄重(食欲增进剂)	12.1
anxietyExercise	数据框	体育锻炼与焦虑评分数据	12.2

续表

数据集名称	数据结构	内容说明	出现章节
stressExercise	数据框	体育锻炼与心理压力评分数据	12.3
cricketsPulse	数据框	两种蟋蟀振翅脉冲频率数据	12.5
fishWeight	数据框	6 种鱼的身体数据	12.5
hamburgerCalories	数据框	3 种不同主料汉堡的盐分和热量数据	12.5
bacteriaCount	数据框	细菌显微计数数据	13.1
wheatearFDtable	数据框	100 株小麦穗长频数分布表	13.1
wheatearLen	向量	100 株小麦穗长数据	13.1
pigHR	数据框	猪运动前后的心率数据	13.2;13.3
painKiller	数据框	3 种药物对膝关节疼痛的疗效数据	13.3

参 考 文 献

[1] 李春喜,姜丽娜,邵云,等.生物统计学[M].5版.北京:科学出版社,2013.

[2] 薛毅,陈立萍.统计建模与R软件[M].2版.北京:清华大学出版社,2021.

[3] 彭明春,陈其新.生物统计学[M].2版.武汉:华中科技大学出版社,2022.

[4] 林建忠.生物与医学统计基础[M].2版.上海:上海交通大学出版社,2022.

[5] 郭平毅,宋喜娥,杨锦忠.生物统计学[M].3版.北京:中国林业出版社,2017.

[6] 陈庆富.生物统计学[M].北京:高等教育出版社,2011.

[7] 张勤,王雅春,徐宁迎,等.生物统计学[M].3版.北京:中国农业大学出版社,2018.

[8] 叶子弘,陈春.生物统计学[M].北京:化学工业出版社,2023.

[9] 杜荣骞.生物统计学[M].4版.北京:高等教育出版社,2014.

[10] 宋素芳,赵聘,秦豪荣.生物统计学[M].4版.北京:中国农业大学出版社,2021.

[11] 刘安芳,伍莲.生物统计学[M].重庆:西南师范大学出版社,2013.

[12] 顾志峰,叶乃好,石耀华.实用生物统计学[M].北京:科学出版社,2012.

[13] 斯蒂文·斯蒂格勒.统计探源——统计概念和方法的历史[M].李金昌,等译.杭州:浙江工商大学出版社,2014.

[14] 斯蒂文·斯蒂格勒.统计学七支柱[M].高蓉,李茂,译.北京:人民邮电出版社,2018.

[15] 茆诗松,程依明,濮晓龙.概率论与数理统计教程[M].3版.北京:高等教育出版社,2019.

[16] 茆诗松,吕晓玲.数理统计学[M].2版.北京:中国人民大学出版社,2016.

[17] 史蒂文·米勒.普林斯顿概率论读本[M].李馨,译.北京:人民邮电出版社,2020.

[18] 伯纳德·罗斯纳.生物统计学基础[M].孙尚拱,译.原书第5版.北京:科学出版社,2004.

[19] 陈希孺,倪国熙.数理统计学教程[M].合肥:中国科学技术大学出版社,2009.

[20] 陈希孺.概率论与数理统计[M].合肥:中国科学技术大学出版社,2009.

[21] 陈希孺,方兆本,李国英,等.非参数统计[M].合肥:中国科学技术大学出版社,2012.

[22] 戴维·萨尔斯伯格.女士品茶——统计学如何变革了科学和生活[M].刘清山,译.南昌:江西人民出版社,2016.

[23] 徐传胜.从博弈问题到方法论学科——概率论发展史研究[M].北京:科学出版社,2010.

[24] 刘嘉.刘嘉概率论通识讲义[M].北京:新星出版社,2021.

[25] 罗伯特·卡巴科弗.R语言实战[M].高涛,等译.北京:人民邮电出版社,2013.

[26] 张崇岐,李光辉.试验设计与分析——基于R[M].北京:高等教育出版社,2021.

[27] COHEN J. Statistical power analysis for the behavioral sciences[M]. 2nd ed. New

..:Routledge,1988.

LAWSON J. Design and analysis of experiments with R[M]. New York:Chapman and Hall/CRC,2015.

[29] ZAR J H. Biostatistical analysis[M]. 5th ed. New Jersey:Pearson Education,2009.

[30] GORROOCHURN P. Classic topics on the history of modern mathematical statistics: from Laplace to more recent times[M]. New Jersey: John Wiley & Sons,2016.

[31] MURPHY K, MYORS B. Statistical power analysis[M]. 5th ed. New York: Routledge,2023.